저자직강 동영상 강의
이패스 코리아
www.epasskorea.com

2026 최신 개정판

이패스코리아
식물보호
기사 산업기사 필기편

저자 김소정

- 기출문제 중심 핵심 이론 엄선
- 빈출내용 강조를 통한 효율적 학습
- 출제기준에 맞는 예상문제 수록
- 4지선다형 필기시험 완벽 대비

epasskorea

머리말

이패스 식물보호기사(산업기사) 필기

식물의 병충해를 진단하고 방제하는 업무를 수행하는 데 필요한 식물보호기사·산업기사는 공무원시험 가산점, 나무의사 응시자격 부여, 각종 우대조건 적용, 학점인정 등 활용도가 높은 자격증으로 부상하고 있어 남녀노소 불문하고 많은 수험생들이 응시하는 분야입니다.

따라서 이 책을 집필할 때 가장 중요하게 생각한 것은 첫 번째, 많은 분들이 농업의 중요성을 알고 관심을 가져 진로로 정한 것이며 두 번째, 그 소중한 분들이 '첫걸음'의 시작을 식물보호기사로 정한 것입니다.

합격을 목표로 하는 식물보호기사 수험생들에게 해당 다섯 과목들의 이론을 모두 공부하기란 다소 비효율적이며 '첫걸음'인 만큼 굵고 짧게, 효율적으로 통과해야 할 관문이라고 생각합니다.

따라서 자격증 취득부터 농촌지도사가 되기까지 겪었던 시행착오들을 떠올리며 다시 한번 같은 농학도 수험생의 마음으로 돌아가 효율성을 중요시하는 수험생들의 니즈(needs)를 그 어느 교재보다 충족할 수 있도록 노력했습니다.

1. 기출문제에 출제된 이론만을 엄선했습니다.

단원별 출제기준과 기출문제를 분석하여 시험에 꼭 필요한 핵심이론만을 추렸고, 그중에서도 자주 출제되는 내용은 별도로 강조했습니다. 대부분의 자격증과 마찬가지로 식물보호기사도 대학과정에서 학습하는 전공과목들로 이루어져 있습니다. 그 말인즉슨 대학과정이나 공무원 시험을 준비하는 수험생 입장에서는 짧게는 6개월, 길게는 수 년간 공부할 내용들이 각 과목마다 포함되어 있다는 것입니다. 이런 특성이 있는 과목을 모두 세세하게 공부하는 것은 매우 비효율적일 뿐만 아니라 사실상 불가능하며, 특히 소중한 시간을 투자하는 수험생들의 입장에서 매우 손해라고 생각했습니다. 자격증 시험은 '공부'가 목적이 아닌, '합격'이 목적이기 때문입니다. 따라서 합격에 불필요한 내용은 모두 제외하고 필요한 내용만을 엄선했습니다.

2. 출제 기준에 따라 이론을 세분화했습니다.

시험을 준비할 때 출제자의 출제 기준을 파악하는 것은 가장 중요한 시작이자 합격의 지름길입니다. 따라서 모든 이론은 출제 기준을 따라 각 CHAPTER로 분류한 후 과목별 흐름을 이해할 수 있도록 내용을 구성하여 세부 절로 나누었고, 중복되는 부분은 함께 묶어 단권화했습니다. 이에 맞춰 학습한다면 시험 전에는 자연스럽게 과목에 대한 마인드맵이 만들어져 합격으로 보답받을 수 있을 것이라 확신합니다.

미래의 우리나라 농업 전문가로서 함께 걸어나갈 많은 수험생 여러분들을 생각하며 이 책이 '첫걸음'의 지침서가 되길 바랍니다.

수험생들의 니즈(needs)	⇨	이 책의 Concept
학습시간 단축 기출내용 위주의 학습 방대한 양은 금물!		핵심이론 단권화로 시간절약! 고득점보단 합격을 목표로! 과감하게 버리고, 효율적으로 공부하자!

저자 김소정

출제경향분석

이패스 식물보호기사(산업기사) 필기

식물보호기사

〈1차 필기〉 3개년 출제 경향 분석

구분	PART1 식물병리학						PART2 농림해충학					PART3 재배원론								PART4 농약학					PART5 잡초방제학			
항목	식물병리일반	식물병의 원인	식물병의 발생	식물병의 진단	방제방법의 종류	식물병각론	곤충의 분류	곤충의 일반	곤충의 생태및생리	해충의 발생예찰및방제	해충각론	재배의 기원과 현황	작물의 유전성	재배환경	작물내적균형	작부체계	종자와 종묘	생육관리	생력재배와 수확후관리	농약의 정의와 중요성	농약의 분류	농약의 제제	농약의 독성및잔류성	농약의 사용및약해	농약의 이화학적특성	잡초의 개념및분류	잡초의 생리생태및경합	잡초의 방제	제초제
2022	3	14	19	8	6	10	20	8	11	7	14	9	2	18	8	7	8	8	0	2	9	10	7	9	23	23	22	6	9
2023	3	15	10	9	10	13	13	12	9	12	14	4	4	17	6	6	12	11	0	1	11	11	11	7	19	18	15	14	12
2024	1	12	11	11	8	17	12	11	12	9	16	4	1	21	8	7	6	10	3	2	15	9	9	9	16	17	16	14	12
계	7	41	40	28	24	40	45	31	32	28	44	17	7	56	22	20	26	29	3	5	35	30	27	25	58	58	53	35	33
%	0.8	4.6	4.4	3.1	2.7	4.4	5.2	3.4	3.6	3.1	4.9	1.9	0.8	6.2	2.4	2.2	2.9	3.2	0.3	0.6	3.9	3.3	3.0	2.8	6.4	6.4	5.9	3.8	3.7

식물보호산업기사

〈1차 필기〉 3개년 출제 경향 분석

구분	PART1 식물병리학						PART2 농림해충학					PART4 농약학					PART5 잡초방제학			
항목	식물병리일반	식물병의 원인	식물병의 발생	식물병의 진단	방제방법의 종류	식물병각론	곤충의 일반	곤충의 분류	곤충의 생태및생리	해충의 발생예찰및방제	해충각론	농약의 정의와 중요성	농약의 분류	농약의 제제	농약의 독성및잔류성	농약의 사용및약해	농약의 이화학적특성	잡초의 개념및분류	잡초의 생리생태및경합	잡초의 방제	제초제
2022	3	12	9	6	12	18	18	15	9	9	9	3	9	6	9	6	27	21	20	6	13
2023	3	15	15	12	6	9	21	6	15	6	12	3	6	12	6	15	18	24	21	3	12
2024	2	12	9	11	12	14	24	12	6	3	15	3	12	21	3	6	15	21	21	6	12
계	8	39	33	29	30	41	63	33	30	18	36	9	27	39	18	27	60	66	62	15	37
%	1.1	5.4	4.6	4.0	4.2	5.7	8.8	4.6	4.2	2.5	5.0	1.3	3.8	5.4	2.5	3.8	8.3	9.2	8.6	2.1	5.1

좀 더 자세한 내용 및 수험정보 등은 당사 홈페이지(www.epasskorea.com) 참조

학습전략

필기

1. 강의를 통한 효율적 이론 맛보기
☑ 수험에 최적화된 강의를 통해 핵심이론 익숙해지기

2. 복습을 통한 이론 회독
☑ 빈출 이론들을 간단하게 암기하며 복습(완벽하게 X)
☑ 세부 이론들은 기출문제를 통해 암기

3. 기출문제 풀기
☑ 초반 문제풀이는 오답 투성이가 당연!
☑ 꾸준한 오답(이론 암기) + 문제풀이 반복

CBT 문제은행 방식의
필기시험
완벽 대비!

좀 더 자세한 내용 및 수험정보 등은 당사 홈페이지(www.epasskorea.com) 참조

자격시험안내

식물보호기사

1. 응시현황

연도	필기			실기		
	응시	합격	합격률(%)	응시	합격	합격률(%)
2023	4,264	2,320	54.4%	3,180	1,210	38.1%
2022	3,952	2,251	57%	3,380	1,691	50%
2021	4,933	2,718	55.1%	3,408	2,025	59.4%
2020	4,526	2,090	46.2%	2,892	1,831	63.3%
2019	4,605	1,988	43.2%	2,712	1,611	59.4%
2018	4,130	1,527	37%	2,578	1,344	52.1%
2017	3,957	1,709	43.2%	2,502	1,006	40.2%
2016	3,597	1,244	34.6%	2,004	855	42.7%

2. 시험 수수료

필기	실기
19,400원	22,600원

3. 취득 방법

① 시 행 처 : 한국산업인력공단
② 관련학과 : 대학 및 전문대학의 원예학과, 화훼원예과, 농(업)생물학과, 자원식물학과, 농화학과 등
③ 시험과목
　- 필기 : 1. 식물병리학　2. 농림해충학　3. 재배원론　4. 농약학　5. 잡초방제학
　- 실기 : 식물보호실무
④ 검정방법
　- 필기 : 객관식 4지 택일형, 과목당 20문항 (과목당 30분)
　- 실기 : 출제기준 참고
⑤ 합격기준
　- 필기 : 100점을 만점으로 하여 과목당 40점 이상, 전과목 평균 60점 이상
　- 실기 : 100점을 만점으로 하여 60점 이상

식물보호산업기사

1. 응시현황

연도	필기			실기		
	응시	합격	합격률(%)	응시	합격	합격률(%)
2023	3,208	1,859	57.9%	2,291	912	39.8%
2022	2,831	1,640	57.9%	2,122	1,368	64.5%
2021	2,690	1,559	58%	1,742	1,022	58.7%
2020	2,019	1,039	51.5%	1,192	808	67.8%
2019	1,965	994	50.6%	1,075	707	65.8%
2018	1,425	599	42%	720	418	58.1%
2017	1,071	436	40.7%	502	276	55%
2016	1,068	447	41.9%	483	306	63.4%

2. 시험 수수료

필기	실기
19,400원	22,600원

3. 취득 방법

① 시 행 처 : 한국산업인력공단
② 관련학과 : 대학 및 전문대학의 원예과, 화훼원예과, 농(업)생물학과, 농화학과 등
③ 시험과목
　- 필기 : 1. 식물병리학 2. 농림해충학 3. 농약학 4. 잡초방제학
　- 실기 : 식물보호실무
④ 검정방법
　- 필기 : 객관식 4지 택일형, 과목당 20문항 (과목당 30분)
　- 실기 : 출제기준 참고
⑤ 합격기준
　- 필기 : 100점을 만점으로 하여 과목당 40점 이상, 전과목 평균 60점 이상
　- 실기 : 100점을 만점으로 하여 60점 이상

자격시험안내

이패스 식물보호기사(산업기사) 필기

출제기준(필기)

직무분야	농림어업	중직무분야	임업	자격종목	식물보호기사	적용기간	2023.01.01 ~ 2027.12.31

○ 직무내용 : 식물보호에 관한 기술이론 및 지식을 가지고 식물 피해의 진단과 방제 등의 업무를 수행하기 위하여 식물에 발생하는 생물적(병, 해충, 잡초 등) 및 비생물적(기상, 영양불균형 등) 피해의 발생 원인을 파악·분석하여 적절한 방제 방법을 선정하며, 식물의 생육에 적합한 환경 개선에 의한 식물 생육의 최적 조건을 만드는 직무이다.

필기검정방법	객관식	문제수	100	시험시간	2시간 30분

필기과목명	문제수	주요항목	세부항목	세세항목
식물병리학	20	1. 식물병리 일반	1. 식물병리 일반	1. 식물병리의 개념
				2. 식물병의 피해와 중요성
		2. 식물병의 원인	1. 병원의 종류	1. 비생물성 병원
				2. 바이러스성 병원 및 생물성 병원 등
			2. 병원체의 분류 및 동정	1. 분류의 기준
				2. 분류학적 위치
				3. 병원체의 동정
		3. 식물병의 발생	1. 식물병의 병환	1. 월동(휴면)과 전염원의 의의 및 종류
				2. 전반
				3. 접종 및 침입
				4. 감염 및 잠복
				5. 병원체의 증식
			2. 발병환경	1. 생물적 환경
				2. 비생물적 환경
			3. 병원성과 저항성	1. 병원성의 의미와 기작
				2. 저항성의 의미와 기작
		4. 식물병의 진단	1. 진단 방법 및 특징	1. 진단 방법의 종류
				2. 진단 방법의 특징
		5. 식물병의 방제	1. 식물병의 방제법	1. 법적 방제법(식물검역관련 법규 등)

필기과목명	문제수	주요항목	세부항목	세세항목
식물병리학	20	5. 식물병의 방제	1. 식물병의 방제법	2. 생태적(경종적) 방제법
				3. 물리적·기계적 방제법
				4. 화학적 방제법
				5. 생물적 방제법
				6. 종합적 관리
		6. 식물병 각론	1. 주요 식물병	1. 균류에 의한 식물병
				2. 세균에 의한 식물병
				3. 바이러스에 의한 식물병
				4. 기타 병원체에 의한 식물병
				5. 생리장애
농림해충학	20	1. 곤충 일반	1. 곤충 일반	1. 곤충학의 개념
				2. 곤충의 특성
		2. 곤충의 분류	1. 곤충의 분류	1. 종개념 및 명명규약
				2. 곤충의 분류 및 형태 특성
		3. 곤충의 생태	1. 곤충의 생활사	1. 곤충의 생활사
				2. 생활사 단계별 특징
			2. 곤충의 행동 습성	1. 행동 유형
				2. 행동의 제어
				3. 행동의 기능
			3. 개체군의 생태	1. 개체군의 특징 및 발생수준
				2. 개체군의 동태
		4. 곤충의 형태	1. 외부형태	1. 구조, 형태 및 기능
			2. 내부기관	1. 구조, 형태 및 기능
		5. 곤충의 생리	1. 발육생리	1. 발육생리 및 생식
		6. 곤충과 환경	1. 환경요인	1. 비생물적 환경
				2. 생물적 환경
		7. 해충 각론	1. 주요 해충의 생태	1. 주요 해충의 생활사
				2. 주요 해충의 가해 형태
		8. 해충의 방제	1. 해충의 방제 방법	1. 법적 방제법(식물검역관련 법규 등)
				2. 생태적(경종적) 방제법

자격시험안내

이패스 식물보호기사(산업기사) 필기

필기과목명	문제수	주요항목	세부항목	세세항목
농림해충학	20	8. 해충의 방제	1. 해충의 방제 방법	3. 물리적·기계적 방제법
				4. 화학적 방제법
				5. 생물적 방제법
				6. 종합적 관리
재배원론	20	1. 재배의 기원과 현황	1. 재배작물의 기원과 세계 재배의 발달	1. 석기시대의 생활과 원시재배
				2. 농경법 발견의 계기
				3. 농경의 발상지
				4. 식물영양
				5. 작물의 개량
				6. 작물보호
				7. 잡초방제
				8. 식물의 생육조절
				9. 농기구 및 농자재
				10. 작부방식
			2. 작물의 분류	1. 작물의 종류
				2. 작물의 종수
				3. 용도에 따른 분류
				4. 생태적 분류
				5. 재배·이용에 따른 분류
			3. 재배의 현황	1. 토지의 이용
				2. 농업인구
				3. 주요작물의 생산
		2. 재배환경	1. 토양	1. 지력
				2. 토성
				3. 토양구조 및 토층
				4. 토양 중의 무기성분
				5. 토양유기물
				6. 토양 수분
				7. 토양공기
				8. 토양오염
				9. 토양반응과 산성토양

필기과목명	문제수	주요항목	세부항목	세세항목
재배원론	20	2. 재배환경	1. 토양	10. 개간지와 사구지
				11. 논토양과 밭토양
				12. 토양보호
				13. 토양미생물
				14. 기타 토양과 관련된 사항
			2. 수분	1. 작물의 흡수관련 사항
				2. 작물의 요수량
				3. 대기 중의 수분과 강수
				4. 한해
				5. 관개
				6. 습해
				7. 배수
				8. 수해
				9. 수질오염
				10. 기타 수분과 관련된 사항
			3. 공기	1. 대기의 조성과 작물생육
				2. 바람
				3. 대기오염
				4. 기타 공기와 관련된 사항
			4. 온도	1. 유효온도
				2. 온도의 변화
				3. 열해
				4. 냉해
				5. 한해
			5. 광	1. 광과 작물의 생리작용
				2. 광합성과 태양에너지의 이용
				3. 보상점과 광포화점
				4. 포장광합성
				5. 생육단계와 일사
				6. 수광과 그 밖의 재배적 문제

자격시험안내

이패스 식물보호기사(산업기사) 필기

필기과목명	문제수	주요항목	세부항목	세세항목
재배원론	20	2. 재배환경	6. 상적 발육과 환경	1. 상적발육의 개념
				2. 버널리제이션
				3. 일장효과
				4. 품종의 기상생태형
		3. 작물의 내적균형과 식물호르몬 및 방사선 이용	1. C/N율, T/R율, G-D 균형	1. 작물의 내적 균형의 특징
				2. C/N율
				3. T/R율
				4. G-D 균형
			2. 식물생장조절제	1. 식물생장조절제 정의
				2. 옥신류
				3. 지베렐린
				4. 시토키닌
				5. ABA
				6. 에틸렌
				7. 생장억제물질
				8. 기타 호르몬
			3. 방사선 이용	1. 추적자로서의 이용
				2. 방사선 조사
				3. 육종적 이용
		4. 재배 기술	1. 작부체계	1. 작부체계의 뜻과 중요성
				2. 작부체계의 변천 및 발달
				3. 연작과 기지
				4. 윤작
				5. 답전윤환
				6. 혼파
				7. 그 밖의 작부체계
				8. 우리나라 작부체계의 변천 및 발전방향
			2. 영양번식	1. 영양번식의 뜻과 이점
				2. 영양번식의 종류
				3. 접목육묘
				4. 조직배양

필기과목명	문제수	주요항목	세부항목	세세항목
재배원론	20	4. 재배 기술	3. 육묘	1. 육묘의 필요성
				2. 묘상의 종류
				3. 묘상의 구조와 설비
				4. 기계이앙용 상자육묘
				5. 상토
			4. 정지	1. 경운
				2. 쇄토
				3. 작휴
				4. 진압
			5. 파종	1. 파종시기
				2. 파종양식
				3. 파종량
				4. 파종절차
			6. 이식	1. 가식과 정식
				2. 이식시기
				3. 이식양식
				4. 이식방법
				5. 벼의 이앙양식
			7. 생력재배	1. 생력재배의 정의
				2. 생력재배의 효과
				3. 생력기계화재배의 전제조건
				4. 기계화 적응 재배
				5. 기타 생력재배에 관한 사항
			8. 재배관리	1. 시비
				2. 보식
				3. 중경
				4. 제초
				5. 멀칭
				6. 답압
				7. 정지
				8. 개화결실
				9. 기타 재배관리에 관한 사항

자격시험안내

이패스 식물보호기사(산업기사) 필기

필기과목명	문제수	주요항목	세부항목	세세항목
재배원론	20	4. 재배 기술	9. 병해충방제	1. 병해
				2. 해충
				3. 작물보호
				4. 농약(작물보호제)
				5. 기타 병해충 방제 사항
			10. 환경친화형재배	1. 개념
				2. 발전과정
				3. 정밀농업
				4. 유기농업
		5. 각종 재해	1. 저온해와 냉해	1. 저온해
				2. 냉해
			2. 습해, 수해 및 가뭄해	1. 습해
				2. 수해
				3. 가뭄해
			3. 동해와 상해	1. 동해
				2. 상해
			4. 도복과 풍해	1. 도복
				2. 풍해
			5. 기타 재해	1. 기타 재해
		6. 수확, 건조 및 저장 과 도정	1. 수확	1. 수확시기 결정
				2. 수확방법
			2. 건조	1. 목적
				2. 원리와 방법
			3. 탈곡 및 조제	1. 탈곡
				2. 조제
			4. 저장	1. 저장 중 품질의 변화
				2. 큐어링과 예냉
				3. 안전저장 조건
			5. 도정	1. 원리
				2. 과정
				3. 도정단계와 도정율

필기과목명	문제수	주요항목	세부항목	세세항목
재배원론	20	6. 수확, 건조 및 저장과 도정	6. 포장	1. 포장재의 종류와 방법
				2. 포장재의 품질
			7. 수량구성요소 및 수량사정	1. 수량구성요소
				2. 수량구성요소의 변이계수
				3. 수량의 사정
농약학	20	1. 농약의 정의와 중요성	1. 농약의 정의 및 명칭	1. 농약의 정의
				2. 농약의 명칭
			2. 농약의 중요성	1. 농약의 유해성과 유익성
				2. 농약의 일반적인 중요성
				3. 농약관리법 이해
		2. 농약의 분류	1. 농약의 종류	1. 살균제
				2. 살충제
				3. 살선충제
				4. 살비제
				5. 제초제
				6. 식물생장조정제 등
				7. 기타
			2. 농약의 작용기작	1. 생합성 저해제
				2. 에너지대사 저해제
				3. 신경기능 저해제
				4. 광합성 저해제
				5. 호르몬 작용교란제 등
				6. 기타
		3. 농약의 제제 형태 및 특성	1. 농약제제의 분류	1. 액상제의 종류 및 특성
				2. 고상제의 종류 및 특성
				3. 훈증제 종류 및 특성
				4. 기타 종류 및 특성
			2. 농약제제의 물리적 성질	1. 액상제의 물리적 성질
				2. 고상제의 물리적 성질
			3. 농약제제의 보조제	1. 계면활성제, 용제, 증량제의 종류 및 기능
				2. 기타 보조제의 종류 및 기능

자격시험안내

필기과목명	문제수	주요항목	세부항목	세세항목
농약학	20	4. 농약의 독성 및 잔류성	1. 농약의 독성	1. 급성 독성의 의미 및 증상
				2. 만성 독성의 의미 및 증상
			2. 농약의 잔류와 안전사용	1. 잔류농약의 의미 및 피해 대책
				2. 잔류성 농약의 종류 및 의미
				3. 농약의 잔류허용기준
				4. 농약의 안전사용기준 등
		5. 농약의 사용방법, 약해 및 약효	1. 농약의 사용 방법	1. 조제 방법
				2. 혼용가부
				3. 농약사용 전후의 주의사항
				4. 농약처리 방법 및 기구
			2. 농약의 약효·약해	1. 약효
				2. 약해
		6. 농약의 이화학적 특성	1. 살균제	1. 정의와 분류
				2. 작용기작
				3. 작용특성
				4. 약제저항성
			2. 살충제	1. 정의와 분류
				2. 작용기작
				3. 작용특성
				4. 약제저항성
			3. 살선충제	1. 정의와 분류
				2. 작용기작
				3. 작용특성
				4. 약제저항성
			4. 살비제	1. 정의와 분류
				2. 작용기작
				3. 작용특성
				4. 약제저항성
			5. 제초제	1. 정의와 분류
				2. 작용기작
				3. 작용특성
				4. 약제저항성

필기과목명	문제수	주요항목	세부항목	세세항목
농약학	20	6. 농약의 이화학적 특성	6. 식물생장조정제	1. 식물생장조정제의 작용기작
				2. 식물생장조정제의 종류 및 특성
잡초방제학	20	1. 잡초의 분류 및 분포	1. 잡초의 분류	1. 식물분류학적 분류
				2. 생활형에 따른 분류
				3. 형태적 분류
				4. 기타 분류
			2. 잡초의 분포	1. 발생 장소별 분포
		2. 잡초의 생리 생태	1. 잡초 종자의 특성	1. 종자의 휴면
				2. 종자의 수명
				3. 발아와 출현
			2. 잡초의 번식 및 전파	1. 종자 및 지하경 번식법
				2. 잡초의 전파
			3. 잡초의 생육 특성	1. 잡초 군락형성과 식생천이
		3. 경합	1. 경합의 종류	1. 종간경합
				2. 종내경합
			2. 경합의 양상 및 진단	1. 경합의 주요 요인
				2. 경합의 한계기간 및 밀도
				3. 작물에 대한 잡초의 경합
			3. 잡초의 군락과 천이	1. 식생천이에 관여하는 요인
		4. 잡초방제	1. 잡초방제 일반	1. 잡초방제의 개념 및 의의
			2 잡초방제의 원리	1. 잡초에 의한 피해수준
			3. 잡초의 방제법	1. 법적 방제법(식물검역관련 법규 등)
				2. 생태적(경종적) 방제법
				3. 물리적·기계적 방제법
				4. 화학적 방제법
				5. 생물적 방제법
				6. 종합적 관리
			4. 제초제	1. 제초제 사용의 필요성
				2. 제초제의 분류
				3. 제초제의 작용기작
				4. 제초제의 종류 및 특성

출제기준(필기)

직무 분야	농림어업	중직무 분야	임업	자격 종목	식물보호 산업기사	적용 기간	2023.01.01 ~2027.12.31
○ 직무내용 : 식물보호에 관한 기술이론 및 지식을 가지고 식물 피해의 기초적인 진단과 방제 등의 업무를 수행할 수 있어야 하며, 식물에 발생하는 생물적(병, 해충, 잡초 등) 및 비생물적(기상, 영양불균형 등) 피해의 발생 원인을 파악하고 적절한 방제 방법을 선정하여 식물 생육의 최적 조건을 만드는 직무이다.								

필기검정방법	객관식	문제수	80	시험시간	2시간

필기과목명	문제수	주요항목	세부항목	세세항목
식물병리학	20	1. 식물병리 일반	1. 식물병리 일반	1. 식물병리의 개념
				2. 식물병의 피해와 중요성
		2. 식물병의 원인	1. 병원의 종류	1. 비생물성 병원
				2. 바이러스성 병원 및 생물성 병원 등
			2. 병원체의 분류 및 동정	1. 분류의 기준
				2. 분류학적 위치
				3. 병원체의 동정
		3. 식물병의 발생	1. 식물병의 병환	1. 월동(휴면)과 전염원의 의의 및 종류
				2. 전반
				3. 접종 및 침입
				4. 감염 및 잠복
				5. 병원체의 증식
			2. 발병환경	1. 생물적 환경
				2. 비생물적 환경
			3. 병원성과 저항성	1. 병원성의 의미와 기작
				2. 저항성의 의미와 기작
		4. 식물병의 진단	1. 진단 방법 및 특징	1. 진단 방법의 종류
				2. 진단 방법의 특징

필기과목명	문제수	주요항목	세부항목	세세항목
식물병리학	20	5. 식물병의 방제	1. 식물병의 방제 방법	1. 법적 방제법 (식물검역관련 법규 등)
				2. 생태적(경종적) 방제법
				3. 물리적·기계적 방제법
				4. 화학적 방제법
				5. 생물적 방제법
				6. 종합적 관리
		6. 식물병 각론	1. 주요 식물병	1. 균류에 의한 식물병
				2. 세균에 의한 식물병
				3. 바이러스에 의한 식물병
				4. 기타 병원체에 의한 식물병
				5. 생리장애
농림해충학	20	1. 곤충 일반	1. 곤충 일반	1. 곤충학의 개념
				2. 곤충의 특성
		2. 곤충의 분류	1. 곤충의 분류	1. 종개념 및 명명규약
				2. 곤충의 분류 및 형태 특성
		3. 곤충의 생태	1. 곤충의 생활사	1. 곤충의 생활사
				2. 생활사 단계별 특징
			2. 곤충의 행동 습성	1. 행동 유형
				2. 행동의 제어
				3. 행동의 기능
			3. 개체군의 생태	1. 개체군의 특징 및 발생수준
				2. 개체군의 동태
		4. 곤충의 형태	1. 외부형태	1. 구조, 형태 및 기능
			2. 내부기관	1. 구조, 형태 및 기능
		5. 곤충의 생리	1. 발육생리	1. 발육생리 및 생식
		6. 곤충과 환경	1. 환경요인	1. 비생물적 환경
				2. 생물적 환경
		7. 해충 각론	1. 주요 해충의 생태	1. 주요 해충의 생활사
				2. 주요 해충의 가해 형태

필기과목명	문제수	주요항목	세부항목	세세항목
농림해충학	20	8. 해충의 방제	1. 해충의 방제 방법	1. 법적 방제법 (식물검역관련 법규 등)
				2. 생태적(경종적) 방제법
				3. 물리적·기계적 방제법
				4. 화학적 방제법
				5. 생물적 방제법
				6. 종합적 관리
농약학	20	1. 농약의 정의와 중요성	1. 농약의 정의 및 명칭	1. 농약의 정의
				2. 농약의 명칭
			2. 농약의 중요성	1. 농약의 유해성과 유익성
				2. 농약의 일반적인 중요성
				3. 농약관리법 이해
		2. 농약의 분류	1. 농약의 종류	1. 살균제
				2. 살충제
				3. 살선충제
				4. 살비제
				5. 제초제
				6. 식물생장조정제
				7. 기타
			2. 농약의 작용기작	1. 생합성 저해제
				2. 에너지대사 저해제
				3. 신경기능 저해제
				4. 광합성 저해제
				5. 호르몬 작용교란제
				6. 기타
		3. 농약의 제제 형태 및 특성	1. 농약제제의 분류	1. 액상제의 종류 및 특성
				2. 고상제의 종류 및 특성
				3. 훈증제 종류 및 특성
				4. 기타 종류 및 특성
			2. 농약제제의 보조제	1. 계면활성제, 용제, 증량제의 종류 및 기능
				2. 기타 보조제의 종류 및 기능

필기과목명	문제수	주요항목	세부항목	세세항목
농약학	20	4. 농약의 독성 및 잔류성	1. 농약의 독성	1. 급성 독성의 의미 및 증상
				2. 만성 독성의 의미 및 증상
			2. 농약의 잔류와 안전사용	1. 잔류농약의 의미 및 피해 대책
				2. 잔류성 농약의 종류 및 의미
				3. 농약의 잔류허용기준
				4. 농약의 안전사용기준 등
		5. 농약의 사용방법, 약해 및 약효	1. 농약의 사용 방법	1. 조제 방법
				2. 혼용가부
				3. 농약사용 전후의 주의사항
				4. 농약처리 방법 및 기구
			2. 농약의 약효·약해	1. 약효
				2. 약해
		6. 농약의 이화학적 특성	1. 살균제	1. 정의와 분류
				2. 작용기작
				3. 작용특성
				4. 약제저항성
			2. 살충제	1. 정의와 분류
				2. 작용기작
				3. 작용특성
				4. 약제저항성
			3. 살선충제	1. 정의와 분류
				2. 작용기작
				3. 작용특성
				4. 약제저항성
			4. 살비제	1. 정의와 분류
				2. 작용기작
				3. 작용특성
				4. 약제저항성
			5. 제초제	1. 정의와 분류
				2. 작용기작
				3. 작용특성
				4. 약제저항성

자격시험안내

이패스 식물보호기사(산업기사) 필기

필기과목명	문제수	주요항목	세부항목	세세항목
농약학	20	6. 농약의 이화학적 특성	6. 식물생장조정제	1. 식물생장조정제의 작용기작
				2. 식물생장조정제의 종류 및 특성
잡초방제학	20	1. 잡초의 분류 및 분포	1. 잡초의 분류	1. 식물분류학적 분류
				2. 생활형에 따른 분류
				3. 형태적 분류
				4. 기타 분류
			2. 잡초의 분포	1. 발생 장소별 분포
		2. 잡초의 생리 생태	1. 잡초 종자의 특성	1. 종자의 휴면
				2. 종자의 수명
				3. 발아와 출현
			2. 잡초의 번식 및 전파	1. 종자 및 지하경 번식법
				2. 잡초의 전파
			3. 잡초의 생육 특성	1. 잡초 군락형성과 식생천이
		3. 경합	1. 경합의 종류	1. 종간경합
				2. 종내경합
			2. 경합의 양상 및 진단	1. 경합의 주요 요인
				2. 경합의 한계기간 및 밀도
				3. 작물에 대한 잡초의 경합
			3. 잡초의 군락과 천이	1. 식생천이에 관여하는 요인
		4. 잡초방제	1. 잡초방제 일반	1. 잡초방제의 개념 및 의의
			2 잡초방제의 원리	1. 잡초에 의한 피해수준
			3. 잡초의 방제법	1. 법적 방제법(식물검역관련 법규 등)
				2. 생태적(경종적) 방제법
				3. 물리적·기계적 방제법
				4. 화학적 방제법
				5. 생물적 방제법
				6. 종합적 관리
			4. 제초제	1. 제초제 사용의 필요성
				2. 제초제의 분류
				3. 제초제의 작용기작
				4. 제초제의 종류 및 특성

PART 1   식물병리학

CHAPTER 01   식물병의 일반   32
     1절   식물병의 개념   32
     2절   식물병의 피해와 중요성   32

CHAPTER 02   식물병의 원인   34
     1절   병원의 종류   34
     2절   병원체의 분류 및 형태   35

CHAPTER 03   식물병의 발생   40
     1절   식물병의 병환   40
     2절   발병환경   44
     3절   병원성과 저항성   46

CHAPTER 04   식물병의 진단   51
     1절   진단의 단서   51
     2절   진단의 방법 및 특징   53

CHAPTER 05   방제방법의 종류   56
     1절   식물병의 방제   56

CHAPTER 06   식물병 각론   61
     1절   식용작물의 병해   61
     2절   원예작물의 병해   72
     3절   기타작물 및 수목의 병해   81

차례

이패스 식물보호기사(산업기사) 필기

PART 2 농림해충학

CHAPTER 01 곤충 일반 — 92
- 1절 곤충의 진화와 번성 — 92
- 2절 곤충의 외부적 구조 및 기능 — 92
- 3절 곤충의 내부적 구조 및 기능 — 98

CHAPTER 02 곤충의 분류 — 105
- 1절 곤충의 분류 — 105
- 2절 곤충의 특성 — 107

CHAPTER 03 곤충의 생태 및 생리 — 113
- 1절 곤충의 생활사 — 113
- 2절 곤충과 환경 — 115
- 3절 곤충의 행동습성 — 116

CHAPTER 04 해충의 발생예찰 및 방제 — 119
- 1절 해충의 발생예찰 — 119
- 2절 해충 방제법의 종류 — 121

CHAPTER 05 해충 각론 — 127
- 1절 식용작물의 해충 — 127
- 2절 원예작물의 해충 — 130

PART 3 재배원론 (산업기사 시험범위 제외)

CHAPTER 01　재배의 기원과 현황　　146
　1절　재배식물의 기원　　146
　2절　작물의 분류　　149
　3절　재배의 현황　　152

CHAPTER 02　작물의 유전성　　153
　1절　작물의 유전　　153
　2절　작물의 육종　　159
　3절　작물의 품종　　164

CHAPTER 03　재배환경　　166
　1절　토양과 작물　　166
　2절　수분과 작물　　177
　3절　공기와 작물　　180
　4절　온도와 작물　　181
　5절　광과 작물　　185
　6절　상적발육　　188

CHAPTER 04　작물 내적균형·식물호르몬·방사선 이용　　192
　1절　작물의 내적균형 및 식물호르몬　　192
　2절　방사선 이용　　193

CHAPTER 05　작부체계　　194
　1절　작부체계의 개념　　194
　2절　연작과 답전윤환　　195

CHAPTER 06   종자와 종묘   197
- 1절   종자 및 종묘의 개념   197
- 2절   종자의 품질 및 발아전 처리   199
- 3절   육묘와 영양번식   202

CHAPTER 07   생육관리   205
- 1절   정지·파종·이식   205
- 2절   중경·멀칭·결실조절   207
- 3절   비료관리   209

CHAPTER 08   생력재배와 수확 후 관리   212
- 1절   생력재배   212
- 2절   수확 후 관리   213

PART 4   농약학

CHAPTER 01   농약의 정의와 중요성   216
- 1절   농약의 정의와 명칭   216

CHAPTER 02   농약의 분류   218
- 1절   살균제   218
- 2절   살충제   219
- 3절   살비제·살선충제·살서제·제초제   220
- 4절   식물생장조절제·보조제   221

CHAPTER 03   농약의 제제   223
- 1절   농약제제의 개념   223
- 2절   제형에 따른 물리적 분류   223
- 3절   기타 목적별 분류   226

CHAPTER 04	농약의 독성 및 잔류성	228
1절	농약의 독성	228
2절	농약의 안전성	230

CHAPTER 05	농약의 사용 및 약해	233
1절	농약의 사용	233
2절	농약의 약해	235
3절	농약의 살포	237

CHAPTER 06	농약의 이화학적 특성	238
1절	살균제	238
2절	살충제	241
3절	살선충제·살응애제	245
4절	제초제	246
5절	식물생장조절제	248

PART 5　잡초방제학

CHAPTER 01	잡초의 개념 및 분류	252
1절	잡초의 피해 및 분류	252

CHAPTER 02	잡초의 생리·생태 및 경합	256
1절	잡초의 생리·생태	256

CHAPTER 03	잡초의 방제	261
1절	잡초 방제법	261

CHAPTER 04	제초제(화학적 방제법)	264
1절	제초제의 분류	264
2절	제초제의 선택성과 작용기작	267

PART 6　필기 과년도 출제문제 (기사/산업기사)

CHAPTER 01　2023년 과년도 출제문제　　270
- 2023년 1회 기사 CBT 복원　270
- 2023년 2회 기사 CBT 복원　290
- 2023년 3회 기사 CBT 복원　309
- 2023년 1회 산업기사 CBT 복원　328
- 2023년 2회 산업기사 CBT 복원　344
- 2023년 3회 산업기사 CBT 복원　359

CHAPTER 02　2024년 과년도 출제문제　　374
- 2024년 1회 기사 CBT 복원　374
- 2024년 2회 기사 CBT 복원　393
- 2024년 3회 기사 CBT 복원　413
- 2024년 1회 산업기사 CBT 복원　433
- 2024년 2회 산업기사 CBT 복원　448
- 2024년 3회 산업기사 CBT 복원　464

CHAPTER 03　2025년 과년도 출제문제　　479
- 2025년 1회 기사 기출문제　479
- 2025년 2회 기사 기출문제　498
- 2025년 3회 기사 기출문제　517
- 2025년 1회 산업기사 CBT 복원　536
- 2025년 2회 산업기사 CBT 복원　551
- 2025년 3회 산업기사 CBT 복원　566

PART 01

식물병리학

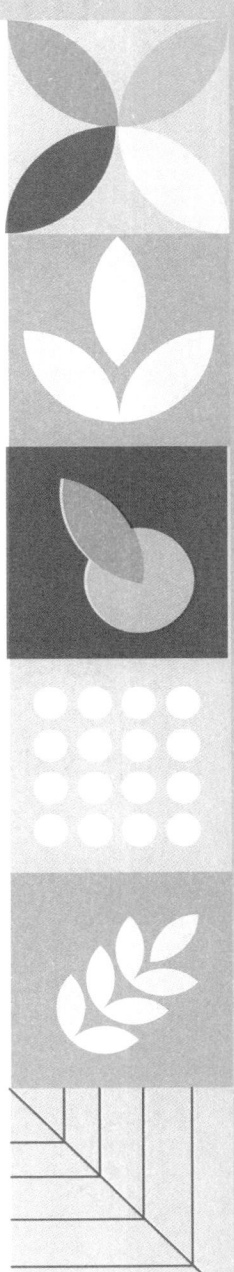

Chapter 01　식물병의 일반
Chapter 02　식물병의 원인
Chapter 03　식물병의 발생
Chapter 04　식물병의 진단
Chapter 05　방제방법의 종류
Chapter 06　식물병 각론

Chapter 01 식물병의 일반

1절 식물병의 개념

1. 식물병

(1) 정의 : 병원체나 환경조건에 의해 식물에 나타나는 질병으로 감염 시 생리적 기능에 이상이 생기게 됨

(2) 식물병리학 : 식물에 질병을 일으키는 병원체나 환경에 대한 작용기작을 파악하여 감염된 식물의 생리적 변화 및 방제법에 대하여 연구하는 학문

2절 식물병의 피해와 중요성

1. 역사적 피해 사례

식물병	특징
감자 역병	1845~1860년 경 아일랜드의 주 식량이었던 감자에 역병이 들어 대기근에 의한 다수의 사망자가 발생
커피 녹병	1869년도 스리랑카에서 커피 녹병이 널리 퍼지면서 주 생산지가 스리랑카에서 남아메리카로 이동
맥각병	맥류를 기주로 자라는 곰팡이(Aspergillus flavus)에 의해 생성되는 아플라톡신(Aflatoxin)은 독성물질로, 섭취할 경우 인축에 피해를 일으킴 ※ 보리 붉은곰팡이병 : 섭취 시 인축에 중독을 일으키는 곰팡이독소(제랄레논)를 생성
밤나무 줄기마름병	병원균이 동양에서 미국으로 옮겨가 미국밤나무를 전멸시킴
벼 깨씨무늬병	1943년 인도 뱅갈지방에서 벼 깨씨무늬병 전파로 인해 식량 공급이 어려워져 200만명이 기아로 사망
옥수수 깨씨무늬병	깨씨무늬병은 1970년 미국에 전체적으로 발병하였으며 옥수수와 관련된 제품 생산에 큰 영향을 미침)
수박 덩굴쪼김병	미국 아이오와주에서 발생

2. 국가별 식물병의 역사

(1) deBary(독일) : 깜부기병이 식물에 기생함을 밝혔으며 감자 역병균이 곰팡임을 입증

(2) Mayer(독일) : 담배 모자이크병의 즙액전염을 밝힘

(3) Millardet(프랑스) : 보르도액을 포도노균병 방제약제로 개발

(4) Burrill(미국) : 배나무 불마름병(사과 화상병)이 세균병임을 밝힘

(5) Ivanowski(소련) : 담배모자이크바이러스(TMV) 발견(여과성을 통해 바이러스병에 대한 기초 제시)

(6) Doi(일본) : 마이코플라즈마 유사 미생물(MLO) 발견, 뽕나무 위축병, 대추나무 빗자루병

(7) Needham(영국) : 밀 씨앗선충병에서 기주에 기생하는 선충을 밝힘

3. 식물병 관리의 중요성

작물의 피해는 주로 병해충, 잡초에 의해 발생하므로 방제를 통해 생산량 감소를 최소화 해야함

(1) 생산량 감소로 농가 소득이 감소하면 농산물 가격이 상승하여 비용적 부담이 발생

(2) 생산량 감소는 즉 식량원의 감소로 일상생활에 영향을 줌

(3) 생산량 감소가 적더라도 품질 저하로 인한 경제적 손실 초래 가능

(4) 방제 과정에서 발생하는 비용은 경제적 손실을 초래할 수 있음

Chapter 02 식물병의 원인

1절 병원의 종류

1. 병원

(1) **정의** : 식물에게 병을 발생시키는 원인이라는 뜻으로 전염이 되는 '생물성 병원'과 전염성이 없는 '비생물성 병원'으로 분류

(2) **비생물성 병원** : 식물에 대한 병원 중 전염이 되지 않는 병원을 뜻하며 토양환경, 기상조건, 양분의 결핍 등 환경적 원인에 의해 병징만 나타남

구분	원인
토양환경	• 토양 중금속 오염 • 원소 간 길항작용에 따른 양분흡수 저해 • 토양 수분의 양(건조 또는 과습) • 토양 물리성(보수성, 투수성, 보비성, 통기성 등)
기상조건	• 고온피해(열해)와 저온피해(냉해, 동해) • 건조에 따른 시들음 증상 • 일조량 부족에 따른 웃자람 증상
대기오염물질	• 아황산(SO_2) : 대기오염물질 중 가장 독성이 강하며 기공을 통해 흡수 • 질소산화물(NO_2) : 주로 고온에서 발생, 식물세포를 파괴하여 갈색 반점을 생기게 함
양분 결핍	• 질소(N) : 엽록소 구성성분으로 결핍 시 황화현상 • 인(P) : 생육초기 뿌리 발육 저조 • 칼륨(K) : 벼 적고병, 보리 흰무늬병 • 칼슘(Ca) : 토마토 배꼽썩음병, 셀러리 검은썩음병 • 마그네슘(Mg) : 엽록소 구성성분으로 결핍 시 황화현상, 감귤 대황병, 보리 흰갑병 • 붕소(B) : 무·배추 속썩음병, 사과 축과병, 갈색속썩음병, 담배 윗마름병
농약의 사용	농약 오남용에 의한 제초제 약해

(3) **생물성 병원** : 식물에 대한 병원 중 전염이 되는 병원을 뜻하며 다른말로 '전염성 병원'이라고도 불리움. 기생성 식물, 진균, 세균, 바이러스, 선충, 파이토플라즈마 등이 이에 해당됨 (기생병의 원인) ※ 병원체의 크기 : 진균(곰팡이) > 세균 > 바이러스 > 바이로이드

2절 병원체의 분류 및 형태

1. 진균(곰팡이균, 사상균)

구분	특징
진균	• 진핵생물 • 8,000여 종으로 종류가 가장 많음 • 엽록소(잎파랑이)가 없어 동화작용을 못하므로 유기물 섭취를 통해 살아감(종속영양) • 실모양의 다세포섬유인 균사로 구성(균사덩어리=균사체) • 균사는 격막이 있는 유격균사와 격막이 없는 무격균사로 구분 • 균사는 세포벽으로 둘러싸여 있으며 주 구성성분은 키틴(kitin) • 세포막, 미토콘드리아, 리보솜, 소포체, 액포, 핵(핵막) 존재 • 영양체(영양기관, 균사, 균핵)와 번식체(번식기관, 포자)로 구분 • 진균의 번식기관인 포자는 수정여부에 따라 무성포자(불완전세대)와 유성포자(완전세대)로 구분 ※ 대부분의 1차전염원은 유성포자임 • 무성포자 종류 : 분생포자, 병포자, 후벽포자, 유주자 • 유성포자 종류 : 난포자, 자낭포자, 담자포자, 접합포자 • 진균은 크게 유사균류(난균류)와 진정균류(자낭균류, 담자균류, 접합균류, 불완전균류)로 나뉨 ※ 난균류는 현재 진균으로 분류되지 않음 • 진균의 종류 및 특징

구분	격막	특징
조균류	무	• 유주자를 생성, 유주자균류(난균류)와 접합균류로 구분 ※ 유주포자(유주자)는 운동성을 가짐
자낭균류	유	• 균핵과 자좌를 형성 • 유성생식을 통해 자낭 속 8개의 자낭포자가 생성(완전세대, 1차 전염원) • 발병 후 무성생식을 통해 분생포자를 형성(불완전 세대, 2차 전염원)
담자균류	유	• 포자생성기관(담자기) 위에 담자포자(유성포자)가 형성됨
불완전균류	유	• 유성세대가 알려져 있지 않음(무성생식), 변이기작으로 이핵현상 존재 • 분생포자의 형성법에 따라 병자각, 분생자좌, 분생자층, 분생자병속으로 구분

(1) 진균 종류별 발생병

구분		특징
조균류	유주자균류 (난균류)	• 포도 노균병(*Plasmopara viticola*) • 박과 노균병(*Pseudoperonospora*) • 무, 배추 노균병(*Peronospora parasitica*)

	접합균류	• 모잘록병(*Pythium*) • **무름병**(*Rhizopus*)
자낭균류		• 겹무늬썩음병(*Botryosphaeria dothidea*) • 부란병(*Valsa ceratosperma*) • 사과 탄저병(*Glomerella cingulata*) • 꽃 썩음병(*Monilinia mali*) • 검은별무늬병(*Venturia spp.*) • 감귤 점무늬병(*Diaporthe citri*) • 복숭아나무 잎오갈병(*Taphrina deformans*) • 포도 새눈무늬병(*Elsinoe ampelina*) • 잿빛무늬병(*Monilia fructigena*) • 흰날개무늬병(*Rosellinia necatrix*) • 깨씨무늬병(*Cochliobolus miyabeanus*) • 벼 키다리병(*Gibberella fujikuroi*) • 맥류 붉은곰팡이병 • 벚나무 빗자루병 • 고구마 검은무늬병 • 소나무 잎떨림병 • 흰가루병 • 균핵병
담자균류		• 붉은별무늬병(*Gymnosporangium spp.*) • 자주날개무늬병(*Helicobasidium mompa*) • 녹병(*Phakopsora ampelopsidis*) 〈녹병균의 생활사〉 　녹병정자 → 녹포자 → 여름포자 → 겨울포자 → 담자포자 • 흰비단병(*Athelia rolfsii*) • 고약병(*Septobasidium spp.*) • 모잘록병(*Rhizoctonia*) • 옥수수 깜부기병(*Ustilago maydis*) • 벼 잎집무늬마름병(*Rhizoctonia solani*) • 과수 뿌리썩음병 • 소나무 혹병 • 활엽수 목재썩음병
불완전균류		• 벼 도열병(*Pyricularia oryzae*) • 감자 겹무늬병(*Alternaria solani*) • 갈색무늬병(*Marssonia mali*) • 점무늬낙엽병(*Alternaria mali*) • 배나무 검은무늬병(*Alternaria kikuchiana*) • 포도 잿빛곰팡이병(*Botrytis cinerea*) • 탄저병 • 토마토 잎곰팡이병 • 토마토 점무늬병

2. 세균(박테리아)

구분	특징
세균	• 핵과 핵막이 없는 원핵생물 • 크기 0.6~3.5㎛, 직경 0.3~1.0㎛ • 세포벽이 존재하며 이분법으로 증식, 일부는 인공배지 배양 가능 • 형태에 따른 분류 : 간균(막대기 모양), 구균(원통 모양), 사상균(실모양), 나선균(나사 모양) 　※ 연속적인 실모양의 Streptomyces를 제외한 대부분의 세균은 간균에 해당 • 편모(운동기관) 특징에 따른 분류 : 단극모(한개), 양극모(양쪽에), 속생모(한쪽에 여러개), 주생모(주위에) 　※ 간균과 나선균은 편모가 있으나 구균은 없음 • 그람염색법에 따른 분류 : 보라색으로 염색되는 그람양성균(감자 둘레썩음병, 토마토 궤양병), 분홍색으로 염색되는 그람음성균(대부분 세균) 　※ Bacillus, Clavibacter, Streptomyces : 그람양성균 • 식물체 상처 부위를 통해 침입 • 세균의 변이기작 : 접합, 형질 전환, 형질도입 • 세균의 플라스미드 종류 : 병원성, 저항성, 박테리오신

(1) 세균 종류별 발생병

구분	그람반응	편모	한천배지 반응	병명
Pseudomonas (슈도모나스)	음성 (분홍색)	단극모	형광색	• 콩 세균성 점무늬병 • 가지과 풋마름병 • 담배 불마름병(들불병) • 잎점무늬병
Xanthomonas (크산토모나스)			황색	• 벼 흰잎마름병 • 복숭아 세균성구멍병 • 무 검은썩음병
Burkholderia (버크홀데리아)			황록색	• 벼 세균성알마름병
Ralstonia (랄스토니아)			백색	• 가지과 풋마름병
Agrobacterium (아그로박테리움)			백색	• 근두암종병(뿌리혹병)
Erwinia (에르위니아)		주생모	백색 회백색	• 시들음병 • 배나무 화상병 • 채소 세균성무름병
Streptomyces (스트렙토마이시스)	양성 (보라색)	분지성 사상체	백색 황갈색	• 감자 더뎅이병 • 고구마 썩음병
Clavibacter (클라비박터)		없음 (운동성 없음)	보라색	• 감자 둘레썩음병 • 토마토 궤양병

3. 바이러스

구분	특징
바이러스	• 세포벽이 없으며 핵산과 단백질(캡시드)로 구성된 핵단백질 • 핵산은 RNA 또는 DNA(대부분 RNA) • 입자의 형태적 특성에 따라 실모양, 막대형, 타원형, 구형으로 구분 • 스스로 물질대사를 하지 못하므로 살아있는 세포에서만 기생하여 증식 가능 (순활물기생체, 인공배양 불가) • 전자현미경으로 관찰 가능 • 매개충 : 벼 오갈병(매미충), 벼 줄무늬잎마름병(애멸구) • 화학적 직접방제가 어렵기 때문에 재배적, 경종적, 물리적 방제 사용 • 감염 시 주로 전신병징이 나타남 • 전염방법 : 종자, 접목, 충매, 즙액, 토양, 영양번식기관

4. 파이토플라즈마

구분	특징
파이토플라즈마	• 세포벽과 핵이 없으며 원형질막으로 싸여 있는 원핵생물 • 세균과 유사한 병원체로 크기는 0.1~1㎛로 매우 작아 관찰 시 전자현미경을 이용 • 인공배양 불가 • 테트라사이클린 등 항생제로 억제 가능하나 완전방제는 어려움 • 식물 체관부에 존재하는 병원체로 체관부 흡즙 곤충에 의해 매개 • 대추나무 빗자루병, 뽕나무 오갈병 : 마름무늬매미충 매개 • 오동나무 빗자루병 : 담배장님 노린재, 썩덩나무노린재, 오동나무애매미충 매개 ※ 스피로플라즈마(Spiroplasma) : 감귤 오갈병 병원체로 인공배양 가능 　　　　　　인공배양 가능하며 테트라사이클린계 항생제에 감수성을 띰 ※ 예외) 벚나무 빗자루병균은 자낭균류에 속함

5. 바이로이드

구분	특징
바이로이드	• 바이러스와 유사하지만 단백질 외피가 없고 한가닥의 핵산 RNA로만 이루어짐 • 분자량은 바이러스 RNA의 1/10 이하 • 식물병리학자 Diener에 의해 감자 걀쭉병의 병원체로 처음 밝혀짐 • 인공배양 불가 • 접목 또는 농기구 접촉을 통해 전염 • 과실 표면이 울퉁불퉁해지는 배 유부과 현상 및 위축 현상 발생 • 감자 걀쭉병의 병원체

6. 선충

구분	특징
선충	• 식물에 기생하여 전염병을 일으키는 동물성 병원체 • 몸의 길이는 0.5~1.5mm • 구침으로 식물의 조직을 뚫고 들어가 흡즙하며 상처난 조직은 병원성 곰팡이나 세균에 의해 2차 감염되어 부패 • 선형동물과에 속하며 식물의 특정부위를 가해(국부적 가해) • 1년간 30cm정도밖에 이동하지 못하므로 물, 농기구, 묘목뿌리 등에 의해 전파 • 식물바이러스병을 매개하는 경우도 있음(Nepovirus) • 뿌리혹선충은 식물 뿌리에 혹같은 병징을 발생시킴

7. 기생성 식물

(1) 다른 식물에 기생하여 기주로부터 양분과 수분을 탈취

(2) 현삼, 새삼, 겨우살이, 열당과의 나무더부살이 (뿌리 기생)

Chapter 03 식물병의 발생

1절 식물병의 병환

1. 병환 및 전염원의 종류

(1) 병환의 정의
   1) 병의 진전과 병원체의 발달 과정으로 병원균의 생활사와 밀접한 관련이 있음
   2) 병환은 병원체의 접종-침입-감염-침투-정착-생장 및 증식 순으로 진행

(2) 전염원의 정의
   1) 기주식물에게 감염을 일으킬 수 있는 병원체를 뜻하며 발병 시기에 따라 1차 전염원과 2차 전염원으로 나눔
   2) 1차 전염원 : 가장 먼저 만들어진 전염원으로 월동하면서 휴면상태로 생존 후 봄이나 가을에 감염을 일으킴
   3) 2차 전염원 : 1차 감염으로부터 형성되는 전염원으로 1차 감염으로 생성된 환부에 있는 병원체가 바람 등 매개체를 통해 다른 식물로 옮겨져 2차 감염을 일으킴

(3) 전염원의 근원

구분	종류
종자 전염	• 종자 표면 전염 : 벼 깨씨무늬병균, 벼 도열병, 벼 세균성잎마름병, 보리 속깜부기병균 • 종자 배 전염 : 벼 키다리병균, 맥류 겉깜부기병균 • 감자 표면 및 내부 전염 : 감자 역병균, 감자 둘레썩음병균 • 묘목 전염 : 과수 근두암종병균, 과수 자주날개무늬병균
토양 전염	• 모잘록병균　　　　　　　　　• 잘록병균 • 시들음병균　　　　　　　　　• 덩굴쪼김병균 • 풋마름병균　　　　　　　　　• 밀 비린깜부기병균 • 균핵병균　　　　　　　　　　• 검은썩음병균 • 밑둥썩음병균
공기 전염	• 잿빛곰팡이병균, 흰가루병균, 탄저병균, 노균병균, 세균성 점무늬병균
병든 식물 잔재	• 벼 도열병균(종자)　　　　　　• 잎오갈병균(가지) • 배나무 검은별무늬병균(가지)　• 세균성구멍병균(가지) • 복숭아 탄저병균(가지)　　　　• 감귤 궤양병균(열매)

잡초 및 곤충전염	• 잡초전염(중간기주 월동) : 벼 흰잎마름병균(겨풀뿌리), 벼 누른오갈병균(둑새풀), 배나무 붉은별무늬병균(향나무) • 곤충전염(체내 월동) : 벼 줄무늬잎마름병균(애멸구), 벼 오갈병(끝동매미충) ※ 경란전염

(4) 바이러스병 전염 경로

구분		종류 및 특징
충매 전염	비영속성	• 바이러스가 곤충 체내에 들어가지 않고 구침에 머문 상태로 전염 • 전염이 일시적이며 주로 진딧물에 의해 발생 • 오이·배추·순무·콩 모자이크병 • 감자 Y바이러스(복숭아혹진딧물)
	영속성	• 바이러스가 곤충 체내에서 증식한 후 전염 • 전염이 지속적이며 주로 매미충이나 멸구류에 의해 발생 • 벼 오갈병, 감자 잎말림병
즙액 전염		• 감염식물의 즙액을 통해 전염 • 토마토·담배 모자이크병, 감자 X바이러스
토양 전염		• 담배 둥근무늬모자이크병, 왜화바이러스
종자 전염		• 콩 줄무늬모자이크병, 담배 둥근무늬모자이크병, 오이 녹반모자이크병
접목 전염		• 사과 고접병
영양번식기관 전염		• 병든 구근을 통해 영속적으로 전염 • 감자·마늘 바이러스병

2. 병원체의 전반

(1) 전반(전파) : 병원체가 기주를 감염시키기 위해 기주식물로 이동하는 것

(2) 병원체의 전반 방법

구분		종류 및 특징
물	진균병	• 벼 잎집무늬마름병균　　• 감자 역병균 • 벼 모썩음병균　　　　　• 무·배추 무사마귀병균 • 모잘록병균 • 노균병균　　　　　　　• 탄저병균
	세균병	• 벼 흰잎마름병균 • 토마토 풋마름병균
바람		• 벼 도열병균　　　• 벼 키다리병균　　• 맥류 겉깜부기병균 • 밀 줄기녹병균　　• 감자 역병균　　　• 잣나무 털녹병균 • 배나무 붉은별무늬병균　• 밤나무 줄기마름병균　• 밤나무 흰가루병균

곤충	• 벼 오갈병균(끝동매미충, 번개매미충) • 벼 줄무늬잎마름병균, 벼 검은줄오갈병균(애멸구) • 참나무 시들음병균(광릉긴나무좀) • 오동나무 빗자루병(담배장님노린재) • 대추나무 빗자루병, 뽕나무 오갈병(마름무늬매미충)
묘목	• 감나무 뿌리혹병 • 밤나무 근두암종병균 • 잣나무 털녹병균 • 포플러 모자이크병균

3. 병원체의 침입

(1) 감염 : 병원체가 기주식물에 침입 후 정착하여 양분을 공급받는 것으로 식물병을 발병시킴

(2) 발병 : 감염을 통해 식물체 외관에 변형, 변색, 기형 등 변화가 일어나는 것

(3) 잠복기간 : 병원체가 침입한 후 초기 병징이 나타날 때까지의 기간

(4) 병원체의 침입 경로

구분		종류
자연개구부 침입	기공	녹병균의 녹포자·하포자, 갈색무늬병균, 노균병균, 토마토 잎곰팡이병균, 세균성 점무늬병균, 삼나무 붉은마름병균, 소나무 잎떨림병균, 소나무 그으름잎마름병균
	수공	벼 흰잎마름병균, 양배추 검은썩음병균, 오이 세균성점무늬병균, 배나무 화상병균
	피목	감자 더뎅이병균, 감자 역병균, 과수 잿빛무늬병균, 뽕나무·포플러 줄기마름병균
	주두 및 밀선	사과·배 화상병균, 밀 맥각병균
각피 침입		• 기계적 힘이나 각피분해효소를 분비하여 각피를 관통 • 장미 흰가루병, 벼 깨씨무늬병균, 도열병균, 탄저병균, 녹병균의 담자포자, 잿빛곰팡이병균, 잘록병균, 자주빛날개무늬병균
상처 침입		• 바이러스 : 상처를 통해서만 침입 • 밤나무 줄기마름병, 고구마·채소 무름병균, 가지과 풋마름병균, 목재썩음병균, 감귤 푸른곰팡이병균, 사과 부란병균
꽃 침입	직접감염	사과·배 화상병균, 사과 꽃썩음병균
	간접감염	맥류 겉깜부기병균

4. 기주교대

(1) **이종기생균** : 생활사를 완성하기 위해 두 종류의 기주식물을 옮겨가며 생활하는 병원균으로 대표적으로 녹병균이 해당함

(2) **기주교대** : 이종기생균이 두 종류 기주식물을 옮겨가며 생활하는 방식을 의미하며 두 기주식물 중 경제적 가치가 적은 쪽을 중간기주라 함

(3) 녹병균의 특징 및 중간기주

구분	종류 및 특징	
특징	• 인공배양이 어려움 • 살아있는 생물에만 기생하는 순활물기생균 • 기주식물에서 녹병포자나 녹포자 세대를 거쳐 중간기주로 넘어가 여름포자, 겨울포자를 만듦 • 식물체 표면에 적갈색 가루가 표징으로 나타남	
중간기주	배 붉은별무늬병	향나무(여름포자 없음)
	사과 붉은별무늬병	
	맥류 줄기녹병	매자나무
	밀 붉은녹병	좀꿩의다리
	소나무 혹(녹)병	졸참나무, 신갈나무
	소나무 잎녹병	황벽나무, 참취, 쑥부쟁이, 등골나물
	잣나무 잎녹병	등골나무
	잣나무 털녹병	송이풀, 까치밥나무
	포플러 잎녹병	낙엽송, 현호색

5. 병원체의 기생성

(1) **기생체** : 엽록소를 가지고 있지 않아 스스로 양분을 합성하지 못하고 살아있는 기주에 기생하여 양분을 섭취하는 진균 세균, 바이러스 등

(2) **부생체** : 죽은 조직의 유기물에서 영양을 섭취

(3) 병원체의 영양 섭취법에 따른 분류

구분	종류 및 특징
절대기생체 (순활물기생체)	• 살아있는 조직에서만 생활가능 • 녹병, 흰가루병균, 노균병균, 무·배추 무사마귀병균, 배나무 붉은별무늬병균 • 대부분의 녹병균은 인공배양이 어려우나 맥류 줄기녹병균, 목화 녹병균은 인공배양 가능
임의부생체 (조건부생체)	• 살아있는 조직에서의 기생을 원칙으로 하나 죽은 유기물에서도 영양 섭취 가능 • 감자 역병균, 깜부기병균, 배나무 검은별무늬병균
임의기생체 (조건기생체)	• 부생을 원칙으로 하나 살아있는 유기물에서도 영양 섭취 가능 • 고구마 무름병균, 채소류 잿빛곰팡이병균, 모잘록병균
절대부생체 (순사물기생체)	• 죽은 유기물에서만 영양 섭취 • 목재 심부썩음병

6. 병원의 증명

(1) **보균식물** : 외부로 병징은 보이지 않지만 병원체는 가지고 있는 식물
   ※ 병원체가 바이러스일 경우 : 보독식물

(2) **잠재감염** : 일정 기간 동안 병징이 나타나지 않고 어떤 생육단계에 이르러서 발병하는 감염
   예) 맥류 깜부기병

(3) **코흐의 원칙** : 독일 미생물학자 코흐(Robert Koch)가 동물 탄저병 병원을 밝히면서 성립한 이론. 식물 병환부에는 다양한 미생물이 존재하므로 발견된 해당 병원체가 병을 일으킨 원인이라는 사실을 증명하기 위한 동정에 이용되는 원칙.

코흐(Koch)의 4대 원칙	• 병원체는 반드시 병환부에 존재해야 함 • 병원체는 배지에서 순수배양이 가능해야 함 ※ 파이토플라즈마, 바이러스, 녹병균, 흰가루병균은 분리배양이 안되는 절대기생체로 적용불가 • 배양한 병원체를 건전한 식물체에 접종하면 동일한 병을 발생시킴 • 접종한 식물체에서 같은 병원체를 다시 분리할 수 있음

2절 발병환경

1. 식물병의 발병

(1) **식물병 발병에 필요한 3요소** : 기주식물(소인), 병원(주인), 환경(유인)
   예) 질소질비료 과용 시 벼 도열병 발생 촉진(유인 : 질소질비료 과용)

(2) 기주식물의 감수성(병에 걸리기 쉬운 성질) 또는 저항성에 따라 발병 정도가 달라짐
   ※ **발병도** : 식물병 측정 시 병든 식물체 조직의 면적 비율을 나타낸 것

2. 식물병 발생 환경조건

구분	종류 및 특징	
온도	• 저온에서 자주 발병 : 벼 도열병(저온다습), 벼 모썩음병(저온다습), 복숭아 잎오갈병, 보리 줄무늬병, 밀·보리 줄녹병, 감자 모자이크병, 옥수수 붉은곰팡이병 • 고온에서 자주 발병 : 사과 탄저병, 가지과 풋마름병, 밀 붉은곰팡이병, 감자 역병, 토마토 풋마름병	
수분 및 습도	• 대부분의 병원균은 높은 습도와 관련이 깊음 • 벼 흰잎마름병, 역병 : 배수불량, 장마 시 고온다습한 환경에서 많이 발생 • 배나무 붉은별무늬병 : 강우 시 소생자가 발아하여 발병 • 맥류 곰팡이병 : 유숙기에 비가 자주 오면 발병	
영양	질소(N)	• 과다 시 병저항성이 약해져 벼 도열병이 유발 • 과다 시 영양생장이 활발해져 잎집무늬병균이 확산 • 추락답에서 질소질비료 시비 시 벼 깨씨무늬병 발생 저감
	인산(P)	• 인산질비료 사용 시 담배·시금치 모자이크병 발생 증가
	붕소(B)	• 결핍 시 사과·배 축과병, 포도 새눈무늬병 발생
	규소(Si)	• 시비 시 세포벽이 규질화되어 병저항성을 높임
토양 산도	• 산성 토양 : 무·배추 무사마귀병, 토마토·목화 시들음병 • 알칼리성 토양 : 감자 더뎅이병, 목화 뿌리썩음병, 가지과 풋마름병, 침엽수 모잘록병	
토양 생물 및 기지현상	• 토양 미생물은 병원체 생육에 큰 영향을 미침 • 길항현상 : 서로 다른 2가지 미생물이 존재할 때 발병이 억제 또는 상쇄되는 작용 • 협력현상 : 서로 다른 2가지 미생물이 존재할 때 발병이 심해지는 작용 • 기지현상 : 특정 작물의 연작은 특정 미생물을 번성시키는데 그 중 병원균이 병해를 유발하여 작물 생육이 나빠짐	

3. 시설재배 시 발병조건

구분	종류
고온다습	무름병, 탄저병, 풋마름병
고온건조	시들음병
저온다습	잿빛곰팡이병, 균핵병, 노균병
건조	흰가루병

3절 병원성과 저항성

1. 병원균의 생리적 분화

(1) **분화형(변종)** : 분류학적으로는 같은 종에 속하는 병원균이지만 침해하는 기주식물이 다른 현상을 생리적 분화라고 하며 이 현상으로 분류된 개체군을 분화형이라 함

※ 병원성의 생리적 분화는 영양 요구성의 차이에 의해 생기며 분화형을 결정하기 위해서 판별품종을 사용

(2) **레이스** : 한 병원균의 분화형(변종)에서 기주의 품종에 대한 기생성이 다른 것으로 병원균의 병원성 차이(저항성 또는 감수성)에 기인

① 레이스가 다르면 같은 종이라도 기생성이 다름
② 레이스는 기주식물 품종이 분화됨에 따라 계속 분화하여 다양성을 가짐
③ 레이스의 종류 : 벼 도열병균(12개), 감자 역병균(16개), 밀 줄기녹병균(300여 개)
④ 레이스의 출현으로 인한 병원균의 변이는 식물체의 병 저항성이 무너지게 되는 가장 큰 요인임

(3) **판별품종** : 레이스를 구별할 때 활용되는 기준 품종 (병원성 분화형을 결정)

2. 병원성의 유전(변이)

구분	종류 및 특징
돌연변이	• 감자 역병균, 토마토 잎곰팡이병균, 옥수수 깨씨무늬병균
교잡	• 유성생식이 가능한 진균류에서 일어남 • 녹병균, 깜부기병균, 사과 검은별무늬병균
이질다핵현상	• 균사 또는 포자의 한 세포 내에 유전적으로 다른 핵을 갖는 현상(Heterokaryosis) • 유성세대가 불확실한 진균(불완전균류)의 변이균 생성에 중요
준유성 교환	• 불완전균류의 균사에서 마치 유성생식 같은 유전적인 재조합이 일어나는 현상 • 완두 시들음병균, 알팔파 줄기마름병균, 보리 점무늬병균

3. 병원성과 효소

(1) **효소의 분비**

식물병원균은 기주 식물의 세포벽을 뚫기 위해 분해효소를 분비

(2) 식물 세포벽의 구조

구분	종류
각피	큐틴, 왁스
중엽층	주로 펙틴질
1차벽	펙틴질, 셀룰로오스, 헤미셀룰로오스, 리그닌
2·3차벽	주로 셀룰로오스

(3) 세포벽 물질 분해효소

구분	종류 및 특징
Cutinase (큐틴 분해효소)	• 잿빛곰팡이병균, 모잘록병균, 도열병균, 보리 줄무늬병균, 보리 흰가루병균
Pectinase (펙틴 분해효소)	• 식물 조직의 연화, 위조 증상 발생 • 자줏빛날개무늬병균, 채소 세균성무름병균, 고구마 무름병균, 모잘록병균, *Fusarium*균
Cellulase (셀룰로오스 분해효소)	• 많은 무름병균, 썩음병균은 Pectinase와 함께 Cellulase를 분비
Hemicellulase (헤미셀룰로오스 분해효소)	• 과수 잿빛무늬병균, 채소 균핵병균
Ligninase (리그닌 분해효소)	• 목재 흰썩음병균

4. 병원성과 독소

구분	종류 및 특징
기주특이적 독소	• 병원균이 생산하는 독소가 기주식물에만 작용하는 독소 • Victorin 독소 : 귀리 마름병균 • AK 독소 : 배나무 검은무늬병균 • AT 독소 : 담배 붉은별무늬병균 • AM 독소 : 사과 점무늬낙엽병균 • PC 독소 : 수수 Milo 병균 • AC 독소 : 귤 검은썩음병균 • HC 독소 : 옥수수 반점무늬병균, 그을음무늬병균 • AF 독소 : 딸기 검은무늬병균 • HMT 독소 : 옥수수 깨씨무늬병균 • AL 독소 : 토마토 겹둥근무늬병균, 줄기마름병균

※ 맥류를 기주로 자라는 곰팡이(Aspergillus flavus)에 의해 생성되는 아플라톡신(Aflatoxin)은 독성물질로, 섭취할 경우 인축에 피해를 일으킴
※ 보리 붉은곰팡이병 : 섭취 시 인축에 중독을 일으키는 곰팡이독소(제랄레논)를 생성

5. 식물병과 생장조절제

구분	종류 및 특징
옥신 (IAA, 인돌아세트산)	• 세포신장 및 막투과성에 영향을 미침 • IAA가 증가하면 세포벽 구성물질들이 분해되어 조직이 느슨해지므로 병원균 침입이 용이해짐 • 감염 시 인돌아세트산 분비 증가 : 양배추 무사마귀병, 감자 역병, 옥수수 깜부기병, 바나나 시들음병 사과 붉은별무늬병
지베렐린 (GA)	• 벼 키다리병균인 Gibberella에서 분리된 물질 • 줄기신장 효과가 있어 왜화된 식물에 지베렐린 처리 시 생장 촉진을 유도할 수 있음

6. 병에 대한 식물의 반응

(1) **저항성** : 식물이 병원체 작용을 억제하여 피해를 적게 받는 성질로 감수성(이병성)과 반대

(2) **감수성** : 식물이 병에 걸리기 쉬운 성질
 ※ 식물이 본질적으로 병에 걸리지 않는 질적 차이가 있을 때 그 병원체에 대해 '친화성이 없다'고 함

(3) **면역성** : 식물이 전혀 병에 걸리지 않는 성질로 비기주저항성을 뜻함
 예 감자는 벼 도열병균에 대해 완전면역성을 가짐

(4) **회피성** : 병원체의 활동기를 피하여 병에 걸리지 않는 성질

(5) **내병성** : 식물이 감염되어도 피해를 적게 받는 성질

7. 저항성과 작용기작

(1) 저항성의 구분

구분	종류 및 특징
저항성에 대한 유전적 차이	• 수직저항성(진정저항성) : 식물의 병저항 유전자에 의해 나타나는 저항성으로 식물체가 특정 병원체 레이스에 대해서만 저항성을 나타냄 예 과민성반응 • 수평저항성(포장저항성) : 환경에 따라 대부분 병원체 레이스에 대해 나타남
기주의 저항성	• 침입저항성 : 기주식물 유전자에 따른 특성에 의해 병원균 침입이 억제되는 저항성 예 벼의 규질화 • 확대저항성 : 병원균이 침입한 후 페놀성 물질 생성 등을 통해 저항하는 것

(2) 감염 전 저항성(수동적 저항성) : 식물이 자체적으로 감염 전부터 가지고 있는 구조적 저항성

구분	종류 및 특징
각피 및 표피 두께	• 표피에 규산이 축적된 규질화 세포가 많은 품종은 벼 도열병에 저항성이 큼
기공의 수와 개폐 정도	• 기공의 수가 적고 크기는 작을수록 병 저항성이 큼(감귤 궤양병균, 만다리 품종) • 밀 붉은녹병균은 닫힌 기공으로도 침입
병원균 침입 전부터 형성된 물질	• 프로토카테큐산과 카테콜 : 양파 유색품종 껍질에 존재하는 물질로 양파 탄저병의 포자 발아 억제 • 페놀류 : 밀 줄기녹병균, 감자 더뎅이병균, 벼 도열병균에 저항성이 큼 • 그 외 사포닌, 탄닌산, 왁스, 큐틴산 등이 저항성에 영향을 줌 예 토마토의 tomatine : 사포닌의 일종으로 병원균에 독성을 띰

(3) 감염 후 저항성(능동적 저항성, 유도저항성)

구분	종류 및 특징
과민성 반응 (1차 방어기작)	• 기주식물 세포가 병원체에 과민하게 반응하여 괴사함으로써 침입균 생육을 억제
파이토알렉신 (병원체 발육을 억제하는 항균물질)	• 피사틴(Pisatine) : 완두에서 생성되는 항균물질 • 리시틴(Rishitin) : 감자에서 생성되는 항균물질 • 이포메아마론(Ipomeamarone) : 고구마에서 생성되는 항균물질
감염특이적 단백질 (PR-protein)	• 병원균 침입 후 살리실산(SA)이 전달물질 역할을 하여 생성되는 단백질로 전신획득저항성(SAR)을 유도
조직의 변화	• 코르크 형성 : 병원균이 침입한 부위에 코르크화(양배추 위황병) • 이층 형성 : 감염된 조직 경계부에 이층이 형성되어 병 진행 억제(소나무 잎떨림병) • 전충제(Tylose) 형성 : 유조직이 증가함으로써 목부(도관부)를 막아 병을 차단 • 검(Gum) 형성 : 병원균 침입 부위에 보호조직 형성(박과 덩굴쪼김병) • HRGP : 세포벽의 셀룰로오스 집적과 밀접히 관련된 당단백질로 물리적 장벽 형성 • 칼로스(Callose) 형성 : 페놀화합물이 축적된 칼로스 돌기를 형성하여 병원균 억제 (알뿌리화훼 달리아, 양파)
병원체의 생육 지연	• 저항성 품종은 병원균 생육을 방해하여 발병 억제(귀리 겉깜부기병, 토마토 시들음병)

(4) 저항성의 유전

1) 저항성은 우성인자 또는 열성인자로 유전되는데 단일우성인자로 지배되는 경우가 많음
2) 단일우성인자 : 벼 도열병, 상추 노균병, 오이 검은별무늬병, 완두 시들음병, 양배추 위황병
3) 단일열성인자 : 콩 세균성 점무늬병, 완두 흰가루병

4) 저항성의 분류

종류	특징
특이적 저항성 (수직저항성)	• 특정한 레이스의 병균에만 과민성 반응 등 뚜렷한 저항성을 보이며 다른 레이스에는 작용하지 않음 • 주동유전자에 의해 발현되는 저항성으로 외부환경 영향을 쉽게 받지 않음 • 레이스의 변이에 감수성을 갖기 쉬워 새로운 레이스에 저항성이 무너짐 • 단인자 저항성, 주동유전자 저항성, 진정 저항성, 분화적 저항성
비특이적 저항성 (수평저항성)	• 모든 레이스에 동일하게 작용하는 저항성으로 여러 종류의 병원균에 대해 균일하게 저항성을 띰 • 알맞은 발병환경에서 저항성이 무너지며 유전 영향이 큰 수직저항성보다 효과가 크지 않음 • 식물체 성분의 종류, 함량, pH, 형태학적 성질이 병원체 감염에 영향 • 다인자 저항성, 미동유전자 저항성, 포장 저항성, 비분화적 저항성

Chapter 04 식물병의 진단

1절 진단의 단서

1. 병징

(1) 식물이 병에 걸려 세포, 조직, 기관에 이상이 생겨 외부형태에 변화가 나타나는 것

종류	특징
국부병징	• 병징이 일부 기관에 한정되어 나타나는 것 • 점무늬병, 혹병, 썩음병, 구멍병
전신병징	• 병징이 식물체 전체에 나타나는 것 • 시들음병, 오갈병, 황화병, 바이러스병

(2) 세균병의 병징

구분	원인
무름병	• 상처를 통해 침입한 병균이 펙티나아제(Pectinase) 효소를 분비하여 세포 중층을 분해하므로 기주세포는 원형질분리가 되어 죽게 됨 • 수분함량이 많은 채소에서 부패 및 악취의 무름현상이 나타남 • 채소류 무름병 (Erwinia)
점무늬병	• 기공으로 침입한 세균이 인접 유조직 세포를 파괴하여 여러 점무늬 모양을 만듦 • 콩 세균성점무늬병
잎마름병	• 세균이 유관 속 조직의 도관부를 침입하여 기관 일부 또는 전체가 고사함 • 벼 흰잎마름병
시들음병	• 초기 1차 병징으로 뿌리의 갈변현상이 나타나며 병이 진점됨에 따라 시들음 증상이 나타남(2차 병징) ※ 세균이 물관에서 증식하여 수분 상승을 저해 • 토마토 풋마름병
세균성혹병	• 세균이 기주세포를 자극하여 병환부를 이상 비대·증식시킴 • 사과, 장미 근두암종병

(3) 바이러스병의 병징

구분	원인
외부병징	• 보통 성장감소에 따른 전신병징으로 기관발육이상이 나타남(위축, 괴저, 기형, 왜화, 잎말림, 암종, 돌기) ※ 예외) 담배 모자이크바이러스(TMV)를 글루티노사종 담배에 접종하면 국부반점 병징이 나타남 • 색소체이상으로 변색이 나타남(모자이크, 얼룩무늬, 줄무늬)
내부병징	• 식물세포 내 엽록체의 수 및 크기가 감소 • 내부 조직 괴사 • 봉입체 형성
병징은폐	• 감염이 되었지만 부적절한 온도 환경에서는 병징이 나타나지 않는 것 ※ 리바비린(ribavirin) : DNA와 RNA 바이러스에 작용하여 증식을 억제하는 항바이러스 물질

(4) 파이토플라즈마병의 병징
   1) 빗자루병 : 감염된 부위의 생장이 왕성해져 총생형(도깨비집) 모양을 띰
   2) 오갈병 : 감염된 식물체의 잎이 오그라진 형태를 띰
   3) 황위병(누렁이병) : 병원체가 잎의 엽록소 생성을 방해하여 누렇게 변하고 오갈현상이 함께 나타남(저온, 질소부족)
   4) 왜화현상, 괴사현상, 엽화현상
   5) 딘즈 염색 : 파이토플라스마병의 감염 여부와 감염 부위를 확인 가능
   6) 감염조직에 테트라사이클린이나 페니실린을 접종하여 저항성 판단

2. 표징

(1) 병원체가 식물 병환부에 조직변화를 일으켜 곰팡이, 점질물, 돌출물 등으로 나타나 눈으로 확인할 수 있는 것(균류, 세균에 의한 병)

구분	종류
병원체의 영양기관으로 구분	• 균사체, 균사속, 균핵, 자좌, 균사막 등
병원체의 번식기관으로 구분	• 포자, 분생자각, 분생자병, 분생자총, 분생자좌, 포자각, 포자퇴, 병자각, 자낭각, 세균점괴, 버섯 등

(2) 바이러스, 파이토플라즈마, 바이로이드에 의한 병은 표징이 잘 나타나지 않음

(3) 표징은 병이 어느 정도 진행된 후 나타나기 때문에 조기진단이 어려움

(4) 표징에 따른 병의 진단

구분	종류 및 특징
가루	• 흰가루병, 녹병(주황색 가루), 깜부기병(이삭 발병, 검은가루)
곰팡이	• 노균병, 덩굴쪼김병, 잿빛곰팡이병, 잎곰팡이병, 벼 모썩음병, 고구마 무름병
균핵	• 병환부에 검은색 덩어리 • 고추 흰비단병, 균핵병, 벼 잎집무늬마름병
기타	• 자주날개무늬병 : 뿌리나 줄기의 땅가 주변에 자주색 실이나 그물 모양 막 생성 • 흰날개무늬병 : 뿌리가 썩으며 그 표면에 회백색 실이나 깃털모양 물질이 생성 • 그을음병 : 식물체 표면에 더러운 그을음이 생김 • 맥각병 : 화본과 작물의 꽃에 자흑색의 뿔모양 덩어리가 생김

2절 진단의 방법 및 특징

1. 육안적 진단(직접 진단)

(1) 육안으로 직접 병징이나 표징을 확인하여 진단하는 방법(표징은 진단에 결정적 기준이 됨)

(2) 병징과 표징에 의한 진단

구분	종류
병징 진단	• 모잘록병, 시들음병, 빗자루병, 근두암종병, 구멍병, 모자이크병
표징 진단	• 자줏빛날개무늬병, 잿빛곰팡이병, 깜부기병, 흰가루병, 그을음병, 균핵병, 노균병, 녹병
습실처리 진단	• 진균병 진단에 많이 이용

2. 해부학적·현미경적 진단

(1) 병환부를 해부한 후 현미경 관찰을 통해 식물병을 진단

  1) Fusarium에 의한 참깨 시들음병 기주식물은 유관속이 폐쇄되어 있음
  2) 참깨 세균성시들음병 기주식물은 유관속이 갈변되어 있음
  3) 감자 잎말림병균은 잎에 괴사현상을 일으키므로 해부하여 관찰 가능

(2) 봉입체 관찰을 통한 식물병 진단

  1) 일부(모든X) 바이러스 감염식물은 세포에 봉입체가 형성됨(맥류 오갈병, 담배 모자이크병)
  2) 담배 모자이크 바이러스(TMV)에 감염될 경우 다각형의 결정이 형성됨
  3) Potyvirus에 감염 시 풍차 모양의 봉입체가 형성됨

4) 감자 X바이러스에 감염 시 과립 봉입체가 형성됨(X-body)

(3) **그람염색법** : 대부분의 식물병원균은 그람음성이므로 그람염색법을 통해 그람양성 병원균을 진단(감자 둘레썩음병)

(4) **침지법(DN)** : 감염된 잎을 염색하여 1차적으로 간편하게 검정할 수 있으나 바이러스병 감염여부만 가능

(5) **초박절편법(TEM)** : 바이러스 감염 잎 조직을 얇게 잘라 전자현미경으로 관찰(봉입체 존재 여부만을 판정)

(6) **면역전자현미경법** : 혈청반응과 병원체의 형태를 전자현미경으로 관찰

(7) **유출검사법** : 감염된 식물체 줄기를 잘라 물에 넣었을 때, 단면에서 흘러나오는 분비물로 세균병을 진단하는 방법

3. 물리·화학적 진단

(1) <u>감자 바이러스병</u>에 감염 시 즙액에 황산구리를 첨가해 착색 정도를 통해 감염 여부를 진단

(2) 감자 둘레썩음병 감염 시 루미플라빈에 의해 감염부위가 형광색을 띠는데 자외선 반응을 통해 감염 여부를 진단

4. 생물학적 진단

(1) **지표식물 진단법** : 특정 병원체에 고도의 감수성을 띠거나 특이한 병징을 나타내는 식물을 지표로 삼아 진단에 활용

(2) **최아법(괴경지표법)** : 감자 바이러스병 진단 시 싹을 틔워 병징을 발현시킨 후 발병유무를 진단

(3) **즙액접종법** : 바이러스 병에 걸린 식물의 즙액을 여러 종류의 지표식물에 인공적으로 접종시켜, 잎에 나타나는 특이적인 병징을 관찰하는 방법으로 오이 노균병과 세균성점무늬병처럼 병징이 유사할 경우 구분이 용이하며 즙액접종이 가능한 바이러스를 지표식물에 접종하여 병징으로 진단

(4) **박테리아파지법** : 특정 세균에 기주특이성이 높은 바이러스를 이용하여 특정 세균 유무 및 월동장소를 진단(벼 흰잎마름병)

(5) 대치배양을 통한 혐촉반응진단

(6) **유전자에 의한 진단** : 분자생물학적으로 PCR법 또는 RFLP를 통해 바이러스 종류를 진단

5. 혈청학적·면역학적 진단

(1) 항혈청과 기주식물의 즙액을 직접 슬라이드 글라스 위에 반응시켜 병을 진단하는 방법으로 항원특이성이 높음
   ※ 감자 X모자이크병, 보리 줄무늬모자이크병, 벼 줄무늬바이러스병 등 바이러스병 진단에 이용

(2) 한천겔 확산법(AGID) : 한천겔에 항원과 항체를 확산시켜 침강반응을 관찰하는 방법으로 혈청반응에 통한 바이러스병 진단에 활용(여러 구멍에서 여러 병원균 검사 가능)

(3) 형광항체법 : 형광색소와 항체를 결합한 후 형광현미경 관찰을 통해 항원이 있는 곳을 찾아내는 방법
   ※ 종자 표면 바이러스, 매개충 내 바이러스 검출에 활용

(4) 효소결합항체법(ELISA) : 항체와 효소를 결합하여 바이러스와 반응시켰을 때 형성된 색소의 발색정도를 측정하여 감염여부 및 감염량을 판단
   ※ 빠른 시간 내에 경제적으로 대량검정 가능

(5) 직접조직프린트면역분석법(DTBIA) : 감염된 식물 조직 단면을 염색액과 항혈청에 반응시킨 후 발색시켜 결과 판정
   ※ 민감성, 신속성, 정확성, 수월성, 대량검정 가능

(6) 적혈구응집반응법 : 식물체에 적혈구를 처리했을 때 바이러스 등 항체에 의해 적혈구가 응집되는 것을 이용

(7) 병원적 진단 : 코흐의 원칙 이용(순서 : 미생물분리 → 배양 → 인공접종 → 재분리)
   (CHAPTER 03 식물병의 발생 참고)

(8) 식물항체 : 단클론 항체를 특정 단백질을 선별적으로 표적삼기 위한 유도물질로 사용하며 반복 생산이 가능

Chapter 05 방제방법의 종류

1절 식물병의 방제

1. 식물병 방제방법의 특징

(1) 식물병 방제는 한가지 병에 여러 방제방법을 적용하는 종합적 방제를 이용하는 것이 좋음

〈종합적 방제법의 목적〉
 1) 2차 병환을 늦추기 위해
 2) 기주 저항성을 증대시키기 위해
 3) 최초 전염원을 제거하거나 감소시키기 위해

(2) 발생 예찰 : 식물병의 발생 시기 및 원인을 추정하여 피해를 파악하고 예찰하는 방법
 예찰 대상) 벼 도열병, 벼 잎집무늬마름병, 맥류 깜부기병, 맥류 붉은곰팡이병
 ※ 병해 방제에서 중요한 요소 : 배제, 보호, 제거

2. 법적 방제

(1) 식물검역 : 유해 병해충이 국경을 넘어 전파 및 유입되는 것을 방지할 목적으로 검사하는 것

(2) 식물방역법 : 수출입식물과 국내식물을 검역하고 병해충 방제에 관해 필요한 사항을 규정하는 법령

(3) 병해충관리제도

구분		특징
규제병해충	검역병해충	금지병해충 : 국내에 유입될 경우 식물에 해를 끼치는 정도가 크다고 인정하여 당해 병해충 분포국가로부터 기주식물의 수입을 금지하는 병해충(화상병, 담배 노균병) ※ 농림축산식품부장관이 고시하는 병해충
		관리병해충 : 국내에 유입될 경우 소독처리를 하지 않으면 식물에 해를 끼치는 정도가 크다고 인정하는 병해충 ※ 농림축산검역본부장이 고시하는 병해충
	규제비검역병해충	재식용 식물에 경제적으로 수용할 수 없는 정도의 해를 끼쳐 국내에서 규제되는 비검역병해충 ※ 농림축산검역본부장이 고시하는 병해충

잠정규제병해충	수입식물검사에서 처음 발견되었거나 아직 위험분석이 진행중인 병해충으로 잠정적으로 소독 및 폐기 조치를 취하는 병해충
비검역병해충	규제병해충 및 잠정규제병해충 외 병해충으로 국내에 널리 분포하여 수입식물에서 검출되더라도 검역적 조치를 취하지 않는 병해충

3. 생태적(경종적) 방제

(1) 재배적 조치

1) 박과작물 접목재배를 통한 덩굴쪼김병 예방
2) 감자, 딸기 생장점 조직배양으로 무병주를 생산
3) 고랭지 재배를 통한 바이러스 방제
4) 파종시기 조절

구분	특징
벼	• 파종기 및 이앙기가 늦어지면 도열병 발생 증가 • 이앙시기가 빨라지면 잎집무늬마름병 증가
맥류	• 파종기가 늦어지면 비린깜부기병, 줄무늬병 발생 증가
무·배추	• 파종기가 빨라지면 무 모자이크병 발생 증가 • 파종기가 빨라지면 배추 무름병 발생 증가

(2) 윤작·혼작 : 윤작 또는 혼작을 하면 병원균의 밀도를 낮추는 효과가 있음

1) 윤작(돌려짓기) : 동일한 경작지에 몇 종류의 작물을 해마다 바꾸어 재배하는 것

구분	특징
실용적	• 연작으로 발생한 토양전염성 병에 가장 효과적이며 비기주식물을 2~3년간 윤작하여 전염원을 제거 • 기주범위가 좁고 기주가 없으면 오래 생존하지 못하는 전염원 제거에 효과 • 탄저병, 점무늬병
비실용적	• 기주의 범위가 넓거나 기주식물이 없어도 생존이 가능한 전염원 • 기주범위가 넓은 것은 벼과작물로 바꾸어 재배 • 무·배추 무사마귀병, 모잘록병, 자주빛날개무늬병, 흰비단병

(3) 포장위생

구분	특징
전염원 제거	• 식물체 병든 부위를 제거하여 1차 전염원을 제거 • 벼 도열병(볏짚 제거), 소나무 잎떨림병(낙엽 제거)
중간기주 제거 (녹병균)	• 잣나무 털녹병 : 송이풀, 까치밥나무 제거 • 소나무 잎녹병 : 황벽나무, 참취, 잔대 제거 • 소나무 혹병 : 참나무 제거 • 배나무 붉은별무늬병 : 향나무 제거

(4) 토양조건 : 객토 및 심경을 통해 토양 물리성을 개선하거나 유기물 및 석회를 시용하여 토양 환경을 개선

구분	특징
토양수분 과다	• 유주자균류는 토양수분 과다 시 발생 증가
알칼리성 토양	• 감자 더뎅이병, 목화 뿌리썩음병 발생 증가
산성 토양	• 무·배추 무사마귀병, 목화·토마토 시들음병 발생 증가 (석회시용으로 토양산도 조절)
미분해유기물	• 자줏빛날개무늬병 : 미분해유기물이 토양 내에 많을 경우 발생 (석회시용으로 분해 촉진)

(5) 영양조건 : N, P, K 비료 3요소를 균형있게 시비하여 식물 영양상태를 개선

구분	특징
질소(N) 과다	• 식물체가 연약해져 병원균 침입이 쉬워짐 • 벼 도열병, 벼 잎집무늬마름병, 맥류 녹병, 모잘록병, 흰가루병 발생
질소(N) 부족	• 벼 깨씨무늬병 발생
칼륨(K) 부족	• 칼륨 부족 시 병에 대한 저항력이 약화됨 • 벼 적고병, 보리 흰무늬병
칼슘(Ca) 부족	• 토마토 배꼽썩음병, 셀러리 검은썩음병

(6) 저항성 품종

1) 별도의 농자재가 들지 않으므로 경제적·환경친화적인 가장 이상적인 방제법(면역법)
2) 농약의 잔류독성 문제가 없어 재배 안정성이 유지됨
3) 저항성 품종은 점차 감수성으로 변함(이병화 현상)

4. 물리적 방제

가장 오래된 역사를 가진 방제방법으로 기구를 이용하여 병원균의 이동을 차단하는 방제법

구분	특징
종자 선별	• 비중선법 : 소금물을 이용하여 건전한 종자를 선종하는 방법
종자 소독	• 냉수온탕침법 : 종자를 20℃ 이하 냉수에서 6~24시간 처리 후 50~55℃ 더운물에 처리하는 방법으로 주로 키다리병, 세균성 벼알마름병, 잎마름선충병을 방제 ※ 시설재배에서는 적절하지 않음
토양 소독	• 고온·고압 증기를 토양에 주입하여 소독하는 방법으로 육묘상토에 적용
기타	• 저온·고온, 습도, 방사선, 고주파 이용 • 간단한 도구 이용(봉지, 방충망) : 포살, 유살, 차단 • 토양담수, 비가림 재배

5. 화학적 방제

농약 살포를 통한 방제법으로 정확하고 신속하여 효과가 크지만 오남용에 주의해야 함

6. 생물적 방제

식물에 저항성을 유도시켜 방제하는 방법으로 약독바이러스, 길항미생물 등을 이용하는 방제법

(1) 교차보호 : 약독 바이러스를 기주식물에 감염시켜 강독 바이러스에 대한 면역을 높이는 방법
   1) 약독 바이러스 개발에 오랜 시간이 소요되며 새로운 바이러스 계통에 의해 저항성이 쉽게 무너짐
   2) 토마토 담배모자이크바이러스(TMV), 박과 오이녹반 모자이크바이러스, 감귤 트리스테자 바이러스 방제

(2) 근권미생물 이용 : 식물 생육을 촉진하고 LPS, HCN, Siderophore 등을 분비하여 병원균 생육을 억제

구분	종류
근권진균	• *Ampellomyces*(암펠로마이시스), *Candida*(칸디다), *coniothyrium*(코니오티리움), *Gliocladium*(글리오클라듐), Trichoderma(트리코데르마) ※ Trichoderma harzianum : 길항균으로 가장 많이 사용됨
근권세균	• *Agrobacterium*(아그로박테리움), *Bacillus*(바실러스), *Pseudomonas*(슈도모나스), *Streptomyces*(스트렙토마이세스) ※ *Agrobacterium radiobacter* K84 : 항생물질인 Agrocin을 생산하여 **뿌리혹병** 방제 ※ 생육촉진근권세균(PGPR) : 특정 식물의 유도저항성을 활성화
기생성 미생물	• *rhizoctonia*(라이족토니아)에 기생 : Trichoderma(트리코데르마), Gliocladium(글리오클라듐) • *Sclerotinia*(스클레로티니아)에 기생 : *Sporidesmium*(스포리데스미움)

(3) 식물병 방제에 이용되는 길항미생물

구분	종류
흰가루병균	• *Paenibacillus polymixa*, *Amperomyces quisqualis*, *Streptomyces*
잿빛곰팡이병균	• *Cladosporium herbarum*, *Penicillium* sp
균핵병균	• *Bacillus subtilis*
토양전염성 병원균	• **토양점염성 병원균**(*Sclerotinia*, *Pythium*, *Rhizoctonia*, *Fusarium*) : *Coniothyrium minitants*, *Gliocladium virens*, *Trichoderma harzianum*, *Streptomyces*, *Bacillus* 등

Chapter 06 식물병 각론

1절 식용작물의 병해

1. 식용작물(화곡류, 두류, 서류) 병해

(1) 벼 도열병

구분	특징
병원	진균(불완전균류), *Pyricularia grisea*(불완전세대), *Magnaporthe grisea*(완전세대)
발병환경	• 저온다습, 강풍, 낮은 토양온도(20℃), 질소과잉시비, 늦은 모내기
병징	• 모 : 갈색 병반 생성 • 잎 : 암녹갈색의 작은 무늬가 긴 방추형의 불규칙한 병반으로 진전 • 이삭 : 이삭목에 암갈색 병반이 생기며 여물지 못한 흰 이삭이 발생(이삭팰 때 잦은 강우시) • 마디 : 회색 병반이 생긴 후 흑색으로 변하여 부러짐
특징	• 볏짚, 병든 종자에서 균사나 분생포자 상태로 월동하며 1차 전염원이 되고 그로 인해 생성된 병무늬의 분생포자가 바람으로 전파되어 2차 전염원이 됨 • 분생포자는 수분 존재 시 발아관, 부착기를 형성하여 각피, 기공으로 침입 • 레이스는 인도계, 일본계, 중국계가 존재하며 동일한 병원균이 다른 경로로 침입 가능 • 조생종은 병 회피성이 있으나 중만생종에서 병의 발생이 우려됨 • 규소 시비로 예방 가능 • 종자전염 : 비중선으로 건전종자 선종, 파종 전 종자소독, 병원균 레이스 고려 후 저항성품종 선택

(2) 벼 잎집무늬마름병

구분	특징
병원	진균(담자균류), *Thanatephorus cucumeris*(무성세대, 불완전균류) *Rhizoctonia solani*(완전세대, 담자균류)
발병환경	• 고온다습, 질소과잉시비, 조식·조기재배
병징	• 수침상의 타원형 병반이 형성됨, 병반 주변은 갈색이며 점차 회백색으로 변함 • 1~2mm의 갈색 균핵 덩어리를 형성
특징	• 균핵과 담포자를 형성하며 균핵상태로 땅 위에서 월동 • 월동한 균핵이 써레질 후 잎에 접촉하여 1차 전염(물로 전파), 고온에서 균사에 의해 2차 전염 • 조생종 재배 시 발병이 우려되므로 만생종을 재배 • 질소질 비료를 줄이고 칼륨질 비료를 증시

(3) 벼 흰잎마름병

구분	특징
병원	세균, *Xanthomonas oryzae*
발병환경	• 태풍과 침수 후 배수불량한 환경에서 발생, 여름철 저온에서 많이 발생
병징	• 초반 잎 가장자리에 담황색, 회백색 물결무늬가 생기며 병이 진전되면 하얗게 고사 • 잎 가장자리에 작은 점괴
특징	• 간균, 단극모, 그람음성 배지에서 황색의 원형 콜로니 • 잡초(겨풀류) 뿌리나 벼 그루터기에서 월동, 생육적온 26~30℃ • 물로 운반된 세균이 수공과 상처에 침입하여 물관에서 증식(전신병) • 판별품종 : K1 ~ K5 레이스로 구분(K1이 70%이상) • 기주식물 제거(겨풀, 줄풀) • 질소질비료 과용 금지 및 칼륨이나 규산질 비료 증시 • 세균성 병해이므로 박테리오파지로 진단 및 치료 가능

(4) 벼 줄무늬잎마름병

구분	특징
병원	바이러스, *Rice strip tenuivirus* (RSV)
발병환경	• 질소과잉시비, 조기 이앙·파종
병징	• 어린 벼는 새 잎 발생 시 누렇게 변색되어 전개하지 못하고 말려 늘어지며, 전개된 잎에서는 황록색 줄이 세로로 나타남. 이삭은 출수되지 않거나 기형
특징	• 매개충인 애멸구(보독충)에 의해 전염 • 성충이 보독충이면 그 유충도 바이러스를 가지고 있으며 경란전염(1차 전염원)을 함 • 애멸구(보독충)는 논두렁이나 잡초, 밀밭 등에서 유충으로 월동 (월동 후 1년에 5세대 발생) • 발생후에는 치료 방법이 없으므로 잡초 제거로 월동하는 애멸구 구제 • 집단못자리 설치, 이앙시기 조절, 질소질비료 과용 금지 • 추정벼, 일품벼는 감수성 품종임

(5) 벼 깨씨무늬병

구분	특징
병원	진균(자낭균류), *Cochliobolus miyabeanus*
발병환경	• 고온다습, 유기물이 부족한 논, 노후화답, 사질토, 산성토
병징	• 잎, 벼알에 암갈색 타원형의 참깨모양 병반 형성
특징	• 포자나 균사 형태로 볏짚, 종자에서 월동하여 다음 해 1차 전염 • 분생포자 형태로 바람으로 전파. 각피, 기공으로 침입하여 2차 전염 • 표징 관찰이 어려움 • 유기물 시용, 산도조절을 통해 방제 • 종자전염 : 종자소독을 통해 방제

(6) 벼 키다리병

구분	특징
병원	진균(담자균류), *Gibberella fujikuroi* (완전세대), *Fusarium moniliforme* (불완전세대)
발병환경	• 고온환경
병징	• 지베렐린(gibberellin) : 병징 형성 원인으로 병원균이 분비하는 호르몬으로 작용으로 키다리 증상 나타남 (가늘고 길게 자라 건전모보다 1.5배이상 큼) • 분얼수가 적으며 초승달 모양의 대형 분생포자와 자낭각 형성
특징	• 분생포자 형태로 종자표면에서 월동(분생포자는 종자에 붙어서 2년간 생존) • 벼 개화기에 분생포자가 날아와 상처를 통해 벼알 침입 • 종자전염 : 건전 종자 파종, 종자소독, 기계 탈곡한 종자 사용 지양

(7) 벼 모썩음병

구분	특징
병원	유사균(난균류), *Pythium* spp., *Achlya* spp.
발병환경	• 파종기 일교차가 크거나 산소가 부족할 때 발생 (담수직파재배의 유묘기) • 미숙퇴비 및 발효성 유기질 비료 사용 • 상처가 있는 볍씨 파종
병징	• 볍씨 발아 시 유백색의 교질물 및 백색의 균사가 생성 • 균사는 2차감염으로 균사덩어리를 생성 • 배유가 액화되어 소실되고 껍질만 남음
특징	• 난포자로 토양에서 월동, 유주자가 볍씨 상처를 통해 침입 • 기계이앙을 위한 상자육묘와 밭못자리에서 많이 발생 • 건전한 종자 사용, 수온이 높은 곳에 모판 설치 • 발병 못자리는 배수 후 보르도액 살포

(8) 벼 오갈병

구분	특징
병원	바이러스, *rice dwarf virus*(RDV)
발병환경	• 이앙 후 본답, 남부지방에서 발생 심함
병징	• 잎이 전체적으로 진녹색으로 변하고 상위엽에는 백색 반점 생성 • 분얼이 비정상적으로 많아짐 • 병든 벼는 수확기까지 녹색으로 살아있지만 이삭은 형성안됨
특징	• 매개충(보독충) : 끝동매미충, 번개매미충 • 경란전염 : 바이러스는 매개충에 의해 경란전염되어 체내에서 월동 • 보독충은 잡초, 밀밭, 자운영밭 등에서 약충 형태로 월동 • 매개충 구제, 잡초 제거(맥류, 자운영), 질소질비료 과잉 금지

(9) 벼 검은줄무늬오갈병

구분	특징
병원	바이러스, *rice black-streaked dwarf virus*(Reoviridae)
발병환경	• 질소과잉시비, 늦은 모내기
병징	• 잎이 진녹색으로 변하고 현저하게 키가 작아짐 • 오갈병과 다른점 : 백색 반점이 생기지 않고 잎 뒷면, 줄기에 갈색 또는 흑색의 줄무늬가 나타남 • 출수가 잘 되지 않고 이삭이 충실하지 않음 • 물집처럼 생긴 흑갈색 돌기 생성
특징	• 애멸구에 의해 매개(경란전염 하지 않음) • 벼 외 볏과 잡초류에서도 발생 • 보독충은 잡초, 밀밭, 자운영밭 등에서 약충 형태로 월동 • 매개충 구제, 잡초 제거, 질소질비료 과잉 금지

(10) 벼 세균성알마름병

구분	특징
병원	세균, *Burkholderia glumae*
발병환경	• 고온다습 (출수 후 1주일간 30~50℃ 환경)
병징	• 벼알이 황백색으로 변색 • 조기 감염 시 이삭은 붉은색을 띠고 벼알은 배 발육이 정지되어 갈색 줄무늬와 함께 쭉정이 발생
특징	• 간균, 단극모, 그람음성, 한천배지에서 황록색의 원형 콜로니 • 발생 포장은 수확 후 볏짚을 태움, 질소질비료 과잉 금지 • 침종 시 이병종자에서 나온 병원균이 건전종자로 침입(종자전염) • **종자전염** : 건전 종자 파종, 비중선으로 선종

(11) 벼 이삭누룩병

구분	특징
병원	진균(자낭균류), *Ustilaginoidea virens*
발병환경	• 저온다습(강우일수가 많을 때), 질소과잉시비
병징	• 작황이 좋을 때 발생하므로 일명 풍년병이라 칭함 • 벼알에 병징이 나타나는데 표면에 황록색의 누룩 형성 후 검은색으로 변색
특징	• 병원균은 균사, 후막포자, 분생자, 분생자병, 자실체로 구분 • 균핵, 후막포자 상태로 토양에서 월동한 후 다음해 1차 전염 • 균핵 발아 후 자실체를 형성하고 유출된 자낭포자가 바람으로 꽃을 통해 종자(벼알) 침입 • 금남벼, 화명벼에 많이 발생 • 건전종자 사용, 질소질비료 및 유기질비료 과용 금지

(12) 벼 모잘록병

구분	특징
병원	진균, *Fusarium roseum* f. sp. *cerealis*, *Fusarium solani* (채소 : *Rhizoctonia solani* 는 포자를 형성하지 않음)
발병환경	• 고온다습(But 10℃ 이상에서 병원균이 활동을 시작하므로 저온도 발생 가능), 큰 일교차, 질소과잉시비, 조기파종, 알칼리성 토양
병징	• 종자가 발아하지 않거나 고사 • 모의 선단이 침상으로 말리면서 황백색으로 변색 후 고사 • 모의 지제부가 갈색으로 변하여 끊어짐
특징	• 난포자 상태로 환부나 토양에서 월동 직접 발아하거나 저온에서 유주자 형성 • 직접 발아하거나 유주자 형성 후 어린묘의 각피를 통해 침입 • 토양, 관개수(물)로 전파 • 건전 종자 및 pH4.5~5.5의 무병상토 사용 • 보온 절충 못자리. 상자육묘에서 발생 多

(13) 밀·보리 겉깜부기병

구분	특징
병원	진균(담자균류) *Ustilago tritici* (밀), *Ustilago muda* (보리), *Ustilago maydis/Ustilago zeae* (옥수수)
발병환경	• 개화기에 상대습도가 높고 기온이 20℃내외일 때 포자 발아촉진
병징	• 출수 직후 화기전염(밀비린깜부기병은 해당없음) • 감염된 이삭은 공모양의 후막포자가 발아하여 검게 변하므로 육안으로 쉽게 구별 • 후막포자는 보리 개화 시 바람으로 비산하여 전반
특징	• 병원균은 담자기와 담자포자 형성 • 병원균이 씨방에 도달하여 균사상태로 월동하며 감염종자 형성 • 화기전염하므로 개화기가 길어지면 균 침입이 증가 • 방제법 : 냉수온탕침법, 종자소독, 병든이삭 제거, 병 발생초기 적용약제 살포 • 중간기주 발견되지 않음

(14) 밀·보리 속깜부기병

구분	특징
병원	진균(담자균류), *Ustilago hordei*
발병환경	• 탈곡할 때 비산된 후막포자가 종자와 함께 발아하여 발병
병징	• 구형의 갈색 또는 흑색 후막포자 생성 • 후막포자가 백색 피막에 싸여있어 비산하지 않음(탈곡 시 발생) • 엽신에 긴 포자층이 형성되는 경우도 존재
특징	• 병원균이 잎집을 통해 침입하여 생장점 도달 • 겉깜부기병보다 피해가 적음 • 보리의 출수가 늦어지거나 출수하지 않음

(15) 맥류 흰가루병

구분	특징
병원	진균(자낭균류), *Erysiphe graminis*
발병환경	• 습도가 높고 통풍이 불량한 시설재배 포장, 여름철 다습한 환경
병징	• 병든 잎에서 균사 또는 자낭포자의 형태로 월동하여 다음 해 1차 전염 • 바람에 날린 분생포자가 각피로 침입하여 2차 전염 • 병환부는 표면에 밀가루를 뿌려놓은 것 같이 보이며 나중에 담갈색 또는 검은색 자낭각 형성
특징	• 4~5월 발병하여 수확기에 심하게 발생 • 통풍과 배수 필요

(16) 맥류 붉은곰팡이병

구분	특징
병원	진균(자낭균류), *Gibberella zeae*
발병환경	• 온난다습, 출수부터 개화까지 잦은 강우로 상대습도 95%, 연속 3일 이상 지속될 경우
병징	• 이삭이 갈색으로 변색 • 이삭 사이 틈에 흰 균사 생성, 병 진행시 흑색 자낭각 생성 • 유묘 발생 시 전체 고사 • 줄기 발생 시 잎집이 갈색으로 변색
특징	• 수확 즉시 강풍으로 건조시켜 방제(이병종자 제거) • 무성세대 *Fusarium graminearum*균이 생성하는 독소 제랄레논(Zearalenone)은 인축이 섭취할 경우 중독증 발생

(17) 맥류 줄기녹병

구분	특징
병원	진균(담자균류), *Puccinia graminis*
발병환경	• 만생종에 발생이 심하며 맥류 녹병류 중 늦게 발생
병징	• 잎 표면에 붉은 가루표징의 여름포자 형성
특징	• 중간기주 : 매자나무(맥류에서 주로 발생), 매발톱나무 • 매자나무에서 녹병포자와 녹포자를 형성 • 특징적 표징으로는 포자퇴가 관찰됨 • 이종기생성으로 겨울포자와 여름포자를 형성하는데 겨울포자는 마른 밀짚에서 월동 • 질소질비료 과용 금지

(18) 호밀 맥각병

구분	특징
병원	진균(자낭균류), *Claviceps purpurea*
발병환경	• 맥류 개화기에 전염되어 수확기에 발병
병징	• 이삭에 생긴 분생포자는 황색의 끈끈한 액체를 분비하는데 건조 시 암갈색으로 변색 • 씨방은 균사에 의해 커지면 자흑색의 바나나 모양의 균핵 형성(종자전염)
특징	• 자흑색 바나나 모양의 맥각(균핵)은 인축에 독성을 나타냄(유독 알칼로이드, Ergotamine) • 호밀 외 기타 맥류에도 발병 • 비중선으로 종자 균핵 제거 • 심경 및 윤작

(19) 콩 세균성점무늬병

구분	특징
병원	세균, *Pseudomonas glycines*
발병환경	• 저온 다습, 어린잎에 많이 발생
병징	• 다각형 병무늬, 검은색으로 변하고 후에 말라서 찢어진다. 병환부 주위에 달무리가 생기고 심할 때는 병반의 뒷면에 흰 점액물질이 나옴
특징	• 1~4개의 편모, 그람음성 간균, 한천배지에서 형광색 원형 콜로니 형성 • 병든 종자 표면에서 월동하여 다음해 종자 발아를 통해 1차 전염(종자전염) • 병원균은 기공을 통해 침입하며 비, 바람, 농기구, 사람 등에 의해 전파 • 잎이 젖어 있을 경우 농작업 금지 • 연작 금지, 맥류·수수는 2년 이상 윤작

(20) 콩 탄저병

구분	특징
병원	진균(자낭균), *Colletotrichum truncatum*
발병환경	• 고온다습한 수확기
병징	• 줄기, 꼬투리, 잎에 불규칙한 갈색병반이 생성되며 병 진전 시 감염조직이 흑색 소립으로 덮여짐
특징	• 균사 형태로 병든 종자에서 월동한 후 1차 전염 • 발병 시 성숙기에 분생자층 형성 • 무병지 종자 채종, 이병 잔재물 제거, 연작 금지, 밀식 금지(통풍)

(21) 콩 자주무늬병

구분	특징
병원	진균(불완전균류), *Cercospora kikuchii*
발병환경	• 고온다습
병징	• 종피에 자줏빛 병반 형성 및 종자 외관이 나빠짐(주름짐) • 잎에는 자흑색, 줄기와 꼬투리는 적갈색의 병반 생성 • 어린잎에 황화현상 발생 • 꽃에 병징이 나타나지 않음
특징	• 균사 형태로 병든 종자에서 월동하여 1차 전염(종자전염) • 감염된 조직에서 형성된 포자는 비와 바람에 의해 전반되어 떡잎 침해 • 무병지 종자 채종, 이병 잔재물 제거, 연작 금지

(22) 감자 역병

구분	특징
병원	난균류, *Phytophthora infestans*
발병환경	• 20℃ 내외 온도, 과습, 강풍
병징	• 잎에 적갈색의 병반 생성 • 감자 표면에 불규칙한 암갈색 병반 생성, 절단 시 적갈색으로 변색되어 있는 것을 볼 수 있음
특징	• 균사로 흙 속의 병든 감자나 씨감자에서 월동(1차 전염원) • 병든 씨감자를 심으면 병원균이 지상부에 나타남(2차 전염원) • 유성세대에서 난포자를, 무성세대에서 유주포자를 형성 • 세포벽에 키틴은 함유되어 있지 않고 글루칸과 섬유소로 구성되어 있음 • 바람, 물, 씨감자에 의해 전염 • 격발 시 자극성 냄새 발산 • 우리나라에 11개의 레이스 존재 • 배수관리를 철저히 해야하며 수확 시 괴경에 상처가 생기지 않도록 주의

(23) 감자 더뎅이병

구분	특징
병원	세균, *Streptomyces scabies*
발병환경	• 건조한 알칼리성 토양
병징	• 괴경에 코르크층을 형성 • 외관 손상이 커 상품성을 떨어뜨림
특징	• 그람양성균 • 관수를 통해 토양 수분 관리 • 토양 산도 조절(pH 5.2 이하) • 농기구나 곤충을 통해 전파 • 미숙퇴비 사용 금지

(24) 감자 둘레썩음병

구분	특징
병원	세균, *Clavibacter michiganense*
발병환경	• 기온이 낮은 초여름
병징	• 줄기와 괴경에서 병징이 관찰됨 • 괴경은 조직이 물러지며 누르면 유황색 분비물이 나옴
특징	• 그람양성균 • 병든 씨감자와 흙 속에서 월동 • 농기구나 곤충을 통해 전파

(25) 감자 잎말림병

구분	특징
병원	바이러스, *Potato Leaf Roll Virus* (PLRV)
발병환경	• 고온다습
병징	• 잎이 딱딱하고 두꺼워지며 말리면서 노랗게 변색 • 줄기 왜화현상
특징	• 괴경에서 월동 • 매개충 : 복숭아혹진딧물, 감자수염진딧물 • 즙액전염하지 않음

(26) 고구마 검은무늬병

구분	특징
병원	진균(자낭균류), *Ceratocystis fimbriata*
발병환경	• 저온저장 중 발생(15~30℃)
병징	• 괴근에 흑색 병반이 생기며 절단 시 내부까지 변색되어 있음
특징	• 괴근에 흑색병반이 생기며 병환부는 쓴맛이 나며 독소 존재(아포메아마론) • 저장 전 큐어링을 통해 방제

※ 완두 검은무늬병균 : 식물체의 옥신 분비량을 증가시키지 않음

(27) 고구마 무름병

구분	특징
병원	진균(접합균류), *Rhizopus nigricans* ※ 배추 무름병의 병원체는 세균
발병환경	• 저장 또는 운송 시 상처가 생길 경우, 저온
병징	• 괴근 내부까지 썩고 상처에서 황색 즙액 발생 • 알코올 냄새 발생 • 상처부위에 백색 균사가 밀생하며 그 위에 흑색 포자낭 생성
특징	• 포자낭 포자와 접합포자 형성 • 씨고구마, 공기, 토양을 통해 전파 • 상처가 나지 않도록 주의해야 하며 저장고 소독 철저 • 수확 후 큐어링(30~33℃, 습도90%, 5일간)처리하여 12~14℃에서 저장

(28) 감자 바이러스의 종류

구분	특징
PVY(potato virus Y)	충매전염(복숭아혹진딧물), 접촉전염, 즙액전염
PVX(potato virus X)	접촉전염, 즙액전염
PVM (potato virus M-mosaic) PVS (potato virus S-mosaic)	*carlavirus* 군에 속하는 바이러스병. 최근 채종지대에서 산발적으로 발생
PMTV(potato mop-top virus) TRV(tabacco rattle virus)	두 입자로 구성된 바이러스. 곰팡이 및 토양선충에 의해 매개

2절 원예작물의 병해

(1) 가지과 풋마름병(청고병)

구분	특징
병원	세균, *Ralstonia solanacearum*
발병환경	• 고온다습한 여름철 산성 토양
병징	• 뿌리가 썩고 물관부가 갈변 • 지상부가 녹색으로 시듦
특징	• 그람음성균, 한천배지에서 백색 원형콜로니 형성 • 병원균은 지하부 상처를 통해 물관으로 침입하며 식물체에서 월동하여 수년간 생존 • 토양전염성 세균병 • 매개충은 딱정벌레류에 해당

※ 토마토 풋마름병 : 세균이 물관부에서 증식하여 갈변을 일으키고 수분 상승을 억제, 절단한 줄기에서 세균액 방출
※ 감자 풋마름병 : 병원균이 토양 내 수년간 존재, 지상부가 푸른 상태로 시듦, 절단한 줄기에서 세균액 방출

(2) 고추 탄저병

구분	특징
병원	진균(자낭균류), *Glomerella cingulata*, *Colletotrichum acutatum*
발병환경	• 성숙기에 고온다습한 환경에서 발생, 강우 시
병징	• 과실 표면에 연한 갈색 병반이 생기며 커지면서 움푹 패여 검은색 원형 겹무늬 모양 생성(동심윤문) • 다습한 환경에서 병환에 연분홍색 점액질 생성 (가루 표징은 나타나지 않음)
특징	• 균사, 분생포자, 자낭각의 형태로 식물체에서 월동 • 빗물이나 바람 등에 옮겨진 점액질의 분생포자가 직접 각피로 침입

※ 곰팡이에 의한 병으로 코흐의 원칙으로 증명 가능함

(3) 고추 역병

구분	특징
병원	진균(난균류), *Phytophthora capsici*
발병환경	• 저온다습한 장마철, 연작, 배수가 불량한 밭
병징	• 어린 모가 암록색으로 변색되며 쓰러짐 • 주로 지제부쪽 줄기 및 뿌리 부분에 병징 발현
특징	• 유주자낭 형성(유주자로 기주 침입) • 토양전염성, 물을 통해 전염 • 연작, 배수가 불량한 밭에서 발생

(4) 토마토 시들음병

구분	특징
병원	진균(불완전균류), *Fusarium oxysporum*
발병환경	• 연작, 시설재배, 산성토양
병징	• 병징은 풋마름병과 유사하나 눌렀을 때 세균 점액질이 유출되지 않음 • 병징이 박과 덩굴쪼김병과 유사 • 뿌리쪽 말단부가 썩어 식물체 전체가 시듦
특징	• 저항성 대목을 이용하여 방제할 경우 효과적임

(5) 토마토 잎곰팡이병

구분	특징
병원	진균(불완전균류), *Fulvia fulva*
발병환경	• 시설재배 시 과습토양, 통기불량
병징	• 잎에서 발생하며 하위엽에서 상위엽으로 병징이 확대됨 • 잎 표면에 백색 또는 회색 반점, 뒷면에 갈색 병반 생성(분생포자)
특징	• 병원균은 균사체 형태로 종자에 부착하여 월동 • 기공침입

(6) 오이 풋마름병

구분	특징
병원	세균, *Erwinia tracheiphila*
발병환경	• 오이잎벌레 발생 상황에 따라 변동
병징	• 잎이 시들며 줄기 절단면에서 세균액 누출
특징	• 주생모를 가진 그람음성간균, 배지에서 백색 원형 콜로니 형성 • 매개충 체내에서 월동 • 매개충 : 오이잎벌레(상처를 통해 침입) • 오이에 피해가 크며 수박은 저항성이 강함

(7) 오이 노균병

구분	특징
병원	난균류, *Pseudoperonospora cubensis*
발병환경	• 저온다습한 장마철, 질소과잉
병징	• 분생자병 위에 담갈색 분생포자 생성, 발아 시 유주자 형성

특징	• 병징이 잎에만 발현(아랫잎부터) • 담황색의 반점이 생긴 후 담갈색의 다각형 병반으로 커짐 • 병반 뒷면에 회색 곰팡이 형태의 분생포자 생성 • 분생포자가 발아하여 기공으로 침입 • 분생포자는 바람을 통해, 유주자는 물을 통해 전파 • 균사에서 분지되는 포자낭병의 형태가 특징적이므로 이를 균의 분류에 이용 • 오이 병해 중 피해가 가장 큼 • 병든 잎에서 월동함

(8) 오이 덩굴쪼김병

구분	특징
병원	진균(불완전균류), *Fusarium oxysporum*
발병환경	• 시설재배 연작 시, 건조한 토양, 사질 산성토
병징	• 줄기나 뿌리에 발생, 지제부 줄기가 마르며 갈색으로 변색 후 전체가 시듦 • 잔뿌리가 썩어 원뿌리만 남음 • 병든 부분은 세로로 길게 쪼개지고 물관이 갈변되어 점액질의 분비물 방출 • 초승달 모양의 분생포자 및 후막포자 형성
특징	• 균사나 후막포자 형태로 토양 내 월동 • 균사 및 포자가 종자에 붙어 전염되며 오염된 흙, 병든 종자, 덩굴 등에 의해 전파 • 뿌리 각피를 뚫고 물관부 침입 • 연작 금지(토양전염) • 접목재배(저항성 대목)를 통해 방제

(9) 오이 흰가루병

구분	특징
병원	진균(자낭균류), *Sphaerotheca fuliginea*
발병환경	• 고온건조, 시설재배
병징	• 잎, 줄기 표면에 흰색 가루 곰팡이(균사, 분생포자) 생성 • 잎 전체가 흰색 균체의 피해를 받아 고사 • 병반에서 미세한 흑색 자낭구 밀생
특징	• 자낭각 형태로 병든 조직에서 월동 후 자낭포자 방출(1차 전염) • 바람을 통한 분생포자 비산으로 2차 전염 • 소각, EBI 계통 농약 살포(내성 주의) • 흰가루병균은 순활물기생체(절대기생체)에 속하므로 인공배양이 불가능함 • 잎과 줄기를 대상으로 직접 방제

(10) 수박 탄저병

구분	특징
병원	진균(불완전균류), *Colletotrichum lagenarium*
발병환경	• 고온다습, 촉성재배
병징	• 잎, 덩굴, 열매에 발현 • 잎에 갈색 원형 겹무늬 생성 • 열매에 흑갈색 점무늬 생성, 담홍색 점액질 분비 (가루 표징은 나타나지 않음)
특징	• 균사, 분생포자 형태로 병환부 또는 종자에 붙어 월동 • 빗물, 바람, 곤충 등에 의해 분생포자가 직접 각피침입

(11) 무·배추 노균병

구분	특징
병원	진균(조균류), *Hyaloperonospora parasitica*
발병환경	• 저온다습, 배수 및 통기가 불량한 토양
병징	• 아랫잎부터 갈색 다각형 모양의 병반 생성 • 잎 뒷면에 회색 곰팡이 생성
특징	• 균사나 난포자 형태로 병든 잎에서 월동 • 분생포자가 기공을 통해 침입(공기전염)

(12) 무·배추 무사마귀병(뿌리혹병)

구분	특징
병원	점균(끈적균), *Plasmodiophora brassicae*
발병환경	• 저온다습, 산성토양
병징	• 뿌리에 혹 생성 • 심해질 경우 지하부 뿌리가 큰 혹으로 변하여 양수분 흡수 저해로 인한 전체 시들음 증상 • 왜화현상
특징	• 토양에서 휴면포자 상태로 월동 • 토양산도 개량을 위해 석회질비료를 시용 • 토양전염하므로 십자화과 외 작물로 윤작

(13) 잿빛곰팡이병

구분	특징
병원	진균(불완전균류), *Botrytis cinerea*
발병환경	• 저온다습, 시설재배 시 연중 발생
병징	• 꽃이 달린 부위가 물러지기 시작하며 과실은 잿빛곰팡이로 덮임
특징	• 균핵 또는 분생포자 형태로 식물체 또는 토양에서 월동 • 균핵은 병든 식물체 또는 흙을 통해 전파 • 분생포자는 바람을 통해 전파(공기 전염) • 식물체 대부분 부위에 발병 • 시설재배 시 빠르게 번지므로 자외선 차단필름 사용

(14) 균핵병

구분	특징
병원	진균(자낭균류), *Sclerotinia sclerotiorum*
발병환경	• 개화기 저온다습, 시설재배
병징	• 잎에 갈색 병반이 생성되며 줄기 내부가 썩음 • 솜털같은 곰팡이(균사)와 검은 균핵 생성
특징	• 균핵이 식물체 또는 토양에서 월동 • 자낭포자가 잎, 줄기, 꽃잎 등을 통해 침입 • 식물체 대부분 부위에 발병 • 질소질비료 과용으로 식물체가 연약해지면 많이 발생

(15) 채소 세균성무름병

구분	특징
병원	세균, *Erwinia carotovora*
발병환경	• 고온다습(32℃~35℃)
병징	• 작은 수침상의 병반이 형성되며 병든 부분은 물렁해짐(악취 동반)
특징	• 주생모를 가진 그람 음성 간균, 배지에서 회백색 콜로니 형성 • 이병식물 잔재나 토양에서 월동 • 병원균은 펙틴질분해효소를 분비하여 펙틴질과 유조직이 침해됨 • 볏과, 콩과 작물 윤작 • 기주 : 고추, 무, 배추, 토마토, 마늘 등

(16) 사과 갈색무늬병

구분	특징
병원	진균(자낭균류), *Diplocarpon mali*
발병환경	• 저온다우
병징	• 잎에 불규칙한 황색 병반, 병반 주위에 진한 녹색의 얼룩무늬 형성 • 병환 위 검은색 포자층 형성 • 황색으로 변한 잎은 조기 낙엽의 원인이 되며 이는 과실의 양분축적에 방해가 됨
특징	• 균사, 자낭포자 형태로 병든 잎에서 월동, 각피를 뚫고 체내 침입 • 병반에 형성된 분생포자는 바람을 통해 전파

(17) 사과 부란병

구분	특징
병원	진균(자낭균류), *Valsa ceratosperma*
발병환경	• 월동 시 동해, 전정이나 일소로 생긴 상처가 존재
병징	• 줄기, 나뭇가지, 껍질이 갈색으로 부풀어 오르고 그 이후에는 병반이 움푹 패이며 알코올 냄새가 발생
특징	• 병포자나 자낭포자 형태로 병든 가지에 월동 • 포자는 빗물로 전파되며 새와 곤충을 통해 상처부위로 침입 • 포장위생을 통해 방제

(18) 배·사과 검은별무늬병

구분	특징
병원	진균(자낭균류), *Venturia inaequalis*
발병환경	• 발병 적온 20℃ (28℃이상에서는 분생포자 발아 불가)
병징	• 과실에 검은색 부정형 병환이 생긴 후 코르크화 • 열매꼭지가 병들면 열매는 조기낙과
특징	• 균사나 분생포자의 형태로 병든 잎이나 가지에서 월동 • 붉은별무늬병과 달리 중간기주가 존재하지 않음 • 질소질비료 과용 시 다발생 • 발생한 이후에는 방제가 어려우므로 사전 약제살포를 통해 방제

(19) 배·사과 붉은별무늬병(향나무 녹병)

구분	특징
병원	진균(담자균류), *Gymnosporangium haraeanum(asiaticum)*
발병환경	• 배나무 : 겨울포자 발아 후 소생자가 비산하는 4~5월 강우 직후
병징	• 잎에 등황색 별모양의 녹병자기(과립체) 형성, 병반 뒷면에 담황색 녹포자기(털돌기)형성 • 향나무는 잎의 일부가 황변, 4~5월경 겨울포자퇴가 형성되어 가지 및 줄기 고사

특징	• 이종기생 (향나무와 기주교대하는 순활물기생)
	• 기주 : 사과나무, 배나무, 모과나무 (녹병정자, 녹포자)
	• 중간기주 : 향나무 (겨울포자, 담자포자)
	  ① 향나무에서 겨울포자퇴로 월동한 후 4~5월경 비를 맞으면 겨울포자가 발아하여 전균사 형성(주황색의 둥근 모양)
	  ② 전균사 위에 소생자가 생기며 소생자는 공기를 통해 배나무로 전파 (기공을 통해 침입)
	  ③ 녹병포자, 녹포자 형성 후 녹포자는 다시 비산하여 향나무로 날아가 월동하고 겨울포자퇴 형성
	• 향나무 녹병 유발 (겨울포자퇴 형성, 하포자 형성 X)
	• 디니코나졸 수화제(빈나리) 살포를 통해 방제
	• 포자가 향나무에서 배나무로 날아가는 3~4월에 병든 가지를 제거함으로써 방제

(20) 배 검은무늬병

구분	특징
병원	진균(불완전균류), *Alternaria kikuchiana*
발병환경	• 저온다습(20℃), 질소과다
병징	• 잎, 나뭇가지, 열매에 원형 또는 부정형의 흑색 점무늬 생성 • 잎 병환부가 진전되면 흑갈색 겹무늬 생성 • 열매에 흑갈색 원형 병반이 생기며 중앙부에 흑색 곰팡이가 밀생하여 갈라지고 낙과
특징	• 균사의 형태로 잎, 가지에서 월동 • 병반 위 생긴 분생포자는 비와 바람을 통해 전파되어 발아 • 각피, 기공, 피막을 통해 침입 • 병원균은 기주특이적으로 AK독소 분비 • 5월부터 농약을 집중적으로 살포하여 방제

(21) 배 · 사과 화상병(불마름병)

구분	특징
병원	세균, *Erwinia amylovora*
발병환경	다습한 환경
병징	잎과 꽃이 검은색으로 마르면서 고사
특징	• 주생모를 가진 그람음성 간균, 배지에서 백색 원형 콜로니 형성 • 매개곤충에 의해 전반 (진딧물, 개미, 파리 등) • 병든 나뭇가지나 줄기에서 월동하여 기공, 피목, 상처 등으로 침입 • 최초로 발견된 세균성 식물병(Burrill)에 의해 발견 • 병든 가지는 병환부로부터 아래쪽부터 10cm이상 잘라 소각하여 방제 • 옥시테트라사이클린계 항생제를 살포하여 방제

(22) 사과 탄저병

(23) 복숭아 잎오갈병

구분	특징
병원	진균(자낭균류), *Taphrina deformans*
발병환경	• 저온다습 (20℃ 이상에서는 발병 억제)
병징	• 병든 잎의 표면과 뒷면이 흰가루(자낭)로 덮이고 진전되면 흑갈색으로 변한 후 낙엽됨
특징	• 자낭각 형성 없이 자낭이 노출되며 그 속에 8개의 자낭포자가 형성됨 • 자낭포자는 분생포자 형태로 나무 줄기나 눈에서 월동 • 빗물에 의해 전반 • 병원균은 잎의 각피를 뚫고 직접 침입하며 세포 증식 후 효소를 분비하여 이상비대 야기 • 2차전염은 발생하지 않음 • 병든잎은 소각해야 하며 과습하지 않고 동해를 입지 않도록 하며, 발아 전 디티아논 수화제 살포를 통해 방제

(24) 복숭아 세균성구멍병

구분	특징
병원	세균, *Xanthomonas campestris*
발병환경	• 4월말부터 발생, 강한 바람이나 폭풍우 후에 6~7월경 대부분 잎과 과실에서 발병 심하다
병징	• 잎, 나뭇가지, 과실, 잎에 병반이 나타남 • 잎, 과실에 수침상의 반점이 생성되어 갈변 후 구멍이 뚫림
특징	• 한 개의 단극모를 가진 그람음성 간균, 배지에서 황색 원형 콜로니를 형성 • 나뭇가지 병환부에서 월동 • 비와 바람을 통해 전파되며 상처, 기공을 통해 침입 • 질소질 비료 과용 금지

(25) 포도 새눈무늬병

구분	특징
병원	진균(자낭균류), *Elsinoe ampeline*
발병환경	• 저온다습
병징	• 열매에 작은 원형 병반이 생기면 움푹 들어가며 회백색, 흑자색으로 변해 새의 눈처럼 보임 • 잎의 생장이 정지되고 기형화 • 병든 과실은 딱딱해짐
특징	• 균사 형태로 병든 덩굴, 열매에서 월동 • 분생포자는 비와 바람을 통해 전파되어 잎, 꽃밥 등의 각피를 직접 뚫고 침입

3절 기타작물 및 수목의 병해

(1) 담배 모자이크병

구분	특징
병원	바이러스, *Tobacco mosaic virus* (TMV)
병징	• 잎맥이 투명해지며 잎은 녹색 모자이크 무늬가 생김 (국부병징) • 잎이 오그라들며 세포 내에서 봉입체가 발견
특징	• 리보핵산을 가진 막대형 바이러스 • 병든 잎에서 10년 이상 전염력을 보유 • 토양 내 병든 식물의 잔재, 종자 표면에서 월동 • 이식, 약제살포, 순지르기, 사람의 손을 통한 즙액의 접촉전염으로 전파 (매개곤충 전염 X) • 즙액의 접촉전염을 통해 전파되므로 살충제는 필요 없음

(2) 담배 불마름병(담배 들불병)

구분	특징
병원	세균, *Pseudomonas tabaci*
발병환경	• 고온다습 (특히 장마나 폭풍우 후 격발)
병징	• 수침상의 반점이 생기며 반점 주위가 노랗게 됨 • 병이 진전되면 잎에 구멍이 생기고 찢어짐
특징	• 그람음성 간균이며 배지에서 형광색 원형 콜로니 형성 • 잎, 토양, 종자 등에서 월동 후 생육말기에 발생 • 비, 바람, 농기구, 사람을 통해 접촉전염 • 독소를 생성

(3) 담배 역병

구분	특징
병원	진균(조균류), *Phytophthora parasitica*
발병환경	• 고온다습(순지르기 무렵)
병징	• 지제부 줄기 내부가 갈색으로 변하며 포기 전체가 시들어 고사
특징	• 토양 속에서 난포자 형태로 월동하여 분생포자 형성 • 포자는 바람, 유주자는 물을 통해 전파

(4) 모잘록병

구분	특징
병원	진균(조균류, 불완전균류) 조균류 : *Pythium debaryanum*, *Phytophthora cactorum* 불완전균류 : *Rhizoctonia solani*, *Fusarium oxysporum*, *Cylindrocladium scoparium*
발병환경	• *Rhizoctonia, Phythium*속 : 습한 토양에서 발생 • *Fusarium*속 : 건조한 토양에서 발
병징	• 병징에 따라 5가지로 나뉨(땅속부패형, 도복형, 수부형, 뿌리썩음형, 줄기썩음형) • 발아가 되지 않거나 발아 후 어린묘의 줄기 아랫부분이 썩음
특징	• 난포자 상태로 병든 조직이나 토양에서 월동 • 파종묘포에서 많이 발생하므로 과습을 피하고 통기성을 좋게해야 함

(5) 뿌리썩이선충병

구분	특징
병원	선충, *Pratylenchus penetrans*
발병환경	• 뿌리가 적은 삽목묘 재배 시
병징	• 유근을 통해 침입하여 뿌리 조직을 파괴하므로 세근은 점차 없어지며 근계는 기형이 됨
특징	• 기주 : 소나무류, 낙엽송, 가문비나무, 분비나무류, 삼나무, 편백, 화백, 벚나무 • 이동성 내부기생선충으로 뿌리 조직내 월동 묘목 통해 전반 • 주로 모잘록병과 함께 발생

(6) 뿌리혹병(근두암종병)

구분	특징
병원	세균, *Agrobacterium tumefaciens*
발병환경	• 고온다습, 알칼리성 토양
병징	• 혹이 발생하며 표면이 거칠어짐
특징	• 기주 : 밤나무, 감나무, 포도나무, 사과나무, 포플러류 • 그람음성 간균, 배지에서 백색 원형 콜로니 생성 • 병환부에서 월동하며 토양 속에서 다년간 생존할 수 있음 • 발생부위 : 병원균이 뿌리 및 지제부 줄기 상처를 통해 침입하여 발병(식물체 하부) • 비기주식물(화본과)을 3년이상 윤작하거나 지표식물 식재 후 병원균 유무를 확인한 후 식재 • 길항미생물 이용 : *Agrobactaerium radiobacter* K84를 통해 방제

(7) 소나무 재선충병(소나무 시들음병)

구분	특징
병원	선충, *Bursaphelenchus xylophilus*
병징	• 함수율 감소로 급격히 시들며 갈색으로 고사
특징	• 기주 : 소나무, 잣나무, 젓나무, 낙엽송, 해송, 히말라야시다, 독일가문비 • 소나무 에이즈로 불리움 • 운동성이 없어 주로 솔수염하늘소를 통해 전파 (잣나무는 북방수염하늘소) • 솔수염하늘소는 소나무 속에서 번데기로 월동 후, 성충으로 우화 (6월) • 우화한 솔수염하늘소가 소나무 신초를 식해하여 생긴 상처를 통해 재선충의 전파감염 (최성기 6월, 1년에 1회발생) • 메탐소듐 액제를 뿌려 벌채 훈증 소각 • 목질 내부에 있는 솔수염하늘소 유충이 성충으로 탈출하기 전에 제거 • 중간기주 없이 매개충에 의해 전염

(8) 소나무 잎녹병

구분	특징
병원	진균(담자균류), *Coleosporium phellodendri*
병징	• 침엽에 황색 주머니(수포자퇴)가 형성, 병든 잎은 부분적으로 퇴색 후 고사 • 녹포자기가 터져 황색 가루(녹포자) 비산
특징	• 중간기주(이종기생) : 황벽나무, 잔대, 참취 • 소나무에 기생 시 : 녹병포자, 녹포자 형성 • 중간기주에 기생 시 : 여름포자, 겨울포자, 담자포자 형성 • 여름포자는 다른 중간기주에 다시 여름포자를 형성하는 반복전염을 함 • 겨울포자가 발아하여 형성된 담자포자는 소나무 침엽에 침입하여 월동

(9) 소나무류 잎떨림병

구분	특징
병원	진균(자낭균류), *Lophodermium pinastri*
발병환경	• 다우다습
병징	• 초가을 낙엽에 검은 격막과 방추형의 흑색 병반(자낭반) 생성
특징	• 자낭포자 형태로 나뭇가지에 붙어있는 병든 잎에서 월동 • 서늘하고 다습한 환경에서 자낭반, 자낭포자 형성 • 자낭포자가 바람을 통해 잎의 기공으로 침입 • 1차 감염만 일어나고 2차감염은 일어나지 않음 • 유기질 비료 사용, 활엽수 하목 식재를 통해 방제 • 소나무 잎떨림병 방제를 위해 피해가 심한 수목은 6월부터 전문약제를 살포함

(10) 소나무 잎마름병

구분	특징
병원	진균(자낭균류), *Pseudocercospora pini-densiflorae*
발병환경	• 고온다습, 배수 불량, 칼슘 부족
병징	• 띠 모양의 황색 반점들이 침엽 윗부분에 형성된 후 갈변되고 합쳐짐
특징	• 균사 형태로 병든 가지에서 월동한 후 잎에 띠 모양 황색 반점이 생성 (봄에 분생포자 형성) • 특히 해송에서 발병이 심함 • 주로 1~2년생의 어린 묘목에서 피해가 심함 • 표징으로는 자좌가 나타남

(11) 푸사리움 가지마름병

구분	특징
병원	진균(불완전균류), *Fusarium circinatum*
병징	• 송진이 방출되며 어린 가지가 고사 • 굵은 가지로 병원균이 확산되어 심해지면 나무 전체가 고사
특징	• 기주 : 리기다소나무, 리기테다소나무, 테다소나무, 해송 • 소나무 말라리아병으로 불리움 • 나무의 상처를 통해 병원균 포자로부터 발아한 균사가 침입 • 균사 형태로 병든 가지에서 월동 • 바람, 매개충(바구미류)를 통해 전파

(12) 잣나무 털녹병

구분	특징
병원	진균(담자균류), *Cronartium ribicola*
병징	병든 가지와 줄기가 황색으로 변하면서 부풀고 표면이 거칠어짐

특징	• 중간기주 : 송이풀류, 까치밥나무류
	• 균사 형태로 잣나무 수피조직에서 월동
	• 봄에 수피가 터지면 녹포자(황색 가루)는 방출되어 중간기주로 날아가 여름포자를 형성
	• 겨울포자는 발아하여 소생자를 형성하고 바람을 통해 잎 기공으로 침입
	  ※ 포자 생활사 : 잣나무(녹병정자, 녹포자) → 송이풀(여름포자, 겨울포자, 담자포자)
	• 감염된 수목와 중간기주의 지속적인 제거를 통해 방제
	  ※ *Tubercullina maxima* : 소나무 혹병이나 잣나무 털녹병의 수포자 형성을 억제하여 생물적 방제 효과를 내는 기생균

(13) 낙엽송 가지끝마름병

구분	특징
병원	진균(자낭균류), *Guignardia laricina*
병징	• 새순의 끝이 낚시바늘 모양으로 휘거나 꼿꼿하게 서있음 • 수년간 피해를 입으면 죽은 가지가 많아져 빗자루 형태로 고사함 • 감염될 경우 잎이 대부분 떨어짐
특징	• 미숙한 자낭각 형태로 병든 가지에서 월동, 다음해 자낭포자 형성 • 자낭포자는 가지에 침입하여 병포자 생성 • 당년에 자란 새순이나 잎을 침해하고 줄기나 죽은 가지에는 발생하지 않음

(14) 포플러 잎녹병

구분	특징
병원	진균(담자균류), *Melampsora spp.*
병징	• 봄에 생성된 소생자는 중간기주인 낙엽송으로 날아가 잎에 노란 녹포자를 형성한 후 포플러로 전파되어 잎 뒷면에 황색 작은돌기(여름포자)를 발생시킴. 이후 초가을이 되면 잎 양면에 암갈색 작은돌기(겨울포자)형성
특징	• 중간기주(이종기생) : 낙엽송, 현호색, 줄꽃주머니 • 겨울포자 형태로 병든 낙엽에서 월동

(15) 밤나무 줄기마름병

구분	특징
병원	진균(자낭균류), *Cryphonectria(Endothia) parasitica*
발병환경	• 배수불량지
병징	• 수피가 적갈색으로 변하고 수피를 뚫고 소립자가 밀생 및 궤양 발생 • 건조한 환경에서 병환부의 수피가 거칠게 갈라져서 터짐(부란)
특징	• 기주 : 밤나무, 참나무, 단풍나무 • 균사, 포자 형태로 병환부에서 월동 • 유성포자는 자낭각, 무성포자는 분생포자각 형태로 존재 • 비바람, 곤충, 새를 통해 전파되어 줄기 상처부위로 침입 • 과거 미국 밤나무를 전멸시킨 병 (우리나라 밤나무는 저항성을 가짐) • 병원성이 감소하는 저병원성(hypovirulence) 균주를 이용한 생물학적 방제(ds RNA)

(16) 벚나무 빗자루병

구분	특징
병원	진균(자낭균류), *Taphrina wiesneri*
병징	• 가지 일부분이 혹모양으로 부풀고 잔가지가 빗자루 모양으로 총생
특징	• 왕벚꽃나무에 피해가 큼 • 균사 형태로 병든 가지에서 월동하여 봄에 포자 형성하여 감염

(17) 호두나무 탄저병

구분	특징
병원	진균(자낭균류), *Guignardia laricina*
발병환경	• 온난다우, 과습한 점질토양
병징	• 잎에 생긴 암갈색 반점이 검게 변하면서 고사 • 과실에 불규칙적인 갈색 병반이 나타나며 움푹 파임
특징	• 자낭각의 형태로 가지나 낙엽에서 월동 • 분생포자는 병반 위에 형성되며 무색 • 호두나무 재배 시 가장 문제가 됨

(18) 참나무 시들음병

구분	특징
병원	진균, *Raffaelea quercus-mongolicae*
병징	• 매개충이 침입한 구멍이 많이 나있음
특징	• 기주 : 참나무류(신갈나무에서 피해가 가장 큼), 서어나무 • 참나무 에이즈라고 불리움 • 매개충인 광릉긴나무좀이 5령의 노숙유충으로 월동

(19) 대추나무 · 오동나무 빗자루병

구분	특징
병원	파이토플라즈마
병징	• 황록색의 작은 잎들이 달려있는 가지가 총생형으로 변함

특징	• 매개충
	  – 대추나무 빗자루병(마름무늬매미충), 오동나무 빗자루병(담배장님노린재)
	• 옥시테트라사이클린 항생제 수간주사를 통해 방제
	  – 마름무늬매미충(6월 중순~10월 중순), 담배장님노린재(7월 상순~9월 하순)

(20) 뽕나무 오갈병

구분	특징
병원	파이토플라즈마
병징	• 잎이 작아지고 쪼글아들어 결각이 없어져 둥글게 변함 • 가지 발육이 약해지고 마디 사이가 짧아져 잔가지가 많이 나와 빗자루 모양이 됨
특징	• 매개충 : 마름무늬매미충 • 접목전염 (종자, 토양, 즙액 전염은 되지 않음) • 잎의 성분변화 일어나 뽕잎의 사료가치가 떨어짐

(21) 흰가루병

구분	특징
병원	진균(자낭균류), *Microsphaera alphitoides*
병징	• 잎 양면에 백색 반점이 점차 확대되어 잎을 하얗게 덮음 • 병환부의 흰가루는 균사, 분생자병, 분생포자 등 분생자세대의 표징 • 가을철에 나타나는 흑색 알맹이는 자낭구로 자낭세대의 표징
특징	• 기주 : 참나무류, 포플러류, 단풍나무, 오리나무, 밤나무, 가중나무 등 다양 • 자낭각(완전세대), 균사(불완전세대)의 형태로 병든 낙엽, 가지에서 월동

(22) 그을음병

구분	특징
병원	진균(자낭균류), *Limacinaia sp.*, *Meliola sp.*
병징	• 암흑색 균사 가지며 자낭포자와 병포자 형성
특징	• 기주 : 낙엽송, 밤나무, 단풍나무, 포플러, 가중나무, 오리나무 • 깍지벌레, 진딧물 등의 분비물인 감로에서 발육하며 균사 또는 자낭각 형태로 월동 • 그을음(균사 또는 포자 등의 덩어리)이 잎 표면을 덮어 동화작용(광합성) 방해

(23) 아밀라리아 뿌리썩음병

구분	특징
병원	진균(담자균류), *A. solidipes, A. mellea*
발병환경	• 산성토양
병징	• 잎이 전체적으로 노랗게 변색된 후 갈색으로 고사 • 송진이 누출되어 하얗게 굳고 버섯이 생기나 균핵은 발견되지 않음
특징	• 침엽수, 활엽수 모두 가해하며 낙엽이나 다른 병든식물에서 부생생활

(24) 자주날개무늬병

구분	특징
병원	진균(담자균류), *Helicobasidium mompa*
병징	• 지제부 뿌리표면에 자색 실모양의 균사가 관찰됨
특징	• 병원균은 균사가 밀집하여 감염욕을 형성한 후 기생체에 침입

(25) 소나무 혹병

구분	특징
병원	진균(담자균류), *Cronartium quercuum*
특징	• 중간기주 : 참나무류(졸참, 갈참, 굴참, 상수리, 떡갈, 신갈) • 소나무에서 녹병정자, 녹포자 세대를 거친 후 참나무류에서 여름포자, 겨울포자, 담자포자 세대를 거침

(26) 목재 백색썩음병

구분	특징
병원	진균(담자균류), *Oxyporus latemarginatus*
특징	• 진단을 위해 샤이고미터(shigometer) 기기 이용 • 병원균은 리그닌 분해효소(Ligninase) 분비

4. 기생성 식물의 병해

(1) 겨우살이

구분	특징
기주식물	• 활엽수(특히 참나무에 피해), 소나무, 전나무 등
특징	• 참나무에 피해가 가장 큼 • 기주 수목의 가지에서 발아하여 기생근을 통해 양수분을 흡수

(2) 새삼(기생성 덩굴식물)

구분	특징
기주식물	• 아까시나무, 싸리나무, 버드나무, 포플러, 오동나무
특징	• 황적색의 철사모양 1년초 • 잎은 삼각형의 비닐 모양(2mm내외) • 흰 꽃은 8~9월경에 피어 덩어리처럼 되며 기주식물 조직에 흡근을 내리고 양분 섭취 • 오동나무의 줄기에 기생하면 혹 생성

Memo

PART 02

농림해충학

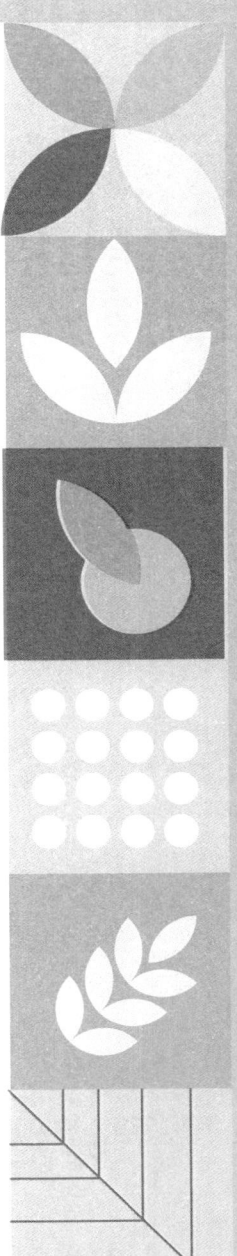

Chapter 01　곤충 일반
Chapter 02　곤충의 분류
Chapter 03　곤충의 생태 및 생리
Chapter 04　해충의 발생예찰 및 방제
Chapter 05　해충 각론

Chapter 01 곤충 일반

1절 곤충의 진화와 번성

1. 곤충의 진화
(1) 곤충 : 동물학상 절족동물문의 곤충강에 속함
(2) 동물 중 3/4을 차지하는 곤충류는 마디 동물문에 속하는 자연군으로 이와 같이 다양한 곤충은 종수나 개체수에 있어서 동물 중 가장 번성한 부류임
(3) 고생대 이첩기에 화석곤충이 소멸하면서 근대곤충이 출현하였으며 그 후 석탄기에 최초의 유시곤충이 출현하였음

2. 곤충의 번성 원인
(1) 외골격(키틴질)이 발달하여 몸을 보호할 수 있음
  ※ 키틴은 N-아세틸글루코사민 단위체로 구성
(2) 날개가 발달하여 생존 및 분산에 유리함 (날개는 곤충의 진화와 번영에 결정적인 역할)
(3) 몸의 크기가 작아 소량의 먹이에도 충분한 활동을 할 수 있으며 천적을 피하는데 유리
(4) 몸의 구조적 적응력이 좋으며 휴면 또는 변태를 하여 불량 환경에 적응
(5) 종의 증가가 유리
  ※ 곤충은 토양생태계에서 유기물을 분해하는 분해자 역할을 하여 미생물들이 이용 가능하게 함

2절 곤충의 외부적 구조 및 기능

1. 곤충의 기본 구조 및 특징
(1) 머리, 가슴, 배 3마디로 구성
(2) 머리 : 입틀(구기), 1쌍의 곁눈, 1~3개의 홑눈, 1쌍의 촉각(더듬이)를 가짐
(3) 가슴 : 앞가슴, 가운데가슴, 뒷가슴 3부분으로 구성
  1) 각 부분에 1쌍씩 다리가 있음 (보통 기절, 전절, 퇴절, 경절, 부절 5마디로 구성)

2) 날개는 앞가슴을 제외한 가운데가슴, 뒷가슴에 1쌍씩 총 2쌍 존재
(4) 배 : 보통 10마디 내외이며 기문(숨구멍), 항문, 생식기 등 부속기관 존재
(5) 내부순환계 : 소화계, 순환계, 호흡계, 신경계 등의 기관을 가짐

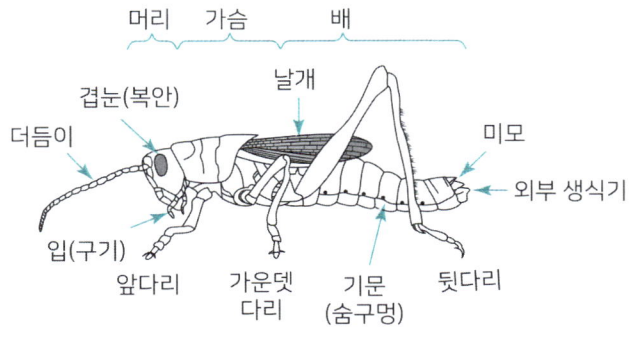

[곤충의 외부 구조]

2. 외피(체벽)

표피(외표피, 원표피), 진피(상피세포, 피부선, 특수세포), 기저막으로 구성되며 곤충을 외부 충격과 병원균으로부터 보호

(1) **표피(큐티클)** : 체벽 최외각에 위치하며 바깥쪽부터 외표피(상큐티클층)과 원표피(외큐티클층)으로 구분
  1) 외표피(상표피) : 단백질과 지질로 구성되어 있으며 가장 외각에 위치. 수분 증발을 억제하는 기능을 하며 시멘트층, 왁스층(지질층), 단백성 외큐티클층(외큐티클층) 순으로 나뉨
  2) 원표피 : 단백질과 키틴으로 구성되어 있으며 체벽의 대부분을 차지
    ① 외원표피층(외큐티클) : 곤충의 체색을 나타내는 색소 함유
    ② 중원표피층 : 외원표피와 내원표피 사이의 층
    ③ 내원표피층(내큐티클) : 미세섬유의 배열로 구성되며 경화되지 않아 비교적 부드럽고 탈피과정에서 다시 흡수되어 새 표피를 만드는 물질로 이용됨
    ④ 슈미트층(아큐티클층) : 섬유는 없지만 과립성의 무형층

(2) **진피** : 내원표피 아래의 단층세포층으로 표면에 미세한 융모가 있고 탈피 과정 중 내원표피를 흡수하여 재사용(내원표피를 소화하는 탈피액 분비)
  1) 상피세포 : 키틴과 단백질의 분해효소를 분비하며 표피 조직의 재생 역할을 함
  2) 피부선 : 외표피의 시멘트층을 구성
  3) 특수세포 : 표피 위 부속기관이나 체표 돌기 기능 관련 물질을 분비(감각세포, 모생세포, 와생세포, 편도세포, 인편 등)

(3) 기저막 : 진피층 아래의 얇은 막으로 근육이 부착되는 곳과 연결되어 있으며 혈구에서 분비한 점액성 다당류를 함유하는 비세포성 무정형 연결조직

※ Ca^{2+} : 근육 자극과 관련

3. 머리

곤충의 머리에는 시각과 촉각을 느낄 수 있는 감각기관이 형성되어 있고 내부에는 신경계가 존재하며 입틀, 눈(겹눈, 홑눈), 더듬이(촉각) 등으로 구성

※ 곤충의 머리는 근육 부착을 위한 골격구조(막상골)을 포함

(1) 입틀 : 곤충의 입은 섭취방법에 따라 저작구형, 흡기구형으로 구분

   1) 저작구형 : 윗입술, 아랫입술, 큰턱, 작은턱, 혀로 구성
      ① 큰턱 : 식물조직을 뜯고 부숴 자르는 역할을 함(미각과는 관계 없음)
      ② 작은턱 : 음식이 밖으로 나가지 않도록 입으로 넣는 역할을 함
      ③ 윗입술, 아랫입술 : 입틀을 감싸는 역할을 함
          ※ 윗입술 : 입틀 구조 중 단독 구조로 발생한 기관
      ④ 혀 : 입틀 속에 존재
      ⑤ 침샘 : 아랫입술과 혀 사이에 존재하며 소화효소를 분비함(모기의 혈액응고 억제제 분비 기관)

   2) 흡기구형 : 식물 조직 즙액을 빨아먹기 유리한 구조를 가짐
   3) 입틀 형태에 따른 곤충의 분류

형태	종류 및 특징
저작구형	종류 : 메뚜기, 풍뎅이, 나비류 유충 특징 : 큰턱이 기주식물을 잘게 부수는 역할을 함
저작 핥는 형	종류 : 꿀벌, 말벌 특징 : 큰턱은 먹이를 자르거나 씹기 편하게, 작은턱과 아랫입술은 긴 주둥이 모양으로 변형
자흡구형	종류 : 진딧물, 멸구, 매미충류, 깍지벌레류, 모기, 벼룩 특징 : 윗입술, 큰턱, 작은턱들이 하나의 바늘모양으로 가늘고 길게 변형, 많은 주요 해충들이 자흡구형에 속함
흡관구형	종류 : 나비, 나방 특징 : 큰턱의 특별한 기능이 없고, 작은턱이 대롱모양의 긴 관으로 변형 (나선형의 흡수구 존재)
흡취형	집파리(특징 : 집파리는 위생해충이나 핥아먹는 입틀을 가짐)
절단흡취형	모기, 벼룩, 등애 (위생해충)
여과구형	수서곤충 (미생물 여과를 통해 영양을 섭취)

※ 저작구가 있는 해충은 독제, 흡수구가 있는 해충은 접촉제로 방제함
※ 말매미 : 유충에서 성충까지 입틀의 형태가 변하지 않음

(2) 눈 : 곤충의 눈은 퇴화된 경우도 있지만 보통 여러 낱눈이 모여 1쌍의 겹눈을 형성하고 때론 1~3개의 홑눈을 가지며 낱눈은 탈피 또는 변태할 때 증가함

   1) 홑눈 : 수정체가 없고 구조가 원시적이며 빛 또는 움직임만 감지할 수 있음

   2) 겹눈 : 수정체를 가진 작은 홑눈이 모여 구성된 복합눈으로 자외선과 색을 감지할 수 있음

(3) 더듬이 : 촉각을 통한 감각기관으로 1쌍이며 3마디(자루마디, 흔들마디, 채찍마디)로 구성되어 있음

   1) 자루마디 (제1절, 기절, 기부마디) : 더듬이를 외부로 연결하는 첫 번째 마디

   2) 흔들마디 (제2절, 병절, 팔굽마디) : 존스턴기관(청각기관)이 존재하는 마디로, 소리를 듣거나 바람속도를 측정

   3) 채찍마디 (제3절, 편절) : 냄새를 감지하는 마디로 여러 마디로 구성되어 있음

      ※ 바퀴벌레와 뽕하늘소는 청각기관이 채찍마디에 존재
      ※ 귀뚜라미나 여치는 청각기관이 앞다리에 존재

   4) 더듬이 형태의 종류 : 사상(바퀴목, 강도래목 등), 염주상(흰개미목, 잎벌과 등), 곤봉상(나비) 등

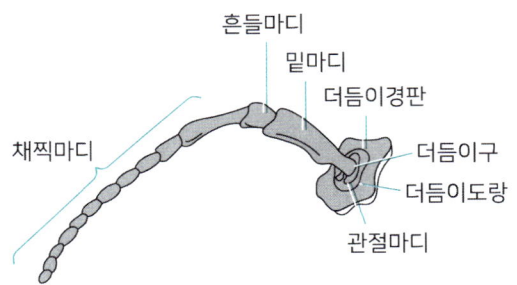

[곤충의 더듬이 구조]

4. 가슴

곤충의 가슴은 앞가슴, 가운데가슴, 뒷가슴 세 마디로 구성되어 있으며 각 마디에 한 쌍의 다리, 앞가슴을 제외한 가운데가슴과 뒷가슴에 각각 한 쌍의 날개가 존재

(1) 다리 : 세 마디의 가슴에 각 한 쌍씩 총 6개의 다리가 존재(5마디로 구성)

   ※ 거미는 4쌍의 다리 존재

   1) 다리의 기본구조 : 기절(밑마디), 전절(도래마디), 퇴절(넓적다리), 경절(종아리마디), 부절(발마디)로 구성

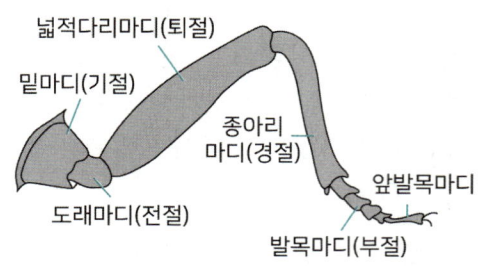

[곤충의 다리 구조]

2) 다리 형태에 따른 곤충의 분류

형태	종류 및 특징
굴착형	• 종류 : 땅강아지 • 특징 : 앞다리가 땅을 파기 유리한 구조로 되어있음
화분수집형	• 종류 : 꿀벌 • 특징 : 앞다리 경절에 더듬이청소기, 뒷다리 경절에 화분통 존재
포획형	• 종류 : 사마귀 • 특징 : 앞다리가 먹이를 포획하기 유리한 구조로 되어있음 (다세포성 돌기)
도약형	• 종류 : 메뚜기 • 특징 : 뒷다리가 도약하기 유리한 구조로 되어있음

(2) 날개 : 앞가슴을 제외한 가운데가슴(앞날개)과 뒷가슴(뒷날개)에 각각 한 쌍의 날개가 존재

1) 날개 형태에 따른 곤충의 분류

형태	종류 및 특징
파리목	• 뒷날개가 퇴화되어 평균곤으로 변형(몸의 균형을 잡는 데 이용)
부채벌레목	• 앞날개가 퇴화되어 평균곤으로 변형
노린재목	• 날개 기부는 딱딱하고 정단부는 부드러움 • 앞날개가 변형(반시초)
딱정벌레목	• 앞날개가 변형되어 경화된 딱지날개(시초)

5. 배

곤충의 배는 보통 10개 내외의 마디로 구성되어 있으며 기문, 항문, 생식기, 미각, 미모, 도약기 등 부속물이 존재함

(1) 기문 : 공기의 통로로 곤충의 호흡기관. 배의 마디마다 한 쌍씩 존재하며 약제가 이곳을 통해 침투함

(2) 항문 : 소화기관의 끝으로 보통 배 끝에 존재

(3) 외부생식기 : 수컷은 부속지가 변형되어 파악기로, 암컷은 산란관으로 발달함

6. 곤충강과 거미강의 형태 비교(중요)

구분	곤충강	거미강
몸의 구분	3부분으로 나뉨(머리, 가슴, 배)	2부분으로 나뉨(머리가슴, 배)
눈	겹눈, 홑눈	홑눈만 존재
더듬이	한 쌍	X
마디	가슴과 배에 존재	X
다리	3쌍(5마디로 구성)	4쌍(6마디로 구성)
날개	보통 2쌍	X
호흡기	몸 측면에 존재(기관, 숨문)	배 하부에 존재(기관, 허파)
생식기	배 끝에 존재	배 앞부분에 존재
변태	O	X

7. 곤충 번데기의 형태

곤충의 유충이 자라 고치를 만든 후 탈피하여 번데기를 형성

(1) 형태에 따른 번데기의 분류

구분	특징
위용	• 종류 : 파리목 • 특징 : 유충이 번데기가 된 후 피부가 경화되어 그 속에서 번데기가 됨
나용	• 종류 : 벌목, 딱정벌레목 • 특징 : 더듬이, 날개, 다리 등 부속물이 몸에 붙어있지 않고 분리되어 있으며 가장 많이 볼 수 있는 유형
피용	• 종류 : 나비목 • 특징 : 더듬이, 날개, 다리 등 부속물이 몸에 밀착 고정되어 있음
수용	• 종류 : 네발나비과 • 특징 : 배 끝이 다른 물체에 부착하여 거꾸로 매달려 있음
대용	• 종류 : 호랑나비, 배추흰나비 • 특징 : 생성한 실로 가슴을 다른 물체에 매달아 놓음

3절 곤충의 내부적 구조 및 기능

1. 곤충의 내부 구조 및 특징

(1) 감각계
곤충의 감각기관은 중추신경에 의해 지배되며 크게 촉각, 미각, 후각, 청각, 시각의 5가지 기관으로 구분

구분	특징
물리적 감각	• 특징 : 촉각, 중력, 압력, 위치변화, 소리, 진동 등을 감지 • 종류 : 종상감각기(위치), 청각기관(존스턴 기관, 고막, 감각모)
화학적 감각	• 특징 : 곤충의 화학 신호 물질과 관련되며 이 물질을 '신호물질'이라 함 • 종류 : 페로몬, 타감물질(카이로몬, 알로몬, 시노몬)
시각적 감각	• 특징 : 낱눈에 존재하는 색소세포, 광수용기, 간상체가 기능하여 상을 구성 후 신경을 통해 뇌로 전달 • 종류 : 겹눈, 홑눈
온도 감각	• 특징 : 열이 발생하는 파장을 감지 • 종류 : 다리, 더듬이, 몸통

(2) 신경계
곤충의 신경계는 크게 중추신경계, 말초신경계, 내장신경계(전장신경계)로 구분(외배엽으로부터 기원)

구분	특징
중추신경계 (중앙신경계)	• 뇌와 배신경줄로 구성되며 마디마다 1개의 신경구가 존재, 이 신경구들을 1쌍의 신경색이 이어줌 • 곤충의 감각기관은 중추신경계에 속하는 뇌의 지배를 받음 • 뇌는 보통 식도하신경절에 연결되어 있으며 큰턱, 작은턱, 아랫입술을 나타내는 세개의 신경절로 구성 • 식도하신경절은 큰턱, 작은턱, 아랫입술의 운동을 촉진시키거나 억제시키는 역할을 함 • 전대뇌(시감각담당) : 겹눈과 홑눈을 통해 광을 받아들이며 복잡한행동을 조절하는 중추신경계의 중심부 • 중대뇌(촉감각담당) : 더듬이로부터 감각 및 운동축색을 받아들임 • 후대뇌(소화기 운동) : 뇌와 위장신경계를 연결하여 소화기 운동에 관여
말초신경계 (주변신경계)	• 중추신경계와 내장신경계에서 나온 모든 신경들을 뜻함 • 운동신경 : 근육이나 분비샘 등 반응 기관에 자극을 전달 • 감각신경 : 감각수용기들에서 중추신경절로 들어가는 신경
내장신경계	• 곤충의 교감신경계로 장, 타액, 대동맥, 입의 근육과 관련된 기능을 지배

| (전장신경계) | • 소화기관 주위를 감싸고 있는 근육에 작용하는 신경계 |

(3) 소화계

곤충의 소화계는 소화관과 부속선으로 구성되어 있고 소화관은 크게 전장(전위), 중장(중위), 후장으로 나뉘며 부속선에는 타액선(침샘)과 말피기씨관이 속해있음(내배엽으로부터 기원)

1) 소화관의 종류와 특징

구분	특징
전장	• 음식물을 임시저장하며 기계적 소화를 돕고 식도, 모이주머니(소낭), 전위 등으로 구성되어 있음 • 전위는 전장과 중장 사이에서 기계적 분쇄 기능과 함께 먹이의 역류를 막는 역할을 함 • 분문판 : 전장과 중장 사이 존재 (중장에 들어온 음식물의 역류 방지)
중장	• 표피가 없는 대신 점액성 단백질의 위식막으로 음식물 감싸고 소화효소를 분비하여 영양분을 흡수 • 유문판 : 중장과 후장 사이 존재 (음식물의 반입을 조절) • 내배엽으로부터 기원
후장	• 전소장, 직장, 항문으로 구성 • 소화관의 가장 끝에 위치한 배설기관으로 요산, 암모니아, 요소 형태로 배설 (주로 요산) • 표피로 덮여있어서 탈피할 때마다 새로운 표피로 대체 ※ 전장과 후장은 외배엽의 함몰에 의해 발생하며 중장은 내배엽으로부터 기원하며 표피가 없음 • 직장에서 염류와 수분의 흡수작용 ※ 흰개미 : 직장에 공생미생물이 존재하여 셀룰로오스를 분해할 수 있음

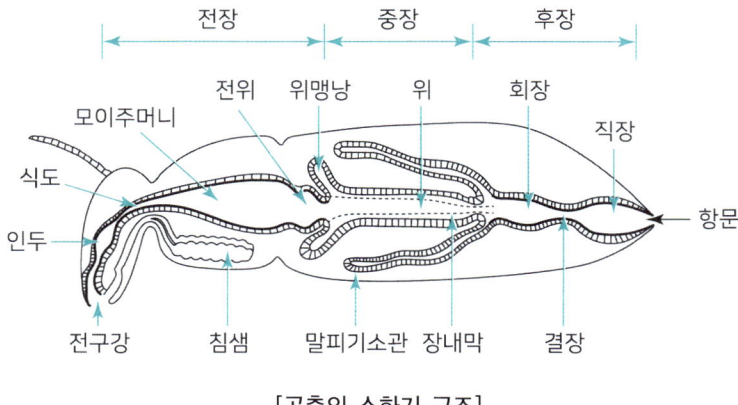

[곤충의 소화기 구조]

2) 부속선의 종류와 특징

구분	특징
타액선 (침샘)	• 식도, 인두, 구강 내에서 타액을 분비 하는 기관으로 대부분 곤충에서 가슴에 1쌍씩 존재 • 나비목, 벌목 유충 : 타액선에서 견사를 분비하여 유충의 집을 만듦 • 파리목(흡혈성) : 흡혈 시 혈액응고를 막는 액 분비
말피기씨관	• 중장과 후장 사이에 위치한 배설작용을 하는 기관(인간의 신장 역할) • 말부에서 물과 무기이온을 재흡수하여 조직 내 삼투압을 조절 • 질소대사산물을 주로 요산 또는 암모니아 형태로 배출 • 끝이 막혀있으며 pH와 무기이온 농도를 조절

(4) 순환계

곤충의 순환계는 머리부터 배끝까지 한 개의 긴 관으로 이어져 있고 이것을 등혈관(대혈관) 또는 배혈관(배관)이라 하며 심장에서 나온 혈액이 등쪽 대동맥의 개방된 부분을 통해 온몸으로 순환되는 개방순환계 구조를 가짐

1) 배관 : 소화관 배면에 있는 한 개의 긴 관으로 배관 끝부분이 막혀 심장을 이룸
2) 대동맥 : 심장과 연결되어 있으며 등쪽에 존재
3) 심실 : 보통 9개로 구성되어 있으며 각 심실 양쪽에 심문이 1쌍씩 존재
4) 혈액 : 혈림프(혈장)와 혈구로 구성되어 있으며 헤모글로빈이 존재하지 않아 투명한 색을 띰 (산소운반 하지 않음)
   ① 혈림프 : 수분보존, 영양분 저장, 물질수송, 체온조절
      ※ 트레할로스 : 혈림프로 방출되는 탄수화물의 저장형태 (비환원성 이당류)
   ② 혈구 : 식균작용, 상처치유(응고), 해독작용(영양분 저장 및 배분), 피낭형성
   ③ 식세포 : 미생물 및 기생성 생물 침입 시 제거
   ④ 포낭세포 : 혈액 응고 기능

(5) 생식계

곤충의 생식계는 배 속에 발달, 배 끝 마디에 존재하며 생식에는 교미에 의한 유성생식(체내수정)과 수정없이 번식하는 단위생식, 유충상태에서 알을 낳는 유생생식 등이 있음 (중배엽으로부터 기원)

1) 곤충의 생식계는 보통 자웅이체로 자성 생식계와 웅성 생식계가 분리되어 있음
   ※ 예외 : 이세리아깍지벌레(자웅동체)
2) 자성생식계 : 암컷의 생식기관으로 난소, 수란관, 수정낭, 교미낭, 산란관으로 구성
   ① 난소 : 미수정란을 생산하며 몸의 좌우에 1쌍 존재
   ② 수란관의 배벽에 연결된 수정낭에는 수컷의 정자를 보관

3) 웅성생식계 : 수컷의 생식기관으로 고환(정집), 수정관, 저정낭, 파악기(교미기), 사정관 등으로 구성

① 고환 : 정자를 생산하며 1쌍 존재

② 저정낭 : 수정관 일부가 커져 정액을 저장

③ 파악기(교미기) : 교미 시 암컷을 붙잡는 기관으로 음경 옆에 붙어 있음

④ 사정관 : 암컷과 교미 시 정자가 사정관을 통과하여 암컷 쪽으로 이동

(6) 근육계

곤충의 골격근육은 여러 개의 긴 근육세포로 이루어져 있고 크게 내장근육, 환절근육, 부속지근육으로 구분하며 특히 근육섬유를 수축시키는 데 칼슘이온이 관여하며 수축 시 농도가 높아지고 이완 시 낮아짐(중배엽으로부터 기원)

1) 기능에 따른 근육의 종류

구분	특징
종주근	• 몸 전체 수축에 관여하는 근육으로 배면이나 복면으로 구부러짐
배복근	• 몸마디를 압축시켜 호흡을 돕는 기능
측근	• 배판과 측판, 측판 또는 기분과 복판을 연결
익근	• 배관에 부착되어 있으며 배관 수축과 팽창에 관여

(7) 호흡계(기관계)

곤충의 호흡계는 기관, 기문, 기관소지, 기관지, 모세기관 등으로 이루어져 있으며 기문을 통해 공기가 체내로 들어와 온몸의 기관지를 통해 세포까지 전달되는 수동적 호흡을 함(개방형)

1) 기관계의 구성 및 특징

구분	특징
기문	• 기체가 출입하는 곳으로 가운데가슴, 뒷가슴에 각 1쌍씩 총 2쌍, 배에 8쌍이 원칙이나 종에 따라 다름 • 수서곤충은 1개의 기문을 갖고있는 경우도 있으며 모기붙이류 유충은 기문이 없음 • 양측면(옆판)에 존재 　※ 모기유충은 기문수가 아주 적음
기관	• 기체의 통로(공기주머니)이며 몸 양쪽 측면에 세로 형태의 기관으로 존재 • 기관의 압력이 낮을 때 위축을 방지하는 나선사가 존재 • 외배엽의 함입에 의해 발생
기관소지	• 끝이 막힌 형태로 산소를 근육 등 조직으로 보내는 역할

2) 기문의 분류

구분	특징
개구식	• 특징 : 기문이 열려있음 • 종류 : 쌍기문식(파리목 유충), 전기문식(파리목 번데기), 후기문식(모기유충)
폐쇄식	• 특징 : 기문이 없거나 기능이 없음 • 종류 : 물방개, 강도래, 실잠자리(기관아가미), 기생벌 일부

※ 기관새 : 수서곤충 유충에서 발달한 호흡기관
※ 모기유충은 기문수가 아주 적음

(8) 분비계

곤충의 분비계는 외분비계와 내분비계로 나뉘며 체벽 물질과 체내 대사를 위해 혈액을 통해 분비됨

1) 내분비계 : 기능에 따라 신경분비세포, 카디아카체, 앞가슴선, 알라타체로 구성되어 있으며 각 부분에서 별도의 배출관 없이 호르몬을 분비함

구분	특징
신경분비세포	• 신경계 곳곳에 분포하는 세포로 특히 뇌의 바깥쪽에 가장 많음 • 신경분비세포에서 만들어진 분비물질이 카디아카체를 자극 • 신경호르몬 분비 (누에 휴면호르몬, 경화호르몬, 이뇨호르몬, 알라타체 자극호르몬 세로토닌) ※ 세로토닌 : 배설, 침분비, 체벽 신축성 등에 관여 ※ 누에는 어미가 생산한 휴면호르몬이 알 시기일 때 직접적인 영향을 받음(알 휴면단계)
카디아카체	• 앞가슴샘 자극호르몬(PTTH)을 만들어 앞가슴선의 분비를 자극 • 심장박동 조절
앞가슴선 (전흉선)	• 탈피호르몬(MH, 엑디손), 허물벗기호르몬(EH), 경화호르몬(Bursicon) 등을 분비 • 번데기 촉진에 관여 • 탈피호르몬과 유약호르몬이 모두 작용 할 때는 탈피가 일어나며 성충이 될수록 유약호르몬의 양은 줄어듦
알라타체	• 유충상태를 계속 유지시키는 유충호르몬(JH, 유약호르몬)을 분비하여 변태와 생식을 조절(다형현상) • 유충호르몬의 농도가 낮아지고 엑디손의 농도가 점차 높아지면 변태가 일어나면서 성충으로 성장 • 성충 상태에서 유충호르몬은 난황축적과 부속샘 활동조절, 페르몬 생성에 관여
환상선	• 파리, 하루살이 유충에 있는 분비선 • 대동맥과 식도를 고리모양(환상형)으로 지지하고 있다 알라타체와 연결되어 있음 • 파리의 유충에서 환상샘을 적출하면 탈피와 이른 번데기화가 불가능해짐

2) 외분비계 : 외배엽이 발달한 조직으로 분비물을 체강 또는 체외로 분비하고 곤충 체표면에 두루 퍼져있으며 분비선에서 분비되는 물질은 소화를 돕는 침, 고치를 만드는 구조물질, 방어물질, 페르몬 등 다양함

① 외분비선의 종류 및 관련물질

구분	특징
표피샘	• 꿀벌이 왁스를 분비하여 벌집을 짓는데 사용
침샘(타액선)	• 전장의 양쪽에 위치
악취선	• 노린재류에서 불쾌한 냄새가 나는 탄화수소 유도체를 분비
이마샘	• 흰개미류가 끈적한 방어용 물질을 분비
배끝마디샘	• 딱정벌레가 불쾌한 물질을 분비
여왕물질	• 여왕벌의 큰턱마디 샘에서 분비되는 것으로 일벌들이 먹으면 난소성숙이 되지 않아 추가적인 여왕벌 생성을 억제하는 페로몬의 일종
페로몬	• 같은 종 간의 정보전달을 목적으로 하는 신호물질로 개체간 특이한 반응이나 행동을 유발
타감물질	• 다른 종 간의 정보전달을 목적으로 하는 신호물질로 자신과 다른 개체를 배척하거나 끌어들이기 위해 분비

② 페로몬의 종류 및 특징

구분	특징
성페로몬	• 보통 암컷이 수컷을 유인하기 위해 분비하는 여러 성분의 복합체로 미량으로 먼거리까지 작용 • 주로 나비목의 곤충에서 분비하며 더듬이의 화학수용기관에서 받아들여짐 • 봄비콜 : 1959년 누에나방의 암컷에서 분리 동정된 최초의 성페로몬
집합페로몬	• 먹이나 서식지를 찾았을 때 다른 개체에게 알리기 위해 암수 구분없이 분비하는 물질 • 꿀벌, 나무좀, 저곡해충, 톡토기 등에서 분비
경보페로몬	• 적의 위험을 알리기 위해 분비하며, 휘발성이 강해 빠르게 전파되고 사라짐 • 벌, 개미(사회성 곤충), 진딧물, 노린재류(집단생활 곤충) 에서 분비
길잡이페로몬	• 사회성 곤충이 서식지를 이동할 때 길 안내용으로 분비하며 효과가 오래 지속 • 개미, 흰개미(사회성 곤충) 등에서 분비
분산페로몬	• 같은 종의 과밀현상을 막기위해 분비, 다리에 있는 감각기에 접촉되어 감지
계급페로몬	• 사회성 곤충에서 계급의 질서 유지를 위해 분비
간격페로몬	• 산란 시 다른 곤충이 가까이에 알을 낳지 않도록 유도

③ 성페로몬의 이용(트랩의 종류와 목적)

구분	특징
깔대기형 트랩	담배거세미나방, 파밤나방
끈끈이 트랙	굴나방, 잎말이나방
수반 트랩	진딧물, 파밤나방
페트병 트랩	농가에서 간이제작하여 담배거세미나방, 파밤나방 등의 예찰용으로 이용

구분	특징
발생예찰	• 해충 발생시기에 트랩을 설치하여 죽은 성충의 밀도를 보고 발생을 예측하여 약제 살포 시기를 결정
대량유살	• 트랩으로 대상 해충을 대량 포획하여 밀도를 감소시키나 암컷의 성페로몬을 이용하기 때문에 암컷을 유인하지 못하는 단점이 있음
교미교란	• 암컷의 성페로몬으로 수컷을 유인하여 교미를 교란시켜 밀도를 감소시킴
생물자극제	• 대상 해충의 활력을 조장하는 물질을 이용하여 살충제에 접촉할 수 있는 가능성을 높임

④ 타감물질의 종류 및 특징

구분	특징
알로몬 (분비자 > 감지자)	• 타감물질을 분비한 쪽에 유리하며 주로 방어물질 역할을 함(기피, 억제, 독) 예 식물이 초식성 곤충으로부터 방어하기 위해 분비하는 것
카이로몬 (분비자 < 감지자)	• 타감물질을 분비한 쪽에 불리하고 감지한 쪽에 유리 예 먹이감이 분비한 페로몬이 포식자를 유인
시노몬 (분비자 = 감지자)	• 타감물질이 분비자와 감지자 모두에게 유리

(9) 특수조직

구분	특징
지방체	• 곤충의 체내기관에 둘러싸여 있는 조직으로 중간대사에 관여하며 노숙유충에서 많이 발견 • 영양물질의 저장 및 배설활동을 도움(소화에 직접적 기능을 하지는 않음)
편도세포	• 가슴과 복부에 있는 외배엽 유래 세포 • 탈피 시 표피 생성물질을 합성하는 작용에 관여

Chapter 02 곤충의 분류

1절 곤충의 분류

1. 종의 개념과 명명법

(1) 종 : 생물분류의 기본단위. 동일한 종은 개체 사이에서 교배가 가능하며 종의 분화는 지리적 격리가 큰 원인

(2) 곤충의 명명법(이명법) : 종에 두 단어의 라틴어를 붙여 분류하는 방법으로 첫 번째 단어는 속명, 두 번째 단어는 종명을 의미함. 또한 끝에 명명자의 이름을 붙이며 속명과 종명은 이탤릭체로 표기

2. 곤충의 분류학적 체계

(1) 분류의 목적 : 현존하는 곤충과 과거의 종 간의 유연관계를 연구하여 곤충 전체의 계통을 조사하고 곤충과 다른 동물과의 유연관계를 밝힘

(2) 분류의 단위
　1) 분류학상 기본단위 : 종
　2) 분류계급에 따른 분류순서 : 계, 문, 강, 아강, 목, 아목, 과, 아과, 속, 아속, 종, 아종, 변종 순으로 구분
　　① 절지동물문에 속하는 곤충강은 크게 무시아강과 유시아강으로 나뉘었으나 현재는 무시아강에 속했던 좀목, 돌좀목을 각각 이관절구아강, 돌좀아강으로 분류하면서 조정
　　　※ 거미강 : 거미는 절지동물문의 거미강에 속하므로 곤충이 아님 예 거미, 진드기, 응애, 전갈 등
　　② 보통 곤충의 입과 날개의 진화정도, 날개 모양, 변태 방식 및 진화정도에 따라 목분류가 이루어짐
　　③ 과 : 같은 속의 집단
　　④ 속 : 계통적으로 형태가 비슷한 것을 기준으로 분류한 같은 종의 집단

(3) 무시아강 분류

무시아강에 속하는 곤충은 기관과 날개가 없고 거의 변태를 하지 않아 유충과 성충이 유사한 원시적 특징을 가짐

구분	특징
좀목	• 겹눈은 작거나 없고 사상의 긴 더듬이와 저작구형 입틀을 가짐 • 배는 11마디로 끝마디에 3개의 미모를 가지며 3쌍의 다리와 퇴화된 짧은 배다리가 있음 • 점변태 또는 무변태 • 말피기씨관 존재
좀붙이목	• 저작구형 입틀이 머리 내부에 존재 • 더듬이는 여러 마디로 구성되어 있음 • 겹눈과 홑눈이 없음
톡토기목	• 겹눈은 홑눈 모양으로 배열 • 저작구 입틀이 머리 내부에 존재 • 토양 속 미생물을 먹으며 살아감 • 더듬이(촉각)가 짧고 5~6절로 구성되어 있으며 모든 마디에 근육이 있음 • 배는 6절 이내로 제1절에 복관이, 제4절에는 1쌍의 도약기 존재 ※ 복관 : 물을 흡수하며 미끄러운 표면에 달라붙는 역할을 하는 기관 • 날개, 외부생식기, 말피기씨관이 없음 • 무변태
낫발이목	• 자흡구형의 입틀을 가짐 • 배는 12개의 마디로 구성되어 있으며 1~3마디에 1쌍씩의 배다리(복지) 존재 • 더듬이, 겹눈, 기관이 없음 • 점변태 또는 무변태

(4) 유시아강 분류

유시아강은 크게 날개를 접을 수 없는 고시류와 접을 수 있는 신시류로 나뉘며 신시류는 다시 외시류(불완전변태)와 내시류(완전변태)로 나뉨

구분		종류	특징
고시류		하루살이목, 잠자리목	• 날개를 뒤로 접을 수 없음
신시류	외시류	강도래목, 흰개미붙이목, 흰개미목, 민벌레목, 메뚜기목, 집게벌레목, 바퀴목, 사마귀목, 대벌레붙이목, 대벌레목, 귀뚜라미붙이목, 다듬이벌레목, 털이목, 이목, 총채벌레목, 노린재목	• 불완전변태를 하므로 번데기 과정이 없으며 애벌레 때 날개가 보임 • 날개를 뒤로 접을 수 있음
	내시류	뱀잠자리목, 약대벌레목, 풀잠자리목, 딱정벌레목, 부채벌레목, 파리목, 밑들이목, 벼룩목, 날도래목, 벌목, 나비목	• 완전변태를 하므로 번데기 과정이 있으며 애벌레 때 날개가 보임 • 날개를 뒤로 접을 수 있음

2절 곤충의 특성

1. 고시하강(고시류)

(1) 하루살이목
    1) 성충의 입틀은 저작형이나 퇴화되었음
    2) 아성충 단계가 존재하며 약충은 물속에 서식(배의 기관새로 호흡하여 수중생활)
    3) 날개맥이 많고 꼬리털은 2~3개 존재
    4) 더듬이가 짧음
    5) 하루살이는 날개 발생 후 탈피를 함

(2) 잠자리목
    1) 저작형 입틀이며 식육성임
    2) 아랫입술은 먹이를 잡기에 유리하게 발달(포식성)
    3) 큰 겹눈과 3개의 홑눈이 있음

2. 유시아강(유시류)

(1) 강도래목
    1) 저작형 입틀은 성충이 되면 퇴화함
    2) 더듬이는 실모양으로 길며 마디가 많음
    3) 날개는 두쌍으로 뒷날개가 앞날개보다 큼
    4) 약충은 수중생활을 하며 기관아가미로 호흡
    5) 암컷은 산란관이 없음

(2) 흰개미붙이목
    1) 암컷은 유충형으로 변태하지 않음
    2) 수컷은 불완전변태 또는 단위생식을 함
    3) 입은 저작형이며 겹눈만 존재
    4) 앞다리의 1절은 크고 납작하며 실을 뽑아냄
    5) 우리나라에 거의 존재하지 않음

(3) 흰개미목
    1) 재목의 대해충이자 사회성 곤충이며 저작형 입틀 및 짧은 더듬이를 가짐
    2) 암컷은 변태하지 않으며 수컷은 불완전변태함
    3) 앞뒤 날개의 형태와 크기가 비슷함

4) 겹눈은 퇴화 또는 변형되었으며 홑눈은 없거나 2개
5) 여왕흰개미, 일흰개미, 병정개미 등이 해당(일개미, 병정개미는 날개 없음)

(4) 민벌레목
1) 입틀은 저작형이며 몸이 매우 작음
2) 겹눈, 홑눈 모두 존재 (단, 날개가 없는 종은 눈이 없음)
3) 더듬이는 염주형
4) 우리나라에서 발견되지 않음

(5) 메뚜기목
1) 입틀은 저작형이며 겹눈이 발달
2) 날개는 보통 2쌍이지만 퇴화된 경우도 있음(대벌레)
3) 암컷은 산란관이 발달되어 있고 수컷의 생식기는 배판 속에 숨겨져 있음
4) 메뚜기, 여치, 귀뚜라미, 땅강아지 등 많은 농림해충이 속함
5) 앞가슴은 분리된 반면, 가운데가슴과 뒷가슴은 붙어 있음

(6) 집게벌레목
1) 입틀은 저작형이며 식육성임
2) 날개는 보통 2쌍이지만 없는 것도 있음
3) 앞날개는 짧고 질기며 날개맥이 없음
4) 뒷날개는 반달모양이며 날개맥이 방사형임

(7) 바퀴목
1) 입틀은 저작형이며 더듬이는 긴 실모양
2) 겹눈이 매우 발달하였음
3) 장티프스, 콜레라를 전파시키는 위생해충

(8) 사마귀목
1) 입틀은 저작형이며 육식성임
2) 겹눈이 발달되어 있으며 날개는 수컷에 있고 암컷은 없거나 작게 있음
3) 종마다 특직정인 알덩어리로 월동
4) 유익한 곤충임

(9) 대벌레붙이목
1) 몸 크기는 2~3cm로 육식성임
2) 실모양의 더듬이를 가지며 큰 턱이 발달되어 있음

(10) 대벌레목
   1) 몸이 매우 가늘고 긴 막대기 모양
   2) 저작형 입틀을 가지며 식식성임(해충)
   3) 독립생활을 하며 약충은 위기상황 시 다리 자동절단이 가능
   4) 3쌍의 다리는 크기가 거의 같음 (발목마디 5마디)

(11) 귀뚜라미붙이목(갈르와벌레목)
   1) 날개가 없고 겹눈은 퇴화되었거나 없고, 홑눈은 없음
   2) 긴 더듬이와 세쌍의 다리를 가짐
   3) 암컷은 산란관이 발달되어 있으며 수컷 생식기는 좌우가 다른 2개의 골편이 존재

(12) 다듬이벌레목
   1) 입틀은 저작형(육식성)이며 날개는 있거나 없음
   2) 더듬이와 발목마디는 보통 2~3마디
   3) 날개가 있거나 없음

(13) 털이목
   1) 입틀은 저작형이며 작은 겹눈이 있음(홑눈 없음)
   2) 날개는 퇴화되었음
   3) 포유류에 기생하는 해충

(14) 이목
   1) 입틀은 자흡구형으로 겹눈은 퇴화되었거나 없고, 홑눈은 없음
   2) 더듬이는 3~5마디로 구성되며 날개는 없음
   3) 사람과 동물에 기생하여 발진티프스를 매개하는 위생해충(흡혈성)

(15) 총채벌레목
   1) 몸길이가 0.6~12mm인 미소곤충
   2) 짧은 더듬이와 비대칭 입틀을 가짐 (좌우대칭이 아님)
   3) 겹눈은 작고 홑눈은 유시형일 경우 3개 존재
   4) 식물 조직액을 흡즙하며 단위생식을 함
   5) 날개에는 긴털이 규칙적으로 존재

(16) 노린재목
   1) 입틀은 자흡구형이며(흡수구) 아랫입술이 발달
   2) 큰 턱과 작은 턱이 겹쳐져 주사침 모양

3) 더듬이는 2~10마디로 구성되어 있으며 발마디는 1~2마디로 구성됨
4) 큰 겹눈을 가지며 홑눈은 있거나 없음
5) 노린재목 중 노린재군은 머리가 전구식이며 매미군은 하구식임
6) 노린재군은 수서 또는 반수서생활, 매미군은 모두 육서생활을 함
7) 날개가 있는 것은 장시형과 단시형으로 나뉘며 날개가 없는 것도 존재
8) 단위생식을 하는 것도 존재
9) 종류 : 방패벌레, 사과면충, 온실가루이, 배나무이, 깍지벌레 등

(17) 뱀잠자리목
1) 입틀은 저작형이며 큰 겹눈이 있음 (유충도 저작형 입틀)
2) 두 쌍의 날개는 맥상이 비슷하며 날개맥이 많음
3) 유충은 육식성이며 수서생활을 하고 성충과 번데기는 육지에 서식

(18) 약대벌레목
1) 입틀은 저작형이며 큰 겹눈이 있음
2) 두 쌍의 날개는 투명하고 날개맥이 많음
3) 뱀잠자리목과 흡사하지만 목이 긴 특징으로 구분됨
4) 암컷에는 긴 산란관이 있음
5) 유충은 육지 생활을 하며 여러 마디로 된 더듬이와 겹눈 존재 (다리는 발달되어 있으나 배다리는 없음)

(19) 풀잠자리목
1) 저작형 입틀이지만 기능은 자흡구형이며 큰턱이 길게 발달함
2) 겹눈이 크며 성충은 홑눈이 거의 없음
3) 여러개의 마디로 된 긴 더듬이
4) 유충과 성충이 모두 식충성. 유충은 육지에 서식하며 3쌍의 다리가 있고 배다리는 없음

(20) 딱정벌레목
1) 입틀은 저작형이며 머리는 전구식, 하구식 모두 존재
2) 곤충강의 40%를 차지하는 가장 큰 목 (딱정벌레, 풍뎅이, 나무좀, 바구미, 하늘소, 잎벌레, 무당벌레 등) ※ 길앞잡이과는 딱정벌레목에 해당
3) 성충은 외골격이 발달되며 날개가 있는 것과 없는 것이 있음
4) 날개는 2쌍으로 앞날개는 변형되어 경화된 딱지날개임(시초)
5) 앞날개 밑에 얇은 뒷날개가 접혀 있음
6) 번데기의 부속지는 몸에 붙어 있지 않고 떨어져 있음(나용)

(21) 부채벌레목
   1) 입틀은 퇴화되었거나 없음
   2) 암컷은 날개와 다리가 없는 유충모양, 겹눈과 더듬이도 없다
   3) 수컷에만 날개있고 앞날개는 몽둥이 모양으로 퇴화되고 뒷날개는 큰 부채모양
   4) 대부분 벌목 멸구류 등 곤충에 외부기생

(22) 파리목
   1) 유충은 저작형, 성충은 빠는형 입틀
   2) 앞날개는 정상적이지만 뒷날개는 평균곤으로 변형됨 (균형 및 감각기능)
   3) 앞가슴은 작은 반면, 앞날개가 있는 가운데가슴은 매우 발달
   4) 유충은 다리가 없으며 머리가 퇴화됨
   5) 번데기는 마지막 유충 껍질속에 있음(위용)
   6) 종류 : 파리, 모기, 등에, 각다귀 등

(23) 밑들이목
   1) 식육성이며 몸의 크기는 소형~중형
   2) 입틀은 저작형이며 길쭉하게 나와있음
   3) 큰 겹눈과 3개 이하의 홑눈 존재
   4) 촉각(더듬이)은 마디가 많고 사상임(실모양)
   5) 수컷은 배 끝에 교미기가 발달

(24) 벼룩목
   1) 자흡구형 입틀과 홑눈 2개를 갖고있는 소형곤충 (겹눈은 없음)
   2) 성충은 좌우로 납작하며 뒷다리가 커서 도약에 적합
   3) 유충은 긴 원통형이며 눈과 다리가 없고 흙에서 서식 (육서생활)
   4) 페스트와 발진열 매개 (동물에 기생하여 흡혈)

(25) 날도래목
   1) 퇴화된 저작형 입틀이며 큰턱이 없음 (유충도 저작형 입틀)
   2) 더듬이는 사상이며 기관아가미(기관새)로 호흡 (유충과 번데기까지 물속에서 생활)
   3) 2쌍의 날개에 털이 있는 것으로 나비목과 구별
   4) 유충은 실을 토해 집을 짓고 생활하며 이동성이 있음
   5) 번데기는 나용임

(26) 나비목
    1) 성충의 입틀은 작은 턱이 길게 발달하여 흡수에 유리한 관 모양으로 형성 (유충은 저작형)
    2) 겹눈이 홑눈은 없거나 2개 존재
    3) 가슴에 3쌍의 다리와 2쌍의 날개 존재
    4) 앞뒤 날개 모양이 다르고 날개가 없는 것도 존재
    5) 배 내부의 생식기관에는 교미를 하는 교미구와 산란을 하는 산란구가 존재
    6) 번데기의 부속지는 몸에 붙어 있음 (피용)
    7) 딱정벌레목 다음으로 종수가 많음 (수목해충에 가장 많이 해당됨)
    8) 침샘 : 나비목 유충이 견사를 분비하는 곳
    9) 종류 : 나비, 나방

(27) 벌목
    1) 저작형 또는 핥는 형 입틀 존재
    2) 겹눈이 발달하며 다양한 모양의 더듬이가 존재
    3) 날개는 있거나 없음 (앞뒤 날개는 모양이 다르고 날개맥이 적음)
    4) 암컷에는 여러 가지 모양의 산란관 존재
    5) 종류 : 벌, 혹벌, 말벌, 개미, 잎벌 (잎벌과에 속하는 잎벌, 흰개미 등의 더듬이는 염주모양)

Chapter 03 곤충의 생태 및 생리

1절 곤충의 생활사

1. 생활사의 개념

(1) **생활사(세대)** : 알, 유충, 번데기를 거쳐 성충이 되어 다시 알을 낳아 번식하는 반복되는 과정

   1) 산란 전기 : 암컷이 우화 후 교미하여 알을 낳게 될 때까지의 기간
   2) 난기 : 낳은 알이 부화할 때까지의 기간
   3) 유충기 : 부화한 유충이 번데기가 될 때까지의 기간
   4) 용기 : 번데기가 우화하여 성충이 될 때까지의 기간
   5) 성충기 : 번데기가 우화되어 나온 성충의 시기
   ※ **말매미** : 1세대를 경과하는데 긴 시간이 필요함

(2) **생활환** : 일반적으로 추운지방보다 더운지방 곤충의 세대수가 많으며 세대수가 많다는 것은 생활환이 짧음을 의미
   ※ 목화진딧물은 약 30세대, 사과면충은 10세대

2. 곤충의 발육

(1) **부화** : 배자가 일정기간 성숙 후 알껍질을 깨고 밖으로 나오는 것 (성숙 시 외배엽, 중배엽, 내배엽 형성)

(2) **유충의 성장**

   1) 탈피 : 유충이 성장할 때 몸을 덮고 있는 키틴질 표피는 늘어나지 않으므로 묵은 표피를 벗는 현상
   2) 영(령) : 유충에서 탈피까지 필요한 기간 또는 탈피에서 탈피까지 필요한 기간
   3) **령충** : 각 기간의 유충을 의미. 알에서 부화한 후 1회 탈피할 때까지를 1령충이라 하며 이후 1회 탈피 시 2령충, 2회 탈피 시 3령충, 3회 탈피 시 4령충이라 함

(3) **용화** : 유충시기의 껍질을 벗고 번데기가 되는 현상으로 번데기(용)은 부속지 변화 특징에 따라 몇 가지로 구분

구분	종류 및 특징
나용	• 특징 : 번데기가 되면서 날개, 다리, 촉각 등 부속지가 몸의 겉에서 분리되는 것으로 가장 많은 곤충 종류가 나용에 해당 • 종류 : 벌목, 딱정벌레목, 풀잠자리목 등
피용	• 특징 : 날개, 다리, 촉각 등 부속지가 몸에 밀착 고정되어 있음 • 종류 : 나비류, 나방류
위용	• 특징 : 나용과 유사하나 유충의 외피를 벗지 않고 그 속에 번데기를 형성한 것 • 종류 : 파리목
전용	• 유충 표피가 진피층에서 분리되어 발육 중인 번데기가 유충 표피 안에 들어있는 것

(4) **우화** : 번데기(불완전변태일 경우는 약충)가 탈피하여 성충이 되는 것

(5) **교미** : 암컷의 생식기 속에 정액을 주입하면 암컷이 수정낭에 정충을 보관하여 산란을 조절하는 것

(6) **산란** : 교미를 통해 수정된 알을 낳는 것

3. 곤충의 변태

알에서 부화한 유충이 성충 형태와 다른 원인이 되는 것으로 여러 차례 탈피를 거듭하여 성충으로 변함

구분		특징	종류
완전변태		• 알에서 부화한 유충이 번데기를 거쳐 성충이 되는 것 • 알 → 유충 → 번데기 → 성충	나비목, 딱정벌레목, 파리목, 벌목
과변태		• 유충 시기를 지나 의용의 시기 존재 • 알 → 유충 → 의용 → 용 → 성충	딱정벌레목의 **가뢰과**
불완전변태	반변태	• 유충과 성충의 모양이 상이 • 알 → 유충 → 성충	하루살이목, 잠자리목
	점변태	• 유충과 성충의 모양이 유사 • 알 → 유충(약충) → 성충 ※ 약충 : 시기를 명확히 구분하지 않았을 때의 어린벌레	메뚜기목, 총채벌레목, 노린재목
	무변태	• 부화한 유충과 성충의 모양이 같음	톡토기목
	증절변태	• 부화한 유충과 성충의 모양이 크게 다르지 않음 • 탈피할수록 복부 배마디가 증가	낫발이목

4. 곤충의 생식

곤충의 생식은 방법에 따라 양성생식, 단위생식, 다배생식, 유생생식 등으로 구분

구분	종류 및 특징
양성생식	• 특징 : 암컷과 수컷의 교미로 이루어지며 대부분의 곤충이 해당
단위생식 (처녀생식)	• 특징 : 교미를 통한 수정 없이 암컷 혼자 번식이 가능한 것 • 종류 : 밤나무 순혹벌, 민다듬이벌레, 여름철 진딧물류
다배생식	• 특징 : 수정된 난핵이 분열한 후 각각의 개체로 발육하는 것 (다수의 개체가 됨) • 종류 : 벼룩좀벌과, 고치벌과
유생생식	• 특징 : 유충이나 번데기가 생식하는 방법 • 종류 : 일부 혹파리과

※ 자웅동체 : 생식기 외부에서 난자가, 내부에서 정자가 생김
※ 난태생 : 모체 안에서 알이 수정되나 태반이 없어 대신 난황을 영양분 삼아 발육한 후 알이 곤충 몸 속에서 부화되어 애벌레 상태로 태어나는 것

2절 곤충과 환경

1. 비생물적 환경

(1) 온도 : 곤충의 행동 습성 및 발육은 온도와 밀접한 관계를 가짐
   1) 생존 가능한 온도 범위는 수서곤충보다 육서곤충이, 열대곤충보다 온대곤충이 더 넓음 (생존범위 : 보통 0~40℃)
   2) 생존에 불리한 온도 환경이 되면 곤충은 휴면(발육을 멈추는 것) 또는 휴지(대사율을 떨어뜨리는 것)함
   3) 곤충의 발육기간은 온도가 증가함에 따라 감소하며 최적온도 이후에는 다소 증가함
   4) 겨울을 나는 곤충은 글리코겐을 분해하여 글리세롤 생성을 통해 체내빙결점을 낮춤
   5) 발육영점온도 : 곤충이 발육을 하려면 일정량의 온도가 되어야 하는데 곤충이 발육되지 않는 생존최저온도
   6) 유효적산온도 : 발육영점온도 이상의 온도가 충족되면 단계적 생육이 진행되는데 이 때 일정한 발육을 완료하기 위해 필요한 총온열량
      ① 유효적산온도 = (측정온도 - 발육영점온도) × 측정온도에서의 발육일수
      ② 1일 유효적산온도 = (1일 최고온도 + 1일 최저온도) / 2 - 발육영점온도

(2) 수분 : 곤충의 몸에서 수분은 절반이상에서 90%까지 차지하므로 밀접한 관계를 가짐
   1) 곤충의 체구는 작아 체내 수분량은 체표면적에 비해 작기 때문에 외골격의 방수를 통해

수분 손실을 최소화 함
2) 수분이 부족하면 은폐휴면을 하여 불리한 환경조건을 이겨냄

(3) 빛 : 빛의 광주기가 계절을 나타내므로 이를 통해 발육 및 휴면에 영향을 미침
1) 빛의 광주기가 먹이탐색, 교미, 산란, 우화 시기에 영향을 미침
2) 빛의 파장 및 편광각은 곤충의 비행 및 먹이탐색의 기준이 됨

2. 생물적 환경

(1) 생물 간 상호작용 : 특정 구역에서 서식하는 생물들이 같거나 다른 종류의 생물군과 서로 영향을 주며 작용하는 것으로 동식물 상호간의 먹이활동, 생활습성에 따라 해충의 발생에 관여하는 요인들이 존재

1) 영향요인 : 해충의 기주식물 유무, 천적유무
2) 서식지 및 월동지 : 생물학적 방제 시 이용

3절 곤충의 행동습성

1. 곤충의 서식지

(1) 곤충이 생활하는 장소에 따라 육서종과 수서종으로 구분
1) 육서형 : 모든 세대를 지상에서 보내는 곤충으로 비행을 하거나 다른 곤충 체내에서 서식하는 종도 포함
2) 수서형 : 물 위나 물속에서 사는 종

(2) 일반적으로 곤충은 알, 유충, 번데기, 성충의 서식지가 다름

2. 곤충의 식성

(1) 대부분의 곤충은 식식성이지만 부식성, 식육성, 잡식성 등 다양한 식성을 가짐
1) 식물질을 섭취
① 식식성 : 식물을 먹는 것으로 대부분의 해충이 해당됨
② 균식성 : 균류를 먹는 것으로 공생관계의 곤충이 많이 해당 예 버섯벌레과, 버섯파리과, 노랑뒷박벌레(흰가루병균)
③ 미식성 : 미생물을 먹는 것 예 파리의 구더기

④ 단식종 : 계통이 가까운 식물만 먹는 종　예 누에(뽕나무속), 솔나방(낙엽송), 배추좀나방(십자화과)

⑤ 계통과 관계없이 유연관계가 먼 식물을 먹는 것　예 메뚜기, 미국흰불나방, 파밤나방, 쐐기나방, 집시나방

2) 동물질을 섭취

① 포식성 : 살아있는 곤충을 잡아먹는 것　예 됫박벌레류(깍지벌레류, 진딧물류), 꽃등애 유충(진딧물), 파리매류, 말벌류, 사마귀류

② 기생성 : 다른 곤충에 기생생활을 하는 것　예 기생벌, 기생파리

③ 육식성 : 다른 동물을 직접 먹는 것　예 물방개류, 물무당류

④ 시식성 : 다른 동물의 시체를 먹는 것　예 딱정벌레목, 송장벌레과, 풍뎅이붙이과, 반날개과

3. 곤충의 주성

(1) 주성 : 외부적 자극에 대한 생물이 반응하는 방향을 의미하며 곤충의 선천적 행동에 해당함

※ 곤충의 선천적 행동 : 주성, 반사, 정위, 고정행위양식 등

1) 주성의 종류 및 특징

구분	종류 및 특징
주광성	• 빛에 유인되는 것으로 나비, 나방은 양성 주광성을, 구더기, 바퀴류는 음성 주광성을 가지고 있음(330~400nm의 자외선 영역에서 주광성이 가장 강함) • 유아 등에 의한 해충의 구제 : 나방의 주광성을 이용
주화성	• 화학물질(농도차)에 유인되는 것으로 특정 식물에 알을 낳거나 특정 식물만 먹음 • 호랑나비는 탱자나무나 귤나무에 알을 낳고 배추흰나비는 십자화과 작물에 알을 낳음
주수성	• 물에 유인되는 성질로 수서곤충에서 많이 해당됨 • 딱정벌레류, 반날개류는 물가에 모이는 성질이 있음
주촉성	• 다른 물건에 접촉하려는 성질 • 일부 나방, 딱정벌레는 주촉성에 의해 나무의 싹이나 가지 틈에 서식
주류성	• 소금쟁이와 같이 물이 흐르는 방향으로 운동하는 성질
주풍성	• 잠자리, 나비는 바람이 불어오는 쪽을 향해서 날음(양성 주풍성) • 메뚜기는 바람을 타고 이동(음성 주풍성)
주지성	• 중력에 대한 주성 • 머리쪽이 땅을 향하여 앉는 양성 주지성(진딧물), 반대로 위를 향해 앉는 음성 주지성(모기)
주열성	• 땅강아지, 귀뚜라미, 오이잎벌레, 벌, 딱정벌레 등이 가을에 따뜻한 곳으로 모이는 것

4. 곤충의 휴면과 휴지

(1) **휴면** : 온도(가장 큰 영향), 일장, 먹이 등 불리한 환경에서 발육을 일시적으로 중지하는 것으로 절대휴면과 일시휴면으로 구분되며 내분비기관에서 휴면호르몬이 분비

(2) **휴지** : 활동정지로 환경이 좋아지면 즉시 종료됨

(3) **휴면과 휴지의 특징**
    곤충의 휴면은 환경조건이 좋아져도 발육을 곧바로 다시 시작하지 않지만 휴지일 경우에는 외부 환경이 좋아지면 다시 정상상태로 돌아감

구분		특징
휴면	절대휴면(필수휴면)	특정 발육 단계에서 필수로 필요한 휴면
	일시휴면(조건휴면)	부적절한 환경에 처할 경우의 휴면
휴지		불리한 환경에서 대사율을 떨어뜨려 활동을 일시정지하는 것으로 환경이 좋아지면 즉시 종료

Chapter 04 해충의 발생예찰 및 방제

1절 해충의 발생예찰

1. 해충의 개념

(1) 해충 : 인간에게 직접 또는 간접적으로 해를 끼치는 곤충으로 위생곤충(모기, 벼룩), 농업해충, 가축해충 등이 해당

(2) 익충 : 인간에게 직접 또는 간접적으로 이익을 주는 곤충으로 산업곤충(누에, 꿀벌), 천적곤충(기생벌, 기생파리) 등이 해당

2. 해충의 밀도 및 조사

(1) 해충밀도의 경제적 개념 : 해충이 작물에 피해를 주는 방식은 해충마다 다르므로 병해충 발생량은 경제적 손실 크기로 비교해서 방제대책을 수립해야 함

해충의 밀도 수준	특징
경제적 피해수준 (大)	• 경제적 손실이 나타나기 시작하는 해충의 최저밀도 (해충으로 인한 피해 금액과 방제비가 같음) • 직접 피해를 주는 해충은 피해수준이 낮고 간적적으로 피해를 주는 해충은 피해수준이 높음 • 경제적 피해수준이 낮다는 것은 피해가 클 수 있는 해충을 의미
경제적 피해허용수준 (中)	• 요방제수준이라고도 하며 항상 경제적 피해수준보다는 낮음 • 경제적 피해수준까지 도달할 경우 방제를 실시함
일반평형밀도 (小)	• 기생자, 포식자, 병원균 등 천적의 영향으로 장시간에 걸쳐 형성되어 있는 현재의 밀도

(2) 개체군의 밀도 변동 : 해충방제의 목적은 개체군의 밀도를 합리적으로 감소시켜 피해를 줄이는 것으로 밀도변동은 방제의 중요한 기준이 됨

   1) 개체군의 밀도변동은 증가요인인 출생률과 감소요인인 사망률에 의해 결정됨
   2) 출생률 : 해충의 이동이나 사망이 없다는 가정하에 (특정 시기에 출생한 수/최초 개체 수)
   3) 사망률 : 밀도에 비례하며 해충의 출생이나 이동이 없다는 가정하에 (특정 시기에 사망한 수/최초 개체 수)

4) 이동(이입율, 이출률) : 특정 지역을 중심으로 들어오는 이입과 다른 지역으로 나가는 이주로 구분
5) 개체군 크기 변동의 밀도 의존적 요인 : 먹이의 양, 기생자, 종내 경쟁자 등

(3) 해충 발생시기 및 발생량 예찰
1) 발육속도 곡선 : 곤충의 발육기간은 온도가 증가함에 따라 감소하므로 발육속도(발육률)는 발육기간의 역수를 취하며 곡선으로 나타냄
2) 회귀직선 : 발육률 = aT + b (a : 회귀계수, T : 온도, b : 절편) 식에서 발육률이 0이 되는 온도를 추정하여 발육영점온도를 조사
3) 곤충의 산란모형 : 온도별 산란수, 산란율, 연령별 생존율로 표현
4) 컴퓨터 예찰법 : 시뮬레이션 모형, 크로스 모형
5) 통계적 모형(실험적 예찰법) : 해충 발생, 환경요인, 경험적 자료를 바탕으로 작성
6) 기타 생명표 이용, 야외조사 및 관찰(가장 기본) 등이 있음
7) 번식능력 산정 시에는 암컷과 수컷 전체 수 중 암컷의 비율을 고려함

(4) 해충조사
1) 야외포장에서 해충의 존재여부 및 종류를 동정하여 분포범위와 밀도를 추정하는 것
2) 해충의 방제는 밀도가 일정 수준 이상이 되었을 때 실시
3) 해충조사의 종류

조사 방법	특징
정성적 조사	• 해충 종류에 대한 조사 • 전체 해충, 잠재해충, 주요해충, 천적 등 특정 해충을 조사
정량적 조사	• 해충 밀도에 대한 조사 • 절대밀도 : 일정 기준 당 해충의 수로 월동 유충(솔잎혹파리), 면적(거세미), 먹이의 양(깍지벌레), 인위적 단위(솔나방) 등으로 나타냄 • 상대밀도 : 유아등, 수반, 포살장치를 이용한 단위시간당 포살 수로 해충의 실제밀도보다는 변동상황을 비교 ※ 공중포충망조사법 : 멸구, 매미충류 등의 비래해충 발생 밀도 조사법으로 주로 사용 ※ 포충망조사 : 농림해충의 상대밀도 조사법으로 주로 사용

2절 해충 방제법의 종류

1. 법적 방제법

(1) **정의** : 법령에 의한 방제로 식물검역을 의미. 외국의 병해충이 국내로 들어오는 것을 방지하기 위해 수입 식물의 병해충 감염 여부를 검사하여 국내 유입을 차단하는 것

(2) **국내검역** : 특정한 식물에 대해 국내에서 지역 간 이동을 제한하는 것 예 소나무재선충병 방제특별법

(3) **국제검역** : 새로운 해충의 유입을 방지하기 위해 수출입 식물이나 흙을 검사하여 국제 간 병해충 이동을 예방하는 것

(4) 수입식물 검역 시 처음 발견되었거나 위험분석을 실시 중인 병해충으로 규명될 경우 소독 및 폐기 조치를 함

(5) 수입식물 검역 시 관리병해충은 검역처리(소독 또는 살충) 후 수입이 허용 (사용 약제 : 메틸브로마이드, 청산가스)

(6) **격리재배** : 농산물을 수입할 경우 국내 도입 후 일정기간 격리상태에서 재배하면서 병해충 감염 여부를 확인

(7) **식물위생증명서** : 우리나라와 상대국 간 맺은 검역조건에 따라 검사하여 통과된 농산물에는 식물위생증명서 발급

2. 생태적(경종적) 방제법

(1) **정의** : 해충의 섭식, 교미, 산란 등 생리·생태를 파악하여 환경조건을 변경하거나 숙주가 내충성을 갖게끔 하여 방제하는 방법으로 화학적 방제와는 달리 완전한 방제보다는 피해감소에 중점을 두고 있으며 친환경농업에서 중요

(2) **생태적 방제의 종류**
    1) 재배환경 변경 : 포장위생, 경운, 잠복소 제공, 수분관리 및 토성 개량, 미기상의 개변 등
    2) 재배법 변경 : 윤작(방아벌레), 간작 및 혼작(배추순나방, 진딧물류), 재식밀도 조절(배추잎벌, 벼굴파리), 재배시기 조절(고자리파리) 등
        ※ 윤작은 생활사가 긴 해충에 적합
    3) 유인작물, 공영작물, 내충성 품종 등의 이용

① 식물의 선천적 내충성의 이용

구분	특징
항객성 품종	• 곤충의 비선호성을 의미 • 식물에 대한 곤충의 반응 이용
항생성 품종	• 식물의 독소나 생장저해물질로 인해 해충의 직접적 사망 또는 성장속도를 지연시키는 것 • 저항성 품종 독소 : 토마토(토마틴), 감자(솔라닌), 싸리풀(히오시아민), 담배(니코틴), 가지과(알칼로이드계)식물에 대한 곤충의 반응 이용
내성	• 식물이 해충 피해에 대하여 회복 또는 저항성을 보이는 것 • 곤충에 대한 식물의 반응 이용

3. 물리적 방제법

(1) 정의 : 해충을 손, 도구로 직접 포획하거나 물, 온도 등 물리적 환경을 이용하여 방제하는 방법

(2) 물리적 방제의 종류

구분	특징
온도처리	• 곤충은 고온(50℃~70℃) 또는 저온에 노출될 경우 효소의 기능이나 세포막 투과성에 변화가 일어나 생리적 기능이 파괴됨 • 온탕침지법 : 벼심고선충, 잠두콩바구미(70℃ 3분, 60℃ 5분), 사과(44℃ 35분, 잎말이나방), 단감(48℃ 10분, 응애·톡토기·주머니깍지벌레) • 증기열법 : 온실의 경우 51~55℃에서 10~12시간 처리, 위생해충의 구제 • 화열법 : 화염으로 토양소독하여 토양 속 해충 구제 • 냉각법 : 저온→고온→저온 순으로 처리하여 해충의 사망률을 높임, 총채벌레의 구제
습도처리	• 침수법 : 원목에 수분을 공급하여 나무좀류, 하늘소류의 가해 예방
빛, 색	• 등화유살법(나비목 해충의 주광성을 이용하여 유아등 방제) 기피등(등애류), 색깔의 이용(진딧물, 멸구, 가루이, 오이총채벌레, 아메리카잎굴파리), LED이용(갈색여치, 고구마바구미)
방사선, 음파	• 방사선 불임법 : 일정량 이상의 방사선을 받은 생물은 죽거나 생식력을 잃게 되나 효과가 다음 세대 후에 나타남, 저곡해충·응애류 구제 • 음파 : 고음 또는 음파를 이용하여 해충을 치사시키거나 교란하는 방법. 누에기생파리 구제
감압법	• 해충이 있는 피해물을 용기에 넣고 진공펌프로 기압을 낮추어 치사시킴. 저곡해충·의복해충구제
차단 및 포살	• 손이나 간단한 도구를 이용하여 알, 유충, 번데기, 성충을 직접 포살하거나 이동을 차단

4. 화학적 방제법

(1) 정의 : 약제를 통한 방제로 효과가 빠르고 정확하여 널리 이용되며 작용 기구에 따라 독제, 접촉제, 훈증제, 침투제 등으로 분류. 하지만 천적을 비롯한 유용생물에도 영향을 미쳐 천적이 제거되면 해충이 급격히 증가하여 피해가 발생되거나 내성을 가진 개체가 생기는 단점 존재

(2) 화학적 방제의 종류

구분	특징
소화중독제	• 해충이 먹었을 때 약제가 입을 통하여 먹이와 함께 소화관에 들어가 살충작용을 하는 것으로 대부분의 유기인계 살충제가 해당 예 저작구형 입틀을 가진 나비류 유충, 딱정벌레류, 메뚜기류 등
접촉제	• 해충 몸에 직·간접적으로 약제가 닿아 숨구멍이나 표피를 통해 체내로 침투하여 치사치키는 약제로 수확직전 갑자기 해충을 방제하고자 할 때 사용 • 직접 접촉제 : 살포 시 해충의 몸에 직접 닿아 살충작용 예 제충국(피레트린), 데리스(로테논), 니코틴제, 기계유 유제, 송지합제 등 • 간접 접촉제 : 작물에 남아 있는 것이 그 주위에 존재하던 해충에 닿아서 중독 • 잔류성접촉제 : DDT, BHC, 유기염소제
침투성 살충제	• 식물체의 즙액을 빨아먹는 해충을 방제할 경우 사용하며 천적에 대한 피해가 없음 예 솔잎혹파리, 솔껍질깍지벌레, 진딧물류, 솔잎혹파리, 응애류 • 수간주사 또는 식물의 잎, 줄기, 뿌리 등에 처리하면 식물 전체로 퍼져 흡즙성 해충을 방제(수간주사 효과가 높은 대상해충 : 솔잎혹파리, 솔껍질깍지벌레) • 식물성 침투제 : Systox, Curater • 동물성 침투제 : Ronnel, Coral
훈증제	• 약제가 가스체로 되어 해충의 숨구멍을 통해 들어가 작용 예 메틸브로마이드, 클로로피크린, 사이안화칼륨 등
유인제	• 곤충의 주성을 자극하여 식독제나 접착트랩 등으로 유인하는 약제 • 방향성 물질 : 효소 과즙, 당밀, 유제놀(Eugenol) • 성유인 물질 : 지중해 왕대파리(Medlure), 집시나방(Gyplure)
기피제	• 해충이 작물에 접근하는 것을 방지할 경우 사용 예 나프탈렌, 디에틸톨루아미드
불임제	• 해충 생식세포의 생식력을 잃게 하거나 형성 자체를 방해하는 약제로 알을 무정란으로 만듦 예 Apholate, Tepa, Metapa
보조제	• 살충제의 효력을 높이기 위해 첨가되는 보조제로 전착제, 유화제, 용제 등이 해당 • 전착성 증가 : 비누, 카제인석회, 비해리성 계면활성제 • 효력증대 : piperonyl butoxide, piperonyl cyclonene

(3) 화학적 방제의 단점
　　1) 초기에 효과가 우수하지만 지속적으로 사용할 경우 약제에 저항성을 가진 내성 해충이 나타나 약효가 급격히 떨어져 해충의 밀도가 점차 증가
　　2) 유용천적에도 해를 끼침
　　3) 수시로 방제하기 때문에 경제적 비용이 발생
　　4) 과·오용으로 인축이나 환경에 잔류독성을 일으킬 수 있음

5. 생물적 방제법

(1) 정의 : 해충을 방제하기 위해 생물적 요인을 도입하는 것으로 해충 밀도를 자연상태보다 낮은 밀도로 유지

(2) 천적의 이용 : 해충 밀도를 낮추는 천적의 종류는 포식성 천적, 기생성 천적, 미생물 천적으로 나뉘며 특히 벌목은 기생성 천적곤충으로의 이용가치가 높음

구분	특징
포식성 천적	• 풀잠자리류 : 주로 진딧물류와 깍지벌레류, 응애류를 잡아 먹으며 유충은 육식성 • 딱정벌레류 : 무당벌레과는 유충과 성충이 모두 포식성이며 진딧물류와 깍지벌레류를 잡아먹음 • 노린재류 : 침노린재과, 장님노린재과의 일부 • 파리류 : 꽃등에과, 파리매과 등
기생성 천적	• 다른 생물에 기생하는 곤충의 암컷 대부분은 긴 산란관을 이용하여 숙주 체내에 알을 낳음 • 맵시벌과 : 비교적 몸집이 크고 대부분 나비, 나방류와 같은 완전변태류 내부에 기생 • 고치벌과 : 몸집이 대단히 작으며 나비목, 딱정벌레목, 파리목 등에 기생 • 콜레마니진디벌 : 진딧물에 기생 • 온실가루이좀벌 : 온실가루이에 기생 • 굴파리좀벌, 잎굴파리고치벌 : 잎굴파리에 기생 • 황온좀벌 : 담배가루이에 기생
미생물 천적	• 곤충에 기생하여 병을 일으키는 것으로 곤충기생성 선충과 응애, 그리고 병원성 미생물(원생동물, 세균, 진균, 바이러스 등)이 있음 • 미립자 병원체 : 세균보다 훨씬 작은 전염성 병원체로 특히 누에에 병을 일으킴 • 미생물 농약 : 환경에 안전하고 잔류성 피해가 없으며 저항성 해충의 발달을 억제 　예 비티쿠르스타키 수화제 : Bacillus Thuringiensis를 이용하여 나비목 해충의 중장세포를 파괴(솔나방, 미국흰불나방 방제)

(3) 해충에 따른 천적 종류(중요)

해충	천적
진딧물	콜레마니진디벌, 진디혹파리, 칠성풀잠자리붙이
감자수염진딧물, 싸리수염진딧물	무당벌레, 진디혹파리
온실가루이	온실가루이좀벌
점박이응애	칠리이리응애
총채벌레	오이이리응애, 으뜸애꽃노린재
담배나방, 파밤나방, 담배거세미	병원성 선충
작은뿌리파리, 버섯파리	병원성 선충
아메리카잎굴파리	굴파리좀벌, 굴파리고치벌, 병원성 선충

(4) 천적의 구비조건
   1) 해충의 밀도가 낮은 상태에서도 해충을 찾을 수 있는 수색력이 높아야 함
   2) 대상 해충에 대한 밀도 반응적 특성인 기주특이성이 높아야 함
   3) 번식력이 있는 암컷의 성비가 커야 함
   4) 세대기간이 짧고 증식력이 높아야 함
   5) 천적의 활동기와 해충의 활동기가 시간적으로 일치되어야 함
   6) 시간적, 공간적으로 신속하게 영향권을 확산할 수 있는 분산력이 높아야 함
   7) 다루기 쉽고 대량사육이 용이해야 하며 2차 기생봉(천적에 기생하는 곤충)이 없어야 함

6. 병해충 종합관리(IPM : Intergrated Pest Management)

(1) 정의 : 병해충 방제 시 농약 사용을 최대한 줄이고, 이용 가능한 그 외 방법들을 조합하여 병해충의 밀도를 경제적 피해수준 이하로 낮추는 것으로 병해충에만 국한하지 않고 토양, 시비, 관수 등 재배관리와 연계됨

(2) 여러 방제 수단을 상호보완적으로 함께 활용하는 것으로 해충을 죽여 없애기 보단 작물에 미치는 영향을 감소시켜 경제적 문제가 되지 않을 낮은 수준으로 유지함

(3) 전혀 농약을 사용하지 않는 것이 아니라 꼭 필요할 때 천적 등 이로운 동물에 영향이 적은 선택적 농약을 사용

7. 기타 방제법

구분	특징
내충성 품종	• 조생, 만생과 같은 시기에 관계있는 품종을 이용함으로써 해충의 발생기를 회피하여 피해를 경감 • 작물의 성상이 관계되어 산란을 방지 • 산란수는 반드시 적진 않지만 부화한 유충의 생육 또는 활동이 부진 • **내충성 품종의 특징** : 내성, 항객성(비선호성), 항충성(항생성)
주화성 이용	• 유인물질 : 주성 중 화학물질에 대한 반응을 주화성이라 하는데 양주화성의 성질을 이용한 유인제, 음주화성을 이용한 기피제가 있음 • 먹이유인 물질(숙주선택), 성유인 물질, 집합물질(바퀴) 이용
호르몬 이용	• 유약호르몬 : 곤충의 뇌 뒤쪽에 있는 알라타체에서 분비되는 호르몬으로 곤충의 변태를 억제 • methopren(상품명 : kabat) : 모기·유충·개미 등 완전변태류에 효과가 있으며 해충 방제용 뿐만 아니라 더 큰 누에고치를 생산 • kinopren(상품명 : Eustar) : 가류이류, 돌깍지벌레류, 진딧물, 버섯파리류에 적용
페로몬 이용	• 페로몬 : 생물사회에서 정보매체가 되고 있는 화학물질 중 종내 정보 전달에 관여하는 것으로 호르몬과 달리 체외로 분비되며 동일종의 다른 개체에 작용하는 생리활동 물질을 의미 • 해충 암컷이 교미를 위해 발산하는 성페로몬을 인공적으로 합성하여 수컷을 유인하거나 수컷의 교미를 교란시켜 다음 세대의 해충밀도를 억제
곤충의 생장조절제	• 대사 저해제 : 변태과정이 순조롭게 이루어지는 것을 방해 예 주론 수화제(디밀린)
수컷의 불임화	• 인위적으로 방사선을 조사하여 생식능력을 잃은 수컷을 야외에 다량 방사하면 이들이 야외의 건전한 암컷과 교미하여 무정란을 낳으므로 다음 세대의 해충 밀도를 경제적 피해수준 이하로 유지시킴
유전학 이용	• 교잡불화합성의 이용 : 교잡 시 다음세대에서 불임이 되는 유전인자를 갖고 있는 개체를 대량으로 생산하여 야외 방사함으로써 밀도를 낮춤 예 열대 집모기 • 생태적 적응성이 없는 인자를 이용 • 기후적응성이 낮은 유전인자를 도입하여 겨울에 동사시킴

Chapter 05 해충 각론

1절 식용작물의 해충

1. 벼의 해충

(1) 주요해충 종류

애멸구, 끝동매미충, 번개매미충, 벼멸구, 이화명나방, 멸강나방, 혹명나방, 벼줄기굴파리, 벼잎굴파리, 흰등멸구, 벼잎벌레, 먹노린재, 벼물바구미 등이 해당되며 이 중 비래해충과 외래해충은 모두 외국에서 유입된 해충을 의미하지만, 비래해충은 바람에 실려 날아오는 해충을, 외래해충은 자연적 또는 인위적으로 유입된 해충을 의미함

※ **비래해충** : 애멸구(국내 월동 가능), 벼멸구(국내월동 X), 흰등멸구(국내월동 X), 멸강나방, 혹명나방, 열대거세미나방
※ **외래해충** : 멸강나방(우리나라 월동 불가), 온실가루이(가장 늦게 유입), 아메리카잎굴파리(화훼작물), 사과면충, 이세리아깍지벌레

(2) 벼 해충의 종류 및 특징

구분	특징
애멸구	• 줄무늬잎마름병(경란전염), 검은줄오갈병(경란전염 X) 매개 　※ 줄무늬잎마름병은 벼 생육기 중 본엽 11엽기까지 피해가 큼 • 중국에서 비래하며 국내 월동이 가능 • 흡즙에 의해 각종 바이러스 매개(보독충) • 약충과 성충 모두 흡즙성이며 수도작물 재배 시 보리 재배면적이 증가할 경우 피해가 커짐 • 방제법 : 2화기 성충과 약충을 대상으로 약제 처리
끝동매미충	• 성충과 약충이 기주식물의 줄기와 이삭을 흡즙하여 임실률을 저하시킴 • 연간 4~5세대를 경과하며 그 중 2세대의 약충이 바이러스병인 벼 오갈병 매개(경란전염) 　※ 번개매미충 : 벼 오갈병 매개 • 방제법 : 4령 약충의 월동처를 소각
벼멸구	• 날개가 긴 장시형과 날개가 짧은 단시형 존재 (장시형이 비래에 유리, 6~7월 중국 남부에서 비래, 국내 월동 불가) • 약충과 성충 모두 벼 포기 아랫부분에 서식하며 식물체를 흡즙 (기주 범위가 아주 좁음) • 벼의 도복, 황화현상 • 만생종을 비옥한 습답에서 재배할 경우 피해가 큼 • 방제법 : 비래시기 및 횟수 등을 파악하여 방제 적기에 약제 처리

이화명나방	• 유충이 벼 줄기 속을 가해하여 잎과 이삭에 피해를 줌(벼 줄기는 출수하지 못하거나, 출수하더라도 이삭이 하얗게 변색) • 1년에 2회 발생하며 노숙유충 형태로 벼에서 월동 (1화기 : 줄기가해, 2화기 : 백수현상) • 방제법 : 유아등으로 예찰하여 약제 살포
멸강나방	• 유충이 잎을 폭식하는 다식성 해충으로 4령 이후 섭식량이 급격히 증가하여 밤에 활발한 먹이활동 • 중국 비래해충으로 국내에서 월동이 불가함 • 방제법 : 유충에 대한 초기 방제 중요
혹명나방	• 유충이 벼 잎을 세로로 말고 그 속에서 엽육을 식해 ※ 줄점팔랑나비 : 부화 유충이 몇 개의 벼 잎을 끌어 모아 세로로 말고, 해가 지면 잎에서 나와 벼 잎을 가해 • 벼 잎을 가해하여 광합성 저하로 인한 수량 감소 • 매년 비래하는 국내 월동이 불가한 해충 • 방제법 : 유아등으로 잘 유인되지 않으므로 유충 발생 시 초기방제가 중요
벼줄기굴파리	• 벼의 조기재배로 인한 저온성 해충 • 1화기 : 유충이 줄기 속으로 들어가 어린 잎을 가해 • 2화기 : 줄기 속으로 들어가 이삭을 가해, 지엽의 엽초 하단부에서 번데기 상태로 관찰 가능 • 1년에 3회 발생하며 유충 형태로 둑새풀이나 벼과 잡초 줄기 속에서 월동
벼잎굴파리	• 유충이 늘어진 잎에 굴을 파고 가해하는 저온성 해충 • 1년에 7~8회 발생하며 번데기 형태로 둑새풀이나 잡초 뿌리 부근에서 월동
흰등멸구	• 성충과 약충 모두 벼 아랫부분을 흡즙 • 벼멸구보다 기주범위가 넓고 비래량이 많지만 감수성이 커서 방제효과가 좋음 • 중국 비래해충으로 국내에서 월동이 불가함 • 방제법 : 비래시기 및 횟수 등을 파악하여 방제 적기에 약제 처리, 유아등 예찰
벼잎벌레	• 성충과 유충이 벼잎을 식해(식엽성) • 성충으로 월동하며 1년에 1세대 발생하는 저온성 해충 • 유충은 습도가 높은 환경을 선호 • 방제법 : 부화유충이 많은 6월에 집중방제
먹노린재	• 흡즙성 입틀을 가진 해충으로 벼 출수 전 줄기와 잎을 흡즙하며 출수 후 이삭을 흡즙함 • 노린재류 : 벼를 가해하여 반점미를 유발 • 성충으로 낙엽이나 잡초에서 월동하며 1년에 1회 발생 • 방제법 : 약충기에 논물을 배수한 후 약제 처리
벼물바구미	• 성충이 벼 본답 이앙 후 엽육을 가해하여 긴 사각형의 흰색 무늬가 생김 • 단위생식을 하는 수서곤충 • 유충은 뿌리를 가해 (성충보다 유충의 섭식량이 많아 더 피해가 큼) • 성충으로 낙엽이나 잡초에서 월동하며 1년에 1회 발생 • 방제법 : 기계이앙 즉시 입제농약 살포, 이앙 후 본답에 약제 처리
흑다리긴노린재	• 성충과 약충 모두 벼 이삭을 흡즙 (반점미, 동할미) • 성충으로 화본과 잡초 기부에서 월동하며 1년에 3회 발생 • 방제법 : 출수기에 약제 살포

(3) 가해 특징에 따른 해충 정리

구분	특징
바이러스 매개충	애멸구, 끝동매미충
흡즙성	벼멸구, 애멸구, 흰등멸구, 끝동매미충, 먹노린재, 보리수염진딧물
식엽성	벼잎벌레, 혹명나방, 벼애나방, 멸강나방, 벼물바구미, 보리잎벌
잠엽성	벼잎굴파리, 벼애잎굴파리, 보리굴파리
이삭 가해	노린재류, 끝동매미충
줄기 가해	이화명나방, 벼밤나방
뿌리 가해	벼뿌리바구미, 벼물바구미, 벼뿌리선충, 아이노각다구, 애우단풍뎅이

2. 기타 식용작물의 해충

(1) 주요해충 종류

　　보리굴파리, 보리수염진딧물, 조명나방, 콩잎말이명나방, 콩나방, 콩시스트선충, 큰이십팔점박이무당벌레, 청동방아벌레, 왕됫박벌레, 감자뿔나방

(2) 기타 식용작물 해충의 종류 및 특징

구분	특징
보리굴파리	• 유충이 잎 끝부터 아래쪽으로 잠입하여 엽육을 불규칙하게 식해하므로 피해부위가 갈색으로 변색 • 1년에 3회 발생하며 토양 속에서 번데기로 월동 ※ 파굴파리 : 1년에 4~5회 발생 • 방제법 : 성충 발생 최성기에 약제 처리
보리수염진딧물	• 성충에는 유시충과 무시충이 존재하며(진딧물의 특징) 보리 유묘 잎 뒷면에 기생하여 흡즙하고 출수 이후에는 이삭을 흡즙 • 1년에 수회 발생하며 알 형태로 보리 밑부분에서 월동 • 방제법 : 약제처리, 천적 활용
조명나방	• 유충은 잡식성이며 옥수수를 식해 • 부화유충은 잎을 가해하며 2~3령기 이후 줄기 속을 파고들어 식해함 • 1년에 2~3회 발생하며 유충 형태로 줄기 속에서 월동 • 방제법 : 유충의 월동처를 제거, 성충 등화유살, 작물 수확 후 잔재 소각
콩잎말이명나방	• 유충은 잎 뒷면을 가해하며 성장하면서 잎을 세로로 말아 그 안에서 식해(권엽성) • 1년에 2~3회 발생하며 유충 형태로 벼에서 월동 (1화기에 가장 피해가 큼) • 방제법 : 알 부화전 약제 처리
콩나방	• 유충이 꼬투리를 먹어 들어가 여물지 않은 종실을 갉아 먹음 • 노숙유충이 꼬투리에 둥근 구멍을 내고 탈출하여 토양속에서 고치 형태로 월동 • 1년에 1회 발생

구분	특징
	• 방제법 : 윤작, 만생종 재배
콩시스트선충	• 성충의 암수 형태가 다름(암컷은 표주박 모양) • 피층세포를 파괴하거나 효소를 분비하여 침입구를 만들고 뿌리속으로 침투 • 콩 생육기간 중 3~4대 경과하며 알 또는 유충 상태로 월동 • 방제법 : 윤작, 토양훈증제 살포
큰이십팔점박이 무당벌레	• 날개에 28개의 점이 있음 • 성충과 유충이 감자 등 가지과 식물의 잎을 가해 (표피만 남김) • 1년에 3회 발생하며 성충 형태로 월동
청동방아벌레	• 유충이 토양속에서 감자에 구멍을 내어 상품성을 저하시킴 • 상처에 토양병원균이 침입하여 부패 • 1세대를 경과하는 데 3년이 걸리며, 유충이나 번데기 형태로 토양속에서 월동
감자(뿔)나방	• 성충이 감자 눈 주위에 산란하며 부화유충은 괴경을 파먹음 (그을음처럼 보이는 변 배출) • 감자 잎의 표피를 뚫고 들어가 앞뒤 표피만 남김 • 1년에 6~8회 발생하며 유충이나 번데기 형태로 감자에서 월동 • 방제법 : 월동처 소각, 약제 처리

2절 원예작물의 해충

1. 채소류의 해충

(1) 주요해충 종류

배추흰나비, 도둑나방, 배추좀나방, 배추순나방, 배추벼룩잎벌레, 무잎벌레, 담배거세미나방 등

(2) 잎을 가해하는 해충의 종류 및 특징

구분	특징
배추흰나비	• 유충이 십자화과 채소의 잎을 갉아먹으며 봄부터 가을까지 피해를 줌 • 코일 모양의 입을 가지며 십자화과 채소에만 알을 낳음 • 1년에 3~5회 발생하며 번데기로 월동 • 천적 : 꼬마나나니, 황다리납작맵시벌 • 방제법 : 유충에 살충제 처리
도둑나방	• 유충이 기주식물의 잎을 엽맥만 남기고 식해 • 잡식성이며 기주 범위가 넓음 • 1년에 2회 발생하며 번데기로 토양속에서 월동 • 방제법 : 유충이 커질수록 저항성도 커지므로 유충 발생 초기에 약제 처리

배추좀나방	• 유충이 십자화과 채소 결구 속으로 들어가 잎을 갉아먹으며 엽맥을 따라 뒷면의 엽육만 식해 • 겨울에도 월평균기온이 영상 이상이면 발육 가능 • 1년에 약 10회 발생하며 성충, 유충, 번데기 형태로 월동 (세대기간이 짧아 번식속도가 빠름) • 유충을 실을 토하며 낙하하므로 낙하산벌레라고도 불리움 • 방제법 : 유충이 커질수록 저항성도 커지므로 유충 발생 초기에 약제 처리
배추순나방	• 유충이 기주식물의 본엽이 나올 무렵 생장점 부근을 가해 • 1년에 2~3회 발생하며 번데기 형태로 월동 • 방제법 : 약제 처리
벼룩잎벌레	• 유충은 뿌리를 가해하여 근채류의 상품성을 저하시키고 성충은 잎을 가해 ※ 작물이 어린시기에 피해가 큼 • 1년에 4~5회 발생하며 잡초나 얕은 토양속에서 월동 • 방제법 : 약제 처리
무잎벌레	• 성충과 유충 모두 기주식물의 잎을 엽육만 남기고 가해 • 성충은 날개가 있지만 날지 못하고 기어다님 • 1년에 2~3회 발생하며 성충 형태로 잡초 등에 월동 • 방제법 : 유충 방제를 위해 토양살충제 살포, 약제 처리(성충)
담배거세미나방	• 유충이 기주식물의 잎과 줄기를 가해하여 표피만 남기고 식해(지저분한 반점이 생김) • 기주의 범위가 넓음(다식성) • 1년에 4~5회 발생하며 유충이나 번데기 형태로 월동 • 방제법 : 청색 형광등으로 발생 최성기 예찰 후 전문약제 처리
오이잎벌레	• 딱정벌레목 잎벌레과 • 성충은 잎을 가해하고 유충은 토양속 뿌리를 가해 • 1년에 1회 발생하며 성충 형태로 따뜻한 곳에서 집단 월동 • 방제법 : 유충 방제를 위해 토양살충제 살포, 약제 처리(성충)
아메리카잎굴파리	• 화훼류 수입 시 침입한 외래해충 • 기주 : 박과, 무, 배추, 토마토, 감자, 거베라 등 • 유충이 잎 조직에 굴을 파고 식해하며 자라면 잎을 뚫고 나와 토양속에서 번데기를 형성 • 성충은 산란관으로 잎 표면에 상처(구멍)를 내고 산란 • 유충 : 식엽성 및 잠엽성, 성충 : 흡즙성 • 온실에서 1년에 15회 이상 발생 • 방제법 : 시설재배 시 한랭사 설치

(3) 흡즙 및 바이러스 매개충의 종류 및 특징

구분	특징
복숭아혹진딧물	• 무시충 : 암컷은 난형으로 담녹색(여름형)과 담홍색(겨울형) 존재 • 유시충 : 암컷은 머리와 가슴이 흑색이고 배의 등쪽에 흑색 반점이 있음, 환경이 불량하거나 월동세대 알을 낳을 때 유시충 발생 • 부화한 약충은 겨울세대 잎을 흡즙 • 약충과 성충의 배설물(감로)로 인해 그을음병 발생 • 감자잎말이병 등 각종 바이러스 매개 • 1년에 9 ~ 23회 발생하며 온실에서는 연중 발생 • 알의 형태로 겨울기주인 복숭아나무, 벚나무 등의 겨울눈에서 월동하며 여름기주인 담배, 고추, 감자 등에서 서식
목화진딧물	• 무시충 : 머리와 눈은 검게 보이며 몸의 색은 계절에 따라 변함 • 유시충 : 머리, 눈, 촉각이 검고 가슴은 흑녹색 • 성충과 약충이 잎 뒷면이나 어린 눈, 꽃, 과실 등에 기생하여 흡즙 (시들음 증상) • 건조한 환경에서 많이 발생 　※ 건조시 많이 발생하는 해충 : 진딧물류, 응애류, 가루이류 • 바이러스의 매개충 • 1년에 약 33회 발생하며 알의 형태로 겨울기주(무궁화)에서 월동하며 여름기주로는 고추나 오이에서 서식
온실가루이	• 외래해충이자 바이러스의 매개충 • 기주 : 시설재배 작물 • 약충은 흰색 ~ 연황색으로 제2령 이후 고착생활함 • 약충과 성충이 잎 뒷면에서 흡즙 • 배설물은 진딧물류와 같이 그을음병 유발
담배가루이	• 외래해충이자 토마토황화잎말림 바이러스의 매개충 • 기주 : 시설재배 작물 • 온실가루이와 달리 식물체 전체에 분포 • 약충과 성충이 잎 뒷면에서 흡즙 • 노지에서 1년에 3~4회, 시설에서 10회 이상 발생하며 시설 내에서 불규칙한 형태로 월동 • 고온성 해충으로 생육온도가 높음 • 방제법 : 수확 후 잔재물 소각, 천적 이용(약제 저항성 있음)

※ 매미목 진딧물과, 매미목 가루이과 : 대부분 잎 뒷면을 흡즙, 그을음을 발생시키며 바이러스를 매개
※ 조팝나무진딧물 : 겨울기주로 조팝나무, 사과나무 등을 가해하며 알로 월동 후 4월경 부화하여 명자나무, 귤나무로 이동

(4) 토양해충의 종류 및 특징

구분	특징
거세미나방	• 나비목 밤나방과에 속하며 대부분의 밭작물을 가해 • 성충은 회갈색을 띰 • 토양 속 유충은 작물의 지제부 줄기를 가해하며 어두운 시기에 활동 • 1년에 2회 발생하며 3~4령 유충의 형태로 월동 • 방제법 : 월동 유충을 대상으로 토양살충제 처리
고자리파리	• 파리목 꽃파리과에 속하며 파, 양파, 마늘, 부추 등을 가해 • 유충은 회백색을 띰 • 유충은 마늘, 파 뿌리부분을 먹고 들어가 줄기까지 가해(황변 및 고사) • 1년에 3회 발생하며 토양속에서 번데기로 월동 • 방제법 : 토양살충제 처리(토양 속 유충 방제), 천적 이용(고자리혹벌) ※ 미숙유기질비료의 시용(x)
땅강아지	• 메뚜기목 땅강아지과에 속하며 파 등 채소류, 맥류를 가해 • 성충은 황갈색~흑갈색이며 짧은 앞다리와 달걀형의 머리가 땅속을 드나들기 좋게 발달함 • 청각기관이 없고 암컷의 산란관은 퇴화됨 • 성충과 약충 모두 지하부를 가해 • 1년에 1회 발생하며 토양속에서 성충이나 유충으로 월동 • 방제법 : 토양살충제 처리(토양해충)
뿌리응애	• 거미강 응애목 혹응애과(다리 : 성충은 4쌍, 유충은 3쌍 존재) • 구근류 작물에 피해(양파, 마늘, 파, 구근화훼류) • 성충은 유백색의 서양배 모양으로 0.7mm정도임 • 성충과 약충 모두 지하부를 가해 (구근의 경우 내부까지 가해) • 수확 후에도 피해를 줌 (저장 중 피해) • 1년에 약 10회 발생하며 성충이나 약충 형태로 구근 속이나 토양속에서 월동 • 고온다습, 연작지, 산성의 사질토에서 피해가 심함 • 방제법 : 연작 회피, 토양살충제 처리
뿌리혹선충	• 선충류 혹선충과에 속하며 당근, 수박, 가지과 작물 등을 가해 • 성충 암수는 형태가 다름 (암컷 : 표주박 모양, 수컷 : 실모양) • 채소류 뿌리에 혹을 만들어 양수분의 흡수를 저하시킴(식물체 고사) • 뿌리혹 내부에는 암컷 난낭이 존재 • 유충은 구침으로 뿌리 표피를 뚫고 침입 • 알이나 유충 형태로 난낭에서 월동 • 사질토에서 많이 발생하며 온도가 높을수록 1세대 경과 일수가 짧음 • 2령 유충이 뿌리로 침입하고 3회 탈피 후 성충이 됨 • 방제법 : 토양소독, 토양살충제 처리

(5) 과실해충의 종류 및 특징

구분	특징
담배나방	• 나비목 밤나방과에 속하며 고추, 토마토, 담배 등을 가해 (고추에 가장 큰 피해) • 유충은 녹색이며 등과 숨구멍 주위에 백색무늬와 회흑색 반점이 존재 • 부화유충이 밤낮으로 잎, 꽃봉오리, 과실 등에 구멍을 낸 후 과실 속으로 파고 들어가 식해 • 유충이 성장하면 과실 밖으로 나와 번데기를 형성 • 1년에 3회 발생하며 번데기 형태로 토양속에서 월동 • 방제법 : 생물학적 방제법(쌀좀알벌, 예쁜가는배고치벌), 약제 처리
파밤나방	• 나비목 밤나방과에 속하며 파, 양파, 박과, 감자, 가지과, 배추 등을 가해 • 성충의 앞날개는 회갈색으로 중앙에 황색 점이 있으며 유충은 몸의 색깔 변이가 심함 • 유충이 기주 표피를 씹어 먹거나 과실에 구멍을 뚫고 불규칙하게 폭식(저작구형) • 고추에 큰 피해를 주는 고온성 해충 • 1년에 4~5회 발생하며 중부지방에서는 월동 불가능(월동세대 불분명, 시설 내 연중 발생) • 방제법 : 약제저항성 해충으로 유충 초기에 약제 처리

2. 과수의 해충

(1) 잎을 가해하는 해충의 종류 및 특징

구분	특징
사과잎말이나방	• 나비목 잎말이나방과에 속하며 사과, 배, 자두나무를 가해 • 성충은 알을 무더기로 낳고 유충은 3개의 홑눈과 갈색의 머리를 가짐 • 1화기 유충은 엽육을 가해하며 2화기 유충은 잎과 과실을 가해 • 번데기는 머리에 1쌍의 가시가 있음 • 1년에 3회 발생하며 어린 유충으로 잎이나 나무껍질 속에서 월동 • 방제법 : 월동충 제거, 성페로몬 방제
사과순나방	• 나비목 애기잎말이나방과에 속하며 사과, 배 등 기주범위가 넓음 • 유충이 사과 신초에 선단부를 가해하여 선단부의 신초가 꺾여 말라 죽음 • 과실을 식해한 부분에서 겉에 변을 배출 • 1년에 2회 발생하며 유충형태로 말린 잎 속에서 월동 • 방제법 : 월동처 제거, 성페로몬 예찰 방제
사과굴나방	• 나비목 가는나방과에 속하며 사과, 자두, 배, 복숭아, 벚나무 등을 가해 • 성충은 은빛을 띠며 앞날개는 금빛을 띰 • 초기 유충은 다리가 없지만 3령부터 다리가 생김 • 유충이 엽육 안을 먹어 들어가 잎 앞·뒷면 표피 사이에 공간이 생겨 잎이 회갈색으로 변함 • 1년에 6회 발생하며 번데기 형태로 토양에서 월동 • 방제법 : 성페로몬 트랩

구분	특징
복숭아굴나방	• 나비목 굴나방과에 속하며 복숭아나무, 벚나무를 가해 • 여름형은 전제적으로 백색, 가을형은 갈색이 섞여 있음 • 유충이 잎에 잠입하여 엽육을 식해하며 소용돌이 모양 또는 긴 선의 흔적을 남김 • 선 중앙에 검은줄의 변을 배출 • 유충이 엽육 식해 후 번데기가 되기 위해 빠져나간 구멍을 보고 세균성구멍병으로 오인하기 쉬움 • 1년에 1~7회 발생하며 성충으로 지피물에 숨어 월동 ※ 은무늬굴나방 : 1년에 6회 발생 추가 • 방제법 : 유충이 잎에 잠입하기 전 약제 처리

(2) 흡즙성 해충의 종류 및 특징

구분	특징
사과혹진딧물	• 매미목 진딧물과에 속하며 무시자충과 유시자충이 있음 • 무시자충 : 몸은 흑녹색이며 머리는 검은색으로 이마혹이 뚜렷함 • 유시자충 : 몸은 담녹색이며 이마혹이 뚜렷하고 경절, 퇴절 끝과 뿔관이 검은색임 • 사과 잎이 트기 시작할 때부터 흡즙하며 피해 잎은 뒤쪽을 향해 세로로 말림 • 1년에 약 10회 발생하며 알의 형태로 가지 끝이나 겨울눈에서 월동 • 단위생식으로 무시태생자충을 낳음 • 방제법 : 피해가 심한 5~7월에 약제 처리
사과응애	• 거미강 응애목 응애과에 속하며 사과나 배나무를 가해 • 사과나무가 꽃 필 무렵 부화하여 꽃 주위의 어린 잎을 가해 • 월동성충이 암컷과 수컷 모두 등적색 • 잎 뒷면에서 즙액과 엽록소를 흡즙하여 표면에 불규칙한 백색 반점이 생김 (고온건조 시 심함) • 1년에 7~8회 발생하며 알의 형태로 월동 • 방제법 : 기계유 유제(월동란 방제), 천적 이용, 약제 처리
점박이응애	• 거미강 응애목 응애과에 속하며 사과, 배, 복숭아, 토마토, 딸기 등을 가해 (기주범위 넓음) • 월동성충이 암컷과 수컷 모두 등적색이며 수컷은 암컷보다 납작함 • 잎 뒷면에서 즙액과 엽록소를 흡즙하여 표면에 불규칙한 백색 반점이 생김 (고온건조 시 심함) • 1년에 약 10회 발생하며 성충 형태로 월동 • 다리 : 성충은 4쌍, 유충은 3쌍(유충은 다리가 3쌍이며 제1약충 때부터 4쌍의 다리를 갖음) • 약제저항성을 띠는 해충으로 성분이 같은 약제를 연속으로 살포하면 방제효과가 떨어짐 • 방제법 : 월동처 소각, 천적 이용, 약제 연용 금지
꼬마배나무이	• 매미목 나무이과에 속하며 사과, 배나무를 가해 • 외래해충 • 성충은 여름형(녹색)과 겨울형(흑갈색)이 있으며 어린 약충은 황색으로 성장하면서

- 녹색이 됨
- 성충과 약충이 배나무의 어린 잎, 꽃봉오리, 과실을 흡즙하며 1차적 피해가 발생하며 배설물(감로) 배출로 인한 광합성 저하로 2차적 피해가 발생
- 잎이 오그라듦
- 1년에 5회 발생하며 월동성충 형태로 껍질 속에 집단으로 월동
- 방제법 : 기계유 유제 살포

(3) 줄기·가지를 가해하는 해충의 종류 및 특징

구분	특징
사과하늘소	• 딱정벌레목 하늘소과에 속하며 사과, 배, 복숭아, 자두나무 등을 가해 • 유충이 사과나무 등의 주간부, 가지 목질부에 굴을 뚫어 가해하고 변을 배출 • 피해목은 부러지거나 구멍에서 수액이 흘러나와 그을음병 유발 • 2년에 1회 발생하며 유충으로 월동 • 방제법 : 알 제거, 약제 처리
포도호랑하늘소	• 딱정벌레목 하늘소과에 속하며 포도나무를 가해 • 성충은 날개에 3개에 황색 띠가 있으며 유충은 머리가 황백색으로 뭉뚝함 • 유충이 포도나무 목질부에 구멍을 뚫고 가해하여 줄기가 말라죽음 • 배설물을 줄기에 넣어 배출하지 않아 외관상 보이지 않지만 피해 부근 표피가 흑색으로 변함 • 1년에 1회 발생하며 어린 유충으로 월동 • 방제법 : 병든 가지 제거, 약제 처리
샌호제깍지벌레	• 매미목 깍지벌레과에 속하며 사과, 배, 복숭아나무 등을 가해 • 성충과 약충 모두 가지, 줄기에 기생하여 흡즙 (매미목 특징) • 1년에 3회 발생하며 암컷 성충 또는 약충으로 월동 • 방제법 : 모체에서 떨어져 이동하는 시기에 약제 처리

(4) 과실을 가해하는 해충의 종류 및 특징

구분	특징
복숭아심식나방	• 나비목 심식나방과에 속하며 사과, 배, 복숭아, 자두, 살구나무를 가해 • 성충은 주광성과 주화성이 낮음 • 성충은 암갈색이며 유충 뒷머리는 황회색, 몸은 주황색으로 마디마다 미세한 털이 있음 • 유충이 과실 내부를 뚫고 들어가 여러 곳을 가해하여 요철있는 기형과가 됨 • 먹어 들어간 식입구보다 탈출구가 더 큼 • 1년에 2회 발생하며 노숙유충 형태로 땅속 고치 속에서 월동 • 유충은 월동형 고치인 편원형과 번데기가 될 때까지는 방추형(초기)의 두 가지 고치를 만듦 • 방제법 : 산란시기인 6월 이전 과실에 봉지를 씌움, 성페로몬 트랩 방제

복숭아순나방	• 나비목 애기잎말이나방과에 속하며 사과, 배, 복숭아를 가해 • 부화유충이 복숭아나무 신초의 선단부에 구멍을 뚫고 들어가 가해 • 과실을 가해하여 변을 배출 • 1년에 4회 발생하며 유충 형태로 고치를 짓고 월동 • 1,2화기 성충은 주로 복숭아나무 신초에 산란하며 3,4화기 성충은 주로 사과, 배 등 과실에 산란 • 방제법 : 피해 신초 제거, 유충 월동처 소각, 산란기 약제 살포
복숭아명나방	• 나비목 명나방과에 속하며 사과, 복숭아, 자두, 감, 밤나무를 가해 • 성충은 황갈색 나방으로 날개에 검은 점들이 있으며 유충은 마디마다 흑색점과 털이 있음 • 유충은 과실을 가해하며 침입구에 적갈색 변과 즙액을 배출 • 1년에 2회 발생하며 노숙유충으로 고치 속에서 월동 • 1화기 유충은 자두, 복숭아 등을 가해하며 2화기 유충은 밤, 감 등을 가해 • 방제법 : 봉지 씌우기, 과육 식해 전 유충방제
꽃노랑총채벌레	• 총채벌레목 총채벌레과에 속하며 화훼작물이나 감귤, 복숭아, 멜론, 딸기 등 원예작물을 가해 • 성충은 미소곤충으로 비대칭 입틀을 가지며 유충은 날개가 없고 유백색 또는 황색을 띰 • 약충과 성충이 잎, 꽃, 과피의 즙액을 흡즙하며 피해잎은 기형으로 변하고 과실은 갈변함 • 채소류에서 TSWV바이러스 매개 • 1년에 5~6회 발생하며 성충으로 월동 • 방제법 : 약제 저항성이 있으므로 생물학적 방법(천적)을 병행
콩가루벌레	• 매미목 뿌리혹벌레과에 속하며 배나무를 가해 • 성충은 빛을 싫어하여 그늘에서 서식하다 배 봉지 속으로 침입 후 번식 • 단위생식을 함 • 1년에 6~10회 발생하며 주로 알로 월동 • 방제법 : 나무껍질을 소각, 기계유제 방제
가루깍지벌레	• 매미목 가루깍지벌레과에 속하며 사과, 배, 복숭아, 감, 감귤나무를 가해 • 수컷 성충은 무시충, 유시충 모두 배 끝에 긴 꼬리가 있으며 암컷은 없음 • 주로 수목류에 피해를 주며 조피에서 월동 및 서식하여 방제가 쉽지 않음 • 부화한 약충이 과실 즙액을 흡즙 • 밀납 분비, 배설물로 인한 그을음병 유발 및 과실 상품성 저하 (매미목의 특징) • 1년에 3회 발생하며 주로 알덩어리 형태로 월동 　※ 버들가루깍지벌레 : 토양속에서 월동 • 방제법 : 나무껍질을 소각, 기계유제 방제, 월동충 방제

(5) 기타 해충의 종류 및 특징

구분	특징
흡즙나방류	• 성충이 직접 사과, 배, 복숭아 등의 과실을 가해 • 1차 가해종(직접가해)과 상처 난 과실의 즙액을 흡즙하는 2차 가해종(간접가해) • 1차 가해종 : 금빛우묵밤나방, 으름밤나방, 작은갈고리밤나방, 무궁화밤나방
뽕나무하늘소	• 유충이 사과, 배, 뽕 등의 가지 속을 가해 • 성충은 과실을 물어뜯고 흡즙함 • 톱밥 같은 변을 배출하며 그을음병 발생시킴 • 2년에 1회 발생
사과면충	• 노린재목 진딧물과에 속하며 흰색 솜털로 덮여 있음 • 새순, 줄기, 뿌리 등에 기생하여 흡즙 • 방제법 : 저항성 대목을 사용, 약제 살포
포도유리나방	• 성충은 벌과 유사한 형태로 배꼽 몇 마디에 황색 줄이 있음 • 유충이 가지와 줄기를 가해하며 줄기 속에서 월동(천공성 해충) • 방제법 : 병든 가지 제거

3. 수목의 해충

(1) 잎을 가해하는 해충의 종류 및 특징

구분	특징
솔나방	• 나비목 솔나방과에 속하며 소나무, 해송, 리기다소나무를 가해 • 유충이 소나무 성엽을 식해하여 심할 경우 나무가 고사함 • 10월 경 유충의 밀도가 봄의 발생 밀도를 결정(가을 유충이 월동하여 다음 해 봄에 다시 가해) • 1년에 1회 발생하며 5령 유충 형태로 월동하고 8령충이 고치를 만들어 번데기가 됨 (7번 탈피) • 방제법 : 유충 포살, 성충을 유아등으로 유살, 잠복소 설치(월동 유충 방제), • 천적이용(알 : 송충알좀벌이, 유충과 번데기 : 고치벌, 맵시벌)
매미나방 (집시나방)	• 나비목 독나방과에 속하며 낙엽송, 적송, 참나무, 밤나무 등을 가해 • 암컷은 멀리 날지 못하나, 수컷은 잘 날아다님 • 잡식성이며 씹어 먹는 입틀을 가짐 (저작구형) • 유충이 침엽수 및 활엽수의 잎 식해 (식엽성) • 1년에 1회 발생하며 알로 월동 • 방제법 : 난괴 소각 후 약제 살포
미국흰불나방	• 나비목불나방과에 속하며 포플러, 버즘나무, 벚나무, 단풍나무 등을 가해(광식성) • 외래해충 • 성충은 백색이며 유충은 색의 변화가 심함 • 유충이 잎을 식해하며 가로수나 정원수에 피해가 심함 • 1년에 2회 발생하며 번데기로 월동 (1화기보다 2화기의 피해가 더 큼) • 방제법 : 가해 초기 잎 소각, 유충 가해기인 5월 하순~10월에 트리클로르폰 수화제, Bt 수화제 방제

구분	특징
천막벌레나방 (텐트나방)	• 나비목 솔나방과에 속하며 참나무류, 벚나무, 장미, 살구, 포플러 등 활엽수를 가해 • 유충이 실을 토해 천막을 치고 4령까지 무리로 생활하며 밤에 잎을 식해함 • 1년에 1회 발생하며 알로 월동 • 방제법 : 난괴를 채취하여 소각, 유충 초기에 태워서 죽임
오리나무잎벌레	• 딱정벌레목 잎벌레과에 속하며 오리나무, 박달나무, 밤나무, 피나무, 사과나무 등을 가해 • 성충은 광택이 나는 남색 껍질을 가짐 • 성충과 유충 모두 잎을 식해 (유충은 엽맥을 남기고 엽육만 식해하며 가해부분은 붉어짐) • 잎 뒷면에 난괴 산란 • 1년에 1회 발생하며 성충으로 월동 • 방제법 : 유충 가해기에 약제 살포, 월동성충 포살, 천적이용(무당벌레)
잣나무별납작잎벌 (잣나무넓적잎벌)	• 벌목 납작잎벌과에 속하며 잣나무를 가해 • 부화 유충은 잎 기부에 실을 토해 잎을 묶어 집을 짓고 그 속에서 잎을 식해 • 잣 생산량을 급감시키는 해충 • 1년에 1회 또는 2년에 1회 발생하며 노숙유충으로 월동 • 방제법 : 토양 속 유충은 굴취하여 소각, 유충기 약제 살포
버즘나무방패벌레	• 노린재목 방패벌레과에 속하며 버즘나무류, 물푸레나무류, 닥나무를 가해 • 외래해충 • 약충이 플라타너스 잎 뒷면에 모여 흡즙하며 장마 후 피해가 심함 • 1년에 2~3회 발생하며 성충으로 월동 • 방제법 : 7월에 수간주사 (침투이행성 살충제)
진달래방패벌레	• 노린재목 방패벌레과에 속하며 진달래와 철쭉을 가해 • 잎 뒷면을 흡즙하며 장마 후 많이 발생 • 빠는 형태의 입틀을 가짐 • 1년에 4~5회 발생하며 성충으로 월동

(2) 줄기 및 가지를 가해하는 해충의 종류 및 특징

구분	특징
솔껍질깍지벌레	• 매미목 이세리아깍지벌레과에 속하며 해송(곰솔), 소나무, 적송 등을 가해 • 부화 약충이 적당한 장소에 정착하여 수액을 흡즙 • 피해목은 아래가지부터 적갈색으로 고사 (3~5월에 가장 심함) • 성충은 번데기 시기를 거치며 암컷은 후약충에서 직접 성충으로 우화 • 1년에 1회 발생하며 후약충으로 월동 　※ 후약충 : 번데기 과정이 없는 불완전변태 곤충 중 번데기 형태의 약충 단계를 거치는 것 • 방제법 : 수간주사(포스파미돈 액제, 침투성 살충제)

(3) 총영을 만드는 해충의 종류 및 특징

구분	특징
솔잎혹파리	• 파리목 혹파리과에 속하며 소나무와 해송(곰솔)을 가해 • 유충이 솔잎 밑부분에 벌레혹(충영)을 만들고 그 속에서 즙액을 흡즙 • 피해목은 직경생장은 당년에, 수고생장은 다음해에 감소 • 성충의 수명이 매우 짧음(약 1주일) • 1년에 1회 발생하며 유충으로 월동 • 방제법 : 유충은 건조에 약하므로 임지건조, 우화 최성수기(6월 상순)에 침투성 살충제인 포스파미돈 수간주사, 천적 기생벌 이용(솔잎혹파리먹좀벌, 혹파리살이먹좀벌, 혹파리등뿔먹좀벌) ※학명 : Thecodiplosis japonensis
밤나무혹벌	• 벌목 혹벌과에 속하며 밤나무를 가해 • 밤나무 잎눈에 기생하여 벌레혹(충영) 형성하며 혹이 형성된 부위는 작은 잎이 무더기로 생김 • 단위생식(암컷만으로 번식) • 1년에 1회 발생하며 충영을 만들어 유충으로 월동 • 방제법 : 월동유충 제거(전정), 천적활용(중국긴꼬리좀벌)

(4) 분열조직을 가해하는 해충의 종류 및 특징

구분	특징
소나무좀	• 딱정벌레목 나무좀과에 속하며 소나무, 해송, 잣나무 등의 줄기를 가해 • 월동성충이 줄기나 가지 껍질 밑에 구멍을 뚫고 들어가 형성층에 산란 • 부화유충이 수피 밑을 식해하며 수목의 양분과 수분 이동을 제한(수목 고사) • 1년에 1회 발생하며 성충으로 월동, 1년에 1마리가 3개 이상의 새순을 가해 • 방제법 : 먹이나무(이목) 유살, 산란시기에 티아클로프리드 액상수화제 살포
박쥐나방	• 나비목 박쥐나방과에 속하며 버드나무, 미루나무, 단풍나무, 참나무 등을 가해 • 부화유충이 초본류 줄기 속을 식해하다가 나무로 이동하여 줄기를 환상으로 식해하는 천공성 해충 • 성충은 우화하여 공중으로 날면서 알을 떨어뜨림 • 1년에 1회 발생하며 알로 월동 • 방제법 : 유충이 기생하는 초본류 및 수목 주변의 잡초 제거
향나무하늘소 (측백하늘소)	• 딱정벌레목 하늘소과에 속하며 향나무, 편백, 측백나무 등의 줄기를 가해 • 유충이 줄기와 가지수피 밑의 형성층을 불규칙하고 평편하게 식해 • 배설물을 밖으로 보내지 않고 갱도에 쌓아 놓아 발견하기 어려움 • 1년에 1회 발생하며 성충으로 월동 • 방제법 : 피해목 가지 및 줄기 소각 ※알락하늘소 : 유충으로 월동하며 성충방제를 위해 6월 중순에서 7월 중순 경 약제를 살포

(5) 종실을 가해하는 해충의 종류 및 특징

구분	특징
밤바구미	• 딱정벌레목 바구미과에 속하며 밤나무, 참나무류의 종실을 가해 • 조생종보다 중·만생종에서 피해가 큼 • 성충은 긴 주둥이로 밤송이에 구멍을 내어 산란하며 부화유충이 과실 내부 과육을 식해 • 변을 외부로 배출하지 않아 피해과실을 구별하기 어려움 • 1년에 1회 발생하며 땅속 15cm 이내 깊이에서 노숙유충으로 월동 • 방제법 : 펜토에이트 유제 살포, 피해입은 밤은 인화늄 정제 훈증
솔알락명나방	• 나비목 명나방과에 속하며 잣나무나 소나무류의 구과를 가해 • 잣송이를 가해하여 수확량 감소 • 구과 속을 가해하여 변을 채워넣은 후 외부로 배출 • 1년에 1회 발생하며 노숙유충으로 땅속 월동 • 알, 어린 유충 형태로 구과에서 월동 • 방제법 : 트리플루뮤론 수화제, 클로르플루아주론 유제 살포
도토리거위벌레	• 딱정벌레목 거위벌레과에 속하며 참나무류 구과를 가해 • 도토리에 구멍을 낸 후 산란하고 가지를 주둥이로 잘라 떨어뜨림 • 부화유충이 과육을 식해 • 1년에 1~2회 발생하며 노숙유충으로 토양속에서 흙집을 짓고 월동

(6) 최근 주요 해충의 종류 및 특징

구분	특징
열대거세미나방	• 나비목 밤나방과에 속하며 옥수수, 수수 등 80여 종을 가해 • 광식성 폭식해충으로 생장점까지 가해 • 피해잎은 해지게 되며 톱밥같은 배설물이 통로와 잎 위에서 발견 • 국내에서 월동이 불가능한 중국 남부 비래해충
미국선녀벌레	• 매미목 선녀벌레과에 속하며 대부분의 수목류, 과수류, 콩, 깨, 인삼 등을 가해 • 약충과 성충이 잎, 줄기를 흡즙하며 배설물이 그을음병을 유발 • 성충은 6~10월에 나타나며 9월경부터 가지나 줄기의 갈라진 틈에 산란함 • 알 형태로 월동
갈색날개매미충	• 매미목 큰날개매미충과에 속하며 대부분의 수목류, 과수류, 콩, 깨, 인삼 등을 가해 • 약충과 성충이 식물체를 흡즙하며 배설물이 그을음병을 유발 • 알을 가지 조직속에 산란하므로 가지가 고사함 (과수 결과지 감소로 수확량 감소) • 알의 형태로 월동
꽃매미	• 매미목 꽃매미과에 속하며 가중나무, 포도나무를 가해 • 약충과 성충이 식물체를 흡즙하며 배설물이 그을음병을 유발 • 알을 줄기 표면에 산란하고 밀납으로 덮어 보호 • 알의 형태로 월동

구분		
소나무재선충		• 대표적인 외래해충으로 최근 우리나라 소나무에 큰 피해를 주고 있음 ※ 외래해충 : 꽃매미, 밤나무혹벌, 소나무재선충, 긴꼬리가루깍지벌레, 흰개미, 사과면충, 뿌리응애, 솔잎혹파리, 미국흰불나방, 온실가루이, 꽃노랑총채벌레, 담배가루이 등 • 소나무재선충을 매개하는 해충 : 솔수염하늘소, 북방수염하늘소

※ 가해 부위별 해충의 종류 정리

구분		특징
잎	식엽성	솔나방, 집시나방, 텐트나방, 미국흰불나방, 오리나무잎벌레, 잣나무넓적잎벌, 어스렝이나방(밤나무잎, 호두나무잎)
	흡즙성	진달래방패벌레, 버즘나무방패벌레
줄기 흡즙		솔껍질깍지벌레
벌레혹(충영) 형성		밤나무혹벌, 솔잎혹파리
종실 가해		복숭아명나방, 밤바구미, 도토리거위벌레, 솔알락명나방
목질부 가해, 천공성		소나무좀, 박쥐나방, 향나무하늘소

Memo

PART 03

재배원론
(산업기사 시험범위 제외)

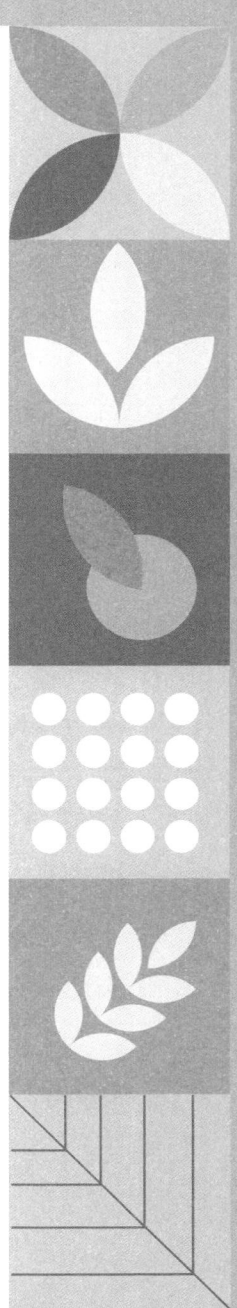

Chapter 01   재배의 기원과 현황
Chapter 02   작물의 유전성
Chapter 03   재배환경
Chapter 04   작물 내적균형·식물호르몬·방사선 이용
Chapter 05   작부체계
Chapter 06   종자와 종묘
Chapter 07   생육관리
Chapter 08   생력재배와 수확 후 관리

Chapter 01 재배의 기원과 현황

1절 재배식물의 기원

1. 재배의 개념

(1) **재배** : 인간이 경지를 이용하여 작물을 기르고 수확을 올리는 경제적 행위로 수량 극대화를 통한 소득 증대를 목적으로 함

(2) **수량 삼각형** : 유전성, 환경조건, 재배기술을 세 변으로 하는 삼각형의 면적은 생산량을 표시하며 재배기술을 개선하는 일은 곧 작물의 광합성효율을 증대시키는 것을 의미

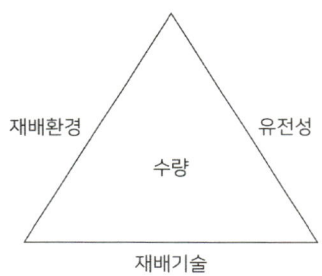

[작물수량의 삼각형]

(3) **작물** : 이용성과 경제성이 높아서 사람이 재배하는 식물로 야생에서 자생하였으나 인간이 만든 특수한 환경에 순화되고 필요로 하는 부분만이 발달된 것

(4) **농경의 발상지**

큰 강 유역	Decandolle은 큰 강 유역은 주기적으로 강이 범람하여 비옥해서 농사에 유리하므로 원시농경의 발상지라 함 예 황하나 양자강 유역의 중국문명, 인더스강 유역의 인도문명, 나일강 유역의 이집트문명, 티그리스강 및 유프라테스강 유역의 메소포타미아문명
산간부	N.T. Vavilov는 기후가 온화한 산간부 중 관개수를 쉽게 얻을 수 있는곳은 농경이 용이하므로 이곳이 최초의 발상지라 추정함 예 마야문명, 에티오피아 지역, 잉카문명 발상지인 남아메리카 북부지역
해안	P. Dettweiler는 기후가 온화하고 토지가 비옥하며 토양수분도 넉넉한 해안지대를 농경지로 추정

2. 재배와 작물의 특징

재배의 특징	생산면	• 자연환경의 영향을 크게 받고, 생산조절이 자유롭지 못하며, 분업적 생산이 어려움 • 자본의 회전이 더디고 노동의 수요공급이 연중 균일하지 못함 • 토지가 불량할 때 전면 개량하기가 어려움 • 토지 이용 시 수확체감의 법칙이 적용됨
	유통면	• 수확 농산물은 변질되기 쉽고, 가격변동이 심하며, 가격에 비해 수송비도 많이 듦 • 생산이 소규모이고 분산적이기 때문에 유통과정에서 중간상인의 영향을 많이 받음
	소비면	• 공산물에 비해 수요와 공급의 탄력성이 낮아 가격변동이 큼
작물의 특징		• 일반식물에 비해 이용성과 경제성이 높음 • 작물의 경제성을 높이려면 특정 수확부위의 수량이 높아야 함(일종의 기형식물) • 기형으로 발달된 작물은 야생식물보다 생존 경쟁력이 약함

3. 작물의 기원

(1) 작물 기원지 : 어떤 식물이 최초로 발생된 지역

(2) 작물 기원지를 알아내는 방법

식물지리학적 방법	근연 야생종의 분포와 품종 다양성으로부터 찾는 방법
고고학적 방법	탄소연대측정 등 식물 유체의 분석을 포함하는 방법
생화학적 및 생물학적 방법	세포유전학적 방법, 유전자분석법, DNA염기서열 분석

(3) 지리적 기원지 연구자

De candolle	• '재배식물의 기원' 저술 • 강 유역을 농경의 발상지로 추정 • 작물 야생종의 분포를 광범위하게 조사하여 재배식물의 조상형이 자생하는 지역을 기원지로 추정
Vavilov	• 식물종의 유전자중심설 (우성유전자들의 분포중심지를 원산지로 추정) • 유전자 분포 중심지에 재배식물의 변이와 우성형질이 다양하게 존재하며 중심지에서 멀어질수록 열성유전자가 많음 (원시적 우성형질도 많음) • 식물의 지리적 미분법으로 변이가 많은 지역을 찾아냄 (온난건조한 산간부에 변이 풍부)

(4) Vavilov의 작물 기원지

중국 지역	콩, 메밀, 6조보리, 배추, 조, 피, 팥, 인삼, 자운영, 황마
인도·동남아 지역	벼, 참깨, 사탕수수, 모시풀, 오이, 박, 가지
중앙아시아 지역	귀리, 기장, 완두, 삼, 당근, 양파
중동·코카서스 지역 (메소포타미아 문명)	2조보리, 보통밀, 호밀, 유채, 아마, 마늘, 시금치
지중해 연안 지역	무, 순무, 사탕무, 완두, 유채, 화이트클로버, 오처드그래스, 티머시, 양배추, 상추
중앙아프리카 지역	수박, 진주조, 수수, 참외
멕시코·중앙아메리카 지역	옥수수, 고구마, 호박, 강낭콩, 해바라기
남아메리카 지역	감자, 고추, 땅콩, 담배, 토마토

(5) Leibig
1) 무기영양설 : 식물의 필수양분이 무기물이라는 견지에서 무기영양설을 제창하였으며 이것에 기초하여 최초로 인조비료가 합성되었고 수경재배를 창시
2) 최소율 : 식물의 생육은 다른 양분이 아무리 충분해도 가장 소량으로 존재하는 양분에 의해 생육이 지배된다는 최소율법칙을 제창

(6) 작부체계의 변천과정
1) 과정 : 대전법, 휴한농법, 삼포식농법, 개량삼포식, 자유작, 답전윤환 순으로 변화하였으며 지력 유지의 목적이 있음
2) 재배 형식

소경	원시적 약탈농업
식경	식민지에서의 농업 형태로 가격변동에 예민함
곡경	광대한 면적에 곡류 위주로 생산하는 형태로 대규모의 기계화가 이루어짐
포경	식량작물과 사료작물을 균형있게 생산하는 형태로 사료작물로서 콩과작물을 재배
원경	원예적 농경의 형태로 가장 집약적인 재배방식

(7) 작물의 분화
1) 정의 : 작물이 원래와 다른 형태로 나뉘어지는 것
2) 식물의 진화 : 변이, 도태, 적응, 순화, 고립(격리) 순으로 진행

변이	자연교잡, 돌연변이
도태 및 적응	새로운 유전형 중 견디지 못하는 것은 도태, 견디는 것은 적응함
순화	적응한 것들이 오래 생육하게 되면 그 환경에 더 잘 적응하게 되는 것
고립(격리)	• 적응한 유전형들이 안정적으로 유지되려면 적응형 상호간에 유전적 교섭이 없어야 함 • 지리적 격리 : 지리적으로 멀리 떨어져 있어 유전적 교섭이 방지되는 것 • 생리적 격리 : 개화기 차이, 교잡불임 등 생리적 원인으로 같은 장소에 있음에도 유전적 교섭이 방지되는 것

2절 작물의 분류

1. 용도에 따른 분류

(1) 식용작물

화곡류	• 미곡 : 쌀(벼) • 맥류 : 보리, 밀, 귀리, 호밀 • 잡곡 : 조, 피, 기장, 수수, 옥수수, 메밀 ※ 3대 식량작물 : 밀, 벼, 옥수수
두류	콩, 팥, 녹두, 강낭콩, 완두, 땅콩
서류	고구마, 감자

(2) 원예작물

과수	• 인과류 : 사과, 배, 비파 (꽃받침이 발달) • 핵과류 : 복숭아, 자두, 살구, 앵두, 양앵두 (중과피가 발달) • 장과류 : 포도, 딸기, 무화과 (외과피가 발달) • 견과류(각과류) : 밤, 호두 (씨의 자엽이 발달) • 준인과류 : 감, 귤 (자방이 발달)

채소	• 과채류 : 오이, 호박, 수박, 가지, 토마토, 고추, 딸기
	• 협채류 : 완두, 강낭콩, 동부
	• 근채류
	  - 괴근류 : 고구마, 감자, 토란, 마, 생강
	  - 직근류 : 무, 순무, 당근, 우엉
	• 경엽채류 : 배추, 양배추, 갓, 상추, 셀러리, 파슬리, 미나리, 쑥갓, 머위, 시금치, 파, 마늘, 양파, 쪽파, 아스파라거스

화훼	• 초본류 : 장미, 국화, 코스모스, 달리아, 난초 • 목본류 : 철쭉, 동백, 고무나무

(3) 사료작물

볏과	옥수수, 호밀, 오처드그래스, 티머시, 라이그래스
콩과	앨팰퍼, 화이트클로버, 레드클로버
기타	호박, 순무, 해바라기, 돼지감자

(4) 녹비작물

볏과	호밀
콩과	자운영, 베치

(5) 공예작물

섬유작물	목화, 삼, 모시풀, 아마, 어저귀, 왕골, 수세미, 닥나무, 고리버들
유료작물	참깨, 들깨, 아주까리, 유채, 해바라기, 땅콩, 콩, 아마, 목화
전분작물	옥수수, 고구마, 감자
당료작물	사탕무, 사탕수수

(6) 약용작물 및 기호작물

약용작물	호프, 박하, 제충국
기호작물	차, 담배

※ 옥수수 : 식용작물, 공예작물, 사료작물에 모두 속함

2. 생태적 분류

구분		종류
생존연한에 따른 분류	1년생 작물	봄에 파종하여 그해 안에 성숙하는 작물 (대부분)
	월년생 작물	가을보리, 가을밀
	2년생 작물	무, 사탕무
	다년생 작물	호프, 아스파라거스, 영년목초류
생육계절에 따른 분류	여름작물	봄에 파종하여 여름을 중심으로 생육하는 1년생 작물
	겨울작물	가을에 파종하여 가을, 겨울, 봄을 중심으로 생육하는 월년생 작물
생육적온에 따른 분류	저온작물	맥류, 감자

	고온작물	벼, 옥수수
	열대작물	고무나무, 카사바
	한지형 목초	티머시, 앨팰퍼 (하고현상)
	난지형 목초	버뮤다그래스
생육형에 따른 분류	주형작물	벼, 맥류 (식물체가 포기를 형성)
	포복형작물	고구마
	직립형목초	오처드그래스, 티머시
	포복형목초	화이트클로버
저항성에 따른 분류	내산성 작물	감자, 호밀, 귀리, 벼, 아마
	내건성 작물	수수, 조, 기장
	내습성 작물	벼, 밭벼, 골풀
	내염성 작물	유채, 목화, 수수, 사탕무, 양배추
	내풍성 작물	고구마

3. 재배 · 이용에 따른 분류

구분		종류
작부방식에 따른 분류	중경작물	옥수수, 수수
	휴한작물	콩과식물(클로버)
	대파작물	메밀
경영에 따른 분류	구황작물	조, 피, 기장, 메밀, 구감, 감자
	환금작물	판매를 위한 작물
	경제작물	환금작물 중 수익성이 높은 작물
토양보호에 따른 분류	자급작물	농가에서 소비하기 위해 재배하는 작물
	피복작물	잔디류
	토양보호작물	토양침식을 막아주는 작물
사료작물의 용도에 따른 분류	청예작물	사료작물 중 풋베기하여 생초로 이용하는 작물
	건초작물	예취 후 건조하여 건초로 이용하는 작물
	사일리지작물	생초를 젖산발효시켜 사일리지 제조에 적합한 작물

3절 재배의 현황

1. 우리나라의 재배현황

(1) 식량자급률
   1) 곡물 전체자급률은 26.7%, 전체 식량자급률은 51.4%로 식량자급률이 낮고 양곡도입량이 많음
   2) 우리나라 주요 작물의 식량자급률 : 서류 > 쌀 > 보리쌀 > 두류 > 옥수수 > 밀

(2) 환경
   1) 우리나라 토양은 여름철 집중호우로 인해 무기양분 용탈이 심하고 화강암이 많아 지력이 낮음
   2) 윤작체계와 초지농업이 발달하지 못함
   3) 우리나라는 온대몬순기후로 벼 같은 작물생산에 유리하나 폭우나 태풍 등 기상재해가 큰 편임

(3) 농업 통계
   1) 우리나라의 논 면적은 약 1,000,000ha, 밭 면적은 약 700,000ha (2013 기준)로 논 58%, 밭 42%를 차지함
   2) 경지 이용률이 해마다 낮아지고 있음
   3) 전업농가(58%)의 비율이 겸업농가(42%)보다 높음
   4) 경영규모가 매우 영세하며 관개시설 수리답과 경지정리 면적이 작음
   5) 양파의 생산이 크게 증가하였으며 과수는 사과 생산이 감소하고 배와 감귤의 생산이 크게 증가
   6) 전체 양곡 수요량은 2058만톤으로 그 중 국내생산량은 549톤, 수입량은 1500만톤을 차지

Chapter 02 작물의 유전성

1절 작물의 유전

1. 생식

(1) 정의

생물이 자신과 같은 속성의 새로운 개체를 만들어 내는 것으로 생식방법에 따라 종자번식과 영양번식이 있으며 종자번식작물의 생식방법은 유성생식(자식성, 타식성)과 아포믹시스로 나뉨

(2) 생식의 종류

유성생식	• 암수의 생식세포(배우자)를 형성 후 수정을 통해 접합자를 만드는 생식방법 • 수정방법은 자가수정과 타가수정으로 나뉨
무성생식	• 생식세포(배우자)를 만들지 않고 체세포(영양체)의 일부가 증식하여 다음 세대의 개체로 되는 것으로 이를 통해 신품종을 육성하는 것을 영양계선발이라 함 • 잎 : 참나리 • 줄기 : 감자(괴경), 마늘(인경), 글라디올러스(구경) • 뿌리 : 고구마(괴근), 거베라(숙근)

(3) 유성생식 – 자식성·타식성작물

자식성 작물	• 주로 자가수정을 하며 자연교잡율이 낮음 • 세대가 진전함에 따라 개체의 유전자형이 동형접합체로 됨 • 종류 : 벼, 보리, 밀, 완두, 담배, 콩, 가지, 토마토, 참깨, 복숭아
타식성 작물	• 주로 타가수정을 하며 자연교잡율이 높음 • 세대가 진전함에 따라 개체의 유전자형이 이형접합체로 됨 • 자웅이주 : 아스파라거스, 시금치, 호프, 삼 • 웅예선숙 : 옥수수, 양파, 마늘, 딸기 • 자가불화합성 : 무, 배추, 호밀, 메밀

(4) 유성생식 – 아포믹시스(수정과정 없이 배를 형성하여 종자가 형성되는 것)

위수정생식	• 종·속간 교배에서 수분의 자극을 받아 난세포가 배로 발달하며 생긴 종자를 위잡종이라 함 • 종류 : 벼, 보리, 밀, 목화, 담배
웅성단위생식	• 난세포에 들어간 정세포가 단독으로 분열하여 배를 형성 • 종류 : 진달래, 달맞이꽃
복상포자생식	• 배낭모세포가 감수분열을 못하거나 비정상적인 분열을 하여 배를 형성 • 종류 : 볏과, 국화과
부정배형성	• 배낭을 만들지 않고 포자체의 조직세포가 직접 배를 형성 • 종류 : 밀감의 주심 배
무포자생식	• 배낭을 만들지만 배낭의 조직세포가 배를 형성 • 종류 : 파, 부추

(5) 체세포분열과 감수분열

1) 체세포분열(유사분열) : 하나의 세포(2n)가 분열하여 두 개의 딸세포(2n)을 만드는 것
2) 감수분열 : 제1감수분열(2n → n)과 제2감수분열(n → n)로 나뉨
3) 체세포분열 과정

구분	특징
전기	염색사가 압축 및 포장되어 염색체 구조로 되며 전기가 끝날 때쯤 인과 핵막이 사라짐
중기	방추사가 염색체의 동원체에 부착하며 각 염색체는 적도판에 이동배열
후기	자매염색분체가 분리되어 각각 반대극으로 이동
말기	핵막과 인이 다시 형성되고 세포질분열이 일어나 2개의 딸세포 형성

4) 감수분열 과정

구분		특징
제1감수분열	전기	• 세사기 : 염색사가 압출 포장되어 염색체 구조를 형성 • 대합기 : 상동염색체는 짝을 지어 2가염색체 형성 • 태사기 : 상동염색체의 비자매염색분체들이 서로 교차되고 재결합하여 키아즈마 형성 • 복사기 : 4개의 염색체가 2개씩 분리되며 키아즈마가 관찰됨 • 이동기 : 2가염색체들이 적도판으로 이동
	중기	적도판에 2가염색체들이 무작위로 배열됨
	후기	2가염색체의 두 상동염색체가 분리되어 각각 반대극으로 이동
	말기	핵막이 형성되어 반수체 딸세포 2개 형성

제2감수분열	• 전기 없이 중기, 후기, 말기로 구분 • 만들어진 반수체 딸세포 2개의 자매염색분체가 분리되어 4개의 딸세포 형성

(6) 멘델의 법칙과 유전자 상호작용

1) 멘델의 법칙

우열의 법칙	우성, 열성 대립유전자가 함께 있을 경우 우성형질만이 발현
분리의 법칙	F1에서는 우성형질만 발현되나 F2에서는 우성·열성 형질 모두 일정비율로 발현 (3:1)
독립의 법칙	두 쌍의 대립형질이 분리될 경우 서로 관련없이 독립적으로 진행됨 (9:3:3:1)
순수의 법칙	F1에서 우성형질과 열성형질이 같은 유전자좌에 있다가도 다음세대에서 순수하게 서로 다른 genotype이 된다는 이론

2) 유전자 상호작용

구분		특징 및 분리비
대립유전자 상호작용	완전우성	이형접합체에서 우성형질만 표현, F2 표현형 3:1
	불완전우성	이형접합체가 양친의 중간형질로 표현, F2 표현형 1:2:1
	공우성	이형접합체에 두 대립유전자의 특성 모두 표현, F2 표현형 1:2:1
비대립유전자 상호작용	보족유전자	이중열성상위, F2 표현형 9:7
	조건유전자	열성상위, F2 표현형 9:3:4
	피복유전자	우성상위, F2 표현형 12:3:1
	중복유전자	비누적, F2 표현형 15:1
	복수유전자	누적적, F2 표현형 9:6:1
	억제유전자	F2 표현형 3:13

(7) 유전자 교환·유전변이

1) 유전자 교환

연관	• 대립유전자들이 동일한 상동염색체에 존재하여 함께 행동하는 것 • 상인 : 우성유전자는 우성유전자끼리, 열성유전자는 열성유전자끼리 연관 • 상반 : 우성유전자와 열성유전자가 동일한 염색체에 위치(연관)
교차	• 감수분열이 일어날 때 연관되어 있는 유전자 사이에서 상동염색체간 염색체의 부분적 교환이 일어나는 것 • 제1감수분열 전기의 복사기에 일어남 • 교차율 : 교차형 배우자 수 / 전체 배우자 수 × 100

2) 유전변이
　① 변이의 종류

구분	유전변이	환경변이
원인	유전적 원인(유전자재조합, 돌연변이)	생육환경 요인
유전여부	다음 세대로 유전	유전되지 않음
종류	돌연변이, 교배변이	유도변이, 방황변이, 일시적 변이, 장소변이

　② 변이양상에 따른 구분

구분	불연속 변이	연속 변이
의미	뚜렷한 구분이 있어서 변이가 연속적이지 않음	자연집단과 분리집단에서 개체의 변이가 연속적임
형질변이	질적 형질(표현형 구분이 쉬워 쉽게 선발)	양적 형질(표현형 구분이 어려워 통계적 방법 이용)
유전자의 수	소수 주동유전자	다수 미동유전자(폴리진)
종류	꽃 색, 종피 색, 종자 모양, 성별	키, 수량, 성분 함량, 품질, 분얼수
분석 방법	개체수나 비율 조사(멘델식)	통계학적 방법 이용

　③ 양적형질의 유전분석

분산	• 변이의 크기를 나타내는 통계량 • 표현형분산 = 유전분산 + 환경분산 • 연속변이를 하는 양적형질의 표현형분산은 유전분산과 환경분산을 포함
유전력	• 표현형분산에 대한 유전분산의 비율로 크기는 0~1(100%)임 • 유전력이 높은 형질은 표현형 변이 중 유전적 요인이 큰 것으로 선발의 효과가 있음 • 양적형질의 선발지표로 이용

3) 변이의 작성

인공교배	• 특성이 서로 다른 자방친과 화분친을 인공교배하면 양친의 대립유전자들이 새롭게 조합되어 후대에 여러 종류의 유전자형이 나타남 • 양친의 유전적 차이가 클수록 잡종집단의 유전변이(다양성)도 커짐
염색체 조작	• 염색체를 인위적으로 조작하여 반수체, 배수체, 이수체 등을 만듦
돌연변이 유발	• 방사선이나 화학물질을 처리하여 인위적으로 돌연변이 유발 • 특정 형질만 개량할 수 있음
유전자 전환	• 세포융합 : 인공교배가 안되는 원연종간 유전자를 교환할 수 있는 방법 • 유전자전환 : 동물, 식물, 미생물 등 생물종과 관계없이 원하는 유전자만 도입 가능

4) 변이의 선발

특성검정	내병성이나 내냉성처럼 특정 환경에서 발현하는 형질을 검정하기 위한 방법 예 딸기 흰가루병
후대검정	후대를 전개하여 분리 여부를 보고 변이체의 유전자형이 동형접합체인지 이형접합체인지 구별
상관관계	형질간 상관관계를 이용하여 목표형질 선발 예 콩 단백질 함량, 밀 내한성
분자표지 이용선발	• 목표형질 유전자와 연관된 분자표지를 선발하는 방법 • 내냉성, 내병성 검정을 포장 대신 실내에서 할 수 있음

(8) 세포질유전
   1) 핵외 유전 : 세포질의 색소체DNA와 미토콘드리아DNA에 있는 핵외유전자의 유전
   2) 세포질유전의 특징
      ① 멘델의 법칙 적용불가
      ② 핵치환을 해도 세포질유전은 계속됨
      ③ 핵외유전자는 유전자지도에 포함되지 않음
      ④ 정역교배의 결과가 일치하지 않음

2. 수분 · 수정 · 종자형성

(1) 화분과 배낭의 발달

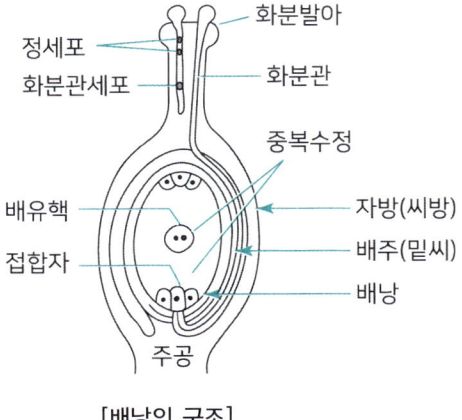

[배낭의 구조]

화분	• 수술의 약 속에서 화분모세포 1개가 감수분열을 통해 4개의 반수체 화분세포(화분4분자, 소포자)를 형성 • 화분세포는 두 번의 체세포분열이 일어나 화분으로 성숙 • 각 화분에는 화분관세포 1개, 정세포 2개가 형성됨
배낭	• 암술의 자방 속 배주에서 배낭모세포 1개가 감수분열을 통해 4개의 반수체 배낭세포를 형성 • 형성된 배낭세포 4개 중 3개는 퇴화, 1개만 3번의 체세포분열을 하여 배낭으로 발달 • 배낭 아래쪽에는 주공(화분관이 들어가는 통로) 형성 • 배낭에는 난세포 1개, 조세포 2개, 반족세포 3개, 배낭 중앙에 극핵 2개 형성 (조세포와 반족세포는 퇴화)

(2) 수분

정의		• 성숙한 화분이 꽃밥에서 터져 나와 암술머리(주두)로 옮겨가는 것
방법	자식성작물	• 자가수분을 하며 타식률이 4% 이하 • 종류 : 자웅동숙, 양성화
	타식성작물	• 타가수분을 하며 자식률이 5% 이하 • 종류 : 자웅이주, 웅예선숙, 자가불화합성

(3) 수정

정의		암술머리에 수분된 화분이 발아하면 화분관이 신장하고 화분관을 따라 2개의 정세포가 주공을 통해 배낭 안으로 삽입되어 접합자를 만드는 것
방법	속씨식물 (피자식물)	• 단자엽(화본과) : 배(2n), 배유(3n) 형성(중복수정) • 쌍자엽(두과) : 배(2n), 배유퇴화
	겉씨식물 (나자식물)	• 소나무, 소철나무, 은행나무 • 배(2n), 배유(n) 형성

(4) 종자형성

크세니아	• 배유에 아비의 영향이 직접 나타나는 현상으로 우성유전자의 표현형이 나타남 • 종류 : 메벼 ×찰벼(찰벼에 메벼의 화분을 수분하면 F_1 종자의 배유가 메벼의 형질을 보임)
메타크세니아	• 정핵이 관여하지 않는 조직에 화분의 영향을 미치는 것 • 종류 : 사과, 감, 야자
단위결과	• 종자의 생성 없이 열매를 맺는 현상 (염색체 조성이 복잡하여 정상적인 배우자 형성 불가) • 자연단위결과 : 감, 감귤, 포도, 바나나 • 인위유발 : 다른화분의 자극, 식물호르몬, 배수성

2절 작물의 육종

1. 육종의 기초
(1) 육종의 정의 : 작물의 생산성, 품질, 저항성, 적응성 등 재배 및 이용 시 중요한 형질의 유전능력을 개량한 우량품종을 육성하는 것으로 목표형질에 대한 유전변이를 만들고 선발하여 신품종으로 육성함

(2) 작물육종 방법

자식성 작물	• 분리육종 : 순계선발 • 교배육종 : 계통육종, 집단육종, 파생계통육종, 1개체1계통육종, 여교배육종
타식성 작물	• 분리육종 : 집단선발(계통집단선발), 순환선발(상호순환선발) • 교배육종 : 1대잡종 육종
1대잡종 육종	타식성 작물 간 교배, 자식성 작물 간 교배
배수체 육종	반수체, 3배체, 4배체, 콜히친 처리
돌연변이 육종	방사선, 화학물질 처리
생물공학 육종	조직배양, 세포융합, 형질변환
영양번식 육종	감자, 고구마, 과수

2. 자식성 작물 육종
(1) 자식집단의 유전적 특성 : 대립유전자 n쌍이 모두 독립적이고 이형접합체일 때 m세대까지 자식한 집단의 이형접합체빈도는 $[(1/2)^{m-1}]^n$이며 동형접합체 빈도는 $[1-(1/2)^{m-1}]^n$이 나타남 (빈도의 변화)

(2) 자식성 작물의 분리육종 : 재래종 집단에서 우량한 유전자형을 분리하여 품종으로 육성하는 것으로 개체 선발을 통해 순계를 육성

　1) 순계 선발 : 자식성 작물의 재래종은 오랫동안 자식을 해왔기에 대부분 동형접합체가 되는데 이 재래종 집단에서 우량개체를 선발 및 계통재배하여 얻은 순계를 우량품종으로 육성하는 것 ※ 순계 : 동형접합체로부터 나온 자손

　2) 순계 선발 품종 : 은방주(벼), 장단백목(콩), 풋고추(고추)

(3) 자식성 작물의 교배육종 : 재래종 집단에서 우량한 유전자형을 선발할 수 없을 때 인공교배로 새로운 유전변이를 만들어 신품종을 만드는 방법

계통육종	• 인공교배를 1번 하여 F1을 만들고 F2부터 매세대 개체선발과 선발개체의 계통재배 및 선발을 반복하면서 순계를 육성하는 방법 • F2에서는 질적형질 또는 유전력이 높은 양적형질을 선발 • 초기세대부터 계통단위로 선발하므로 관리와 선발에 많은 노력이 필요하지만 육종효과가 빠름 • 질적형질 개량에 효율적이나 잘못 선발했을 경우 유용유전자를 상실
집단육종	• 잡종 초기세대에는 선발하지 않고 혼합채종과 집단재배를 반복한 후 후기세대에서 개체선발과 계통재배를 통해 순계를 육성하는 방법 • 유용유전자 상실염려가 적으며 후기에 동형접합체가 많으므로 유전자(폴리진)이 관여하는 양적형질의 개량에 효과적 • 집단재배에 필요한 면적과 시간이 큼
파생계통육종	• 계통육종과 집단육종을 절충한 방법 • F2에서 질적형질을 개체선발하여 파생계통을 만들고 이 파생계통별로 집단재배하여 F5~F6세대에 양적형질을 개체선발 • 계통육종보다 개체선발에 드는 노력을 절감할 수 있으며 집단육종보다 규모 및 육종기간이 짧음 • 파생계통단위로 집단재배하므로 집단육종보다 우량유전자를 상실할 염려가 작음
1개체1계통육종	• F2~F4세대 : 매세대 모든 개체에서 1립씩 채종하여 집단재배를 한 후 F4에서 각 개체별로 F5 계통재배를 하는 방법 • 계통육종과 집단육종의 장점을 모두 살리는 방법 (유용유전자 유지, 육종연한 단축) 　예 영산벼

(4) 여교배육종

정의	• 양친 A와 B를 교배한 F1을 양친 어느 하나와 다시 교배하는 방법, [(A×B)×B]×B • 하나의 주동유전자가 지배하는 형질(내병성)을 도입할 경우 효과적임 • 여러 품종에 분산되어 있는 우량 형질을 한 품종에 집적할 때 효과적임 　예 통일찰
조건	• 우량한 반복친이 있어야 함 • 여교배 하는 동안 이전형질의 특성이 변하지 않아야 함 • 실용품종의 한두가지 결점을 개량하는 것이 목표이므로, 반복 교배 후 반복친의 특성이 충분히 회복되어야 함
장점 및 단점	• 작은 집단의 크기로 짧은 세대동안 품종을 개량할 수 있음 • 이전하려는 1회친의 특성만 선발하므로 육종의 효과가 확실함 • 육종환경에 구애받지 않음 • 목표형질 외 다른 형질에 대한 유전자조합이 어려움

3. 타식성 작물 육종

(1) 타식집단의 유전적 특성

① 자식약세(근교약세) : 타식성 작물을 인위적으로 자식시키거나 근친교배 하면 작물체의 생육이 불량해지고 생산성이 떨어지는 것
② 잡종강세 : 타식성 작물의 근친교배로 약세화한 작물체 또는 빈약한 자식계통끼리 교배하면 그 F1은 양친보다 왕성한 생육이 나타나는 현상

(2) 타식성 작물의 분리육종

재래종 집단에서 우량한 유전자형을 분리하여 품종으로 육성하는 것으로 집단 선발을 통해 집단개량을 함

집단선발	• 기본집단에서 우량개체를 선발하고 혼합채종하여 집단재배함
계통집단선발	• 기본집단에서 선발한 우량개체를 계통재배하고, 거기서 선발한 우량계통을 혼합채종하여 개량 • 집단선발보다 육종효과가 확실함
단순순환선발	• 순환선발 : 우량개체 선발 후 그들 간에 상호교배를 시켜 집단 내 우량유전자의 빈도를 높이는 것 • 일반조합능력을 개량하는 데 효과적이며 3년 주기로 반복 실시
상호순환선발	• 두 집단을 동시에 개량하고자 상대집단을 각각 검정친으로 활용하는 방법 • 두 집단 간 서로 다른 대립유전자가 많을 때 효과적임 • 일반조합능력과 특정조합능력을 함께 개량할 수 있으며 3년 주기로 반복 실시
합성품종	• 여러개 우량계통을 다계교배시켜 육성한 품종 • 세대가 진전되어도 높은 잡종강세가 나타남 • 환경변동에 대한 안정성이 높음 • 자연수분으로 인한 노력과 경비 절감 • 타식성 사료작물에서 많이 사용

4. 1대잡종 육종(F1 육종)

(1) 잡종종자의 생산방식

단교배	• 잡종강세가 가장 크지만 채종량이 적고 종자 가격이 비쌈, A×B ※ 잡종강세 : 타식성 작물의 근친교배로 약세화한 작물끼리 교배하면 그 후대는 양친 식물보다 생육이 왕성한 것
변형단교배	• 잡종강세와 종자생산량이 모두 높아 가장 적합한 교배방식 • 2개의 자매계통간의 1대잡종에 근친관계가 없는 자식계통을 교배
3계교배	• 종자생산량이 많고 잡종강세도 크지만 균일성이 다소 낮아짐 • 단교배를 한 F1에 다른 계통을 교배, (A×B)×C

복교배	• 종자생산량이 많고 잡종강세도 크지만 균일성이 다소 낮아지며 4개의 어버이계통을 유지해야 함(옥수수는 복교배에 의한 육종효과가 큼), (A×B)×(C×D) • 단교배 간에 다시 교배하는 방법
다계교잡	• 복교배보다 생산량은 떨어지나 생산이 용이 • 4개 이상의 자식계를 교배, [(A×B)×(C×D)]×[(E×F)×(G×H)]
합성품종	• 잡종강세의 저하정도가 낮음 • 다수의 자식계통을 방임수분하는 방법 (자연수분에 의해 유지)
복합품종	• 다수의 방임수분계통을 인공교배하여 만든 것
톱교배	• 일반조합능력을 검정하여 우수한 것을 그대로 채종용으로 사용하는 방법

(2) 조합능력

1) 조합능력의 뜻
   ① 일반조합능력 : 자식계통이 다른 많은 검정계통과 교배되어 나타나는 1대잡종의 평균 잡종강세 정도
   ② 특정조합능력 : 특정한 교배조합의 F1에서만 나타나는 잡종강세 정도
2) 조합능력의 개량 : 주로 순환선발을 통해 개량함
3) 조합능력의 검정 : 계통간 잡종강세 정도를 평가하는 것

단교배	특정한 자식계통을 다른 여러 자식계통과 교배, 특정조합능력 검정
톱교배	특정한 자식계통을 여러 검정친으로 자연수분, 일반조합능력 검정
이면교배	여러 자식계통을 상호간에 교배, 특정조합능력과 일반조합능력 모두 검정

(3) 자가불화합성과 웅성불임성의 이용

	자가불화합성	웅성불임성
정의	암술과 화분의 기능이 정상적이나 자가수분으로 종자를 형성하지 못하여 발생하는 불임	화분이 정상적으로 발육하지 못하여 수정능력이 없어 종자를 형성하지 못하는 것
관여유전자	복대립유전자	ms유전자, mt유전자
종류	배우체형, 포자체형, 이형화주형	• 세포질적 : 벼, 옥수수 • 유전자적 : 벼, 토마토, 보리 • 세포질유전자적 : 벼, 아마, 사탕무, 양파
사례	무, 순무, 배추, 양배추, 브로콜리	벼, 밀, 옥수수, 양파, 파, 상추, 당근, 고추
타파방법	이산화탄소 처리, 뇌수분	특정 온도 및 일장 처리

5. 배수성 육종

배수체 생성 방법	• 콜히친 처리법 : 생장점에 **콜히친**을 처리하여 배수체를 형성하는 효과적인 방법 • 아세나프텐처리법, 절단법, 온도처리법
정배수체	• 동질배수체 : 3배체와 4배체가 많으며 사료작물 및 화훼류에서 많이 이용 • 이질배수체 : 염색체 배가 후 교배, 교배 후 염색체 배가, 체세포 융합 • 트리티케일, 하쿠란
반수체	• 생육이 불량하며 완전불임임 • 콜히친 처리 시 바로 동형접합체를 얻을 수 있으므로 육종연한 단축 가능 • 상동게놈이 1개이므로 열성형질 선발이 용이 • 화성벼

6. 돌연변이 육종

돌연변이 유발원	방사선 처리, 방사성물질 처리(방사성동위원소 P,S), 화학물질(EMS, NMU, DES, NaN_3)
특징	• 특정 형질만 변화시키거나 새로운 형질의 변이체를 골라 신품종에 활용 • 교배육종이 어려운 영양번식작물에 유리 (영양번식작물도 유전적 변이를 일으킬 수 있음) • 수량이 낮음(돌연변이와 원품종의 유전배경 차이, 세포질 결함, 다른 형질에 영향) • 방사선 처리로 불화합성이던 것을 화합성으로 변하게 할 수 있음

3절 작물의 품종

1. 형질전환품종

형질전환	• 작물의 중요한 형질 : 생산성, 품질, 저항성, 적응성 • 생물의 특정 유전자를 대상작물에 도입시켜 형질전환시킨 것 • Agrobacterium 방법, 입자총 방법

사례	• 내충성 품종 : *Bacillus thuringiensis*의 Bt유전자를 도입
	• 바이러스저항성 품종 : 담배모자이크바이러스의 외피단백질합성 유전자를 도입
	• 제초제저항성
	  – glyphosate 저항성유전자 : *Salmonella typhimunrium*의 aroA유전자 도입
	  – bialaphos, basta 저항성유전자 : *Streptomyces hygroscopicus*의 bar유전자 도입
	• 최초의 형질전환품종 : 토마토의 플레이버세이버

2. 품종의 검정

생화학적 검정	자외선형광검정, 페놀검사, 염색체수 검사
분자생물학적 검정	• 단백질분석 : 전기영동, 흡광도 분석, HPLC, Western Blot • DNA 분석 : PCR, RFLP, RAPD, AFLP, SSR, STS, Southern Blot • RNA 분석 : Northern Blot

3. 품종의 구비조건

신품종 구비조건	구별성, 균일성, 안정성
보호품종 구비조건	구별성, 균일성, 안정성, 신규성, 고유한 품종명칭
우량품종 구비조건	우수성, 영속성, 균일성, 광지역성

4. 신품종 관리

종자갱신		• 품종퇴화를 막기 위해 일정 기간마다 우량종자로 바꾸어 재배하는 것 • 자식성 작물 : 4년 1기로 갱신 • F1품종 : 매년 새로운 종자 사용
종자증식 (순서중요)	기본식물	• 신품종 증식의 기본이 되는 종자로 육종가들이 직접 생산 • 국립시험연구기관에서 생산
	원원종	• 기본식물을 증식하여 생산한 종자 • 도 농업기술원에서 생산
	원종	• 원원종을 재배하여 채종한 종자 • 도 농산물 원종장에서 생산
	보급종	• 원종을 증식한 것 (농가보급용) • 국립종자원, 시군 및 농업단체에서 생산

5. 품종퇴화

원인	돌연변이, 자연교잡, 근교약세, 미동유전자의 분리, 역도태, 기회적 변동, 기회적 혼입, 기계적 혼입, 생리적 퇴화, 병리적 퇴화(병원체의 계통 분화에 따라 내병성이 변동)
방지 대책	영양번식, 격리재배, 종자의 저온저장, 종자갱신

6. 유전자원 관리

유전자 침식	많은 우량품종을 육성한 결과 유전적으로 다양한 재배종들이 급속히 사라지는 현상
유전적 취약성	소수의 우량품종을 재배함으로써 재해로부터 일시에 급격한 피해를 받는 현상

Chapter 03 재배환경

1절 토양과 작물

1. 토양의 구성 및 성질

(1) 지력(토양비옥도)

토양의 물리적, 화학적, 생물적 요소들이 종합적으로 작용하여 작물이 생산력을 지배하는 것

토성	• 사양토~식양토 범위가 종합적으로 적정한 토성 • 사토는 수분과 비료가 부족하고 식토는 토양공기가 부족
토양구조	입단이 조성될수록 토양수분과 공기의 상태가 좋아짐
토층	작토가 깊고 심토의 투수 및 통기가 좋아야 함
무기성분	무기성분이 풍부하고 균형있어야 함
토양반응	중성~약산성 토양이 알맞음
토양수분	수분이 부족하면 한해, 과다하면 습해가 발생
토양공기	토양 중 공기가 적으면 뿌리의 생장을 방해
유기물	보통 유기물 함량이 많을수록 지력이 향상되지만, 습답은 오히려 해가 됨
토양미생물	유용미생물이 번식할 수 있는 환경은 좋지만 유해미생물은 적어야 함

(2) 토양의 3상

1) 토양 3상의 분포 : 토양입자(고상 50%), 토양공극의 물(액상 30%), 토양공극의 공기(기상 20%) 이 3가지로 구성

2) 토양 입자

자갈	• 화학적작용이 없고 비료와 수분 보유력이 약하지만 투수성은 좋음
모래	• 석영을 많이 함유한 암석이 부서져서 생긴 것 • 영구적 모래 : 석영 (크기만 작아지며 점토는 되지 않음) • 일시적 모래 : 운모, 장석, 산화철 (완전히 풍화 시 점토가 됨)
점토	• 토양 중 가장 미세한 입자로 화학적 작용을 하며 양분과 수분을 흡착함
교질	• 점토(무기교질)과 부식(유기교질) 중 입자가 0.1㎛인 것 • 보통 음전하를 띠고 있어 양이온을 흡착

(3) 토성(토양의 성질)

자갈	• 척박하고 물을 보유하는 능력이 부족하여 한해 발생 가능성 높음 • 굵은 자갈 제거 후 세토와 부식을 객토
사토	• 점토를 객토하고 유기질을 사용하여 토성 개량
식토	• 통기성과 투수성이 낮아 유기물 분해가 오래걸리며 작물 습해나 유해물질의 피해가 큼 • 미사와 부식을 객토하여 토성 개량
부식토	• 세토가 부족하고 강한 산성을 띰 • 산성 교정을 위해 점토를 객토

2. 토양구조와 입단

(1) 토층 : 수직적으로 분화된 경작지 토양의 층위

작토(경토)	작물뿌리가 분포하는 매년 경운되는 층위로 부식이 풍부하고 입단형성이 양호
서상	작토의 바로 밑층으로 작토보다 부식이 적음
심토(하층토)	• 서상의 바로 밑층으로 부식이 극히 적고 치밀하여 투수성과 통기성이 불량 • 지온이 낮아져 벼 생육이 나빠지면 지하배수

(2) 토양구조 : 토양을 구성하는 입자들이 모여 있는 상태를 의미하며 특히 경토의 토양구조는 단립, 이상, 입단구조로 구분

단립구조	• 대공극이 많아 통기성과 투수성은 좋지만 소공극이 적어 양수분의 보유력이 낮음, 해안 사구지
이상구조	• 소공극은 많지만 대공극이 적어 통기가 불량 • 부식함량이 적고 과습한 식질토양
입단구조	• 대공극과 소공극이 모두 많아 통기성과 투수성이 높으며 양수분의 보유력이 높아 작물생육에 적합 • 유기물과 석회가 많은 표층토

(3) 구조단위 : 환경에 따라 자연적으로 형성된 입단의 배열

구상	구형, 표토에 많이 존재
판상	가로축이 더 김, 점토반층에 많이 존재
괴상	가로와 세로축이 같은 형태, 집적층에 많이 존재
주상	세로축이 더 긴 형태, 집적층에 많이 존재

(4) 입단

특징 및 효과	• 대공극 : 비모관공극으로 모관현상이 일어나지 않음. 발달 시 통기성이 양호하며 지하수 증발이 억제 • 소공극 : 모관공극으로 모관현상이 일어남. 발달 시 지하수 상승으로 토양 함수 상태가 좋아짐 • 입단은 부식과 석회가 많고 입자가 미세할 때 형성 • 입단 발달 시 토양침식 감소, 유용미생물 번식 및 유기물 분해가 촉진됨
입단의 형성	유기물 시용, 석회 시용(Ca), 콩과작물 재배, 토양멀칭, 토양개량제 시용(PVA, killium)
입단의 파괴	경운, 입단의 팽창·수축의 반복, 비와 바람, 나트륨이온(Na)

3. 토양 무기물과 유기물

(1) **필수원소** : 작물 생육에 필수적인 원소

다량원소(9)	C, H, O, N, P, K, Ca, Mg, S (이 중 C, H, O는 이산화탄소와 물에서 공급)
미량원소(7)	Fe, Cu, Mn, Zn, Mo, Cl, B
비료의 3요소(4요소)	N, P, K, (Ca)

(2) 필수원소의 생리작용

질소 (N)	• 엽록소, 단백질효소 등의 구성성분 • 결핍 시 생장과 발육이 저해되며 담녹색을 띰 • 체내 이동성이 높아 작물의 늙은 잎부터 증상이 나타남
인 (P)	• 세포핵, 분열조직효소 등의 구성성분 • 많은 양이 어린 조직이나 종자에 함유 • 광합성 및 에너지 전달을 위한 호흡, 무기양분의 합성 및 분해, 질소동화에 관여 • 결핍 시 생육 초기 뿌리의 생육이 저해되고 잎이 암녹색이 됨
칼륨 (K)	• 이온화가 쉬운 형태로 잎, 생장점 및 뿌리 선단부 등에 많이 분포 • 광합성에 관여하며 탄소화물, 단백질을 형성 • 세포의 팽압을 유지하는 기능 • 결핍 시 작물의 생장점이 말라죽고 황갈색으로 잎이 변하며 조기낙엽
칼슘 (Ca)	• 세포중간막의 주성분으로, 잎에 많이 분포하고 체내 이동성이 낮음 • 결핍 시 분열조직 뿌리 끝과 생장점, 저장조직에 문제가 생겨 생장점이 붉게 변함 • 석회 과다 시 토양의 금속원소의 흡수가 저해됨

황 (S)	• 단백질과 아미노산 효소의 구성성분 • 체내 이동성이 매우 낮아 새 조직부터 결핍증상 • 양배추, 양파, 마늘, 파, 아스파라거스 등에 함량이 높음
마그네슘 (Mg)	• 엽록소의 구성원소로, 광합성에 관여하여 효소 활성을 높임 • 체내 이동성이 높아 결핍 시 늙은조직에서 새 조직으로 이동하여 황백화현상 • 결핍 시 줄기나 뿌리의 생장점 발육이 억제
철 (Fe)	• 호흡효소의 구성성분이며 엽록소 합성과 밀접한 관련 • 결핍 시 어린 잎부터 황백화하여 엽맥 사이가 퇴색 • 니켈, 구리, 코발트, 망간, 칼슘 등의 과잉은 철의 흡수를 방해하여 결핍증상 • 과잉 시 잎에 갈색 반점이 나타나며 점차 확대되어 잎의 끝부터 흑변 • pH가 높거나 인산 및 칼슘의 농도가 높으면 그 흡수가 억제
망간 (Mn)	• 마그네슘과 기능이 비슷함 • 여러 가지 효소 활성을 높여 동화물질 합성 및 분해, 호흡 등에 관여 • 엽록소 생성에 관여 • 체내 이동성이 낮아 새잎부터 결핍 증상
붕소 (B)	• 촉매 또는 반응조절 물질로 작용 • 생장점 부근에서 함량이 높고, 채내 이동성이 낮아 생장점이나 저장기관에 결핍증상 • 결핍 시 채종재배에서 수정과 결실이 불량하고, 콩과 작물의 질소고정 및 근류형성을 저해 • 결핍 시 사과 축과병, 사탕무 속썩음병, 순무 갈색속썩음병, 셀러리 줄기쪼김병 발생
아연 (Zn)	• 촉매 및 반응조절물질로 작용 • 엽록소 형성에 관여 • 결핍 시 황백화, 괴사, 조기낙화
구리 (Cu)	• 광합성, 호흡 및 엽록소 생성에 관여 • 결핍 시 황백화, 괴사, 낙엽 발생 • 과잉 시 뿌리 신장이 나빠짐
몰리브덴 (Mo)	• 질소를 고정하는 질산환원효소의 구성성분 • 질소대사에 도움을 주며 콩과 작물에서 함량이 높음 • 결핍 시 황백화, 모자이크병과 비슷한 증상이 발생
염소 (Cl)	• 광화학반응에 망간과 함께 촉매 역할 • 결핍 시 어린잎이 황백화되며 전체적으로 위조 • 섬유조직에는 유효하나, 전분작물 및 담배에는 불리

(3) 비필수원소의 생리작용

규소 (Si)	• 화본과 작물에서 함량이 높음 • 벼의 잎몸 기동세포 안에 침적되어 규질화 세포를 형성하고 엽면 증산을 억제 • 규질화가 되면 해충과 도열병에 저항성이 생김
코발트 (Co)	• 코발트 결핍 시 재배된 목초를 가축이 먹으면 코발트 결핍증상이 나타남
나트륨 (Na)	• 필수원소는 아니지만 셀러리, 순무, 근대, 양배추 등에 사용이 인정 • 칼륨(K)의 기능을 대신하기도 함

(4) 부식의 기능과 특징

부식의 정의	• 토양에 가해진 유기물이 여러 분해작용을 받아 원조직이 변질된 갈색의 형태가 없는 물질 • 토양 중 전유기물을 뜻하며 분해에 대해 저항성을 띰
부식의 기능	• 완충능 증대, 중금속 독성 완화, 미생물 번식, 양분 공급, 입단 형성, 보수·보비력 증대, 대기에 이산화탄소 공급, 생장촉진물질 생성, 지온 상승, 암석 분해, 토양보호
작물생육과의 관계	• 부식이 지나치게 많으면 토양이 산성화되어 작물생육에 불리 • 통기성 불량 시 : 습답은 유기물이 과하게 축적되는데 고온기가 되면 심한 환원상태가 됨 • 통기성 양호 시 : 유기물 분해가 왕성하므로 과다한 축적이 일어나지 않음

4. 토양 수분

(1) 토양수분함량의 표시

1) pF : 토양에서 수분을 제거하는 데 필요한 힘을 나타낸 것으로 절대수분함량이 같아도 pF는 토성에 따라 다름(사토보다 식토에서 절대수분함량이 높음)

2) 토양수분항수

토양수분항수	pF	토양수분항수	pF
건토상태	7.0	대기압상태	3.0
흡습계수	4.5	최소용수량 (포장용수량, 수분당량)	2.5(2.7)
영구위조점	4.2	최대용수량(포화용수량)	0
초기위조점	4.0		

① 흡습계수 : 작물에 이용될 수 없는 흡습수만 남은 수분상태 (상대습도 98%에서 건조 토양이 흡수하는 수분)
② 영구위조점 : 포화습도의 공기 중에 방치 시 24시간 내에 회복되지 못하는 수분
③ 초기위조점 : 생육이 정지하지만 포화습도의 공기중에 두면 회복되는 수분상태
④ 포장용수량(최소용수량, 수분당량) : 포화상태의 토양에서 증발을 방지하면서 중력수를 완전히 배제하고 남은 수분
⑤ 최대용수량(포화용수량) : 모관공극이 물로 포화된 상태

3) 토양수분의 형태

결합수	• 점토광물에 결합되어 있는 수분으로 토양에서 분리할 수 없음 • pF 7.0이상, 작물이 흡습할 수 없음
흡습수	• 건토를 공기 중에 두면 수증기가 토양입자 표면에 흡착하는 수분 • pF 4.5~7, 작물이 흡수 및 이용할 수 없음
모관수	• 토양공극 내 표면장력 때문에 중력에 저항하여 유지되는 수분으로 모관현상에 의해 지하수가 모관공극을 타고 상승하여 공급됨 • pF 2.7~4.5, 작물이 주로 이용
중력수	• 포장용수량 이상의 수분으로 중력에 의해 비모관공극으로 흘러내림 • 작물에 용이하게 이용되나 근권 아래로 내려가면 이용하지 못함 • pF 0~2.7
지하수	• 지하에 존재하며 모관수의 근원이 되는 물 • 지하수위가 낮으면 토양이 건조해지며 높으면 과습

4) 토양의 유효수분

무효수분	작물이 이용할 수 없는 영구위조점 이하의 수분
유효수분	• 포장용수량과 영구위조점 사이의 수분으로 초기위조점 이하의 수분은 작물생육을 돕진 못함 • 유효수분은 토양입자가 작을수록 많아짐
잉여수분	포장용수량 이상의 토양수분으로 토양과습을 유발

※ 최적함수량 : 작물생육에 가장 알맞은 토양수분 상태로 최대용수량의 60~80% 범위

5. 토양 공기

(1) 토양의 용기량

1) 최소용기량 : 토양수분 함량이 최대용수량일 때의 용기량
2) 최대용기량 : 풍건상태의 용기량
3) 최적용기량 : 작물의 최적용기량은 보통 10~25%

용기량	작물
10%	벼, 이탈리안라이그래스, **양파**
15%	귀리, 수수
20%	오이, 보리, 커먼베치, 밀, 순무
25%	양배추, 강낭콩

(2) 토양공극
1) 공극률 = (1 − 가밀도/진밀도) × 100
2) 토양공기의 조성 : 대기와 비교하여 이산화탄소는 높고, 산소 농도는 낮으며 심도가 깊어질수록 산소가 줄어듦
3) 미숙유기물 사용 시 이산화탄소 농도가 현저히 증대하며 부숙유기물 시용 시 증가하지 않음
4) 토양수분이 증가하면 용기량은 줄어듦
5) 사질토양은 비모관공극(대공극)이 많아 산소농도가 증가함
6) 식질토양에서 입단이 형성되면 비모관공극이 커져 산소농도가 증가함

6. 토양 미생물

(1) 토양 미생물의 종류와 특징

조류	대부분 엽록소를 가지며 광합성 작용을 함
사상균	• 균사에 의해 발달하는 곰팡이류의 대부분으로 호기성이며 타급영양을 함 • 산성에 대한 저항력이 강함 • 사상균 중 담자균이 식물 뿌리에 붙어 공생관계를 맺고 균근형성
방사상균	• 세균과 사상균의 중간 특성을 가짐 • 산성을 좋아하지 않고 감자 더뎅이병 유발 • 분해가 어려운 리그닌이나 케라틴 등 부식성분을 분해 • 토양 흙냄새를 갖게 하는 균
세균	• 토양에 가장 많이 서식하는 미생물 • 에너지를 얻는 방식에 따라 자급영양세균, 타급영양세균으로 나뉨 • 산소 요구량에 따라 호기성세균, 혐기성세균으로 나뉨
바이러스	• 생물과 무생물의 중간형으로 두가지 성질을 모두 가짐 • 단백질 껍질 속 핵산이 들어있는 형태

(2) 미생물의 장점

유리질소 고정	• 대기중 분자질소를 암모니아 형태로 고정 • 공생 : Rhizobium, 단독생활 : Azotobacter(호기성), Clostridium(혐기성)
질산화 작용	• 암모늄이온을 아질산과 질산으로 산화 (밭작물에 유리) • 유기물이 무기화되어 분해되는 과정
길항작용	미생물 간 길항작용으로 토양전염 병원균의 활동을 억제

(3) **미생물의 단점** : 탈질작용, 유해한 환원성 물질 생성(황화수소), 작물과 양분경쟁, 병의 발생

7. 토양의 화학성

(1) 토양반응과 작물생육 : 작물생육에는 보통 pH 6~7의 범위가 적정

알칼리성 토양 적응성	사탕무, 수수, 유채, 양배추, 목화, 보리, 버뮤다그래스
산성 토양 적응성	• 극히 강함 : 벼, 귀리, 밭벼, 아마, 토란, 루핀, 기장, 땅콩, 감자, 봄무, 수박, 호밀 • 강함 : 옥수수, 당근, 메밀, 오이, 수수, 포도, 호박, 딸기, 토마토, 배추, 담배, 고구마, 조, 밀 • 약간 강함 : 유채, 피, 무 • 약함 : 클로버, 양배추, 근대, 다지, 고추, 완두, 상추, 삼, 겨자 • 가장 약함 : 콩, 팥, 자운영, 앨팰퍼, 시금치, 사탕무, 셀러리, 부추, 양파

(2) 양분가급도

강산성	양분가급도 증가	Fe, Cu, Mn, Al, Zn
	양분가급도 감소	Mg, Ca, P, Mo, B
강알칼리성	양분가급도 증가	Na_2CO_3, Mo
	양분가급도 감소	B, Fe, N, Mn

(3) 양이온 치환용량

CEC (양이온치환용량)	• 토양 1kg가 보유하는 치환성 양이온의 총량을 cmol로 표시한 것 • CEC가 커지면 치환성 양이온(NH_4^+, K^+, Ca^{2+}, Mg^{2+}) 등 비료성분을 흡착하는 힘이 커지며 토양의 완충능력도 커짐 • 우리나라 토양 : 주로 카올리나이트로 구성되어 있어 평균 CEC가 10으로 낮음 • 부식 : 100~300, 버미큘라이트 : 8~150, 몬모릴로나이트 : 60~100, 카올리나이트 3~15
양이온교환	• 토양콜로이드는 보통 음전하를 띠므로 양이온이 흡착되어 있는데 이 양이온들이 토양용액 속 다른 양이온들과 교환되는 현상 • 교환침입력 : Al^{3+} > H^+ > Ca^{2+} > Mg^{2+} > NH_4^+ = K^+ > Na^+

(4) 토양산성의 종류와 원인

1) 토양산성의 종류

활산성	토양 용액 속에 들어 있는 수소이온에 의해 측정
잠산성	• 토양 교질물의 수소이온과 Al^{3+}에 의해 측정 • 양토나 식토는 잠산성이 높아 중화 시 더 많은 석회가 필요

2) 토양산성의 원인 : 치환성염기의 용탈(미포화교질 생성), N과 S의 산화, 유기물 분해(유기산), 탄산 생성, 산성비료 연용

  ※ 미포화교질 : 치환성 양이온(NH_4^+, K^+, Ca^{2+}, Mg^{2+})이 용탈된 교질로 대신 수소이온이 흡착되어 있음

3) 산성 토양의 대책
  ① 산성 토양에 석회와 유기물을 충분히 사용
  ② 작물 선택 시 산성에 강한 작물을 선택, 산성 비료의 사용 지양
  ③ 용성 인비는 마그네슘 함량이 높으므로 산성 토양 개량에 유리
  ④ 붕소는 10a 당 0.5 ~ 1.5kg을 사용

8. 논토양의 특징

(1) 논토양의 토층분화

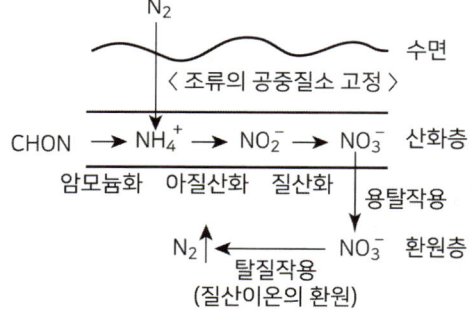

[논 토양의 탈질현상]

논토양의 토층	• 산화층(표층) : 유기물 분해로 소비되는 산소가 많아 유기물이 감소하므로 미생물의 산소 소비가 줄어 표층은 산화제2철로 인해 적갈색 산화층을 형성 • 환원층(작토층) : 표층 밑의 작토층은 산화제1철로 청회색의 환원층 형성 • 산화층(심토) : 유기물이 극히 적어 다시 산화층 형성 • Eh(산화환원전위) : 토양의 산화, 환원 상태를 표시 (상승은 산화, 하강은 환원)

(2) 탈질현상과 심층시비

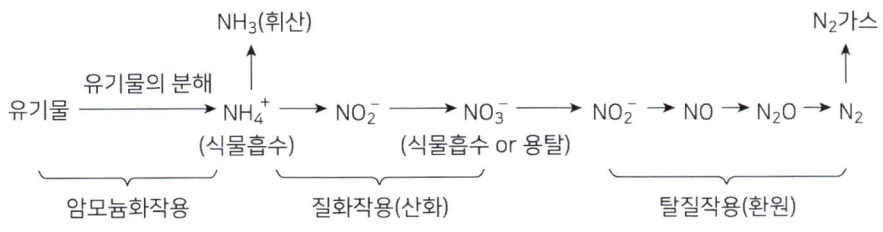

[질소순환]

탈질현상	• 질산화 작용 : 논토양 산화층에 암모늄태를 사용하면 질화균이 질산으로 산화시킴 • 탈질작용 : 질산은 토양입자에 흡착되지 않아 환원층으로 용탈되는데 이 때 탈질균이 가스태질소로 환원시킴
심층시비	• 용탈방지를 위해 암모니아태질소를 논토양 환원층에 시용 (토양에 잘 흡착) • 실제로는 심층시비가 어려워 암모니아태질소를 논에 뿌린 후 써레질을 통해 작토 전층에 잘 섞이게 하는 전층시비를 함 • 논에서는 용탈과 탈질방지를 위해 질산태질소를 사용하지 않음

(3) 인산의 유효화 : 밭에서 난용성의 인산알루미늄과 인산철이 논에서 담수 후 환원되면 유효화되며 보통 논은 인산의 천연공급이 이루어지고 한랭지는 논의 환원상태가 발달하지 않아 인산시용의 효과가 큼

(4) 유기태질소의 암모늄화(무기화)

건토효과	• 토양 건조 시 유기물은 미생물들이 분해하기 쉬운 형태가 되는데 이후 수분이 추가되면 미생물 활동이 활성화되어 다량의 암모니아 생성 • 유기물 함량이 많고 건조가 충분할수록 효과가 큼 • 가뭄 이후 비가 올 때, 토양 결빙 시 건토효과가 나타남
알칼리효과	토양에 알칼리나 산을 첨가하여 토양반응을 바꾼 후 담수하면 유기물 분해가 촉진
지온상승효과	여름철 논토양의 지온이 상승하면 유기태질소의 무기화가 촉진되어 암모니아가 생성

(5) 밭토양과 논토양의 비교

구분	밭	논
미생물의 작용	호기성균의 산화작용	혐기성균의 환원작용
토양의 색	황갈색, 적갈색	청회색, 회색
산화환원상태	표면이 대기와 접촉하므로 산화상태	산소공급이 적어 환원상태 유기물 양이 감소하고 온도가 낮아지면 산화상태 가능
양분	빗물로 인한 양분의 유실 발생	관개수에 포함된 천연 공급량이 많음

토양 pH	산성	환경에 따라 다르지만 보통 담수시 중성을 띰
Eh	높음, 논보다 높음(0.6V 정도)	낮음, 여름에 낮아지며 가을부터 봄까지 높아짐
원소존재상태	CO_2, NO_3^-, Mn^{4+}, Mn^{3+}, Fe^{3+}, SO_4^{2-}, H_2PO_4, $AlPO_4$	CH_4, N_2, NH_4, Mn^{2+}, Fe^{2+}, H_2S, S, $Fe(H_2PO_4)_2$, $Ca(AlPO_4)_2$

(6) 논토양의 종류와 특징

노후답	• 작물생육 특수성분들이 환원상태 작토에서 용탈되어 결핍된 논토양 • Fe과 Mg 함량이 적어 황화수소가 벼 뿌리를 상하게 해 벼잎이 마르고 깨씨무늬병이 발병하므로 수량이 감소하는 현상이 나타남 (추락현상) • 대책 : 심경, 함철자재 사용, 규산질 비료 시용, 조기재배, 무황산근 비료 시용, 덧거름 및 엽면시비
간척지답	• 간척지의 모재는 암석풍화성분의 퇴적물로 염류가 많아 대개 비옥하지만 간척 당시에는 벼농사에 불리 • 심한 환원상태로 인한 황화수소 발생 • 해면 아래 황화물이 간척을 통해 산화되어 황산 생성 (강산성을 띰) • 대책 : 염생식물 재배, Ca 시용, 염분제거법, 내염재배(조기재배 및 환수), 황산근비료 시용 금지 • 내염성이 강한 작물 : 유채, 목화, 순무, 사탕무, 양배추, 라이그래스 • 내염성이 약한 작물 : 베치, 완두, 녹두, 감자, 고구마, 사과, 배
습답	• 지하수위가 높아 침투 수분량이 적어 유기물 분해가 잘 안되므로 미숙유기물이 집적되고 혐기적으로 분해되어 유기산이 작토에 축적됨 • 고온기에 심한 환원상태로 황화수소 등이 생성되어 뿌리가 썩음(근부현상) • 대책 : 미숙유기물 시용 금지, 암거배수, 객토(철), 석회 및 규산석회 시용

※ 논의 용수량 = (엽면증산량 + 수면증발량 + 지하침투량) - 유효우량

9. 토양 보호

(1) 토양의 침식과 대책

수식	• 강우로 인해 표토의 비산과 유거량이 증가 • 사토는 분산되기 쉽고 식토는 투수성이 작아 침식되기 쉬움 • 입단이 잘 형성될수록 침식이 적음 • 경사가 급하거나 길면 침식이 조장됨 • 식물은 유거수를 정체하게 하여 토양침식을 예방 • 대책 : 초생재배, 초지화, 삼림조성, 단구식 재배, 대상 재배, 등고선경작, 토양피복
풍식	• 토양이 가볍고 건조할 때 강한 바람이 불면 침식이 발생 • 대책 : 피복작물 재배, 관개, 방풍림 설치, 높이베기, 이랑(풍향과 직각)

(2) 토양오염

중금속 오염	• 원인 : 금속광산의 폐수, 정련, 제련소 분진, 자동차 배기가스, 화력발전소 • 수은 : 미나마타병 • 카드뮴 : 이타이이타이병 • 비소 : 벼 수량 감소 • 구리 : 생육장해 발생 • 대책 : 중금속의 불용화, 축적식물 재배, 담수재배, 환원물질 시용, 석회질 비료 시용, 인산질 비료 시용, 점토광물 시용
염류장해	• 원인 : 시설재배에서 시비한 잉여 비료성분이 염류 형태로 토양에 집적 • 사전대책 : 작물이 필요로 하는 비료량을 계산하여 시비 • 사후대책 : 관수, 심근성 흡비작물 재배

2절 수분과 작물

1. 작물생육에 대한 수분의 역할

(1) 식물체 내 물질분포를 고르게 하는 매개체

(2) 광합성, 가수분해 시 합성과 분해의 매개체

(3) 세포 팽압유지(세포 긴장상태를 유지)

(4) 비열이 커서 체온 유지에 유리함

2. 수분퍼텐셜

(1) **식물체 내의 수분퍼텐셜** : 수분퍼텐셜 = 삼투퍼텐셜 + 압력퍼텐셜

   1) 식물체 내 수분퍼텐셜을 결정하는 것은 삼투퍼텐셜과 압력퍼텐셜

   2) 삼투퍼텐셜 : 항상 음의 값을 가지며 용질이 첨가될수록 감소함

   3) 압력퍼텐셜 : 보통 양의 값을 가지며 식물세포의 벽압이나 팽압에 의해 생김

   4) 압력퍼텐셜과 삼투퍼텐셜이 같으면 팽만상태가 됨

   5) 수분퍼텐셜과 삼토퍼텐셜이 같으면 원형질 분리가 일어남

   6) 수분의 이동 : 수분퍼텐셜이 높은곳에서 낮은곳으로 이동 (토양이 가장 높고 식물체 내, 대기 순으로 낮음)

3. 작물의 요수량

(1) 요수량의 개념
1) 요수량 : 작물의 건물 1g을 생산하는 데 소비되는 수분의 양
2) 증산계수 : 건물 1g을 생산하는 데 소비된 증산량
3) 증산능률 : 일정량의 수분을 증산하여 축적된 건물의 양으로 요수량의 역수

(2) 요수량의 결정요인
1) 작물의 종류 : 수수, 기장, 옥수수는 요수량이 작고 앨팰퍼, 클로버는 큼
   ① 요수량 순서 : 명아주 > 호박 > 두류 > 오이 > 목화, 감자, 호밀, 귀리 > 밀, 보리 > 수수, 기장, 옥수수
2) 요수량은 불량한 환경에서 커지며 건물생산 속도가 낮은 생육 초기에 큼
3) 요수량이 작은 작물이 건조토양과 가뭄에 저항성이 큼

4. 건조해(한해)

(1) 작물의 내건성
1) 뿌리가 깊게 뻗으며 지상부에 비하여 근군이 발달
2) 기공의 크기와 수가 적고 다육화된 경향이 있어 저수능력이 큼
3) 표면적/체적의 비율이 작고, 왜소하며 잎이 작고 기동세포가 발달해 탈수 시 잎이 말려 표면적이 축소됨
4) 세포액의 삼투압이 높아 수분보유력이 강함
5) 세포가 작아서 원형질의 변형이 적음
6) 급수 시 수분을 흡수하는 기능이 발달하였으며 당분의 소실이 느림
7) 광합성이 감퇴하는 정도가 낮고 호흡이 낮아지는 정도가 큼
8) 원형질의 점성이 높고, 탈수 시 원형질의 응집이 작음
9) 원형질막이 수분, 요소, 글리세린 등에 대한 투과성이 큼

(2) 한해 대책
1) 뿌림골을 낮게 하고 재식밀도를 낮춤
2) 질소질 비료를 삼가고 칼륨과 인산 비료를 증시함
3) 내건성이 강한 작물 및 품종을 재배
4) 내건성이 가장 약한 시기는 생식세포 감수분열기이며 분얼기에는 비교적 강함 (화곡류는 수잉기에서 피해가 가장 큼)
5) 토양입단을 생성을 촉진하고 피복하거나 가벼운 중경제초를 실시 (모세관 절단)

6) 봄철 보리밭을 밟아줌 (답압)

7) 당, 프롤린 : 내건성에 관여하는 물질로 한해 발생 시 함량이 증가

5. 습해

(1) 습해의 발생기구

    1) 동기 습해 : 겨울철 과습으로 토양산소가 직접적으로 부족하여 생기는 피해 (호흡장해)

    2) 춘·하기 습해 : 봄과 여름철에 지온이 높을 때 토양이 과습하면 환원성 유해물질(메탄, 황화수소)이 생성되어 직접, 간접 피해가 모두 발생

    3) 작물 습해의 직접적인 원인은 호흡장해임

    4) 공기 중 습도가 높으면 기공이 폐쇄되어 광합성이 저하 (증산작용 억제)

(2) 작물의 내습성

    1) 경엽으로부터 뿌리로의 산소공급능력이 큼

    2) 뿌리조직이 목화되어있음(환원성 유해물질에 대해 저항성)

    3) 근계가 얕게 발달하거나 부정근 발생이 큼

    4) 골풀, 택사, 연, 벼, 미나리 〉 밭벼 〉 옥수수 〉 토란 〉 유채, 고구마 〉 보리, 밀 〉 감자, 고추 〉 토마토, 메밀 〉 파, 양파, 당근, 자운영

    5) 채소 : 양상추, 양배추, 토마토, 가지, 오이 〉 시금치, 우엉, 무 〉 당근, 멜론, 피망

    6) 과수 : 올리브 〉 포도 〉 밀감 〉 감, 배 〉 밤, 복숭아, 무화과

6. 수해

(1) 정의 : 비가 많이 와서 발생하는 피해(관수해 : 식물체가 완전히 물속에 잠겨 발생하는 피해)

(2) 수해의 특징

    1) 분얼초기에는 침수에 비교적 강하지만 수잉기부터 출수개화기 사이에는 침수에 약함

    2) 침수로 표토가 씻겨 내렸을 때 추비는 새 뿌리가 발생한 후 시비

    3) 수해 발생 시 질소질비료의 과용을 피함

    4) 수온이 높으면 침수피해가 큼 (호흡기질의 소모)

    5) 가장 크게 피해를 받기 쉬운 조건은 고온의 탁수와 정체수

        ※ 청고현상 : 식물이 수온이 높은 정체수에서 급히 고사하여 탄수화물만 소모되어 푸르게 죽는 현상

        ※ 적고현상 : 식물이 수온이 낮은 유동수에서 탄수화물과 단백질도 소모되어 갈색으로 죽는 현상

    6) 수해 발생 시 작물체 내에 가장 많이 집적되는 물질 : 에탄올 (무기호흡)

    7) 벼는 피층에 통기조직이 있어 담수재배에 적응하고 침수 저항성이 큼

3절 공기와 작물

1. 작물생육과 공기

(1) 광합성

1) 대기의 이산화탄소 농도는 약 0.035%이며 이산화탄소 농도가 높아지면 호흡이 감소 (질소 : 약 79%로 가장 많음)
2) 산소의 농도가 5~10%이하이거나 90%이상이면 작물 호흡이 저해
3) 이산화탄소 보상점 : 대기 중 농도의 약 1/10~1/3 (0.003~0.01%)
4) 이산화탄소 포화점 : 대기 중 농도의 약 7~10배 (0.21~0.3%)
5) 약광 : 보상점은 높아지고 포화점은 낮아짐
6) 강광 : 보상점은 낮아지고 포화점은 높아짐
7) 작물에 대한 이산화탄소 시비를 할 경우 대기 중 농도의 5~10배가 적절 (시비효과는 C3식물에서 효과적)
8) 이산화탄소 농도가 높아지면 온도가 높아질수록 동화량 증가
9) C4식물은 C3식물보다 보상점이 낮아서 낮은 이산화탄소 농도에서도 적응
10) C4식물은 C3식물보다 포화점이 높음

2. 바람

(1) 풍해의 특징

1) 4~6km/hr 이상에서 발생
2) 상처로 인한 호흡이 증가
3) 식물체 건조로 인한 백수현상이 발생
4) 기공이 닫혀 광합성이 저하됨
5) 도복, 수발아, 불임립, 부패립, 토양 침식 등이 발생
6) 풍해 대책 : 방품림 설치, 방풍울타리 설치, 내풍성 작물 선택(목초,고구마), 배토 및 지주, 낙과방지제 살포 ※ 방풍림의 효과 : 방품림 높이의 10~15배

3. 대기오염

(1) 온실가스

1) 종류 : 이산화탄소(온실효과에 가장 문제가 되는 기체), 메탄가스, 아산화질소(질소비료), 염화불화탄소

(2) 기타 대기오염물질
   1) 불화수소가스(HF) : 독성이 매우 강하여 10ppb의 낮은 농도에서도 피해를 주며, 잎의 끝이나 가장자리가 백변함
   2) PAN : 탄화수소, 오존, 이산화질소가 화합해서 생성되는 물질로, 광화학적인 반응에 의해 식물에 피해를 입히며 담배, 피튜니아는 10ppm으로 5시간 노출되면 피해증상이 생기고 잎 뒷면 엽맥 사이에 백색 반점이 생김
   3) 아황산가스 : 가장 대표적인 유해가스로 산성비를 유발하며 광합성이 저해되며 잎과 줄기가 갈변

4절 온도와 작물

1. 작물생육과 온도

(1) **온도계수** : 온도가 10℃ 상승하는 데 따르는 이화학적 반응이나 생리작용의 증가배수 (벼의 Q10 : 1.6~2)
   1) 호흡작용의 Q10은 일반적으로 30℃까지는 2~3이고, 32~35℃에 이르면 감소하기 시작
   2) 광합성의 Q10은 30~35℃까지는 2이고, Q10값이 고온보다 저온에서 크게 나타남

(2) **적산온도** : 생육기간 중 0℃ 이상의 일평균기온을 합산한 온도
   1) 여름작물 : 벼(3,500~4,500℃), 담배(3,200~3,600℃), 메밀(1,000~1,200℃), 조(1,800~3,000℃)
   2) 겨울작물 : 추파맥류(1,700~2,300℃)
   3) 봄작물 : 아마(1,600~1,850℃), 봄보리(1,600~1,900℃)
   4) 수수, 콩 : 2,500~3,000℃ , 감자 : 1,300~3,000℃

(3) 생육온도
   1) 맥류와 감자는 옥수수나 수수보다 저온을 좋아함
   2) 겨울작물은 가을에, 여름작물은 봄에 파종
   3) 동화물질이 생장점과 곡실로 전류하는 양은 조생종에서 많고, 만생종에서는 적음
   4) 온도가 상승함에 따라 세포의 투과성이 증대하고 수분의 점성이 감소
   5) 벼 생육 단계에서 생육최저온도가 가장 높은 시기 : 수잉기
   6) **주요온도 중 최고온도** : 삼 > 옥수수 > 오이, 멜론 > 벼 > 완두, 담배 > 밀, 호밀, 귀리 > 보리, 사탕무
   7) **주요온도 중 최저온도** : 담배, 오이, 멜론 > 벼, 옥수수 > 호밀, 완두, 삼

8) 주요온도 중 최적온도 : 멜론(35℃), 삼(35℃), 오이(33~34℃), 옥수수와 벼(30~32℃), 완두(30℃), 담배(28℃), 사탕무·호밀·밀·귀리(25℃), 보리(20℃), 콩(18~20℃)

(4) 변온

발아	변온은 발아를 촉진 (예외 : 당근, 파슬리, 티머시)
생장	밤 기온이 높아 변온이 작을 때 생장이 빠름
개화	밤 기온이 낮아 변온이 클 때 출수 및 개화 촉진
동화물질 축적	변온이 어느정도 큰 것이 동화물질 축적에 유리
괴경과 괴근의 발달	항온보다 변온에서 덩이뿌리 및 덩이줄기의 비대를 촉진
결실	• 변온조건에서 결실 촉진(토마토의 과중, 콩의 결협률, 벼의 등숙) • 산간지는 평야지보다 변온이 커서 동화물질 축적에 따른 벼 등숙이 유리함

2. 열해

(1) **정의** : 과도한 고온으로 인해 작물이 받는 피해

(2) **열해의 원인** : 증산과다, 암모니아의 축적, 유기물 과잉소모, 질소대사의 이상, 단백질 합성저해, 원형질단백질 응고, 원형질막의 액화, 전분의 점괴화

(3) **작물의 내열성**
  1) 내건성이 큰 것이 내열성도 큼
  2) 작물체의 연령이 높으면 내열성도 높아짐
  3) 세포 내 결합수가 많고 유리수가 적으면 내열성이 커짐
  4) 세포의 점성, 염류농도, 단백질 함량, 지유함량, 당분함량이 증가하면 내열성이 증대
  5) 기관별 내열성 : 주피 > 눈, 유엽 > 미성엽, 중심주
  6) 고온건조한 환경에서 오래 생육한 것이 내열성을 가짐 (작물의 경화)

(4) **열해 대책** : 내열성 작물 선택, 재배시기의 조절, 관개, 피복 조성, 시설 내 환기, 밀식과 질소과용 금지

(5) **목초의 하고현상** : 내한성이 강한 한지형 목초가 여름철에 성장이 현저하게 낮아지고 심하면 고사하는 현상
  1) 하고현상의 원인 : 고온, 건조, 장일, 병충해, 잡초(목초 생육을 억제)
  2) 하고 대책 : 관개, 하고현상이 낮은 종을 혼파(난지형 목초)

하고 피해가 큰 것	레드클로버, 티머시, 켄터키블루그래스
하고 피해가 낮은 것	화이트클로버, 오처드그래스, 라이그래스

3. 한해

(1) 정의 : 저온으로 인해 작물이 받는 피해

(2) 동사의 기구

    1) 세포 결빙(세포외 결빙, 세포내 결빙)

    2) 급격한 동결 : 수분의 투과와 탈수가 진행되지 못해 기계적 견인력도 급하게 작용하여 원형질의 파괴를 초래 (동사)

    3) 급격한 융해 : 녹을 때 세포막이 충분히 팽창하지 못하여 원형질이 분리되지 못하므로 기계적 견인력을 받게 됨

    4) 동결과 융해의 반복 : 동결과 융해가 반복되면 동결온도가 높아져 동해를 받기 쉬워짐

(3) 작물의 내동성

생리적 요인	• 세포 내 자유수가 많고 결합수가 적으면 내동성 저하 • 원형질의 친수성 콜로이드가 많으면 결합수가 많아져 내동성 증가 • 지방과 당분함량이 많을수록, 전분함량이 적을수록 내동성 증가 • 원형질단백질에 -SH기가 많을수록 내동성 증가 • 원형질 점도가 낮고 연도가 높을수록 내동성 증가 • 원형질의 수분투과성과 광 굴절률이 클수록 내동성 증가 • Ca^{2+}, Mg^{2+} 이온 : 세포내결빙을 억제
형태적 요인 (맥류)	• 엽색이 진한 것이 내동성이 강함 • 직립성보다 포복성인 것이 내동성이 강함 • 파종을 깊게 했거나 중경이 신장되지 않으면 생장점이 깊게 놓여 내동성이 강함
발육단계	• 생식기관은 영양기관보다 내동성이 약함

(4) 동상해 대책

    1) 배수 및 칼륨질 비료, 퇴비 시용 증대

    2) 토질을 개선하여 서릿발의 발생을 억제

    3) 맥류 : 이랑을 세워 뿌림골을 높게 만듦 (습해 방지), 칼륨비료 증시, 밟기

(5) 동상해 응급대책

관개법	저녁에 관개하면 물의 열이 토양에 보급, 낮에 데워진 지중열을 빨아 올려 지열의 발산을 차단
송풍법	밤에 지면 부근은 온도가 낮으므로 송풍으로 서리발생을 차단
피복법	거적, 비닐, 폴리에틸렌 등으로 피복하여 방열을 방지하고 기온과 작물을 차단
발연법	불을 피우고 연기를 발산해 방열을 방지
연소법	중유, 뽕나무 생가지 등을 태워 열을 방출
살수결빙법	물이 얼 때 잠열이 발생되는 것을 이용하여 작물체 표면에 물을 뿌려주는 방법

4. 냉해

(1) 정의 : 여름작물이 저온을 만나 받는 피해

(2) 냉해의 종류

지연형 냉해	• 생육기간 중 저온에 의해 출수가 지연되는 냉해 • 생육 후기의 저온은 등숙 불량을 초래 • 벼 유수형성기에 냉온을 만나면 출수가 가장 지연됨
장해형 냉해	• 유수형성기부터 개화기까지(수잉기), 특히 생식세포의 감수분열기에 저온을 만나 비정상적인 꽃가루가 만들어져 불임이 발생하는 냉해 (융단조직 비대) • 감수분열기 : 벼 생육기간 중 냉해에 가장 약한 시기
병해형 냉해	• 벼 증산 감소로 규산 흡수가 불량하여 도열병 병원균 침입이 쉬워지는 냉해 • 작물 생육이 부진하면 질소대사 이상으로 유리아미노산과 암모니아가 축적되어 병 발생 증가
혼합형 냉해	• 지연형 냉해와 장해형 냉해가 동시에 복합적으로 발생하는 냉해 (수량피해가 가장 심함)

(3) 냉해의 대책 : 관개 수온 상승, 저항성 품종 선택, 보온육묘 조파조식, Mg, Si, P, K 등을 충분히 시용, 누수답 개량(객토), 습답 개량(암거배수), 소주밀식

5절 광과 작물

1. 작물생육과 광합성

(1) **광합성** : 식물이 광에너지를 받아 대기의 이산화탄소와 뿌리에서 흡수한 물을 활용하여 탄수화물을 합성하는 물질대사 과정으로 적색, 청색, 자외선이 광합성에 효과적

(2) **증산작용** : 작물이 광을 받아 온도가 상승하게 되면 증산작용은 촉진되는데 이때 광합성으로 동화물질을 축적하고 공변세포의 삼투압을 높여 활발한 수분흡수를 하며 아울러 기공이 열려 증산작용 촉진

(3) **호흡** : 이산화탄소를 방출하는 현상으로 엽록소, 미토콘드리아, 페록시좀이 관여하며 강광, 고온, 높은 산소농도, 낮은 이산화탄소 농도는 광호흡을 촉진

(4) C3, C4, CAM 작물의 특징

구분	C3	C4	CAM
광합성 회로	캘빈회로	캘빈회로 + C4회로	캘빈회로 + C4회로
잎의 구조	엽육세포 : 해면상, 울타리 조직으로 엽록체가 많음 유관속초세포 : 엽록체가 거의 없음	엽육세포 : 방사상으로 배열되어 광합성을 효율적으로 함 (크란츠) 유관속초세포 : 다량의 엽록체 존재	엽육세포 : C3와 유사 저수조직 존재
최대광합성능력	15 ~ 20	35 ~ 80	1 ~ 4
광호흡	있음	유관속초세포에만 있음	정오 후 측정 가능
광포화점	최대일사의 1/4 ~ 1/2	강한 일사에도 효율이 좋음	부정
광합성 적정 온도	13 ~ 30	30 ~ 47	30 ~ 35
내건성	약함	강함	매우 강함

(5) C3, C4, CAM 작물 광합성의 특징

C3	• 광합성 과정 중 이산화탄소를 공기에서 얻어 캘빈회로에 이용하는 식물로 최초로 합성되는 유기물이 3탄소화합물 • 고온건조 시 C3 식물의 광호흡은 증대됨 • 벼, 밀, 콩, 귀리, 담배 등
C4	• 광호흡을 억제하는 적용기구 존재

	• 고온건조 시에 기공을 닫아 수분을 보존하고 탄소를 4탄소 화합물로 고정 • 광합성 효율이 높음 • 옥수수, 수수, 기장, 사탕수수, 기장, 진주조, 피, 수단그래스, 버뮤다그래스, 명아주
CAM	• 밤에 기공을 열어 이산화탄소를 흡수하여 광합성을 유도하는 특징이 있으며, 수분 보존을 위해 이산화탄소를 4탄소화합물로 고정 • 선인장(다육식물), 파인애플 등

2. 광과 작물생리

(1) 신장과 화성
1) 자외선은 식물의 신장을 억제하는 기능
2) 자외선의 투과가 적은 그늘에서 도장
3) 광 부족, 적은 자외선 투과 시 웃자라기 쉬움
4) 광조사가 좋으면 C/N율이 높아져 화성 촉진 (예외 : 수수는 광이 없을 때 개화)

(2) 굴광현상과 색소형성
1) 굴광성에는 생장 호르몬인 옥신(Auxin)이 관여
2) 식물에 광을 한쪽으로 조사하면 조사된 쪽의 옥신 농도가 낮아지고, 반대쪽의 옥신 농도는 높아지게 되는데, 이것을 향광성(굴광성)이라고 함
3) 식물이 광조사 방향으로 굴곡반응을 보이는 현상을 굴광현상이라 하며 400~800nm (가시광선 부분) 중, 440~480nm (청색광), 620~680nm(적색광)을 주로 흡수 (예외 : 덩굴손의 감는 운동은 굴광성 아님)
4) 식물 줄기나 초엽에서는 향광성, 뿌리에서는 배광성(배일성, 굴지성)이 나타남
5) 안토시아닌 : 자외선이나 자색광 조건에서 저온일 때 생성 촉진
6) 청색광(440~480nm)은 광합성에 효과적(특히 적색광)
7) 광이 없으면 엽록소 형성이 저해되며 에티올린 색소가 형성되어 황백화 현상이 나타남

(3) 종자의 광발아
1) 혐광성 종자 : 가지, 토마토, 호박, 수박, 오이, 무, 파, 양파, 수세미
2) 광무관계 종자 : 화곡류 대부분, 콩과작물 대부분, 옥수수
3) 호광성 종자 : 담배, 상추, 우엉, 차조기, 금어초, 베고니아, 뽕나무, 피튜니아, 버뮤다그래스

3. 광보상점과 광포화점

(1) 조사광량과 광합성속도

　1) 광포화점 : 광도를 더 증가시켜도 어느 한계에 이르러 더 이상 광합성량이 증가하지 않는 상태

　2) 광보상점 : 외견상광합성 속도가 0이 되는 조사광량으로 이산화탄소 흡수 속도와 호흡 속도가 같게 되었을 때의 광도

　3) 진정광합성 : 호흡으로 소모되는 유기물을 고려하지 않고 본 순수한 광합성

　4) 외견상광합성 : 호흡으로 소모된 유기물을 뺀 외견상으로 나타난 광합성

(2) 보상점과 내음성

　1) 음생식물 : 그늘에 적응하고 광을 강하게 받으면 오히려 해를 받는 식물

　2) 양생식물 : 보상점이 높아 그늘에 적응하지 못하고 빛이 있는 곳에서 잘 자라는 식물

　3) 광포화점에 따른 식물의 분류

음생식물	10%
구약나물	25%
콩	20~23%
감자, 강낭콩, 보리, 귀리, 담배	30%
벼, 목화	40~50%
앨팰퍼, 밀	50%
무, 사탕무, 사과 고구마	40~60%
옥수수	80~100%

4. 포장동화능력

(1) 정의 : 포장군락의 단위면적당 동화능력 (광합성능력)

(2) 포장동화능력 = 총엽면적 × 수광능률 × 평균동화능력

(3) 최적엽면적 : 건물생산이 최대가 되는 단위면적당 군락엽면적

(4) 최적엽면적 이상의 엽면적은 오히려 건물생산이 감소 (외견상 광합성량)

(5) 수광태세의 개선

벼의 초형	• 잎이 얇지 않고 좁으며 상위엽이 직립하는 것, 키가 너무 작거나 크지 않은 것 • 개산형 분얼, 잎의 공간이 균일하게 분포 하는 것
콩의 초형	• 키가 크지만 도복이 안되며 가지가 짧은 것, 잎자루와 잎이 짧고 작은 것, 꼬투리가 원줄기에 달리고 밑까지 착생하는 것
옥수수의 초형	• 상위엽이 직립하고 아래로 갈수록 기울어지며 하엽은 수평인 것, 수이삭이 작고 잎혀가 없는 것, 암이삭은 2개인 것
재배법 개선	• 벼 : Si, K를 넉넉히 시비 • 무효분얼기에 질소질비료 줄이기 • 벼, 콩 밀식재배 시 파상군락 형성 • 맥류는 광파재배보다 드릴파재배가 유리 • 남북이랑은 동서이랑에 비해 수광시간은 짧으나 수광량이 많아 유리 • 최적엽면적지수는 일사량기 클수록, 수광태세가 좋을수록 커짐 • 증수를 위해서 작물 생육 초기에 엽면적을 증가시켜 포장동화능력을 증대시키고, 생육 후기에는 최적엽면적과 단위동화능력을 증가시켜 포장동화능력을 증대시킴 • 작물 광요구량에 따라 재배환경을 조절함 • 광요구량이 많은 작물 : 벼, 목화, 감자, 기장, 알팔파, 조 • 광요구량이 적은 작물 : 강낭콩, 딸기, 목초, 당근, 순무

6절 상적발육

1. 상적발육설

(1) **신장** : 작물생육에서 키가 크는 것

(2) **생장** : 생체중 증가 등 여러 기관이 양적으로 증가하는 것

(3) **발육** : 작물이 분얼, 화성, 등숙 등 과정을 거쳐 질적인 재조정작용이 생기는 것 (발육상 : 발육의 단계)

(4) **상적 발육** : 작물이 여러 발육상을 거쳐 발육이 완성되는 것으로 그 중 화성은 영양생장을 거쳐 생식생장으로 이행하는 것을 의미. 각 발육상은 서로 연결하여 성립되며 앞의 발육상을 경과하지 못하면 다음 발육상으로 넘어갈 수 없음(각 발육상을 경과하려면 특정 환경조건이 필요)

화성유도의 내적요인	영양상태(C/N율)와 식물호르몬(옥신, 지베렐린) 예 파인애플에 NAA를 처리하면 화아분화가 촉진됨
화성유도의 외적요인	광조건에 따른 일장효과와 온도조건에 따른 버널리제이션 및 감온성

2. 버널리제이션(춘화처리)

(1) 정의 : 식물 생육기간 중 일정 시기에 일정 온도를 거치면 생식생장(꽃눈 분화)을 하는데 이것을 인위적으로 유도하는 것을 의미

(2) 버널리제이션의 구분

처리온도에 따른 구분	• 저온춘화 : 월년생의 장일식물(추파맥, 유채)은 저온인 0~10℃ 처리 ※ 맥류의 좌지현상 : 추파맥류를 가을이 아닌 이듬해 봄에 파종하면 영양생장만 일어나고 출수하지 못해 쓰러지는 현상 • 고온춘화 : 단일식물은 비교적 고온인 10~30℃ 처리
처리시기에 따른 구분	• 종자춘화 : 종자춘화 효과가 가장 큰 작물 (추파맥류, 완두, 잠두, 봄올무) • 녹체춘화 : 녹체춘화 효과가 가장 큰 작물 (양배추, 사리풀)
기타	• 단일춘화 : 추파맥류에 저온처리를 하지 않아도 녹체기에 단일처리 후 적외선을 조명하면 춘화처리 한 것과 같은 효과를 냄 • 화학춘화 : 지베렐린 등 화학물질 처리 시 춘화처리 한 것과 같은 효과를 냄

(3) 버널리제이션의 특징

수분	종자가 건조하면 춘화처리 효과가 감쇄
산소	산소는 필수조건으로, 호흡을 저해하는 조건도 춘화처리 효과도 저해
온도 및 기간	작물 품종과 유전적 특성에 따라 필요한 처리온도와 기간이 다름
광	저온처리의 경우 광의 유무는 관계없지만 고온처리의 경우 암조건이 필요
탄수화물	배나 생장점에 당과 같은 탄수화물이 공급되어야 함
최아	• 종자근의 시원백체가 나타나기 시작할 때까지 최아하여 처리함 • 처리종자는 병균감염이 쉬우므로 소독해야 함 • 버널리제이션에 필요한 종자의 흡수량 : 가을밀(50%)〉봄밀(40%)〉옥수수, 호밀, 귀리(30%)〉보리(25%)
이춘화	• 저온버널리제이션에서 고온은 버널리제이션 효과를 감쇄시킴 • 화학적 이춘화 : 아마는 저온처리 후 NAA, IBA를 처리하면 춘화처리 효과가 감쇄
화학적 춘화	• 옥신 : 가을보리 착화수 증대, 완두 화성 촉진, 시금치 추대 및 개화 촉진 • 장일조건+지베렐린 처리 : 국화과, 배추과, 볏과 등 작물을 저온처리 없이 화성 유도
감응부위	저온처리의 감응부위는 생장점이며 배만 분리하여 당분과 산소를 공급, 저온처리해도 효과 발생
농업적 이용	월동채소의 채종, 세대단축 육종, 벼 수량증대(고온처리), 딸기 촉성재배, 추파맥류 동사 시 대파

3. 일장효과

(1) 정의 : 일장이 식물의 화성 등 여러 가지 영향을 끼치는 현상으로 낮보다 밤의 길이가 더 큰 영향을 줌

(2) 용어

최적일장	화성을 가장 일찍 유도하는 일장
유도일장	식물의 화성을 유도할 수 있는 일장
비유도일장	식물의 개화를 유도할 수 없는 일장
한계일장	유도일장과 비유도일장의 경계가 되는 일장

(3) 식물의 일장형

장일식물	장일상태에서 화성이 유도되는 식물, 한계일장이 단일측에 있음 예 맥류, 감자, 시금치, 양파, 상추, 티머시, 자운영, 클로버, 알팔파, 베치, 완두, 아마, 양배추, 양파 〈장일식물의 세부유형〉: LL형(시금치, 봄보리), LI형(사탕무), IL형(밀)
단일식물	단일상태에서 화성이 유도되는 식물, 한계일장이 장일측에 있음 예 벼, 콩, 담배, 깨, 꽃, 땅콩, 딸기, 옥수수, 조, 기장 〈단일식물의 세부유형〉: SS형(콩, 코스모스, 나팔꽃), SI형(벼, 도꼬마리), IS형(소빈국)
중성식물	일정한 한계일장이 없는 식물 예 강낭콩, 가지, 고추, 토마토, 당근, 셀러리
중간식물	좁은 범위의 특정한 일장에서만 화성이 유도되는 식물 (뚜렷한 2개의 한계일장 존재) 예 사탕수수

(4) 일장효과에 영향을 미치는 조건

발육단계	일장효과는 식물이 어느정도 성장을 한 후 감응 (감응부위 : 잎, 개화유도물질 : florigen)
온도	일장효과 발현에는 한계 온도가 요구됨
질소질비료	단일식물은 질소요구도가 커서 질소가 충분해야함 (장일식물은 적을 때 장일효과)
광의 강도	명기가 약광일지라도 일장효과는 발생하나 착화수 증대를 위해서는 강광이 필요
광의 파장	효과 : 적색광 〉 자색광 〉 청색광
연속암기	단일식물은 일정기간 이상의 암기가 필요하며 연속암기 도중 광을 조사하면 효과가 사라짐 (야간조파)

(5) 농업적 이용
　성전환, 교배육종, 육종연한 단축, 국화 개화기 조절, 벼의 증수 등 수량증대, 품종의 선택

4. 기상생태형

(1) 정의 : 생육온도 및 일장에 대한 출수 및 개화를 기초로 작물의 품종군을 나눠 구분한 것

(2) 기상생태형의 성질

감온성	생육적온에 이르기까지 고온에 의해 출수 및 개화가 촉진되는 성질
감광성	주로 단일식물에서 단일환경에 의해 출수 및 개화가 촉진되는 성질
기본영양생장성	출수 및 개화에 알맞은 환경이더라도 일정 수준의 영양생장을 하지 않으면 촉진되지 않는 성질

(3) 주요 작물의 기상생태형

벼	조생종(북부)	만생종(중남부)
콩	올콩(북부)	그루콩(중남부)
조	봄조(서북부, 중부 산간지)	그루조(중부평야, 남부)
메밀	여름메밀(서북부, 중부 산간지)	가을메밀(중부평야, 남부)

(4) 기상생태형의 지리적 분포

고위도	blt형, blT형 분포 (감광형은 늦게 감응하고 기본영양생장형은 출수가 늦어 재배 불가)
중위도	blT형(조생종), bLt형, Blt형(기본영양생장형) 분포
저위도	Blt형 분포(연중 고온단일)

(5) 벼 기상생태형에 따른 재배 특성 (중위도 기준)

조만성	파종과 모내기를 일찍 할 때 조생종은 blt형, 감온형이, 만생종은 기본영양생장형, 감광형이 해당
조식적응성	조기수확 목적으로 조파조식할 때 감온형과 blt형이 적절, 생육기간을 연장시켜 증수시킬 목적으로는 bLt형이 적절함
만식적응성	감광형은 만식재배 가능, 기본영양생장형과 감온형은 만식재배가 불가능함
묘대일수감응도	• 정의 : 못자리기간이 길어질 때 모가 노숙, 생식생장을 보여 모낸 후 생육이 저조한 정도 • 감광형과 기본영양생장형은 생식생장 경향이 보이지 않으나 감온형은 생식생장을 보임 • 묘대일수감응도 크기 : 감온형 〉 감광형 〉 기본영양생장형
작기이동 및 출수	만파만식 시 출수기의 지연정도는 기본영양생장형과 감온형이 크고 감광형은 작음

Chapter 04 작물 내적균형 · 식물호르몬 · 방사선 이용

1절 작물의 내적균형 및 식물호르몬

1. 내적 균형

구분	내용
C/N율	• 탄질률을 뜻하며 식물체 내의 탄수화물과 질소의 비율 • C/N율이 높을 때 보통 개화 및 결실이 조장되지만 모든 작물에 적용되는 것은 아님 • 탄소와 질소의 비율뿐만 아니라 절대량도 중요 • 식물호르몬, 버널리제이션, 일장효과 등 개화·결실에 영향을 미치는 요소가 많기에 결정적 요소는 아님 • 사례 : 환상박피 (줄기에 둥글게 형성층을 제거하여 동화물질의 전류를 억제하여 윗부분의 탄수화물 축적을 유도), 고구마 인위개화(나팔꽃 대목에 접목하여 괴근으로의 탄수화물 전류를 억제) • **콩과작물은 화본과작물보다 탄질률이 낮음**
T/R율	• 작물 지하부 생장량에 대한 지상부 생장량의 비율을 의미 • 감자, 고구마는 파종기가 늦어지면 지하부 중량감소가 크기 때문에 T/R율 증가 • 일사가 적어지면 탄수화물 축적이 감소하는데 뿌리 생장이 더 크게 영향을 받아 T/R율 증가 • 질소를 사용하면 T/R율 증가 • **토양함수량이 감소하면 지상부에 타격이 커 T/R율 감소**
G-D균형	생장(growth)과 분화(differentiation)의 균형으로 작물 생육을 지배한다는 이론

2. 식물호르몬

(1) 식물호르몬의 종류

구분		종류
옥신	천연	• IAA, IAN, PAA
	합성	• NAA, IBA, 2,4-D, 2,4,5-T, PCPA, MCPA, BNOA
지베렐린	천연	• GA
시토키닌	천연	• IPA, zeatine
	합성	• kinetin(F.Skoog이 발견), BA

에틸렌	천연	• C_2H_4
	합성	• 에세폰(ethephon)
생장억제제	천연	• ABA, phenol
	합성	• CCC, B-9, MH-30, phosphon-D, AMO-1618

(2) 식물호르몬의 효과

옥신	• 발근 촉진, 접목의 활착 촉진, 가지 굴곡 유도, 탈리현상 억제로 인한 낙과방지, 단위결과, 제초제로의 이용, 정아우세(측아억제), 줄기 부정근 형성, 형성층 분열, 에틸렌 생성
지베렐린	• 휴면타파, 종자 발아, 절간신장(벼 키다리병), 경엽의 신장촉진, 개화 조절
시토키닌	• 종자 발아촉진, 세포분열, 세포 확대, 정부생장 억제(측아 촉진), 잎 노화억제 ※ 시토키닌은 뿌리에서 합성되어 물관을 통해 수송된 후 측지발생을 촉진시킴
ABA	• 휴면유도, 종자 발아억제, 잎의 노화, 탈리현상 촉진으로 인한 낙엽, 기공 폐쇄
에틸렌	• 종자 발아촉진, 정아우세 타파(측아촉진), 생장억제, 개화촉진, 탈리촉진, 수평생장, 노화촉진, 수생식물 줄기신장 ※ 메티오닌 : 에틸렌의 전구물질

2절 방사선 이용

1. 방사성 동원원소의 이용

작물 영양생리의 연구	• ^{32}P, ^{42}K, ^{45}Ca, ^{5}N 등의 방사성 동위원소로 표지화합물을 만들어 필수 영양성분의 생체 내 동태를 파악
광합성 연구	• ^{14}C, ^{11}C등으로 표지된 이산화탄소를 잎에 공급 후 동화물질 전류 및 축적과정을 규명
농업토목 연구	• ^{24}Na을 통해 제방의 누수, 지하수 탐색, 유속 측정 등 이용
살균 및 살충효과를 이용한 식품저장	• ^{60}Co, ^{137}Cs에 의한 γ선(감마선)을 조사하여 육류나 통조림에 이용
영양기관의 장기저장	• ^{60}Co, ^{137}Cs에 의한 γ선(감마선)을 감자, 당근, 양파, 밤 등에 조사하여 맹아억제 효과를 통해 장기 저장
증수	• 건조종자에 γ선, X선 등을 조사하면 생육이 조장되고 증수함
육종	• 돌연변이를 유발하여 돌연변이 육종에 이용

Chapter 05 작부체계

1절 작부체계의 개념

1. 정의 및 변천

(1) 정의와 중요성

정의	한 포장에서 여러 작물을 해마다 바꾸어 재배하거나(윤작) 동일 해 여러작물을 동일 포장에서 조합하여 재배하는 것 (간작, 혼작, 교호작, 주위작)
중요성	• 경지 이용율 증가 및 생산성 향상 • 수익성 향상 및 생산의 안정화 • 노동력의 효율적 배분 및 잉여노동의 활용 • 지력 유지증강 및 병충해 감소

(2) 작부체계의 변천

대전법	• 유목 : 토지를 옮겨가며 경작하는 이동경작 • 화전 : 야초에 불을 놓아 태워버리고 경작을 하는 방법으로 몇 년간 경작을 지속하여 지력이 떨어지고 잡초가 번성하면 다른 곳으로 이동
주곡식 대전법	정착농업을 하면서 초지와 경지 전부를 주곡으로 재배
휴한 농법	• 정착농업을 하면서 지력을 유지하는 방법으로 처음에 휴한농업이 도입됨 • 3포식 농법 : 경작지의 2/3에 춘파 또는 추파 곡식을 재배하고 1/3은 휴한하면서 해마다 휴한지를 이동하여 경작지 전체를 3년에 한 번씩 휴한하는 방법 • 개량3포식 : 콩과작물 재배 시 지력이 좋아지므로 농경지 1/3을 휴한하는 대신 콩과작물을 재배
윤작	순3포식, 개량3포식, 노포크식 윤작법 등이 있으며 몇 가지 작물을 돌려짓는 방식 ※ 노포크식 윤작법은 식량과 가축사료를 생산하면서 지력을 유지하고 중경효과를 내는 방식으로, 순무 → 보리 → 클로버 → 밀 순으로 재배함
자유 경작	도시 근교 수익성이 좋은 채소 작물 재배 시 많이 이용 (비료, 농약 사용)
답전윤환	논작물과 밭작물을 2~3년 씩 교대로 재배하는 방식

(3) 재배 형식

소경(원시적 약탈농업), 식경(식민지적 농업), 곡경(곡물 위주의 농경), 포경(식량과 사료를 균형있게 생산), 원경(원예집약적)

(4) 작부체계의 종류

간작	한 가지 작물을 생육하는 고랑 사이에 다른 작물을 재배하는 것
혼작	생육기간이 거의 같은 두 종류 이상 작물을 같은 포장에 동시 재배하는 것
교호작	생육기간이 비슷한 작물들을 교호로 재배하는 것 (공간 이용율, 지력 증진)
주위작	경작지 주위에 포장 내 작물과 다른 작물들을 재배하는 것
혼파	두 종류 이상의 작물 종자를 섞어 뿌리는 방법 단점 : 파종작업이 불편, 시비 및 수확 등 관리가 불편, 채종이 불편 ※ 화본과 목초와 콩과 목초 종자를 혼파할 경우에는 각각 4:1 비율(3:1 내외)로 파종하고 질소질비료는 적게 사용하는 것이 알맞음

2절 연작과 답전윤환

1. 연작과 기지현상

(1) 정의 : 동일한 포장에 같은 종류의 작물을 연속으로 재배하는 것으로 연작을 하면 작물 생육이 저조해지는데 이것을 기지현상이라 함

(2) 작물의 종류

연작 해가 적은 작물	화본과, 연, 뽕나무, 당근, 고구마, 무, 순무, 양배추, 꽃양배추, 아스파라거스, 토당귀, 미나리, 딸기, 목화, 삼, 양파, 담배, 호박
1년 휴작 필요	콩, 시금치, 생강, 파, 쪽파
2년 휴작 필요	오이, 감자, 잠두, 마, 땅콩
3년 휴작 필요	참외, 쑥갓, 강낭콩, 토란
5~7년 휴작 필요	가지, 고추, 토마토, 수박, 완두, 우엉, 레드클로버, 사탕무
10년 이상 휴작 필요	아마, 인삼
과수의 기지	• 기지가 문제되지 않음 : 사과나무, 포도나무, 살구나무, 자두나무 • 기지가 나타남 : 감나무 • 기지가 문제됨 : 앵두나무, 감귤류, 복숭아나무, 무화과나무

(3) **기지의 원인** : 토양선충의 피해, 토양전염병 및 잡초, 토양염류집적, 토양물리성 악화, 토양비료성분의 수탈, 유독물질 축적

(4) **기지의 대책** : 윤작, 저항성대목 접목(수박, 포도, 멜론, 가지), 담수, 살선충제 토양소독, 객토 및 환토

(5) **윤작의 효과** : 피복작물의 토양보호, 기지 회피, 병충해 및 잡초 경감, 토지이용도 증대, 노동력의 분배, 경영 안정성 증대, 지력 증대(질소고정, 잔비, 토양구조 개선), 수량 증대

(6) **답전윤환** : 논을 담수상태(논상태) 또는 배수상태(밭상태)로 돌려가면서 경작하는 방식으로 기지의 회피, 잡초 감소, 지력 증강, 벼 수량증가의 효과가 있음

Chapter 06 종자와 종묘

1절 종자 및 종묘의 개념

1. 종자

(1) 종자의 분류 : 종자는 형태에 따라, 배유 유무에 따라, 저장물질에 따라 구분할 수 있음

  1) 형태에 따라

식물학상 종자	아마, 담배, 수박, 양파, 유채, 두류, 오이, 목화, 고추, 토마토, 무, 배추, 참깨
식물학상 과실	• 과실이 나출된 것 : 쌀보리, 밀, 옥수수, 메밀, 들깨, 호프, 삼, 차조기, 미나리, 상추, 우엉, 시금치 • 과실이 영에 싸여있는 것 : 벼, 겉보리, 귀리 • 과실이 내과피에 싸여 있는 것 : 복숭아, 자두, 앵두
포자	버섯, 고사리
영양기관	감자, 고구마

  2) 배유 유무에 따라

배유 종자 (지하자엽형)	벼, 보리, 밀, 옥수수 (볏과종자), 피마자, 양파
무배유 종자 (지상자엽형)	콩, 팥, 완두 (콩과종자), 상추, 오이 ※ 완두, 잠두, 팥은 예외적으로 지하자엽형 발아를 함

  3) 저장물질에 따라

전분종자	미곡, 맥류, 잡곡 (화곡류)
지방종자	들깨, 참깨
단백질종자	콩과 작물

4) 발아의 외적 조건에 따라
① 수분

수분발아를 못하는 종자 (산소요구도 큼)	콩, 옥수수, 수수, 귀리, 메밀, 밀, 무, 양배추, 파, 가지, 고추, 알팔파, 루핀, 코스모스, 메꽃
수중에서 발아가 감퇴하는 종자	담배, 토마토, 화이트클로버, 카네이션
수중발아가 잘 되는 종자 (산소요구도 작음)	상추, 당근, 티머시, 피튜니아, 셀러리, 벼

② 광

호광성 종자	담배, 상추, 우엉, 뽕나무, 피튜니아, 셀러리, 그래스류
혐광성 종자	가지, 토마토, 수박, 호박, 오이, 무, 파, 양파, 수세미
광무관계 종자	화곡류 대부분, 콩과작물 대부분, 옥수수

2. 종묘

(1) 정의 : 번식에 사용되는 모든 종자, 모, 잎 등을 의미하며 영양체와 버섯의 종균을 모두 의미

(2) 종묘로 이용되는 영양기관 종류

눈	마, 포도나무, 꽃의 아삽
잎	베고니아
줄기	• 덩이줄기(괴경) : 감자, 토란 • 알줄기(구경) : 프리지아, 글라디올러스 • 비늘줄기(인경) : 양파, 마늘, 나리(백합) • 땅속줄기(지하경) : 연, 박하, 호프, 생강 • 지상경 및 지조 : 모시풀, 사탕수수, 포도나무, 사과나무, 귤나무
뿌리	• 덩이뿌리 : 달리아, 고구마, 마 • 지근 : 고사리, 부추, 닥나무

2절 종자의 품질 및 발아전 처리

1. 종자 품질 조건

(1) 외적조건 : 순도, 종자의 크기와 중량, 색택, 냄새, 수분함량(낮을수록 발아력 유지), 건전도
(2) 내적조건 : 병충해, 발아력, 유전성(우량품종 : 우수성, 영속성, 균일성, 광지역성)
   1) 발아력 : 순활종자(용가, %) = 발아율 × 순도 / 100
   2) 발아력의 간이검정법 : 테트라졸륨법, 효소활력측정법, 전기전도도검사법, 인디고카민법, 구아이아콜법

2. 종자검사

(1) 검사 기관 : 농촌진흥청, 국립종자원, 국립농산물품질관리원에서 국제종자검사협회의 기준에 따라 종자검사 실시
(2) 종자검사 항목 : 순도 분석, 이종종자입수검사, 수분 검사, 발아 검사, 천립중 검사, 품종검증, 종자건전도 검사
(3) 종자검사 방법

형태의 차이에 따른 방법	전생육검사, 유묘, 종자, 영상분석
생화학적 방법	자외선형광검정, 페놀검사, 염색체수 검사
분자생물학적 방법	• DNA 분석 : PCR, RFLP, RAPD, AFLP, SSR, STS, Southren Blot • RNA 분석 : Northern Blot • 단백질 분석 : 전기영동, HPLC, 흡광도 분석, Western Blot • 동위효소형태분석 : RFLP, RAPD, 지문분석

(4) 발아조사
   1) 발아시 : 종자 발아가 처음 나타난 때
   2) 발아기 : 파종된 종자의 50%가 발아한 상태
   3) 발아전 : 파종된 종자의 80%가 발아한 상태
   4) 발아율 : 파종한 전체 종자수에 대해 발아한 종자수의 비율
   5) 발아세 : 일정기간 내의 발아율

3. 종자의 수명 및 퇴화

(1) 작물별 종자 수명

단명종자(1~2년 미만)	옥수수, 콩, 목화, 메밀, 기장, 해바라기, 양파, 파, 고추, 상추, 강낭콩, 당근, 팬지
상명종자(3~5년)	벼, 밀, 보리, 귀리, 유채, 켄터키블루그래스, 완두, 페스큐, 무, 배추, 우엉, 시금치, 멜론, 호박, 카네이션, 시클라멘, 피튜니아
장명종자(5년 이상)	앨팰퍼, 사탕무, 베치, 클로버, 수박, 비트, 가지, 토마토, 나팔꽃, 접시꽃, 데이지

(2) 종자 발아력 상실 원인 : 원형질단백질의 응고(주 원인), 효소 활력저하, 저장양분 소모, 가수분해효소 활성, 리보솜 분리의 저해, 지질 자동산화, 균의 침입 등으로 인해 퇴화종자는 호흡이 감소하고 유리지방산이 증가

(3) 종자퇴화

   1) 유전적 퇴화

원인	자연교잡, 유전자형 분리, 이형종자 혼입, 돌연변이
방지	격리재배, 이형종자 혼입방지, 이형주 제거, 밀폐저장, 주보존

   2) 생리적 퇴화

감자	평지산 씨감자는 고랭지와 비교했을 때 충실하게 생산되지 못하며 여름 온도가 높아 저장 중 소모로 인해 생리적으로 불량
콩	남부생산 종자는 북부생산 종자와 비교했을 때 충실하게 생산되지 못하며 건조한 토양에서 생산된 것이 축축한 토양에서 생산된 것보다 충실하지 못함
벼	평야지보다 분지에서 생산된 것이 충실

   3) 병리적 퇴화

원인	바이러스병 예 평지산 씨감자는 바이러스병에 걸리기 쉬움
방지	씨감자 고랭지 채종, 가을재배, 무병지 채종, 종자소독, 이병주 도태, 씨감자 검정, 약제 살포

4. 종자의 휴면

(1) 휴면의 원인

배휴면	• 보리, 밀, 메귀리, 차조기, 장미과(사과, 배, 복숭아 등) • 타파방법 : 지베렐린처리, 저온습윤처리
배의 미숙	• 은행, 장미과, 미나리아재비과, 인삼 • 타파방법 : 후숙처리
종피 기계적 저항	• 잡초, 나팔꽃, 땅콩, 체리 • 타파방법 : 고온건조 처리
종피 불투기성	맥류종자(귀리, 보리)
종피 불투수성(경실)	• 원인 : 큐티클층과 책상조직의 발달 • 콩과작물, 고구마, 연, 오크라, 볏과목초(달리스그래스, 바히아그래스)
발아억제물질	• 블라스토콜린은 발아억제물질을 총칭하는 용어 • 시안화수소(HCN), 암모니아, 쿠마린, 페놀화합물, ABA • 벼 : 발아억제물질이 영에 존재 • 순무 : 발아억제물질이 과피에 존재, 물에 씻거나 과피를 제거하면 발아 • 오이, 토마토, 호박, 수박 : 발아억제물질이 장과에 존재, 종자 분리 후 물에 씻으면 발아

(2) 경실 및 화곡류 휴면타파법

1) 종피파상법 : 발아를 촉진시키기 위해 종자 껍질에 상처를 내는 방법, 자운영 등 콩과 종자는 가는 모래를 혼합하여 약 30분간 절구에 찧어 종피에 상처를 낸 후 파종
2) 진한 황산처리 : 진한 황산 약액에 침지 후 물로 씻어 파종하면 발아가 촉진. (처리시간 : 고구마 종자 1시간, 감자 종자 20분, 클로버 30분, 레드클로버 15분, 연 5시간, 목화 5분)
3) 저온처리 : 처리할 종자를 −190℃의 액체 공기에 2~3분간 침지하여 파종
4) 습열처리 : 알팔파, 레드클로버는 40℃의 온탕에 5시간, 50℃ 온탕에 1시간 처리 후 파종
5) 진탕처리 : 스위트클로버는 플라스크에 종자를 넣어 분당 180회씩 10분 간 진탕처리 후 파종
6) 질산염처리 : 버팔로그래스는 0.5% 질산칼륨에 24시간 종자침지 후 5℃에 6주간 냉각하여 파종
7) 화곡류 휴면타파

벼	50℃에 4~5일 보관후 발아억제물질이 불활성화되면 휴면이 타파
맥류	0.5~1% 과산화수소 용액에 24시간 침지 후 5~10℃의 저온에 젖은 상태로 보관하면 휴면이 타파

8) 감자 휴면타파 : 감자를 절단한 후 2ppm의 지베렐린 수용액에 30~60분 간 침지하여 파종

(3) 발아억제
1) 온도조절 : 감자(0~4℃), 양파(1℃ 내외)
2) 약제 처리 : 감자, 양파(MH 수용액), 담배(전기콜린양액, 앤티싹, 액아단)
3) 방사선 처리 : 감자, 당근, 양파(감마선 조사)

(4) 발아 및 발근 관련 물질
1) 발아촉진물질 : 지베렐린, 사이토키닌, 에틸렌, 질산염, 과산화수소, thiourea
2) 발아억제물질 : ABA, 암모니아, 시안화수소, 쿠마린, 페놀
3) 발근활착 촉진물질 : 옥신, 자당액 침지, 환상박피, 황화, 과망간산칼리

5. 발아전 종자처리

(1) 선종 : 충실한 종자를 고르는 것으로 화곡류는 비중선을 이용하여 건전 종자를 가려냄
1) 비중선 : 소금물, 황산암모늄(유안), 염화칼륨, 간수, 재 등의 비중액 사용
2) 비중 : 밀, 쌀보리 1.22 > 메벼 무망종, 겉보리 1.13 > 메벼유망종 1.1 > 벼 1.08

(2) 종자 소독 : 화학적 소독(종자 외부의 병균 소독), 물리적 소독(종자 내부의 병균 소독)
  − 물리적 소독 : 냉수온탕침법(맥류 겉깜부기병, 벼 선충심고병), 온탕침법(맥류 겉깜부기병, 고구마 검은무늬병), 건열처리법(채소종자), 기피제 처리법

3절 육묘와 영양번식

1. 육묘

(1) 묘상 및 묘포의 조건
1) 관개용수를 얻기 좋은곳
2) 양지바르고 따뜻하며 방풍이 되어 있는 곳
3) 배수시설을 갖춘 곳
4) 병해충과 인축으로 인한 피해가 없는 곳

(2) 육묘의 종류
1) 재래식 육묘 : 냉상이나 전열온상에서 육묘로 1차, 2차 가식을 한 후 포장에 정식하는 방법

2) 공정육묘 : 자동화육묘 시설을 이용하는 육묘방법으로 기간단축 및 생산비 절감, 운반의 편리함 등의 장점이 있음

2. 영양번식

(1) **영양번식의 특징** : 종자번식이 어려운 작물의 번식수단으로 우량한 유전특성을 영속적으로 유지 가능

(2) **영양번식의 장점** : 접목 시 수세조절, 환경적응성 증대, 병충해저항성 증대, 결과촉진, 품질향상, 수세회복

(3) **취목** : 가지를 분리시키지 않은 상태로 흙을 묻어 발근시키는 방법으로 성토법, 휘묻이, 고취법이 해당

　1) 성토법 : 포기 밑에 가지를 많이 내고 흙을 쌓아(성토) 발근시키는 방법(뽕나무, 사과, 자두, 양앵두)

　2) 휘묻이 : 가지를 휘어서 일부를 흙속에 묻는 방법으로 보통법(포도, 양앵두, 자두, 수구리), 선취법(포도), 당목취법(포도, 양앵두, 자두, 나무딸기)가 해당

　3) 고취법 : 고무나무 같은 관상수목 재배 시 높은 곳에서 발근시키는 취목법 (발근부위 절상, 환상박피)

(4) 삽목

엽삽	베고니아, 펠라고늄, 차나무
근삽	오동나무, 감나무, 사과나무, 자두나무, 땅두릅나무
지삽	• 녹지삽(초본녹지를 삽목) : 카네이션, 펠라고늄, 피튜니아, 동백나무 • 경지삽(과수 묵은가지를 삽목) : 무화과, 포도 • 신초삽(1년 미만 새가지를 삽목) : 인과류, 감귤류, 핵과류 • 단아삽(눈 하나만 가진 줄기를 삽목) : 포도나무

(5) 접목

눈접	당년에 생육한 수목 가지에서 1개의 눈을 채취한 후 대목에 접목하는 방법
가지접	• 깎기접 : 장미, 일반수목, 과수 등에서 이용하며 활착이 잘됨. 접수 절단면은 밀랍이나 도포제를 칠해 수분 손실을 방지해야 함 • 짜개접 : 굵은 대목에 가는 소목을 접목시킬 때 대목 중간을 쪼개 그 사이에 접수를 넣어 접목하는 방식
혀접	굵기가 비슷한 대목, 접수를 비스듬하게 혀모양으로 잘라 겹합 접목시키는 방식 사과, 배, 복숭아, 포도
삽목접	뿌리가 없는 대목에 접목 후 발근 및 접목 활착이 동시에 되도록 하는 방식 (포도)

1) 접목의 이점 : 묘목 대량양성, 결과 향상, 결과연한 단축, 수세회복, 수세조절, 환경적 응성 및 병충해저항성 증대
2) 채소 접목육묘의 장점 : 흡비력 증진, 토양전염병 발생 억제, 불량환경에 대한 저항성 증가
   ① 박과채소 연작으로 인한 덩굴쪼김병을 방제하기 위해 호박을 대목으로 사용
   ② 가지과채소 저항성 대목을 이용한 접목재배 증가
3) 박과류 접목 장단점
   ① 장점 : 흡비력 증진, 과습저항성 증신, 과실 품질 향상, 토양전염병 발생 억제, 불량환경 저항성 증가
   ② 단점 : 질소 과다흡수, 당도 저하, 흰가루병 저항성 감소, 기형과 발생

Chapter 07 생육관리

1절 정지·파종·이식

1. 정지

(1) 정의 : 파종과 이식을 위해 토양을 경운, 쇄토, 작휴, 진압하는 방법

경운	• 토양을 갈아 엎어 흙덩이를 반전, 부스러뜨리는 작업 • 효과 : 토양 물리성 개선, 토양 화학성 개선, 잡초 경감, 토양 해충 경감, 잡초 경감 • 건토효과 : 흙을 건조시키면 유기물이 분해되어 작물에 대한 비료 공급이 많아지는 것으로 밭보다 논에서 효과적임. 추경에 의한 건토효과를 얻으려면 유기물 시용을 증대해야 하며 봄철 강우량이 많을 경우엔 춘경이 유리
쇄토	• 경운한 토양의 큰 덩어리를 분쇄하는 것으로 파종과 이식 작업을 편해지며 발아도 잘 됨 • 써레질(물로터리) : 논에서 경운 후 물을 대어 써레로 곱게 부수는 것
작휴	• 이랑의 높이, 너비 등을 작물 생육환경에 맞춰 만드는 방법 • 평휴법 : 이랑과 고랑의 높이를 같게 하는 것, 건조해와 습해를 함께 완화하며 채소와 밭벼 재배에서 실시 • 휴립구파법 : 이랑을 세우고 낮은 골에 파종하는 방법, 맥류 한해와 동해를 방지하며 감자의 발아를 촉진 • 휴립휴파법 : 이랑을 세우고 이랑에 파종하는 방법으로 배수와 통기성이 좋아짐, 조·콩은 이랑을 낮게 세우고 고구마는 높게 만듦 • 성휴법 : 이랑을 넓고 크게 만드는 방법으로 파종이 편해지며 건조해와 장마철의 습해를 방지, 중부지방 맥후작콩, 맥류 답리작재배에서 실시

2. 파종

(1) 파종시기를 결정하는 요인

작물의 종류	• 월동작물은 추파를, 여름작물은 춘파를 함 • 녹두는 파종에 알맞은 기간이 여름작물 중 가장 길어 만파에 적응
작물의 품종	• 벼 감광형 품종은 만파만식에 적응하지만 감온형과 기본영양생장형은 조파조식 해야 함 • 추파성이 높은 추파맥류 품종은 조파를, 추파성이 낮은 품종은 약간 만파 하는 것이 유리
재해 회피	• 풍해와 냉해를 회피하기 위해 벼를 조파조식하며 봄채소는 조파하는 것이 한해를 경감
작부체계	• 두가지 작물 이상을 재배할 경우(맥후작, 2모작) 단작보다 늦게 파종 또는 이앙함

재배지역과 기후	• 감자는 평지에서 이른봄에 파종하지만 고랭지에서 늦봄에 파종함
토양 조건	• 토양이 과하게 건조하거나 습하면 파종을 지연

(2) 파종 양식

산파 (흩어뿌림)	• 포장 전면에 종자를 흩어 뿌리는 방법으로 노력이 절감됨 • 단점 : 종자 소요량이 많음, 통기과 투광이 불량, 도복 우려, 관리가 불편
조파 (골뿌림)	• 골타기를 하고 종자를 줄지어 뿌리는 방법으로 대부분 작물은 조파를 함 • 맥류처럼 평면공간이 넓지 않은 작물에 사용 • 장점 : 골사이가 비어있어 통기와 투광이 양호, 관리가 편함
점파 (점뿌림)	• 종자를 1~수립씩 띄엄띄엄 파종하는 방법으로 노력이 많이 들지만 종자량은 적게 듦 • 통기와 투광이 양호하며 두류, 감자 재배 시 많이 사용
적파	• 점파할 때 한 곳에 종자 여러개를 파종하는 방법

(3) 파종량 결정요인 : 파종량은 불리한 환경에서 증가하는데 작물의 종류, 종자의 크기, 파종시기, 재배지역, 재배방식, 토양 및 시비, 종자의 조건(충실도)가 이에 관여함
 - 불리한 환경 : 맥류 중부지방, 감자 평야지, 맥류 산파, 콩 맥후작, 직파재배

(4) 파종 절차 : 골타기, 시비, 비료섞기. 복토, 진압, 관수 순으로 진행

1) 복토 깊이

복토 깊이	작물 종류
안보일 정도로만	소립목초종자, 상추, 파, 양파, 담배, 당근, 유채
0.5~1cm	순무, 배추, 양배추, 가지, 고추, 토마토, 오이, 차조기
1.5~2cm	조, 기장, 수수, 무, 시금치, 수박, 호박
2.5~3cm	보리, 밀, 호밀, 귀리, 아네모네
3.5~4cm	콩, 팥, 완두, 잠두, 강낭콩, 옥수수
5~9cm	감자, 토란, 생강, 글라디올러스
10cm 이상	수선, 나리, 튤립, 히아신스

3. 이식

장점	• 생육촉진 및 수량증대 : 초기 생육촉진으로 수확량 증가 • 토지이용 효율 증대 : 앞작물 수확 후 정식 • 숙기 단축, 활착 증진
단점	• 직근 채소류는 뿌리가 손상되어 근계의 발육에 나쁜 영향을 미침 (무, 당근, 우엉) • 목화, 결구배추, 참외, 수박 단근 불리 • 한랭지에서 불리

2절 중경·멀칭·결실조절

1. 중경(김매기)

장점	• 잡초제거 (중경의 가장 큰 효과) • 토양수분 증발의 경감 (모세관 절단) • 발아 조장 (비가 온 뒤 표토를 갈아줌) • 토양통기 조장 (산소공급 증가 및 유기물 분해) • 비효증진 (논에 사용한 비료가 환원됨)
단점	• 풍식 조장 • 동상해 조장 (온열의 상승을 방해) • 단근

2. 멀칭

(1) 정의 : 토양의 표면을 짚, 퇴비 등 여러 가지 재료로 피복하는 것으로 토양수분의 증발을 억제하기 위해 실시함

(2) 멀칭의 종류 및 효과

종류	• 토양멀칭(중경), 비닐멀칭, 스터블멀칭농법(그루터기) • 투명필름 : 지온상승, 잡초발생 증가 • 흑색필름 : 지온하강, 잡초억제 • 녹색필름 : 지온상승 효과는 투명과 흑색의 중간정도, 잡초를 거의 억제
효과	• 한해 경감 : 토양수분 증발 억제 • 동해 경감 : 월동작물에 퇴비 등을 피복 • 토양 보호 : 풍식과 수식 예방 • 생육 촉진 : 보온효과로 인해 조식가능, 생육이 촉진 • 잡초발생 억제 : 호광성 잡초 발생을 억제 • 과실 품질향상 : 포장에 짚을 깔면 과실이 깨끗함

3. 결실조절

(1) 단위결과

정의	• 종자 생성 없이 열매를 맺는 현상으로 씨없는 포도나 수박 과실을 생산 할 수 있음
이용	• 포도 : 지베렐린 처리에 의해 단위결과 유도(무핵과 생산) • 토마토, 가지 : 옥신처리로 씨없는 과실 생산 • 수박 : 3배체 작물을 만들어 씨없는 수박 생산

(2) 수분의 매개

1) 수분매개는 육종 시 인공교잡을 할 경우, 매개곤충이 부족할 경우, 자체의 화분이 부족하거나 안좋을 때, 다른 화분으로 수분하는 것이 더 좋을 때 실시함
2) 수분 매개 방법

인공수분	• 과채류 : 손으로 인공수분 실시 • 과수 : 목적 화분을 대량수집하여 살포기구로 살포함
곤충의 방사	• 수분을 위해 사육·방사되는 곤충 : 꿀벌류, 가위벌류, 꽃등에
수분수 혼식	• 수분수 : 사과 등 과수재배는 다른 품종이 화분 공급을 위해 20~30% 혼식에 쓰임 • 수분수 구비조건 : 주품종과 친화성이 있어야 하며 개화기가 일치하거나 약간 빨라야 함 • 수분수 자체의 과실 품질도 우량해야 하며 건전한 화분을 많이 생산해야 함

(3) 과수의 결과습성

1) 꽃눈이 착생하는 특성으로 과수의 꽃눈이 형성되는 부위는 과수 종류에 따라 다르며 양호한 결과를 위해 전정 필요
2) 가지 결과습성

1년생 가지에 착생	• 감, 밤, 포도, 감귤, 무화과, 비파, 호두
2년생 가지에 착생	• 복숭아, 자두, 매실, 살구, 양앵두
3년생 가지에 착생	• 사과, 배

(4) 정지

1) 정의 : 과수 등에서 수형을 조정하는 것
2) 방법 : 골격을 구성하는 원줄기나 원가지를 전정, 유인, 가지벌려주기, 가지비틀기 등으로 정지
3) 정지법의 종류
- 입목형 정지법
    ① 원추형 : 수형이 원추상태가 되도록 하는 정지법
    ② 배상형 : 짧은 원줄기 상에 3~4개의 원가지를 발달시켜 수형이 술잔모양으로 되게하는 정지법
    ③ 변칙주간형 : 수년간 원추형으로 재배 후 뒤에 원줄기 선단을 잘라 원가지가 바깥으로 벌어지도록 하는 정지법
    ④ 개심자연형 : 원가지를 곧게 키우되 비스듬히 사립시키는 정지법

- 울타리형 정지법 : 포도나무의 정지법으로 많이 사용하며 가지를 길게 친 철사에 유인하여 결속
- 덕형 정지법 : 지상 1.8m높이에 가로, 세로로 철선을 늘려 결과부위를 평면으로 만드는 정지법
    ① 장점 : 풍해 경감, 다수량
    ② 단점 : 시설비, 노동력 필요, 병해충 발생 증가

3절 비료관리

1. 비료의 특징

(1) 비료의 성분 : 비료의 3요소는 질소, 인, 칼리이며 주요성분에 따라 비료를 분류할 수 있음

(2) 성분별 비료의 종류

원소	종류
질소 (N)	• 아마이드태 : 석회질소 • 요소태 : 요소 • 암모늄태 : 질산암모늄, 염화암모늄, 황산암모늄 • 질산태 : 질산석회, 칠레초석
인 (P)	• 수용성 : 과인산석회, 중과인산석회 • 구용성 : 용성인비, 용과린
칼륨 (K)	수용성 : 염화칼리, 황산칼리
칼슘 (Ca)	생석회, 소석회, 탄산석회

(3) 반응별 비료의 분류

생리적 반응	• 생리적 산성비료 : 염화암모늄, 염화칼륨, 황산암모늄, 황산칼륨 • 생리적 중성비료 : 질산암모늄, 과인산석회, 중과인산석회, 요소, 석회질소 • 생리적 염기성비료 : 석회질소, 용성인비, 칠레초석, 토머스인비
화학적 반응	• 화학적 산성비료 : 과인산석회, 중과인산석회 • 화학적 중성비료 : 황산암모늄, 염화암모늄, 질산암모늄, 황산칼륨, 염화칼륨, 요소 • 화학적 염기성비료 : 석회질소, 용성인비, 토머스인비

(4) 시비 이론
   1) 최소양분율 : Liebig이 최소양분의 공급량에 의해 작물수량이 결정된다고 제창
   2) 수량점감의 법칙(보수점감의 법칙) : 비료 시비량이 증가함에 따라 일정 수준까지는 수량이 증가하지만 한계 이상으로 시비하면 증가율이 줄고 결국 증가하지 않는 것

(5) 시비량의 계산

   1) 시비량 = $\dfrac{\text{비료요소 흡수량} - \text{천연공급량}}{\text{비료요소의 흡수율}}$

   2) 비료요소 흡수량 : 전체 수확물 중 함유되어 있는 무기성분 흡수량
   3) 천연공급량 : 토양 중이나 관개수에 의해 천연적으로 공급되는 성분의 양
   4) 흡수율 : 비료 시용량에 대한 작물의 실제 흡수량의 비율

(6) 시비 방법
   1) 생육기간이 길고 필요한 시비량이 많은 작물은 밑거름(기비)을 줄이고 덧거름(추비)을 늘림
   2) 사질답, 조식재배, 다비재배를 할 때에는 분시횟수를 늘림
   3) 지효성비료와 K, Ca, P 성분의 비료는 밑거름(기비)으로 일시에 시비함
   4) 토양 속 시비 위치

표층시비	작물 생육기간 중 시비하는 방법
심층시비	작토 속에 비료를 사용하는 것으로 특히 논에서 암모니아태질소를 사용할 때 이용하는 방법
전층시비	작토 전층 시비 후 써레질을 통해 골고루 혼합하는 방식 (논에서의 심층시비법)

(7) 배합비료
   1) 장점 : 작물 생육단계에 따라 비효의 지속을 조절, 시비의 번잡성 경감, 물리적 성질의 개선(요소+쌀겨)
   2) 주의점 : 비료성분이 소실되지 않도록 암모니아태질소 비료에 알칼리성 비료를, 질산태질소 비료에 산성비료와 유기질 비료를 혼합하지 않음, 과인산석회는 알칼리성 비료와 염화물을 혼합하지 않음

암모니아태질소 비료 + 알칼리성 비료	암모니아가 기체로 소실
질산태질소 비료 + 산성비료 질산태질소 비료에 유기질 비료	• 질산이 기체로 소실 • 질산이 환원되어 소실
과인산석회 + 알칼리성 비료 과인산석회 + 염화물	• 인이 물에 용해되지 않아 불용성이 됨 • 액체 또는 굳어짐

(8) 엽면시비 : 비료를 잎에 직접 살포하는 방법
   1) 이용 : 급속한 영양회복, 품질 향상, 미량요소의 공급, 노후답 작물의 뿌리가 약해졌을 때, 초생재배, 유실방지, 노동력 절감
   2) 효과

화본과 작물, 볏과 목초	활착, 임실 양호
고구마, 유채	수확 촉진
감자	비대 촉진
오이, 양배추	착화, 착과, 품질양호
가지, 수박, 호박	착화, 착과, 품질양호
무, 배추, 시금치	조기출하, 다수확, 품질양호
과수나무	화아분화 촉진, 과실 비대

Chapter 08 생력재배와 수확 후 관리

1절 생력재배

1. 생력재배

(1) 정의 : 농작업의 기계화 및 제초제의 이용으로 노동력을 크게 절감할 수 있는 재배법

(2) 효과 및 전제조건

효과	노동과 시간의 절감	대규모 기계화로 노동력과 인건비를 크게 절감
	수량 증가	• 지력 증진 : 심경을 하면 지력이 증진됨 • 적기 작업 : 노동인력이 부족할 때 농기계를 이용하여 노동력을 절감
	작부체계 개선	앞작물의 수확과 뒷작물의 파종 시간이 빠르므로 작부체계가 개선됨
전제조건		• 맥류 드릴파처럼 제초제 이용이 전제가 되어야 생력기계화재배가 가능 • 친환경인증농산물 재배에선 불가 (제초제 사용) • 기계화적응품종을 사용해야 함 (벼, 맥류 : 직립성, 탈립성) • 경지정리 • 집단 재배 : 동일한 품종일 동일한 재배법으로 경작하여 효율성을 높임 • 농가들의 공동 재배, 잉여노력을 통한 수익 창출

(3) 작물별 기계화재배

벼	• 기계이앙을 위해 상자육묘를 해야 함 • 건답직파 : 효율성이 높고 복토를 하므로 도복이 적으나 비가 오면 파종이 어렵고 쇄토노력도 많이 듦, 써레질을 하지 않아 용수량이 많으며 잡초 발생이 많음 • 담수직파 : 비가 와도 파종할 수 있고 잡초 발생이 적으나 도복이 심하며 용존산소량이 적어 뜸모 발생이 많음 • 노동력 소요 : 기계이앙, 어린모 기계이앙, 기계직파 순으로 큼
맥류	• 내한성, 내병성, 중간초장(70cm), 직립초형을 가진 품종이 기계화 재배에 유리 • 드릴파재배 : 골 너비를 아주 좁게 하여 파종하는 방식 • 휴립광산파재배 : 골 너비를 아주 넓게 하여 파종하는 방식

콩	• 전면전층파재배 : 파종량과 시비량을 늘려 포장 전체에 뿌리는 방법
콩	• 내도복성, 밀식적응성이 있고 탈립되지 않는 품종이 기계화 재배에 유리 • 최하위 착협고가 10cm이상인 것 • 경운기(소형 기계화 재배), 트랙터(대형 기계화 재배)를 사용
참깨	• 내탈립 품종 선택 • 솎음노력을 절감하기 위해 과립종자 사용 • 잡초로 인한 생산력 감소를 방지하기 위해 2회 이상 중경 실시

2절 수확 후 관리

1. 작물별 저장법

(1) 쌀 : 온도 15℃, 상대습도 70%로 안전저장

(2) 고구마 : 온도 13~15℃, 상대습도 85~90%로 안전저장

(3) 식용감자 : 온도 3~2℃, 상대습도 85~90%로 안전저장

2. 서류의 큐어링조건

고구마	수확 직후 30~35℃, 상대습도 90~95%, 3~6일간
감자	수확 직후 10~15℃, 상대습도 100%, 2~3주간

3. 수량구성요소

(1) 곡류 : 곡물수량 = 단위면적당 수수 × 1수 영화수 × 등숙비율 × 1립중

(2) 과실 : 수량 = 나무당 과실수 × 과실의 크기(무게)

(3) 고구마, 감자 : 수량 = 단위면적당 식물체수 × 식물체당 괴근(경) 수 × 괴근(경) 무게

(4) 사탕무 : 수량 = 단위면적당 식물체수 × 덩이뿌리의 무게 × 성분함량

PART 04

농약학

Chapter 01 농약의 정의와 중요성
Chapter 02 농약의 분류
Chapter 03 농약의 제제
Chapter 04 농약의 독성 및 잔류성
Chapter 05 농약의 사용 및 약해
Chapter 06 농약의 이화학적 특성

Chapter 01 농약의 정의와 중요성

1절 농약의 정의와 명칭

1. 농약의 개념
(1) **정의** : 비료를 제외한 모든 농업용 약제로 살균제, 살충제, 제초제, 기피제, 유인제, 전착제 등을 포함
(2) **농약학** : 농약의 이화학적, 생물학적 특징 및 작용기작에 대해 연구하는 학문

2. 농약의 조건과 명칭
(1) 농약의 구비조건

약효의 우수성	• 적은 양으로도 약효가 확실해야 함
인축에 대한 안정성	• 인축과 어류에 대한 독성이 낮아야 함
농작물에 대한 안정성	• 농작물에 대한 약해가 없어 생육에 이상이 없어야 함
생태계에 대한 안정성	• 천적에 대한 독성이 없어야 하며 잔류성이 낮아야 함 • 농약의 분해 : 화학적 분해, 산화·환원·가수분해·결합에 의한 분해, 미생물 분해, 광분해(자외선)
제제화의 용이성	• 물리화학적 성질을 유지하면서 약효가 잘 발휘되어야하며 혼용 등의 사용법이 편리해야 함 • 대량생산이 용이해야 함
가격의 합리성	• 값이 저렴하여 농업경영비 유지가 용이해야 함
등록	• 농약의 품목은 반드시 농촌진흥청에 등록되어 있어야 함 • 신규등록의 경우 필요한 약효 시험성적서의 인정범위 : 2~3년간 시험한 성적서 • 등록한 농약의 유효기간 : 10년

(2) 농약의 명명법

화학명	• 농약을 구성하고 있는 화학적 구조에 따라 명명 • 병해충의 약제저항성과 관련이 깊으며 IUPAC(국제 순수 및 응용화학 연합)에서 명칭을 결정
코드명(시험명)	• 농약 개발 시 일반명이 지어지기 전에 회사나 개발자의 이름을 붙임
일반명	• 농약을 구성하는 화합물의 이름을 암시하면서 단순화시켜 명명 (농약의 특성을 나타냄) • 잔류허용기준을 나타내며 국제적으로 통용됨
품목명	• 농약 제제 형태에 따라 명명되며 우리나라에서 농약을 등록할 때 사용
상품명	• 농약을 제제화한 후 제품화할 때 제제화(생산)한 회사에 따라 명명 • 같은 성분의 농약이라도 생산한 회사에 따라 다름

3. 농약의 표시사항과 장단점

(1) 농약의 표시

표시사항의 종류	• 품목등록번호 • 유효성분 함유량 및 기타 성분 함유량 • 농약의 명칭 및 제제 형태 • 안전사용기준 및 취급제한기준 • 포장단위 • 저장, 보관 및 사용상 주의사항 • 상호, 소재지 • 모집단번호 및 약효보증기간 • 적용 작물과 병해충 및 사용량, 사용방법과 적합한 사용시기
	• 맹독성, 고독성, 작물잔류성, 토양잔류성, 수질오염성 및 어독성 농약 : 문자와 경고 또는 주의사항 • 사람 및 가축에 위해한 농약의 경우 그 요지 및 해독방법 • 수서생물에 위해한 농약의 경우 그 요지 및 해독방법 • 인화 또는 폭발 등의 위험성이 있는 농약의 경우 그 요지 및 특별취급방법 ※ 약제용도에 따른 바탕색 구분 : 살균제(분홍색), 살충제(녹색), 제초제(노란색), 생장조절제(청색), 비선택성농약(적색), 기타약제(백색), 혼합제 및 동시방제제(색깔 병용) ※ 농약의 이화학적 검사항목에는 자체검사항목과 적부판정검사가 해당되며 가열안정성 시험을 통해 모든 농약 제형의 약효보증기간을 설정 – 자체검사항목 : pH, 비중, 표면장력, 내열내한성, 안정성 – 적부판정검사 : 유효성분, 분말도, 입도 등

(2) 농약 사용의 장단점

장점	• 농산물의 병충해 방제(살균, 살충)에 큰 역할을 하며 인류 보건 증진과 식량 증산에 크게 이바지함
단점	• 내성을 가진 저항성해충이 등장, 곤충의 해충화가 진행되며 인축에 대한 독성을 띰 • 자연계의 평형이 파괴되며 잔류 독성으로 인해 환경오염을 초래함

Chapter 02 농약의 분류

1절 살균제

1. 살균제의 개념

(1) 정의 : 식물에 병을 일으키는 진균, 세균, 바이러스 등을 방제하여 농작물을 보호하기 위한 농약

(2) 살균제의 종류

보호살균제	• 병이 발생하기 전 병균이 식물에 침입하는 것을 예방하는 약제 • Mancozeb, Propineb, 석회유황합제, 만코지(만코제브), 보르도액, 구리분제
직접살균제	• 침입한 병원균을 사멸시켜 방제하는 약제 • 메타락실, 벤지미다졸계, 트리아졸계, 석회유황합제, 디폴라탄, Blasticidin, 항생물질
종자소독제	• 종자나 종묘 표피에 있는 병원체를 사멸시키는 약제로 대부분 분의법과 침지법을 이용 • 티람, 프로클로라즈, 플루디옥소닐, 비타박스, 침적용 유기수은제, 벤레이트티
토양소독제	• 토양 중 병원체를 사멸시키는 약제로 휘발성이 강하며 살충 및 제초효과도 나타남 • 클로로피크린, 토양소독용 유기수은제, 밧사미드, 다조멧, 메탐소듐
과실방부제	• 저장 중 과실이나 채소의 부패를 방지하기 위한 약제 • 이미녹타딘, 크레속심메틸, 티아벤다졸

2절 살충제

1. 살충제의 개념

(1) 정의 : 식물을 가해하는 해충을 방제하기 위해 사용하는 농약으로 직접 죽이는 약제와 그 외 유인제, 기피제 등 작물에 피해를 주지 않도록 유도하는 농약도 포함

(2) 살충제의 종류

구분	내용
식독제	• 해충이 먹을 경우 소화기관 내에서 독작용을 일으키는 약제로 대부분의 유기인계 살충제가 속함 • 유기인계 살충제인 페니트로티온 유제는 식물에 잘 흡수되어 식물체 내 유충에 대해 효과적이며 벼 이화명나방 및 솔나방 방제에 주로 사용됨 • 저작구형을 가진 나비류 유충, 딱정벌레류, 메뚜기류에 적합
접촉제	• 살포한 약제가 해충의 표피에 접촉되어 체내로 침입 후 독작용을 일으키는 약제 • 직접접촉독제 : 직접 해충에 접촉되어 약효가 발생하는 약제 • 잔류성 접촉독제 : 살포된 약제가 잔류하는 식물에 해충이 접촉하여 독작용을 받는 약제 • 제충국제, 데리스제(근육독), 니코틴제, 기계유유제(해충 표면에 피막을 형성하여 기문을 막아 질식시킴)
침투성 살충제	• 살포 시 약제가 식물체 내로 침투되어 흡즙성 해충에 독작용을 일으키는 약제 • 용해도가 높아야 하며 이동 중 분해되지 않도록 화학적 안정성이 좋아야 함 • 천적에 대한 피해가 없음 • 슈라단, Pestox-3, Mestasystox, 사이안트라닐리프롤, 디노테퓨란, 피리다벤, 클로티아니딘
훈증제	• 약제가 휘발되어 유효성분이 해충의 호흡기관으로 들어가 독작용을 일으키는 약제 • 밀폐된 장소의 저장 농산물 해충 방제에 유리 • 반침투성(식물체 전체 이동X), 침투성(식물체 전체 이동)으로 구분 • 메틸브로마이드, 클로로피크린, 시안화수소(청산제), 알루미늄포스파이드 • 알루미늄포스파이드(인화알루미늄)는 건조 상태에서 안정하지만 공기 중 습기에서는 서서히 반응함
훈연제	• 유효성분을 연기 상태로 만들어 해충을 방제하는 약제 (밀폐 시설하우스에서 용이) • 아세타미프리드
유인제	• 해충을 직접 죽이지 않고 특정 장소로 유인하는 약제 • 성페로몬유인제, 방향성 및 휘발성 약제
기피제	• 해충을 기피시키는 약제, 라우릴알코올
불임제	• 해충의 생식능력을 저하시켜 번식을 막아 발생을 억제시키는 약제 • 아메토프테린, 테파
점착제	• 나무의 줄기나 가지에 발라 해충의 월동 전후 이동을 막는 약제
생물농약	• 미생물, 천적, 천연에서 유래된 추출물 등을 이용한 생물학적 방제용 약제로 지효성이며 효과가 국부적으로 적용됨

3절 살비제·살선충제·살서제·제초제

1. 살비제(살응애제)의 개념

(1) 정의 : 곤충에 대해서는 살충 효과가 없고 거미강에 속하는 응애류에 대해 약효가 있는 약제

(2) 종류 : Ovotran, Kelthune, Phencapton, 헥사티아족스, 아바멕틴, 아세퀴노실, 클로르페라피르

(3) 특징 : 작용점 및 작용기작이 살충제와 유사하며 응애류에만 선택적 효과가 있고 알에 대한 효과도 커야함

2. 살선충제의 개념

(1) 정의 : 식물 뿌리에 기생하여 농작물을 가해하는 선충을 방제하는 약제

(2) 종류 : 포스티아제이트, 이미시아포스, 다조멧, 에토프로포스, 카두사포스, 밀베멕틴

3. 살서제의 개념

(1) 정의 : 쥐, 두더지 등 설치류를 방제하는 약제

(2) 종류 : 인화아연, 프라톨, 와파린

4. 제초제의 개념

(1) 정의 : 농작물과 양분경쟁을 하며 생육을 저해하는 잡초를 제거하는 데 사용하는 약제

(2) 제초제의 종류 : 선택성, 비선택성, 이행형, 접촉형 등

4절 식물생장조절제, 보조제

1. 식물생장조절제의 개념

(1) 정의 : 식물의 생육을 촉진 또는 억제하거나 개화 촉진, 착생 촉진, 낙과 방지 등을 조절하기 위한 약제

(2) 종류 : 식물호르몬계, 비호르몬계

식물호르몬	옥신	• 식물에 널리 분포하는 IAA와 그 유사체를 의미 • 효과 : 세포 신장 촉진, 낙과 방지 및 착화 촉진, 발근 촉진 • 인돌비(indole-B) : IAA와 BA의 혼합물로 콩나물 생장 촉진시 주로 이용
	지베렐린	• 키다리병의 원인을 밝히는 과정에서 발견된 호르몬 • 세포 신장 및 분열 촉진, 과실 비대 촉진, 숙기 촉진
	사이토키닌	• 세포분열 촉진, 노화 억제, 뿌리생장 촉진, 저장성 증대
	에틸렌	• 숙성 및 노화 촉진(과일의 후숙), 에틸렌(기체) 이용이 어려워 에세폰(액체)을 사용
비호르몬	에틸렌 억제제	• 에틸렌 발생을 억제하여 수확물의 저장성을 향상, 1-MCP(메틸사이클로프로펜)
	생장촉진제	• 과실 비대 및 생장 촉진, 합성 시토키닌
	생장억제제	• 괴경의 액아 생장을 억제, 생장억제로 도복방지, 낙과방지 • Daminozide : 낙과방지제로 사용되었으나 현재는 발암물질로 지정되어 일부 화훼농가에서만 사용됨
	신장억제제	• 식물의 생장을 억제, 도복방지 • Diniconazol, Iprobenfos, Paclobutrazole

2. 보조제의 개념

(1) 정의 : 살충제, 살균제, 제초제 등 농약의 효과를 증진시키기 위해 사용하는 첨가제로 자체 약효는 없음

(2) 보조제의 종류

전착제	• 유효성분을 병해충이나 식물에 잘 전착시키기 위해 사용하는 약제 • 전착제로 이용되는 계면활성제는 습윤성, 확전성, 현수성, 고착성을 좋게하여 성분이 골고루 퍼지게 함(가용화 작용이 큰 HLB(Hydrophile-Lipophile Balance) 값 : 15~18) 〈조건〉 – 유화력이나 분산력이 커야 함 – 작물에 약해를 일으키지 않아야 함 – 주제의 성질을 변질시키지 않아야 함 – 경수에서 사용가능해야 함 – 주제, 보조제와 친화성을 가져야 함

	– 종류 : 농용비누, 황산화유, 황산에스테르, 폴리옥시에틸렌
	<table><tr><th>강친유성</th><th>친유성</th><th>친수성</th><th>강친수성</th></tr><tr><td>—C_nH_{2n+1} —C_nH_{2n-1}</td><td>—CH_2OR —$COOR$</td><td>—$NHCNH_2$ (O=) —OH —$COOH$ —CN</td><td>—N^+—X^- —$SO_3^-H^+(Na^+)$ —$OSO_3^-H^+(Na^+)$ —COO^-Na^+</td></tr></table>
	[보조제의 특성별 화학구조]
증량제	• 분제나 입제 사용 시 사용되는 양이 너무 적어 양을 증대시킴으로서 균일한 살포를 돕는 약제 〈조건〉 – 분말도, 가비중, 분산성, 비산성, 고착성, 부착성, 안정성 – 흡습성이 강하면 안되며 수분함량이 낮고 pH가 중성이어야 함 – 혼합성 증량제의 비중 현상을 고려해야 함 〈종류〉 – 규조토 : 주성분은 규산, 갑충류에 강한 살충력, 수화제 조제에 사용 – 고령토 : 주성분은 규산, 수화제와 분제의 증량제로 사용 – 탈크(활석) : pH는 알칼리성, 안전하므로 분제 제조용으로 널리 사용 – 벤토나이트 : 유화제, 수화제 제조용으로 사용
용제	• 유제나 액제처럼 액상 농약을 제조할 때 원제를 녹이기 위해 사용 〈조건〉 – 농약에 대한 용해도가 커야 함 – 농약의 약효나 안정성을 저하시키지 않아야 함 – 농약 독성을 증대시키지 않아야 함
유화제 (분산제)	• 물에 녹지 않는 원제인 유제의 유화성을 높이기 위한 약제로 고제입자가 물에 분산되는 성질인 현수성을 좋게 하기 때문에 분산제라고도 함 (계면활성제) • 보통 분제나 수화제보다 안정성이 큼 • 유화성 : O / W형, W / O형으로 구분 (농약은 주로 O / W형 사용)

3. 기타

(1) **혼합제** : 특성이 다른 서로 다른 2종 이상의 약제를 혼합하여 하나의 제형으로 만든 약제 (살균·살충제)

(2) **살조제** : 조류 방제 (아비트롤)

(3) **살연체동물제** : 달팽이류 방제 (메타알데히드)

Chapter 03 농약의 제제

1절 농약제제의 개념

1. 제제와 제형

(1) **제제** : 농약은 원제로 직접 사용할 수 없으므로 적당한 보조제를 함께 첨가하여 살포하거나 물에 용해되기 쉬운 제품으로 만듦

〈농약제제화의 목적〉
① 사용자에 대한 편의성을 위해
② 최적의 약효발현과 최소의 약해 발생을 위해
③ 소량의 유효성분을 넓은 지역에 균일하게 살포하기 위해

(2) **제형** : 농약의 유효성분을 사용하기 편하도록 제제화한 것으로 최종상품의 형태를 의미

2절 제형에 따른 물리적 분류

1. 희석살포용 제형(액체시용제)

(1) 특징

유화성	• 유제를 물에 희석했을 때 입자가 물속에서 균일하게 분산되어 유탁액이 되는 성질
습전성	• 살포한 약액이 작물이나 해충 표면을 잘 적시고 퍼지는 성질 • 습윤성(균일하게 적시는 정도)과 확전성(밀착되어 피복면적을 넓히는 정도)이 중요 • 유제의 경우 계면활성제가 유화제(습전제)로 사용됨
수화성	• 수화제와 물의 친화성을 나타내는 성질로 수화제 입자가 물속에서 분산상태로 유지되는 현수성을 의미
부착성 및 고착성	• 부착성(약제가 식물체에 붙어있는 성질), 고착성(부착된 약제가 떨어지지 않는 성질)
침투성	• 약제가 식물이나 해충에 스며드는 성질

(2) 종류

유제 (EC)	• 불용성 원제(주제)를 용제에 녹인 후 계면활성제를 유화제로 첨가한 것 • 물과 혼합되면 우유같은 유탁액이 됨 • 수화제보다 살포액 조제가 간편하며 약효가 높음 • 유화성 검정 시 사용하는 물의 경도 : 3.0 • 구비조건 : 유화성, 안정성, 확전성, 고착성
수화제 (WP)	• 불용성 원제(주제)에 벤토나이트, 카올린 같은 점토광물(증량제), 계면활성제를 첨가한 것 • 우리나라에서 유통되는 수화제는 325메시(Mesh)의 체에서 98%이상 통과(분제, 분의제는 250Mesh) • 물에 희석하면 유효성분의 입자가 물에 분산되어 현탁액이 됨 • 구비조건 : 수화성, 현수성, 분말도, 고착성
액상수화제 (SC)	• 수화제의 분말 비산의 단점을 보완하기 위해 만든 제형 • 증량제로 물을 사용하여 현탁시킴
입상수화제 (WG)	• 수화제와 액상수화제의 단점을 보완한 과립형 수화제 • 살포액 조제 시 수화제보다 비산 중독 가능성이 낮으며 액상수화제보다 농약용기에 달라붙는 양이 적음
액제 (SL)	• 원제(주제)가 수용성이며 가수분해 우려가 없을 때 계면활성제나 동결방지제(에틸렌글리콜) 첨가 후 물이나 메탄올에 녹인 제형
유탁제 (EW)	• 유제 제조에 필요한 유기용매를 줄이기 위해 유화제와 물로 유화시킨 제형으로 • 미탁제 : 분산 입자의 크기를 더 작게 만든 것 • 장점 : 인축에 대한 독성이 강하지 않음
분산성 액제 (DC)	• 불용성 원제를 친수성이 강한 특수용매와 계면활성제를 혼합하여 만든 제형 • 살포액 조제 시 원제가 수중에 미세입자로 분산됨
수용제 (SP)	• 수용성 고체 원제, 수용성 증량제(설탕)를 혼합 및 분쇄하여 만든 분말제형 • 제제방법은 수화제와 비슷하나 살포액으로 만들면 수화제와 달리 투명함 • 사용이 용이하지만 고체 원제만 사용하므로 비산 발생 위험이 있음 • 구비조건 : 수용성
플로우어블	• 용제에 녹기 어려운 고체의 유효성분을 액제화한 것으로 수화제의 효력의 증강보단 취급용이가 목적 • 살포 시 식물체나 해충 표피 이면까지 약제가 도달함 • 수화제 입자크기(10~20㎛)에 비해 입자크기가 매우 작음(5㎛ 이하)

2. 직접살포용 제형(고형시용제)

(1) 특징

분말도, 입도, 경도, 가비중	• 분말도 : 분제, 수화제 등 고체상태의 입자 크기를 나타낸 것 • 입도 : 희석하지 않고 사용하는 분제, 미립제, 입제 등의 입자 크기를 나타낸 것 • 경도 : 입자 강도를 나타낸 것 • 가비중 : 농약제형의 단위면적 당 무게를 나타낸 것
응집력	• 분제 입자나 물에 희석한 유제, 수화제의 입자가 서로 붙는 성질 • 응집력이 크면 분제가 살포기에서 토출이 잘 안되며 작으면 비산은 좋지만 부착된 입자가 작물이나 해충에서 잘 떨어짐
토분성	• 살포기에서 토출되는 정도
분산성	• 살포 시 분제가 널리 균일하게 분산되는 성질
부착성 및 고착성	• 목적하는 작물이나 해충 표면에 잘 달라붙는 성질
수중붕괴성	• 사용된 제제가 토양의 표면 또는 수면에서 유효 성분이 서서히 용출되는 성질

(2) 종류

입제 (GR)	• 원제를 고체증량제와 혼합·분쇄 후 고합제, 안정제, 계면활성제를 추가하여 입상으로 만든 제형으로 주로 원상태로 사용 • 입상의 담체에 유효성분을 피복시킨 것으로 비교적 무거워 비산의 우려가 적고 토양이나 수면에 직접 살포할 수 있음 (안정성이 높고 약해 우려가 적음) • 단위면적 당 사용량이 많고 가격이 비쌈 • 수용성이 낮고 휘발성이 있어 훈증작용 가능 • 토양흡착성이 있어 물로 유실되지 않음 • 줄기나 잎에 부착되는 양이 적어 침투이행성이 필요 • 입도가 중요 ※ 세립제(FG) : 입제보다 알갱이가 작아 단위면적 당 제제 살포량을 줄일 수 있는 분류상 입제에 포함되는 제형으로 제조방법 및 특성이 입제와 동일
분제 (DP)	• 원제를 탈크, 점토 등 증량제와 물리성개량제, 분해방지제와 혼합 분쇄하여 만든 제형 • 분제의 대부분은 증량제로 원제에 대해 화학적으로 안정하고 저렴해야 함 • 증량제를 사용하여 분제의 가비중을 조절할 때 적절한 가비중 범위는 0.4 ~ 0.6임 • 수도병해충 방제에 널리 사용 • 유제나 수화제에 비해 고착성이 떨어져 잔효성이 중요한 과수 병해 방제에는 부적합 • 구비조건 : 분말도, 토분성, 분산성
수면전개제 및 오일제 (SO)	• 수면전개제 : 불용성 용제에 원제를 녹이고 수면확산제를 첨가한 것으로 살포작업이 용이 • 오일제 : 물로 희석할 수 없을 때 유기용제에 희석하여 살포할 수 있도록 고안된 제형

미분제 (GP)	• 분제의 단점인 비산성을 오히려 이용하여 입도를 더욱 작게 만들어 시설하우스 같은 밀폐 공간에서 확산시킬 수 있도록 고안된 제형 • 미립분제(MG) : 입제보다 입자의 크기가 작으며 입제와 분제의 단점을 보완한 제형 • 플로우더스트제(FD제) : 보통분제의 10배 농도 성분을 함유하는 고농도 미분제로 평균 입경은 약 $2\mu m$
저비산분제(DL분제)	• 분제의 일종으로 응집제를 사용하여 비산을 줄이기 위해 만든 제형 • 입도는 20~30μm로 대부분 농약 원제를 제제화할 수 있음
캡슐제(CG)	• 원제를 고분자 물질로 피복하여 고형으로 만들거나 캡슐 속에 농약을 주입한 제형 • 원제 방출이 안되어 효율성이 크지만 값이 비쌈

3절 기타 목적별 분류

1. 종자처리제

(1) **종자처리수화제(WS)** : 약제의 종자 부착성을 향상시킨 수화제로 적은 양으로 효과가 크며 약제 손실이 적어 환경에 좋고 농약 중독의 염려가 없음

(2) **종자처리액상수화제(FS)** : 액상수화제 형태로 종자에 원액으로 사용하거나 물에 희석하여 사용

(3) **분의제(DS)** : 수화제 제형의 분상으로 종자에 직접 분의 처리하거나 물에 희석하여 사용

2. 특수목적제

(1) **도포제** : 점성을 크게 만든 제형으로 붓 등을 이용하여 병반에 직접 바르도록 고안된 제형

(2) **훈연제** : 휘발성을 가지는 원제를 밀폐된 공간에서 많이 사용하며 노동력을 절감할 수 있음. 불을 붙이면 연기와 함께 분산되며 시설 원예 포장에서 많이 사용됨

(3) **훈증제** : 증기압이 높은 원제를 액상, 고상, 가스상으로 용기에 충진한 것으로 방출 시 기화되는 제형. 휘발성, 확산성, 비인화성, 침투성이 중요함

(4) **연무제** : 원제를 연무발생기(봄베)에 충진하여 고압 또는 열을 가해 분무되게끔 고안된 제형

(5) **가스제** : 시안화석회, 클로르피크린, 메틸브로마이드

3. 농약 보조제

1) 종류 : 유기용제, 계면활성제, 전착제, 증량제, 결합제, 협력제
2) 계면활성제 : 한 분자 내에 친유성기와 친수성기를 모두 가지는 고분자 물질로 유화제, 분산제, 전착제 등이 계면활성제로 쓰임. 친유성기와 친수성기는 적절한 균형을 이루어야 계면활성제의 효과가 잘 나타나는데 이 균형비를 수치(HLB)로 나타내며 이 수치가 높을수록 친수성이 강함 (0~20)

구분	특징
음이온 계면활성제	• 카복실염, 황산에스테르염, 설폭산염, 인산에스테르염
양이온 계면활성제	• 아민염, 암모니아염
양성 계면활성제	• 음이온 원자단에 카복실산, 황산을 가지며 양이온 원자단에 아민, 암모늄 등을 가지는 것
비이온 계면활성제	• Polyoxyethylene (유제의 원료로 사용)

3) 전착제 : 농약의 주성분을 식물체에 잘 부착시키기 위한 보조제로 우리나라에서 농약의 범위에 해당되며 표면장력을 통해 유효성분을 측정 (종류 : 비누, 카세인석회, 스티커, 실록세인 등)
4) 증량제 : 분제, 입제, 수화제 등 고체 원제와 함께 사용하며 농약을 제제할 경우 분제 가비중이 0.4~0.6이 적당하고 수분함량과 흡습성이 낮아야 하며 증량제에 의해 유효성분이 분해되면 안되므로 철, 알루미늄 등 금속의 함유 유무를 확인해야 함
5) 협력제 : 살균제나 살충제의 효과를 증대시킬 목적으로 사용하는 약제

구분	특징
피페로닐뷰톡사이드	• 제충국 추출물(피레트린), 데리스 추출물(로테논)의 협력제로 알코올, 벤젠 등에 용해됨
황산아연	• 결정석회황 합제와 혼용하여 감귤깍지벌레에 대한 보조증진효과를 냄
설폭사이드	• 피레트린의 협력제로 제충국 분제에 혼합하여 저장곡물 방제에 이용
그 외 협력제	• 피페로닐, 사이클로넨, 피포탈, 프로필 아이소머, 세사멕스, 세사몰린, 트리부포스, 뷰카폴레이트, 디에놀레이트, 옥타클로로디프로필 에테르

Chapter 04 농약의 독성 및 잔류성

1절 농약의 독성

1. 농약 독성의 구분

(1) 독성의 종류

구분	특징
발현대상에 따라	• 포유동물 독성 : 사람이나 포유동물에 대한 독성으로 피부자극성 시험을 통해 측정 • 환경생물 독성 : 물고기, 새, 꿀벌 등 유용생물에 대한 독성
발현속도에 따라 (1~5급)	• 급성 독성 : 일시에 다량의 농약에 노출되었을 때 발현 • 만성 독성 : 소량의 농약에 장기간 노출되었을 때 발현 • 급성 독성의 강도 : 흡입독성 > 경구독성 > 경피독성
독성강도에 따라	• 맹독성(별도로 취급), 고독성(잔류성 농약 포함, 유독성 농약), 보통독성(저독성 농약)이 해당되며 우리나라에서 등록가능한 농약은 보통독성과 저독성 농약임(대부분 저독성농약)
투여방법에 따라	• 흡입 독성 : 호흡을 통해 체내로 침투되어 나타나는 독성(독성이 가장 큼) • 경구 독성 : 입을통해 체내로 침투되어 나타나는 독성(Parathion, EPN) • 경피 독성 : 피부를 통해 체내로 침투되어 나타나는 독성
특수독성	• 발암성검사를 통해 발암위해가능성 농약에 대한 종양유발가능성을 7단계로 구분 • 농약노출량(식품소비량 × 농약잔류량) × 종양유발가능지수

(2) 포유동물 독성

1) 급성독성 정도에 따른 농약의 구분(농약을 1회 투여하여 생물집단에 대한 독성을 반수치사량(LD50)으로 평가하며 I급~IV급으로 구분)

구분	시험동물의 반수를 죽일 수 있는 양 LD50(mg/kg 체중)			
	급성 경구		급성 경피	
	고체	액체	고체	액체
I급(맹독성)	5 미만	20 미만	10 미만	40 미만
II급(고독성)	5 이상 ~ 50 미만	20 이상~ 200 미만	10 이상 ~ 100 미만	40 이상 ~ 400 미만
III급(보통독성)	50 이상~ 500 미만	200 이상~ 2,000 미만	100 이상 ~ 1,000 미만	400 이상 ~ 4,000 미만
IV급(저독성)	500 이상	2,000 이상	1,000 이상	4,000 이상

2) 독성의 특징

표시	• 반수치사량(LD50) : 농약을 경구나 경피 등으로 투여할 경우 특정 생물의 50%가 치사하는 약량을 의미(경구독성, 경피독성) • 반수치사농도(LC50) : 흡입독성 • 값이 작을수록 독성이 강함
분류	• 독약(LD50 30mg/kg 이하), 극약((LD50 50~300mg/kg), 보통약 (LD50 300mg/kg 이상) • 저독성 농약 : 극약, 보통약
유기인계 살충제 (주로 급성중독)	• 독성이 강하지만 동물의 몸 안에서 빨리 분해되어 무독화
무기염소계 살충제 (주로 만성중독)	• 대부분 안정한 화합물로 생물체내에서 분해 되지 않아 동물의 지방층이나 뇌신경에 축적

(3) 환경생물 독성

1) 어독성 : 어류에 대한 독성을 나타내는 것으로 맹독성(Ⅰ), 고독성(Ⅱ), 보통독성(Ⅲ) 3단계로 나눔

① 맹독성(Ⅰ), 고독성(Ⅱ)에 해당되는 농약은 포장지에 경고문구를 표시해야 함

② 어독성의 표기는 반수치사농도로 표기하며 처리 48시간 후 잉어의 반수(50%)가 살아남는 농도로 ppm으로 표시(TLm)

③ 벼 재배용 농약의 어독성 구분은 '위험도(Z) = 농약의 논물 중 기대농도치(Y) / 어류 반수치사농도(X)'을 이용하며 위험도가 5초과일 때 Ⅰ급, 0.1미만일 때 Ⅲ급, 그 사이 범위에서 Ⅱ급으로 구분 (벼 농약 : 고독성(Ⅱ), 보통독성(Ⅲ)에 속함)

④ 제형별로 볼 때 어독성은 유제 > 수화제, 수용제 > 분제, 입제 순으로 나타남

⑤ 어류는 수온이 높을수록 감수성이 높음

⑥ 어류는 생육단계에 따라 감수성이 다르며 감수성의 크기는 섭식을 처음 시작했을 때 > 부화 직후 치어 > 난기(알) 순

⑦ 어독성 정도에 따른 농약의 구분

구분	반수를 죽일 수 있는 농도(mg/L, 48시간)
1급	0.5ppm 미만
2급	0.5 이상 2ppm 미만
3급	2.0ppm 이상

2) 곤충에 대한 독성 : 꿀벌, 누에 등 유용곤충에 대한 독성 또는 해충 방제를 위한 살충제가 기생벌, 기생파리, 잠자리 등 천적군의 균형을 파괴

3) 조류에 대한 독성 : 맹독성 농약

파라티온유제	• 급성 경구독성이 매우 강하여 산림청, 농협, 조달청에서 공급하며 과수 외 모든 작물에 사용을 금지
테믹입제	• 산림청에서 공급하며 소나무 외 모든 작물에 사용을 금지
호리마트입제	• 과수원 살충제
슈라단	• 침투성 살충제

2절 농약의 안전성

1. 농약 노출허용량

(1) **농약의 위해성** : 농약의 위해성은 독성 강도, 노출약량, 노출시간으로 산출되는데 독성강도는 화학물질이 갖고 있는 고유의 성질을 뜻하며 노출약량과 시간은 사용방법에 따라 결정됨
   1) 농약의 위해성(안전성) = 독성 강도 × 노출약량 × 노출시간
   2) 노출비율 = 노출허용량 × 체중 / 노출량 (노출비율이 1보다 작으면 살포작업이 안전하지 않은 것)
   3) 농약 노출 측정법 : 수동적 측정법 (피부노출, 호흡노출 측정) 과 생물학적 측정법 (살포자의 체외 배출물 측정)을 이용
   4) 생물농축계수(BCF) = 생체 내 오염물질 농도 / 수질환경 중 오염물질 농도

2. 농약의 잔류성

(1) **잔류성 농약** : 농약 성분이 농작물, 토양, 물에 잔류되거나 이를 오염시키는 농약으로 작물잔류성 농약, 토양잔류성 농약, 수질오염성 농약으로 구분

작물잔류성 농약	• 수확물의 농약 잔류량이 잔류허용기준을 넘을 위험이 있는 농약 • 농약의 구조적 안정성이 클수록 오래 잔류 • 작물의 표면 굴곡과 털이 많을수록, 왁스피복율이 낮을수록 잔류량이 많음 • 작물의 표면적이 넓을수록, 중량이 무거울수록 잔류량이 적음 • 전착제 사용 시 부착량 증가로 인해 잔류량 증가 • 작물 체내의 잔류량은 경시적으로 계속 감소
토양잔류성 농약	• 반감기 : 토양에 처리한 농약 중 절반이 분해되는 데 걸리는 시간 • 반감기간이 180일 이상인 농약으로 토양에 농약 성분이 잔류되어 후작물에 영향 • 유제는 토양에서의 분해가 느림
수질오염성 농약	• 수도용 농약으로 수서생물에 피해를 일으킬 우려가 있으며 어독성에 관여

(2) 농약의 잔류와 안전사용

만성독성학적 척도	• 만성독성학적 위해성 = 만성독성 × 노출량
1일 섭취허용량(ADI)	• 농약을 매일 섭취하여도 인체에 아무 영향도 미치지 않는 농약의 최대약량 (NOAEL, 최대무작용약량)에 안전계수(1/100)를 곱한 것
잔류허용기준(MRL)	• 최대잔류허용량(kg) = $\dfrac{1일\ 섭취허용량(ADI) \times 국민평균체중(kg)}{해당농약이\ 사용되는\ 식품의\ 1일\ 섭취량(식품계수,\ kg)}$ • 만성독성과 관련되며 1개 작물에만 사용될 경우 적용됨 • 별도의 잔류허용기준이 정해지지 않은 농약의 경우 0.01mg/kg로 설정
안전사용기준	• 수확한 농산물 중 농약 잔류량이 허용기준을 넘지 않도록 사용법을 법으로 제정한 것 • 사용 대상 또는 사용제한 대상이 되는 작물, 사용 제형 및 방법, 사용시기(최대 임박살포일), 사용횟수가 결정요소가 되며 이 중 임박살포일이 잔류수준에 가장 큰 영향
최대섭취허용량	• 최대섭취허용량을 산출한 후 이 값이 인간의 1일 섭취허용량의 80%를 초과하지 않도록 농약사용을 허가하는 농작물의 수를 제한
PLS 제도	• 농약 허용물질목록 관리제도로 국내에 등록되었거나 잔류를 허용하는 농약에 대해 적정한 잔류허용기준을 설정하여 관리하는 것

3. 농약의 중독

(1) 농약의 중독과 대책

개념	• 농약의 중독은 급성중독과 만성중독으로 구분되는데 급성중독은 음독에 의해 주로 발생하며 만성중독은 식품에 존재하는 농약이 인체로 흡수 후 축적되어 나타남
중독의 경로	• 농약 살포 시 방제복, 마스크 등의 보호장비의 미착용으로 살포액이 눈, 피부, 호흡기를 통해 침투되어 독성을 일으킴
중독의 증상	• 전신(무기력, 피곤함), 피부(발진, 붉은 반점, 작열감, 수포, 각화증), 눈(동공 축소, 확대, 눈물, 결막염), 소화계(침분비 과다, 구토, 복통, 설사, 구강 화상), 신경계(두통, 현기증, 근육경련, 불안정, 혼미), 호흡계(기침, 흉통, 흉부압박, 호흡곤란)

(2) 사용 시 준수사항

1) 고독성 농약은 원예용으로만 사용하며 사용 직전 조제하고 피부에 묻지 않도록 주의해야 함
2) 고독성 농약 살포 시 바람을 등지고 살포해야하며 3시간 이상의 작업은 금지함
3) 고독성 농약 살포 시 분무기의 분출구가 막히더라도 입이나 손을 접촉하면 안되며 사용한 용기는 타용도로 사용 금지

4) 고독성 농약을 살포한 지역을 표시하며 살포 후 수확과 14일간의 출입을 금지함
5) 살포작업 이후 신체를 전체적으로 씻고 작업복과 마스크 등을 세탁
6) 질환자, 허약자 등은 농약살포를 하지 않도록 함

(3) 중독 시 응급조치

피부오염	• 오염된 작업복을 벗긴 후 피부를 비눗물로 깨끗이 씻어 안정을 취하게 함 • 피부염 발생 시 식물성 기름, 항히스타민 연고, 부신피질 호르몬 연고를 바름
눈 오염	• 즉시 흐르는 물에 눈을 뜨고 15분 이상 씻어내고 따뜻한 물에 얼굴을 잠기게 한 후 눈을 깜박여 씻어냄
흡입중독	• 경기도적 중독(호흡을 통해 기도로 해서 폐로 들어가는 것)이 되었을때는 환자를 통풍이 잘되는 곳에 눕히고 옷을 느슨하게 하여 호흡을 쉽게 함(심할 경우 인공호흡)

섭취중독	• 위장 내 농약 흡수를 막기 위해 즉시 구토하도록 함 (구토물에 농약 냄새가 없을 때까지 실시)
	  - 손가락을 입에 넣어 자극
	  - 따뜻한 소금물이나 우유, 달걀 흰자위를 먹여 구토 유발
	  - 의식이 혼미하거나 경련을 일으킬 땐 구토를 유발하지 않도록 함 (기도 막힘)
	• 황산나트륨, 황산마그네슘, 황산소다 복용을 통해 배변을 촉진
	• 활성탄 복용을 통해 중화제 역할을 하게 함
	• 음독 시 우유를 마시면 안됨

(4) 해독제의 이용

농약의 계통	해독제의 종류
유기인계	• 황산아트로핀, 팜(PAM)
유기염소계	• 항경련제
메틸브로마이드, EDB계	• BAL, 아미노페린
카바메이트계	• 황산아트로핀
디티오카바메이트	• 스테로이드제
카탑 및 티오사이클람	• SH계 해독제(BAL, 글루타치온)
피레트로이드계	• 황산아트로핀, 항경련제(Balbitar), 레니토닌(Rhenitonine), 메티카바놀(Meticarbanol)
염소산염계 제초제	• 황산소다를 중탄산소다에 용해시킨 것을 이용

Chapter 05 농약의 사용 및 약해

1절 농약의 사용

1. 농약의 조제

조제 시 주의사항	• 조제작업은 바람을 등지고 해야 함 • 알칼리성 물은 사용하지 않고 경도가 낮은 맑은 물을 사용 • 수온은 낮은 것이 좋으나 원액에 침전물이 있을 경우에는 따뜻한 물로 침전물을 녹인 후 조제 • 희석 배수 농도를 준수해야 함 (병해충 방제효과 및 약해와 밀접한 관련) • 전착제는 조제가 끝난 후 추가함 • 유제와 수화제는 먼저 물에 섞은 후 사용
저장 시 주의사항	• 냉암소에 저장 및 보관 (자외선 접촉 시 분해우려) • 건조한 장소 (고형제는 흡습될 경우 분해 촉진) • 화기 주변을 피할 것 (유제 등은 인화 위험성이 있음) • 제초제는 다른 약제와 구분 격리 보관 (유효 성분의 전이) • 시건 장치 설치 (어린이의 손에 닿지 않도록 주의)

2. 농약의 조제방법

석회황합제 농약 조제법	• 생석회와 황을 1 : 2의 중량비로 배합하여 가압솥에 넣는다 • 소요량의 물을 가하여 2기압으로 120~130℃에서 1시간 가 열 반응 • 30분간 숙성 냉각 후에 불용물을 가압여과기로 걸러 낸 후 공기와 차단해서 둔다 • 조제가 끝난 것은 적갈색의 투명한 액체로 강한 알칼리를 나타냄
수용제, 수화제, 유제 조제법	• 수용제 : 일정량의 물에 필요한 농약을 섞으면 투명한 용액의 희석액이 됨 • 수화제 : 그릇에 소량의 물과 필요한 양의 농약을 넣어 풀과 같이 만들고 그 후 희석에 필요한 전량의 물을 넣어 잘 저어 풀어줌 • 유제 : 유제 원액에 물을 조금 넣어 잘 저은 후 희석에 필요한 전량의 물을 넣어 살포액을 만들거나, 필요한 전량의 물에 농약을 조금씩 부어 잘 저은 후 살포액을 만듦

살포액의 희석 농도 계산법

액제의 희석법 (퍼센트액)	• 희석에 필요한 물의 양 = 원액의 용량 × (원액의 농도 / 희석할 농도 − 1) × 원액의 비중 • 소요 약량(ppm 살포) = 추천농도(ppm) × 피처리물의 무게(kg) × 100 / 1,000,000 × 비중 × 원액농도
분제의 희석법	• 희석할 증량제의 중량 = 원분제의 중량 × (원분제의 농도 / 희석할 농도 − 1)
소요 약량 — 배액 살포	• 소요약량 = 단위면적당 사용량 / 소요 희석 배수 (일반농민에게 추천)
소요 약량 — %액 살포	• 10a당 소요약량 = $\dfrac{\text{추천농도(\%)} \times \text{10a당 살포량}}{\text{약액농도(\%)} \times \text{비중}}$
소요 약량 — ppm 살포	• 소요약량 = $\dfrac{\text{추천농도(ppm)} \times \text{피처리물(kg)} \times 100}{1,000,000 \times \text{비중} \times \text{원액농도}}$

3. 농약의 혼용

혼용 시 효과	• 대부분 농약은 알칼리에 의해 분해되어 약효가 떨어지거나 유독물질을 생성 • 알칼리 농약과 유기황계 농약을 혼용하면 유황계 금속 부분과 석회가 치환되어 약효가 떨어지거나 유독물질을 생성하며 근접 살포시 위험이 있음 • 수화제와 유제 혼용 시 수화제의 현수성이 약화되며 고농도 혼용 시 점도가 증가함 • 보르도액과 알칼리성 약제(석회유황합제 등) 혼용 시 약해가 일어남 • 파라티온과 BHC 혼제에서 파라티온과 같은 유독성 약제의 독성을 감소시킬 수 있음 • DDT, BHC, 비산연, 클로르덴, 파라티온 등은 알칼리에 불안정함(알칼리성 약제는 유기인계, 카바메이트계, 유기염소계, 유기유황살균제와 혼용하면 좋지 않음) • BHC과 NAC를 혼용하면 살충작용에 있어서 상승적 효과가 있음 • EPN과 PMC(염화페닐수은)를 혼용하면 살충과 동시에 살균 효과가 있음 ※ DDT : 지효성, 잔효성 ※ 파라티온 : 속효성, 잔효성이 작음
혼용 시 주의사항	• 사용 설명서를 읽고 혼용 부가표를 반드시 확인해야 함 • 표준 희석 배수 준수, 고농도 희석 금지, 다종 혼용 금지 (다종 혼용 시 과량 살포 금지) • 유제와 수화제의 혼용을 피함 (수용제, 수화제, 유제 순으로 혼용) • 침전물이 생긴 혼용 살포액은 사용을 금지함 • 동시에 2가지 이상의 약제를 섞지 않도록 고려(한 약제가 완전히 섞인 후 차례로 추가 혼합) • 작업이 끝나면 모든 기구는 반드시 깨끗이 씻어 둠 (별도 표시 후 분리)

4. 농약의 연용

(1) 서로 다른 농약이라도 연달아 사용 시 일정 처리기간이 경과되어야 약해를 방지할 수 있음

(2) 보르도혼합액 살포 후 결정석회황 합제를 처리할 경우 2~6주 간격을 둠

(3) 결정석회황 합제 처리 후 보르도혼합액을 처리할 경우 1~2주 간격을 둠

(4) 결정석회황 합제나 보르도혼합액 처리 후 기계유 유제를 처리할 경우 1개월 이상 간격을 둠

2절 농약의 약해

1. 농약의 저항성

작용별 저항성	약제저항성	• 한가지 약제를 계속 사용하면 해충 및 잡초 개체가 저항성을 가져 더 이상 약효가 나타나지 않는 것
	교차저항성	• 한 가지 약제에 저항성을 가지는 병원균이나 해충, 잡초가 한 번도 사용한 적 없는 약제에도 저항성을 보이는 것
	복합저항성	• 작용기구가 다른 2종 이상의 약제에 대해 저항성을 나타내는 것
목적별 저항성	살충제	• 저항성 발달의 정도는 저항성 계통의 반수치사약량을 감수성 계통의 반수치사약량으로 나눈 값으로 나타내며(저항성비), 저항성비가 10 이상이면 저항성이 발달한 것
	살균제	• 질적 저항성 : 병원균의 변이로 인한 저항성으로 자외선 등을 통해 유전적 변이가 작용점의 단백질에 일어나고 약제와의 결합력이 현저하게 낮아져 발생하는 저항성 • 양적 저항성 : 병원균 세포 내 살균제 농도를 낮추는 기작에 의해 유발되는 저항성
	제초제	• 작용점의 변화 : 제초제가 결합하는 단백질에 구조적 변이가 일어나 결합력이 약해져 발생 • 생리,생화학적 원인 : 분해효소 활성 증가, 이행 저해, 격리 또는 결합 (불활성화)

※ 저항성계수 : 농약의 저항성 발달 정도를 나타내는 것으로 저항성 LD50 / 감수성 LD50 으로 표시

2. 약해의 종류 및 원인

(1) 약해의 구분

급성적 약해	• 약제 처리 1주일 내에 발아 및 발근이 불량해지고 반점, 엽소, 잎의 왜화, 낙엽, 낙과 등이 발생하는 것
만성적 약해	• 증상이 수확기까지 서서히 나타나는 현상으로 영양생장, 화아 형성, 과실 발육 등에 영향을 주는 것
2차적 약해	• 처리한 농약이 토양에 잔류하여 이후 재배한 작물에도 약해를 일으키는 것 (후작물 약해)

※ 술폰가(sulfonative value) : 약해의 원인이 되는 불포화탄화수소의 함유량을 나타내는 수치로 이 값이 낮을수록 불포화탄화수소의 함유량이 적음

(2) **약해 발생 원인** : 작물의 특성, 농약의 특성, 환경조건, 사용방법에 따라 발생

작물의 특성	• 작물체 즙액의 수소이온농도(pH)에 따라 발생 정도가 달라짐
	• 농작물의 품종 및 감수성 차이에 따라 다름
	• 약제 저항성 : 휴면기 > 영양생장기 > 생식생장기 > 유묘기
	• 약해가 일어나기 쉬운 작물
	  - 동제 : 복숭아, 자두, 살구, 감
	  - 비소제 : 복숭아, 두류, 매화, 감
	  - 석회황합제 : 복숭아, 자두, 살구, 감자, 토마토, 파
	  - BNC제 : 오이류, 토마토, 가지, 배추

농약의 특성	• 경시변화 : 농약이 시간이 경과하면서 주성분의 효력이 약해지고 물리, 화학적 변화가 생겨 약해를 유발하는 현상으로 온도 영향을 크게 받음 • 유제가 수화제에 비해 식물 내 침투를 증가시키는 특성이 있어 약해 가능성이 높음 • 비산, 휘산, 잔류에 의한 약해는 제초제에서 잘 일어남 • 살포한 농약이 토양에서 분해되어 생성된 화합물이 약해를 일으킴
환경조건	• 고온, 강광 조건에서 약해 발생 가능성이 높음 • 다습한 환경에서 작물은 큐티클 층이 얇아지고 세포간극이 넓어지는데 이 때 건조가 늦으면 조직 내 침투량이 더욱 많아져 약해 발생 • 기공이 많은 잎 뒷면에 약제 살포 시 약해가 큼
사용방법	• 고농도 농약 살포, 잘못된 혼용(제4종 복합비료), 근접살포, 희석용수의 불량

(3) **약해 방지대책** : 제제의 개선(비산 방지, 마이크로캡슐제, 흡착성 화합물 혼합), 활성탄 및 해독제, 약해경감제(펜크로림) 이용, 생리활성 증진제 이용, 농약 안전사용기준 준수, 작부체계 개선, 동일 약제 연용금지

3절 농약의 살포

1. 액제 살포법

분무법	• 다량의 액제 살포 시 분무기를 이용하는 방법으로 유제, 수화제, 수용제를 물에 탄 약제를 가늘게 뿜어내 살포 • 비산에 의한 손실이 적으며 작물 부착성이 좋음 • 입자 지름 : 0.1~0.2mm (100~200㎛)
미스트법	• 미스트기로 약제 미립자를 살포하는 방법으로 살포량이 분무법의 1/3 ~ 1/4지만 농도는 2~3배 높음 • 용수가 부족한 곳에 적합하며 시간과 노력이 절약됨 • 작물체 입자 부착 정도와 확전효과가 높아 약해가 적음
스프링클러법	• 스프링클러를 사용하는 방법으로 노력을 절감할 수 있지만 잎 뒷면 부착성이 떨어지므로 침투성 약제를 함께 사용하는 것이 좋음

2. 고형제 살포법

살분법	• 분제 농약을 살분기로 살포하는 방법으로 파이프더스터법을 많이 이용 • 용수와 노력이 적게들지만 약제가 많이 필요하고 효과가 낮음 (비산에 의한 주변 피해 우려) • 구비조건 : 분산성, 비산성, 부착성, 고착성, 안전성
연무법	• 고체나 액제 약제입자가 미스트보다 작으며 연무질로 공중에 살포하는 방법 (입경 20㎛ 이하) • 분무법이나 살분법보다 잘 부착하지만 비산이 커 주로 밀폐된 하우스에서 사용 • 비점이 낮은 용제에 주제와 비휘발성 기름을 용해 가압 충진함

3. 기타 살포법

도포법	• 수간이나 지하에서 월동하는 해충이 오르내리지 못하게 끈끈한 점액성의 액체를 바르는 방법
도말법	• 종자 소독, 조류 기피, 해충 방제를 위해 분제나 수화제를 건조종자에 묻히는 방법
훈증법	• 클로로피크린 등 가스를 발산하여 밀폐공간의 저장곡물, 토양을 소독하는 방법
훈연법	• 약제를 연기 형태로 사용하는 방법
독이법	• 쥐 또는 해충이 선호하는 먹이에 농약을 첨가해 야외에 살포하는 방법
관주법	• 토양병해충 방제를 위해 약제희석액을 토양에 살포하는 방법
수면시용	• 모내기 전후 담수상태인 논에 잡초 또는 해충 방제용으로 입제 등을 살포하는 것
공중액제살포	• 항공기를 이용하여 대면적 살포하는 방법으로 주로 액체 약제를 사용 • 고형제(분제, 입제)는 비산이나 살포의 불균형성 때문에 사용이 어려움

Chapter 06 농약의 이화학적 특성

1절 살균제

1. 살균제의 작용기작

호흡 저해	• −SH 저해제 : 구리제, 유기수은제, 유기유황제, 클로로타로닐, 캡탄, 폴펫 • ATP생산 저해제 : 유기주석제, 펜타클로로페놀 • 전자전달 저해제 : 카복신, 메프로닐, 에트리디아졸
단백질 합성 저해	• 단백질 합성 개시를 저해 : 스트렙토마이신, 가스가마이신(저항성 유발 가능성 높음) • 펩타이드 신장을 저해 : 블라스티시딘-S • 단백질 합성 종료기 : 테누아조닉산 • 전과정 저해 : 사이클로헥시마이드
세포막 형성 저해	• 에르고스테롤 : 병원균 세포막의 구성성분으로 합성이 저해되면 세포막 구성배열에 이상이 생김 • 디페노코나졸, 디니코나졸, 헥사코나졸, 뉴아리몰, 트리아디메폰, 마이클로뷰타닐
세포벽 형성 저해	• 세포벽 형성이 저해되면 삼투압 저항력이 낮아짐 • 폴리옥신, 에디펜포스, 이프로벤포스
세포분열 저해	• 핵산 합성을 저해하여 세포분열을 방해 • 벤지미다졸계 (베노밀, 티오파네이트메틸)
병저항성 유도	• 작물 자체의 병 저항성을 갖게 함 • 트리사이클라졸 : 벼 도열병 약제로 벼 세포벽에 집적되는 멜라닌 색소 합성을 저해함

2. 살균제의 종류

구리제	• 구리는 생물에 대한 독성이 낮고 강한 살균력이 있어 살균제로 이용 • 광범위한 병해에 효과가 있으나 작물에 따라 약해 발생 우려가 있음 • 어독성이 있고 알칼리성으로 유기인제와 혼용하지 않아야 함 • 구리화합물 입자를 작물체 위에 피복, 고착시키면 유기산에 의해 서서히 구리이온이 용출되어 살균작용을 함 • 구리이온이 세포막이나 세포 내 단백질의 양이온과 결합, 탈수소효소의 SH기와 결합하여 균의 생리 작용을 억제 • 무기구리제 : 보르도액(석회보르도액, Bordeaux mixture), 쿠퍼하이드록사이드 − 석회보르도액은 석회양에 따라 소석회보르도액(450g이하),

	석회보르도액(450g), 과석회보르도액 (450g이상)으로 구분 – 석회보르도액은 물의 양에 따라 소석회보르도액(4두), 석회보르도액(6두), 과석회보르도액(8두)로 구분 ※ 1두 = 물20L – 보르도액을 살포한 후 바로 비가 내리면 가용성 구리의 양이 증가하여 약해가 발생 – 발병 전 조제 즉시 사용 (오래 둘 경우 염기성 황산동의 입자가 커져 약효 저하되며 조제 직후 보르도액의 구리의 용해도가 0에 가까울 때의 pH는 12.4) – 약효를 위해 살포액이 건조되어 피막을 형성해야 함 – Ester제(파라티온, 말라티온, PPN)과 혼용 금지, 비금속 용기 사용 – 약해 방제를 위해 황산아연을 황산구리 정량의 절반 첨가 – 동수화제 : 보르도액의 유효 성분인 염기성 황산구리를 주제로 한 것으로 감자역병에 효과적 • 유기구리제 : 옥신코퍼, 코퍼하이드록사이드(구리 함유량이 많음), DBEDC, 쿠퍼노닐페놀설포네이트
수은제	• 염화 제2수은이 주성분이며 보리, 감자의 소독용으로 사용했지만 인축에 독성을 유발하고 심한 약해가 있어 현재는 사용하지 않음 • 무기수은제 : 승홍, 머큐리클로라이드 • 유기수은제 : PMA(페닐머큐리아세테이트), 미나마타병의 원인
비소제	• 비소(As)를 포함하는 유기화합물로 R기, X2기를 갖고 있으며 3가 화합물이 가장 살균력이 강함 • X2기는 염소, 산소, 황 등으로 구성될 수 있으며 X가 염소일때, R기는 – CH_3기일 경우 살균력이 가장 강함 • 네오아소진(MAFA) : 철(Fe)이 결합되어 있어 약해를 경감시키며 주로 벼 잎집무늬마름병, 사과부란병 방제에 이용되는 보호살균제로 주로 분제와 입제로 사용
유기주석제	• 트리페닐 화합물 구조를 가지며 구리 처리량의 1/10로 살균, 살응애 효과 • 사탕무 갈반병, 감자역병, 콩 탄저병에 효과가 큼 • 살균력이 강하며 살충 및 제초 작용도 있으나 약해와 악취, 어독성이 있음 • 펜틴하이드록사이드, 펜틴아세테이트, 수산화물(TPTH), 염화물(TPTC), 초산염(TPTA)
무기유황제	• 친유성으로 세포 내 침투성이 강해 강한 살균력이 있음 (지방함량이 많은 병원균에 효과가 큼) • 아황산가스나 황산 등 생성된 황산화물에 의해 효과를 가짐 • 승화로 생성된 가스체 황과 황 자체에 의해 효과를 가짐 • 황화수소 등 생성된 황환원물질에 의해 효과를 가짐 • 황 독성은 입자 크기에 의해 좌우되며 입자가 작을수록 살균력이 크고 부착력이 좋음 • 선택성이 있어 적용범위는 좁지만 응애류나 깍지벌레에 강한 살충력을 가짐 • 종류 : 황분말, 결정석회황합제, 수화성 황제 수화성 황제는 석회유황합제보다 살균효과는 떨어지나 과수, 채소 등에 약해 없이 사용 가능하며 보르도액, 유기염소제, 파라티온, 블라티온 같은 유기인제와 혼용이 가능

구분	내용
석회유황합제 (lime sulfur)	• 가장 오래 전부터 제조되어 사용되었던 농약 • 살균력, 살충력을 모두 가지며 값이 저렴함 • 주요성분은 CaS_5이며 제조 시 생석회와 황의 중량비를 1:2로 함 • 과수와 보리의 병해 방제용으로 많이 쓰이나 약해를 일으킴 • 다황화석회가 공기 중 산소와 접하면 유황이 활성화되어 살균작용을 일으킴 • 강한 알칼리성은 균 또는 환부 조직을 기계적으로 파괴시킴 • 온도와 습도가 높으면 분해가 빨라져 효력이 저하됨
유기황제	• 디티오카바메이트계에 속하며 N-CS-S 기를 가짐 • 다른 무기 살균제에 비해 약해가 적고 지효성이나 선택적 살균작용을 함 • Dialkyl계 화합물 : 병원균 생육에 필수적인 금속과 결합하여 살균작용 • Alkylene계 화합물 : 병원균 효소단백질의 SH기와 결합하여 살균작용 • 지효성 살균작용으로 알칼리제를 제외한 모든 약제와 혼용이 가능 • 저장 중 흡습에 의해 분해되기 쉽고 가격이 비쌈 • 만코제브, 프로피네브, 메티람 • 만코제브의 ETU성분은 발암성이 높아 농약관리법상 함량을 0.5% 이하로 규제
유기염소제	• 벼 도열병용으로 개발된 약제들은 약해가 발견되어 사용 중단 • 원예용 클로로타로닐, 벼 도열병 프탈라이드, 벼 흰잎마름병 테크로프탈람
유기인살균제	• 주로 살충제로 사용되고 있지만 벼 도열병 약제로 사용하기도 함 • 이프로벤포스, 에디펜포스
항생제	• 미생물이 생산하는 화학물질로 다른 미생물(세균)의 대사작용을 억제시키는 기작을 이용 • 스트렙토마이신은 Streptomyces griseus의 생산물질인 저독성 약제로 병원균의 단백질 합성을 저해하고 광범위하게 효과가 있으나 토양 살균제로는 사용할 수 없음 (특히 감귤궤양병, 배추 무름병에 효과적) • 항세균성 항생제 : 스트렙토마이신, 클로람페니콜제 • 항진균성 항생제 : 마이클로헥시아미드제, 셀로사이딘제 • Polyoxin B : 사과 점무늬낙엽병, 배 검은무늬병 • Polyoxin D : 벼 잎집얼룩병, 사과 부란병
침투성살균제	• 약제 자체의 살균력은 없으나 식물체 내로 침투되어 대사작용을 변화시키는 물질로 전환됨 (기생균의 독소를 불활성화시키는 물질) • 기생 식물과 기생균 간 생화학적 상호작용과 관련이 있음 • 식물 자체의 저항성을 높여줌 • Acylalamine계, Benzimidazole계, Carboxamide계 등으로 구분되며 이에 메탈락실, 베노밀, 카벤다짐, 티오파네이트메틸, 티아벤다졸, 카복신, 메프로닐, 페나리몰 등이 속함 (베노밀 : 사과, 수박 탄저병에 많이 쓰이는 벤지미다졸계 살균제)

2절 살충제

1. 살충제의 작용기작

신경기능 저해	• 시냅스 전막의 저해 : BHC, 사이클로디엔계 화합물은 곤충 시냅스 전막에 신경전달물질 양을 증대시켜 반복흥분을 일으키므로 신경전달에 이상이 생겨 죽게됨 • 신경축색의 전달 저해 : DDT, 피레스로이드계 살충제는 외부자극이 축색말을 통해 전달되는 과정에서 칼륨이온의 활성과 나트륨이온의 불활성을 억제 • AChE 저해 : 유기인계, 카바메이트계는 아세틸콜린에스테라제의 분해를 억제하여 후막에 이 효소가 축적되어 신경자극의 정상전달이 차단되므로 곤충이 죽게됨 • ACh 수용체 저해 : 니코틴, 네레이스톡신 등의 유도체 화합물인 카탑은 아세틸콜린과 비슷한 구조로 시냅스 후막 수용체와 결합, AChE에 의해 분해되지 않으므로 시냅스 후막을 지속적으로 탈분극시켜 흥분이 지속되어 곤충이 죽게됨
에너지 대사 저해	• 곤충은 ATP가 ADP로 분해될 때 나오는 에너지를 이용하여 생명활동을 하므로 ATP를 생성하는 호흡대사가 저해되면 에너지원이 고갈되어 죽게됨 • 메틸브로마이드, 클로로피크린 : TCA회로 회전에 관여하는 SH기 보유 효소의 작용을 저해 • 로테논 : 호흡대사 중 전자전달계에 작용하여 전자 흐름을 방해
키틴 생합성 저해	• 키틴 : 곤충 외골격을 구성하는 성분으로 변태를 거칠 때마다 글루코오스를 원료로 체내에서 합성 • 키틴 합성이 안되면 탈피 시 새로운 외표피의 형성이 불가능해짐 • 생장살충제 : 뷰프로페진, 디플루벤주론, 클로르플루아주론, 헥사플루뮤론, 테플루벤주론, 트리플루뮤론
호르몬 균형 교란	• 탈피 및 변태 호르몬을 교란시킴 • 유약호르몬(Juvenile) : 곤충의 유충상태를 유지시키는 호르몬으로 곤충에만 특이적으로 작용
미생물 살충제 (Bt제)	• Bacillus thuringiensis 균을 배양하여 생성된 아포의 단백질 독소를 이용하는 것으로 해충의 소화 과정에서 독소가 용해되어 중독작용을 일으킴 • 독소는 중장세포의 ATP합성을 저해하고 장막 투과성을 변화시켜 체액의 곤충을 죽게 함 (체액의 pH와 이온을 변화)
유인제 및 기피제	• 유인물질 : Allylisothiocyanate(배추좀나방), Sesamolin(양파파리), Oryzanone(벼 이화명나방), Acetaldehyde(감자 콜로라도잎벌레) • 기피물질 : Isobolidine(담배나방, 까치밥나무자나방), Clerodendin(담배나방, 조명나방, 독나방) • 디메틸프탈레이트(Dimethyl phthalate) : 해충이 작물이나 인축에 접근을 방지하는데 사용되는 기피제로서 곤충의 음성주화성을 이용한 약제
불임제	• 길항물질 : 아메토프테린 • 알킬화제 : 테파, 메테파, 아포레이트
훈증제	• 높은 휘발성으로 가스를 발생시켜 해충을 방제하는 살충제로 훈증작용을 통해 주로 밀폐공간이나 토양소독용으로 사용 (토양곰팡이, 곤충, 선충, 잡초 씨앗 방제)

	• **구비조건** : 강한 휘발성, 비인화성, 강한 침투성, 물리화학적 안정성 • **종류** : 메틸브로마이드, 사이안화수소(청산제), 클로로피크린, 알루미늄포스파이드, 메탐소듐, 아조멧, 이황화탄소

2. 살충제의 종류

유기인계	• 환경생물에 대한 영향이 가장 큰 농약으로 인축에 대한 독성이 높으며 자연에서 분해가 빠르고 잔효성이 적음 (단, DDT, 드린제와 같은 염소계는 잔효성이 길고 내성을 유발하기 쉬움) • 인을 중심으로 인과 이중결합을 하는 산소 또는 황이 결합된 구조 • 알칼리에 의해 쉽게 가수분해되며 불용성이나 유기용매에 잘 녹는 친유성 화합물이므로 곤충 체내에 잘 침투하여 작용점에 도달할 수 있음 • 흡수된 유기인제는 체내에서 간장 등을 거치면서 대사되어 여러 가지 대사산물이 생성될 수 있으며 이 대사과정을 통하여 유기인제에 따라서 독성이 증가하거나 경감됨 • 아세틸콜린에스테라제의 작용을 저해하며 경엽에도 침투하여 주로 접촉독제나 침투성 약제로 사용 • 유기인계 살충제는 인산기형(phosphate) 화합물이 티오인산기(thiophosphate) 화합물보다 생리적 작용이 강함(AChE에 대한 높은 활성을 보임) • 일반적으로 황원자가 많아질수록 지효성과 잔효성이 증가하므로 인산기형은 생리적 작용이 강한 속효성이며 티오인산기형은 화학적인 안전성이 큰 지효성임 • Phosphoric Acid형 : TEPP, DEP, DDVP • Thiophosphoric Acid형 : EPN, 파라티온, 메틸파라티온, 슈미티온 • Dithiophosphoric Acid형 : 말라티온, 이미단, PAP • **명칭** : ~티온, ~포스, ~논, ~돈, 포~ 등 [파라티온 구조식]
카바메이트계	• 유기인계처럼 AChE 활성을 저해하며 체내에서 분해가 빨리 일어나 인축에 대한 독성이 낮음 • 선택적으로 작용하고 분해가 빨라 인축에 대한 독성이 낮음 • 살균, 제초 효과도 있음 • 카바릴, 페노뷰카브, 아이소프로카브, 카보퓨란, 티오디카브 등 피조스티그민　　피롤란　　아이솔란 [카바메이트계의 구조식]

유기염소계	• 분자 내 염소(Cl)을 다량 함유하고 있으며 살충력이 강하고 적용범위가 넓고 저렴하나 잔류독성의 우려가 큼(잔효성이 큼) • 인축에 대한 급성독성이 낮음 • DDT계 : 디페닐구조를 가지는 화합물로 곤충의 신경자극전달을 교란시키며 저온감수성이 높아 온도가 내려갈수록 살충력이 강해짐 • BHC계 : 유기염소계 분자 내에서 염소(Cl)이 환상 구조를 이루며 사이클로딘계와 함께 곤충 중추 신경에 강한 자극을 일으킴 • 사이클로딘계 : 유기염소계 분자 내에서 염소(Cl)가 환상 구조를 이루며 황(S)이 결합되어있음 • 명칭 : ~드린, ~설판, 헵타클로르 등 [DDT의 구조식]　　[BHC의 구조식] 베타-엔디설판　　알파-엔디설판 [사이클로딘의 구조식]
피레트로이드계	• 제충국의 피레트린을 화학적으로 안정하도록 구조를 변화시킨 살충제 • 온혈동물과 인축에 저독성이며 살충력이 강함 (중추·말초신경계에 낮은 농도로도 독성작용) • 명칭 : ~트린 등(사이퍼메트린 등) • 종류 : Pyrethrin I, II, Cinerin I, II, Jasmolin I, II • Pyrethrin I 은 천연 제충국 성분 중 살충력이 가장 강함
네레이스톡신계	• 천연독소인 네레이스톡신은 아세틸콜린과 비슷한 구조로 아세틸콜린 수용체에 결합하여 신경전달 물질의 수용을 차단 • 명칭 : ~탑 등 네레이톡신　　카탑　　벤설탑 [네레이톡신의 구조식]

니코틴계	• 포유동물에 대한 독성이 강함 • 명칭 : ~프리드 이미다클로프리드　　아세타미프리드　　디노테퓨란 [네오니코티노이드계 살충제의 구조식]
벤조일우레아계	• 곤충의 키틴 생합성을 저해하여 살충효과를 냄 • 표유동물은 키틴이 없어 인축에 안전하며 환경오염 우려도 없음 • 명칭 : ~유론, ~우론, ~누론, ~루론, ~수론 등
로테논계	• 곤충 신경 저해 및 근육 내 미토콘드리아 전자전달계에서 복합체 I을 방해하여 호흡대사 저해
페닐피라졸계	• 곤충 체내의 Cl채널을 저해하여 살충효과를 냄 • 피레트로이드계, 사이클로딘계, 유기인계, 카바메이트계 살충제에 저항성을 갖는 해충에 효과적
아바멕틴계	• 미생물(방사상균인 Streptomyces avermitilis)에서 기원한 살충제로 살포 후 잎에 즉시 흡수되기에 응애, 총채벌레, 굴파리류 방제에 효과적 • 에마멕틴벤조에이트 : 침투성과 살충성이 강하며 나방류에 대한 지속효과가 뛰어남
스피노신계	• 접촉 또는 소화독으로 인한 해충의 신경전달체계 마비 • 약제가 묻지 않은 잎 뒷면에도 방제효과를 냄
디아마이드계	• 사이안트라닐리프롤 : 해충 근육세포 내 칼슘채널을 방해하여 근육을 마비

3절 살선충제, 살응애제

1. 살선충제의 특징 및 종류

특징	• 곤충 체내 필수효소의 활성을 저해시키거나 전자전달계를 저해하여 살충효과를 냄 • SH기 등과 반응하여 활성중심을 불활성화 • 분자구조에 친유성기가 있어야 함 • 토양 중 확산이 잘 되어야 하며 확산 후 빨리 소실되어 작물에 약해를 일으키지 않아야 함 • 휘발되지 않고 일정기간 체류되어야 하며 인체에 유독성을 띠지 말아야 함
종류	• 유기할로겐계 : 클로로피크린, 메틸브로마이드, 에틸렌, 디브로마이드 • 기타 : REE, 카밤, 메설펜포스, 이미시아포스, 카두사포스, 터부포스, 포레이트, 플루오피람 등(포레이트는 유기인계 살충제로 감자 거세미나방과 마늘의 뿌리응애 방제에 주로 사용됨) • D-D제 : 우리나라에서 클로로피크린과의 혼합제로 토양해충방제용으로 사용되며 선충에 독성 작용을 나타냄. 1943년 하와이에서 파인애플 선충 방제에 효과가 있다고 밝혀짐 • 메틸브로마이드 : 높은 증기압을 가져 훈연제로 사용하는 가스성 살충제 • 카두사포스는 뿌리혹선충 방제에, 밀베멕틴은 소나무재선충 방제에 사용 • 포스티아제이트는 장기재배형 작물에 적합 • EDB, DBCP

2. 살응애제의 특징 및 종류

특징	• 곤충에는 효과가 없지만 응애류에 효과가 있는 약제로 발생기간이 긴 응애를 방제하기 위해 잔효성이 길어야함
종류	• Diarylcarbinol계 : BCPE, CPCBS, Chlobenzilate, Tetradifon, Dicofol • 유기인계 : 저독성 유기인계(Malathion, Dialifos), 접촉독형(Thiomenton), 침투이행형 (Ethion), 인축에 독성이 있고 유충과 성충에 독성을 띠지만 비선택성 약제로 응애의 천적에도 독성을 띰 • 유기유황계 : Chorfenson (CPCBS, 침투이행성, 지속기간이 길며 살란효과), Tetradifon (비침투성 접촉성, 부화방지, 부화유충에 효과), Propargite (BPPS, 유충과 성충에 대한 접촉제) • 작용기작 : 신경기능 저해, 호흡작용 저해, SH효소 저해, 글루타민 합성 저해 • 주요 살응애제 : 피리다벤, 베멕틴, 아바멕틴, 에마멕틴벤조에이트, 비펜트린, 비페나제이트, 페나자퀸, 클로르페나피르, 아조사이클로틴, 사이에노피라펜, 스피로메시펜, 아조사이클로틴, 터부포스, 테부펜피라드

4절 제초제

1. 제초제의 특징

구비조건	• 인축에 안전하지만 가격이 적당하며 제초효과는 커야함 • 사용이 간편해야 하며 자연에 오염이 없고 환경이 변해도 약효와 약해에 변화가 없어야 함 • 작물에 약해가 없어야 하며 토양수와 후작물에 농약성분 잔류문제가 없어야 함
대사과정 및 작용기작	• 제초제의 성분이 산화환원 또는 가수분해되어 생성된 분해산물이 식물체 내 여러 물질과 결합하여 제2의 물질을 생성 • 광합성을 저해 : 요소계, 아마이드계, 트리아진계, 벤조티아디아졸계, 비피리딜리움계 • 호흡 저해 : 카바메이트계, 유기염소계 • 아미노산 합성 저해 : 유기인계(글리포세이트), 설포닐우레아계, 이미다졸리논계 • 단백질 합성 저해 : 유기인계, 아마이드계 • 호르몬 작용을 교란 : 페녹시계(MCPP, 2,4-D), 벤조산계(디캄바) • 세포분열 저해 : 카바메이트계, 디니트로아닐린계

2. 제초제의 분류

선택성	• 선택성 : 2,4-D, MCP, MCPB, DCPA • 비선택성 : Paraquat, Glyphosate, CAT, CMV, PCP, DNBP ※ 비선택성 제초제는 전멸제초제라고도 함 • 생리적 선택성 : 약제 성분이 식물체에 이행되는 정도에 따른 선택성 • 생태적 선택성 : 식물체별 생육시기로 인한 감수성 차이에 따른 선택성 • 형태적 선택성 : 생장점 노출 정도에 따라 나타나는 선택성 • 생화학적 선택성 : 식물 종류에 따른 반응별 선택성
작용형태	• 이행형 : 호르몬형(2,4-D, MCP), 비호르몬형(CAT, CMV, ATA) • 접촉형 : PCP, DNBP, 염소산소다, 청산소다, Paraquat(그라목손)
처리방법	• 토양처리제(발아 전 처리제), 잡초처리제(발아 후 처리제)
처리시기	• 파종전, 파종후, 생육기 처리제

〈제초제의 종류 정리〉

처리부위	구분	작용	호르몬	선택성
경엽	유기인계	이행형	비호르몬	비선택성
	페녹시계	이행형	호르몬	선택성
	벤조산계	이행형	호르몬	선택성
	비피리딜리움계	접촉형	비호르몬	비선택성
	벤조티아디아졸계	이행형	비호르몬	선택성
토양	아마이드계	접촉형	비호르몬	선택성
	디니트로아닐린계	접촉형	비호르몬	선택성
	티오카바메이트계	이행형	비호르몬	선택성
경엽 및 토양	요소계	이행형	비호르몬	선택성
	트리아진계	이행형	비호르몬	선택성
	카바메이트계	이행형	비호르몬	선택성
	설포닐우레아계	이행형	비호르몬	선택성
	디페닐에테르계	접촉형	비호르몬	선택성

3. 제초제의 성분별 종류

무기성분	• 청산소다, 청산칼리, 설파민산제, 염소산 소다 : 비선택적으로 접촉하여 제초효과를 냄 • 염소산소다는 폭발성이 있으며 개간지, 임야 등 비농경지의 잡초를 제거하는 데 많이 사용됨. 또한, 뿌리가 깊은 갈대 등 다년생 화본과 식물에서 효과가 좋으며 폭발성을 개선한 염소산 석회를 사용하기도 함
유기성분	• 페녹시계 제초제는 주로 호르몬형 선택성 제초제로 화본과 식물에는 안전하나 광엽식물에 효과 • 광엽식물의 엽록소 형성 및 호흡대사를 방해하며 분열조직을 현저하게 활성화시킴 • 메코프로프(MCPP) : 2,4-D보다 약해가 적고 한랭지역, 조기재배 시 사용

5절 식물생장조절제

1. 식물생장조절제의 종류

구분		종류
옥신	천연	• IAA, IAN, PAA
	합성	• NAA, IBA, 2,4-D, 2,4,5-T, PCPA, MCPA, BNOA
지베렐린	천연	• GA
시토키닌	천연	• IPA
	합성	• BA
에틸렌	천연	• C_2H_4
	합성	• 에세폰(ethephon)
생장억제제	천연	• ABA, phenol
	합성	• CCC, B-9, MH-30, phosphon-D, AMO-1618

2. 식물생장조절제의 특징

구분	종류
옥신	• 생장촉진, 낙과방지, 과실비대, 성숙촉진, 단위결과 유도, 증수효과, 줄기나 뿌리 선단에서 생성 ※옥신은 고농도에서 제초효과를, 저농도에서는 생장촉진 효과를 냄
지베렐린	• 생장촉진, 개화촉진, 휴면타파, 발아촉진, 비대 및 숙기촉진, 단위결과 유도, 증수효과
시토키닌	• 세포분열 촉진, 발아촉진, 단위결과 촉진, 내한성 증대, 노화 방지, 주로 뿌리에서 생성, 엽록소와 단백질 분해 억제, 기공 개폐촉진, 조직배양 시 많이 사용
에틸렌	• 과실의 착색 및 성숙 촉진, 발아촉진, 정아우세 타파, 낙엽촉진, 꽃눈증가, 불리한 환경에서 생성 증가
생장억제제	• 건조, 액아 억제, 신장 억제, 도복 방지를 위해 식물체를 왜화시킬 때 많이 사용

Memo

PART 05

잡초방제학

Chapter 01　잡초의 개념 및 분류
Chapter 02　잡초의 생리·생태 및 경합
Chapter 03　잡초의 방제
Chapter 04　제초제(화학적 방제법)

Chapter 01 잡초의 개념 및 분류

1절 잡초의 피해 및 분류

1. 잡초의 특징 및 피해

(1) 잡초 : 인간이 목적으로 하는 작물 이외에 재배 과정에서 직·간접적 피해를 주는 식물

(2) 잡초의 특징
   1) 작물의 수량이나 품질을 저하시킴
   2) 종자의 생산량이 많고 전파력과 경합성이 큼
   3) 번식력과 재생력이 커 불량환경에서 생존률이 높음
   4) 휴면성이 있어 외부 환경 등 발아 조건에 따라 불량환경을 회피함
   5) 우리나라는 화본과 잡초보다 광엽잡초가 많으며 추경답보다 춘경답에서 발생량이 많음
   6) 비가 온 뒤 고온다습한 환경에서 급증하여 여름작물에 피해가 큼
   7) 중북부보다 남부지방에서 발생량이 많음
   8) 뚝새풀은 월동맥류의 우생잡초이며 바랭이는 여름밭작물의 우생잡초임
   9) 외래잡초의 발생량이 증가하는 추세이며 제초제의 사용으로 인한 다년생 숙근초가 문제가 되고 있음

(3) 잡초의 피해

경합	• 작물과 토양수분 및 양분, 광에 대한 경합이 일어나 작물의 광합성량 및 수량에 영향을 줌 • 벼의 경우 잡초와 경합이 일어날 때 생육초기에는 분얼수와 수수를 감소, 생육중반에는 이삭수를 감소, 후기에는 영화의 등숙률과 천립중을 감소시켜 수량이 감소함
타감작용	• 상호대립억제작용(allelopathy)라고도 하며 잡초가 작물의 생육을 억제하는 물질을 분비하여 영향을 미치는 것
기생	• 새삼, 겨우살이 등 기생성 잡초는 실모양의 흡기조직으로 기주식물을 가해함
병해충 매개	• 해충의 서식지나 월동처 및 병원균의 기주역할을 하여 병해충을 매개
작업환경	• 잡초발생으로 인해 경지의 이용효율이 떨어지며 작물 관리와 수확에 어려움이 생김
독성	• 도꼬마리, 고사리 등의 알칼로이드 중독을 초래할 수 있음, 독성으로 인한 품질저하

종자 혼입	• 잡초종자와 작물종자의 혼입으로 종자순도가 떨어져 품질이 저하되고 포장을 오염
수분관리	• 관수와 배수 저하, 유속을 감소시켜 지하 침투량 증가로 인한 수분손실 증가 • 용존산소량 감소, 수온 저하 등을 초래

(4) 잡초의 유용성

토양환경 개선	• 토양을 피복하고 분해 시 유기물을 제공하여 토양물리성 개선 및 침식을 예방
먹이 및 서식처	• 곤충, 조류 등 야생동물의 먹이와 서식처가 되어줌
품종 육성	• 동일한 종속에 속한 작물의 저항성 품종을 육성할 경우 유전자원으로 활용됨
작물 이용	• 구황작물, 약용작물, 향료 등으로 활용 (쑥, 반하 등)
공해	• 물옥잠, 부레옥잠 등은 대기오염을 경감시킴
조경	• 벌개미취, 미국쑥부쟁이, 술패랭이꽃은 조경식물로 이용

2. 잡초의 분류

식물학적 분류	• 분류순서 : 계, 문, 강, 목, 과, 속, 종, 변종
	• 표기법(이명법) : 속명 + 종명 + 명명자명
	• 종자식물은 쌍떡잎식물과 외떡잎식물로 구분
	  – 쌍떡잎식물 : 대부분의 잡초에 해당되며 망상의 잎맥과 직근, 배유 대신 2개의 자엽을 가지고 생장점은 정단부에 위치
	  – 외떡잎식물 : 피, 강아지풀, 올방개 등이 해당되며 평형의 잎맥과 섬유근계의 관근, 산재유관속을 가지며 생장점은 줄기 하단과 절간에 위치함

생활형에 따른 분류	• 1년생 잡초 : 하계 1년생(봄과 여름에 발생, 강아지풀, 바랭이, 피, 쇠비름, 명아주 등)과 동계 1년생(가을과 초겨울에 발생하여 월동, 별꽃, 망초, 냉이, 둑새풀 등)이 있음 • 2년생 잡초 : 첫해에 로제트 형태로 월동한 후 화아분화를 함(망초, 냉이, 지칭개, 달맞이꽃, 방가지똥, 개갓냉이 등) • 다년생 잡초 : 2년 이상 생존하는 생활환을 가지는 잡초로 종자번식 이외에 영양번식도 함 (괭이밥, 메꽃, 반하, 쇠뜨기, 쑥, 올미, 올방개, 벗풀, 토끼풀, 나도겨풀) ※ 다년생 잡초의 증가 요인 : 동일제초제의 연용, 춘경 및 추경 감소, 시비량 증가, 이모작의 감소
형태에 따른 분류	• 광엽잡초 : 망상잎맥, 잎은 둥글고 큼 (가래, 물달개비, 비름, 질경이, 명아주, 여뀌 등) • 화본과잡초 : 평형잎맥, 잎은 폭이 좁고 길며 문제잡초종 중 가장 점유율이 높음 (피, 바랭이, 나도겨풀, 둑새풀, 강아지풀 등) ※ 벼는 잎귀(엽이)와 잎혀(엽설)이 있으나 피는 갖고있지 않음 • 방동사니과잡초 : 화본과잡초와 유사한 형태(마디유무 제외)로 줄기는 삼각형에 윤택이 있음 (방동사니, 너도방동사니, 향부자, 올방개, 매자기, 올챙이고랭이, 파대가리, 바람하늘지기 등)

※ 다년생 잡초의 분류

분류	특징		종류
단순다년생	종자번식 이외의 새로운 개체 형성을 통한 번식도 가능		민들레, 질경이, 수영
구근형	구근 형태로 번식		야생마늘, 산달래
포복형	괴경(덩이줄기), 근경(땅속줄기)		올방개, 매자기, 너도방동사니
	구경(알줄기)		반하, 올챙이고랭이
	포복경		미나리, 병풀, 선피막이, 사상자
	포복근		겨풀, 메꽃, 쇠뜨기, 엉겅퀴

발생시기에 따른 분류	• 여름잡초 : 봄에 발아하여 여름에 피해가 많고 가을에 결실 (바랭이, 여뀌, 명아주, 피, 강아지풀, 방동사니, 비름, 쇠비름, 미국개기장 등) • 겨울잡초 : 가을에 발아하여 노지에서 월동 후 봄에 피해가 많고 늦봄 또는 초여름에 결실 (뚝새풀, 속속이풀, 냉이, 벼룩나물, 벼룩이자리, 개미자리, 별꽃, 망초, 갈퀴덩굴, 점나도나물 등)
수분적응성에 따른 분류	• 수생잡초 : 담수상태에서 발생 (가래, 물옥잠, 물달개비, 마디꽃 등) • 습생잡초 : 포화수분 상태에서 발생 (별꽃, 독말풀, 황새냉이 등) • 건생잡초 : 포장용수량 상태에서 발생 (대부분의 밭잡초, 냉이, 바랭이, 개비름, 깨풀, 쇠비름, 반하, 까마중, 토끼풀 등) • 부유잡초 : 물에 부유 (부레옥잠, 개구리밥, 좀개구리밥, 생이가래 등)
생장형에 따른 분류	• 직립형 : 가막사리, 명아주, 쑥부쟁이 • 포복형 : 메꽃, 쇠비름, 선피막이 • 총생형 : 둑새풀, 억새 • 로제트형 : 민들레, 질경이 • 위로제트형 : 개망초 • 분지형 : 광대나물, 사마귀풀, 석류풀, 애기땅빈대 • 만경형 : 메꽃, 환삼덩굴, 거지덩굴
기타분류	• 번식방법에 따라 종자번식(피, 둑새풀, 바랭이, 마디꽃), 영양번식(가래, 올방개, 미나리), 종자영양번식(너도방동사니, 산딸기)로 구분 • 발생빈도에 따라 우생잡초, 광생잡초, 산생잡초, 희생잡초로 구분 • 초장에 따라 극소형(마디꽃, 쇠털골, 올미, 마디꽃)과 극대형(갈대, 피, 너도방동사니)로 구분 • 과수원 발생 : 새포아풀, 둑새풀, 갈퀴덩굴, 광대나물, 별꽃, 바랭이, 강아지풀, 닭의장풀, 쑥, 망초 • 외래잡초 : 미국개기장, 서양민들레, 단풍잎돼지풀, 뚱딴지 개망초, 어저귀, 애기달맞이꽃, 애기수영(유럽원산) • 벼 경합 잡초 : 올챙이고랭이, 알방동사니, 쇠털골, 강피, 조개풀, 새섬매자기 등

※ 잡초 정리

구분		1년생	다년생
논잡초	벗과	강피, 돌피, 물피	나도겨풀
	방동사니과	올챙이고랭이, 알방동사니	올방개, 너도방동사니, 매자기, 쇠털골
	광엽잡초	여뀌바늘, 가막사리여뀌, 물옥잠, 물달개비, 사마귀풀, 자귀풀, 생이가래	가래, 올미, 벗풀, 개구리밥
밭잡초	벗과	바랭이, 둑새풀, 강아지풀, 미국개기장, 돌피	참새피, 띠
	방동사니과	참방동사니, 금방동사니	향부자
	광엽잡초	별꽃, 꽃다지, 깨풀, 개비름, 개갓냉이, 속속이풀, 여뀌, 명아주, 쇠비름, 냉이, 망초	쑥, 씀바귀, 민들레, 메꽃, 쇠뜨기, 토끼풀, 괭이밥

※ 잡초 학명
- 올미 : Sagittaria pygmaea Miquel
- 벗풀 : Sagittaria trifolia L.
- 올챙이고랭이 : Scirpus juncoides Roxb.
- 너도방동사니 : Cyperus serotinus
- 돌피 : Echinochloa crus-galli

Chapter 02 잡초의 생리·생태 및 경합

1절 잡초의 생리·생태

1. 잡초의 종자발아

(1) **식물종자의 발아과정** : 수분흡수, 저장양분의 소화, 양분의 이동, 세포분열, 유근과 종근의 신장, 유아 출현 순으로 진행

(2) **발아환경 조건**

광	• 보통 야생식물의 종자는 광발아종자이며 피토크롬(Phytochrome)이 관여함(광발아 종자는 적색광을 받을 경우 발아가 촉진되고 근적색광을 받을 경우 발아 유도가 소실됨) • 광발아형 : 바랭이, 왕바랭이, 쇠비름, 개비름, 향부자, 참방동사니, 강피, 서양민들레, 소리쟁이, 메귀리, 노랑꽃창포 • 암발아형 : 별꽃, 냉이, 광대나물, 독말풀 등
산소	• 수생잡초보다 밭잡초의 산소요구도가 높음 • 호기성 잡초 : 너도방동사니, 바랭이, 향부자 • 혐기성 잡초 : 돌피, 강피, 올챙이고랭이, 물달개비, 올미, 가래, 흰여뀌
온도	• 발아적온은 보통 15~30℃이며 최저온도는 0~15℃, 최고온도는 25~45℃로 변온조건에서 발아가 촉진됨 ※ 올챙이고랭이는 상대적으로 발아적온이 높음 ※ 메귀리, 둑새풀(20℃), 향부자(20~30℃), 올챙이고랭이(30~35℃)
수분	• 종자가 수분을 흡수하면 배와 배유가 팽창하여 종피가 찢어져 가스교환이 일어나 각종 효소가 활성화됨 • 벼는 종자발아를 위해 22~23%의 수분이 필요

(3) **발아 습성**

발아주기성	• 종자는 불리한 환경 시기에 발아를 중지하고 휴면하여 극복하는 일정한 주기성을 띠며 최고의 발아율을 나타냄
발아 계절성 및 기회성	• 계절성 : 계절별 일장에 반응하고 휴면을 타파하여 발아하는 특성 • 기회성 : 온도 조건에 감응하여 발아하는 특성
발아 준동시성 및 연속성	• 준동시성 : 일정 기간 내에 종자가 동시다발적으로 발아하는 특성 • 연속성 : 종자가 오랜 기간에 걸쳐 지속적으로 발아하는 특성

※ 종자 발아 단계 : 수분흡수, 양분의 가수분해, 종근 및 유아의 신장, 유아의 출현 순으로 진행

2. 잡초 종자의 휴면

(1) 휴면의 원인

배의 미숙		• 생리적으로 미숙한 배로 인한 휴면으로 후숙을 통해 발아가 유도됨
발아억제물질		• 종피의 발아억제물질로 인한 휴면으로 제거 시 발아가 유도됨
종피	경실	• 종피 수분 흡수가 되지 않아 발아되지 않으므로 휴면하는 것 (자운영, 메꽃, 명아주)
	불투기성	• 종피 산소 흡수가 되지 않아 발아되지 않으므로 휴면하는 것 (보리, 귀리)
	기계적 저항	• 종피가 딱딱하여 물리적으로 발아가 되지 않는 것 (경실종자)

(2) 휴면의 종류

1차 휴면	자발휴면	• 환경조건이 적절해도 종자의 내적 요인에 의해 유발되는 휴면 • 배휴면 : 배 자체의 생태적 원인에 의한 휴면으로 장미, 복숭아, 배, 사과에서 발생
	타발휴면	• 종자가 발아할 수 있는 내적조건을 갖추었더라도 부적절한 외부 환경 조건에 의해 유발되는 휴면
2차 휴면		• 발아력을 갖춘 성숙한 종자라도 부적절한 환경조건에 오래 노출 시 유발되는 휴면으로 적합한 환경조건이 부여되어도 발아하지 않고 저온조건에서 서서히 타파됨

(3) 휴면타파

물리적 방법	• 경실종자 종피파상법(상처), 황산처리법, 층적법(저온다습), 담수처리, 변온
빛의 파장	• 보통 적색광에서 휴면타파가, 청색광에서 휴면이 유도됨
발아촉진물질 이용	• 지베렐린, 시토키닌, 에틸렌, 질산칼륨(KNO_3), H_2SO_4 ※ ABA : 발아억제물질

(4) 잡초종자의 수명

1) 토양에서 발아하기 쉬운 종자는 수명이 짧고, 발아에 필요한 환경조건이 많은 종자는 수명이 긺
2) 경운을 많이 할수록 잡초종자의 발아력이 감소
3) 저온 밀폐 저장조건, 산소분압이 낮을수록 종자수명이 긺
4) 피의 경우 수명은 밭 상태에서 1년, 담수상태에서 8년

3. 잡초의 출현과 전파

(1) 잡초의 출현

온도	• 잡초 출현시기를 지배하는 요인으로 최적온도는 보통 발아적온과 일치함
산소	• 논잡초는 산소농도가 낮을 때 발아가 잘되며 건생잡초는 높을 때 발아가 잘됨
수분	• 토양수분은 토양경도와 산소 함량에 영향을 미쳐 잡초 발생과 관련이 있음
토심	• 종자 크기에 따라 유묘가 출현하는 적정 심도는 달라짐
토양 비옥도	• 보통 잡초는 척박한 환경에서도 발아가 잘되나 바랭이, 둑새풀은 비옥한 토양에서 잘 적응함
토양 산도(pH)	• 논잡초는 산성토양에 잘 적응하며 밭잡초는 중성~알칼리성 토양에 잘 적응함 • 토양이 산성일 경우 경지잡초 발생이 많음

(2) 잡초의 전파(산포)

이동방법	• 바람 : 박주가리, 엉겅퀴, 민들레, 망초, 방가지똥, 수레국화 • 물 : 피, 소리쟁이, 벗풀 • 인축(배설물 및 옷털 접촉) : 비름, 명아주, 진득찰, 도꼬마리, 도깨비바늘, 가막사리가 해당되며 종자에 갈고리가 존재 • 성숙종자의 꼬투리가 흩어져 전파 : 달개비, 콩과, 바랭이
이동거리	• 종자가 결실된 부위의 높이에 따라 다르며 종자의 무게, 산포력도 영향을 미침
종자 무게	• 명아주, 냉이, 바랭이, 별꽃, 말냉이, 강아지풀, 선홍초, 단풍잎돼지풀, 메귀리 순으로 큼

4. 잡초의 번식

유성번식	• 종자로 번식하는 방법으로 일년생 잡초, 일부 이년생 및 다년생 잡초가 포함되며 일장, 온도 등이 관여함 ※ 망초는 북아메리카 원산으로 종자생산량이 많으며 주로 실생법으로 번식함
무성번식 (영양번식)	• 주로 다년생 잡초의 번식방법으로 영양기관으로 인경, 구경, 근경, 포복경, 괴경, 괴근 등을 이용 • 인경 : 가래, 무릇, 야생마늘, 자주괭이밥 • 구경 : 반하, 올챙이고랭이 • 근경(지하경) : 띠, 나도겨풀, 가래, 쇠털골, 수염가래꽃, 택사, 올미, 애기수영 ※ 올미는 일장에 영향을 거의 받지 않음 • 포복경 : 아욱메풀, 선피막이, 사상자, 미나리, 병풀, 버뮤다그라스, 딸기 • 괴경 : 향부자, 올방개, 벗풀, 매자기, 너도방동사니 ※ 올방개는 기관의 발생심도가 깊음 • 뿌리와 줄기 : 메꽃, 엉겅퀴류 • 절편 : 대부분의 다년생 잡초 및 쇠비름 줄기

5. 잡초의 군락과 경합

(1) **잡초의 천이** : 시간에 따라 종의 조성과 형태가 자연적으로 변하는 현상으로 환경변화에 따라 적응하는 것을 의미

   1) 일차적 천이 : 식물이 처음 토착하여 안정된 식생을 이루는 것으로 식생이 없던 곳에서 시작된 천이
   2) 이차적 천이(갱신천이) : 형성된 식생이 자연적 또는 인위적 피해로 인해 이전 식생으로 회복된 천이

(2) **식생천이에 관여하는 요인** : 작부체계 및 답전윤환 등 재배방법, 제초제 사용(특히 동일 제초제의 연용), 관수, 시비, 경운 등

(3) **잡초군락** : 환경에 적응한 식물종의 집합체이며 주로 생활형이 같은 식물이 같은 시기에 군생함

(4) **잡초의 경합** : 동일한 환경조건을 공유하는 한 종류 이상의 생물끼리 같은 자원을 필요로 하면서 생기는 경쟁 현상

   1) 작물과 잡초 간 양분, 수분, 빛, 공간, 이산화탄소 등을 요인으로 경합이 일어남
   2) 식물 간 상호작용 : 기생, 공생, 경합, 편리, 편해, 원협
   3) 경합의 종류

종간결합	• 서로 다른 종 간이나 잡초 간의 경합을 의미하며 특히 종 간에는 경합적 배타원리가 적용됨 • 경합을 최소화하려는 경향이 있으며 초기 경합은 지연되지만 경합량은 감소하지 않음
종내결합	• 같은 초종 내에서 개체간에 일어나는 경합을 의미하며 경합적 배타원리가 적용되어 경합을 최소화하려는 경향이 있음 (작물은 상호 간 경합을 회피하므로 재식밀도를 고려하여 솎아야 함)

※ 경합력은 C4식물이 C3식물보다 큼

(5) **잡초에 대한 작물의 경합력을 높이는 방법** : 밀식 재배, 춘파작물과 추파작물의 윤작, 다분지성 품종 재배, 조숙종 품종 재배, 제초작업, 이식재배 및 손이앙(건답직파X)

(6) 작물의 손실 예측

잡초허용한계밀도	• 일정 밀도 이상으로 잡초가 존재하여 작물 수량이 감소되기 시작하는 밀도 • 잡초간 경합의 한계밀도(criticalthreshold level) : 잡초허용한계밀도를 넘어 작물의 수량을 크게 감소시키는 밀도
경제적허용한계밀도	• 방제를 위한 노력과 이를 통해 얻는 이득 수준을 비교하여 허용밀도에 추가한 한계치 • 경제적허용한계밀도를 통해 방제 또는 박멸의 수준을 정함
잡초경합허용기간	• 잡초경합으로 발생하는 손실이 적은 기간
잡초경합한계기간	• 잡초경합으로 수확량 등 작물 손실이 크게 영향 받는 기간으로 잡초를 중점적으로 방제해야 함 • 생육초기의 가장 민감한 시기 (초관형성 이후 생식생장 전까지 작물생육기간의 1/4~1/3에 해당)
작물별 잡초경합한계기간	• 양파(56일), 옥수수(49일), 콩·땅콩(42일), 벼(30~40일), 녹두(21~35일)

Chapter 03 잡초의 방제

1절 잡초 방제법

1. 예방적 방제법

(1) 정의 : 문제 잡초가 발생하거나 전파하는 것을 미리 방지하는 방제법으로 잡초위생과 법적 방제로 구분

(2) 잡초위생 : 관개수 정비 및 관리, 논물 통로에 거름망 설치, 잡초종자 혼입 금지, 농기구 소독, 부숙퇴비 사용, 토양소독, 정선작업 실시, 윤작체계를 통한 잡초발생억제, 잡초종자 열처리, 작물 경합력 증대, 적절한 시비법으로 양분이용율 증대

(3) 법적방제 : 외래 식물 수출입 시 철저한 검역 실시
   1) 귀화잡초 : 메귀리, 미국가막사리, 개망초, 도꼬마리, 돼지풀
   2) 관상용 잡초 : 부레옥잠

2. 물리적 방제법

(1) 정의 : 잡초의 종자나 식물체를 물리적으로 직접 차단 및 가해하여 사멸시키는 방제법

(2) 물리적 방제법의 종류

화염제초	• 소각을 통해 잡초종자를 사멸시킴
손제초	• 화단이나 정원에서 특정 잡초를 손으로 제거
경운(중경)	• 토양을 물리적으로 갈아 잡초종자가 땅 속으로 묻히거나 지하경이 지상부로 올라오게 함
피복	• 잡초종자를 피복하여 토심을 깊게 하면 빛과 산소공급이 적어져 발아가 억제됨 • 변온이 작아져 발아가 억제됨
예취	• 잡초를 미리 베어 개화와 결실을 방지하며 잡초로 인한 차광 피해와 양분손실을 막음
침수 처리	• 침수상태에서 잡초종자의 발아가 억제되므로 논토양의 수심을 10~15cm로 유지
필름 멀칭	• 흑색필름을 사용하면 빛이 차단되어 잡초의 광합성이 저해되며 광발아 종자의 발아가 억제됨 • 흑색필름 : 잡초 발생 억제, 지온 하강 • 투명필름 : 잡초 발생 증가, 지온 상승 • 녹색필름 : 지온 상승

3. 화학적 방제법

(1) 정의 : 제초제를 사용하여 유해 잡초를 사멸시키는 방제법
(2) 제초제의 구비조건 : 높은 효능, 저렴한 가격, 안전성
(3) **제초제의 방제가** = (잡초 방제량/잡초 발생량) × 100

4. 생물적 방제법

(1) 정의 : 기생성 또는 병원성 생물을 이용하여 유해잡초 밀도를 낮추는 방제법으로 완전한 사멸이 목적이 아닌 경제적 허용범위에서 감소시키는 것이 목적인 환경친화적 방제법
(2) 생물적 방제의 조건 : 잡초의 생리·생태 특성 파악, 잡초를 기주로 하는 생물 동정, 천적 선발, 작물에 미치는 영향 파악

장점	• 효과가 대규모로 영구적임 • 방제법이 간단하며 비용이 적게 듦 • 환경에 대한 안정성이 있음
단점	• 효과가 매우 늦으며 사후 문제성이 불확실함 • 천적 선정의 어려움이 있음 • 군락에 여러 종의 잡초가 있을 경우 방제가 어려움 (경작지 : 보통 10종 내외의 잡초 발생) • 휴면종자는 방제하지 못함 • 한 식물이 잡초 또는 작물이 되는 두가지 경우에 유용성 판단이 힘듦 • 보통의 경작지보단 광범위한 목야지, 산림지, 수생지역에서 효과가 있음

(3) 생물적 방제법의 종류

어패류를 이용	• 수생잡초를 선택적으로 방제할 수 있음 • 초어, 해우, 흑색달팽이(강피, 물달개비, 방동사니를 가해)

곤충을 이용	• 식물을 먹는 식해성 곤충을 이용하여 방제
	• 방제곤충의 구비조건
	  – 잡초 생장을 확실하게 억제시키며 목표 잡초 외에는 피해를 주지 않아야 함
	  – 목표잡초로 가기위한 충분한 이동성이 있으며 생식이 잡초보다 빠르고 환경적 응성이 높아야 함
	• 선인장속(좀벌레), 고추나물속(투구풍뎅이), 갑각류(개구리밥)

동물을 이용	• 오리, 우렁이, 새우, 참게 등을 이용하여 잡초를 방제 ※ 왕우렁이농법은 수면 아래 잡초를 먹는 먹이 습성을 이용한 방제법으로 이앙 전 정지작업을 하고 이앙 일주일 후 방사 시 효과적임
식물을 이용	• 식물이 생성하는 타감물질을 활용하여 잡초를 방제 (상호대립억제작용) • 강아지풀, 미역취류 : 생성된 독성물질을 보릿짚에 분리하여 제초제 개발 • 조류, 개구리밥 : 물달개비 발생을 억제시킴

식물병원균 이용	• 특정 식물을 가해하는 병원균을 이용하여 올방개, 돌피 등을 방제 (균류를 가장 많이 이용)

5. 생태적(경종적) 방제법

(1) 정의 : 화학적 제초제나 생물을 이용하지 않고 작물 경합력 증대를 목적으로 하는 재배적 방법을 활용한 방제법

(2) 생태적(경종적) 방제법의 종류

작물윤작	• 춘파작물과 추파작물의 윤작, 답전윤환, 2모작 (작부체계 관리)
육묘이식재배 (손이앙)	• 작물이 잡초보다 초관을 먼저 형성하도록 유도하는 방법으로 경합력을 증대시킴 (공간의 선점)
재식밀도	• 밀식 재배를 통해 작물이 공간을 먼저 점유, 초관 형성을 촉진
재파종	• 1차 파종 후 잡초 발생량이 많을 때 초관 형성이 빠른 조숙종을 재파종하여 1년생 잡초 발생을 억제
품종 선정	• 다분지성의 엽면적지수가 큰 품종을 재배하여 경합력을 높임
병해충 방제	• 유해생물이 발생하면 잡초발생이 유리해지므로 철저한 제초작업과 적기 방제를 실시
포장 관리	• 유기물 시용, 토양 산도 조절, 관개수조절을 통한 토양수분 관리
경운	• 경운작업 시 작물의 초기생장을 촉진하고 잡초의 장기적인 발생을 감소시킴
토양피복	• 피복작물 재배를 통해 토양침식과 잡초발생을 억제 • 잡초의 발아심도를 깊게하여 광과 산소를 차단 • 이랑을 비닐피복하여 남쪽이랑 잡초의 열사를 유도

6. 종합적 방제법

(1) 정의 : 여러 방제법들 중 두 가지 이상의 방제법을 적절히 혼용하는 방제법으로 경제적 손실이 최소가 되도록 유해생물 밀도를 낮추는 데에 목적이 있음

(2) 종합적 방제법의 장점

1) 잡초군락의 크기가 감소하며 재배환경이 개선되어 작물 수량이 증가함
2) 방제의 실패율이 감소하며 안정적일 결과를 기대할 수 있음
3) 약제 사용을 줄여 잔류독성문제 발생을 줄일 수 있음
4) 노동생산성의 증가

Chapter 04 제초제(화학적 방제법)

1절 제초제의 분류

1. 특징별 분류

화학물질에 따른 분류	• 유기제초제 : 분자구조 내 탄소를 포함하는 제초제 (MCP, 2,4-D, DCPA 등) • 무기제초제 : 오랜 역사를 가진 제초제로 탄소를 포함하지 않는 제초제 (염소산소다, HCl 등)
이행성에 따른 분류	• 접촉형 : 식물체 약제 접촉부위의 세포에 직접 작용하는 제초제 (PCP, DNOC, DCPA) • 이행형 : 약제성분이 접촉된 부위에서 흡수되어 다른부위로 이행하는 제초제 (페녹시계, 시마진, MCPA, 2,4-D)
선택성에 따른 분류	• 선택성 : 잡초는 고사하지만 작물에는 피해가 없는 제초제로 주로 화본과에는 영향이 없지만 광엽잡초에는 독성을 띰 • 비선택성 : 식물 종류 관계없이 모두 고사시키는 제초제 ※ 제초제는 생육시기, 생장점의 위치, 잎의 모양, 초엽과 중경의 위치, 발아 시 토양의 심도, 뿌리의 분포와 깊이에 따라 선택성이 달라짐

2. 처리부위별 분류

(1) 경엽처리형(후기제초제)

페녹시계	• 1년생 및 다년생 광엽잡초의 뿌리와 경엽에 처리 • 농약성분이 광합성 산물과 함께 이동하는 선택성 제초제 (이행형, 호르몬형) • 동물에 대해 독성은 낮으며 식물체 내 옥신의 균형을 교란시킴 • 세포 이상분열, 엽록소 형성 억제, 세포막 삼투압 증대 • 약제는 식물체 내에서 산으로 변하여 독성작용 • 2,4-D, MCPP(메코프로프) 〈 2,4-D의 특징 〉 • 우리나라에서 가장 먼저 사용된 제초제로 옥신의 한 종류인 호르몬형 선택성 제초제(고농도일 경우 제초효과를 냄) • 이행형 및 경엽처리형 제초제이며 휘산성이 강함 • 잔디, 사탕수수, 목초, 과수원에서 많이 사용 • 2,4-D 아민염(물에 잘 녹음), 2,4-D 에스테르(휘발성이 높아 주변 광엽식물에 약해 발생)

벤조산계	• 페녹시계과 같이 옥신 활성 작용을 하는 제초제로 안정성이 더 높음 • 광엽식물에 적용되는 선택성 제초제 (이행형, 호르몬형) • 디캄바, 2,3,6-TBA : 콩과 작물, 잔디, 목초지의 광엽잡초 방제에 이용
비피리디움계	• 물에 잘 용해되는 양이온 형태로 식물 흡수가 빠르며 토양에는 강하게 흡착됨 • 비선택성 접촉성 제초제로 과수원이나 조림지의 잡체 방제에 이용 • 빛이 있을 때 더 빠르게 살초효과를 냄 • 파라쿼트 디플로라이드, 디콰트 디브로마이드
유기인계	• 화학 구조상 인(P)을 함유하는 비선택성 이행형 제초제 • 주로 잎으로 흡수되어 전체로 확산 (분열조직에 작용하여 정아 및 산초 고사) • 방제 범위가 넓고 식물체 내에서 천천히 분해됨 • 글리포세이트(비농경지 과수원에서 많이 사용), 글리포세이트암모늄, 피페로포스, 비알라포스
벤조티아디아졸계	• 광합성을 저해하여 급속한 효과를 내는 선택성 이행형 제초제 • 광엽잡초, 방동사니과 잡초 경엽에 처리 • 식물체 내에서 이행은 극히 제한적으로 작용하며 뿌리로 흡수되어 지상부로 이행함 • 벤타존 : 너도방동사니, 올챙이고랭이, 물달개비의 선택적 제거, 보리밭 및 논에서 사용

(2) 토양처리형(초기제초제)

산아마이드계	• 잡초 발생 전 또는 심기 전에 토양에 처리하는 선택성 제초제 (접촉형) • 토양을 뚫고 나온 신초나 뿌리를 통해 흡수되어 식물체 내에서 이행됨 (영양기관은 더 많이 이행) • 토양 잔효기간은 3개월 미만 • 알라클로르(밭잡초 방제), 뷰타클로르(올방개 방제에 효과적), 나프로파마이드 (1년생 화본과잡초 방제, 경엽처리), 프로파닐(피 경엽처리) ※ 프로파닐 제초제의 선택성은 효소 활성의 차이에 기인함
티오카바메이트계	• 잡초 발생 전 또는 심기 전에 토양에 처리하는 선택성 제초제 (이행형) • 초엽 속의 신초에 작용하여 세포분열을 억제하고 이상세포 신장을 유도 • 휘발성이 강해 쉽게 증발 • 분해가 쉬우나 건조하거나 낮은 온도에서는 잔효성이 긺 • 티오벤카브 : 논에서 피, 1년생 화본과 광엽잡초 방제
디니트로아닐린계	• 작물의 파종 전 또는 잡초발생 전에 토양혼화처리로 발아 시 살초효과가 있음 • 식물체 뿌리, 눈 등으로 흡수되지만 이행되지는 않음 • 세포분열을 억제하여 생장을 억제 • 화본과, 광엽잡초 모두 효과적 • 트리플루라린, 에탈플루라린, 펜디메탈린 : 1년생 화본과 잡초에 사용

(3) 경엽·토양처리형

구분	내용
트리아진계	• 잡초 발생 전 또는 심기 전에 토양에 처리하는 선택성 제초제 (이행형) • 주로 뿌리로 흡수되나 경엽 흡수도 가능 • 뿌리로 흡수될 경우 증산류를 통해 잎으로 잘 이행되나 경엽 처리시에는 이행되지 않음 • 광에 의해 활성화되어 엽록체를 파괴함 (광합성 저해) • 치환기($-Cl$, $-OCH_3$, $-SCH_3$)에 따라 3종류로 구분 • 화본과, 광엽잡초에 효과적 • 시마진 : 과수원, 뽕나무밭의 1년생 잡초를 방제 • 헥사지논 : 조림지의 산림제초제 (농작물에 사용X)
요소계(Urea계)	• 발아 중인 잡초에 토양처리하는 선택성 제초제 (이행형) • 뿌리로 잘 흡수되어 물관을 통해 이행 • 경엽처리효과도 있음 • 인축에 대한 독성과 토양 잔류성이 낮아 보편적으로 사용하는 약제 • 광에 의해 활성화되어 광합성을 저해하고 세포막을 파괴 • 리누론(아파론), 메타벤즈티아주론 : 1년생 잡초방제에 사용
설포닐우레아계	• 요소계 제초제에 $-SH_2$기가 치환된 형태 • 낮은 농도로도 제초효과가 커 환경에 미치는 영향이 크지 않음 • 화본과보다 광엽잡초에 효과가 좋음 • 줄기와 뿌리로 흡수되어 선단의 세포분열과 식물 생육을 억제 • 벤설퓨론메틸 : 논에서 피를 제외한 1년생·다년생 광엽잡초, 방동사니과 잡초를 방제 • 피라조설퓨론에틸, 아짐설퓨론, 시노설퓨론(~퓨론)
디페닐에테르계	• 잡초 발생 전 처리하는 접촉형 제초제로 토양표면에 막을 형성하고 토양에 흡착하므로 발아한 유묘가 접촉되어 고사 (토양이행은 되지 않음) • 1년생 화본과 및 광엽잡초에 효과가 큼 • 비페녹스 : 손이앙 논에서 1년생 잡초와 올챙이고랭이를 방제 • 옥시플루오르펜
카바메이트계	• 잡초 발생 전에 처리하는 제초제로 잡초의 뿌리, 신초, 경엽에서 쉽게 이행됨 (이행형) • 내성 식물에서 느리게 이행되며 감수성 식물에서 빠르게 이행됨 • 화본과, 방동사니과 잡초에 효과가 큰 선택성 제초제 • 휘발성이 강하고 쉽게 분해됨 (온도가 낮은 한랭지에서는 오래 지속) • 클로르프로팜 : 콩, 당근의 1년생 잡초를 방제 • 아슐람, 티오벤카브, 몰리네이트

2절 제초제의 선택성과 작용기작

1. 제초제의 선택성

(1) 제초제가 식물체 흡수·이행을 저해하는 데에는 생물, 환경, 물리적 요인들이 관여

생물적 요인	• 생육 시기, 품종, 잡초의 영양상태, 흡수·이행·대사에 따른 식물체 내의 불활성화, 형태
환경적 요인	• 빛(광도가 높을수록 광합성 억제), 강우, 온도(고온에서 제초제 이행 증가), 상대습도
물리적 요인	• 처리방법, 처리 약량, 제초제의 제형 및 특성

※ 토양에 처리된 제초제는 흡착, 휘발, 용탈, 유거, 식물체 내 흡수, 미생물적 분해, 화학적 분해, 광 분해를 거쳐 소실됨

2. 제초제의 작용기작(중요)

광합성 저해	벤조티아디아졸계(벤타존), 트리아진계(시마진, 아트라진), 요소계(리누론, 디우론, 아트라진), 아마이드계(프로파닐), 비피리딜리움계(파라쿼트)
호흡 저해	카바베이트계(클로르프로팜), 유기염소계(달라폰)
호르몬 교란	페녹시계(2,4-D, MCP), 벤조산계(디캄바)
아미노산 생합성 저해	설포닐우레아계, 이미다졸리논계(이마자퀸, 이마자피르), 유기인계(글리포세이트)
단백질 생합성 저해	아마이드계(알라클로르, 뷰타클로르), 유기인계(글리포세이트)
세포분열 저해	디니트로아닐린계(트리플루라린), 카바메이트계(클로르프로팜)

PART 06

필기 과년도 출제문제
(기사 / 산업기사)

Chapter 01   2023년 과년도 출제문제
Chapter 02   2024년 과년도 출제문제
Chapter 03   2025년 과년도 출제문제

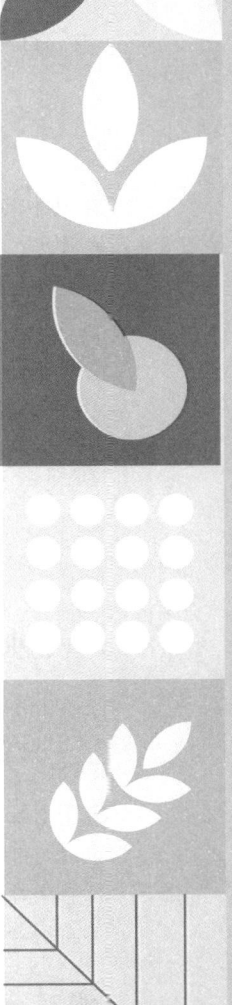

Chapter 01 2023년 1회 기사 CBT 복원

1과목 식물병리학

01
벼 키다리병의 병징으로 키가 커지는 이유에 해당하는 것은?
① 병원균이 옥신을 분비하기 때문에
② 병원균이 지베렐린을 분비하기 때문에
③ 병원균이 싸이토카이닌을 분비하기 때문에
④ 병원균이 탄소 동화 작용을 촉진하기 때문에

 지베렐린 : 화본과 식물의 절간신장 촉진 호르몬

02
다음 설명에 해당하는 것은?

- 바이러스로 인한 식물병 진단 방법이다.
- ELISA법, 슬라이드법 등이 있다.

① 혈청학적 진단
② 생물학적 진단
③ 이화학적 진단
④ 유전학적 진단

 혈청학적·면역학적 진단 : 항혈청과 기주식물의 즙액을 직접 슬라이드 글라스 위에 반응시켜 병을 진단하는 방법으로 항원특이성이 높다. (감자 X모자이크병, 보리 줄무늬모자이크병, 벼 줄무늬바이러스병 진단에 이용)

03
식물 병원균의 감염으로 인한 피해에 해당하는 것은?
① 사료에 함유된 균독소의 피해
② 물 부족으로 인한 시들음 증상
③ 미량요소 부족으로 인한 황화 현상
④ 강한 햇볕으로 인한 과일의 괴저현상

 맥류 붉은곰팡이병균 : 섭취 시 인축에 중독을 일으키는 곰팡이독소(제랄레논)를 생성

04
다음 ( )안에 해당하는 용어는?

균류에 의해 발생하는 흰가루병균은 영양물질을 획득하는 방법으로 볼 때 ( )에 속한다고 할 수 있다.

① 임의부생체
② 조건기생체
③ 임의기생체
④ 순활물기생체

- 순활물기생체 : 녹병, 흰가루병균, 노균병균, 무·배추 무사마귀병균, 배나무 붉은별무늬병균
- 임의부생체(조건부생체) : 감자 역병균, 깜부기병균, 배나무 검은별무늬병균
- 임의기생체(조건기생체) : 고구마 무름병균, 채소류 잿빛곰팡이병균, 모잘록병균
- 절대부생체(순사물기생체) : 목재 심부썩음병

정답 01 ② 02 ① 03 ① 04 ④

05

하우스에 재배하는 채소에서 과습과 저온에서 많이 발생하는 병은?

① 고추 탄저병   ② 오이 덩굴쪼김병
③ 토마토 풋마름병   ④ 딸기 잿빛곰팡이병

〈하우스에서의 발병환경〉
- 고온다습 : 무름병, 탄저병, 풋마름병
- 고온건조 : 시들음병
- 저온다습 : 잿빛곰팡이병, 균핵병, 노균병
- 건조 : 흰가루병

06

19세기 중반 아일랜드에 큰 기근으로 인하여 100만 명을 굶어 죽게 하였던 식물병은?

① 감자 역병
② 감자 바이러스병
③ 사과나무 점무늬병
④ 옥수수 깨씨무늬병

감자 역병 : 1845~1860년 경 아일랜드의 주 식량이었던 감자에 역병이 들어 대기근에 의한 다수의 사망자가 발생

07

벼 키다리병균의 불완전세대는?

① Fusarium roseum
② Fusarium lateritium
③ Fusarium oxysporum
④ Fusarium moniliforme

벼 키다리병균은 진균(담자균류)에 속하며 Gibberella fujikuroi(완전세대), Fusarium moniliforme(불완전세대) 이다.

08

식물에 모자이크 증상을 일으키는 대표적인 병원체는?

① 세균   ② 곰팡이
③ 바이러스   ④ 파이토플라스마

바이러스 충매전염 : 오이·배추·순무·콩 모자이크병, 바이러스 영양번식기관전염 : 감자·마늘 바이러스병

09

형광항체법을 이용하는 식물병 진단방법은?

① 혈청학적 진단
② 이화학적 진단
③ 생물학적 진단
④ 핵산분석에 의한 진단

혈청학적·면역학적 진단 : 한천겔 확산법(AGID), 형광항체법, 효소결합항체법(ELISA), 직접조직프린트면역분석법(DTBIA), 적혈구응집반응법 등이 있다.

10

병원균이 불완전세대로 Pyricularia grisea (P. oryzae)인 식물병은?

① 벼 도열병
② 벼 흰잎마름병
③ 맥류 줄기녹병
④ 맥류 흰가루병

- 벼 도열병 : 진균(불완전균류), Pyricularia oryzae
- 벼 흰잎마름병 : 세균, Xanthomonas oryzae
- 맥류 줄기녹병 : 진균(담자균류), Puccinia graminis
- 맥류 흰가루병 : 진균(자낭균류), Erysiphe graminis

정답 05 ④   06 ①   07 ④   08 ③   09 ①   10 ①

11

식물병원 세균 중 육즙한천배양기 상에서 황색 균총을 형성하는 것은?

① Pseudomonas
② Xanthomonas
③ Agrobacterium
④ Pectobacterium

해설 〈세균병의 한천배지 반응〉
- 벼 흰잎마름병 Xanthomonas : 단극모, 그람 음성반응, 한천배지에서 황색 원형 콜로니 형성
- 복숭아나무 세균성구멍병 Xanthomonas : 단극모, 그람 음성반응, 한천배지에서 황색 원형 콜로니 형성
- 콩 세균성구멍병 Pseudomonas : 단극모, 그람 음성반응, 한천배지에서 형광색 원형 콜로니 형성
- 담배 불마름병 Pseudomonas : 단극모, 그람 음성반응, 한천배지에서 형광색 원형 콜로니 형성

12

벼 키다리병균이 분비하여 벼가 비정상적으로 신장하는데 관계하는 생장조절제는?

① 옥신
② 에틸렌
③ 지베렐린
④ 카이네틴

해설 지베렐린(gibberellin) : 벼 키다리병 병원균이 분비하는 호르몬으로 작용으로 절간신장을 촉진하여 키다리 증상이 나타난다. (가늘고 길게 자라 건전모보다 1.5배이상 큼)

13

식물병 발생에 필요한 3대 요인에 속하지 않는 것은?

① 기주
② 매개충
③ 병원체
④ 환경요인

해설 식물병 발생에 필요한 3대 요인 : 기주, 병원체, 환경요인

14

뽕나무 오갈병의 병원체는?

① 세균
② 진균
③ 바이러스
④ 파이토플라즈마

해설 병원체가 파이토플라즈마인 식물병 : 대추나무·오동나무 빗자루병, 뽕나무 오갈병

15

식물병 방제 방법에 대한 설명으로 옳지 않은 것은?

① 종자소독제를 이용한 방법: 처리가 간편하고 시간과 노력에 비해 효과가 크다.
② 경엽처리제를 이용한 방법: 농약 사용량을 계속 증가하여도 방제 효과는 크게 증가하지 않는다.
③ 토양처리제를 이용한 방법: 작물을 심기 전 주로 유제나 액제를 토양 표면에 남도록 처리한다.
④ 훈연제를 이용한 방법: 연무기를 이용한 연무를 살포하거나 약제를 태워 훈연입자를 확산시킨다.

해설 토양처리제는 토양에 처리된 후 가스 상태로 확산돼 살균처리를 하는데 사용 후 약제가 남아 있게 되면 작물에 피해를 입힌다.

정답 11 ② 12 ③ 13 ② 14 ④ 15 ③

16

밤나무 줄기마름병의 병반 부위의 전형적인 병징은?

① 천공
② 위조
③ 궤양
④ 비대

 밤나무 줄기마름병에 감염 시 수피가 적갈색으로 변하며 수피를 뚫고 소립자가 밀생한다. 또한 건조한 환경이 되면 병환부의 수피가 거칠게 갈라져서 터져 궤양 형태를 띤다.(부란)

17

배나무 붉은별무늬병에 대한 설명으로 옳지 않은 것은?

① 병원균은 순활물기생균이다.
② 병원균이 기주교대를 하지 않는다.
③ 주요발병 부위는 잎, 열매, 가지이다.
④ 잎에 병무늬가 많이 형성되면 조기 낙엽의 원인이 된다.

 배나무 붉은별무늬병균은 이종기생균으로 향나무와 기주교대하는 순활물기생균이다.

18

병원균이 기주식물에 침입을 하면 병원균에 저항하는 기주식물의 반응으로 항균 물질 및 페놀성 물질 증가 등의 작용을 무엇이라 하는가?

① 침입저항성
② 감염저항성
③ 확대저항성
④ 수평저항성

 〈기주에 대한 병원체의 감염경로에 따른 저항성의 구분〉
• 침입저항성 : 기주식물 유전자에 따른 특성에 의해 병원균 침입이 억제되는 저항성
• 확대저항성 : 병원균이 침입한 후 페놀성 물질 생성 등을 통해 저항하는 것

19

병원균이 담자기와 담자 포자를 형성하는 것은?

① 감자 역병
② 벼 깨씨무늬병
③ 배추 무사마귀병
④ 보리 겉깜부기병

 밀·보리 겉깜부기병은 진균(담자균류)에 의한 병으로 병원균이 씨방에 도달하여 균사상태로 월동하며 감염종자를 형성한다.

20

채소류의 잿빛곰팡이병(진균—불완전균류) 방제방법으로 옳지 않은 것은?

① 관수는 최소한으로 줄인다.
② 작물을 밀식하여 웃자람을 막는다.
③ 온도는 18~23℃가 되지 않도록 한다
④ 하우스 내의 습도를 높게 유지하지 않는다.

작물을 밀식하면 웃자람 현상 및 통풍의 불량으로 식물병이 발생한다.

정답 16 ③ 17 ② 18 ③ 19 ④ 20 ②

2과목 농림해충학

21

배추좀나방에 대한 설명으로 옳지 않은 것은?

① 십자화과 채소류를 주로 가해한다.
② 세대기간이 길어 번식속도가 느리다.
③ 일부 지역에서는 낙하산벌레라고도 한다.
④ 겨울철에도 월평균기온이 영상 이상이면 발육과 성장이 가능하다.

> 해설 배추좀나방은 계통이 가까운 식물만 먹는 단식종으로 겨울에도 월평균기온이 영상 이상이면 발육 가능하고 1년에 10회 발생하며 성충, 유충, 번데기 형태로 월동한다. (0℃ 이상 남부지방에서 월동)

22

곤충의 출생방식으로 알이 몸 안에서 부화되어 애벌레 상태로 밖으로 나오는 것은?

① 난생   ② 태생
③ 배발생 ④ 난태생

> 해설 난태생 : 모체 안에서 알이 수정되나 태반이 없어 대신 난황을 영양분 삼아 발육한 후 모체 밖으로 나오는 것

23

벼물바구미에 대한 설명으로 옳지 않은 것은?

① 연 3회 발생한다.
② 성충으로 월동한다.
③ 성충은 벼 잎을 가해한다.
④ 유충이 주로 땅속에서 뿌리를 가해한다.

> 해설 〈벼물바구미의 특징〉
> - 성충이 벼 본답 이앙 후 엽육을 가해하여 긴 사각형의 흰색 무늬가 생김
> - 유충은 뿌리를 가해 (성충보다 유충의 섭식량이 많아 더 피해가 큼)
> - 성충으로 낙엽이나 잡초에서 월동하며 1년에 1회 발생
> - 방제법 : 기계이앙 즉시 입제농약 살포, 이앙 후 본답에 약제 처리

24

곤충 날개가 두 쌍인 경우 날개의 부착 위치는?

① 가운데가슴에만 붙어있음
② 앞가슴에 한 쌍, 뒷가슴에 한 쌍 붙어있음
③ 앞가슴에 한 쌍, 가운데가슴에 한 쌍 붙어있음
④ 가운데가슴에 한 쌍, 뒷가슴에 한 쌍 붙어있음

> 해설 곤충의 가슴은 앞가슴, 가운데가슴, 뒷가슴 세 마디로 구성되어 있으며 각 마디에 한 쌍의 다리, 앞가슴을 제외한 가운데가슴과 뒷가슴에 각각 한 쌍의 날개가 존재한다.

25

생물적 방제에 사용되는 포식성 천적에 해당하지 않는 것은?

① 무당벌레   ② 애꽃노린재
③ 칠레이리응애 ④ 온실가루이좀벌

> 해설 〈포식성 천적〉
> - 풀잠자리류 : 주로 진딧물류와 깍지벌레류, 응애류를 잡아 먹으며 유충은 육식성
> - 딱정벌레류 : 무당벌레과는 유충과 성충이 모두 포식성이며 진딧물류와 깍지벌레류를 잡아먹음
> - 노린재류 : 침노린재과, 장님노린재과의 일부
> - 파리류 : 꽃등에과, 파리매과 등

정답 21 ② 22 ④ 23 ① 24 ④ 25 ④

26
곤충의 일반적 특징으로 옳지 않은 것은?
① 온혈동물이다
② 부속지들이 마디로 되어 있다.
③ 외골격이 발달하여 근육의 부착점이 된다.
④ 탈피를 통해 성장하고 변태과정을 거치기도 한다.

해설 동물학상 절족동물문의 곤충강에 속하며 동물 중 3/4을 차지하는 곤충류는 외골격(키틴질)이 발달하여 몸을 보호할 수 있고 배는 보통 10마디 내외로 기문(숨구멍), 항문, 생식기 등 부속기관 존재한다.

27
조팝나무진딧물에 대한 설명으로 옳지 않은 것은?
① 조팝나무에서 성충으로 월동한다.
② 귤나무의 경우 새잎 뒷면에 기생한다.
③ 한국, 일본, 북아메리카 등에서 발생한다.
④ 주로 조팝나무, 사과나무, 귤나무에 서식한다.

해설 조팝나무진딧물은 조팝나무 등의 눈에서 알로 월동한다.

28
해충의 통계적 예찰법을 적용하려 할 때 주의사항으로 옳지 않은 것은?
① 변동량이 극단적인 경우는 제외한다.
② 이상발생이나 대발생 예찰에 적용한다.
③ 상관관계의 유의성을 충분히 고려한다.
④ 예측범위를 통계자료의 범위 내로 한다.

해설 통계적 모형(실험적 예찰법)은 수년간의 변동사항, 해충 발생, 환경요인, 경험적 자료를 바탕으로 작성하는 것으로 특정한 이상발생이나 대발생에 적용하는 것은 아니다.

29
누에의 휴면호르몬이 합성되는 곳은?
① 앞가슴샘
② 알라타체
③ 카디아카체
④ 신경분비세포

해설 신경분비세포는 신경호르몬을 분비한다. (누에 휴면호르몬, 경화호르몬, 이뇨호르몬, 알라타체 자극호르몬 등)

30
메뚜기류의 작은턱수염이 연결된 부위는?
① 밑마디   ② 자루마디
③ 도래마디 ④ 바깥조각

해설 곤충의 더듬이는 촉각을 통한 감각기관으로 1쌍으로 3마디(자루마디, 흔들마디, 채찍마디)로 구성되어 있으며 이 중 자루마디는 작은턱수염이 연결되어 있다.

31
천적을 이용한 생물적 방제에 대한 설명으로 옳지 않은 것은?
① 외래종 도입할 경우 방제 성공률이 낮다.
② 고립된 환경조건에서는 방제 성공률이 높다.
③ 이동성이 큰 해충의 경우 방제 성공률이 낮다.
④ 경제적 피해수준이 큰 해충은 방제 성공률이 높다.

해설 천적을 이용한 생물적 방제에는 칠리이리응애(점박이응애 천적), 온실가루이좀벌(온실가루이 천적) 등 외래종 천적도 이용된다.

정답 26 ① 27 ① 28 ② 29 ④ 30 ② 31 ①

32

지표와 가까운 밭작물의 줄기와 잎에 가장 큰 피해를 주는 해충은?

① 조명나방 ② 멸강나방
③ 담배나방 ④ 거세미나방

해설 토양 속 거세미나방 유충은 작물의 지제부 줄기를 가해하며 어두운 시기에 활동한다.

33

작물의 재배시기를 조절하여 해충의 피해를 줄이는 방법은?

① 화학적 방제법
② 경종적 방제법
③ 기계적 방제법
④ 물리적 방제법

해설 생태적(경종적) 방제법의 종류 : 포장위생, 경운, 잠복소 제공, 수분관리 및 토성 개량 등 재배환경을 개선하거나 윤작, 간작 및 혼작, 재식밀도 조절, 재배시기 조절 등 재배법을 변경하는 방법이 있다.

34

휴면에 대한 설명으로 옳은 것은?

① 환경이 좋아지면 즉시 종료된다.
② 내분비기관에서 분비되는 페로몬에 의해 유기된다.
③ 환경이 좋아지면 일정한 생리적 과정을 거친 후 종료된다.
④ 활동을 정지한 상태로 좋지 않은 환경에 의해 직접 유기된다.

해설 곤충은 생존에 불리한 온도 환경이 되면 휴면하는데 내분비기관에서 휴면호르몬이 분비되고 환경이 좋아지면 종료된다.

35

농림해충의 상대밀도 조사법으로 가장 적절한 방법은?

① 빈도조사 ② 피도조사
③ 설문조사 ④ 포충망조사

해설 해충조사(정성적 조사, 정량적 조사) 중 상대밀도를 측정하는 정량적 조사는 유아등, 포살장치를 이용한 단위시간당 포살수로 해충의 실제밀도보다는 변동상황을 비교한다.

36

4령충에 대한 설명으로 옳은 것은?

① 3회 탈피를 한 유충
② 4회 탈피를 한 유충
③ 부화한지 3년째 되는 유충
④ 부화한지 4년째 되는 유충

해설 령충 : 각 기간의 유충을 의미한다. 알에서 부화한 후 1회 탈피할 때까지를 1령충이라 하며 이후 1회 탈피 시 2령충, 2회 탈피 시 3령충, 3회 탈피 시 4령충이라 한다.

37

소나무좀의 방제를 위하여 티아클로프리드 액상수화제를 살포하려 할 때 가장 효과적인 시기는?

① 활동 시기
② 산란 시기
③ 유충 부화 시기
④ 성충 우화 시기

해설 소나무좀 월동성충은 줄기나 가지 껍질 밑에 구멍을 뚫고 들어가 형성층에 산란하는데 이 때 티아클로프리드 액상수화제를 살포하면 효과적이다.

정답 32 ④ 33 ② 34 ③ 35 ④ 36 ① 37 ②

38
유충이 탈피를 못하게 하여 해충을 방제하는 것은?
① 호르몬제
② 페로몬제
③ 대사저해제
④ 섭식저해제

 대사 저해제 : 변태과정이 순조롭게 이루어지는 것을 방해한다. (ex 주론 수화제(디밀린))

39
간모를 통해 단위생식을 하는 것은?
① 배추순나방
② 점박이응애
③ 가루깍지벌레
④ 복숭아혹진딧물

 복숭아혹진딧물은 봄에 부화한 후 간모가 되는데 간모는 무시충을 태생한다.

40
이화명나방의 가해 형태 및 기주 피해에 대한 설명으로 옳은 것은?
① 피해를 입은 벼의 줄기 속에는 한 마리의 유충만 있다.
② 피해를 입은 벼의 줄기 속을 보면 유충의 배설물이 존재하지 않는다.
③ 피해를 입은 벼의 잎집이 말라 죽어도 벼의 줄기는 부러지지 않는다.
④ 재배 초기의 피해를 입은 벼의 줄기는 출수하지 못하거나, 출수하더라도 이삭이 하얗게 된다.

 이화명나방은 유충이 벼 줄기 속을 가해하여 잎과 이삭에 피해를 준다.

3과목 재배원론

41
토양유기물의 주된 기능과 관계가 적은 것은?
① 입단의 형성
② 보수, 보비력의 증대
③ 미생물의 번식조장
④ 완충능의 저하

 토양유기물(부식)의 기능 : 완충능 증대, 중금속 독성 완화, 미생물 번식, 양분 공급, 입단 형성, 보수·보비력 증대, 대기에 이산화탄소 공급, 생장촉진물질 생성, 지온 상승, 암석 분해, 토양보호

42
다음 중 단명종자로만 나열된 것은?
① 클로버, 사탕무
② 팬지, 해바라기
③ 비트, 수박
④ 나팔꽃, 데이지

- 단명종자(1~2년) : 옥수수, 콩, 목화, 메밀, 기장, 해바라기, 양파, 파, 고추, 상추, 강낭콩, 당근
- 상명종자(3~5년) : 벼, 밀, 보리, 귀리, 유채, 켄터키블루그래스, 완두, 페스큐, 무, 배추, 우엉, 시금치, 멜론, 호박, 카네이션, 시클라멘, 피튜니아
- 장명종자(5년 이상) : 앨팰퍼, 사탕무, 베치, 클로버, 수박, 비트, 가지, 토마토, 나팔꽃, 접시꽃, 데이지

정답 38 ③ 39 ④ 40 ④ 41 ④ 42 ②

43

중간식물은 어떤 일장형의 식물인가?

① 화성이 일장의 영향을 받지 않는다.
② 어떤 좁은 범위의 특정한 일장에서만 화성이 유도된다.
③ 초기 장일이었다가 후기에 단일상태로 되어야 화성이 유도된다.
④ 일정한 한계일장이 없고 대단히 넓은 범위의 일장에서 화성이 유도된다.

해설 중간식물 : 좁은 범위의 특정한 일장에서만 화성이 유도되는 식물(뚜렷한 2개의 한계일장 존재)로 사탕수수 등이 해당된다.

44

작물 영양성분 중 결핍되면 분열조직에 괴사(necrosis)를 일으키며, 대표적으로 사탕무의 근부썩음병(속썩음병)을 일으키는 것은?

① 망간   ② 철
③ 칼륨   ④ 붕소

해설 붕소 결핍 시 사과 축과병, 사탕무 속썩음병, 순무 갈색속썩음병, 셀러리 줄기쪼김병이 발생한다.

45

생리적 중성비료(生理的 中性肥料)는?

① 황산암모늄   ② 염화칼륨
③ 요소   ④ 용성인비

해설 〈반응별 비료의 분류(생리적 반응)〉
• 생리적 산성비료 : 염화암모늄, 염화칼륨, 황산암모늄, 황산칼륨
• 생리적 중성비료 : 질산암모늄, 과인산석회, 중과인산석회, 요소, 석회질소
• 생리적 염기성비료 : 석회질소, 용성인비, 칠레초석, 토머스인비

46

큰 강의 유역은 주기적으로 강이 범람해서 비옥해져 농사짓기에 유리하므로 원시농경의 발상지이었을 것으로 추정한 사람은?

① Vavilov
② Dettweiler
③ De Candolle
④ Liebig

해설 Decandolle은 큰 강 유역은 주기적으로 강이 범람하여 비옥해서 농사에 유리하므로 원시농경의 발상지라 함

47

다음 중 굴광현상에서 가장 유효한 파장은?

① 120~250nm   ② 440~480nm
③ 600~680nm   ④ 700~750nm

해설 식물이 광조사 방향으로 굴곡반응을 보이는 현상을 굴광현상이라 하며 400~500nm, 특히 440~480nm(청색광)이 가장 유효하다.

48

나무딸기에서 이용되며 가지의 선단부를 휘어서 묻는 방법은?

① 분주   ② 성토법
③ 고취법   ④ 선취법

해설
• 휘묻이 중 선취법은 가지의 선단부를 휘어서 묻는 방법으로 나무딸기에서 주로 이용된다.
• 당목취법 : 포도나무, 양앵두나무, 자두나무, 나무딸기
• 파상취목법 : 포도나무
• 보통법(단순취목법) : 수구리, 포도나무, 자두나무, 양앵두나무

정답 43 ② 44 ④ 45 ③ 46 ③ 47 ② 48 ④

49

( )에 알맞은 내용은?

( )는 체내 이동성이 낮으며, 결핍 시 셀러리의 줄기쪼김병, 담배의 끝마름병의 증상이 나타난다.

① 붕소 ② 구리
③ 염소 ④ 규소

해설
- 붕소 결핍 시 사과 축과병, 사탕무 속썩음병, 순무 갈색속썩음병, 셀러리 줄기쪼김병이 발생한다.
- 체내이동성이 낮은 원소 : Fe, Cu, Mn, Zn, S, B

52

작물의 결실과 온도의 관계에 대한 설명으로 옳은 것은?

① 생육가능 온도 내에서 주·야간 온도는 항온이 변온보다 좋다.
② 변온조건에서 결실이 좋아지는 작물이 많다.
③ 주간은 저온이고 야간은 온도가 높을수록 좋다.
④ 주간, 야간 모두 저온인 것이 좋다.

해설 작물의 생장은 밤기온이 높아 변온이 작을 때 높으며 발아, 개화, 결실 등은 변온이 클 때 촉진된다.

50

수광태세가 좋아지는 벼의 초형으로 틀린 것은?

① 잎이 넓을수록 좋아진다.
② 상위엽이 직립한다.
③ 분얼이 조금 개산형인 것이 좋다.
④ 키가 너무 크거나 작지 않다.

해설
- 벼의 초형에 따른 수광태세의 개선 : 잎이 얇지 않고 좁으며 상위엽이 직립하는 것, 키가 너무 작거나 크지 않은 것, 개산형 분얼, 잎의 공간이 균일하게 분포 하는 것이 좋다.

53

작물 잎의 엽록소 구성성분으로 결핍되면 황백화 현상이 노엽에서부터 생기며, 산성이 강한 토양과 칼리비료를 과다 시용한 토양에서 결핍을 보이는 원소는?

① 붕소 ② 마그네슘
③ 철   ④ 칼슘

해설 엽록소의 구성원소 및 형성에 관여 : C, H, O, N Mg, Fe, Cu, Mn, Zn, S / 산성토양에서 유효도 감소 : Mg, K, P, Mo, B

51

다음 중 작물의 주요온도에서 최적온도가 가장 낮은 것은?

① 삼   ② 멜론
③ 오이 ④ 담배

해설 최적온도 : 멜론(35℃), 삼(35℃), 오이(33~34℃), 옥수수와 벼(30~32℃), 완두(30℃), 담배(28℃), 사탕무·호밀·밀·귀리(25℃), 보리(20℃), 콩(18~20℃)

54

다음 중 장명종자에 해당하는 것은?

① 베고니아 ② 나팔꽃
③ 팬지   ④ 일일초

해설 장명종자(5년 이상) : 앨팰퍼, 사탕무, 베치, 클로버, 수박, 비트, 가지, 토마토, 나팔꽃, 접시꽃, 데이지

정답 49 ① 50 ① 51 ④ 52 ② 53 ② 54 ②

55

영양번식법 중 휘묻이에 해당하지 않는 것은?

① 선취법
② 파상취목법
③ 당목취법
④ 고취법

- 휘묻이 : 가지를 묻어서 일부를 흙속에 묻는 방법으로 선취법, 파상취목법, 당목취법이 해당된다.
- 선취법 : 가지 선단부를 휘어서 묻는 방법
- 파상취목법 : 가지를 파상으로 휘어서 흙을 덮어 한 가지에서 여러 개를 취목하는 방법
- 당목취법 : 가지를 수평으로 묻는 방법

56

포장을 수평으로 구획하고 관개하는 방법은?

① 수반법
② 일류관개
③ 보더관개
④ 고랑관개

- 수반법 : 수평으로 구획하고 관개하는 방법
- 보더관개 : 낮은 두둑으로 길고 기울기 있게 구획을 만들어 관개하는 방법
- 고랑관개법 : 고랑을 만들어 옆에서 물을 공급하는 방법

57

가지를 어미식물에서 분리시키지 않은 채로 흙을 묻거나, 그 밖에 적당한 조건을 주어 발근시킨 다음에 잘라서 독립적으로 번식시키는 방법을 무엇이라 하는가?

① 취목
② 분주
③ 선취법
④ 고취법

- 취목은 모주에서 가지를 분리시키지 않은 채로 흙을 묻거나 적당한 조건을 주고 발근시키는 것인데 성토법, 휘묻이, 고취법이 해당된다.
- 성토법 : 포기 밑에 가지를 많이 내고 성토하여 발근시키는 것
- 휘묻이 : 가지를 묻어서 일부를 흙속에 묻는 방법으로 선취법, 파상취목법, 당목취법이 해당된다.
- 선취법 : 가지 선단부를 휘어서 묻는 방법
- 파상취목법 : 가지를 파상으로 휘어서 흙을 덮어 한 가지에서 여러 개를 취목하는 방법
- 당목취법 : 가지를 수평으로 묻는 방법

58

N : P : K 흡수비율에서 5 : 1 : 1.5 에 해당하는 것은?

① 옥수수
② 콩
③ 고구마
④ 감자

〈작물종류에 따른 3요소 흡수비율〉

작물	N:P:K
벼	5:2:4
맥류	5:2:3
옥수수	4:2:3
콩	5:1:1.5
감자	3:1:4
고구마	4:1.5:5

59

다음 중 혐광성 종자에 해당하는 것은?

① 상추
② 수세미
③ 차조기
④ 우엉

- 혐광성 종자 : 가지, 토마토, 수박, 호박, 오이, 무, 파, 양파, 수세미

정답   55 ④   56 ①   57 ①   58 ②   59 ②

60

( )에 알맞은 내용은?

> 탄화수소, 오존, 이산화질소가 화합해서 생성되는 ( )은/는 광화학적인 반응에 의하며 식물에 피해를 끼치는데, 담배의 경우 10ppm으로 5시간 접촉되면 피해증상이 생기고 잎의 뒷면에 백색 반점이 엽맥사이에 나타난다.

① 연무
② PAN
③ 아황산가스
④ 불화수소가스

해설 PAN : 탄화수소, 오존, 이산화질소가 화합해서 생성되는 물질로, 광화학적인 반응에 의하여 식물에 피해, 담배와 피튜니아는 10ppm으로 5시간 노출되면 피해증상이 생기고 잎 뒷면 엽맥 사이에 백색 반점이 생김

4과목 농약학

61

종자 소독제로 주로 사용되는 농약은?

① 베노밀 · 티람
② 오리사스트로빈
③ 이미녹타딘트리아세테이트
④ 에디펜포스 · 아이소프로티올레인

해설 종자소독제 : 종자나 종묘 표피에 있는 병원체를 사멸시키는 약제로 대부분 분의법과 침지법을 이용하며 티람, 프로클로라즈, 플루디옥소닐, 비타박스, 침적용 유기수은제, 벤레이트티 등이 해당된다.

62

농약 원료로 사용되는 가성소다의 경우 NaOH 20% 비중 : 1.222이고, NaOH 30% 비중 : 1.333이다. 사용상 22% NaOH 의 경우 비중은?

① 1.142
② 1.244
③ 1.290
④ 1.352

해설 가성소다 농도가 10% 증가할 경우 비중이 (1.333-1.222 = 0.111)만큼 증가하므로 2%가 증가할 경우에는 (0.111÷5=0.0222)만큼 증가한다. 따라서 22%의 NaOH 비중은 (1.222 + 0.0222=1.2442)이다.

63

다음 중 희석하여 살포하는 제형이 아닌 것은?

① 유제
② 분제
③ 수용제
④ 수화제

해설 직접살포용 제형(고형시용제) : 분제, 입제는 고체상태의 입자로 된 약제를 희석하지 않고 사용한다.

정답 60 ② 61 ① 62 ② 63 ②

64

제초제의 살초작용에 대한 설명으로 틀린 것은?

① 식물체의 제초제 흡수는 일반적으로 뿌리나 잎, 줄기를 통해 흡수된다.
② 잎을 통한 흡수는 극성과 무관하게 cellulose, pectin, wax의 순으로 흡수된다.
③ 식물의 잎을 통한 흡수는 대부분 잎의 표면을 통해 이루어진다.
④ 제초제의 식물체 내로의 침투정도는 제초제의 극성 정도에 따라 영향을 받는다.

해설 식물 표피 중 비극성물질은 큐티클납질, 큐틴, 펙틴(비극성정도 순서 순)이 있으며 셀룰로오스는 극성물질이다. 비극성 제초제는 비극성의 큐티클납질을 쉽게 통과하지만 시간이 지날수록 통과가 어려워지나 극성제초제는 비극성의 큐티클납질 통과가 어렵지만 갈수록 통과가 쉬워진다.

65

다음 중 Ziram의 구조식은?

① $\begin{bmatrix} CH_3 \\ CH_3 \end{bmatrix} > N-\overset{S}{\underset{\|}{C}}-S- \end{bmatrix}_2 Zn$

② $\begin{matrix} CH_2-NH-\overset{S}{\underset{\|}{C}}-S \\ CH_2-NH-\underset{\|}{\overset{}{C}}-S \\ S \end{matrix} > Zn$

③ $\begin{matrix} CH_2-NH-\overset{S}{\underset{\|}{C}}-S-Na \\ CH_2-NH-\underset{\|}{\overset{}{C}}-S-Na \\ S \end{matrix}$

④ $\begin{matrix} CH_2-NH-\overset{S}{\underset{\|}{C}}-S \\ CH_2-NH-\underset{\|}{\overset{}{C}}-S \\ S \end{matrix} > Mn$

해설 ⟨Zn(아연)을 포함하는 지람의 구조식⟩

$\begin{matrix} CH_3 & & S & & S & & CH_3 \\ & \diagdown & \| & & \| & \diagup & \\ & N-C-S-Zn-S-C-N & \\ & \diagup & & & & \diagdown & \\ CH_3 & & & & & & CH_3 \end{matrix}$

66

다음 중 보호 살균제의 농약은?

① 키타진   ② 가스가민
③ 석회보르도액   ④ 스트렙토마이신

해설 보호살균제는 병이 발생하기 전 병균이 식물에 침입하는 것을 예방하는 약제로 보르도액, 구리 문제가 해당된다.

67

농약의 주성분에 의한 분류에 해당하지 않는 것은?

① 도포제   ② 유기염소제
③ 카바메이트제   ④ 피레스로이드제

해설 도포제는 제형에 따른 물리적 분류에 해당되며 점성을 크게 만든 제형으로 붓 등을 이용하여 병반에 직접 바르도록 고안된 제형이다.

68

Cyclodiene계로서 2개의 이성질체가 있으며 접촉독 및 식독작용에 의하여 살충효과가 있는 약제는?

① 메소밀   ② 피레스린
③ 엔도설판   ④ 이미다클로프리드

해설 엔도설판은 2종(α, β)의 이성질체를 가지고 있다.

정답 64 ② 65 ① 66 ③ 67 ① 68 ③

69

농약조제용 증량제에 대한 설명으로 가장 옳은 것은?

① 수분함량과 입자의 흡습성이 낮은 증량제가 좋다.
② 증량제의 가비중은 입자의 비산성과 관계가 있으므로 0.2 이하가 적당하다.
③ 증량제의 강도가 강할수록 농약살포 시 더 유리하다.
④ 증량제의 pH에 의한 농약의 주성분 분해영향은 거의 없다.

해설 〈증량제의 조건〉
- 분말도, 가비중, 분산성, 비산성, 고착성, 부착성, 안정성
- 흡습성이 강하면 안되며 pH가 중성이어야 함
- 혼합성 중량제의 비중 현상을 고려해야 함

70

다음 중 작물 잔류성이 가장 낮은 약제는?

① 침투성 약제
② 유용성(油溶性) 약제
③ 증발하기 쉬운 약제
④ 작물에 부착성이 큰 약제

해설 작물잔류성 농약 : 수확물의 농약 잔류량이 잔류허용 기준을 넘을 위험이 있는 농약으로 구조적 안정성이 클수록, 작물의 표면적이 넓고 털이 많을수록, 왁스피복율이 낮을수록 잔류량이 많다. 또한 잔류성은 휘산, 용탈, 흡착 등에 의해 영향을 받으므로 증발하기 쉬운 약제는 사용후 증발로 인해 잔류성이 낮아진다.

71

보르도액 살포 후 과수잎 중의 pH가 얼마일 때 구리의 용해도가 최고치가 되는가?

① 12.4
② 11.3
③ 10.4
④ 7.0

해설 보르도액의 pH는 12.4인데 대기 중의 이산화탄소를 만나 중화되어 pH가 11.3이 되면 구리 용해도가 최고로 높아진다.

72

다음 중 훈증제가 아닌 농약은?

① 메틸브로마이드제
② 크로로피크린제
③ 디코폴유제
④ 인화알루미늄제

해설 훈증제의 종류 : 메틸브로마이드, 클로로피크린, 시안화수소(청산제), 알루미늄포스파이드, 디클로르보스(DDVP) 등

73

농약 약해의 원인이 될 수 있는 것은?

① 제4종 복합비료와 혼용 살포
② 표준희석배수의 농약정량 살포
③ 병해충 종류별로 전문약제를 선택 살포
④ 작용특성이 서로 다른 농약으로 바꾸어 가면서 살포

해설 제4종 복합비료와의 혼용은 약해를 일으킬 가능성이 있기 때문에 혼용 가능여부를 확인해야 한다.

정답 69 ① 70 ③ 71 ② 72 ③ 73 ①

74

다음 중 소나무에서 발생하는 솔나방을 방제하는데 주로 사용할 수 있는 약제는?

① 트리포린 유제
② 페니트로티온 유제
③ 크로로탈로닐 수화제
④ 글루포시네이트 암모늄액제

 유기인계 살충제인 페니트로티온 유제는 식물에 잘 흡수되어 식물체 내 유충에 대해 효과적이며 접촉독 또는 식독효과가 뛰어나다.

75

경구 중독에 대한 설명으로 틀린 것은?

① 입을 통해서 소화기내로 들어와 흡수 중독을 일으키는 것을 말한다.
② 인공호흡을 시키고 산소를 흡입시킨 다음 안정시킨 후 모포 등으로 싸서 보온시킨다.
③ 따뜻한 물이나 소금물로 위를 세척한다.
④ 약물이 장내로 들어갈 염려가 있을 때는 황산마그네슘 용액에 규조토 등을 타서 먹여 배설시킨다.

 농약의 흡입중독 시 환자를 통풍이 잘되는 곳에 눕히고 옷을 느슨하게 하여 호흡을 쉽게 한다.(심할 경우 인공호흡)

76

다음 중 해충의 저항성을 가장 잘 유발시킬 수 있는 경우는?

① 살포회수를 적게 한다.
② 동일 약제를 계속 사용한다.
③ 다른 약제로 바꾸어 살포한다.
④ 작용기작이 다른 농약을 살포한다.

 동일 약제를 연용할 경우 내성이 생겨 해충이 저항성을 가진다.

77

살충제 파라티온(Parathion)의 성상 및 특성에 대한 설명으로 옳지 않은 것은?

① 비침투성 약제이다.
② 해충 방제 효과는 좋으나 인축에는 독성이 강하여 제한을 받는다.
③ 대부분의 유기용매에 불용이며 알칼리에는 안정하다.
④ 접촉독, 가스독 및 소화중독의 세 가지 작용을 함께 가지고 있다.

 DDT, BHC, 비산염, 클로르덴, 파라티온 등은 알칼리에 불안정하다.

78

살포한 약제가 작물에서 씻겨 내려가지 않고 표면에 붙어 있는 성질을 가장 잘 나타낸 것은?

① 융해성
② 고착성
③ 비산성
④ 안전성

 부착성(약제가 식물체에 붙어있는 성질), 고착성(부착된 약제가 떨어지지 않는 성질)

정답 74 ② 75 ② 76 ② 77 ③ 78 ②

79

농약의 생물농축의 정도를 수치로 표현한 생물농축계수(BCF)를 바르게 설명한 것은?

① 수질환경 중 화합물 농도에 대한 생물체 내에 축적된 화합물의 농도비를 말한다.
② 농작물에 살포된 농약의 농도에 대한 생물체 내의 독성정도를 나타내는 농도비를 말한다.
③ 농작물에 살포된 농약의 농도에 대한 인체에 흡입독성의 정도를 나타내는 농도비를 말한다.
④ 재배 중인 작물에 살포된 농약의 농도에 대한 잔류되는 농약의 농도비를 말한다.

해설 생물농축계수(BCF) = 생체 내 오염물질 농도 / 수질환경 중 오염물질 농도

80

다음 중 전착효과를 나타내는 물질은?

① 펜크로림(fenclorim)
② 벤토나이트(bentonite)
③ 폴리옥시에틸렌(polyoxyethylene)
④ 피페로닐 부톡사이드(piperonyl butoxide)

해설 전착제로 이용되는 계면활성제는 습윤성, 확전성, 현수성, 고착성을 좋게하며 폴리옥시에틸렌(polyoxyethylene)은 비이온 계면활성제에 해당된다.

구분	특징
음이온 계면활성제	카복실염, 황산에스테르염, 설폭산염, 인산에스테르염
양이온 계면활성제	아민염, 암모니아염
양성 계면활성제	음이온 원자단에 카복실산, 황산을, 양이온 원자단에 아민, 암모늄 등을 가지는 것
비이온 계면활성제	Polyoxyethylene

5과목 잡초방제학

81

재배지별, 발생 잡초 종류, 분류학적 위치 등이 모두 바르게 연결된 것은?

① 밭 – 메꽃 – 국화과
② 논 – 메자기 – 화본과
③ 밭 – 자귀풀 – 방동사니과
④ 논 – 너도방동사니 – 사초과

해설 〈잡초의 분류〉

구분		1년생	다년생
논잡초	볏과	강피, 돌피, 물피	나도겨풀
	방동사니과	올챙이고랭이, 알방동사니	올방개, 너도방동사니, 매자기, 쇠털골
	광엽잡초	여뀌바늘, 가막사리여뀌, 물옥잠, 물달개비, 사마귀풀, 자귀풀, 생이가래	가래, 올미, 벗풀, 개구리밥
밭잡초	볏과	바랭이, 둑새풀, 강아지풀, 미국개기장, 돌피	참새피, 띠
	방동사니과	참방동사니, 금방동사니	향부자
	광엽잡초	별꽃, 꽃다지, 깨풀, 개비름, 개갓냉이, 속속이풀, 여뀌, 명아주, 쇠비름, 냉이, 망초	쑥, 씀바귀, 민들레, 메꽃, 쇠뜨기, 토끼풀, 괭이밥

정답 79 ① 80 ③ 81 ④

82

잡초의 학명을 바르게 나타낸 것은?

① 올미 : Scirpus jundoides
② 벗풀 : Eleocharis kuroguwai
③ 너도방동사니 : Cyperus serotinus
④ 올챙이고랭이 : Sagittaria pygmaea

해설
- 올미 : Sagittaria pygmaea Miquel
- 벗풀 : Sagittaria trifolia L.
- 올챙이고랭이 : Scirpus juncoides Roxb.

83

제초제의 선택성에 대한 설명으로 옳지 않은 것은?

① 잎이 좁거나 적을수록 살포한 제초제의 접촉이 적게 된다.
② 생장점의 노출 여부에 따라 제초제 선택성이 달라지지 않는다.
③ 잎에 털이 많을수록 수용성 제초제의 습윤 및 전착이 크게 떨어진다.
④ 잎의 표면조직, 잎이 줄기에 붙어있는 각도 등에 따라 선택성이 달라진다.

해설 제초제는 생육시기, 생장점의 위치, 잎의 모양(잎의 표면), 초엽과 중경의 위치, 발아 시 토양의 심도, 뿌리의 분포와 깊이에 따라 선택성이 달라진다.

84

다음 설명에 해당하는 용어는?

- 강피의 경우 등숙 후에 탈락되어 발아에 적합한 환경조건이 부여되어도 발아하지 않고 휴면상태에 놓인다.
- 이 휴면은 겨울 동안 저온에서 서서히 타파된다.

① 강제휴면
② 자발휴면
③ 내적휴면
④ 이차휴면

해설 2차 휴면 : 발아력을 갖춘 성숙한 종자라도 부적절한 환경조건에 오래 노출 시 유발되는 휴면으로 특정 환경에서 타파되어야 한다.

85

생물학적 방제법과 비교한 화학적 방제법의 단점은?

① 효과가 적다.
② 작용 효과가 늦다.
③ 잔류성 문제가 있다.
④ 처리가 용이하지 않다.

해설 생물학적 방제법은 기생성 또는 병원성 생물을 이용하여 유해잡초 밀도를 낮추는 환경친화적 방제법이다.

86

벼와 광경합이 가장 크게 일어나는 잡초는?

① 강피
② 올미
③ 쇠털골
④ 논뚝외풀

해설 화본과 잡초인 강피는 벼와 생육특성이 비슷하여 경합이 크게 일어난다.

87

일년생 잡초로만 올바르게 나열된 것은?

① 냉이, 바랭이
② 명아주, 강아지풀
③ 개구리밥, 벼룩나물
④ 망초, 나도방동사니

해설 81번 해설 참고

88
주로 콩과 작물 및 목본식물에 기생하여 수분이나 양분 등을 탈취하는 잡초는?
① 새삼
② 바랭이
③ 강아지풀
④ 중대가리풀

해설 새삼, 겨우살이 등 기생성 잡초는 실모양의 흡기조직으로 기주식물을 가해한다.

89
제초제 제형 중 수화제에 대한 설명으로 옳은 것은?
① 물이 필요 없으며 바로 사용 가능하다.
② 물에 희석하면 잘 용해되어 투명해진다.
③ 원제에 유화제를 넣어 혼합 분쇄한 것이다.
④ 작은 입자 크기로 된 고체이며 물에 녹여 사용한다.

해설 희석살포용 제형(액체시용제) 중 수화제 : 불용성 원제(주제)에 벤토나이트, 카올린 같은 점토광물(증량제), 계면활성제를 첨가한 것으로 물에 희석하면 유효성분의 입자가 물에 분산되어 현탁액이 된다.

90
잡초 종자의 발아에 대한 설명으로 옳은 것은?
① 작물 종자와는 다르게 수분을 요구하지 않는다.
② 정상적인 토양 pH 범위 내에서는 발아가 되기 힘들다.
③ 항온조건보다는 변온조건이 발아를 촉진하는 경우가 많다.
④ 논에서 자라는 잡초종은 발아에 있어서 산소 요구도가 높다.

해설 발아적온은 보통 15~30℃이며 최저온도는 0~15℃, 최고온도는 25~45℃로 변온조건에서 발아가 촉진된다.

91
잡초 방제법을 물리적, 화학적, 예방적 방제법으로 구분할 때, 예방적 방제법이 아닌 것은?
① 농기구 청소
② 비닐멀칭 피복
③ 작물종자 정선
④ 관개수로 관리

해설 비닐멀칭 피복은 잡초의 종자나 식물체를 물리적으로 직접 차단 및 가해하여 사멸시키는 물리적 방제법이다.

92
제초제의 주요 작용반응기로 가장 거리가 먼 것은?
① 황산기
② 아미노기
③ 카르복시기
④ 히드록시기

해설 제초제의 주요 작용반응기에는 아미노기, 카르복시기, 히드록시기 등이 있다.

93
이행형 제초제가 아닌 것은?
① 2,4-D
② Diquat
③ Simazine
④ Glyphosate

해설 이행형 제초제 : 페녹시계, 시마진, MCPA, 2,4-D, Glyphosate

정답 88 ① 89 ④ 90 ③ 91 ② 92 ① 93 ②

94

생태적 잡초방제를 위한 재배관리의 합리화 방법으로 가장 거리가 먼 것은?

① 잡초에 불리한 윤작체계로 재배한다.
② 작물을 충실하게 키워 경합력을 높인다.
③ 청결한 작물종자를 선택하거나 다시 정선하여 파종한다.
④ 적기 적량의 시비기술로 작물의 초관형성을 촉진시킨다.

  생태적(경종적) 방제법은 작물 경합력 증대를 목적으로 하는 재배적 방법을 활용한 방제법으로 잡초종자 혼입을 금지하는 것은 예방적 방제법에 속한다.

95

단자엽식물과 쌍자엽식물 간의 차이처럼 잡초의 생장형이 달라서 나타나는 제초의 선택성은?

① 생태적 선택성
② 형태적 선택성
③ 생리적 선택성
④ 생화학적 선택성

  단자엽식물과 쌍자엽식물 간의 차이처럼 잡초의 생장형이 달라서 나타나는 제초의 선택성은 형태적 선택성이다.

96

주로 논에 발생하는 잡초로만 올바르게 나열한 것은?

① 피, 바랭이
② 명아주, 뚝새풀
③ 개비름, 물옥잠
④ 올미, 여뀌바늘

해설 81번 해설 참고

97

생태적 방제법으로 환경제어법에 대한 설명이 옳은 것은?

① 작물에 재식밀도를 높여서 초관형성을 촉진시킨다.
② 작물에는 유리하고 잡초에는 불리하도록 인위적으로 환경을 조성한다.
③ 묘상에서 자란 유묘를 분포에 이식하여 잡초보다 빠르게 초관을 형성하게 한다.
④ 잡초와의 경합력이 큰 작목 및 품종을 선택하여 재배한다.

해설 화학적 제초제나 생물을 이용하지 않고 작물 경합력 증대를 목적으로 하는 재배적 방법을 활용한 방제법

98

월년생 잡초로만 올바르게 나열한 것은?

① 피, 냉이, 뚝새풀
② 별꽃, 냉이, 벼룩나물
③ 냉이, 쇠비름, 벼룩나물
④ 쇠비름, 뚝새풀, 별꽃아재비

해설 1년 이상 생존하는 월년생 잡초에는 별꽃, 냉이, 벼룩나물, 뚝새풀 등이 있다.

정답 94 ③ 95 ② 96 ④ 97 ② 98 ②

99

생물적 방제법에 대한 설명으로 옳지 않은 것은?

① 비교적 영속성이 있고 환경 친화적이다.
② 잡초의 완전한 제거하기 위해 적용한다.
③ 미생물 또는 식해성 생물을 이용하여 잡초 밀도를 감소시키는 수단을 말한다.
④ 경제적으로 무시해도 될 정도의 잡초만 생존하도록 밀도를 감소 조절하는데 있다.

 생물적 방제법 : 기생성 또는 병원성 생물을 이용하여 유해잡초 밀도를 낮추는 방제법으로 완전한 사멸이 목적이 아닌 경제적 허용범위에서 감소시키는 것이 목적인 환경친화적 방제법

100

잡초의 밀도가 증가되면 작물의 수량이 감소되고, 어느 밀도 이상으로 잡초가 존재하면 작물의 수량이 현저히 감소되는 수준까지의 밀도를 무엇이라 하는가?

① 경제적 허용밀도
② 잡초허용 최대밀도
③ 잡초허용 한계밀도
④ 잡초피해 한계밀도

 잡초허용한계밀도 : 일정 밀도 이상으로 잡초가 존재하여 작물 수량이 감소되기 시작하는 밀도

정답 99 ② 100 ③

Chapter 01 2023년 2회 기사 CBT 복원

1과목 식물병리학

01

사람이나 가축에게 유해한 균독소를 분비하는 병균은?

① 벼 도열병균
② 딸기 균핵병균
③ 사과나무 탄저병균
④ 맥류 붉은곰팡이병균

- 맥류 붉은곰팡이병 독소 제랄레논(Zearalenone) : 인축이 섭취할 경우 중독증 발생
- 땅콩 독소 : 아플라톡신, 고구마 검은무늬병 독소 : 아포메아론

02

푸자리움균(Fusarium) 등에서 알려진 하나의 세포 내에 유전적으로 다른 2개 이상의 반수체핵이 존재하는 현상은?

① 이질반핵현상
② 이질다핵현상
③ 동질반핵현상
④ 동질다핵현상

이질다핵현상 : 하나의 세포 내에 유전적으로 다른 2개 이상의 반수체핵이 존재하는 현상(녹병균, fusarium, bipolaris 등이 포함)

03

다음 설명에 해당하는 진단법은?

- 씨감자가 바이러스에 감염된 것을 선별하며 도태시키기 위한 것이다.
- 온실에서 생육한 감자의 눈에 나타난 병징으로 바이러스 감염 여부를 판정한다.

① 지표식물법
② 괴경지표법
③ 즙액접종법
④ 파지진단법

- 진단의 방법 중 최아법(괴경지표법) : 감자 바이러스병 진단 시 싹을 틔워 병징을 발현시킨 후 발병유무를 진단
- 즙액접종법 : 즙액접종이 가능한 바이러스를 지표식물에 접종하여 병징으로 진단
- 지표식물 진단법 : 특정 병원체에 고도의 감수성을 띠거나 특이한 병징을 나타내는 식물을 지표로 삼아 진단에 활용
- 박테리아파지법 : 특정 세균에 기주특이성이 높은 바이러스를 이용하여 특정 세균 유무 및 월동장소를 진단(벼 흰잎마름병)

04

물을 매개로 전염을 하는 세균성 식물병은?

① 밀 줄기녹병
② 콩 모자이크병
③ 벼 흰잎마름병
④ 보리 겉깜부기병

정답 01 ④ 02 ② 03 ② 04 ③

해설 〈병원체의 전반방법〉
- 물로 전반 : 벼 잎집무늬마름병균, 감자 역병균, 벼 모썩음병균, 무·배추 무사마귀병균, 모잘록병균, 탄저병균, 노균병균, 벼 흰잎마름병균, 토마토 풋마름병균
- 바람으로 전반 : 벼 도열병균, 벼 키다리병균, 맥류 겉깜부기병균, 밀 줄기녹병균, 감자 역병균, 배나무 붉은별무늬병균, 밤나무 줄기마름병균, 밤나무 흰가루병균

05

바이로이드에 의한 식물병은?

① 벼 오갈병
② 감자 갈쭉병
③ 담배 모자이크병
④ 모과나무 검은별무늬병

 바이로이드 : 감자 갈쭉병의 병원체로 한가닥의 핵산 RNA로만 구성된 가장 작은 병원체이며 세포 체제를 갖추지 않는다.

06

벼에 발생하는 병원균이 종자전염하는 것은?

① 오갈병
② 키다리병
③ 잎집무늬마름병
④ 줄무늬잎마름병

해설 〈종자전염〉
- 종자 표면 전염 : 벼 깨씨무늬병균, 벼 도열병, 벼 세균성잎마름병, 보리 속깜부기병균
- 종자 배 전염 : 벼 키다리병균, 맥류 겉깜부기병균
- 감자 표면 및 내부 전염 : 감자 역병균, 감자 둘레썩음병균

07

다음 방제방법에 해당하는 사과의 병은?

- 나무가지에 형성된 사마귀를 물리적으로 제거하는 것은 실효성이 떨어진다
- 6월 상순에서 8월 하순까지 정기적으로 살균제를 살포하며 방제한다.

① 탄저병
② 부란병
③ 겹무늬썩음병
④ 검은별무늬병

 사과 겹무늬 썩음병에 대한 설명으로 과실의 과점을 통해 감염되며 탄저병과 유사한 병징을 보인다.

08

자낭포자로 인한 표징이 잘 나타나지 않는 병은?

① 밀 줄기녹병
② 벼 깨씨무늬병
③ 벼 잎집얼룩병
④ 보리 겉깜부기병

 벼 깨씨무늬병은 분생포자 형태로 바람으로 전파. 각피, 기공으로 침입하여 2차 전염한다.

09

벼 줄무늬잎마름병을 방제하는 방법으로 가장 효과가 작은 것은?

① 살균제 살포
② 애멸구 제거
③ 저항성 품종 재배
④ 논두렁 잡초 제거

 벼 줄무늬잎마름병은 바이러스 병원(Rice strip tenuivirus)에 의해 감염되며 잡초 제거로 월동하는 애멸구를 구제하거나 집단못자리 설치, 이앙시기 조절, 질소질비료 과용 금지 등을 통해 방제한다.

정답 05 ② 06 ② 07 ③ 08 ② 09 ①

10

채소류에 발생하는 잿빛곰팡이병에 대한 설명으로 옳지 않은 것은?

① 딸기, 토마토, 고추 등에 분포한다.
② 병환부에 형성된 분생포자가 바람에 의해 전파된다.
③ 시설재배의 경우 온도가 높고 습도가 낮을 때 주로 발생한다.
④ 노지재배의 경우 흐리고 비가 오는 날이 계속 될 때 주로 발생한다.

 잿빛곰팡이병 : 저온다습한 환경에서 많이 발생하며 특히 시설재배 시 연중 발생한다.(시설재배 시 빠르게 번지므로 자외선 차단필름 사용)

11

대추나무 빗자루병 방제를 위해 나무주사에 사용되는 항생제는?

① 아그랩토 ② 브라마이신
③ 스트렙토마이신 ④ 옥시테트라사이클린

 대추나무·오동나무 빗자루병은 옥시테트라사이클린 항생제 수간주사를 통해 방제한다.

12

박테리오파지에 대한 설명으로 옳은 것은?

① 식물에 기생하는 세균이다.
② 식물에 기생하는 곰팡이이다.
③ 세균에 기생하는 바이러스이다.
④ 곰팡이에 기생하는 바이러스이다.

 박테리오파지 : 특정 세균에 기주특이성이 높은 바이러스로 이것을 이용하여 특정 세균 유무 및 월동장소를 진단할 수 있다.(ex 벼 흰잎마름병)

13

사과 탄저병균 전반에 가장 효과적인 전파 수단은?

① 종자
② 선충
③ 비바람
④ 토양 해충

 〈병원체의 전반 방식〉

물	진균병	벼 잎집무늬마름병균, 감자 역병균, 벼 모썩음병균, 무·배추 무사마귀병균, 모잘록병균, 탄저병균, 노균병균
	세균병	벼 흰잎마름병균 , 토마토 풋마름병균

14

저항성 품종을 이용한 방제방법으로 가장 큰 문제점에 해당하는 것은?

① 비경제성
② 비효과성
③ 약해 및 잔류독성
④ 저항성 품종의 이병화 현상

생태적(경종적) 방제법 중 저항성 품종을 이용한 방제방법은 별도의 농자재가 들지 않으므로 경제적·환경친화적인 이상적인 방법이나 저항성 품종이 병원균의 환경 및 기주와의 상호반응에 따라 감수성으로 변할 우려가 있다.

15

종자로 인한 병균 전염이 가장 잘 되는것은?

① 밀 줄기녹병
② 벼 키다리병
③ 보리 흰가루병
④ 토마토 배꼽썩음병

정답 10 ③ 11 ④ 12 ③ 13 ③ 14 ④ 15 ②

해설 〈종자전염의 종류〉

종자 전염	• 종자 표면 전염 : 벼 깨씨무늬병균, 벼 도열병, 벼 세균성잎마름병, 보리 속깜부기병균 • 종자 배 전염 : 벼 키다리병균, 맥류 겉깜부기병균 • 감자 표면 및 내부 전염 : 감자 역병균, 감자 둘레썩음병균 • 묘목 전염 : 과수 근두암종병균, 과수 자주날개무늬병균

16

국내에 발생하는 채소류의 균핵병에 대한 설명으로 옳지 않은 것은?

① 잎, 줄기, 열매 등에 발생한다.
② 자낭포자나 균핵에서 발아한 균사로 침입한다.
③ 발병 후기에는 발병 조직에 백색 균사가 나타난다.
④ 균핵이 땅 속에 묻혀 있다가 25℃ 이상의 고온이 되면 발아한다.

해설 균핵병은 개화기의 저온다습한 환경에서 발병하며 특히 시설재배에서 많이 발생한다.

17

도열병이 다발하는 조건으로 가장 적합한 것은?

① 여러 가지 벼 품종을 섞어서 심었을 때
② 가뭄이 계속되고 기온이 30℃ 이상일 때
③ 덧거름을 원래 일정보다 일찍 주었을 때
④ 비가 자주 오고 일조가 부족하며 다습할 때

해설 벼 도열병의 발병환경 : 저온다습, 강풍, 낮은 토양온도(20℃), 질소과잉시비, 늦은 모내기

18

수목 뿌리에 주로 발생하는 자주날개무늬병이 속하는 진균류는?

① 난균　　　　　② 담자균
③ 병꼴균　　　　④ 접합균

해설 자주날개무늬병(Helicobasidium mompa)은 진균(담자균)에 의한 병이며 뿌리나 줄기의 땅가 주변에 자주색 실이나 그물 모양 막 생성된다.

19

균사나 분생포자의 세포가 비대해져서 생성되는 것은?

① 유주자　　　　② 후벽포자
③ 휴면포자　　　④ 포자낭포자

해설 후벽포자 : 균사 및 분생포자 세포의 변형에 의해 형성되며 두꺼운 세포벽을 갖고있어 휴면상태를 오래 유지하다가 병을 일으킬 수 있다.

20

다음 방제 방법에 가장 효과적인 식물병은?

• 병이 심하게 발생한 포장은 비기주식물로 돌려 짓기 한다.
• 저항성 대목으로 접목하며 재배한다.

① 배추 노균병
② 양파 잎마름병
③ 오이 덩굴쪼김병
④ 배추 무사마귀병

해설 박과류 덩굴쪼김병은 저항성 대목의 접목재배를 통해 방제할 수 있다.

정답 16 ④　17 ④　18 ②　19 ②　20 ③

2과목 농림해충학

21

풀잠자리목의 특징으로 옳지 않은 것은?

① 완전변태를 한다.
② 생물적 방제에 많이 이용된다.
③ 더듬이는 길고 홑눈이 3개이다.
④ 유충과 성충은 모두 포식성이다.

해설 〈풀잠자리목의 특징〉
- 신시류 중 완전변태를 하는 내시류에 해당
- 저작형 입틀이지만 기능은 자흡구형이며 큰턱이 길게 발달함
- 겹눈이 크며 두쌍의 얇은 날개가 있음
- 여러개의 마디로 된 긴 더듬이
- 유충과 성충이 모두 식충성. 유충은 육지에 서식하며 3쌍의 다리가 있고 배다리는 없음

22

복숭아혹진딧물의 생활사에 대한 설명으로 옳지 않은 것은?

① 여름기주로 이동은 유시충으로 한다.
② 복숭아나무 겨울눈에서 알로 월동한다.
③ 1년에 빠른 세대는 9회, 늦은 세대는 2회 정도 발생한다.
④ 3월 하순~4월 상순 부화한 간모는 단위생식을 한다.

해설 〈복숭아혹진딧물의 특징〉
- 무시충 : 암컷은 난형으로 담녹색(여름형)과 담홍색(겨울형) 존재
- 유시충 : 환경이 불량하거나 월동세대 알을 낳을 때 유시충 발생
- 약충과 성충의 배설물(감로)로 인해 그을음병 발생한다.
- 감자잎말이병 등 각종 바이러스를 매개한다.
- 1년에 9~23회 발생하며 온실에서는 연중 발생한다.
- 알의 형태로 겨울 기주인 복숭아나무 등의 겨울눈에서 월동한다.

23

암컷의 생식기관으로 수컷의 정자를 보관하는 것은?

① 수정낭   ② 생식소
③ 부속샘   ④ 저정낭샘

해설 암컷의 생식기 속에 정액을 주입하면 암컷이 수정낭에 정충을 보관하여 산란을 조절한다.

24

다음 설명에 해당하는 해충은?

- 배나무의 해충으로 성충이 신초의 밑부분을 입으로 물어뜯고 그 안에 산란한다.
- 연 1회 발생하며 유충으로 피해부의 신초내부에서 월동한다.
- 방제법으로 피해가지를 잘라 소각한다.

① 배명나방   ② 배나무이
③ 배나무줄기벌   ④ 배나무방패벌레

해설 배나무줄기벌은 연 1회 발생하며 성충이 신초를 가해하여 그 안에 산란하므로 가해부위에 수분이 공급되지 않아 검게 말라 죽는다.

25

합성피레스로이드계 살충제에 대한 설명으로 옳지 않은 것은?

① 빛에 약하다.   ② 빨리 분해된다.
③ 속효성이 우수하다. ④ 인축에 저독성이다.

해설 합성피레스로이드계 살충제는 빛에 강하여 분해되지 않는다.

정답 21 ③ 22 ③ 23 ① 24 ③ 25 ①

26

유충이 육식성으로 수서생활을 하고, 물 밖으로 나와 번데기가 되어 성충으로 몇 시간 또는 며칠만 사는 것은?

① 뱀잠자리
② 약대벌레
③ 부채벌레
④ 풀잠자리

 뱀잠자리목 : 입틀은 저작형이고 큰 겹눈이 있으며 유충은 물에 서식하며 성충과 번데기는 육지에 서식한다.

27

곤충의 말피기관에 대한 설명으로 옳은 것은?

① 바퀴 등 특수한 곤충에서만 볼 수 있는 감각기관이다.
② 대부분의 곤충에서 전장과 중장 사이에 위치하며 감각기관이다.
③ 대부분의 곤충에서 중장과 후장사이에 위치하며 배설작용을 한다.
④ 곤충의 전장과 중장 그리고 후장 사이마다 위치하며 배설작용을 한다.

 말피기씨관은 중장과 후장 사이에 위치한 배설작용을 하는 기관으로 말부에서 물과 무기이온을 재흡수하여 조직 내 삼투압을 조절하고 질소대사산물을 주로 요산 형태로 배출하는 역할을 한다.

28

진딧물의 생식방법에 대한 설명으로 옳은 것은?

① 난생과 태생을 번갈아 한다.
② 단위생식과 난생에 의해서만 번식한다.
③ 양성생식과 단위생식을 함께 하며 태생도 한다.
④ 다른 곤충과는 달리 태생에 의해서만 번식한다.

 진딧물은 가을까지 수정 없이 암컷 혼자 번식이 가능한 단위생식(처녀생식)을 하며 겨울철 월동 전 양성생식을 한다.

29

과실에 피해를 주는 해충이 아닌 것은?

① 배명나방
② 복숭아명나방
③ 복숭아순나방
④ 복숭아유리나방

 복숭아 유리나방의 유충은 줄기를 가해한다.

30

콩과작물의 꼬투리와 과일나무의 열매 등을 흡즙하여 수량과 품질을 크게 떨어뜨리는 해충은?

① 파리류
② 나방류
③ 노린재류
④ 총채벌레류

 노린재는 콩 꼬투리나 과일나무를 흡즙하는 피해가 증가하고 있고 약제 이용 시 회피하므로 트랩을 이용한 방제가 효과적이다.

31

곤충의 호흡 기능과 관련된 조직이 아닌 것은?

① 기관
② 기문
③ 수상돌기
④ 기관소지

 곤충의 호흡계는 기관, 기문, 기관소지, 기관지, 모세기관 등으로 이루어져 있으며 수상돌기는 후각기관이다.

정답 26 ① 27 ③ 28 ③ 29 ④ 30 ③ 31 ③

32
중국으로부터 비래하는 것으로 우리나라에서 월동하며 벼에 바이러스병을 매개하는 것은?

① 애멸구
② 꽃매미
③ 벼멸구
④ 흰등멸구

해설 비래해충에는 애멸구(국내 월동), 벼멸구, 멸강나방, 혹명나방, 흰등멸구, 열대거세미나방 등이 있으며 이 중 애멸구는 흡즙에 의해 각종 바이러스를 매개한다.

33
곤충의 소화기관 중 내배엽에서 만들어진 것은?

① 중장
② 소장
③ 전위
④ 식도

해설 전장과 후장은 외배엽의 함몰에 의해 발생하며 중장은 내배엽으로부터 기원하며 표피가 없다.

34
곤충의 탈피와 변태를 조절하는 호르몬 분비에 관여하는 기관이 아닌 것은?

① 뇌
② 전흉선
③ 말피기관
④ 알라타체

해설 말피기관은 중장과 후장 사이에 위치한 배설작용을 하는 기관으로 물과 무기이온을 재흡수하여 조직 내 삼투압을 조절하고 질소대사산물을 주로 요산 형태로 배출한다.

35
번데기로 월동하는 것은?

① 조명나방
② 이화명나방
③ 보리굴파리
④ 섬서구메뚜기

해설 조명나방과 이화명나방은 유충으로, 섬서구메뚜기는 알로, 보리굴파리는 번데기로 월동한다.

36
총채벌레목의 형태적인 특징으로 옳지 않은 것은?

① 홑눈은 유시형으로 3개이다.
② 입틀의 좌우모양은 대칭이다.
③ 구기는 찔러서 빨아먹는 흡수형이다.
④ 몸은 등쪽이 납작하거나 원통모양이다.

해설 총채벌레목은 짧은 더듬이와 비대칭 입틀을 가지며 (좌우대칭이 아님) 작은 겹눈을 가진다.

37
진딧물을 방제하기 위한 천적으로 가장 적합한 것은?

① 애꽃노린재
② 칠성풀잠자리
③ 칠레이리응애
④ 온실가루이좀벌

해설 포식성 천적의 종류 : 풀잠자리류, 딱정벌레류(무당벌레과), 노린재류(침노린재과, 장님노린재과의 일부), 파리류(꽃등에과, 파리매과)

38
1년에 2회 이상 발생하고 수피 사이나 지피물 밑 등에서 번데기로 활동하는 해충은?

① 솔나방
② 밤나무혹벌
③ 미국흰불나방
④ 천막벌레나방

해설 미국흰불나방은 1년에 2회 발생하며 번데기로 월동한다. (1화기보다 2화기의 피해가 더 큼)

정답 32 ① 33 ① 34 ③ 35 ③ 36 ② 37 ② 38 ③

39

거미와 비교한 곤충의 특징이 아닌 것은?

① 겹눈과 홑눈이 있다.
② 변태를 하는 종이 있다.
③ 4쌍의 다리를 가지고 있다.
④ 몸이 머리, 가슴, 배 3부분으로 되어 있다.

해설 〈곤충강과 거미강의 형태 비교〉

구분	곤충강	거미강
구분	3부분으로 나뉨(머리, 가슴, 배)	2부분으로 나뉨(머리가슴, 배)
눈	겹눈, 홑눈	홑눈만 존재
더듬이	한 쌍	X
마디	가슴과 배에 존재	X
다리	3쌍(5마디로 구성)	4쌍(6마디로 구성)
날개	보통 2쌍	X
호흡기	몸 측면에 존재 (기관, 숨문)	배 하부에 존재 (기관, 허파)
생식기	배 끝에 존재	배 앞부분에 존재
변태	O	X

40

생물적 방제법에 이용되는 기생성 천적이 아닌 것은?

① 진디혹파리
② 굴파리좀벌
③ 온실가루이좀벌
④ 콜레마니진디벌

해설 〈기생성 천적의 종류〉

기생성 천적	• 맵시벌과 : 나비, 나방류와 같은 완전변태류 내부에 기생 • 고치벌과 : 나비목, 딱정벌레목, 파리목 등에 기생 • 콜레마니진디벌 : 진딧물에 기생 • 온실가루이좀벌 : 온실가루이에 기생 • 굴파리좀벌, 잎굴파리고치벌 : 잎굴파리에 기생 • 황온좀벌 : 담배가루이에 기생

3과목 재배원론

41

종자휴면의 원인이 아닌 것은?

① 종피의 상처
② 급히 건조시킨 종자의 경실
③ 배의 미숙
④ 종피의 산소흡수 저해

해설 종자휴면의 원인 : 배휴면, 배의 미숙, 종피 기계적 저항, 종피 불투기성, 종피 불투수성(경실), 발아억제 물질

42

작물 체내에서 전류이동(轉流移動)이 잘 이루어져 결핍될 경우 결핍증상이 오래된 잎에 먼저 나타나는 필수원소는?

① 질소(N)　　② 철(Fe)
③ 붕소(B)　　④ 칼슘(Ca)

해설 체내이동성이 낮은 원소 : Fe, Cu, Mn, Zn, S, B

43

맥류의 도복을 적게 하는 방법으로 옳지 않은 것은?

① 칼륨 비료의 시용
② 단간성 품종의 선택
③ 파종량의 증대
④ 석회 사용

해설 파종량을 증가시키면 통기와 투광이 불량해지며 도복 우려가 생긴다.(산파의 단점)

정답 39 ③　40 ①　41 ①　42 ①　43 ③

44
다음 중 내건성이 강한 작물의 형태적 특성으로 틀린 것은?

① 근군의 발달이 좋다.
② 다육화의 경향이 있다.
③ 체적비와 잎이 크다.
④ 기동세포가 발달되어 있다.

 〈내건성이 큰 작물의 특징〉
- 뿌리가 깊게 뻗으며 지상부에 비하여 근군이 발달되어 있다.
- 기공의 크기와 수가 적으며 표면적/체적의 비율이 작다.
- 기동세포가 발달하여 탈수 시 잎이 말린다.
- 세포액의 삼투압이 높아 수분보유력이 강하며 다육화된 경향이 있어 저수능력이 크다.
- 원형질의 변형이 작다.

45
[(A×B)×B]×B로 나타내는 육종법은?

① 다계교잡법
② 여교잡법
③ 파생계통육종법
④ 집단육종법

 여교배육종 : 양친 A와 B를 교배한 F1을 양친 어느 하나와 다시 교배하는 방법, [(A×B)×B]×B

46
다음 중 요수량이 가장 작은 것은?

① 귀리
② 보리
③ 기장
④ 목화

 요수량 순서 : 명아주 〉 호박 〉 두류 〉 오이 〉 목화, 감자, 호밀, 귀리 〉 밀, 보리 〉 수수, 기장, 옥수수

47
작물재배 시 담배의 최적온도는?

① 12℃　② 18℃　③ 28℃　④ 35℃

 최적온도 : 멜론(35℃), 삼(35℃), 오이(33~34℃), 옥수수와 벼(30~32℃), 완두(30℃), 담배(28℃), 사탕무·호밀·밀·귀리(25℃), 보리(20℃), 콩(18~20℃)

48
작물의 내염성 정도가 강한 것으로만 나열된 것은?

① 완두, 셀러리
② 감자, 고구마
③ 살구, 복숭아
④ 양배추, 순무

 내염성 작물 : 유채, 목화, 수수, 사탕무, 양배추

49
다음 중 자식성 식물로만 나열된 것은?

① 딸기, 호밀
② 양파, 메밀
③ 담배, 완두
④ 시금치, 호프

 자가수정을 하며 자연교잡율이 낮은 자식성 작물에는 벼, 보리, 밀, 완두, 담배, 콩, 가지, 토마토, 참깨, 복숭아 등이 해당된다.

50
배낭을 만들지 않고 포자체의 조직세포가 직접 배를 형성하는 것은?

① 위수정생식
② 부정배형성
③ 웅성단위생식
④ 무성생식

부정배형성 : 배낭을 만들지 않고 포자체의 조직세포가 직접 배를 형성하는 것으로 밀감의 주심 배가 해당된다.

정답 44 ③　45 ②　46 ③　47 ③　48 ④　49 ③　50 ②

51

작물의 내동성에 대한 설명으로 가장 옳은 것은?

① 세포액의 삼투압이 높으면 내동성이 증대한다.
② 원형질의 친수성콜로이드가 적으면 내동성이 커진다.
③ 전분함량이 많으면 내동성이 커진다.
④ 조직즙의 광에 대한 굴절률이 커지면 내동성이 저하된다.

해설 〈내동성의 특징〉
- 세포 내 자유수가 많고 결합수가 적으면 내동성 저하
- 원형질의 친수성 콜로이드가 많으면 결합수가 많아져 내동성 증가
- 지방과 당분함량이 많을수록, 전분함량이 적을수록 내동성 증가
- 원형질단백질에 -SH기가 많을수록 내동성 증가
- 원형질 점도가 낮고 연도가 높을수록 내동성 증가
- 원형질의 수분투과성과 광 굴절률이 클수록 내동성 증가

52

다음 중 작물의 복토 깊이가 가장 깊은 것은?

① 파　　　　② 당근
③ 오이　　　④ 잠두

해설 〈작물의 복토깊이〉

안보일 정도	소립목초종자, 상추, 파, 양파, 담배, 당근, 유채
0.5~1cm	순무, 배추, 양배추, 가지, 고추, 토마토, 오이, 차조기
1.5~2cm	조, 기장, 수수, 무, 시금치, 수박, 호박
2.5~3cm	보리, 밀, 호밀, 귀리, 아네모네
3.5~4cm	콩, 팥, 완두, 잠두, 강낭콩, 옥수수
5~9cm	감자, 토란, 생강, 글라디올러스
10cm 이상	수선, 나리, 튤립, 히아신스

53

다음 중 호광성 종자에 해당하는 것은?

① 가지　　　② 오이
③ 상추　　　④ 토마토

해설 〈종자의 광발아〉
- 혐광성 종자 : 가지, 토마토, 호박, 수박, 오이, 무, 파, 양파, 수세미
- 광무관계 종자 : 화곡류 대부분, 콩과작물 대부분, 옥수수
- 호광성 종자 : 담배, 상추, 우엉, 차조기, 금어초, 베고니아, 뽕나무, 피튜니아, 버뮤다그래스

54

작물의 생육과 온도에 대한 설명으로 옳은 것은?

① 벼의 적산온도는 메밀보다 높다.
② 봄보리의 적산온도는 담배보다 높다.
③ 광합성의 온도계수는 4 내외이다.
④ 호흡작용의 Q10에서 30℃까지는 4 정도이다.

해설 적산온도 : 생육기간 중 0℃ 이상의 일평균기온을 합산한 온도로 벼(3,500~4,500℃), 담배(3,200~3,600℃), 메밀(1,000~1,200℃), 조(1,800~3,000℃)이다.

55

다음 중 장일식물의 화성을 촉진하는 효과가 가장 큰 물질은?

① 2,4-D　　　② MH
③ Kinetin　　④ Gibberellin

해설 화학춘화 : 지베렐린 등 화학물질 처리 시 춘화처리한 것과 같은 효과를 냄

정답 51 ①　52 ④　53 ③　54 ①　55 ④

56
포장용수량(최소용수량)의 pF는 약 얼마인가?
① 0　　　　② 2.7
③ 3.9　　　④ 4.2

해설) 최소용수량(포장용수량, 수분당량)은 pF2.5~2.7 범위이다.

57
종자의 수명이 5년 이상인 장명종자로만 나열된 것은?
① 가지, 수박　　② 메밀, 고추
③ 해바라기, 옥수수　　④ 상추, 목화

해설) 〈종자의 수명〉
- 단명종자(1~년) : 옥수수, 콩, 목화, 메밀, 기장, 해바라기, 양파, 파, 고추, 상추, 강낭콩, 당근
- 상명종자(3~5년) : 벼, 밀, 보리, 귀리, 유채, 켄터키블루그래스, 완두, 페스큐, 무, 배추, 우엉, 시금치, 멜론, 호박, 카네이션, 시클라멘, 피튜니아
- 장명종자(5년 이상) : 앨팰퍼, 사탕무, 베치, 클로버, 수박, 비트, 가지, 토마토, 나팔꽃, 접시꽃, 데이지

58
"파종된 종자의 약 40%가 발아한 날"에 해당하는 것은?
① 발아시　　② 발아전
③ 발아기　　④ 발아세

해설) 〈발아조사〉
- 발아시 : 종자 발아가 처음 나타난 때
- 발아기 : 파종된 종자의 50%가 발아한 상태
- 발아전 : 파종된 종자의 80%가 발아한 상태
- 발아율 : 파종한 전체 종자수에 대해 발아한 종자수의 비율
- 발아세 : 일정기간 내의 발아율

59
N : P : K 흡수비율에서 5 : 1 : 1.5에 해당하는 것은?
① 옥수수　　② 콩
③ 고구마　　④ 감자

해설) 〈작물종류에 따른 3요소 흡수비율〉

작물	N : P : K
벼	5 : 2 : 4
맥류	5 : 2 : 3
옥수수	4 : 2 : 3
콩	5 : 1 : 1.5
감자	3 : 1 : 4
고구마	4 : 1.5 : 5

60
다음 중 장과류에 해당하는 것으로만 나열된 것은?
① 배, 사과
② 복숭아, 앵두
③ 딸기, 무화과류
④ 감, 귤

해설) 원예작물 중 과수의 장과류에 속하는 작물 : 포도, 딸기, 무화과 (외과피가 발달)

정답　56 ②　57 ①　58 ③　59 ②　60 ③

4과목 농약학

61
살충작용이 다른 2종 이상에 대하여 동시에 해충이 저항성을 나타내는 현상을 무엇이라 하는가?
① 내성(tolerance)
② 선발압(selective pressure)
③ 교차저항성(cross-resistance)
④ 복합저항성(multiple-resistance)

해설 농약의 복합저항성 : 작용기구가 다른 2종 이상의 약제에 대해 저항성을 나타내는 것

62
어독성의 구분은 어류의 반수치사농도(mg/L, 48시간)를 기준으로 구분하는데 어독성 Ⅰ급의 기준은?
① 0.2 미만
② 0.5 미만
③ 0.2 이상 2 미만
④ 0.5 이상 2 미만

해설 〈어독성의 구분〉
- 1급 : 0.5ppm 미만
- 2급 : 0.5 이상 2ppm 미만
- 3급 : 2.0ppm 이상

63
DDT의 살충력을 처음 발견한 사람은?
① D.Zeidler
② G.Schrader
③ Van der Lindane
④ Paul Hermann Muller

해설 폴 허먼 뮐러(Paul Hermann Muller) : DDT의 살충능력을 처음 발견하였다.

64
방사상균인 Streptomyces avermitilis가 주성분인 농약은?
① Abamectin
② Bensultap
③ Cartap
④ Methomyl

해설 아바멕틴계 : 미생물(방사상균인 Streptomyces avermitilis)에서 기원한 살충제로 살포 후 잎에 즉시 흡수되기에 응애, 총채벌레, 굴파리류 방제에 효과적이다. (에마멕틴벤조에이트)

65
고체 사용제가 갖추어야 할 물리적 성질이 아닌 것은?
① 분말도
② 토분성
③ 분산성
④ 현수성

해설
- 직접살포용 제형(고형시용제)의 특징 : 응집력, 토분성, 분산성, 부착성 및 고착성, 수중붕괴성
- 현수성은 희석살포용 제형(액체시용제)의 특징으로 수화제와 물의 친화성을 나타내는 성질(수화제 입자가 물속에서 분산상태로 유지되는 것)을 의미한다.

66
농약의 구비조건으로 가장 거리가 먼 것은?
① 독성이 강할 것
② 약해가 없을 것
③ 약효가 확실할 것
④ 저장성이 좋을 것

해설 〈농약의 구비조건〉
- 적은 양으로도 약효가 확실해야 함
- 인축과 어류에 대한 독성이 낮아야 함
- 농작물에 대한 약해가 없어 생육에 이상이 없어야 함
- 천적에 대한 독성이 없어야 하며 잔류성이 낮아야 함
- 값이 저렴하여 농업경영비 유지가 용이해야 함

정답 61 ④ 62 ② 63 ④ 64 ① 65 ④ 66 ①

67

농약관리법에 의한 맹독성의 판정기준은?

① 급성 경구 독성이 고체는 5mg/kg, 액체는 20mg/kg미만
② 급성 경구독성이 고체는 5mg/kg, 액체는 40mg/kg미만
③ 급성 경구독성이 고체는 10mg/kg, 액체는 50mg/kg미만
④ 급성 경구독성이 고체는 10mg/kg, 액체는 100mg/kg미만

 <급성독성 정도에 따른 농약의 구분>

급성 경구		급성 경피	
고체	액체	고체	액체
5 미만	20 미만	10 미만	40 미만

68

유기인계 살균제로서 도열병에 대한 효과가 가장 큰 농약은?

① 아이비(IBP)
② 캡탄(Captan)
③ 다코닐(Daconil)
④ 가스가마이신(Kasugamycin)

해설 살균제 중 유기인살균제는 주로 살충제로 사용되고 있지만 벼 도열병 약제로 사용하기도 한다(이프로벤포스, 에디펜포스)

69

다음 농약의 약해증상 중 만성적 약해에 해당하는 것은?

① 낙과(落果)
② 화아(花芽) 형성
③ 엽소(葉燒)
④ 발근(發根) 불량

 만성적 약해 : 증상이 수확기까지 서서히 나타나는 현상으로 영양생장, 화아 형성, 과실 발육 등에 영향을 주는 것

70

50%의 페뉴뷰카브유제(비중:1) 100mL를 0.05% 액으로 희석하는데 소요되는 물의 양은 약 몇 L 인가?

① 49.95 L
② 99.9 L
③ 499.5 L
④ 999.9 L

 희석에 필요한 물의 양 =
원액의 용량 × (원액의 농도 / 희석할 농도 − 1) × 원액의 비중으로 소요되는 물의 양은

$100ml \times (\frac{50}{0.05} - 1) \times 비중1 = 99.9ml$ 이다.

71

제초제, 생장조정제, 살충제, 살균제 등으로 분류하는 농약의 기준은?

① 작용기작에 의한 분류
② 사용목적에 의한 분류
③ 주성분 조성에 의한 분류
④ 농약의 형태에 의한 분류

 농약은 사용목적에 따라 살균제, 살충제, 살비제, 살선충제, 살서제, 제초제, 생장조절제, 보조제 등으로 구분한다.

72

살충제 파라티온(Parathion)의 성상 및 특성에 대한 설명으로 옳지 않은 것은?

① 비침투성 약제이다.
② 해충 방제 효과는 좋으나 인축에는 독성이 강하여 제한을 받는다.
③ 대부분의 유기용매에 불용이며 알칼리에는 안정하다.
④ 접촉독, 가스독 및 소화중독의 세 가지 작용을 함께 가지고 있다.

해설 DDT, BHC, 비산염, 클로르덴, 파라티온 등은 알칼리에 불안정하다.

73

석회유황합제의 주된 유효성분은?

① CaS
② CaS_2O_3
③ $CaSO_4$
④ CaS_5

해설 석회유황제의 주성분인 CaS_5는 공기 중에서 산화되면 활성화된 유황이 병원균의 호흡계에 작용하여 살균력을 가진다.

74

계면활성제를 구성하는 원자단중 친유성(親油性)이 가장 강한 것은?

① $ROCH_3$
② $-C_nH_{2n+1}$
③ -oh
④ $-SO_3H(Na)$

해설 〈계면활성제 구성 원자단〉

75

토양잔류성농약이라 함은 토양 중 농약의 반감기간이 며칠 이상인 농약으로서 사용결과 농약을 사용하는 토양에 그 성분이 잔류되어 후작물에 잔류되는 농약을 말하는가?

① 30일
② 60일
③ 90일
④ 180일

해설 토양잔류성농약은 토양 약제 처리 후 남아있는 농약의 반감기간이 180일 이상인 농약을 의미한다.

76

농약은 사용 형태에 따라 여러 가지 형태의 제제가 있다. 일반적으로 살포액으로 사용될 수 없는 것은?

① 유제
② 수화제
③ 수용제
④ 입제

해설 직접살포용 제형(고형시용제) : 입제, 분제, 수면전개제 및 오일제, 미분제, 저비산분제, 캡슐제 등

77

농용 항생제가 갖추어야할 조건으로 가장 거리가 먼 것은?

① 분해가 빨라야한다.
② 식물에 대하여 약해가 없어야한다.
③ 식물병원균에 대해 항균력이 있어야한다.
④ 인축에 대한 독성이 가급적 없어야한다.

해설 농용 항생제는 가격이 저렴하면서 식물 병원균에 대한 살균력을 갖추고 광에 의해 분해되지 않아야 하며 작물에 대한 약해가 없어야 한다.

정답 72 ③ 73 ④ 74 ② 75 ④ 76 ④ 77 ①

78

다음 중 전착효과를 나타내는 물질은?

① 펜크로림(fenclorim)
② 벤토나이트(bentonite)
③ 폴리옥시에틸렌(polyoxyethylene)
④ 피페로닐 부톡사이드(piperonyl butoxide)

 전착제로 이용되는 계면활성제는 습윤성, 확전성, 현수성, 고착성을 좋게하며 폴리옥시에틸렌(polyoxyethylene)은 비이온 계면활성제에 해당된다.

구분	특징
음이온 계면활성제	카복실염, 황산에스테르염, 설폰산염, 인산에스테르염
양이온 계면활성제	아민염, 암모니아염
양성 계면활성제	음이온 원자단에 카복실산, 황산을, 양이온 원자단에 아민, 암모늄 등을 가지는 것
비이온 계면활성제	Polyoxyethylene

79

다음 농약 중 살비제(acaricide)가 아닌 것은?

① 디코폴(dicofol)
② 아미트라즈(amitraz)
③ 싸이스린(cyfluthrin)
④ 클로펜테진(clofentezine)

 싸이스린(cyfluthrin)의 품목명은 사이플루트린 수화제로 합성피레스로이드계 살충제이다.(나방류 방제)

80

농약의 이화학적 검사에서 적부를 판정하는 검사항목이 아닌 것은?

① pH
② 유효성분
③ 분말도
④ 입도

 농약의 이화학적 검사항목에는 자체검사항목과 적부판정검사가 해당되며 가열안정성 시험을 통해 모든 농약 제형의 약효보증기간을 설정한다.
- 자체검사항목 : pH, 비중, 표면장력, 내열내한성, 안정성
- 적부판정검사 : 유효성분, 분말도, 입도 등

5과목 잡초방제학

81

제초제가 토양 중에서 흡착되는 주요 인자로 거리가 먼 것은?

① 토성
② 방위
③ pH 농도
④ 유기물 함량

 토양의 제초제 흡착력은 점토광물에 따른 CEC, 유기물 함량에 따른 완충능에 따라 달라진다.

82

영양번식에 의하여 번식하지 않고 포자형태로 주로 번식하는 잡초는?

① 올미
② 가래
③ 생이가래
④ 너도방동사니

생이가래 : 양치식물에 해당되며 포자형태로 월동한다.

83

잡초의 종류와 생활사가 올바르게 짝지어진 것은?

① 다년생 잡초 : 돌피, 바랭이
② 일년생 잡초 : 올미, 올방개
③ 다년생 잡초 : 냉이, 방가지똥
④ 일년생 잡초 : 물달개비, 사마귀풀

 〈잡초의 구분〉

구분		1년생
논잡초	벼과	강피, 돌피, 물피
	방동사니과	올챙이고랭이, 알방동사니,
	광엽잡초	여뀌바늘, 가막사리여뀌, 물옥잠, 물달개비, 사마귀풀, 자귀풀
밭잡초	벼과	바랭이, 둑새풀, 강아지풀, 미국개기장, 돌피
	방동사니과	참방동사니, 금방동사니
	광엽잡초	별꽃, 꽃다지, 깨풀, 개비름, 개갓냉이, 속속이풀, 여뀌, 명아주, 쇠비름, 냉이, 망초

84

외국에서 유입되는 잡초를 방지하기 위하여 수출입 과정에서 검역하듯이 검사하는 잡초 방제법은?

① 생태적 방제법
② 화학적 방제법
③ 생물적 방제법
④ 예방적 방제법

 외래 식물 수출입 시 철저한 검역을 실시하는 것은 법적방제(예방적 방제법)에 해당된다.

85

작물과 잡초 사이의 경합요인으로 가장 거리가 먼 것은?

① 빛
② 산소
③ 공간
④ 무기양분

 작물과 잡초사이에 토양수분 및 양분, 광에 대한 경합이 일어나 작물의 광합성량 및 수량에 영향을 준다.

86

벼 잡초인 피 방제를 위한 프로파닐 제초제의 선택성에 대한 설명으로 옳은 것은?

① 휴면성의 차이에 기인한 것이다.
② 형태적인 차이에 기인한 것이다.
③ 생활상의 차이에 기인한 것이다.
④ 효소 활성의 차이에 기인한 것이다.

 프로파닐은 피 경엽처리용 선택성 접촉형 제초제로 광합성을 저해하는 작용기작을 가진다. 벼에는 프로파닐을 가수분해하는 효소(아릴아실아미라아제)가 있지만 피는 가지고 있지 않다.

87

논에서 주로 종자로 번식하는 잡초는?

① 올미
② 벗풀
③ 올방개
④ 물달개비

 물달개비는 종자번식하는 논 광엽잡초이다.

정답 83 ④ 84 ④ 85 ② 86 ④ 87 ④

88
잡초발생이 많은 포장에 서로 다른 제초제를 사용하고 시기를 달리하여 2번 이상 살포하는 방법은?
① 이중처리 ② 종합처리
③ 체계처리 ④ 복합처리

 직파재배 시 제초제의 1회 사용으로는 잡초를 완전히 방제하기 어렵기 때문에 건답기간이나 담수 후 제초제를 2회 이상 체계처리함으로써 방제효과를 높인다.

89
일장에 거의 영향을 받지 않고 발생 후 일정한 기간이 되면 지하경을 형성하는 다년생 논잡초는?
① 벗풀 ② 가래
③ 올미 ④ 올방개

 다년생 잡초 중 올미는 일장에 관계없이 일정 생육기간을 거치면 지하경을 형성한다.

90
일반적으로 작물과 잡초의 경합으로 작물에 가장 큰 피해를 주는 시기는?
① 모든 시기
② 작물의 생육중기
③ 작물의 생육초기
④ 작물의 생육후기

 경합으로 인한 피해에 가장 민감한 시기는 초관형성 이후 생식생장 전까지 생육초기에 해당된다.

91
작물과 잡초의 양분경합에서 가장 크게 관여하는 비료성분은?
① 황 ② 칼슘
③ 질소 ④ 마그네슘

 질소는 식물의 세포분열 및 생장에 필수적인 영양성분으로 작물과 잡초 사이 경합이 크게 일어난다.

92
제초제의 선택성을 발휘하는 주요 요인이 아닌 것은?
① 잡초 잎의 수
② 잡초의 생장점 위치
③ 잡초 뿌리의 분포 깊이와 형태
④ 잡초 종자의 발아 및 출아 심도

 제초제는 생육시기, 생장점의 위치, 잎의 모양(잎의 표면), 초엽과 중경의 위치, 발아 시 토양의 심도, 뿌리의 분포와 깊이에 따라 선택성이 달라진다.

93
가을에 발생하여 월동 후에 결실하는 잡초로만 올바르게 나열된 것은?
① 쑥, 비름, 명아주
② 깨풀, 민들레, 강아지풀
③ 별꽃, 뚝새풀, 벼룩나물
④ 별꽃, 바랭이, 애기메꽃

1년 이상 생존하는 월년생 잡초에는 별꽃, 냉이, 벼룩나물, 뚝새풀 등이 있다.

정답 88 ③ 89 ③ 90 ③ 91 ③ 92 ① 93 ③

94

이사-디 액제에 대한 설명으로 옳지 않은 것은?

① 페녹시계 제초제이다.
② 광엽잡초에 특히 활성이 높다.
③ 주로 논 제초제로 사용되고 있다.
④ 이행성이 비교적 낮고 생장점 등에 집적하는 성질이 있다.

> 해설: 2,4-D는 우리나라에서 가장 먼저 사용된 제초제로 옥신의 한 종류인 호르몬형 제초제로 농약성분이 광합성 산물과 함께 이동하여 식물체 내 옥신 균형을 잃게 하는 선택성 제초제이다.(이행형, 호르몬형) 또한, 1년생 잡초(방동사니, 물달개비, 밭뚝외풀, 마디꽃, 사마귀풀)에 효과가 크다.

95

광합성 저해형 제초제에 대한 설명으로 옳지 않은 것은?

① 잡초의 탄수화물 축적과 이산화탄소 흡수를 방해한다.
② Paraquat은 과산화물 형성을 통해 살초작용을 나타낸다.
③ 대표적으로 요소(urea)계와 트리아진(triazine)계가 있다.
④ 주로 광합성의 명반응은 저해하지 않고 암반응을 저해한다.

> 해설: 광합성 저해제 농약은 주로 광합성의 명반응을 저해하며 벤조티아디아졸계(벤타존), 트리아진계(시마진, 아트라진), 요소계(리누론, 아트라진), 아마이드계(프로파닐), 비피리딜리움계(파라쿼트) 등이 속해 있다.

96

우리나라 논에서 발생한 설포닐우레아(sulfonylurea)계 제초제의 저항성 잡초가 아닌 것은?

① 피
② 미국외풀
③ 물달개비
④ 알방동사니

> 해설: 설포닐우레아계 제초제는 화본과보다 광엽잡초에 효과가 좋음

97

생물적 방제법에 대한 설명으로 옳지 않은 것은?

① 비교적 영속성이 있고 환경 친화적이다.
② 잡초의 완전한 제거하기 위해 적용한다.
③ 미생물 또는 식해성 생물을 이용하여 잡초 밀도를 감소시키는 수단을 말한다.
④ 경제적으로 무시해도 될 정도의 잡초만 생존하도록 밀도를 감소 조절하는데 있다.

> 해설: 생물적 방제법 : 기생성 또는 병원성 생물을 이용하여 유해잡초 밀도를 낮추는 방제법으로 완전한 사멸이 목적이 아닌 경제적 허용범위에서 감소시키는 것이 목적인 환경친화적 방제법

98

농경지에서 잡초로 인하여 발생하는 피해가 아닌 것은?

① 토양침식
② 병해충 매개
③ 작물 수량 감소
④ 작업 환경 악화

> 해설: 잡초의 피해 : 경합, 타감작용, 기생, 병해충 매개, 작업환경 효율 저하, 독성, 종자 혼입, 수분손실

정답 94 ④ 95 ④ 96 ① 97 ② 98 ①

99

암발아 잡초 종자에 해당하는 것은?

① 바랭이 ② 쇠비름
③ 광대나물 ④ 소리쟁이

 암발아 잡초종자에는 별꽃, 냉이, 광대나물, 독말풀 등이 해당된다.

100

잡초 종자에 돌기를 갖고 있어 사람이나 동물에 부착하여 운반되기 쉬운 것은?

① 여뀌 ② 민들레
③ 소리쟁이 ④ 도꼬마리

 〈잡초의 전파〉
- 바람 : 박주가리, 엉겅퀴, 민들레, 망초, 방가지똥, 수레국화
- 물 : 피, 소리쟁이, 벗풀
- 인축(배설물 및 옷·털 접촉) : 비름, 명아주, 진득찰, 도꼬마리, 도깨비바늘, 메꿰리
- 성숙종자의 꼬투리가 흩어져 전파 : 달개비, 콩과, 바랭이

Chapter 01 2023년 3회 기사 CBT 복원

1과목 식물병리학

01

토마토 시설재배에서 자외선 차단 비닐을 이용하여 방제효과를 얻을 수 있는 병은?
① 풋마름병
② 잎곰팡이병
③ 잿빛곰팡이병
④ 푸른곰팡이병

 잿빛곰팡이병 방제법 : 시설재배 시 빠르게 번지므로 자외선 차단필름 사용

02

복숭아나무 잎오갈병에 대한 설명으로 옳은 것은?
① 파이토플라즈마에 의해 발병한다.
② 주로 잎에 발생하며 꽃에는 발생하지 않는다.
③ 기온이 24℃ 이하가 되면 잘 발병하지 않는다.
④ 발아하기 전에 한차례의 약제살포로 쉽게 방제할 수 있다.

 복숭아 잎오갈병 : 저온다습한 환경에서 잘 발생하는 진균(Taphrina deformans, 자낭균류)으로 자낭포자를 형성

03

벼 도열병에 대한 설명으로 옳지 않은 것은?
① 종자 소독으로는 방제효과가 매우 적다.
② 담녹갈색의 짧은 다이아몬드형 병무늬를 형성한다.
③ 잎, 잎자루, 잎혀, 마디, 이삭목, 이삭가지, 볍씨 등에 발생한다.
④ 볍씨의 발아 직후부터 발생하여 출수 후 성숙기까지 계속 발생한다.

해설 벼 도열병균(Pyricularia oryzae) : 병든 식물 잔재를 통해 종자전염하며 바람을 통해 전반하는 병원체 종자 표면 전염 : 벼 깨씨무늬병균, 벼 도열병, 벼 세균성잎마름병, 보리 속깜부기병균

04

석회를 이용한 토양산도 조절로 pH를 7.0 이상으로 조절하여 방제하는 병은?
① 밀 마름병
② 감자 더뎅이병
③ 배추 무사마귀병
④ 목화 뿌리썩음병

해설 산성 토양 : 무·배추 무사마귀병, 목화·토마토 시들음병 발생 증가
알칼리성 토양 : 감자 더뎅이병, 목화 뿌리썩음병 발생 증가

정답 01 ③ 02 ④ 03 ① 04 ③

05

파이토플라스마에 의해서 발생하는 병은?

① 벼 오갈병
② 감자 역병
③ 오이 노균병
④ 오동나무 빗자루병

 파이토플라즈마병 : 빗자루병, 황위병(누렁이병), 뽕나무 오갈병, 오동나무 빗자루병
바이러스 : 벼 오갈병(매개충 : 매미충)

06

감염된 식물체를 가축이 먹으면 해로운 병은?

① 벼 도열병
② 콩 자줏빛무늬병
③ 배추 모자이크병
④ 보리 붉은곰팡이병

- 맥류 붉은곰팡이병 독소 제랄레논(Zearalenone) : 인축이 섭취할 경우 중독증 발생
- 땅콩 독소 : 아플라톡신, 고구마 검은무늬병 독소 : 아포메아론

07

벼 흰잎마름병 발생에 가장 중요한 요인은?

① 침수   ② 한발
③ 저온   ④ 비료부족

 벼 흰잎마름병과 역병은 배수불량, 장마 시 고온다습한 환경에서 많이 발생하므로 침수 시 발생이 증가한다.

08

잣나무 털녹병의 전염경로에 대한 설명으로 옳은 것은?

① 잣나무에서 겨울포자 → 솔이풀에서 겨울포자 → 송이풀에서 여름포자 → 잣나무에 침입
② 잣나무에서 담자포자 → 송이풀에서 여름포자 → 송이풀에서 겨울포자 → 잣나무에 침입
③ 잣나무에서 녹포자 → 송이풀에서 여름포자 → 송이풀에서 녹포자 → 송이풀에서 겨울포자 → 잣나무에 침입
④ 잣나무에서 녹포자 → 송이풀에서 여름포자 → 송이풀에서 겨울포자 → 송이풀에서 담자포자 → 잣나무에 침입

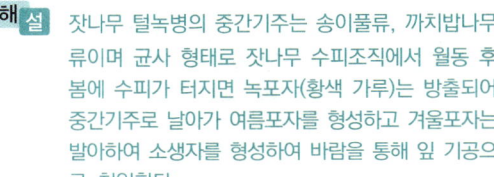 잣나무 털녹병의 중간기주는 송이풀류, 까치밥나무류이며 균사 형태로 잣나무 수피조직에서 월동 후 봄에 수피가 터지면 녹포자(황색 가루)는 방출되어 중간기주로 날아가 여름포자를 형성하고 겨울포자는 발아하여 소생자를 형성하여 바람을 통해 잎 기공으로 침입한다.

09

병원균의 분생포자각과 자낭각이 보이는 식물병은?

① 오이 잘록병
② 옥수수 오갈병
③ 벼 이삭누른병
④ 밤나무 줄기마름병

 밤나무 줄기마름병은 병든 부위에서 형성된 자낭각 및 병자각의 형태로 겨울을 지낸 후 자낭포자 및 병포자가 비산되어 전염원이 된다.

정답 05 ④ 06 ④ 07 ① 08 ④ 09 ④

10

제한효소를 사용하여 DNA 특정 염기부위를 잘라 DNA절편 다양성을 통해 병원체를 동정하는 진단과 관련 있는 용어는?

① IEM ② PCR
③ TEM ④ RFLP

 RFLP : DNA를 유전자 절단 제한효소(restriction endonuclease)로 절단하였을 때, 절단된 유전자의 길이가 개인에 따라 다양하게 나타나는 현상

11

다음 설명에 해당하는 병은?

- 오이 잎에 발생하는 병해로 수침상의 점무늬가 다각형의 담갈색 무늬로 발전한다.
- 습기가 많으면 병든 부위의 뒷면에 서리 또는 가루모양의 곰팡이가 생긴다.

① 오이 노균병
② 오이 흰가루병
③ 오이 덩굴마름병
④ 오이 잿빛곰팡이병

 〈오이 노균병의 특징〉
- 분생자병 위에 담갈색의 분생포자를 생성하고 발아 시 유주자를 형성한다.
- 병징이 잎에만 발현된다.(아랫잎부터)
- 황색의 반점이 생긴 후 담갈색의 다각형 병반으로 커진다.
- 병반 뒷면에 회색 곰팡이 형태의 분생포자가 생성된다.

12

감자 역병에 대한 설명으로 옳지 않은 것은?

① 병원균은 자웅동형성이다.
② 아일랜드 대기근의 원인이다.
③ 역사적으로 1845년 경에 대발생했다.
④ 무병 씨감자를 사용하여 방제할 수 있다.

 감자 역병 : 진균(조균류), Phytophthora infestans로 유성생식을 하는 자웅이주성균이다.

13

종묘 소독에 대한 설명으로 옳은 것은?

① 농약만을 사용하는 방법이다.
② 종자의 발아율을 좋게 하는 방법이다.
③ 종자의 이물질이 없도록 정선하는 방법이다.
④ 종자와 종묘 외에도 덩이뿌리 등 영양 번식체를 소독하는 방법이다.

 종자, 종묘의 소독방법 중 냉수온탕침법은 종자를 20℃ 이하 냉수에서 6~24시간 처리 후 50~55℃ 더운물에 처리하며 키다리병, 세균성 벼알마름병, 잎마름선충병을 방제한다.

14

오이류 덩굴쪼김병(진균)의 방제법으로 가장 효과가 낮은 것은?

① 종자를 소독한다
② 저항성 품종을 재배한다
③ 잎 표면에 약제를 집중적으로 살포한다.
④ 호박이나 박을 대목으로 접목하여 재배한다.

오이 덩굴쪼김병은 토양전염성 병으로 병원체가 부리 각피를 뚫고 물관부로 침입하므로 잎의 약제 살포 효과는 적다.

정답 10 ④ 11 ① 12 ① 13 ④ 14 ③

15

종자로 인한 병균 전염이 가장 잘 되는것은?

① 밀 줄기녹병
② 벼 키다리병
③ 보리 흰가루병
④ 토마토 배꼽썩음병

 〈종자전염의 종류〉

종자전염	• 종자 표면 전염 : 벼 깨씨무늬병균, 벼 도열병, 벼 세균성잎마름병, 보리 속깜부기병균 • 종자 배 전염 : 벼 키다리병균, 맥류 겉깜부기병균 • 감자 표면 및 내부 전염 : 감자 역병균, 감자 둘레썩음병균 • 묘목 전염 : 과수 근두암종병균, 과수 자주날개무늬병균

16

국내에 발생하는 채소류의 균핵병에 대한 설명으로 옳지 않은 것은?

① 잎, 줄기, 열매 등에 발생한다.
② 자낭포자나 균핵에서 발아한 균사로 침입한다.
③ 발병 후기에는 발병 조직에 백색 균사가 나타난다.
④ 균핵이 땅 속에 묻혀 있다가 25℃ 이상의 고온이 되면 발아한다.

해설 균핵병은 개화기의 저온다습한 환경에서 발병하며 특히 시설재배에서 많이 발생한다.

17

뽕나무 오갈병의 치료제로 주로 쓰이는 것은?

① 페니실린
② 그리세오풀빈
③ 시클로헥시마이드
④ 옥시테트라사이클린

해설 옥시테트라사이클린계 항생제 : 배·사과 화상병, 대추나무·오동나무 빗자루병, 뽕나무 오갈병을 방제한다.

18

식물병을 일으키는 곰팡이 중에서 균사에 격막이 없는 병원균으로만 올바르게 나열된 것은?

① 난균, 자낭균
② 난균, 접합균
③ 담자균, 자낭균
④ 담자균, 접합균

해설 조균류는 유주자균류(난균류)와 접합균류로 구분된다.

구분	격막
조균류	무
자낭균류	유
담자균류	유
불완전균류	유

19

사과 겹무늬썩음병의 병원균은?

① 세균
② 곰팡이
③ 바이러스
④ 파이토플라스마

 진균(자낭균류) 발생병 : 겹무늬썩음병, 부란병, 사과탄저병, 꽃 썩음병, 검은별무늬병, 감귤 점무늬병, 복숭아나무 잎오갈병, 포도 새눈무늬병, 잿빛무늬병, 흰날개무늬병, 깨씨무늬병, 벼 키다리병, 맥류 붉은곰팡이병, 벚나무 빗자루병, 고구마 검은무늬병, 소나무 잎떨림병, 흰가루병, 균핵병

정답 15 ② 16 ④ 17 ④ 18 ② 19 ②

20

소나무 재선충병(선충) 방제방법으로 가장 거리가 먼 것은?

① 토양관주   ② 위생간벌
③ 피해목 제거 ④ 중간기주 제거

해설 소나무 재선충병방제를 위해 메탐소듐 액제를 뿌려 벌채 훈증 소각하고 목질 내부에 있는 솔수염하늘소 유충이 성충으로 탈출하기 전에 제거한다.

2과목 농림해충학

21

풀잠자리목의 특징으로 옳지 않은 것은?

① 완전변태를 한다.
② 생물적 방제에 많이 이용된다.
③ 더듬이는 길고 홑눈이 3개이다.
④ 유충과 성충은 모두 포식성이다.

해설 〈풀잠자리목〉
- 저작형 입틀이지만 기능은 자흡구형이며 큰턱이 길게 발달함
- 겹눈이 크며 두쌍의 얇은 날개가 있음
- 여러개의 마디로 된 긴 더듬이
- 유충과 성충이 모두 식충성. 유충은 육지에 서식하며 3쌍의 다리가 있고 배다리는 없음

22

살충제의 효력을 충분히 발휘시킬 목적으로 사용하는 약제로 옳지 않은 것은?

① 주제   ② 용제
③ 유화제 ④ 전착제

해설 살충제(주제)의 효력을 높이기 위해 첨가되는 보조제에는 비누, 카제인석회, 비해리성 계면활성제 등이 있다.

23

솔나방에 대한 설명으로 옳지 않은 것은?

① 주로 월동 후의 유충기에 식해한다.
② 연 1회 발생하고 제5령 충으로 월동한다.
③ 새로 난 잎을 식해하는 것이 보통이나 밀도가 높으면 묵은 잎도 식해한다.
④ 유충이 소나무의 잎을 식해하며 심한 피해를 받은 나무는 고사하기도 한다.

해설 〈솔나방의 특징〉
- 계통이 가까운 식물만 먹는 단식종으로 낙엽송을 식해한다.
- 유충이 소나무 잎을 식해하여 심할 경우 나무가 고사함
- 10월 경 유충의 밀도가 봄의 발생 밀도를 결정(가을 유충이 월동하여 다음 해 봄에 다시 가해)
- 1년에 1회 발생하며 5령 유충 형태로 월동하고 8령충이 고치를 만들어 번데기가 됨 (7번 탈피)

24

뒷날개가 퇴화되어 평균곤으로 발달하였고 앞날개 1쌍만을 가지고 비행하는 곤충목은?

① 벌목
② 파리목
③ 노린재목
④ 딱정벌레목

해설 파리목의 날개 형태 : 뒷날개가 퇴화되어 평균곤으로 변형되어 있다. (몸의 균형을 잡는 데 이용)

정답 20 ④ 21 ③ 22 ① 23 ③ 24 ②

25

곤충의 소화기관에 속하지 않는 것은?

① 침샘　　② 전장
③ 중장　　④ 기문

해설 곤충의 소화계는 소화관과 부속선으로 구성되어 있고 소화관은 크게 전장(전위), 중장(중위), 후장으로 나뉘며 부속선에는 타액선(침샘)과 말피기씨관이 속해있으며 반면 호흡계는 기관, 기문, 기관소지, 기관지, 모세기관 등으로 이루어져 있으며 기문을 통해 공기가 체내로 들어와 온몸의 기관지를 통해 세포까지 전달되는 수동적 호흡을 한다.

26

애멸구에 대한 설명으로 옳지 않은 것은?

① 약충기에만 벼 즙액을 빨아 먹는다.
② 우리나라 남부지방에서 월동이 가능하다.
③ 줄무늬잎마름병 같은 바이러스병을 매개한다.
④ 이모작 맥류재배를 하면 많이 발생하기도 한다.

해설 애멸구는 흡즙에 의해 각종 바이러스를 매개하며 줄무늬잎마름병(경란전염), 검은줄오갈병(경란전염 X)을 매개한다. 또한 국내월동이 가능한 비래해충이며 이모작 재배 시 많이 발생한다.

27

생물적 방제에 대한 설명으로 옳지 않은 것은?

① 효과 발현까지는 시간이 걸린다.
② 인축, 야생동물, 천적 등에 위험성이 적다.
③ 생물상의 평형을 유지하여 해충밀도를 조절한다.
④ 거의 모든 해충에 유효하며 특히 대발생을 속효적으로 억제하는데 더욱 효과가 크다.

해설 ④ : 화학적 방제법
생물적 방제법은 해충을 방제하기 위해 생물적 요인을 도입하는 것으로 해충 밀도를 자연상태보다 낮은 밀도로 유지하는 환경친화적 방법이지만 효과가 느리다.

28

수서곤충으로 성충으로 월동하는 것은?

① 담배나방　　② 벼물바구미
③ 꼬마배나무이　　④ 포도호랑하늘소

해설 벼물바구미는 수서곤충에 해당되며 성충으로 낙엽이나 잡초에서 월동하며 1년에 1회 발생한다.

29

벼 줄기 속을 가해하여 새로 나온 잎이나 이삭이 말라 죽도록 가해하는 해충은?

① 벼멸구　　② 혹명나방
③ 이화명나방　　④ 끝동매미충

해설 이화명나방은 유충이 벼 줄기 속을 가해하여 잎과 이삭에 피해를 주고 1년에 2회 발생하며 노숙유충 형태로 벼에서 월동한다. (1화기 : 줄기가해, 2화기 : 백수현상)

30

사과응애에 관한 설명으로 옳지 않은 것은?

① 알로 월동한다.
② 1쌍의 완전한 눈과 불완전한 눈이 있다.
③ 몸의 센털은 다른 응애류보다 비교적 길다.
④ 수컷은 황녹색이며 등쪽에 엷은 흑색의 반점이 있다.

해설 사과응애 월동성충은 암컷과 수컷 모두 등적색이다.

정답 25 ④　26 ①　27 ④　28 ②　29 ③　30 ④

31
분류학적으로 개미가 속하는 곤충목은?
① 벌목　　　② 이목
③ 노린재목　④ 총채벌레목

해설 개미는 신시류-내시류-벌목에 속한다.

32
가뢰과에 속하는 곤충들에서 주로 나타나는 변태의 형태는?
① 무변태　　② 과변태
③ 완전변태　④ 불완전변태

해설 〈곤충의 변태 형태〉
- 완전변태 : 나비목, 딱정벌레목, 파리목, 벌목
- 과변태 : 딱정벌레목의 가뢰과
- 불완전변태 : 하루살이목, 잠자리목, 메뚜기목, 총채벌레목, 노린재목, 톡토기목, 낫발이목

33
부패물 또는 토양 속의 유기물에 자라는 미생물을 먹고 사는 곤충은?
① 진딧물　　② 메뚜기
③ 톡토기　　④ 깍지벌레

해설 톡토기는 토양 속 미생물과 곰팡이를 먹이로 한다.

34
배나무이의 분류학적 위치는?
① 나비목　　② 노린재목
③ 사마귀목　④ 딱정벌레목

해설 배나무이는 매미목으로 분류하였으나 최근 매미목이 노린재목의 매미아목으로 분류되어 현재 노린재목에 속하는 해충이다.

35
우리나라에 비래하지만 월동하지 않는 것은?
① 벼멸구　　　② 애멸구
③ 번개매미충　④ 끝동매미충

해설 비래해충 : 애멸구(국내 월동), 벼멸구, 멸강나방, 혹명나방, 흰등멸구, 열대거세미나방

36
마늘 수확 후 저장 과정에서 피해를 주는 것은?
① 파굴파리　② 뿌리응애
③ 파좀나방　④ 고자리파리

해설 뿌리응애는 수확 후 저장중에도 구근류 작물에 피해를 입힌다.(양파, 마늘, 파, 구근화훼류)

37
어떤 곤충을 상규하였을 때 25℃에서 10일이 걸렸다. 이 곤충의 발육영점온도가 13℃이면 유효적산온도(DD, Degree-Days)는?
① 120　　② 150
③ 180　　④ 300

해설 유효적산온도 = (측정온도-발육영점온도) × 측정온도에서의 발육일수 = 120일

31 ①　32 ②　33 ③　34 ②　35 ①　36 ②　37 ①

38

완전변태를 하지 않는 것은?

① 버들잎벌레
② 솔수염하늘소
③ 복숭아명나방
④ 진달래방패벌레

 유시아강 중 외시류는 불완전변태를 하는데 진달래방패벌레는 노린재목으로 외시류에 해당된다.

39

곤충의 배에 있는 부속기관이 아닌 것은?

① 다리
② 기문
③ 항문
④ 생식기

 곤충의 배는 보통 10개 내외의 마디로 구성되어 있으며 기문, 항문, 생식기, 미각, 미모, 도약기 등 부속물이 존재한다.

40

복숭아심식나방에 대한 설명으로 옳지 않은 것은?

① 유충이 과실 속에 있을 때에는 황백색이다.
② 월동 고치는 방추형이다.
③ 1년에 2회 발생하지만 일정하지는 않다.
④ 피해 과일에는 배설물이 배출되지 않는다.

 복숭아심식나방은 1년에 2회 발생하며 노숙유충 형태로 땅속 고치 속에서 월동하는데 유충은 월동형 고치인 편원형과 번데기가 될 때까지는 방추형의 두 가지 고치를 만든다.

3과목 재배원론

41

멀칭(mulching)의 효과로 옳은 것은?

① 동해의 경감
② 비료절감
③ 풍해유도
④ 낙과방지

 멀칭의 효과 : 한해 경감, 동해 경감, 토양 보호, 잡초 발생 억제, 생육촉진, 과실 품질향상

42

다음 중 녹체춘화형 식물은?

① 추파맥류
② 잠두
③ 완두
④ 양배추

 버널리제이션은 처리시기에 따라 종자춘화와 녹체춘화로 나뉘는데 녹체춘화에 적합한 작물로는 양배추, 사리풀 등이 속한다.

43

파종 시 작물의 복토 깊이가 0.5~1.0cm인 것으로만 나열된 것은?

① 감자, 토란
② 가지, 토마토
③ 생강, 크로커스
④ 수선, 글라디올러스

 복토 깊이(0.5~1cm) : 순무, 배추, 양배추, 가지, 고추, 토마토, 오이, 차조기

정답 38 ④ 39 ① 40 ② 41 ① 42 ④ 43 ②

44

한지형(寒地型, 북방형) 목초에 해당되는 것으로만 나열된 것은?

① 수단그라스, 라이그라스
② 티머시, 알팔파
③ 버뮤다그라스, 매듭풀
④ 수수, 옥수수

 한지형 목초 : 티머시, 앨팰퍼 (하고현상), 난지형 목초 : 버뮤다그래스

45

답전윤환의 주요 효과로 틀린 것은?

① 지력증강
② 기지의 회피
③ 병충해 증가
④ 잡초의 감소

 답전윤환 : 논을 담수상태(논상태) 또는 배수상태(밭상태)로 돌려가면서 경작하는 방식으로 기지의 회피, 잡초 감소, 지력 증강, 벼 수량증가의 효과가 있음

46

다음 중 종자의 수명이 가장 긴 것은?

① 메밀   ② 가지
③ 고추   ④ 양파

 장명종자(5년 이상) : 앨팰퍼, 사탕무, 베치, 클로버, 수박, 비트, 가지, 토마토, 나팔꽃, 접시꽃, 데이지

47

다음 중 천연 옥신류에 해당하는 것은?

① IAA   ② 키네틴
③ BA   ④ GA3

 옥신에는 천연옥신(IAA, IAN, PAA)과 합성옥신(NAA, IBA, 2,4-D, 2,4,5-T, PCPA, MCPA, BNOA)이 있다.

48

산성토양에 가장 약한 작물로만 나열된 것은?

① 콩, 팥
② 땅콩, 기장
③ 감자, 유채
④ 토란, 양배추

- 산성토양에 극히 강한 작물 : 벼, 귀리, 밭벼, 아마, 토란, 루핀, 기장, 땅콩, 감자, 봄무, 수박, 호밀
- 산성토양에 극히 약한 작물 : 콩, 팥, 자운영, 앨팰퍼, 시금치, 사탕무, 셀러리, 부추, 양파

49

재배포장에서 파종된 종자의 발아상태를 조사할 때 "발아한 것이 처음 나타난 날"을 무엇이라 하는가?

① 발아의 양부   ② 발아시
③ 발아기   ④ 발아전

〈발아조사〉
- 발아시 : 종자 발아가 처음 나타난 때
- 발아기 : 파종된 종자의 50%가 발아한 상태
- 발아전 : 파종된 종자의 80%가 발아한 상태
- 발아율 : 파종한 전체 종자수에 대해 발아한 종자수의 비율
- 발아세 : 일정기간 내의 발아율

정답 44 ② 45 ③ 46 ② 47 ① 48 ① 49 ②

50

다음 중 작물의 교잡률이 0.0 ~ 0.15%에 해당하는 것은?

① 아마
② 가지
③ 수수
④ 보리

 〈작물의 교잡률〉

작물 종류	자연교잡률
보리	0~0.15
조	0.2~0.6
밀	0.3~0.6
벼	0.2~1.0
아마	0.6~1.0
가지	0.2~1.2
콩, 귀리	0.05~1.4
수수	5

51

혼파하여 목야지를 조성할 때 화본과 목초와 콩과 목초의 가장 알맞은 파종 비율은?

① 화본과 목초 8 : 콩과목초 2
② 화본과 목초 2 : 콩과목초 8
③ 화본과 목초 6 : 콩과목초 4
④ 화본과 목초 4 : 콩과목초 6

해설 화본과 목초와 두과 목초 종자를 혼파할 경우 각각 3:1 내외의 비율로 파종하고 질소질비료는 적게 사용한다.

52

습해에 강한 작물의 특성을 설명한 것으로 옳은 것은?

① 경엽으로부터 뿌리로의 산소공급능력이 작다.
② 뿌리조직의 목화정도가 낮다.
③ 뿌리의 분포가 얕고, 부정근의 발생이 작다.
④ 뿌리가 환원성 유해물질에 대해 저항성이 크다.

해설 〈내습성 작물의 특징〉
- 경엽으로부터 뿌리로의 산소공급능력이 큼
- 뿌리조직이 목화되어있음 (환원성 유해물질에 대해 저항성)
- 근계가 얕게 발달하거나 부정근 발생이 큼

53

다음 중 중성식물로만 나열된 것은?

① 아마, 상추
② 콩, 담배
③ 고추, 토마토
④ 시금치, 양파

 중성식물 : 강낭콩, 가지, 고추, 토마토, 당근, 셀러리

54

한 가지 작물이 생육하고 있는 줄사이에 다른 작물을 재배하는 것을 무엇이라 하는가?

① 간작
② 교호작
③ 자유작
④ 주위작

정답 50 ④ 51 ① 52 ④ 53 ③ 54 ①

해설 〈작부체계의 종류〉

간작	한 가지 작물을 생육하는 고랑 사이에 다른 작물을 재배하는 것
혼작	생육기간이 거의 같은 두 종류 이상 작물을 같은 포장에 동시 재배하는 것
교호작	생육기간이 비슷한 작물들을 교호로 재배하는 것 (공간 이용율, 지력 증진)
주위작	경작지 주위에 포장 내 작물과 다른 작물들을 재배하는 것
혼파	두 종류 이상의 작물 종자를 섞어 뿌리는 방법

55
국화의 주년재배와 가장 관계가 있는 것은?
① 온도처리   ② 광처리
③ 수분처리   ④ 영양처리

해설 일장효과를 이용하여 국화의 개화기를 조절할 수 있다.(단일처리 촉성재배, 장일처리 억제재배, 주년재배)

56
다음중 C3작물에 해당하는 것은?
① 밀   ② 수수
③ 기장   ④ 명아주

해설 C3 : 벼, 보리, 밀, 담배 / C4 : 옥수수, 수수, 사탕수수, 기장, 진주조, 피, 수단그래스, 버뮤다그래스, 명아주

57
3년 휴작이 필요한 작물은?
① 수수   ② 고구마
③ 담배   ④ 토란

해설 〈작물의 휴작기간〉
- 1년 휴작 : 콩, 시금치, 생강, 파, 쪽파
- 2년 휴작 : 오이, 감자, 잠두, 마, 땅콩
- 3년 휴작 : 참외, 쑥갓, 강낭콩, 토란

58
다음 중 단명종자에 해당하는 것은?
① 접시꽃   ② 베고니아
③ 스토크   ④ 데이지

해설 단명종자(1~2년) : 옥수수, 콩, 목화, 메밀, 기장, 해바라기, 양파, 파, 고추, 상추, 강낭콩, 당근, 팬지, 베고니아, 일일초, 스타티스, 콜레옵시스

59
( ) 에 알맞은 내용은?

옥수수, 수수 등을 재배하면 잡초가 크게 경감되므로 ( )이라고 한다.

① 휴한작물   ② 동반작물
③ 중경작물   ④ 환금작물

해설 작부방식에 따른 분류 중 재배 시 잡초가 크게 경감하는 작물은 중경작물이며 옥수수, 수수가 해당된다.

60
맥류의 동상해 대책에 속하지 않는 것은?
① 배수   ② 늦심기
③ 칼륨비료증시   ④ 밟기

해설 맥류의 동상해를 방지하기 위해선 정기파종 및 정기이식을 실시해야 함

4과목 농약학

61

피리다벤, 페나자퀸은 일반적으로 어떤 농약에 속하는가?

① 살균제 ② 살충제
③ 살비제 ④ 제초제

해설) 피리다벤과 페나자퀸은 살충제로 주로 수박 점박이응애 방제에 사용된다.

62

다음 급성독성 중 그 강도의 순서가 옳게 나열된 것은?

① 흡입독성 > 경피독성 > 경구독성
② 경구독성 > 흡입독성 > 경피독성
③ 흡입독성 > 경구독성 > 경피독성
④ 경피독성 > 경구독성 > 흡입독성

해설) 급성독성의 강도는 흡입(폐), 경구(입), 경피(피부) 순으로 강하다.

63

분제 농약 조제 시 가장 충분하게 고려하여야 하는 농약의 물리성은?

① 현수성 ② 유화성
③ 가용성 ④ 비산성

해설) 분제의 구비조건 : 분말도, 토분성, 분산성, 비산성

64

보호살균제의 특성에 대한 설명 중 틀린 것은?

① 균사체에 대하여 강력한 살균작용을 나타낸다.
② 살포 후 작물체 표면에서의 부착성과 고착성이 우수하다.
③ 강력한 포자발아 억제작용을 나타낸다.
④ 약효가 일정기간 유지되는 지효성이 있다.

해설) 보호살균제는 병이 발생하기 전 병균이 식물에 침입하는 것을 예방하는 약제로 보르도액, 구리 분제가 해당된다.

65

다음 농약 중 사과의 부란병에 주로 적용되는 것은?

① 옥솔린산 수화제(일품)
② 이프로벤포스 유제(키타진)
③ 사이프로코나졸 액제(아테미)
④ 아족시트로빈 수화제(아미스타)

해설) ① 벼 세균성알마름병 ② 벼 도열병, 잎집무늬마름병
③ 사과 부란병 ④ 포도 탄저병, 배 붉은별무늬병

66

유기인계 계통의 침투성 살충제로서 감자의 거세미나방, 마늘의 뿌리응애에 주로 적용할 수 있는 농약은?

① 밀베멕틴
② 사이플루메토펜
③ 포레이트
④ 피프로닐

해설) 포레이트는 유기인계 살충제로 감자 거세미나방과 마늘 뿌리응애 방제에 주로 사용된다.

정답 61 ② 62 ③ 63 ④ 64 ① 65 ③ 66 ③

67

제초제의 일반 특성에 대한 설명으로 틀린 것은?

① Phenoxy계 제초제는 옥신작용을 갖고 있다.
② 2,4-D 제초제는 무기화합물 제초제이다.
③ Phenoxy계 제초제는 인축 및 어패류에 대한 독성이 낮다.
④ Dicamba 등 벤조산계 제초제는 작물 체내에서 안전성이 높은 편이다.

해설 〈제초제의 대사과정 및 작용기작〉
- 광합성을 저해 : 요소계, 아마이드계, 트리아진계, 벤조티아디아졸계, 비피리딜리움계
- 호흡 저해 : 카바메이트계, 유기염소계
- 아미노산 합성 저해 : 유기인계(글리포세이트), 설포닐우레아계, 이미다졸리논계
- 단백질 합성 저해 : 유기인계, 아마이드계
- 호르몬 작용을 교란 : 페녹시계(MCP, 2,4-D), 벤조산계
- 세포분열 저해 : 카바메이트계, 디니트로아닐린계

68

쥐에 대한 급성경구 독성이 가장 강한 농약은?

① 이피엔(EPN)
② 카바릴(Carbaryl)
③ 페니트로티온(Fenitrothion)
④ 다이아지논(Diazinon)

해설 〈농약의 독성〉
- 유기인계 살충제는 환경생물에 대한 영향이 가장 큰 농약으로 인축에 대한 독성이 높다. (EPN은 유기인계 고독성 약제이다.)
- 페니트로티온(Fenitrothion), 다이아지논(Diazinon) : 유기인계 저독성 / 카바릴(Carbaryl) : 카바메이트계 보통독성

69

가비중이 1.05인 isoprothiolane 유제(50%) 100 mL로 0.05% 살포액을 조제하는데 필요한 물의 양은 약 몇 L인가?

① 20   ② 25
③ 105 ④ 204

해설 액제의 희석법(퍼센트액) : 희석에 필요한 물의 양 = 원액의 용량 × (원액의 농도 / 희석할 농도 − 1) × 원액의 비중이므로
$100mL × (50/0.05 − 1) × 1.05 = 104,800mL$

70

다음 중 보르도액의 주성분은?

① 벤젠(C_6H_6)
② 다황산칼슘(CaS_5)
③ 황산구리($CuSO_4 · 5H_2O$)
④ 페닐초산수은($Hg · OOC · CH_3$)

해설
- 무기구리제 : 보르도액(석회보르도액), 쿠퍼하이드록사이드
- 석회보르도액은 석회양에 따라 소석회보르도액(450g이하), 석회보르도액(450g), 과석회보르도액(450g이상)으로 구분
- 석회보르도액은 물의 양에 따라 소석회보르도액(4두), 석회보르도액(6두), 과석회보르도액(8두)로 구분

정답 67 ②   68 ①   69 ③   70 ③

71
피페로닐 부톡사이드(Piperonyl butoxide)는?
① Pyrethrin의 협력제이다
② 유기황계 살균제이다.
③ 유기인제 살충제이다.
④ 유기염소계 살충제이다.

 피페로닐뷰톡사이드 : 제충국 추출물(피레트린), 데리스 추출물(로테논)의 협력제로 알코올, 벤젠 등에 용해된다.

72
다음 중 농약의 보조제(supplement agent)에 해당하는 것은?
① 유인제　　② 식독제
③ 기피제　　④ 유화제

 보조제의 종류 : 전착제, 증량제, 용제, 유화제(분산제)

73
분제의 물리적 성질에 해당하는 것으로만 나열된 것은?
① 현수성, 유화성
② 습전성, 표면장력
③ 수화성, 접촉각
④ 용적비중, 비산성

- 분제의 구비조건 : 분말도, 토분성, 분산성
- 용적비중(가비중) : 단위 용적당 무게(살포 시 비산성을 좌우)
- 비산성 : 분제 입자가 살분기에서 나와 퍼져 날아가는 성질

74
과거 어느 살충제보다 살충력이 강하고, 적용범위가 넓으며 저렴한 값에 대량생산의 장점이 있으나 잔류독성의 문제를 일으킬 위험요인이 가장 큰 계통의 농약은?
① 유기황계　　② 유기인계
③ 유기염소계　　④ 카바메이트계

 유기염소계 살충제 : 분자 내 염소(Cl)을 다량 함유하고 있으며 살충력이 강하고 적용범위가 넓고 저렴하나 잔류독성의 우려가 크다.(잔효성이 큼)

75
물에 녹지 않은 원제를 벤토나이트 고령토점토광물의 증량제와 혼합하고, 여기에 친수성·습전성 및 고착성 등을 부가시키기 위하여 적당한 계면활성제를 가하여 미분말화시킨 농약의 제형은?
① 수용제　　② 수화제
③ 분제　　④ 유제

희석살포용 제형(액체시용제) 중 수화제 : 불용성 원제(주제)에 벤토나이트, 카올린 같은 점토광물(증량제), 계면활성제를 첨가한 것으로 물에 희석하면 유효성분의 입자가 물에 분산되어 현탁액이 된다.

76
파라티온은 인체의 조직과 혈액 중의 콜린에스테라제와 결합해서 어느 것이 축적되어 중독 증상을 일으키는가?
① 콜린　　② 초산
③ 인산　　④ 아세틸콜린

파라티온은 유기인계 살충제로 아세틸콜린에스테라아제의 활성을 저해한다.

정답　71 ①　72 ④　73 ④　74 ③　75 ②　76 ④

77
농약의 잔류에 대한 설명 중 옳지 않은 것은?
① 작물잔류성농약이란 농약의 성분이 수확물 중에 잔류하여 농약잔류허용기준에 해당할 우려가 있는 농약을 말한다.
② 안전계수란 사람이 하루에 섭취할 수 있는 약의 량을 말한다.
③ 작물 체내의 잔류 농약은 경시적으로 계속하여 감소한다.
④ 농약의 작물잔류는 사용횟수와 제제형태에 따라서 다르다.

해설 농약의 1일 섭취허용량 = 최대약량(최대무작용약량) × 안전계수

78
다음 중 요소계 제초제는?
① linuron ② 2,4-D
③ dicanba ④ asulam

해설 linuron은 1년생잡초 방제에 사용되는 요소계 제초제이다.

79
DDVP 유제 50%를 500배로 희석하여 면적 10a당 4말(1말18L)을 살포하고자 할 때의 소요약량은 약 몇 mL 인가?
① 72 ② 144 ③ 288 ④ 576

해설 소요약량 = 단위면적당 사용량 / 소요 희석 배수, 희석에 필요한 물의 양 = 원액의 용량 × (원액의 농도/희석할 농도 − 1) × 원액의 비중 이므로 물의양 = 4 × 18L, 소요약량 = 72L × 1,000(mL/L) / 500 = 144mL

80
석회유황합제 제조시 생석회와 황의 중량비로서 가장 적합한 것은?
① 1:1 ② 2:2
③ 1:2 ④ 1:3

해설 석회유황합제 제조 시 생석회 2.5kg, 황 5kg가 필요하다.

5과목 잡초방제학

81
일반적으로 잡초에 의한 피해를 줄이기 위하여 철저히 방제를 하여야 할 작물의 생육 시기는?
① 생육 초기 ② 생육 중기
③ 생육 후기 ④ 생육 모든 기간

해설 생육 초기에는 잡초 성장속도가 작물보다 빨라 피해가 크다.

82
작물이 잡초보다 경합 우위에 해당하는 것은?
① 작물의 초장이 짧은 경우
② 작물의 재식밀도가 높은 경우
③ 작물의 생장속도가 느린 경우
④ 작물의 분지수가 많고 엽면적 지수가 낮은 경우

해설 잡초에 대한 작물의 경합력을 높이는 방법 : 밀식 재배, 춘파작물과 추파작물의 윤작, 다분지성 품종 재배, 조숙종 품종 재배, 제초작업, 이식재배 및 손이앙 (직파X)

정답 77 ② 78 ① 79 ② 80 ③ 81 ① 82 ②

83

여름작물 포장에 발생하는 주요 잡초가 아닌 것은?

① 별꽃, 냉이
② 깨풀, 강아지풀
③ 바랭이, 개비름
④ 여뀌, 참방동사니

해설 1년생 잡초는 하계 1년생(봄과 여름에 발생, 강아지풀, 바랭이, 피, 쇠비름, 명아주 등)과 동계 1년생(가을과 초겨울에 발생하여 월동, 별꽃, 망초, 냉이, 둑새풀 등)으로 나뉨

84

잡초 종자의 특징으로 옳지 않은 것은?

① 메귀리는 끈끈한 물질을 분비한다.
② 소리쟁이는 꼬투리가 물에 잘 뜬다.
③ 바랭이는 성숙하면서 꼬투리가 튄다.
④ 도꼬마리는 낚시바늘 모양의 돌기가 있다.

해설 〈잡초의 전파(산포)〉
- 바람 : 박주가리, 엉겅퀴, 민들레, 망초, 방가지똥, 수레국화
- 물 : 피, 소리쟁이, 벚풀
- 인축(배설물 및 옷·털 접촉) : 비름, 명아주, 진득찰, 도꼬마리, 도깨비바늘, 메귀리
- 성숙종자의 꼬투리가 흩어져 전파 : 달개비, 콩과, 바랭이

85

작물 경합 특성을 이용한 잡초방제법이 아닌 것은?

① 이앙 재배
② 연작 재배
③ 피복식물 재배
④ 답전 전환 재배

해설 작부체계 및 답전윤환 등 재배방법 개선을 통하여 잡초를 방제한다.(윤작, 조파, 수도 장간종 재배, 조기관행이앙(다종혼합군락화), 만기이앙(단순군락화))

86

토양내 제초제의 흡착에 대한 설명으로 옳지 않은 것은?

① 이온화가 가능한 제초제는 음이온 치환을 통해 흡착된다.
② 토양내 점토물의 표면에 부착되거나 친화력을 갖는 것을 의미한다.
③ 대부분의 제초제는 반응기를 갖고 있어서 토양 유기물과 치환혼합이 가능하다.
④ 제초제는 대부분 하나 이상의 방향족 물질을 함유하고 있어 흡착에 중요한 역할을 한다.

해설 이온화가 가능한 제초제는 물에 잘 용해되는 양이온 형태로 식물 흡수가 빠르며 음전하를 띠는 토양교질에 강하게 흡착된다.

87

단자엽 잡초의 특징으로 옳은 것은?

① 뿌리는 직근계이다.
② 잎은 대게 평행맥이다.
③ 개방유관속의 줄기를 가지고 있다.
④ 일반적으로 생장점은 식물체의 위쪽에 위치한다.

해설 외떡잎식물(단자엽잡초)의 특징 : 피, 강아지풀, 올방개 등이 해당되며 평형의 잎맥과 섬유근계의 관근, 산재유관속을 가지며 생장점은 줄기 하단과 절간에 위치한다.

정답 83 ① 84 ① 85 ② 86 ① 87 ②

88
월년생 잡초가 주로 발아하는 시기는?
① 연중 상관 없음
② 봄과 여름 사이
③ 가을과 겨울 사이
④ 여름과 가을 사이

해설 월년생 잡초는 가을에 발아하여 월동한 후 봄에 발생하여 피해를 끼친다.

89
광발아 잡초에 해당하지 않은 것은?
① 지름
② 광대나물
③ 소리쟁이
④ 왕바랭이

해설 광발아형 잡초 : 바랭이, 왕바랭이, 쇠비름, 개비름, 향부자, 참방동사니, 강피, 서양민들레, 소리쟁이, 메귀리, 노랑꽃창포, 지름

90
작물과 잡초의 경합 관계에 대한 설명으로 옳지 않은 것은?
① 작물의 품종은 잡초와의 경합력과 관계가 없다.
② 작물의 재식밀도를 높여 잡초에 경합력을 높일 수 있다.
③ 잡초보다 먼저 생육을 시작한 작물은 경합에 유리하다.
④ 토양비옥도가 높은 경우 작물과 잡초 모두의 활력을 높이므로 제초작업을 철저히 해야 한다.

해설 잡초에 대한 작물의 경합력을 높이는 방법 : 밀식 재배, 춘파작물과 추파작물의 윤작, 다분지성 품종 재배, 조숙종 품종 재배, 제초작업, 이식재배 및 손이앙

91
잡초군락의 천이에서 가장 크게 영향을 받는 것은?
① 물관리
② 우점잡초
③ 경운 깊이
④ 제초제 사용

해설 잡초의 천이는 시간에 따라 종의 조성과 형태가 자연적으로 변하는 현상을 뜻하며, 식생천이에 관여하는 요인 중 동일 제초제의 사용이 가장 크게 영향을 미친다.

92
발생 위치별 주요 잡초로 옳은 것은?
① 논-별꽃, 개망초
② 밭-바랭이, 쇠비름
③ 과수원-가래, 쇠털꽃
④ 조림지- 물달개비, 올방개

해설 〈잡초의 분류〉

구분		1년생	다년생
논잡초	벗과	강피, 돌피, 물피	나도겨풀
	방동사니과	올챙이고랭이, 알방동사니,	올방개, 너도방동사니, 매자기, 쇠털골
	광엽잡초	여뀌바늘, 가막사리여뀌, 물옥잠, 물달개비, 사마귀풀, 자귀풀, 생이가래	가래, 올미, 벗풀, 개구리밥
밭잡초	벗과	바랭이, 둑새풀, 강아지풀, 미국개기장, 돌피	참새피, 띠
	방동사니과	참방동사니, 금방동사니	향부자
	광엽잡초	별꽃, 꽃다지, 깨풀, 개비름, 개갓냉이, 속속이풀, 여뀌, 명아주, 쇠비름, 냉이, 망초	쑥, 씀바귀, 민들레, 메꽃, 쇠뜨기, 토끼풀, 괭이밥

정답 88 ③ 89 ② 90 ① 91 ④ 92 ②

93

잡초 방제의 주요 목적이 아닌 것은?

① 작물수량증가
② 작물품질향상
③ 토양 물리성 개선
④ 병해충 서식처 제거

 잡초의 유용성 : 토양을 피복하고 분해 시 유기물을 제공하여 토양물리성 개선 및 침식을 예방한다.

94

생활사에 따른 잡초의 분류가 모두 맞는 것은?

① 쑥, 메꽃, 벗풀, 올방개
② 피, 마디꽃, 나도겨풀, 물달개비
③ 망초, 냉이, 달맞이꽃, 강아지풀
④ 가래, 뚝새풀, 바랭이 알방동사니

 92번 해설 참고

95

제초제의 약해 유발 원인으로 옳지 않은 것은?

① 전착제 농도를 권장량보다 낮게 처리하는 경우
② 비닐하우스 내에서나 피복재배지에서의 부주의한 처리
③ 고압분무기로 살포시 주변 작물로 제초제가 비산되는 경우
④ 제초제의 정확한 특성을 무시하고 적용범위를 확대하는 경우

 농약을 사용농도 이상으로 희석할 경우 약해가 나타나며 사용농도 이하로 희석할 경우 방제효과가 떨어진다.

96

광합성 저해형 제초제에 대한 설명으로 옳지 않은 것은?

① 잡초의 탄수화물 축적과 이산화탄소 흡수를 방해한다.
② Paraquat은 과산화물 형성을 통해 살초작용을 나타낸다.
③ 대표적으로 요소(urea)계와 트리아진(triazine)계가 있다.
④ 주로 광합성의 명반응은 저해하지 않고 암반응을 저해한다.

 광합성 저해제 농약은 주로 광합성의 명반응을 저해하며 벤조티아디아졸계(벤타존), 트리아진계(시마진, 아트라진), 요소계(리누론, 아트라진), 아마이드계(프로파닐), 비피리딜리움계(파라쿼트) 등이 속해 있다.

97

일년생 잡초로만 올바르게 나열한 것은?

① 벗풀, 매자기
② 보풀, 개구리밥
③ 여뀌, 밭뚝외풀
④ 올방개, 나도겨풀

 92번 해설 참고

98
잡초 종자에 돌기를 갖고 있어 사람이나 동물에 부착하여 운반되기 쉬운 것은?

① 여뀌
② 민들레
③ 소리쟁이
④ 도꼬마리

 〈잡초의 전파〉
- 바람 : 박주가리, 엉겅퀴, 민들레, 망초, 방가지똥, 수레국화
- 물 : 피, 소리쟁이, 벗풀
- 인축(배설물 및 옷·털 접촉) : 비름, 명아주, 진득찰, 도꼬마리, 도깨비바늘, 메귀리
- 성숙종자의 꼬투리가 흩어져 전파 : 달개비, 콩과, 바랭이

99
논에 다년생 잡초가 증가하는 요인으로 가장 거리가 먼 것은?

① 답리작 감소
② 시비량 감소
③ 물 관리 변동
④ 추경 및 춘경 감소

 시비량이 감소하면 잡초 발생이 감소한다.

100
암발아 잡초 종자에 해당하는 것은?
① 바랭이
② 쇠비름
③ 광대나물
④ 소리쟁이

 암발아 잡초종자에는 별꽃, 냉이, 광대나물, 독말풀 등이 해당된다.

정답 98 ④   99 ②   100 ③

Chapter 01 2023년 1회 산업기사 CBT 복원

1과목 식물병리학

01

식물 바이러스의 특징이 아닌 것은?

① 핵단백질 거대분자이다.
② 살아있는 세포 내에서만 증식한다.
③ 광학현미경을 통해서만 볼 수 있다.
④ 막대형, 구형, 간상형 등 여러 가지 모양이 있다.

 바이러스는 전자현미경으로 관찰 가능하다.

02

흰가루병이 잘 발생하지 않는 기주식물은?

① 오이   ② 감자
③ 장미   ④ 사과나무

 흰가루병은 맥류, 오이, 참나무류, 포플러류, 단풍나무, 오리나무, 밤나무, 가중나무 등 수목에서 발생한다.

03

식물병을 일으키는 바이러스의 진단에 대한 설명으로 옳지 않은 것은?

① 전자현미경으로 볼 수 있다.
② 핵단백질로 구성된 거대분자이다.
③ 인공 배지에서 배양하여 확인한다.
④ 막대형, 구형 등 여러 가지 모양이다.

해설 바이러스는 스스로 물질대사를 하지 못하므로 살아있는 세포에서만 기생하여 증식 가능하다.(순활물기생체, 인공배양 불가)

04

순활물기생체에 속하는 것은?

① 감자 역병균
② 보리 깜부기병균
③ 고구마 무름병균
④ 배추 무사마귀병균

해설 〈병원체의 영양 섭취법에 따른 분류〉

절대기생체 (순활물기생체)	• 살아있는 조직에서만 생활가능 • 녹병, 흰가루병균, 노균병균, 무·배추 무사마귀병균, 배나무 붉은별무늬병균 • 대부분의 녹병균은 인공배양이 어려우나 맥류 줄기녹병균, 목화 녹병균은 인공배양 가능
임의부생체 (조건부생체)	• 살아있는 조직에서의 기생을 원칙으로 하나 죽은 유기물에서도 영양 섭취 가능 • 감자 역병균, 깜부기병균, 배나무 검은별무늬병균
임의기생체 (조건기생체)	• 부생을 원칙으로 하나 살아있는 유기물에서도 영양 섭취 가능 • 고구마 무름병균, 채소류 잿빛곰팡이병균, 모잘록병균
절대부생체 (순사물기생체)	• 죽은 유기물에서만 영양 섭취 • 목재 심부썩음병

정답 01 ③   02 ②   03 ③   04 ④

05
벼 줄무늬잎마름병을 매개하는 곤충은?

① 애멸구 ② 진딧물
③ 벼멸구 ④ 끝동매미충

 벼 줄무늬잎마름병은 매개충인 애멸구(보독충)에 의해 전염되며 성충이 보독충이면 그 유충도 바이러스를 가지고 있어 경란전염(1차 전염원)을 한다. 또한 애멸구(보독충)는 논두렁이나 잡초, 밀밭 등에서 유충으로 월동한다.

06
고구마에 발생하는 병으로 접합균류에 속하는 것은?

① 무름병 ② 더뎅이병
③ 덩굴쪼김병 ④ 자주날개무늬병

 고구마 무름병균은 진균(접합균류, Rhizopus nigricans)이며 저장 또는 운송 시 상처가 생길 경우 발병하여 포자낭 포자와 접합포자를 형성한다.

07
병원체나 매개 곤충의 접근을 물리적으로 막아 감염을 차단하는 방제방법으로 옳지 않은 것은?

① 짚깔기
② 비닐멀칭
③ 봉지 씌우기
④ 토양산도의 조절

 석회시용으로 토양산도를 조절하는 것은 생태적(경종적) 방제법에 속한다.(무·배추 무사마귀병, 목화·토마토 시들음병 방제)

08
바이러스를 매개하는 선충이 아닌 것은?

① Xiphinema
② Trichodorus
③ Meloidogyne
④ Paratrichodorus

 바이러스를 매개하는 선충에는 Xiphinema, Trichodorus, Paratrichodorus renifer, Longidoridae 등이 있다.

09
수목병의 표징이 아닌 것은?

① 소나무 피목에 농황색의 돌기 형성
② 오동나무에 다수 발생한 작은 가지
③ 잣나무 줄기에 나타난 황색의 주머니
④ 일본잎갈나무 부후목 뿌리 부위에 발생한 버섯

 표징은 병원체가 병든 식물 표면에 곰팡이, 균핵, 점질물, 돌출물 등이 나타나는 현상으로 직접 육안으로 확인할 수 있다. 하지만 비전염성병 및 바이러스병, 바이로이드병, 파이토플라스마병은 표징이 나타나지 않는다.(대추나무·오동나무 빗자루병은 파이토플라즈마에 의한 식물병이다.)

10
소나무 잎떨림병 방제를 위한 약제 살포 시기로 가장 적합한 것은?

① 1월~2월 ② 3월~5월
③ 6월~8월 ④ 9월~11월

소나무 잎떨림병 방제를 위해 피해가 심한 수목은 6월부터 전문약제를 살포해야 한다.

정답 05 ① 06 ① 07 ④ 08 ③ 09 ② 10 ③

11

강풍 후에 발생이 가장 많은 식물병은?

① 오이 역병
② 가지 풋마름병
③ 벼 흰잎마름병
④ 수박 덩굴쪼김병

> 해설 벼 흰잎마름병은 태풍과 침수 후 배수불량한 환경 및 여름철 저온에서 많이 발생한다.

12

식물병의 생물학적 진단방법으로 옳지 않은 것은?

① ELISA법
② 괴경지표법
③ 즙액접종에 의한 진단
④ 충체 내 주사법에 의한 진단

> 해설 효소결합항체법(ELISA) : 항체와 효소를 결합하여 바이러스와 반응시켰을 때 형성된 색소의 발색정도를 측정하여 감염여부 및 감염량을 판단하는 것으로 혈청학적·면역학적 진단방법에 해당한다.

13

전염성이 없고 생물로 인한 식물병이 아닌 것은?

① 벼 도열병
② 감자탄저병
③ 맥류 흰가루병
④ 토마토 배꼽썩음병

> 해설 〈양분 결핍에 의한 식물병〉
> - 질소(N) : 엽록소 구성성분으로 결핍 시 황화현상
> - 인(P) : 생육초기 뿌리 발육 저조
> - 칼륨(K) : 벼 적고병, 보리 흰무늬병
> - 칼슘(Ca) : 토마토 배꼽썩음병, 셀러리 검은썩음병
> - 마그네슘(Mg) : 엽록소 구성성분으로 결핍 시 황화현상, 감귤 대황병, 보리 흰깁병
> - 붕소(B) : 무·배추 속썩음병, 사과 축과병, 갈색속썩음병, 담배 윗마름병

14

맥류의 흰가루병에 대한 설명으로 옳지 않은 것은?

① 자낭균에 의해 발생한다.
② 내병성 품종을 재배하여 방제한다.
③ 주로 4~5월경부터 발생하기 시작한다.
④ 잎에만 발생하고 잎집이나 줄기에는 발생하지 않는다.

> 해설 맥류 흰가루병은 잎, 잎자루, 이삭, 줄기 등에서 발생하며 병든 잎에서 균사 또는 자낭포자의 형태로 월동하여 다음 해 1차 전염한다.

15

병 발생이 용이한 환경에서 병원력이 강한 병원균이 존재하는 토양에 저항성이 강한 작물을 재배하였을 때의 병 발생 정도는?

① 전혀 발생하지 않는다.
② 감수성 작물 재배시 보다 많이 발생한다.
③ 감수성 작물 재배시 보다 적게 발생한다.
④ 작물의 저항성에 상관없이 병 발생이 심하다.

> 해설 저항성 : 식물이 병원체 작용을 억제하여 피해를 적게 받는 성질로 감수성(이병성)과 반대 개념
> 감수성 : 식물이 병에 걸리기 쉬운 성질

16

바이로이드에 의한 식물병의 주요 병징은?

① 위축
② 부패
③ 점무늬
④ 줄무늬

> 해설 바이로이드의 주요 병징으로는 왜소, 위축 등이 나타난다.

정답 11 ③ 12 ① 13 ④ 14 ④ 15 ③ 16 ①

17

오이 모자이크병에 대한 설명으로 옳지 않은 것은?

① 진딧물에 의해 영속성 전염을 한다.
② 대부분 종자전염은 일어나지 않는다.
③ 오이외에도 다양한 작물에 발병한다.
④ 감염된 잎에서 다수의 황색의 반점이 생긴다.

> **해설** 비영속성 전염(구침에 머문 상태에서 전염) : 오이, 배추, 순무 모자이크병

18

가축이 섭취할 경우 유독한 독성 물질에 의해 중독 증상이 나타날 수 있는 것은?

① 벼 깨씨무늬병
② 보리줄무늬병
③ 보리 흰가루병
④ 보리 붉은곰팡이병

> **해설** 맥류 붉은곰팡이병의 곰팡이 독소 제랄레논(Zearalenone)은 인축이 섭취할 경우 중독증이 발생한다.

19

종자전염을 하는 식물병은?

① 벼 도열병
② 밀 줄기녹병
③ 보리 흰가루병
④ 벼 흰잎마름병

> **해설** 종자 전염하는 식물병 : 벼 깨씨무늬병균, 벼 도열병, 벼 세균성잎마름병, 보리 속깜부기병균 등

20

식물병을 일으키는 곰팡이로써 무성포자에 해당하는 것은?

① 분생포자   ② 접합포자
③ 자낭포자   ④ 담자포자

> **해설** 〈진균의 특징〉
> - 진균의 번식기관은 포자는 수정여부에 따라 무성포자(불완전세대)와 유성포자(완전세대)로 구분한다.
> - 무성포자 종류 : 분생포자, 병포자, 후막포자, 유주자
> - 유성포자 종류 : 난포자, 자낭포자, 담자포자, 접합포자

2과목 농림해충학

21

벼의 잎을 엽초만 남기고 마구 먹으며 다 먹은 다음에는 다른 논으로 이동하는 해충은?

① 멸강나방   ② 벼밤나방
③ 흑명나방   ④ 벼잎말이나방

> **해설** 멸강나방 : 유충이 잎을 폭식하는 다식성 해충으로 4령 이후 섭식량이 급격히 증가하여 밤에 활발한 먹이활동을 한다.

22

밤나무혹벌 방제법으로 가장 효과적인 것은?

① 불임성 이용
② 접촉살충제 살포
③ 내충성 품종 이용
④ 침투성 약제 수간주사

> **해설** 밤나무혹벌 방제법 : 월동유충 제거(전정), 천적활용(중국긴꼬리좀벌), 내충성 품종 이용

정답 17 ① 18 ④ 19 ① 20 ① 21 ① 22 ③

23
곤충강에 속하지 않는 해충은?
① 독나방
② 점박이응애
③ 목화진딧물
④ 가루깍지벌레

 점박이응애는 거미강 응애목 응애과에 속하며 사과, 배, 복숭아, 토마토, 딸기 등을 가해한다.

24
구기자혹응애에 대한 설명으로 옳은 것은?
① 줄기에 공모양의 큰 벌레혹을 형성한다.
② 벌레혹의 입구는 주로 잎의 앞면에 많다.
③ 가지 끝에 벌레혹을 형성하고 그 속에서 가해한다.
④ 잎에 기생하여 둥근 벌레혹을 만들고 그 속에서 가해한다.

 구기자혹응애는 성충이 잎 뒷면에 침입하고 잎 앞면에는 검은 색의 벌레혹을 만들어 그 속에서 가해한다.

25
솔잎혹파리는 어느 충태의 기간이 가장 짧은가?
① 알
② 성충
③ 유충
④ 번데기

 솔잎혹파리는 번데기 25일 내외, 알 7일, 성충은 1~2일 정도의 충태 기간을 지낸다.

26
천적으로 이용하기 가장 어려운 생물은?
① 포식충
② 기생벌
③ 병원균
④ 불임충

 천적의 이용 : 해충 밀도를 낮추는 천적의 종류는 포식성 천적, 기생성 천적, 미생물 천적으로 나뉜다.

27
곤충의 다리 기본적인 구조에서 가늘고 길며 끝부분에 흔히 끝가시(Spur)가 있는 마디는?
① 밑마디
② 도래마디
③ 넓적마디
④ 종아리마디

 곤충의 다리는 세 마디의 가슴에 각 한 쌍씩 총 6개의 다리가 존재하며 기절(밑마디), 전절(도래마디), 퇴절(넓적다리), 경절(종아리마디), 부절(발마디)로 구성되는데 이 중 끝가시가 존재하는 부분은 경절이다.

28
주로 사과나무를 가해하는 해충으로 옳지 않은 것은?
① 멸강나방
② 은무늬굴나방
③ 복숭아심식나방
④ 조팝나무진딧물

해설 멸강나방은 5~6월 경 유충이 옥수수, 수수, 목초, 벼 등의 잎과 줄기를 가해하는 중국 비래해충이다.

정답 23 ② 24 ④ 25 ② 26 ④ 27 ④ 28 ①

29

다음 설명에서 A, B에 해당하는 용어는?

> 곤충의 기관에서 체외로 방출되어 같은 종의 다른 개체에 교미, 집합 등의 특정한 행동을 일으키는 화학물질을 (A)이라 하고, 다른 종간에 상호작용하는 물질로 이 물질을 받는 종에게 유리한 반응을 유도하는 물질을 (B)이라 한다.

① A : 호르몬, B : 호르몬
② A : 페로몬, B : 알로몬
③ A : 알로몬, B : 카이로몬
④ A : 페로몬, B : 카이로몬

해설 〈타감물질의 종류 및 특징〉

알로몬	타감물질을 분비한 쪽에 유리하며 주로 방어물질(기피, 억제, 독) ex) 식물이 초식성 곤충으로부터 방어하기 위해 분비하는 것
카이로몬	타감물질을 분비한 쪽에 불리하고 감지한 쪽에 유리 ex) 먹이감이 분비한 페로몬이 포식자를 유인
시노몬	타감물질이 분비자와 감지자 모두에게 유리

30

탈피 과정에서 다시 흡수되어 재활용되는 체벽의 부분은?

① 외표피　　② 기저막
③ 외원표피　④ 내원표피

해설 내원표피층(내큐티클) : 미세섬유의 배열로 구성되며 경화되지 않아 비교적 부드럽고 탈피 시 새 표피를 만드는 물질로 이용된다.

31

이화명나방에 대한 설명으로 옳지 않은 것은?

① 뒷날개는 흰색이다.
② 더듬이는 몽둥이 모양이다.
③ 앞날개의 외연에는 검은점이 없다.
④ 앞날개는 엷은 갈색을 띤 회색이다.

해설 〈이화명나방의 특징〉
- 성충의 머리, 가슴, 앞날개가 회갈색이다.
- 뒷날개는 회백색이며 앞날개의 외연에는 7개의 검은 점이 있다.
- 수컷은 암컷에 비해 작고 빛깔이 짙다.
- 유충은 황갈색으로 등에 다섯 개의 세로줄이 있다.

32

곤충의 생식에 대한 설명으로 옳지 않은 것은?

① 양성생식 외에도 다양한 방법으로 생식한다.
② 암컷의 부속샘은 알을 코팅하는 기능이 있다.
③ 정자는 암컷의 체내에서 오래 살아 있을 수 없다.
④ 일반적으로 체내수정을 하지만 체외수정을 하는 경우도 있다.

해설 곤충 암컷은 수정낭이 있어 정충을 보관하여 산란을 조절하며 정자는 암컷 체내에서 오래 생존이 가능하다.

33

땅강아지의 분류학적 위치는?

① 메뚜기목　② 노린재목
③ 사마귀목　④ 딱정벌레목

해설 메뚜기목에는 메뚜기, 여치, 귀뚜라미, 땅강아지 등 많은 농림해충이 속한다.

정답　29 ④　30 ④　31 ③　32 ③　33 ①

34

 기주를 이동하며 생활하는 해충은?

① 파밤나방　　② 배추좀나방
③ 복숭아혹진딧물　　④ 털두꺼비하늘소

해설　복숭아혹진딧물은 알의 형태로 겨울 기주인 복숭아나무 등의 겨울눈에서 월동하며 5월 중순경 유시충이 되어 여름기주인 오이, 고추, 감자. 목화 등으로 이동한다.

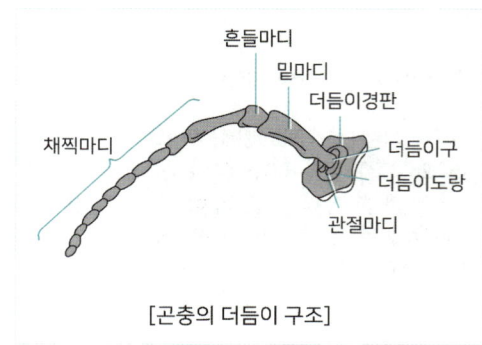

[곤충의 더듬이 구조]

35

해충을 유아등에 모이게 하여 방제하는 방법은 해충의 어떤 습성을 이용한 것인가?

① 주화성　　② 주지성
③ 주식성　　④ 주광성

해설　주광성은 빛에 유인되는 것으로 나비, 나방은 양성 주광성을, 구더기, 바퀴류는 음성 주광성을 가지고 있다.

36

 곤충의 더듬이 끝마디인 채찍마디의 주요 역할은?

① 냄새를 맡는 역할
② 소리를 듣는 역할
③ 암컷의 날개소리 감지
④ 비행 중 바람의 속도측정

해설　〈곤충의 더듬이〉
- 자루마디 (제1절, 병절, 기부마디) : 더듬이를 외부로 연결하는 첫 번째 마디
- 흔들마디 (제2절, 경절, 팔굽마디) : 존스턴기관(청각기관)이 존재하는 마디로, 소리를 듣거나 바람속도를 측정한다.
- 채찍마디 (제3절, 편절) : 냄새를 감지하는 마디로 여러 마디로 구성되어 있다.

37

 곤충의 피부에 대한 설명으로 옳지 않은 것은?

① 외부 골격에 해당한다.
② 원표피는 외원표피와 내원표피로 나뉜다.
③ 피부는 크게 표피층, 진피세포층, 기저막으로 나눌 수 있다.
④ 곤충이 탈피할 때는 진피세포층과 기저막 외의 모든 표피층을 벗어던진다.

해설　내원표피층(내큐티클)은 미세섬유의 배열로 구성되며 경화되지 않아 비교적 부드럽고 새 표피를 만드는 물질로 이용된다.

38

 진딧물류 방제에 가장 효과적인 곤충은?

① 굴파리좀벌
② 애꽃노린재
③ 오이이리응애
④ 칠성풀잠자리

해설　풀잠자리류 : 주로 진딧물류와 깍지벌레류, 응애류를 잡아 먹으며 유충은 육식성이다.

정답　34 ③　35 ④　36 ①　37 ④　38 ④

39

총채벌레목에 대한 설명으로 옳지 않은 것은?

① 단위생식도 한다.
② 입틀의 좌우가 같다.
③ 불완전변태군에 속한다.
④ 산란관이 잘 발달하여 식물의 조직 안에 알을 낳는다.

 총채벌레목은 짧은 더듬이와 비대칭 입틀을 가짐(좌우대칭이 아님)

40

거미와 비교한 곤충의 일반적인 특징으로 옳지 않은 것은?

① 겹눈과 홑눈이 있다.
② 더듬이는 한쌍이다.
③ 성충의 다리는 세쌍이다.
④ 생식문이 배의 배면 앞부분에 있다.

〈곤충강과 거미강의 형태 비교〉

구분	곤충강	거미강
구분	3부분으로 나뉨 (머리, 가슴, 배)	2부분으로 나뉨(머리가슴, 배)
눈	겹눈, 홑눈	홑눈만 존재
더듬이	한 쌍	X
마디	가슴과 배에 존재	X
다리	3쌍(5마디로 구성)	4쌍(6마디로 구성)
날개	보통 2쌍	X
호흡기	몸 측면에 존재 (기관, 숨문)	배 하부에 존재 (기관, 허파)
생식기	배 끝에 존재	배 앞부분에 존재
변태	O	X

3과목 농약학

41

농약 살포액의 물리적 성질로 가장 거리가 먼 것은?

① 유화성
② 집중성
③ 현수성
④ 습전성

 희석살포용 제형(액체 시용제)의 물리적 성질로는 유화성, 습전성, 수화성, 현수성, 부착성 및 고착성, 침투성 등이 있다.

42

다음 제초제 종류 중 호르몬형 제초제는?

① 요소계
② 트리아진계
③ 페녹시초산계
④ 카르바메이트계

호르몬 작용을 교란시키는 호르몬형 제초제에는 페녹시계(MCP, 2,4-D), 벤조산계 제초제가 대표적이다.

43

수화제 제조용 증량제로 가장 적당한 것은?

① 규조토
② 탈크
③ 모래
④ 유안

 〈증량제의 종류〉
- 규조토 : 주성분은 규산, 갑충류에 강한 살충력, 수화제 조제에 사용
- 고령토 : 주성분은 규산, 수화제와 분제의 증량제로 사용
- 탈크(활석) : pH는 알칼리성, 안전하므로 분제 제조용으로 널리 사용
- 벤토나이트 : 유화제, 수화제 제조용으로 사용

정답 39 ② 40 ④ 41 ② 42 ③ 43 ①

44

저독성의 속효성이고 잔효성이 짧아 수확직전의 농작물이나 뽕의 해충방제에 적합한 약제는?

① 나크(NAC)제
② 이피엔(EPN)제
③ 카보(Carbofuran)제
④ 디디브이피(DDVP)제

 DDVP는 속효성이고 지속기간이 짧은 것이 특징이며 뽕나무의 초기 방제에 많이 이용되었으나 위해성으로 인해 생산이 중단되었다.

45

물에 희석하지 않고 그대로 사용하는 제형은?

① 수화제　② 수용제
③ 유제　　④ 분제

 직접살포용 제형(고형시용제)의 종류 : 입제, 분제, 수면전개제 및 오일제, 미분제저비산분제(DL분제), 캡슐제 등

46

콩나물의 생장촉진제로 주로 사용되는 것은?

① 6-BA
② IBA
③ I-naphthylacetamide
④ 4-CPA

 BA는 합성 시토키닌에 해당하는 식물생장조절제로 주로 콩나물의 생장촉진제로 이용한다.

47

유효성분을 담체인 고체 중량제와 혼합분쇄하고 보조제로서 고결제, 안정제, 계면활성제를 가하여 입상으로 성형한 것 또는 입상으로 담체에 유효성분을 피복시킨 제형은?

① 입제　② 분제
③ 수화제　④ 유제

 〈입제의 특징〉
- 원제를 고체증량제와 혼합·분쇄 후 고합제, 안정제, 계면활성제를 추가하여 입상으로 만든 제형이다.
- 비교적 무거워 비산의 우려가 적고 토양이나 수면에 직접 살포할 수 있다.(약해 우려가 작음)
- 수용성이 낮고 휘발성이 있어 훈증작용이 가능하다.
- 토양흡착성이 있어 물로 유실되지 않는다.
- 작물체 안으로 침투 및 이행하는 성질이 있다.

48

45%의 유기인제 100mL가 있다. 이것을 0.1%로 희석하는데 필요한 물의 양은 몇 L인가? (단, 원액의 비중은 1이다.)

① 22.9　② 33.9
③ 44.9　④ 55.9

희석할 물의 양 = 원액용량×{(원액의 농도 / 희석할 농도) −1}×원액비중 = 100×{(45 / 0.1) −1}×1= 100×(450 − 1)×1 = 100× 449 = 44900ml = 44.9L

정답 44 ④　45 ④　46 ①　47 ①　48 ③

49
농약관리법에서 어독성 II급을 구분하는 기준은? (단, 반수를 죽일 수 있는 농도(mg/L, 48시간) 기준이다.)

① 0.5~1.0
② 0.5~2.0
③ 1.0~2.0
④ 1.0~2.5

 〈어독성의 구분〉
- 1급 : 0.5ppm 미만
- 2급 : 0.5 이상 2ppm 미만
- 3급 : 2.0ppm 이상

50
농약의 제제형태에 따라 분류한 것은?

① 유제 농약
② 유기인제 농약
③ 살균제 농약
④ 어독성 농약

 〈제형에 따른 물리적 분류〉
- 농약은 제제형태에 따라 희석살포용 제형(액체시용제)과 직접살포용 제형(고형시용제)로 나뉜다.
- 희석살포용 제형(액체시용제) : 유제, 수화제, 액상수화제, 입상수화제, 액제, 유탁제, 분산성 액제, 수용제, 플로우어블
- 직접살포용 제형(고형시용제) : 입제, 분제, 수면전개제 및 오일제, 미분제저비산분제(DL분제), 캡슐제

51
농약의 독성을 표시할 때 사용하는 LD50의 의미는?

① 완전치사량
② 30% 이상 살아남은 양
③ 60% 치사량
④ 중위치사량

 〈독성의 표시〉
- 반수치사량(중위치사량, LD50) : 경구독성, 경피독성
- 반수치사농도(LC50) : 흡입독성

52
수(水)불용성인 농약원제로써 제품을 만들려고 할 때 적당한 제조형태가 아닌 것은?

① 유제(乳劑)
② 수화제
③ 액제
④ 입제

 주제가 수용성인 경우 액상 살포용으로 적합하며 반대로 수불용성인 농약 원제는 액제에는 적합하지 않다.

53
살균제의 주성분에 의한 분류에 해당하지 않는 것은?

① 유기수은제
② 토양소독제
③ 유기주석제
④ 무기황제

 살균제는 주성분에 따라 구리제, 수은제, 비소제, 유기주석제, 무기유황제, 석회유황합제, 유기황제, 유기염소제, 유기인살균제, 항생제, 침투성살균제로 구분된다.

54
유제(乳劑)농약이 물에 잘 섞이는가를 검사하고자 할 때 가장 중요한 성질은?

① 유화성(乳化性)
② 부착성(附着性)
③ 고착성(固着性)
④ 붕괴성(崩壞性)

 〈희석살포용 제형(액체시용제)의 물리적 성질〉
- 유화성 : 유제를 물에 희석했을 때 입자가 물속에서 균일하게 분산되어 유탁액이 되는 성질
- 부착성 및 고착성 : 부착성(약제가 식물체에 붙어 있는 성질), 고착성(부착된 약제가 떨어지지 않는 성질)

정답 49 ② 50 ① 51 ④ 52 ③ 53 ② 54 ①

55

제초제의 작용 기작으로 가장 거리가 먼 것은?

① 광합성 저해
② 호흡작용 억제
③ 신경기능의 저해
④ 호르몬 작용의 교란

 제초제의 작용기작 : 광합성 저해, 호흡 저해, 아미노산 및 단백질 합성 저해, 호르몬 작용 교란, 세포분열 저해

56

석회유황합제(石灰硫黃合劑)에 대한 설명으로 틀린 것은?

① 주성분은 다황화칼슘(CaS_5)이고 티오황산칼슘(CaS_2O_5)을 소량 함유한다.
② 과수 및 보리 등의 병 방제용으로 사용된다.
③ 일반적으로 겨울에는 300~600배액을, 여름철에는 20~30배액을 사용한다.
④ 주성분이 공기 중의 산소 또는 이산화탄소와 작용하여 활성화된 유황분자에 의해 살균이 이루어진다.

 〈석회유황합제의 특징〉
- 살균력, 살충력을 모두 가지며 값이 저렴함
- 과수와 보리의 병해 방제용으로 많이 쓰이나 약해를 일으킴
- 다황화석회가 공기 중 산소와 접하면 유황이 활성화되어 살균작용을 일으킴
- 강한 알칼리성은 균 또는 환부 조직을 기계적으로 파괴시킴
- 온도와 습도가 높으면 분해가 빨라져 효력이 저하되며 고온기에 약해가 발생하므로 여름에는 묽게 사용한다.

57

요소(urea)계 제초제에 대한 설명으로 옳지 않은 것은?

① 광합성 저해 및 세포막 파괴에 의하여 작용한다.
② 경엽처리 효과가 없어 토양처리형으로 사용한다.
③ 제초 활성을 나타내기 위해 광이 필요하다.
④ 고농도 처리수준에서는 비선택성이다.

 〈요소계(Urea계) 제초제의 특징〉
- 발아 중인 잡초에 토양처리하는 선택성 제초제이다.(이행형)
- 뿌리로 잘 흡수되어 물관을 통해 이행된다.
- 경엽처리효과
- 인축에 대한 독성과 토양 잔류성이 낮아 보편적으로 사용하는 약제이다.
- 광에 의해 활성화되어 광합성을 저해하고 세포막을 파괴한다.

58

파라티온(Parathion)은 어느 효소작용을 억제하는가?

① 아밀라아제
② 셀룰라아제
③ 콜린에스테라제
④ 모노아미노옥시다제

〈유기인계 살충제〉
- 유기인계 살충제는 아세틸콜린에스테라제의 작용을 저해하며 경엽에도 침투하여 주로 접촉독제나 침투성 약제로 사용한다.
- Phosphoric Acid형 : TEPP, DEP, DDVP
- Thiophosphoric Acid형 : EPN, 파라티온, 메틸파라티온, 슈미티온
- Dithiophosphoric Acid형 : 말라티온, 이미단, PAP

정답 55 ③ 56 ③ 57 ② 58 ③

59

살충제의 해충에 대한 복합저항성이란?

① 살충작용이 다른 2종 이상에 대하여 동시에 해충이 저항성을 나타내는 현상
② 어떤 살충제에 대하여 저항성이 발달한 해충이 한 번도 사용한 적이 없지만 작용기구가 같은 살충제에 저항성을 나타내는 현상
③ 어떤 해충개체군 내에 대다수의 개체가 해당 살충제에 대하여 저항력을 가지는 해충계통이 출현되는 현상
④ 동일 살충제를 해충개체군 방제에 계속 사용하면 저항력이 강한 개체만 만들어지는 현상

해설 작용별 저항성 중 복합저항성은 작용기구가 다른 2종 이상의 약제에 대해 저항성을 나타내는 것을 나타낸다.

60

다음 농약 중 식물 전멸제초제는?

① 글리포세이트포타슘 액제
② 펜티메탈린 유제
③ 클레토딤 유제
④ 이사–디 액제

해설 식물 전멸제초제는 비선택성 제초제로 유기인계 글리포세이트 농약, 비피리딜리움계 파라쿼트 디클로라이드 농약 등이 해당된다.

5과목 잡초방제학

61

다음 중 일년생 잡초가 아닌 것으로만 나열된 것은?

① 피, 바늘골
② 비름, 명아주
③ 띠, 너도방동사니
④ 바랭이, 미국가막사리

해설 <잡초의 구분>

구분		1년생	다년생
논잡초	벼과	강피, 돌피, 물피	나도겨풀
	방동사니과	올챙이고랭이, 알방동사니	올방개, 너도방동사니, 매자기, 쇠털골
	광엽잡초	여뀌바늘, 가막사리여뀌, 물옥잠, 물달개비, 사마귀풀, 자귀풀, 생이가래	가래, 올미, 벗풀, 개구리밥
밭잡초	벼과	바랭이, 둑새풀, 강아지풀, 미국개기장, 돌피	참새피, 띠
	방동사니과	참방동사니, 금방동사니	향부자
	광엽잡초	별꽃, 꽃다지, 깨풀, 개비름, 개갓냉이, 속속이풀, 여뀌, 명아주, 쇠비름, 냉이, 망초	쑥, 씀바귀, 민들레, 메꽃, 쇠뜨기, 토끼풀, 괭이밥

정답 59 ① 60 ① 61 ③

62

잡초군락의 천이에 가장 큰 영향을 주는 것은?

① 시비방법
② 경운방법
③ 제초방법
④ 물관리방법

 식생천이에 관여하는 요인 : 작부체계 및 답전윤환 등 재배방법, 제초제 사용(특히 동일 제초제의 연용), 관수, 시비, 경운 등

63

잡초 종자의 모양이 올바르게 연결된 것은?

① 포크 모양 : 바랭이, 어저귀
② 낙하산 역할의 솜털 : 민들레, 망초
③ 비늘 모양의 가시 : 도깨비바늘, 명아주
④ 낚시 바늘 모양의 돌기 : 도꼬마리, 달개비

 바람에 의한 전파 : 박주가리, 엉겅퀴, 민들레, 망초, 방가지똥, 수레국화 등

64

잡초 종자가 일장에 감응하여 휴면이나 휴면타파를 하는 형태는?

① 2차성 휴면형
② 기회적 휴면형
③ 계절적 휴면형
④ 자발성 휴면형

 〈발아 계절성 및 기회성〉
- 계절성 : 계절별 일장에 반응하고 휴면을 타파하여 발아하는 특성
- 기회성 : 온도 조건에 감응하여 발아하는 특성

65

종합적 방제법에 대한 설명으로 옳은 것은?

① 여러 가지 제초제를 혼합하여 잡초를 방제하는 것이다.
② 여러 가지 방법을 시행해 보고 가장 효율적인 방제법만 적용하는 것이다.
③ 화학 약품의 제초제를 사용하지 않고 환경친화적인 제초를 하는 것이다.
④ 생물적, 물리적, 화학적 방제법 등 여러 방제법을 다양하게 적용하는 것이다.

 종합적방제법 : 여러 방제법들 중 두 가지 이상의 방제법을 적절히 혼용하는 방제법으로 경제적 손실이 최소가 되도록 유해생물 밀도를 낮추는 데에 목적이 있음

66

잡초 발생이 물 관리에 미치는 영향이 아닌 것은?

① 물의 흐름을 방해한다.
② 용존 산소의 농도를 저하시킨다.
③ 잡초 고사체에 의한 수질 오염이 문제가 된다.
④ 관배수에서 증발량과 지하침투량이 저하된다.

〈잡초가 물관리에 미치는 영향〉
- 유속을 방해하며 지하 침투량을 증가시켜 물 손실량이 증가한다.
- 급수, 관수, 배수 등을 방해한다.
- 용존산소량이 감소하며 수온이 저하된다.
- 잡초로 인한 수질오염이 발생한다.

정답 62 ③ 63 ② 64 ③ 65 ④ 66 ④

67

화본과 잡초와 광엽 잡초를 선택적으로 작용하는 제초제의 선택성 요인에 해당하는 것은?

① 생태적 선택성 ② 형태적 선택성
③ 생리적 선택성 ④ 물리적 선택성

해설 〈제초제의 선택성에 따른 분류〉
- 선택성 : 잡초는 고사하지만 작물에는 피해가 없는 제초제로 주로 화본과에는 영향이 없지만 광엽잡초에는 독성을 띰
- 비선택성 : 식물 종류 관계없이 모두 고사시키는 제초제

68

잔디밭의 클로버 방제에 가장 적절한 제초제는?

① 옥사디아존 유제
② 뷰타클로르 입제
③ 메코프로프 액제
④ 할로설퓨론메틸 입제

해설 잔디밭 클로버 방제에는 메코프로프 유제 및 디캄바 액제, 트리클로피르티이에이 액제 등이 효과적이다.

69

제초제의 선택성 발현에 관여하는 요인으로 가장 거리가 먼 것은?

① 잎의 표면 조직
② 뿌리의 분포 상태
③ 잎의 엽록소 함량
④ 생장점의 노출 여부

해설 제초제는 생육시기, 생장점의 위치, 잎의 모양(잎의 표면), 초엽과 중경의 위치, 발아 시 토양의 심도, 뿌리의 분포와 깊이에 따라 선택성이 달라진다.

70

제초제의 물리적 소실이 아닌 것은?

① 토양 입자에 흡착
② 대기 중으로 휘발
③ 토양 하층으로 용탈
④ 토양 미생물의 분해

해설 제초제의 물리적 소실에는 식물제로의 흡수, 토양입자 흡착, 대기중 휘발, 토양하층으로 용탈, 토양표면으로 이동 등이 해당되며 미생물의 분해는 화학적 소실에 속한다.

71

잡초에 의한 작물 피해에 대한 설명으로 옳은 것은?

① 작물의 영양 생장기에만 피해가 발생한다.
② 작물의 양분을 탈취하지만 광합성을 방해하지 않는다.
③ 작물이 결실하는 종실의 수와 양에도 피해가 발생한다.
④ 같은 작물이면 잡초에 의한 피해 정도는 품종간에 차이가 없다.

해설 〈잡초의 특징〉
- 작물의 수량이나 품질을 저하시킨다.
- 종자의 생산량이 많고 전파력과 경합성이 크다.
- 번식력과 재생력이 커 불량환경에서 생존률이 높다.
- 휴면성이 있어 외부 환경 등 발아 조건에 따라 불량환경을 회피한다.
- 우리나라는 화본과 잡초보다 광엽잡초가 많으며 추경답보다 춘경답에서 발생량이 많다.

정답 67 ② 68 ③ 69 ③ 70 ④ 71 ③

72

입제형 제초제에 대한 설명으로 옳지 않은 것은?

① 액제보다 부피가 크다.
② 물이나 바람에 쉽게 이동하지 않는다.
③ 액제에 비해 균일하게 살포하기가 어렵다.
④ 작물 잎에 직접 붙지 않아 약해 발생이 적다.

해설 〈입제형 제초제의 특징〉
- 액제보다 부피가 크며 일정한 모양을 갖는다.
- 토양흡착성이 있어 물로 유실되지 않는다.
- 작물로 침투 이행한다.
- 유기물과 미생물에 대해 안전하다.
- 수용성이나 증기압이 낮고 휘발성이 있어 훈증의 역할도 한다.

73

화본과 잡초의 형태적 특징으로 옳지 않은 것은?

① 직립형만 존재한다.
② 잎몸은 좁고 잎맥이 평행한다.
③ 줄기는 마디와 마디 사이로 연결되어 있다.
④ 잎은 줄기를 둘러싸고 있는 잎집과 잎몸으로 구분된다.

해설 화본과잡초 : 평형잎맥을 가지며 잎 폭이 좁고 길다. 또한 잎 잎집과 잎몸으로 구성되며 마디 사이가 비어 있다. 대표적으로는 피, 바랭이, 나도겨풀, 둑새풀, 강아지풀 등이 해당된다.

74

작물과 잡초가 경합하고 있을 때 작물 수량 손실이 가장 높은 경우는?

① C4 작물과 C3 잡초
② C4 작물과 C4 잡초
③ C3 작물과 C3 잡초
④ C3 작물과 C4 잡초

해설 C4식물은 대체로 C3식물보다 광합성효율이 높아 생육이 좋으며 경합에서 유리하다.

75

잡초가 제초제를 흡수하는 과정에 대한 설명으로 옳지 않은 것은?

① 토양에 잔류하는 제초제는 대부분 뿌리를 통하여 흡수된다.
② 뿌리와 잎에 의해서만 흡수된다.
③ 경엽처리제는 대부분 잎과 표면이나 기공을 통하여 흡수된다.
④ 습윤제는 잎표면의 계면장력을 줄여 제초제의 흡수를 용이하게 한다.

해설 제초제는 종류에 따라 신초, 눈, 뿌리, 잎 등 흡수되는 부위가 다양하다.

76

다음 중 이행형 제초제가 아닌 것은?

① Bentazon   ② Glyphosate
③ 2,4-D   ④ Difenoconazole

해설 〈제초제의 이행성에 따른 분류〉
- 접촉형 : 식물체 약제 접촉부위의 세포에 직접 작용하는 제초제(PCP, DNOC, DCPA)
- 이행형 : 약제성분이 접촉된 부위에서 흡수되어 다른부위로 이행하는 제초제(페녹시계, 시마진, MCPA, 2,4-D)

정답 72 ②   73 ①   74 ④   75 ②   76 ④

77

다음 중 월년생 잡초로만 나열된 것은?

① 쇠비름, 명아주, 별꽃아재비
② 피, 토끼풀, 뚝새풀
③ 냉이, 별꽃, 벼룩나물
④ 개비름, 쇠비름, 물피

 월년생 잡초에는 명아주, 둑새풀, 냉이, 망초, 별꽃, 벼룩나물, 벼룩이자리 등이 있다.

78

다음 중 벼와 광경합이 가장 크게 일어나는 잡초는?

① 논뚝외풀   ② 올미
③ 쇠털골   ④ 강피

 〈피의 특징〉
- 화본과 1년생으로 논이나 밭에서 발생한다.
- 잎에 잎혀와 잎귀가 없어 벼와 구분된다.
- 벼와 광경합이 가장 크게 일어난다.

79

2년생 잡초에 대한 설명으로 틀린 것은?

① 망초, 냉이, 방가지똥 등이 있다.
② 2년 동안에 생활환을 완전히 끝낸다.
③ 월동기간에 화아가 분화하며 주로 온대지역에서 볼 수 있는 잡초이다.
④ 주로 봄과 여름에 발생하여 같은 해 여름과 가을까지 결실하고 고사한다.

 동계 1년생(월년생, 이년생) 잡초는 초가을에 발생하여 월동 후 다음 해 여름까지 결실 및 고사한다. 또한 첫해에 로젯트 형태로 월동한 후 화아분화를 하며 종류에는 망초, 냉이, 지칭개, 달맞이꽃, 방가지똥, 개갓냉이 등이 있다.

80

발아 적온이 상대적으로 가장 높은 잡초 종자는?

① 메귀리   ② 뚝새풀
③ 향부자   ④ 올챙이고랭이

 ① 20℃ ② 15~20℃ ③ 20~30℃ ④ 30~35℃

정답 77 ③   78 ④   79 ④   80 ④

Chapter 01 2023년 2회 산업기사 CBT 복원

1과목 식물병리학

01

대추나무 빗자루병의 방제법으로 가장 효과적인 방법은?

① 여름철에 살균제를 뿌려준다.
② 옥시테트라사이클린 수화제를 나무에 주사한다.
③ 매개충을 구제하기 위하여 살충제를 지면에 뿌려준다.
④ 병든 가지는 건전한 부분을 포함하여 겨울철에 잘라낸다.

 대추나무·오동나무 빗자루병은 옥시테트라사이클린 항생제 수간주사를 통해 방제한다.

02

식물병의 진단방법 중 면역학적 진단방법에 속하지 않는 것은?

① ELISA법 ② 면역확산법
③ 현미경관찰법 ④ 응집과 침강반응

 〈해부학적·현미경적 진단〉
- 그람염색법 : 대부분의 식물병원균은 그람음성이므로 그람염색법을 통해 그람양성 병원균을 진단(감자 둘레썩음병)
- 침지법(DN) : 감염된 잎을 염색하여 1차적으로 간편하게 검정할 수 있으나 바이러스병 감염여부만 가능
- 초박절편법(TEM) : 바이러스 감염 잎 조직을 얇게 잘라 전자현미경으로 관찰(봉입체 존재여부 판정, 전체 식물체 판정X)
- 면역전자현미경법 : 혈청반응과 병원체의 형태를 전자현미경으로 관찰

03

다음에 설명하는 식물병은?

- 고온다습한 장마철에 잘 발생하며 잎에만 발생 한다.
- 발병시 병반은 수침상을 띄며 잎맥에 둘러 싸이며 다각형을 이루는 특징이 있다.

① 오이 흰가루병 ② 오이 노균병
③ 오이 풋마름병 ④ 오이 덩굴쪼김병

 〈오이 노균병의 특징〉
- 분생자병 위에 담갈색의 분생포자를, 발아 시 유주자를 형성한다.
- 병징이 잎에만 발현된다.(아랫잎부터)
- 담황색의 반점이 생긴 후 담갈색의 다각형 병반으로 커진다.
- 병반 뒷면에 회색 곰팡이 형태의 분생포자 생성된다.

04

세균을 그램 염색에 의하여 분류할 때 양성균의 반응 색깔은?

① 보라색 ② 파란색
③ 빨간색 ④ 하얀색

해설 그람염색법에 따른 세균의 분류 : 보라색으로 염색되는 그람양성균(감자 둘레썩음병, 토마토 궤양병), 분홍색으로 염색되는 그람음성균(대부분 세균)

정답 01 ② 02 ③ 03 ② 04 ①

05

식물 바이러스 전반에 대한 설명으로 옳은 것은?

① 응애는 바이러스를 매개하지 않는다.
② 곰팡이와 세균은 바이러스를 매개하지 않는다.
③ 흡즙구보다는 저작구를 가진 곤충이 바이러스 매개율이 높다.
④ 바이러스에 감염된 선충의 유충은 탈피하면 바이러스를 잃는다.

해설 바이러스병에 감염된 식물체를 가해한 선충과 그의 유충은 전염성이 있으나 유충은 탈피하면 바이러스를 잃게 된다.

06

잣나무에 발생하는 병으로 주로 줄기의 수피가 노란색 내지 갈색으로 변하며, 까치밥나무 및 송이풀을 중간기주로 발병하는 것은?

① 혹병　　　② 털녹병
③ 탄저병　　④ 잎떨림병

해설 〈녹병균의 중간기주〉

배 붉은별무늬병	향나무 (여름포자 없음)
사과 붉은별무늬병	
맥류 줄기녹병	매자나무
밀 붉은녹병	좀꿩의다리
소나무 혹(녹)병	졸참나무, 신갈나무
소나무 잎녹병	황벽나무, 참취
잣나무 잎녹병	등골나무
잣나무 털녹병	송이풀, 까치밥나무
포플러 잎녹병	낙엽송, 현호색

07

잣나무 털녹병균의 분류학적 위치는?

① 난균류
② 담자균류
③ 자낭균류
④ 불완전균류

해설 잣나무 털녹병균은 진균(담자균류)에 해당된다.

08

사과나무의 줄기나 가지가 썩는 병은?

① 부란병
② 탄저병
③ 점무늬낙엽병
④ 붉은별무늬병

해설 사과나무 부란병 발생 시 줄기, 나뭇가지, 껍질이 갈색으로 부풀어 올라 쉽게 벗겨지며 알코올 냄새가 발생한다.

09

담자균에 속하는 식물병은?

① 가지 풋마름병
② 사과나무 부란병
③ 배나무 붉은별무늬병
④ 복숭아나무 잎오갈병

해설 ① 가지 풋마름병(세균) ② 사과나무 부란병(자낭균류) ④ 복숭아나무 잎오갈병(자낭균류)

10

감자 역병에 대한 설명으로 옳은 것은?
① 빗물에 의해 화기전염 한다.
② 병원균은 기공 또는 각피 침입한다.
③ 고온이고 건조한 환경에서 잘 발생한다.
④ 괴경지표법으로 선발된 건전한 씨감자를 재배하여 방제할 수 있다.

 감자 역병균, 감자 둘레썩음병균은 자연개구부(피목 등)을 통해 종자전염한다.

11

오이 모자이크병을 매개하는 곤충은?
① 선충   ② 애멸구
③ 진딧물 ④ 끝동매미충

 오이·배추·순무·콩 모자이크병 등 바이러스병은 주로 진딧물에 의해 발생하며 전염이 일시적이다.

12

박테리오파지(bacteriophage)의 의미로 옳은 것은?
① 바이러스에 기생하는 세균
② 세균에 기생하는 바이러스
③ 바이러스를 제거하는 세균
④ 세균을 제거하는 바이러스

 생물학적 진단 중 박테리아파지법 : 특정 세균에 기주특이성이 높은 바이러스를 이용하여 특정 세균 유무 및 월동장소를 진단한다.(벼 흰잎마름병 등)

13

습식처리법을 주로 사용하여 식물병을 진단하는 병원은?
① 곰팡이   ② 바이러스
③ 바이로이드 ④ 파이토플라스마

 습식처리법은 곰팡이의 균사와 포자를 키워 진균의 종류를 판별하는 방법이다.

14

녹병의 표징으로 옳은 것은?
① 잎의 황화
② 뿌리에 생긴 혹
③ 녹아버린 엽육 세포
④ 잎 표면의 적갈색 가루

 녹병 발병 시 잎 표면에 붉은 가루표징의 여름포자가 형성된다.

15

어떤 작물 품종이 특정 병에 대한 저항성에서 감수성으로 바뀌는 주요 원인은?
① 재배 방법의 변경
② 기상환경의 이변
③ 방제 작업의 중단
④ 병원균의 새로운 race출현

 병원균의 생리적 분화를 통해 분화형이 나타나고 병원균의 분화형 또는 변종 중에서 기주 품종에 대한 기생성이 다른 것을 레이스라고 한다.(레이스는 고정되어 있지 않고 계속 분화한다.)

정답   10 ②   11 ③   12 ②   13 ①   14 ④   15 ④

16
가축이 섭취할 경우 유독한 독성 물질에 의해 중독 증상이 나타날 수 있는 것은?
① 벼 깨씨무늬병
② 보리줄무늬병
③ 보리 흰가루병
④ 보리 붉은곰팡이병

해설 맥류 붉은곰팡이병의 곰팡이 독소 제랄레논(Zearalenone)은 인축이 섭취할 경우 중독증이 발생한다.

17
보리 겉깜부기병 방제 방법으로 가장 효과적인 것은?
① 윤작
② 종자 소독
③ 밀식 재배
④ 항생제 사용

해설 밀·보리 겉깜부기병의 방제방법 : 냉수온탕침법, 종자소독, 병든이삭 제거

18
그을음병이 식물에 미치는 영향으로 옳은 것은?
① 세포조직을 분해하여 연부를 일으킨다.
② 통도 조직을 막으므로 시들음병을 유발한다.
③ 기주 표면을 덮으므로 광합성에 지장을 준다.
④ 조직분화가 비정상적으로 유도되어 기형이 된다.

해설 그을음병 : 그을음(균사 또는 포자 등의 덩어리)이 잎 표면을 덮어 동화작용(광합성)을 방해한다.

19
다음 중 균류의 영양기관은?
① 왁스층
② 포자낭
③ 분생포자
④ 균사체

해설 진균은 영양체(영양기관, 균사)와 번식체(번식기관, 포자)로 구분된다.

20
다음 중 유주자낭을 형성하는 병원균은?
① 오이 흰가루병균
② 딸기 시들음병균
③ 고추 역병균
④ 토마토 잿빛곰팡이병균

해설 고추 역병균은 유주자낭을 형성하여 유주자로 기주에 침입하고 토양이나 물을 통해 전염한다.

21
간모에 대한 설명으로 옳은 것은?
① 날개가 있는 수컷 진딧물이다.
② 날개가 있는 암컷 진딧물이다.
③ 월동란에서 부화한 진딧물이다.
④ 모체에서 태어난 날개가 없는 암컷진딧물이다.

해설 간모는 진딧물의 월동란이 봄에 부화하여 발육한 것으로 날개가 없이 새끼를 낳는 단위 생식형의 암컷을 의미한다.

정답 16 ③ 17 ② 18 ③ 19 ④ 20 ③ 21 ③

22

분류학적으로 꿀벌과 가장 가까운 것은?

① 개미
② 흰개미
③ 밑들이
④ 하루살이

 벌목의 종류 : 벌, 말벌, 개미, 잎벌 등

23

곤충의 입틀이 빠는 형태인 것은?

① 벼메뚜기
② 뽕나무하늘소
③ 도토리거위벌레
④ 진달래방패벌레

 ①,②,③은 저작형에 속하며 진달래방패벌레는 흡즙성 입틀에 속한다.

24

솔잎혹파리에 대한 설명으로 옳은 것은?

① 성충이 솔잎을 갉아 먹는다.
② 유충이 어른 줄기 속을 파고 들어간다.
③ 유충이 실을 내어 솔잎을 뭉쳐놓고 그 안에서 씹어 먹는다.
④ 유충이 솔잎의 밑부분에서 즙액을 빨아먹고 벌레혹을 만든다.

해설 〈솔잎혹파리의 특징〉
- 파리목 혹파리과에 속하며 소나무와 해송(곰솔)을 가해한다.
- 유충이 솔잎 밑부분에 벌레혹(충영)을 만들고 그 속에서 즙액을 흡즙한다.
- 피해목은 직경생장은 당년에, 수고생장은 다음해에 감소한다.
- 1년에 1회 발생하며 유충으로 월동한다.
- 방제법 : 유충은 건조에 약하므로 임지건조, 우화최성수기(6월 상순)에 침투성 살충제인 포스파미돈 수간주사, 천적 기생벌 이용

25

벼룩잎벌레에 대한 설명으로 옳지 않은 것은?

① 성충으로 월동한다.
② 유충이 잎을 가해한다.
③ 1년에 4~5회 발생한다.
④ 잡초나 얕은 땅속에서 월동한다.

해설 〈벼룩잎벌레의 특징〉
- 유충은 뿌리를 가해하여 근채류의 상품성을 저하시키고 성충은 잎을 가해한다.
- 1년에 4~5회 발생하며 잡초나 얕은 토양속에서 월동한다.

26

다음 (   )에 해당하는 용어로 옳은 것은?

솔잎혹파리는 분류학상 (A)에 속하며 학명은 (B)이다.

① A : 벌목 혹파리과, B : Dendrolimus spectabilis
② A : 벌목 혹파리과, B : Thecodiplosis japonensis
③ A : 파리목 혹파리과, B : Dendrolimus spectabilis
④ A : 파리목 혹파리과, B : Thecodiplosis japonensis

 솔잎혹파리(Thecodiplosis japonensis)는 파리목 혹파리과에 속하며 소나무와 해송(곰솔)을 가해한다.

정답 22 ①   23 ④   24 ④   25 ②   26 ④

27
온도가 곤충에게 미치는 영향으로 가장 거리가 먼 것은?

① 곤충의 크기　② 곤충의 수명
③ 곤충의 산란량　④ 곤충의 발육속도

해설 온도 : 곤충의 행동습성, 발육, 번식은 온도와 밀접한 관계를 가지며 생존에 불리한 온도 환경이 되면 곤충은 휴면 또는 휴지한다.

28
솔잎혹파리 방제를 위한 침투성 약제를 소나무에 주사하는 주요 이유로 옳은 것은?

① 알을 죽인다.　② 유충을 죽인다.
③ 성충을 죽인다.　④ 번데기를 죽이다.

해설 솔잎혹파리의 방제법 : 유충은 건조에 약하므로 임지건조, 우화 최성수기(6월 상순)에 침투성 살충제인 포스파미돈 수간주사, 천적 기생벌 이용(솔잎혹파리먹좀벌, 혹파리살이먹좀벌, 혹파리등뿔먹좀벌)

29
뿌리혹선충 방제 방법으로 옳지 않은 것은?

① 상토를 소독한다.
② 토양의 pH가 높아지지 않도록 관리를 한다.
③ 경작지가 논일 경우 3년마다 한 번씩 벼를 재배한다.
④ 토양의 유기물 함량이 낮아지지 않도록 비배관리를 한다.

해설 뿌리혹선충은 산성토양을 좋아하므로 방제를 위해 토양 pH조절 및 토양소독, 토양살충제 처리를 해야 한다.

30
딱정벌레목에 속하지 않는 것은?

① 소나무좀　② 오리나무잎벌레
③ 버즘나무방패벌레　④ 느티나무벼룩바구미

해설 버즘나무방패벌레는 노린재목 방패벌레과에 속하며 버즘나무류, 물푸레나무류, 닥나무를 가해하는 외래해충이다.

31
지구상에서 곤충이 번성하게 된 이유로 가장 거리가 먼 것은?

① 공진화
② 짧은 세대
③ 키틴질의 골격구조
④ 낮은 유전적 상이성

해설 〈곤충의 번성 원인〉
- 외골격(키틴질)이 발달하여 몸을 보호할 수 있다.
- 날개가 발달하여 생존 및 분산에 유리하다. (날개는 곤충의 진화와 번영에 결정적인 역할)
- 몸의 크기가 작아 소량의 먹이에도 충분한 활동을 할 수 있으며 천적을 피하는데 유리하다.
- 몸의 구조적 적응력이 좋으며 휴면 또는 변태를 하여 불량 환경에 적응한다.
- 종의 증가가 유리하다.

32
유약호르몬이나 탈피호르몬 등을 이용하는 농약계통은?

① 보조제　② 기피제
③ 곤충성장저해제　④ 신경계통저해제

해설 유약호르몬 : 곤충의 뇌 뒤쪽에 있는 알라타체에서 분비되는 호르몬으로 곤충의 변태를 억제한다.

정답 27 ①　28 ②　29 ②　30 ③　31 ④　32 ③

33
2모작 맥류재배를 하면 많이 발생하는 해충은?
① 벼멸구 ② 애멸구
③ 흰등멸구 ④ 혹명나방

 보리와 벼를 이모작할 경우 보리에서 월동한 애멸구로 인해 벼에서 줄무늬잎마름병이 발병한다.

34
유충 성장 과정에서 2령충으로 옳은 것은?
① 산란 이후 부화 직전까지 유충이다.
② 1회 탈피 후 2회 탈피 전까지의 유충이다.
③ 2회 탈피 후 3회 탈피 전까지의 유충이다.
④ 부화 직후부터 1회 탈피 전까지의 유충이다.

 령충 : 각 기간의 유충을 의미하며 알에서 부화한 후 1회 탈피할 때까지를 1령충, 이후 1회 탈피 시 2령충, 2회 탈피 시 3령충, 3회 탈피 시 4령충이라 한다.

35
곤충의 고시류와 신시류를 분류하는 기준으로 옳은 것은?
① 변태의 정도에 따른 분류이다.
② 날개의 유무에 따른 분류이다.
③ 번데기의 부속지 움직임 유무에 따른 분류이다.
④ 날개를 완전히 접을 수 있는지에 따른 분류이다.

 유시아강은 크게 날개를 접을 수 있는 고시류와 접을 수 없는 신시류로 나뉘며 신시류는 다시 외시류(불완전변태)와 내시류(완전변태)로 나뉜다.

36
진딧물을 방제하기 위한 천적으로 가장 적합한 것은?
① 애꽃노린재
② 칠성풀잠자리
③ 칠레이리응애
④ 온실가루이좀벌

 포식성 천적의 종류 : 풀잠자리류, 딱정벌레류(무당벌레과), 노린재류(침노린재과, 장님노린재과의 일부), 파리류(꽃등에과, 파리매과)

37
곤충의 체벽(외골격)을 구성하는 요소들을 바깥쪽부터 순서대로 바르게 나열한 것은?
① 외큐티클-진피-상큐티클-기저막
② 외큐티클-상큐티클-진피-기저막
③ 상큐티클-진피-외큐티클-기저막
④ 상큐티클-외큐티클-진피-기저막

해설 곤충의 체벽은 표피(외표피,원표피), 진피(상피세포, 피부선, 특수세포), 기저막으로 구성된다.

38
비래해충에 속하지 않는 해충은?
① 흰등멸구 ② 혹명나방
③ 멸강나방 ④ 이화명나방

해설 비래해충 : 애멸구(국내 월동), 벼멸구, 멸강나방, 혹명나방, 흰등멸구, 열대거세미나방

정답 33 ② 34 ② 35 ④ 36 ② 37 ④ 38 ④

39

기계유 유제에 대한 설명으로 옳은 것은?

① 식독제로서 위에서 소화중독이 되어 치사시킨다.
② 침투성 살충제로서 작용점인 신경계를 이상 자극하여 저해작용을 한다.
③ 직접 접촉제로서 곤충 체표에 피막을 형성하여 기관을 막아 질식사시킨다.
④ 침투성 살충제로서 작용점인 원형질에 도달하여 에너지 생성계의 효소에 저해작용을 한다.

해설 해충 몸에 직·간접적으로 약제가 닿아 숨구멍이나 표피를 통해 체내로 침투하여 치사시키는 직접접촉제로 니코틴제, 기계유 유제, 피레트린, 로테논 등이 포함된다.

40

곤충의 말피기관에 대한 설명으로 옳은 것은?

① 바퀴 등 특수한 곤충에서만 볼 수 있는 감각기관이다.
② 대부분의 곤충에서 전장과 중장 사이에 위치하며 감각기관이다.
③ 대부분의 곤충에서 중장과 후장사이에 위치하며 배설작용을 한다.
④ 곤충의 전장과 중장 그리고 후장 사이마다 위치하며 배설작용을 한다.

해설 말피기씨관은 중장과 후장 사이에 위치한 배설작용을 하는 기관으로 말부에서 물과 무기이온을 재흡수하여 조직 내 삼투압을 조절하고 질소대사산물을 주로 요산 형태로 배출하는 역할을 한다.

3과목 농약학

41

파라티온(Parathion)은 어느 효소작용을 억제하는가?

① 아밀라아제
② 셀룰라아제
③ 콜린에스테라제
④ 모노아미노옥시다제

해설 〈유기인계 살충제〉
- 유기인계 살충제는 아세틸콜린에스테라제의 작용을 저해하며 경엽에도 침투하여 주로 접촉독제나 침투성 약제로 사용한다.
- Phosphoric Acid형 : TEPP, DEP, DDVP
- Thiophosphoric Acid형 : EPN, 파라티온, 메틸파라티온, 슈미티온
- Dithiophosphoric Acid형 : 말라티온, 이미단, PAP

42

파프 유제 20%를 1,000배액으로 희석하여 10a당 8말을 살포하여 해충을 방제하려 할 때 파프 유제의 소요량은 몇 mL인가? (단, 1말은 20L이다.)

① 144 ② 150
③ 160 ④ 170

해설 소요약량 = 단위면적당 사용량 / 소요 희석 배수 = (20,000ml * 8말) / 1000 = 160ml

  39 ③   40 ③   41 ③   42 ③

43

작용기작이 식물호르몬 작용 교란 제초제가 아닌 것은?

① 2,4-D
② Dicamba
③ MCPB
④ PCP

 호르몬 작용을 교란시키는 제초제에는 페녹시계(MCPP, 2,4-D), 벤조산계(디캄바) 등이 해당되며 PCP제(펜타클로로페놀)은 ATP 생산 저해 페놀성 물질로 목재의 방부제로도 사용한다.

44

착색 촉진제인 에테폰(Ethephon) 액제의 작용기작 물질은?

① 제아틴(Zeatin)
② 에틸렌(Ethylene)
③ 지베렐린(Gibbellin)
④ 시토키닌(Cytokinin)

 에틸렌은 숙성 및 노화 촉진효과를 가지며.(과일의 후숙) 에틸렌(기체) 이용이 어려워 에세폰(액체)을 사용한다.

45

압축가스로 충진한 스프레이 통에 넣어 분사하거나 포그 머신을 이용하여 고압이나 열을 가하여 분무하도록 제제되는 농약은?

① 훈증제
② 훈연제
③ 연무제
④ 정제

 연무제 : 원제를 연무발생기(봄베)에 충진하여 고압 또는 열을 가해 분무되게끔 고안된 제형

46

농약의 작물잔류성에 대한 설명으로 옳지 않은 것은?

① 증기압이 높은 약제일수록 증발하기 쉬우므로 잔류기간이 짧다.
② DDVP 유제는 증기압이 약 1.2×10-2mmHg (20℃) 정도로 증기압이 낮아 잔류기간이 길다.
③ 증기압은 살포된 농약이 식물체 표면에서 소실하는 데 가장 중요한 요인이다.
④ 농약의 입자가 미세할수록 증발속도가 빠르다.

 DDVP 유제는 증기압이 높아 잔류기간이 짧으므로 수확직전의 농작물에 사용된다.

47

농약의 약해를 방지하기 위한 대책으로 가장 거리가 먼 것은?

① 제제의 개선
② 해독제의 이용
③ 복합비료의 혼용
④ 농약의 안전사용기준 준수

 약해 방지대책 : 제제의 개선(비산 방지, 마이크로캡슐제, 흡착성 화합물 혼합), 활성탄 및 해독제 이용, 생리활성 증진제 이용, 농약 안전사용기준 준수, 작부체계 개선, 동일 약제 연용금지

정답 43 ④ 44 ② 45 ③ 46 ② 47 ③

48

맹독성 유제 농약의 경피 LD50(반수치사량)은?

① 5mg/kg(체중) 미만
② 10mg/kg(체중) 미만
③ 20mg/kg(체중) 미만
④ 40mg/kg(체중) 미만

해설 〈급성독성 정도에 따른 농약의 구분〉

구분	시험동물의 반수를 죽일 수 있는 양 (mg/kg 체중)			
	급성 경구		급성 경피	
	고체	액체	고체	액체
Ⅰ급 (맹독성)	5 미만	20 미만	10 미만	40 미만
Ⅱ급 (고독성)	5 이상~ 50 미만	20 이상 ~200 미만	10 이상 ~100 미만	40 이상 ~400 미만
Ⅲ급 (보통 독성)	50 이상~ 500 미만	200 이상 ~2,000 미만	100 이상 ~1,000 미만	400 이상 ~4,000 미만
Ⅳ급 (저독성)	500 이상	2,000 이상	1,000 이상	4,000 이상

49

항생제 농약이 아닌 것은?

① Polyoxins
② Kasugamycin
③ Streptomycin
④ Alpha-cypermethrin

해설 〈항생제의 종류〉
- 항세균성 항생제 : 스트렙토마이신, 클로람페니콜제
- 항진균성 항생제 : 마이클로헥시아미드제, 셀로사이딘제
- Polyoxin B : 사과 점무늬낙엽병, 배 검은무늬병
- Polyoxin D : 벼 잎집얼룩병, 사과 부란병

50

농약의 독성발현시기에 따른 독성구분에 해당하지 않는 것은?

① 급성독성
② 흡입독성
③ 아급성독성
④ 만성독성

해설 농약의 독성은 투여방법에 따라 경구독성(입을 통해 흡수되는 독성), 경피독성(피부를 통해 흡수되는 독성), 만성독성(호흡기로 흡수되는 독성)으로 구분된다.

51

농약에 의한 약해 발생 원인이 아닌 것은?

① 기준 약량 이상 살포
② 척박한 논에 제초제 사용
③ 정지작업을 균일하게 한 후 농약 살포
④ 농약의 중복 및 근접 살포

해설 농약 사용 시 약해 발생의 원인으로는 고농도 농약 살포, 약제의 잘못된 혼용, 근접살포, 희석용수의 불량, 고온, 강광 조건, 다습한 환경 등이 해당된다.

52

다음과 같은 화학구조를 가지는 제초제는?

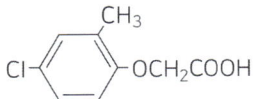

① 2,4-D
② EPN
③ MCP
④ TBA

해설 MCP의 화학식은 $C_9H_9O_3Cl$로 2,4-D보다 약해가 적으며 한랭지역에서 조기재배 시 주로 사용한다.

정답 48 ④ 49 ④ 50 ② 51 ③ 52 ③

53

다음 중 훈증제가 아닌 것은?

① 클로로피크린
② 메틸브로마이드
③ 디클로르보스(DDVP)
④ 인화아연

 〈살충제 중 훈증제의 특징〉
- 휘발되어 유효성분이 해충의 호흡기관으로 들어가 독작용을 일으키는 약제로 밀폐된 장소의 저장 농산물 해충 방제에 유리하다.
- 반침투성(식물체 전체 이동X), 침투성(식물체 전체 이동)으로 구분된다.
- 메틸브로마이드, 클로로피크린, 시안화수소(청산제), 알루미늄포스파이드, 디클로르보스 등이 해당된다.

54

살균제의 작용기작 중 생합성에 대한 저해작용은?

① SH기 저해
② 전자전달저해
③ 단백질 합성저해
④ 산화적 인산화 저해

 살균제의 기작 중 생합성 저해작용에 해당되는 것은 핵산 합성저해, 세포분열 저해, 단백질 생합성 저해, 세포막 합성 저해, 세포벽 합성 저해 등이 해당된다.

55

식물의 생육단계 중 약해의 염려가 가장 적은 시기는?

① 휴면기
② 영양생장기
③ 생식생장기
④ 개화기

 물의 생육단계별 약해의 피해는 휴면기가 가장 적으며 다음으로 생장기, 유묘기 순이다.

56

유기인계 살충제가 아닌 것은?

① 파라티온(Parathion)
② 다이아지논(Diazinon)
③ 디클로르보스(Dichlorvos)
④ 메소밀(Methomyl)

 메소밀은 카바메이트계 살충제에 해당한다.

57

메프 유제 50%를 0.05%로 희석하여 100L를 살포하려고 할때 소요약량은 약 몇 mL인가?(단, 비중은 1.008이다)

① 99.2
② 109.2
③ 119.2
④ 129.2

 소요약량 = (추천농도% * 살포대상량 ml) / 비중 * 원액농도) = (0.05% * 100,000ml) / 1.008 * 50% = 약 99.2ml

58

농약의 제형별 약어가 잘못 연결된 것은?

① 유제 – EC
② 액제 – SL
③ 액상수화제 – SP
④ 수화제 – WP

액상수화제의 약어는 SC이다.

정답 53 ④ 54 ③ 55 ① 56 ④ 57 ① 58 ③

59

식물생장조절제(Plant Growth Regulator; PGR)에 대한 설명으로 틀린 것은?

① 식물의 다양한 생리현상에 영향을 미친다.
② 농작물의 생육을 촉진하거나 억제시킨다.
③ 지베렐린산은 딸기, 토마토의 숙기억제에 관여한다.
④ 아브시스산은 목화의 유과의 낙과 촉진에 관여한다.

 지베렐린 : 세포 신장 및 분열 촉진, 과실 비대 촉진, 발아촉진, 숙기촉진 효과를 낸다.

60

분제의 제제에 있어 고려되어야 할 물리적 성질로서 가장 거리가 먼 것은?

① 입도
② 유화성
③ 분말도
④ 용적비중

 〈제제별 물리적 성질〉
• 유화성은 유제를 물에 희석했을 때 입자가 물속에서 균일하게 분산되어 유탁액이 되는 성질로 직접 살포용 분제의 제제에서 고려되어야 할 성질이 아닙니다.

액체 시용제	유화성, 수화성, 현수성, 부착성, 고착성, 침투성, 습전성, 표면장력, 접촉각
고체 시용제	분말도, 입도, 토분성, 부착성, 고착성, 안정성, 응집력, 분산성, 비산성, 용적비중(가비중), 경도, 수중붕괴성

4과목 잡초방제학

61

생태적 잡초 방제법에 해당하지 않는 것은?

① 윤작 실시
② 피복 처리
③ 재식밀도 조정
④ 잡초저항성 품종 선정

 생태적(경종적) 방제법의 종류에는 작물윤작, 육묘이식재배(손이앙), 재식밀도 조절, 재파종, 품종 선정, 병해충 방제, 포장 관리, 경운, 토양피복 등이 있다.

62

포자로 번식하는 잡초는?

① 가래
② 생이가래
③ 개구리밥
④ 방동사니

생이가래는 부유성 광엽 일년생 논잡초로 포자로 번식하며 잎 밑부분에 포자낭과를 형성한다.

63

잡초로 인한 피해 양상이 아닌 것은?

① 작물의 수량 감소
② 농작물의 품질 저하
③ 토양의 유실 가속화
④ 병해충의 서식지 역할

잡초는 토양을 피복하고 분해 시 유기물을 제공하여 토양물리성 개선 및 침식을 예방한다.

정답 59 ③　60 ②　61 ②　62 ②　63 ③

64

지하경으로 번식 가능한 잡초가 아닌 것은?

① 돌피
② 올미
③ 올방개
④ 향부자

 근경(지하경) 번식 잡초 : 띠, 나도겨풀, 가래, 쇠털골, 수염가래꽃, 택사, 올미, 애기수영이며 올미는 일장에 영향을 거의 받지 않는다.

65

생물적 방제법에 적용하는 것으로 거리가 가장 먼 것은?

① 토양
② 곤충
③ 어류
④ 병원균

 생물적 방제법에는 어패류, 곤충, 오리, 우렁이, 새우, 참게, 식물, 식물병원균을 이용하는 방법이 있다.

66

잡초 종자의 발아 습성으로 발아의 계절성에 대한 설명으로 옳은 것은?

① 일장에 반응하여 발아하는 특성이다.
② 온도에 반응하여 발아하는 특성이다.
③ 광도에 반응하여 발아하는 특성이다.
④ 습도에 반응하여 발아하는 특성이다.

〈잡초종자의 발아 습성〉
- 계절성 : 계절별 일장에 반응하고 휴면을 타파하여 발아하는 특성
- 기회성 : 온도 조건에 감응하여 발아하는 특성

67

화본과보다 광엽 잡초에 대하여 높은 활성을 나타내며, 다른 제초제보다 적은 약량으로 높은 제초활성이 있는 제초제 계통은?

① Triazine계
② Carbamate계
③ Sulfonylurea계
④ Benzoic Acid계

〈경엽·토양처리형 중 설포닐우레아계 제초제〉
- 요소계 제초제에 −SH2기가 치환된 형태로 낮은 농도로도 제초효과가 커 환경에 미치는 영향이 크지 않다.
- 화본과보다 광엽잡초에 효과가 좋다.
- 줄기와 뿌리로 흡수되어 선단의 세포분열과 식물 생육을 억제한다.
- 벤설퓨론메틸 : 논에서 피를 제외한 1년생·다년생 광엽잡초, 방동사니과 잡초를 방제한다.
- 피라조설퓨론에틸, 아짐설퓨론, 시노설퓨론 등이 해당된다.

68

잡초 종자의 휴면에 대한 설명으로 옳은 것은?

① 일년생 잡초의 경우에만 휴면을 한다.
② 타발휴면은 내적인 요인으로 인하여 생긴다.
③ 자발휴면은 종자의 미숙과 같은 원인으로 생긴다.
④ 종자의 휴면성은 환경이 아닌 유전적인 영향에 의하여 유발된다.

〈잡초 종자의 자발휴면〉
- 환경조건이 적절해도 종자의 내적 요인에 의해 유발되는 휴면
- 배휴면 : 배 자체의 생태적 원인에 의한 휴면으로 장미, 복숭아, 배, 사과에서 발생한다.

69

잡초의 장점으로 옳지 않은 것은?

① 토양 침식 방지 ② 토양 산성화 방지
③ 사료 작물로 이용 ④ 육종 소재로 이용

해설 잡초의 유용성에는 토양환경 개선, 곤충 등 야생동물의 먹이 및 서식처, 품종 육성, 작물로의 이용, 수질오염원 제거(부레옥잠 등), 공해 경감 등이 있다.

70

논에 다년생 잡초가 증가한 주요 이유는?

① 논 이모작 재배
② 퇴비 사용량 감소
③ 계속적인 화학비료 사용
④ 일년생 잡초 방제용 제초제 연용

해설 일년생 잡초 방제용 제초제 연용하면 1년생 잡초 발생은 줄어들지만 다년생 잡초의 발생은 증가한다.

71

질소나 인산을 비롯한 카드뮴, 니켈 및 페놀계의 독물질을 다량 흡수하여 수질을 정화시키는 능력이 가장 우수한 잡초는?

① 비름 ② 명아주 ③ 바랭이 ④ 부레옥잠

해설 잡초의 유용성에는 토양환경 개선, 곤충 등 야생동물의 먹이 및 서식처, 품종 육성, 작물로의 이용, 수질오염원 제거(부레옥잠 등), 공해 경감 등이 있다.

72

잡초 종이 가장 많은 것은?

① 콩과 ② 화본과
③ 비름과 ④ 바디풀과

해설 국내의 주요 분포 비율이 높은 잡초로 국화과, 화본과, 방동사니과가 대부분을 차지하고 있다.

73

장기간에 걸친 잡초의 생존 특성으로 옳지 않은 것은?

① 많은 종자 생산
② 종자만으로 번식
③ 불량한 환경 조건에 잘 적응
④ 먼 거리 이동이 가능한 가벼운 종자 생산

해설 〈잡초의 생존 특성〉
- 환경 적응성 : 변이가 커서 환경 적응성이 크다.
- 휴면성 : 발아조건, 시기, 종자 수명에 따라 발아 정도가 다르다.
- 다산성 : 종자 생산량이 많다.

74

벼 재배 방법에 따라 발생하는 잡초의 종류 및 발생량이 가장 적은 방법은?

① 담수직파 ② 건답직파
③ 중묘 기계이앙 ④ 어린 모 기계이앙

해설 논잡초의 발생 비율은 건답직파, 담수직파, 어린모 기계이앙, 중묘 기계이앙, 손이앙 순으로 크다.

75

다음 중 잡초방제 한계기간이 가장 짧은 작물은?

① 콩 ② 녹두
③ 벼 ④ 보리

해설 작물별 잡초경합한계기간 : 양파(56일), 옥수수(49일), 콩·땅콩(42일), 벼(30~40일), 녹두(21~35일)

정답 69 ② 70 ④ 71 ④ 72 ② 73 ② 74 ③ 75 ②

76

방동사니과 잡초가 아닌 것은?

① 나도겨풀 ② 쇠털골
③ 올챙이고랭이 ④ 매자기

해설 방동사니과잡초 : 방동사니, 너도방동사니, 향부자, 올방개, 매자기, 올챙이고랭이, 파대가리, 바람하늘지기, 쇠털골

77

밭 잡초로만 나열되지 않은 것은?

① 개비름, 닭의장풀 ② 깨풀, 좀바랭이
③ 가래, 여뀌바늘 ④ 메귀리, 속속이풀

해설 〈밭잡초의 구분〉

구분	1년생	다년생
벼과	바랭이, 둑새풀, 강아지풀, 미국개기장, 돌피	참새피, 띠
방동사니과	참방동사니, 금방동사니	향부자
광엽잡초	별꽃, 꽃다지, 깨풀, 개비름, 개갓냉이, 속속이풀, 여뀌, 명아주, 쇠비름, 냉이, 망초	쑥, 씀바귀, 민들레, 메꽃, 쇠뜨기, 토끼풀, 괭이밥

78

잡초의 생육특성에 대한 설명으로 틀린 것은?

① 바랭이, 여뀌는 건조에 대한 내성이 크다.
② 향부자, 별꽃은 토양의 산소 농도가 낮아도 잘 발생한다.
③ 잡초 종자가 무거울수록 출아심도가 깊다.
④ 갈퀴덩굴, 뚝새풀은 주로 비옥한 땅에서 발생하는 습성이 있다.

해설 〈산소요구도에 따른 잡초의 발아〉
- 호기성 잡초 : 너도방동사니, 바랭이, 향부자, 별꽃
- 혐기성 잡초 : 돌피, 강피, 올챙이고랭이, 물달개비, 올미, 가래, 흰여뀌

79

다음 중 발아 적온이 가장 높은 것은?

① 메귀리 ② 올챙이고랭이
③ 향부자 ④ 뚝새풀

해설 〈잡초종자의 발아온도〉
- 잡초종자의 발아적온은 보통 15~30℃이며 최저온도는 0~15℃, 최고온도는 25~45℃로 변온조건에서 발아가 촉진된다.
- 메귀리, 둑새풀(20℃), 향부자(20~30℃), 올챙이고랭이(30~35℃)

80

잡초의 생물적 방제 방법에 이용되는 생물의 구비조건이 아닌 것은?

① 비산 및 분산 능력이 커야 한다.
② 번식 속도가 빠르지 않아야 한다.
③ 대상 잡초에만 피해를 주어야 한다.
④ 환경 적응성 및 저항성을 가지고 있어야 한다.

해설 〈방제곤충의 구비조건〉
- 잡초 생장을 확실하게 억제시키며 목표 잡초 외에는 피해를 주지 않아야 함
- 목표잡초로 가기위한 충분한 이동성이 있으며 생식이 잡초보다 빠르고 환경적응성이 높아야 함

정답 76 ① 77 ③ 78 ② 79 ② 80 ②

Chapter 01 2023년 3회 산업기사 CBT 복원

1과목 식물병리학

01
오이 모자이크병의 방제에 가장 효과적인 것은?
① 윤작
② 종자소독
③ 포장위생
④ 매개곤충 방제

 오이·배추·순무·콩 모자이크병은 충매 전염되는 바이러스병이므로 매개곤충 방제가 효과적이다.

02
병원균의 잠복기간이 가장 긴 것은?
① 벼 도열병
② 오이 노균병
③ 고추 탄저병
④ 보리 겉깜부기병

 보리 겉깜부기병의 잠복기간은 21일로 가장 길다.

03
세균에 의해 발생하는 병은?
① 벼 도열병
② 벼 키다리병
③ 벼 흰잎마름병
④ 벼 잎집얼룩병

 세균에 의해 발생하는 병 : 콩 세균성 점무늬병, 가지과 풋마름병, 담배 불마름병, 잎점무늬병, 벼 흰잎마름병, 복숭아 세균성구멍병, 벼 세균성알마름병, 가지과 풋마름병, 근두암종병(뿌리혹병), 시들음병, 배나무 화상병, 채소 세균성무름병, 감자 더뎅이병, 고구마 썩음병, 감자 둘레썩음병

04
식물병을 일으키는데 필요한 세 가지 주요요인으로 가장 거리가 먼 것은?
① 환경
② 병원체
③ 감수체
④ 증식속도

 식물병 발병에 필요한 3요소 : 기주식물(소인), 병원(주인), 환경(유인)

05
대추나무 빗자루병의 치료제로 주로 쓰이는 항생제는?
① 페나리몰
② 테부코나졸
③ 스트렙토마이신
④ 옥시테트라사이클린

 대추나무·오동나무 빗자루병은 옥시테트라사이클린 항생제 수간주사를 통해 방제한다.

06
수박의 덩굴쪼김병을 방제하기 위하여 주로 사용하는 대목은?
① 오이
② 호박
③ 참외
④ 메론

 수박 덩굴쪼김병 방제를 위해 저항성 대목을 접목하는데 주로 호박을 사용한다.

정답 01 ④ 02 ④ 03 ③ 04 ④ 05 ④ 06 ②

07
벼 도열병에 대한 설명으로 옳은 것은?
① 2차 전염을 하지 않는다.
② 병원균은 담자균에 속한다.
③ 다양한 레이스(Race)가 존재한다.
④ 토양온도가 높고 토양수분함량이 많을 때 다수 발생한다.

해설 레이스의 종류 : 벼 도열병균(12개), 감자 역병균(16개), 밀 줄기녹병균(300여 개)

08
벼 흰잎마름병의 발병 원인으로 가장 피해가 큰 경우는?
① 저온
② 건조
③ 질소 비료의 과용
④ 태풍에 의한 침수

해설 벼 흰잎마름병은 태풍과 침수 후 배수불량한 환경 및 여름철 저온에서 많이 발생한다.

09
병원균의 중간기주를 제거함으로써 방제할 수 있는 병은?
① 고추 역병
② 오이 노균병
③ 밀 줄기녹병
④ 보리 깜부기병

해설 맥류 줄기녹병의 중간기주는 매자나무(매발톱나무)로 매자나무에서 녹병포자와 녹포자를 형성한다.

10
벼 키다리병 방제에 가장 효과적인 방법은?
① 종자 소독
② 조식 재배
③ 약제 엽면 살포
④ 질소 비료 시용

해설 〈전염원의 근원〉
- 종자 표면 전염 : 벼 깨씨무늬병균, 벼 도열병, 벼 세균성잎마름병, 보리 속깜부기병균
- 종자 배 전염 : 벼 키다리병균, 맥류 겉깜부기병균
- 감자 표면 및 내부 전염 : 감자 역병균, 감자 둘레썩음병균
- 묘목 전염 : 과수 근두암종병균, 과수 자주날개무늬병균

11
과수 뿌리혹병의 생물적 방제에 허용되는 균은?
① Aspergillus nige
② Aspergillus nidulans
③ Agrobacterium radiobacter
④ Agrobacterium tumefaciens

해설 Agrobacterium radiobacter K84 : 항생물질인 Agrocin을 생산하여 뿌리혹병을 방제한다.

12
파이토플라스마에 의한 식물병의 전형적인 병징으로 거리가 먼 것은?
① 위축
② 꽃의 엽화
③ 총생
④ 비대

해설 파이토플라스마에 의한 병징으로는 총생, 위축, 엽화 등이 있다.

정답 07 ③ 08 ④ 09 ③ 10 ① 11 ③ 12 ④

13

토마토 풋마름병의 병징으로 옳은 것은?

① 무름　　　　　② 시들음
③ 줄무늬　　　　④ 잎마름

 가지과 풋마름병(청고병) 발병 시 뿌리가 썩고 물관부가 갈변하며 지상부가 녹색으로 시든다.

14

채소에 모자이크병을 발생하는 바이러스를 옮기는 해충으로 비영속형은?

① 진딧물　　　　② 매미충
③ 애멸구　　　　④ 장님노린재

 충매전염하는 비영속성 바이러스병은 바이러스가 곤충 체내에 들어가지 않고 구침에 머문 상태로 일시적으로 전염되며 주로 진딧물에 의해 발생한다.

15

해외에서 수입하는 식물이나 농산물의 검사를 통하여 병원체의 침입을 막는 예방법은 무엇이라고 부르는가?

① 제거법　　　　② 치료법
③ 면역법　　　　④ 식물검역

 법적 방제(식물검역) : 유해 병해충이 국경을 넘어 전파 및 유입되는 것을 방지할 목적으로 검사하는 것

16

다음 중 비전염성 병원으로 가장 거리가 먼 것은?

① 적당한 온도　　② 각종 화학물질
③ 병원성 바이로이드　④ 부적당한 토양조건

〈병원의 종류〉
- 비생물성 병원 : 식물에 대한 병원 중 전염이 되지 않는 병원을 뜻하며 토양환경, 기상조건, 양분의 결핍 등 환경적 원인에 의해 발생한다.
- 생물성 병원 : 식물에 대한 병원 중 전염이 되는 병원을 뜻하며 다른말로 '전염성 병원'이라고도 불리우며 기생성 식물, 진균, 세균, 바이러스, 선충, 파이토플라즈마 등이 이에 해당된다.(기생병의 원인)

17

다음 중 수공 감염으로 가장 많이 일어나는 식물의 병은?

① 벼 흰잎마름병　② 감자 더뎅이병
③ 고구마 무름병　④ 보리 겉깜부기병

〈병원체의 자연개구부 침입〉

기공	녹병균의 녹포자·하포자, 갈색무늬병균, 노균병균, 토마토 잎곰팡이병균, 세균성 점무늬병균, 삼나무 붉은마름병균, 소나무 잎떨림병균, 소나무 그으름잎마름병균
수공	벼 흰잎마름병균, 양배추 검은썩음병균, 오이 세균성점무늬병균, 배나무 화상병균
피목	감자 더뎅이병균, 감자 역병균, 과수 잿빛무늬병균, 뽕나무·포플러 줄기마름병균
주두 및 밀선	사과·배 화상병균, 밀 맥각병균

18

병원체에 대하여 완전면역성을 가지고 있는 것은?

① 비기주저항성　② 내성
③ 세포질저항성　④ 진정저항성

해당작물이 병원체의 기주가 아닌 완전면역성을 가지는 성질을 비기주저항성이라 한다.

정답　13 ②　14 ①　15 ④　16 ③　17 ①　18 ①

19

균의 종류에 따른 세포벽 구성성분에 대한 설명으로 가장 옳은 것은?

① 고구마 무름병균은 키틴 성분이 없고 다량의 섬유소를 갖고 있다.
② 감자 역병균은 키틴이 없고 소량의 섬유소를 갖고 있다.
③ 벼 도열병균은 키틴이 없고 소량의 섬유소를 갖고 있다.
④ 벼 흰잎마름병균은 키틴과 다량의 섬유소를 갖고 있다.

 감자역병균은 난균문에 속하며 세포벽에 키틴이 없고 소량의 섬유소를 갖는다.

20

식물병원균에 대한 길항균으로 많이 사용되는 것은?

① Streptomyces scabies
② Trichoderma harzianum
③ Penicillium expansum
④ Rhizoctonia solani

〈미생물을 이용한 생물적 방제〉

구분	종류
근권진균	• Ampellomyces(암펠로마이시스), Candida(칸디다), coniothyrium(코니오티리움), Gliocladium(글리오클라듐), Trichoderma(트리코데르마)
근권세균	• Agrobacterium(아그로박테리움), Bacillus(바실러스), Pseudomonas(슈도모나스), Streptomyces(스트렙토마이세스)
기생성 미생물	• rhizoctonia(라이족토니아)에 기생 : Trichoderma(트리코데르마), Gliocladium(글리오클라듐) • Sclerotinia(스클레로티니아)에 기생 : Sporidesmium(스포리데스미움)

2과목 농림해충학

21

산란관으로 과수의 가지에 상처를 내고 산란하는 해충은?

① 말매미　　② 조명나방
③ 사과혹진딧물　　④ 사과둥근나무좀

 말매미는 가지나 줄기를 가해하는 해충으로 수목에 상처를 내고 산란관을 이용해 산란하며 산란 부위의 윗부분은 말라 죽는다.

22

해충의 생물적 방제인자로서 포식성 천적류에 해당되지 않는 것은?

① 고치벌류　　② 노린재류
③ 무당벌레류　　④ 풀잠자리류

 고치벌류는 기생성 천적류에 해당한다.

23

외국에서 우리나라로 침입한 해충이 아닌 것은?

① 소나무좀
② 솔잎혹파리
③ 밤나무혹벌
④ 버즘나무방패벌레

 대표적인 외래해충에는 긴꼬리가루깍지벌레, 흰개미, 사과면충, 밤나무순혹벌, 감자뿔나방, 뿌리응애, 솔잎혹파리, 미국흰불나방, 온실가루이, 벼물바구미, 꽃노랑총채벌레, 담배가루이, 버즘나무방패벌레, 꽃매미, 소나무재선충 등이 있다.

정답　19 ②　20 ②　21 ①　22 ①　23 ①

24
곤충의 특징으로 옳지 않은 것은?

① 생식문은 배 끝에 있다.
② 호흡기관과 허파는 배 아래쪽에 있다.
③ 머리에는 입틀, 더듬이, 겹눈 등이 있다.
④ 대체로 다리는 3쌍이고 5마디로 구성되어 있다.

해설 기문은 곤충의 호흡기관으로 공기의 통로이며 배의 마디마다 한 쌍씩 존재하고 약제가 이곳을 통해 침투한다.

25
유충은 벼의 뿌리를 가해하며, 연 1회 발생하고 논 주위 땅속 또는 낙엽 속에서 월동하는 해충은?

① 벼잎벌레
② 벼물바구미
③ 이화명나방
④ 벼애잎굴파리

해설 벼물바구미 성충은 벼 본답 이앙 후 엽육을 가해하여 긴 사각형의 흰색 무늬가 생기게 하며 유충은 뿌리를 가해 한다.(성충보다 유충의 섭식량이 많아 더 피해가 큼) 또한 성충으로 낙엽이나 잡초에서 월동하며 1년에 1회 발생한다.

26
매미나방의 연 발생 횟수는?

① 1회
② 2회
③ 3회
④ 4회

해설 매미나방(집시나방)은 1년에 1회 발생하며 알로 월동한다.

27
곤충이 생존하기 불리한 환경이 되면 대사와 발육이 느리게 진행되고 환경이 좋아지면 즉각 정상상태를 회복하는 현상은?

① 휴지
② 분산
③ 휴면
④ 일장

해설 곤충은 생존에 불리한 온도 환경이 되면 곤충은 휴면(발육을 멈추는 것) 또는 휴지(대사율을 떨어뜨리는 것)한다.

28
일반적으로 1년에 2회 이상 발생하는 해충은?

① 솔잎혹파리
② 미국흰불나방
③ 오리나무잎벌레
④ 잣나무넓적잎벌

해설 미국흰불나방은 나비목불나방과에 속하는 외래해충으로 1년에 2회 발생하며 번데기로 월동한다.(1화기보다 2화기의 피해가 더 큼)

29
아메리카잎굴파리에 대한 설명으로 옳지 않은 것은?

① 약제 저항성이 늦게 발달하는 해충이다.
② 거베라, 국화, 토마토, 수박 등에 피해를 준다.
③ 유충은 잎조직 속에서 굴을 파고 다니면서 섭식한다.
④ 성충이 기주식물의 잎에 작은 구멍을 내고 산란한다.

해설 〈아메리카잎굴파리의 특징〉
- 화훼류 수입 시 침입한 외래해충이다.
- 기주 : 박과, 무, 배추, 토마토, 감자, 거베라 등
- 유충이 잎 조직에 굴을 파고 식해하며 자라면 잎을 뚫고 나와 토양속에서 번데기를 형성한다.

정답 24 ② 25 ② 26 ① 27 ① 28 ② 29 ①

- 성충은 산란관으로 잎 표면에 상처(구멍)를 내고 산란한다.
- 온실에서 1년에 15회 이상 발생하며 시설재배 시 한랭사를 설치하여 방제한다.

30

이화명나방이 월동하는 형태는?

① 알 ② 성충
③ 유충 ④ 번데기

 이화명나방은 유충이 벼 줄기 속을 가해하여 잎과 이삭에 피해를 주며 1년에 2회 발생하고 노숙유충 형태로 벼에서 월동한다.

31

다음 설명에 해당되는 해충은?

> 늦가을에 암수가 교미하며 월동난을 낳고 봄철에는 간모가 단위생식으로 증식을 한다. 일부 종은 겨울기주로 활엽수를, 여름기주로 초본류를 이용하며 기생한다.

① 점박이응애 ② 온실가루이
③ 끝동매미충 ④ 복숭아혹진딧물

 밤나무 순혹벌, 민다듬이벌레, 여름철 진딧물류는 교미를 통한 수정 없이 암컷 혼자 번식이 가능한 단위생식을 한다.

32

우리나라에서 월동하기 힘들고 동남아시아 및 중국으로부터 비래하여 발생하는 해충은?

① 벼멸구 ② 애멸구
③ 끝동매미충 ④ 번개매미충

해설 비래해충 : 애멸구(국내 월동), 벼멸구(6~7월 중국 남부에서 비래), 멸강나방, 흑명나방, 흰등멸구, 열대거세미나방 등

33

입 이후의 소화기관 순서로 올바르게 나열한 것은?

① 인두 – 위 – 모이주머니 – 위맹낭 – 직장
② 인두 – 위맹낭 – 모이주머니 – 위 – 직장
③ 인두 – 모이주머니 – 위 – 위맹낭 – 직장
④ 인두 – 모이주머니 – 위맹낭 – 위 – 직장

해설 〈곤충 소화기관의 구조〉

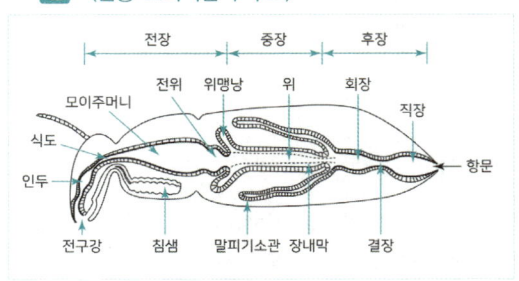

34

소나무좀에 대한 설명으로 옳은 것은?

① 번데기로 월동한다.
② 1년에 2~3회 발생한다.
③ 성충이 나무줄기에 구멍을 뚫어 알을 낳는다.
④ 5℃ 내외로 기온이 낮을 때 활동이 가장 활발하다.

해설 소나무좀 월동성충은 줄기나 가지 껍질 밑에 구멍을 뚫고 들어가 형성층에 산란한다.

35

다음 중 1세대를 경과하는데 가장 긴 시간을 필요로 하는 곤충으로 옳은 것은?

① 말매미 ② 장수풍뎅이
③ 뽕나무하늘소 ④ 소나무좀

해설 말매미는 1세대 경과에 6년 이상이 소요된다.

정답 30 ③ 31 ④ 32 ① 33 ④ 34 ③ 35 ①

36

곤충에서 파악기(clasper)가 하는 일은?

① 휴면 시 사용한다.
② 멀리 뛰는 데 사용한다.
③ 토양 속을 파는 데 사용한다.
④ 교미 시에 사용한다.

 파악기(교미기)는 교미 시 암컷을 붙잡는 기관으로 음경 옆에 붙어 있다.

37

다음 중 소나무재선충을 옮기는 매개충으로 가장 옳은 것은?

① 알락하늘소
② 미끈이하늘소
③ 솔수염하늘소
④ 털두꺼비하늘소

 솔수염하늘소는 소나무재선충의 매개충으로 천공성 해충에 속한다.

38

다음 중 멸구 등 비래해충을 대상으로 하는 해충발생밀도 조사법으로 가장 적절한 것은?

① 페르몬 조사법
② 공중포충망조사법
③ 예열조사법
④ 예찰등조사법

 공중포충망조사법은 멸구류를 채집하고 조사하기 가장 쉬운 방법으로 많이 이용된다.

39

곤충의 번성 원인으로 가장 거리가 먼 것은?

① 소형이고 날개가 있다.
② 행동이 민첩하고 농약에 강하여 생존율이 높다.
③ 세대가 짧고 산란수가 많다.
④ 불리한 환경에 적응하기 위해 휴면을 한다.

해설 〈곤충의 번성 요인〉
- 외골격(키틴질)이 발달하여 몸을 보호할 수 있다.
- 날개가 발달하여 생존 및 분산에 유리하다. (날개는 곤충의 진화와 번영에 결정적인 역할)
- 몸의 크기가 작아 소량의 먹이에도 충분한 활동을 할 수 있으며 천적을 피하는데 유리하다.
- 몸의 구조적 적응력이 좋으며 휴면 또는 변태를 하여 불량 환경에 적응한다.
- 종의 증가가 유리하다.

40

다음 중 완전변태를 하지 않는 것은?

① 버들잎벌레
② 진달래방패벌레
③ 복숭아명나방
④ 솔수염하늘소

해설 〈내시류의 특징〉
- 완전변태를 하므로 번데기 과정이 있으며 애벌레 때 날개가 보임
- 날개를 뒤로 접을 수 있음
- 종류 : 뱀잠자리목, 약대벌레목, 풀잠자리목, 딱정벌레목, 부채벌레목, 파리목, 밑들이목, 벼룩목, 날도래목, 벌목, 나비목

정답 36 ④ 37 ③ 38 ② 39 ② 40 ②

3과목 농약학

41

분제(粉劑) 농약 제조 시 증량제로 사용되지 않는 것은?

① 탈크(Talc)
② 슬래그(Slag)
③ 규조토(硅藻土)
④ 고령토(高嶺土)

 〈증량제의 종류〉
- 규조토 : 주성분은 규산, 갑충류에 강한 살충력, 수화제 조제에 사용
- 고령토 : 주성분은 규산, 수화제와 분제의 증량제로 사용
- 탈크(활석) : pH는 알칼리성, 안전하므로 분제 제조용으로 널리 사용
- 벤토나이트 : 유화제, 수화제 제조용으로 사용

42

다음 중 유기유황계 약제는?

① 만코제브 수화제
② 디클로르보스 유제
③ 티오파네이트메틸 도포제
④ 코퍼하이드록사이드 수화제

해설 유기황제는 다른 무기 살균제에 비해 약해가 적고 지효성이나 선택적 살균작용을 하며 만코제브, 프로피네브, 메티람 등이 해당된다.

43

다음 중 유기인계 농약이 아닌 것은?

① 이피엔(EPN)
② 지네브(Zineb)
③ 파라치온(Parathion)
④ 디디브이피(DDVP)

 지네브(Zineb)는 유기황살균제에 속한다.

44

다음 중 Pyrethrin의 효력증진제(Synergist)는?

① Alkyl sulrhate
② Piperonyl butoxide
③ Ethylene dibromide
④ Methyldithiocarbamate

 단독으로는 살충, 살균력이 약하거나 없지만 다른 약제와 혼용하면 단독 사용보다 효능을 증강시키는 약제를 협력제 또는 효력증진제라 하며 Sulfoxide, Sesamex, Piperonyl butoxide 등이 속한다.

45

요소(Urea)계 제초제의 주된 작용기작은?

① 옥신작용 교란
② 광합성 저해
③ 단백질합성 저해
④ 세포분열 저해

해설 광합성을 저해하는 작용기작 : 요소계, 아마이드계, 트리아진계, 벤조티아디아졸계, 비피리딜리움계 농약

46

EPN 등 유기인제에 의한 농약 중독시 해독제로 가장 적당한 것은?

① 발(BAL)
② 팜(PAM)
③ 이디티에이-칼슘(EDTA-Ca)
④ 비타민-칼륨(Vitamin-K)

> **해설** 유기인계 해독제에는 팜(PAM), 황산아트로핀 등이 해당된다.

47

훈증제(Fumigants)가 아닌 것은?

① 이황화탄소(CS_2)
② DDVP(Dichlorvos)
③ 비펜트린(Biphenthrin)
④ 메틸브로마이드(Methyl Bromide)

> **해설** 훈증제는 약제가 휘발되어 유효성분이 해충의 호흡기관으로 들어가 독작용을 일으키는 약제로 메틸브로마이드, 클로로피크린, 시안화수소(청산제), 알루미늄포스파이드, 이황화탄소, DDVP 등이 해당된다.

48

농약의 안전사용기준은 누가 정하는가?

① 농약회사
② 농촌진흥청장
③ 농림축산식품부장관
④ 식품의약품안전처장

> **해설** 농약의 안전사용기준은 수확한 농산물 중 농약 잔류량이 허용기준을 넘지 않도록 사용법을 법으로 농촌진흥청장이 제정한 것이다.

49

뷰타클로르 유제를 500배로 희석하여 살포하려고 할 때, 물 1말(18L)에 필요한 약량은 몇 ml인가?

① 18
② 20
③ 36
④ 72

> **해설** 소요약량 = 단위면적당사용량 / 소요희석배수 = 18000 / 500 = 36ml

50

살균제의 작용기작 중 호흡저해가 아닌 것은?

① SH 저해
② 전자 전달 저해
③ 단백질 합성 저해
④ 산화적 인산화 저해

> **해설** 호흡을 저해시키는 작용기작에는 SH기 저해, 전자 전달 저해, 산화적 인산화 저해 등이 해당된다.

51

유기인계 살충제의 공통적 특징에 대한 설명으로 틀린 것은?

① 접촉제로 강력하게 작용하며 훈증작용도 하고 소화 중독작용도 크다.
② 식물체에 흡수침투되어 살충작용을 한다.
③ 낮은 농도로도 큰 살충효과를 낸다.
④ 사람이나 가축에 대한 독성이 없다.

> **해설** 유기인계 살충제는 환경생물에 대한 영향이 가장 큰 농약으로 인축에 대한 독성이 높으며 자연에서 분해가 빠르고 잔효성이 적다.

정답 46 ② 47 ③ 48 ② 49 ③ 50 ③ 51 ④

52

농약의 약효발현과 가장 거리가 먼 것은?

① 방제적기에 농약 살포
② 표준희석배수의 농약 정량살포
③ 효과가 좋은 농약만을 계속 사용
④ 방제대상 병해충에 알맞은 농약의 선택

 같은 농약을 계속 연용하면 내성이 생겨 약효가 떨어진다.

53

작물의 특성에 따른 약해의 원인이 아닌 것은?

① 농약농도
② 작물의 감수성
③ 잎 표면의 형태
④ 재배조건 및 생리적 특성

 농약 농도에 따른 약해는 농약의 조제 및 사용방법에 따른 약해이다.

54

페녹시계 제초제 2,4-D의 작용기작은?

① 광합성 저해
② 호흡작용 억제
③ 호르몬작용의 교란
④ 단백질, 핵산 등의 합성 저해

 〈제초제의 작용기작〉
- 광합성을 저해 : 요소계, 아마이드계, 트리아진계, 벤조티아디아졸계, 비피리딜리움계
- 호흡 저해 : 카바메이트계, 유기염소계
- 아미노산 합성 저해 : 유기인계(글리포세이트), 설포닐우레아계, 이미다졸리논계
- 단백질 합성 저해 : 유기인계, 아마이드계
- 호르몬 작용을 교란 : 페녹시계(MCP, 2,4-D), 벤조산계
- 세포분열 저해 : 카바메이트계, 디니트로아닐린계

55

다음 중 낙엽 촉진제는?

① 아세트산
② 카이네틴
③ 아브사이신 Ⅱ
④ 지베렐린

아브사이신은 낙엽이나 과일의 성숙을 촉진시키는 효과를 낸다.

56

예방이나 치료효과를 나타내는 침투성 살균제(ststemic fungicide)가 아닌 것은?

① IBP제
② Carboxin제
③ Benomyl
④ Mancozeb

〈침투성 살균제의 특징〉
- 침투이행성이 있어 예방 및 치료 효과를 낸다.
- 보호살균제에 비해 적용범위가 좁고 병원균의 저항성이 나타날 우려가 있다.
- 침투성 살균제는 IBP, Carboxin제, 메탈락실, 베노밀, 카벤다짐, 메프로닐, 페나리몰 등이 있다.

정답 52 ③ 53 ① 54 ③ 55 ③ 56 ④

57

농약의 구비 조건이 아닌 것은?

① 인축에 대한 독성이 낮아야 한다.
② 작물에 대한 약해 작용을 일으켜서는 안된다.
③ 토양에 오래 잔류하여야 한다.
④ 다른 약제와 혼용이 가능하고, 천적, 어류에 대한 독성이 낮아야 한다.

해설 〈농약의 구비조건〉

약효의 우수성	적은 양으로도 약효가 확실해야 함
인축에 대한 안정성	인축과 어류에 대한 독성이 낮아야 함
농작물에 대한 안정성	농작물에 대한 약해가 없어 생육에 이상이 없어야 함
생태계에 대한 안정성	• 천적에 대한 독성이 없어야 하며 잔류성이 낮아야 함 • 농약의 분해 : 화학적 분해, 산화·환원·가수분해·결합에 의한 분해, 미생물 분해, 광분해(자외선)
제제화의 용이성	• 물리화학적 성질을 유지하면서 약효가 잘 발휘되어야하며 사용법이 편리해야 함 • 대량생산이 용이해야 함
가격의 합리성	값이 저렴하여 농업경영비 유지가 용이해야 함
등록	농약의 품목은 반드시 농촌진흥청에 등록되어 있어야 함

58

농약의 독성을 나타내는 LD50의 의미로 옳은 것은?

① 시험동물의 50%가 생존할 수 있는 농약의 양을 말한다.
② 시험동물을 시험하기 위해 농약의 양이 50%가 유지되는 것을 의미한다.
③ 실험동물의 체중 kg당 몇 mg의 농약의 투여하였을 때 시험동물의 반수가 죽게 되는가를 의미한다.
④ 시험동물의 비율이 전체 시험동물의 50%이상 되어야 하는 것을 의미한다.

해설 반수치사량(LD50), : 경기독성, 경피독성을 나타내며 피실험동물에 실험대상물질을 투여할 때 피실험동물의 절반이 죽게 되는 양을 말한다.

59

살초작용에 따른 제초제의 구분에서 식물체의 뿌리로부터 위쪽으로만 약 성분이 전달되는 제초제는?

① 호르몬형 ② 비호르몬형
③ 접촉형   ④ 이행형

해설 식물체의 뿌리로부터 위쪽으로만 약 성분이 전달되는 제초제는 이행형 제초제에 포함되며 뿌리를 제거하지 않고 전체적인 제초효과를 볼 수 있는 장점이 있다.

60

전착제에 대한 설명으로 적절하지 못한 것은?

① 우리나라에서는 농약의 범주에 속한다.
② 유효성분의 측정은 표면장력으로 확인한다.
③ 농약의 밀도를 높여 균일 살포를 돕는다.
④ 농약의 주성분을 식물체에 잘 확전, 부착시키기 위한 보조제이다.

해설 〈전착제의 특징〉
• 유효성분을 병해충이나 식물에 잘 전착시키기 위해 사용하는 약제이다.
• 전착제로 이용되는 계면활성제는 습윤성, 확전성, 현수성, 고착성을 좋게하여 성분이 골고루 퍼지게 한다.

정답 57 ③ 58 ③ 59 ④ 60 ③

4과목 잡초방제학

61
제초제 제형 중 수화제를 나타내는 것은?

① G
② WP
③ EC
④ Sol

해설 수화제(WP)는 불용성 원제(주제)에 벤토나이트, 카올린 같은 점토광물(증량제), 계면활성제를 첨가한 것으로 물에 희석하면 유효성분의 입자가 물에 분산되어 현탁액이 된다.

62
화학적 잡초방제법에 대한 설명으로 옳은 것은?

① 기계로 잡초를 방제한다.
② 손으로 잡초를 방제한다.
③ 제초제를 이용하여 잡초를 방제한다.
④ 재배방법을 이용하여 잡초를 방제한다.

해설 화학적 방제법의 정의 : 제초제를 사용하여 유해 잡초를 사멸시키는 방제법으로 높은 효능, 저렴한 가격, 안전성을 구비조건으로 가진다.

63
작물과 잡초의 경합에 대한 설명으로 옳은 것은?

① 종내경합이라고 할 수 있다.
② C3 잡초의 경우 작물보다 광합성효율이 더 뛰어나다.
③ 초관형성이 늦은 작물에서는 제초 요구 기간이 일찍 시작된다.
④ 경합기간은 기상조건이나 재배방식과 무관하게 거의 일정하다.

해설 육묘이식재배(손이앙) : 작물이 잡초보다 초관을 먼저 형성하도록 유도하는 방법으로 공간을 선점하여 경합력을 증대시킨다.

64
제초제의 용탈이 가장 심한 토양은?

① 사토
② 양토
③ 식토
④ 사양토

해설 사토는 대공극이 발달하여 수분과 약제의 용탈이 많이 발생한다.

65
잡초 종자가 휴면하는 원인으로 거리가 가장 먼 것은?

① 탄산가스의 결핍
② 물의 투수성 방해
③ 생장조절물질의 불균형
④ 배의 불완전 또는 미숙

해설 잡초 종자의 휴면 원인으로는 배의 미숙, 발아억제물질, 종피의 저항성 등이 있다.

66
페녹시계 제초제로 이행성이 있는 것은?

① 벤타존 액제
② 이사-디 액제
③ 메톨라클로르 유제
④ 프레틸라클로르 유제

해설 〈제초제의 이행성에 따른 분류〉
- 접촉형 : 식물체 약제 접촉부위의 세포에 직접 작용하는 제초제 (PCP, DNOC, DCPA)
- 이행형 : 약제성분이 접촉된 부위에서 흡수되어 다른부위로 이행하는 제초제 (페녹시계, 시마진, MCPA, 2,4-D)

정답 61 ② 62 ③ 63 ③ 64 ① 65 ① 66 ②

67
다음 중 발아 적온이 가장 높은 것은?
① 메귀리 ② 올챙이고랭이
③ 향부자 ④ 둑새풀

 〈잡초종자의 발아온도〉
- 잡초종자의 발아적온은 보통 15~30℃이며 최저온도는 0~15℃, 최고온도는 25~45℃로 변온조건에서 발아가 촉진된다.
- 메귀리, 둑새풀(20℃), 향부자(20~30℃), 올챙이고랭이(30~35℃)

68
식물 분류학적으로 동일한 속명을 갖는 잡초끼리 올바르게 나열한 것은?
① 올미, 벗풀
② 비름, 쇠비름
③ 가래, 네가래
④ 여뀌, 여뀌바늘

 올미, 벗풀은 택사과 보풀속에 해당된다.

69
제초제가 작물에 약해를 유발시키는 원인으로 가장 영향력이 큰 것은?
① 습도 ② 광선
③ 강우 ④ 온도

 제초제 약해에 가장 큰 영향을 미치는 환경요인은 온도이다.

70
잡초 종자의 발아에 영향을 미치는 환경적 요인으로 가장 거리가 먼 것은?
① 광 ② 온도
③ 수분 ④ 이산화탄소

해설 잡초 종자의 발아에는 광, 산소, 온도, 수분이 관여한다.

71
제초제 종류의 특성에 대한 설명으로 옳지 않은 것은?
① 시마진은 흡수 이행형 제초제이다.
② 리뉴론은 광합성 저해형 제초제이다.
③ 2,4-D는 설포닐우레아계 제초제이다.
④ 알라클로르는 단백질 합성을 저해한다.

해설 2,4-D는 페녹시계 제초제이다.

72
잡초 종자의 발아에는 광, 산소, 온도, 수분이 관여한다. 다른 잡초 방제 방법과 비교한 화학적 방제 방법의 단점으로 옳은 것은?
① 제초 효과가 낮다.
② 노력과 비용이 많이 든다.
③ 환경에 대한 안전성이 낮다.
④ 일정한 지역에 처리가 불가능하다.

해설 화학적 방제법은 제초제를 사용하여 유해 잡초를 사멸시키는 방제로 환경에 대한 안전성이 낮아 오용 시 생태계를 파괴한다.

정답 67 ② 68 ① 69 ④ 70 ④ 71 ③ 72 ③

73

지하경이 가장 깊이 형성되는 것은?

① 올미 ② 벗풀
③ 가래 ④ 너도방동사니

 ① 0~10cm ② 0~15cm ③ 0~20cm ④ 0~10cm

74

제초제의 광분해와 가장 관계가 높은 것은?

① 복사열 ② 자외선
③ 적외선 ④ 가시광선

 광분해 : 처리한 제초제가 빛의 자외선에 의하여 불활성화되는 것을 의미한다.

75

2년생 광엽잡초에서 줄기 및 윗부분에서 1차 예취를 하고 재생 후 아주 낮게 2차 예취를 해주면 효과적인 제초가 가능하다. 이것은 식물의 어떤 특성을 이용한 것인가?

① 발아현상
② 정아우세 현상
③ 2차 휴면
④ 체질적 다형성

 예취는 잡초를 베어 개화 및 결실을 방제하는 방법으로 줄기 및 윗부분을 예취하면 식물의 정단에서 옥신의 작용을 막아 잡초를 예방할 수 있으며 이는 식물의 정아우세 현상을 이용한 방법이다.

76

잡초에 대한 벼의 경합력을 높이는 재배방법으로 가장 적절한 것은?

① 직파 재배를 한다.
② 소식 재배를 한다.
③ 무경운 재배를 한다.
④ 이앙 재배를 한다.

 논잡초의 발생 비율은 건답직파, 담수직파, 어린모 기계이앙, 중묘 기계이앙, 손이앙 순으로 크다.

77

영양번식기관으로 번식하는 잡초는?

① 올방개 ② 알방동사니
③ 물달개비 ④ 바랭이

 잡초는 번식방법에 따라 종자번식(피, 둑새풀, 바랭이, 마디꽃), 영양번식(가래, 올방개, 미나리), 종자영양번식(너도방동사니, 산딸기)로 구분된다.

78

벼와 피의 형태에 대한 설명으로 가장 옳은 것은?

① 벼에는 잎귀는 있으나 잎혀가 없다.
② 피에는 잎귀가 있으나 잎혀가 없다.
③ 피에는 잎귀와 잎혀가 있으나 벼에는 없다.
④ 벼에는 잎귀와 잎혀가 있으나 피에는 없다.

벼는 잎혀와 잎귀가 있으나 피에는 없다.

79

다음 중 외래잡초로만 나열된 것은?

① 미국개기장, 단풍잎돼지풀, 서양민들레
② 올챙이고랭이, 미국자리공, 생이가래
③ 서양민들레, 올방개, 방동사니
④ 단풍잎돼지풀, 미국가막사리, 중대가리풀

 외래잡초 : 미국개기장, 서양민들레, 단풍잎돼지풀, 뚱딴지 등

80

다음 중 잔디밭에 가장 많이 발생하는 잡초로만 나열된 것은?

① 민들레, 명아주
② 여뀌, 물피
③ 한련초, 개비름
④ 토끼풀, 꽃다지

 잔디밭에서 많이 발생하는 잡초 : 클로버(토끼풀), 망초, 꽃다지, 민들레, 명아주, 쇠뜨기 등

정답 79 ①   80 ④

Chapter 02 2024년 1회 기사 CBT 복원

1과목 식물병리학

01
식물병 중 표징을 관찰할 수 없는 경우는?
① 사과나무 탄저병
② 사철나무 그을음병
③ 대추나무 빗자루병
④ 포도나무 잿빛곰팡이병

 대추나무 빗자루병은 발병 시 황록색의 작은 잎들이 달려있는 가지가 총생형으로 변하지만 파이토플라즈마에 의한 병으로 표징을 관찰하기 어렵다.

02
코흐의 원칙에 대한 설명으로 옳지 않은 것은?
① 바이러스에 적용할 수 있다.
② 병환부에는 그 병을 일으키는 것으로 추정되는 병원체가 항상 존재하여야 한다.
③ 발병한 부위로부터 접종에 사용하였던 것과 같은 동일한 병원체가 재분리되어야한다.
④ 순수 배양한 병원체를 건전한 기주에 접종하였을 때 동일한 병이 발생하여야 한다.

 코흐의 원칙 : 독일 미생물학자 코흐(Robert Koch)가 동물 탄저병 병원을 밝히면서 성립한 이론으로 병원체는 배지에서 순수배양이 가능해야 하므로 바이러스, 녹병균, 흰가루병균은 분리배양이 안되는 절대기생체로 적용이 불가하다.

03
배나무 붉은별무늬병(담자균류)에 대한 설명으로 옳은 것은?
① 배나무 검은별무늬병과 같다.
② 여름포자를 형성하지 않는다.
③ 매발톱나무를 중간기주로 한다.
④ 8월부터 10월까지 배나무에 기생한다.

 배나무 붉은별무늬병균은 사과나무, 배나무, 모과나무에 녹병포자 및 녹포자를 형성한 후 녹포자는 다시 비산하여 향나무로 날아가 월동하고 겨울포자퇴 형성하는데 하포자는 생성하지 않는다.

04
병원균의 감염에 의하여 식물체 속에 형성되는 phenol류에 대한 설명으로 옳은 것은?
① 에너지원으로 사용된다.
② 침투성 농약을 분해한다.
③ 식물 생육과 관련이 있다.
④ 저항성 기작과 관련이 있다.

 식물체에서 형성되는 페놀류는 감자 더뎅이병균 벼 도열병균, 밀 줄기녹병균 등에 저항성이 있다.

정답 01 ③ 02 ① 03 ② 04 ④

05
감자 역병(진균–조균류–유주자균류)에 대한 설명으로 옳지 않은 것은?
① 공기전염성균과 토양전염성균이 있다.
② 자낭균류에 의한 병으로 포자형태로 토양에서 월동한다.
③ 잎 언저리에 암록색의 수침상 부정형 병반을 형성한다.
④ 주로 기온이 20℃내외이며 습기가 많은 조건에서 발병한다.

해설 저온다습한 환경에서 발병하며 표면에 불규칙한 암갈색 병반 생성, 절단 시 적갈색으로 변색되어 있는 것을 볼 수 있다. 또한 병원체는 균사형태로 흙 속의 병든 감자나 씨감자에서 월동한다.

06
순활물기생체에 해당하는 것은?
① 감자역병균   ② 벼 깜부기병균
③ 보리 흰가루병균   ④ 고구마 무름병균

해설 절대기생체(순활물기생체) : 녹병, 흰가루병균, 노균병균, 무·배추 무사마귀병균, 배나무 붉은별무늬병균

07
복숭아나무 잎오갈병에 대한 설명으로 옳은 것은?
① 병원균은 담자균에 속한다.
② 균사가 뿌리의 상처에 침입한다.
③ 주로 여름철 고온 환경에서 발병한다.
④ 디티아논 수화제를 살포하여 방제한다.

해설 복숭아나무 잎오갈병 방제법 : 병든잎은 소각해야 하며 과습하지 않고 동해를 입지 않도록 함. 또한 잎 나오기 직전 디티아논 수화제를 살포하여 방제한다.

08
병원균에 대하여 항균력이 있는 미생물을 이용하여 식물병을 방제하는 방법은?
① 화학적 방제   ② 생물적 방제
③ 경종적 방제   ④ 물리적 방제

해설 생물적 방제 : 식물에 저항성을 유도시켜 방제하는 방법으로 약독바이러스, 길항미생물 등을 이용하는 방제법

09
약제 저항성균의 출현기작으로 옳지 않은 것은?
① 대사 우회회로의 불활화
② 병원균에 의한 약제의 불활화
③ 균체 내로의 약제 침투량 감소
④ 대사의 변화에 의하여 저해된 효소의 생산량 증가

해설 약제 저항성균은 약제에 의해 대사경로가 차단되어 균이 생존할 수 있도록 우회경로를 만들어 생성된다.

10
감자 역병이 많이 발생할 수 있는 재배법 및 환경조건으로만 올바르게 나열한 것은?
① 이어짓기, 과습
② 이어짓기, 가뭄
③ 돌려짓기, 과습
④ 돌려짓기, 가뭄

해설 감자 역병은 윤작보다 이어짓기 할 경우에 저온다습한 환경에서 많이 발병한다.

정답 05 ② 06 ③ 07 ④ 08 ② 09 ① 10 ①

11

오이 노균병에 대한 설명으로 옳지 않은 것은?

① 잎에서만 발생한다.
② 병원균은 유주자를 형성한다.
③ 고온 건조 조건에서 급격히 발병한다.
④ 하우스 재배에서는 환기를 잘 하지 않아 과습한 경우 잘 발병한다.

 오이 노균병은 저온다습한 환경에서 많이 발생한다.

12

시든 줄기를 칼로 잘라 깨끗한 물에 담갔을 때 절편에서 흘러나오는 희뿌연 물질을 보고 진단할 수 있는 병은?

① 담배 들불병
② 오이 흰가루병
③ 토마토 풋마름병
④ 딸기 잿빛곰팡이병

 세균병은 줄기 절단 후 나오는 점액물질을 통해 간이 진단을 할 수 있다.

13

배나무 검은무늬병 방제 및 피해를 줄이기 위한 방법으로 옳지 않은 것은?

① 열매의 봉지를 씌운다.
② 병든 가지 및 잎을 제거한다.
③ 병이 잘 걸리지 않는 품종으로 재배한다.
④ 심하게 발생하는 3~4월에 집중적으로 농약을 살포한다.

 배나무 검은무늬병은 4~5월에 2~3회, 장마기간에 1~2회, 8~9월에 2회 정도 약제를 살포하여 방제한다.

14

토마토 풋마름병에 대한 설명으로 옳은 것은?

① 토마토에만 감염된다.
② 담자균에 의한 병이다.
③ 병원균은 주로 병든 식물체에서 월동한다.
④ 병원균이 뿌리로 침입하면 뿌리가 흰색으로 변한다.

 가지과 풋마름병의 병원균은 Ralstonia solanacearum (세균)이며 식물체 지하부 상처를 통해 침입하며 식물체에서 월동하여 수년간 생존한다.

15

배추 무름병을 일으키는 병원체는?

① 세균
② 곰팡이
③ 바이러스
④ 파이토플라스마

 채소 세균성무름병의 병원균은 Erwinia carotovora (세균)로 펙틴질분해효소를 분비하여 병든 부분이 물렁해지고 악취를 동반한다.

16

대추나무 빗자루병 방제를 위하여 옥시테트라사이클린 수화제로 수간주사를 하려고 할 때 유의사항으로 옳지 않은 것은?

① 사용 적기는 4월초이다.
② 수확 30일 전까지 사용한다.
③ 흉고직경이 10cm인 경우 1회에 1L를 주입한다.
④ 물 10L에 약제 200g을 정량한 후 잘 녹여 사용한다.

 옥시테트라사이클린 수간주사는 4~9월 사이 식물의 증산작용이 왕성한 시기에 실시하며 물 1L당 5g의 수화제를 희석하여 사용한다.

정답 11 ③ 12 ③ 13 ④ 14 ③ 15 ① 16 ④

17

배나무 검은별무늬병에 대한 설명으로 옳지 않은 것은?

① 잎에서 처음에 황백색의 병무늬가 나타난다.
② 배나무 인근에 향나무가 많은 경우 발병하기 쉽다.
③ 배나무의 잎, 잎자루, 열매, 열매자루, 햇가지 등에 발생한다.
④ 낙엽을 모아 태우거나 땅 속에 묻어 발병을 예방할 수 있다.

 ② 배·사과 붉은별무늬병(향나무 녹병)의 특징

18

그람음성세균에 해당하는 것은?

① 토마토 궤양병균
② 감자 더뎅이병균
③ 벼 흰잎마름병균
④ 감자 둘레썩음병균

 분홍색으로 염색되는 그람음성균에는 콩 세균성 점무늬병, 가지과 풋마름병, 담배 불마름병, 잎점무늬병, 벼 흰잎마름병, 복숭아 세균성구멍병, 벼 세균성 알마름병, 가지과 풋마름병, 근두암종병(뿌리혹병) 세균 등이 해당된다.

19

초승달 모양의 대형 분생포자와 원 모양의 소형 분생포자를 형성하는 병원균은?

① 벼 도열병균
② 벼 오갈병균
③ 벼 키다리병균
④ 벼 흰잎마름병균

 벼 키다리병 감염 시 벼는 분얼수가 적어지며 초승달 모양의 대형 분생포자와 자낭각이 형성된다.

20

바이러스로 인한 식물병의 증상 중 세포 조직의 괴사로 나타나지 않은 것은?

① 반점
② 위축
③ 줄무늬
④ 둥근겹무늬

 바이러스병 감염 시 세포조직 괴사로 인한 증상으로는 반점, 둥근무늬, 줄무늬 생성 등이 있다.

정답 17 ② 18 ③ 19 ③ 20 ②

2과목 농림해충학

21

주둥이를 식물체에 찔러넣어 즙액을 빨아먹는 곤충에 속하지 않는 것은?

① 진딧물
② 노린재
③ 집파리
④ 애멸구

 자흡구형 입틀은 윗입술, 큰턱, 작은턱들이 하나의 바늘모양으로 가늘고 길게 변형되어 있으며 진딧물, 멸구, 매미충류, 깍지벌레류, 모기, 벼룩, 노린재 등이 속해있다.

22

생물적 방제법에 이용되는 기생성 천적이 아닌 것은?

① 진디혹파리
② 굴파리좀벌
③ 온실가루이좀벌
④ 콜레마니진디벌

 〈기생성 천적의 종류〉

기생성 천적	• 맵시벌과 : 나비, 나방류와 같은 완전변태류 내부에 기생 • 고치벌과 : 나비목, 딱정벌레목, 파리목 등에 기생 • 콜레마니진디벌 : 진딧물에 기생 • 온실가루이좀벌 : 온실가루이에 기생 • 굴파리좀벌, 잎굴파리고치벌 : 잎굴파리에 기생 • 황온좀벌 : 담배가루이에 기생

23

미국흰불나방의 학명으로 옳은 것은?

① Adrias tyrannus
② Hyphantria cunea
③ Monema flavescens
④ Pygeara anachoreta

해설 ① 으름나방 ② 미국흰불나방 ③ 노랑쐐기나방 ④ 꼬마버들재주나방

24

해충의 휴면이 나타나는 발육단계로 올바르게 짝지어진 것은?

① 복숭아명나방–알
② 미국흰불나방–유충
③ 이화명나방–번데기
④ 오리나무잎벌레–성충

해설
• 복숭아명나방 : 1년에 2회 발생하며 노숙유충으로 고치 속에서 월동
• 미국흰불나방 : 1년에 2회 발생하며 번데기로 월동
• 이화명나방 : 1년에 2회 발생하며 노숙유충 형태로 벼에서 월동

25

곤충의 체벽(외골격)을 구성하는 요소들을 바깥쪽부터 순서대로 바르게 나열한 것은?

① 외큐티클–진피–상큐티클–기저막
② 외큐티클–상큐티클–진피–기저막
③ 상큐티클–진피–외큐티클–기저막
④ 상큐티클–외큐티클–진피–기저막

해설 곤충의 체벽은 표피(외표피,원표피), 진피(상피세포, 피부선, 특수세포), 기저막으로 구성된다.

정답 21 ③ 22 ① 23 ② 24 ④ 25 ④

26
윤작으로 방제 효과가 가장 미비한 해충은?

① 이동성이 적은 해충류
② 생활사가 짧은 해충류
③ 식성의 범위가 좁은 해충류
④ 토양곤충에 해당되는 해충류

해설 윤작은 여러 작물들을 돌려짓는 방식으로 작물들의 생육기간 내에 해충의 생활사가 끝날 경우에는 효과가 적다.

27
1년에 1회 발생하는 해충은?

① 조명나방
② 감자나방
③ 벼물바구미
④ 미국흰불나방

해설 조명나방 연 1~2회 발생, 감자나방 연 6~8회 발생, 벼물바구미 연 연 1회 발생, 미국흰불나방 연 2회 발생

28
번데기로 월동하는 것은?

① 조명나방
② 이화명나방
③ 보리굴파리
④ 섬서구메뚜기

해설 조명나방과 이화명나방은 유충으로, 섬서구메뚜기는 알로, 보리굴파리는 번데기로 월동한다.

29
비래해충에 속하지 않는 해충은?

① 흰등멸구
② 혹명나방
③ 멸강나방
④ 이화명나방

해설 비래해충 : 애멸구(국내 월동) , 벼멸구, 멸강나방, 혹명나방, 흰등멸구, 열대거세미나방

30
입틀의 큰턱, 작은턱, 아랫입술 등의 운동 및 감각신경과 가장 밀접한 것은?

① 전대뇌
② 중대뇌
③ 말초신경계
④ 식도하신경절

해설 식도하신경절은 큰턱, 작은턱, 아랫입술의 운동을 촉진시키거나 억제시키는 역할을 하며 뇌는 보통 식도하신경절에 연결되어 있다.

31
같은 곤충 종 내 다른 개체 간에 통신을 목적으로 사용되는 휘발성 화합물은?

① 페로몬
② 테르펜
③ 알로몬
④ 카이로몬

해설 페로몬 : 같은 종 간의 정보전달을 목적으로 하는 신호물질로 개체간 특이한 반응이나 행동을 유발한다.

32
곤충의 기관으로 미각과 관계가 없는 것은?

① 큰턱
② 윗입술
③ 작은턱수염
④ 아랫입술수염

해설 곤충의 미각기관은 윗입술, 작은턱수염, 아랫입술수염에 존재한다.

정답 26 ② 27 ③ 28 ③ 29 ④ 30 ④ 31 ① 32 ①

33

유충과 성충이 모두 잎을 가해하는 해충은?

① 독나방
② 솔잎혹파리
③ 오리나무잎벌레
④ 꼬마버들재주나방

 오리나무잎벌레의 성충과 유충 모두 잎을 식해한다. (유충은 엽맥을 남기고 엽육만 식해하며 가해부분은 붉어짐)

34

기계유 유제에 대한 설명으로 옳은 것은?

① 식독제로서 위에서 소화중독이 되어 치사시킨다.
② 침투성 살충제로서 작용점인 신경계를 이상 자극하여 저해작용을 한다.
③ 직접 접촉제로서 곤충 체표에 피막을 형성하여 기관을 막아 질식사시킨다.
④ 침투성 살충제로서 작용점인 원형질에 도달하여 에너지 생성계의 효소에 저해작용을 한다.

 해충 몸에 직·간접적으로 약제가 닿아 숨구멍이나 표피를 통해 체내로 침투하여 치사시키는 직접접촉제로 니코틴제, 기계유 유제, 피레트린, 로테논 등이 포함된다.

35

봄에 수목 주변의 잡초를 제거하여 피해를 줄일 수 있는 해충은?

① 꽃매미
② 소나무좀
③ 박쥐나방
④ 포도뿌리혹벌레

 박쥐나방의 부화유충은 초본류 줄기 속을 식해하다가 나무로 이동하여 줄기를 환상으로 식해하므로 유충이 기생하는 초본류를 제거함으로써 피해를 줄일 수 있다.

36

마늘에 피해를 주는 고자리파리의 방제방법으로 가장 효과가 적은 것은?

① 천적인 고자리혹벌을 이용한다.
② 미숙 유기질 비료를 많이 사용한다.
③ 파종 또는 이식 전에 토양살충제를 살포한다.
④ 연작지에서 발생과 피해가 심하므로 윤작을 실시한다.

 고자리파리는 미숙 유기질비료를 사용할 경우 부숙되면서 발생하는 냄새로 인해 많이 발생한다. 방제법에는 토양살충제 처리(토양 속 유충 방제), 천적의 이용(고자리혹벌) 등이 있다.

37

벼룩잎벌레에 대한 설명으로 옳은 것은?

① 번데기로 월동한다.
② 성충은 주로 열매를 가해한다.
③ 고추에 주로 발생하는 해충이다.
④ 일반적으로 작물이 어린 시기에 피해가 많다.

 〈벼룩잎벌레의 특징〉
• 유충은 뿌리를 가해하여 근채류의 상품성을 저하시키고 성충은 잎을 가해한다.
• 1년에 4~5회 발생하며 잡초나 얕은 토양속에서 월동한다.
• 어린 작물에 피해가 크다.

정답 33 ③ 34 ③ 35 ③ 36 ② 37 ④

38
거미와 비교한 곤충의 일반적인 특징이 아닌 것은?

① 머리에는 입틀, 더듬이, 겹눈이 있다.
② 배마디에는 3쌍의 다리와 2쌍의 날개가 있다.
③ 곤충은 머리, 가슴, 배 3부분으로 구성되어 있다.
④ 곤충은 동물 중에 가장 종류가 많으며, 곤충강에 속하는 절지동물을 말한다.

 〈곤충강과 거미강의 형태 비교〉

구분	곤충강	거미강
구분	3부분으로 나뉨 (머리, 가슴, 배)	2부분으로 나뉨 (머리가슴, 배)
눈	겹눈, 홑눈	홑눈만 존재
더듬이	한 쌍	X
마디	가슴과 배에 존재	X
다리	3쌍(5마디로 구성)	4쌍(6마디로 구성)
날개	보통 2쌍	X
호흡기	몸 측면에 존재 (기관, 숨문)	배 하부에 존재 (기관, 허파)
생식기	배 끝에 존재	배 앞부분에 존재
변태	O	X

39
톱밥같은 배설물을 밖으로 내보내지 않고 수피 속의 갱도에 쌓아 놓아 피해를 발견하기가 어려운 해충은?

① 알락하늘소   ② 미끈이하늘소
③ 향나무하늘소   ④ 털두꺼비하늘소

 향나무하늘소(측백하늘소)는 유충이 줄기와 가지수피 밑의 형성층을 불규칙하고 평편하게 식해하며 배설물을 밖으로 보내지 않고 갱도에 쌓아 놓아 발견하기 어렵다.

40
단위생식이 가능한 것은?

① 밤나무혹벌
② 배추흰나비
③ 송충알좀벌
④ 잣나무넓적잎벌

단위생식(처녀생식)은 교미를 통한 수정 없이 암컷 혼자 번식이 가능한 것으로 밤나무 순혹벌, 민다듬이벌레, 여름철 진딧물류 등의 생식방법에 해당된다.

3과목 재배원론

41
감자의 휴면과 밀접한 관계가 있는 생장호르몬은?

① ABA   ② Ethylene
③ Kinetin   ④ gibberellin

감자 휴면타파 : 감자를 절단한 후 2ppm의 지베렐린 수용액에 30~60분 간 침지하여 파종
ABA : 감자의 휴면을 유도하며 식물의 노화와 낙엽을 촉진한다.

42
옥신 중에서 식물체에서 합성되지 않는 것은?

① IAA   ② IAN
③ NAA   ④ PAA

옥신에는 천연옥신(IAA, IAN, PAA)과 합성옥신(NAA, IBA, 2,4-D, 2,4,5-T, PCPA, MCPA, BNOA)이 있다.

정답 38 ② 39 ③ 40 ① 41 ① 42 ③

43

벼에서 염해가 우려되는 최소농도는?

① 0.1% NaCl   ② 0.4% NaCl
③ 0.7% NaCl   ④ 0.9% NaCl

 토양의 염분 농도가 0.1%에서 염해가 발생하며 0.3% 이상에서는 생육이 불가능하다.

44

산파(흩어뿌림)에 대한 설명으로 틀린 것은?

① 투광성이 좋아진다.
② 종자 소요량이 많아진다.
③ 도복하기 쉽다.
④ 제초 작업에 어려움이 있다.

 산파는 포장 전면에 종자를 흩어 뿌리는 방법으로 노력이 절감되나 종자 소요량이 많고 통기와 투광이 불량, 도복 우려, 관리가 불편하다는 단점이 있다.

45

다음 중 무배유 종자는?

① 보리   ② 상추
③ 밀   ④ 피마자

 무배유 종자(지상자엽형) : 콩, 팥, 완두 (콩과종자), 상추, 오이가 해당되며 완두, 잠두, 팥은 예외적으로 지하자엽형 발아를 한다.

46

작물의 배수성 육종시 염색체를 배가시키는데 가장 효과적으로 이용되는 것은?

① colchicine   ② auxin
③ kinetin   ④ ethylene

해설 콜히친 처리법 : 생장점에 콜히친을 처리하여 배수체를 형성한다.

47

기공을 폐쇄시켜 증산을 억제시키는 것은?

① 옥신   ② 지베렐린
③ 에틸렌   ④ ABA

 ABA는 식물이 건조해를 입었을 때 발생하는 식물호르몬으로 기공을 폐쇄시켜 증산을 억제하는 효과가 있다.

48

상대습도 98%의 공기 중에서 건조 토양이 흡수하는 수분상태를 말하며, pF가 4.5에 해당하는 것은?

① 건조상태
② 풍건상태
③ 흡습계수
④ 최대용수량

 흡습계수 : 작물에 이용될 수 없는 흡습수만 남은 수분상태로 pF 4.5에 해당된다.(상대습도 98%에서 건조토양이 흡수하는 수분)

49

작물의 복토깊이가 "종자가 보이지 않을 정도"에 해당하는 것으로만 나열된 것은?

① 밀, 콩   ② 귀리, 팥
③ 파, 상추   ④ 감자, 토란

 종자가 안보일 정도로만 복토하는 작물에는 소립 목초 종자, 상추, 파, 양파, 담배, 당근, 유채 등이 해당된다.

정답 43 ① 44 ① 45 ② 46 ① 47 ④ 48 ③ 49 ③

50

다음에서 설명하는 것은?

- 제철을 할 때 철광석으로부터 배출
- 10ppb의 농도에서 10~20시간이면 식물이 피해를 받음
- 독성이 매우 강함
- 석회결핍, 효소활성 저해

① 암모니아가스
② 염소계가스
③ 불화수소가스
④ 아황산가스

해설 불화수소가스(HF) : 독성이 매우 강하여 10ppb의 낮은 농도에서도 피해를 주며, 잎의 끝이나 가장자리가 백변한다.

51

이랑을 세우고 낮은 골에 파종하는 방식은?

① 휴립휴파법
② 성휴법
③ 평휴법
④ 휴립구파법

해설 〈작휴의 종류〉
- 평휴법 : 이랑과 고랑의 높이를 같게 하는 것으로 채소와 밭벼 재배에서 실시한다.
- 휴립구파법 : 이랑을 세우고 낮은 골에 파종하는 방법으로 맥류 한해와 동해를 방지한다.
- 휴립휴파법 : 이랑을 세우고 이랑에 파종하는 방법으로 배수와 통기성이 좋아진다.
- 성휴법 : 이랑을 넓고 크게 만드는 방법으로 파종이 편해지며 건조해와 장마철의 습해를 방지한다.

52

작물의 기원지에서 중국지역에 해당하는 것으로만 나열된 것은?

① 배추, 복숭아
② 옥수수, 강낭콩
③ 수박, 참외
④ 담배, 토마토

해설 〈Vavilov의 작물 기원지〉

중국 지역	콩, 메밀, 6조보리, 배추, 조, 피, 팥, 인삼, 자운영, 황마
인도·동남아 지역	벼, 참깨, 사탕수수, 모시풀, 오이, 박, 가지
중앙아시아 지역	귀리, 기장, 완두, 삼, 당근, 양파
중동·코카서스 지역 (메소포타미아 문명)	2조보리, 보통밀, 호밀, 유채, 아마, 마늘, 시금치
지중해 연안 지역	무, 순무, 사탕무, 완두, 유채, 화이트클로버, 오처드그래스, 티머시, 양배추, 상추
중앙아프리카 지역	수박, 진주조, 수수, 참외
멕시코·중앙아메리카 지역	옥수수, 고구마, 호박, 강낭콩, 해바라기
남아메리카 지역	감자, 고추, 땅콩, 담배, 토마토

53

다음 중 단일식물로만 나열된 것은?

① 도꼬마리, 콩
② 양귀비, 시금치
③ 아마, 상추
④ 양파, 티머시

해설 단일식물 : 단일상태에서 화성이 유도되는 식물로 벼, 콩, 담배, 깨, 꽃, 땅콩, 딸기, 옥수수, 조, 기장 등이 해당된다.

54

벼의 수광태세를 좋게 하는 것으로 틀린 것은?

① 상위엽이 직립한다.
② 잎이 넓다.
③ 분얼이 조금 개산형이다.
④ 각 잎이 공간적으로 균일하게 분포한다.

 수광태세의 개선을 위한 벼의 초형 : 잎이 얇지 않고 좁으며 상위엽이 직립하는 것, 키가 너무 작거나 크지 않은 것. 개산형 분얼, 잎의 공간이 균일하게 분포하는 것이 유리하다.

55

벼의 생육 중 냉해에 의한 출수가 가장 지연되는 생육단계는?

① 유효분얼기
② 유수형성기
③ 감수분열기
④ 출수기

 벼는 유수형성기에 냉온을 만나면 출수가 가장 지연되며 감수분열기는 벼 생육기간 중 냉해에 가장 약한 시기이다.

56

작물의 내동성을 감소시키는 생리적 요인은?

① 전분함량이 많다.
② 원형질의 수분투과성이 크다.
③ 원형질의 점도가 낮다.
④ 원형질의 친수성 콜로이드가 많다.

 내동성은 지방과 당분함량이 많을수록, 전분함량이 적을수록 증가한다.

57

다음 중 토양 유효수분의 범위로 가장 옳은 것은?

① 흡습수 이상의 토양수분
② 영구위조점과 흡습수사이의 수분
③ 최대용수량과 포장용수량사이의 수분
④ 포장용수량과 영구위조점사이의 수분

 유효수분 : 포장용수량과 영구위조점 사이의 수분으로 토양입자가 작을수록 많아진다.

58

다음 중 굴광현상에 가장 유효한 광은?

① 자외선
② 적색광
③ 청색광
④ 적외선

 식물이 광조사 방향으로 굴곡반응을 보이는 현상을 굴광현상이라 하며 400~500nm, 특히 440~480nm(청색광)이 가장 유효하다.

59

다음 중 에틸렌의 전구물질에 해당하는 것은?

① tryptophan
② methionine
③ acetyl CoA
④ phenol

 에틸렌은 종자 발아촉진, 정아우세 타파(측아촉진), 생장억제, 개화촉진, 탈리촉진, 수평생장, 노화촉진 등의 효과를 내며 전구물질은 메티오닌(methionine)이다.

정답 54 ② 55 ② 56 ① 57 ④ 58 ③ 59 ②

60

저온 버널리제이션을 실시한 직후 고온처리를 하면 버널리제이션 효과가 상실되는데, 이 현상을 무엇이라 하는가?

① 이춘화 ② 등숙기춘화
③ 종자춘화 ④ 재춘화

 이춘화 : 저온버널리제이션 시 고온이 버널리제이션 효과를 감쇄시키는 것으로 아마는 저온처리 후 NNA, IBA를 처리하면 춘화처리 효과가 감쇄한다.

4과목 농약학

61

유기인제 계통의 약제를 알칼리성 농약과 혼용을 피해야하는 주된 이유는?

① 약해가 심해지기 때문이다.
② 물리성이 나빠지기 때문이다.
③ 가수분해가 일어나기 때문이다.
④ 중합반응을 하여 다른 물질로 되기 때문이다.

 알칼리성 약제를 혼용하면 알칼리에 의한 분해가 일어나거나(보르도액, 석회유황합제, 유기인제, 카바메이트제, 유기비소제) 금속염의 치환에 의한 분해가 일어난다.(알칼리 약제와 유기황계)

62

45% 유제를 600배로 희석하여 10a당 120L를 살포하여 해충을 방제하려고 할 때 유제의 소요량은?

① 100mL ② 200mL
③ 300mL ④ 400mL

 소요약량 = 단위면적당 사용량 / 소요 희석 배수 = 120L × 1,000mL / 600 = 200mL

63

다음 농용 항생제가 아닌 것은?

① 클로로피크린(Chloropicrin)
② 블라스티시딘 에스(Blasticidin-S)
③ 카수가마이신(Kasugamycin)
④ 스트렙토마이신(Streptomycin)

클로로피크린(Chloropicrin)은 유기할로겐계 살선충제로 토양훈증제으로 사용된다.

64

농약의 이화학적 검사에서 적부를 판정하는 검사항목이 아닌 것은?

① pH ② 유효성분
③ 분말도 ④ 입도

농약의 이화학적 검사항목에는 유효성분, 분말도, 입도, 가비중, 수분, 확산성 등이 있다.

65

약해가 일어나는 조건으로 가장 거리가 먼 것은?

① 장마철 보르도액의 살포
② 살포약제의 고농도 살포
③ 낙엽 후 기계유 유제의 살포
④ 고온, 고광도시 석회황합제 사용

기계유 유제는 낙엽을 사전 방지하기 위한 약제로 낙엽 전 사용한다.

정답 60 ① 61 ③ 62 ② 63 ① 64 ① 65 ③

66
액체상태 농약 용기의 마개가 황색을 띤 약제는?
① 제초제   ② 살충제
③ 살균제   ④ 생장조절제

 제초제(황색), 살충제(녹색), 살균제(분홍색), 생장조절제(청색)

67
약제의 처리법 중 수면시용법이 갖추어야 할 특성으로 틀린 것은?
① 물에 잘 풀리고 널리 확산되어야 한다.
② 물이나 미생물 또는 토양성분 등에 의하여 분해되지 않아야한다.
③ 수중에서 장시간에 걸쳐 녹아 약액의 농도를 유지하여야 한다.
④ 가급적 약제의 일부는 수중에 현수되도록 친수 및 발수성을 갖추어야 한다.

해설 수면시용제는 수중생태계의 피해를 줄이기 위해 장시간에 걸쳐 녹아 농도를 유지하면 안된다.

68
살포액 조제 시 고려할 사항으로 가장 거리가 먼 것은?
① 병해충의 종류   ② 희석용수의 선택
③ 희석배수의 준수   ④ 충분한 혼화

해설 〈살포액 조제 시 주의사항〉
② 온도가 높지 않은 깨끗한 물을 사용해야 한다.
③ 작물에 맞게 정량을 희석하여 사용해야 한다.
④ 원액이 침전되지 않도록 충분히 혼합해야 한다.

69
생물농축계수(BCF)란 생물농축의 정도를 수치로 표현한 것을 말한다. 수질 중의 화합물의 농도가 1ppm이고, 송사리 중의 농도가 10ppm이라면 이 화합물의 생물농축계수는 얼마인가?
① 1   ② 10
③ 100   ④ 1000

 생물농축계수는 수질 중 화합물 농도에 대한 생물체 내에 축적된 화합물의 농도비로 10ppm/1ppm = 10 이다.

70
농약 제형 중 직접 살포제가 아닌 것은?
① 세립제   ② 미립제
③ 유탁제   ④ 미분제

해설 〈제형에 따른 물리적 분류〉
• 희석살포용 제형(액체시용제) : 유제, 수화제, 액상수화제, 입상수화제, 액제, 유탁제, 분산성 액제, 수용제, 플로우어블
• 직접살포용 제형(고체시용제) : 입제, 분제, 수면전개제 및 오일제, 미분제, 저비산분제, 캡슐제

71
과실의 착색·숙기촉진을 위하여 주로 사용되는 약제는?
① butrain   ② IBA
③ calcite   ④ ethephon

해설 에틸렌 : 숙성 및 노화 촉진효과가 있으며(과일의 후숙), 에틸렌(기체) 이용이 어려워 에세폰(액체)을 사용한다.

정답 66 ① 67 ③ 68 ① 69 ② 70 ③ 71 ④

72

농약의 독성표시 방법으로 동물의 50%가 치사하는 약량을 나타낸 것은?

① LC50
② I50
③ KD50
④ LD50

 반수치사량(LD50)은 경구독성, 경피독성으로 동물의 50%가 치사하는 약량을 의미한다.

73

담배 식물에 들어있는 천연살충 성분은?

① 톡시카롤(toxicarol)
② 아나바신(anabasine)
③ 수마트롤(sumatrol)
④ 엘립톤(elliptone)

 아나바신(anabasine) : 담배의 알칼로이드 성분 중 하나로 니코틴과 유사하게 살충력이 있는 천연 살충 성분이다.

74

다음 중 훈증제(fumigant)는?

① 디프테렉스
② 메틸브로마이드
③ 나크(NAC)
④ 집톨

 훈증제는 휘발되어 유효성분이 해충의 호흡기관으로 들어가 독작용을 일으키는 약제로 메틸브로마이드, 클로로피크린, 시안화수소(청산제), 알루미늄포스파이드 등이 있다.

75

다음 제형 중 주로 병해충 예방용 약제를 대상으로 하며 단위면적당 농약 투입량이 가장 적은 것은?

① 종자처리수화제(WS)
② 유현탁제(SE)
③ 액상수화제(SC)
④ 미립제(MG)

 종자처리수화제(WS) : 약제의 종자 부착성을 향상시킨 수화제로 적은 양으로 효과가 크며 약제 손실이 적어 환경에 좋고 농약 중독의 염려가 없다. 또한 종자 병해충의 예방 목적으로 활용되며 단위면적당 농약 사용량이 가장 적다.

76

식물체 내에서 베타산화(β-oxidation) 여부로 선택성을 나타내는 것은?

① 2,4,5-T
② 2,4-DES
③ 2,4-DB
④ UDPG

 유기물의 탄소원자를 산화시키는 베타산화를 통해 제초효과를 내는 선택성 제초제는 2,4-DB이다.

77

석회 보르도액은 어느 것에 해당하는가?

① 황제
② 염소제
③ 구리제
④ 비소제

 〈유기유황제 살균제〉
- 디티오카바메이트계로 무기살균제에 비해 약해가 적으나 효과는 높다.
- 원예용 살균제로 주로 사용된다.
- 종류 : 만코제브, 프로피네브, 마네브, 지네브, 지람, 티람 등

정답   72 ④   73 ②   74 ②   75 ①   76 ③   77 ③

78

유제(乳劑)에 대한 설명으로 옳지 않은 것은?

① 수화제보다 살포액의 조제가 편리하다.
② 수화제보다 약효가 다소 낮다.
③ 수화제보다 제조비가 높다.
④ 수화제보다 포장·수송·보관이 어렵다.

해설 〈유제의 특징〉
- 불용성 원제(주제)를 용제에 녹인 후 계면활성제를 유화제로 첨가한 것
- 물과 혼합되면 우유같은 유탁액이 됨
- 수화제보다 살포액 조제가 간편하며 약효가 높음
- 구비조건 : 유화성, 안정성, 확전성, 고착성

79

싸이토키닌계의 식물호르몬제로써 콩나물의 생장촉진제로 가장 적합한 약제는?

① 페노프롭(fenoprop)
② 육-비에이(6-BA)
③ 지베렐린(gibberellin)
④ 아토닉(atonic)

해설 BA는 합성 시토키닌 중 하나로 식물의 세포분열 촉진, 발아촉진, 단위결과 촉진 등의 효과를 나타낸다.

80

농약은 종류별로 병뚜껑의 색깔을 달리하여 농민이 농약을 쉽게 식별할 수 있도록 하고 있는데 살균제의 병뚜껑은 다음 중 어떤 색인가?

① 분홍색　　② 녹색
③ 황색　　　④ 청색

해설 약제용도에 따른 바탕색 구분 : 살균제(분홍색), 살충제(녹색), 제초제(황색), 생장조절제(청색), 맹독성농약(적색), 기타약제(백색), 혼합제 및 동시방제제(색깔 병용)

5과목 잡초방제학

81

생물적 잡초방제를 위해 곤충을 사용할 때 곤충에 대한 유의사항으로 옳지 않은 것은?

① 환경에 잘 적응해야 한다.
② 인공적으로 배양 또는 증식이 어려우며 생식력이 약해야한다.
③ 문제 잡초를 선별적으로 찾아다닐 수 있는 이동성이 있어야한다.
④ 대상 잡초에만 피해를 주고 잡초가 없어지면 천적 자체도 소멸되어야한다.

해설 방제에 이용되는 곤충은 목표잡초로 가기위한 충분한 이동성이 있으며 생식이 잡초보다 빠르고 환경적 응성이 높아야 한다.

82

올방개 방제에 가장 효과적인 제초제는?

① 뷰타클로르 유제
② 펜디메탈린 유제
③ 페녹슈람 액상수화제
④ 피라조설퓨론에틸 수화제

해설 ①,②,④는 1년생 잡초 방제 약제, 페녹슈람 액상수화제는 1년생 및 다년생 잡초 방제에 이용된다.

정답 78 ② 　 79 ② 　 80 ① 　 81 ② 　 82 ③

83
작물과 잡초가 경합할 때 작물에 피해가 가장 큰 경우는?

① C3작물과 C4잡초
② C3작물과 C3잡초
③ C4작물과 C3잡초
④ C4작물과 C4잡초

해설 C4 식물은 C3식물보다 광합성효율이 높아 경합에 유리하므로 잡초가 C4, 작물이 C3식물일 경우 작물에 피해가 크다.

84
이사-디 액제에 대한 설명으로 옳지 않은 것은?

① 페녹시계 제초제이다.
② 광엽잡초에 특히 활성이 높다.
③ 주로 논 제초제로 사용되고 있다.
④ 이행성이 비교적 낮고 생장점 등에 집적하는 성질이 있다.

해설 2,4-D는 우리나라에서 가장 먼저 사용된 제초제로 옥신의 한 종류인 호르몬형 제초제로 농약성분이 광합성 산물과 함께 이동하여 식물체 내 옥신 균형을 잃게 하는 선택성 제초제이다.(이행형, 호르몬형) 또한, 1년생 잡초(방동사니, 물달개비, 밭뚝외풀, 마디꽃, 사마귀풀)에 효과가 크다.

85
형태적 특성에 따른 잡초 분류로 옳지 않은 것은?

① 소엽류 잡초
② 광엽류 잡초
③ 화본과류 잡초
④ 방동사니과류 잡초

해설 잡초는 형태적 특성에 따라 화본과 잡초, 광엽잡초, 방동사니과 잡초로 구분된다.

86
주로 종자로 번식하는 잡초는?

① 올미, 벗풀
② 가래, 쇠털골
③ 강피, 물달개비
④ 올방개, 너도방동사니

해설 종자로 번식하는 잡초에는 피, 뚝새풀, 바랭이, 마디꽃, 물달개비 등이 해당된다.

87
잡초 군락을 평가하는 기준으로 가장 거리가 먼 것은?

① 중요값
② 생장 곡선
③ 유사성 계수
④ 우점도 지수

해설 잡초가 군락을 형성하는 데에는 경합, 유사성, 우점도 등이 영향을 미치며 생장곡선과는 관계가 없다.

88
잡초의 생물적 방제방법에 대한 설명으로 옳은 것은?

① 효과가 일회적이고 영속성이 없다.
② 화학적 방제방법에 비해 환경파괴가 심하다.
③ 완전 방제보다는 경제적 허용한계 이하로 조절하는 것이다.
④ 곤충이 주로 이용되지만 식물병원균은 위험성이 있어 이용되지 않는다.

해설 생물적 방제법 : 기생성 또는 병원성 생물을 이용하여 유해잡초 밀도를 낮추는 방제법으로 완전한 사멸이 목적이 아닌 경제적 허용범위에서 감소시키는 것이 목적인 환경친화적 방제법이다.

정답 83 ① 84 ④ 85 ① 86 ③ 87 ② 88 ③

89

재배 양식별 잡초 발생 및 잡초 방제 특성에 대한 설명으로 옳지 않은 것은?

① 멀칭재배에서 투명 비닐은 검정 비닐보다 잡초 발생이 적다.
② 노지재배는 가급적 잡초 발생 초기에 방제하는 것이 중요하다.
③ 시설재배에서 방제되지 않고 살아남은 잡초는 빠르게 생장하여 작물에 피해를 준다.
④ 터널재배는 낮 시간 동안 고온다습한 상태에 있어 제초제를 살포하는 경우 약해 유발 가능성이 크다.

해설 〈필름 멀칭〉
- 흑색필름 : 잡초 발생 억제, 지온 하강
- 투명필름 : 잡초 발생 증가, 지온 상승
- 녹색필름 : 지온 상승

90

잡초에 의한 피해가 아닌 것은?

① 작업 환경 악화
② 토양의 침식 발생
③ 병해충 서식처 제공
④ 작물과의 경합으로 인한 작물 생육 저하

 잡초의 피해 : 작물과의 경합, 타감작용(상호대립억제작용), 기주식물 기생, 병해충 매개(병원균 서식처 역할), 독성, 종자 혼입으로 인한 포장 오염, 관수와 배수의 저하 등

91

잡초의 주요 영양번식 기관을 연결한 것으로 옳지 않은 것은?

① 향부자 – 절편
② 매자기 – 괴경
③ 쇠비름 – 절편
④ 올방개 – 괴경

해설 〈잡초의 무성번식〉: 주로 다년생 잡초의 번식방법으로 영양기관으로 인경, 구경, 근경, 포복경, 괴경, 괴근 등을 이용한다.
- 인경 : 가래, 무릇, 야생마늘, 자주괭이밥
- 구경 : 반하, 올챙이고랭이
- 근경(지하경) : 띠, 나도겨풀, 가래, 쇠털골, 수염가래꽃, 택사, 올방개
- 포복경 : 아욱메풀, 선피막이, 사상자, 미나리, 병풀, 버뮤다그라스, 딸기
- 괴경 : 향부자, 올미, 올방개, 벗풀, 매자기, 너도방동사니
- 뿌리와 줄기 : 메꽃, 엉겅퀴류
- 절편 : 대부분의 다년생 잡초 및 쇠비름 줄기

92

종자가 바람에 의해 전파되기 쉬운 잡초로만 나열된 것은?

① 망초, 방가지똥
② 어저귀, 명아주
③ 쇠비름, 방동사니
④ 박주가리, 환상덩굴

해설 〈잡초의 전파(산포)〉
- 바람 : 박주가리, 엉겅퀴, 민들레, 망초, 방가지똥, 수레국화
- 물 : 피, 소리쟁이, 벗풀
- 인축(배설물 및 옷·털 접촉) : 비름, 명아주 , 진득찰, 도꼬마리, 도깨비바늘, 메귀리
- 성숙종자의 꼬투리가 흩어져 전파 : 달개비, 콩과, 바랭이

정답 89 ① 90 ② 91 ① 92 ①

93

분해과정이 없을 경우 극성이 낮은 제초제를 토양처리 하였을 때 제초 효과가 가장 낮게 나타날 수 있는 조건은?

① 유기물이 없는 사질토
② 유기물이 풍부한 점질토
③ 유기물이 전혀 없는 점질토
④ 유기물이 어느정도 있는 사질토

 유기물이 풍부한 점질토는 토양 속 미생물과 유기물의 영향으로 인해 제초제가 분해되어 약효가 낮아질 수 있다.

94

뿌리가 토양에 고정되어 있지 않고 물 위에 떠다니는 부유성 잡초에 해당하는 것은?

① 가래
② 네가래
③ 생이가래
④ 가는가래

 부유잡초는 물에 부유하는 잡초로 부레옥잠, 개구리밥, 좀개구리밥, 생이가래 등이 해당된다.

95

토양 환경과 잡초의 출현에 대한 설명으로 옳지 않은 것은?

① 종자가 무거울수록 발생심도가 깊다.
② 토양이 과습하면 출현율이 낮아진다.
③ 토양이 건조하면 출아율이 낮아진다.
④ 사질토는 중점토보다 발생심도가 얕다.

해설 〈잡초의 출현〉
- 사질토가 중점토보다 발생심도가 깊다.
- 과습토 및 건조토에서는 종자의 유묘 출현이 감소한다.
- 무거운 종자일수록 유묘 발생 토양심도가 깊다.

96

작물의 수량 감소가 가장 클 것으로 예상되는 조합은?

① C3 잡초와 C3 작물
② C4 잡초와 C3 작물
③ C3 잡초와 C4 작물
④ C4 잡초와 C4 작물

해설 주요 작물은 C3이며 상대적으로 광합성 효율이 C4 식물보다 낮다.

97

쌍자엽 잡초의 특징으로 옳은 것은?

① 잎은 평행맥이다.
② 뿌리는 직근계이다.
③ 산재된 유관속의 관상경을 가지고 있다.
④ 생장점이 줄기 하단의 절간 부위에 있다.

해설 〈잡초의 식물학적 분류〉
- 쌍떡잎식물 : 대부분의 잡초에 해당되며 망상의 잎맥과 직근, 개방유관속을 가지며 생장점은 정단부에 위치한다.
- 외떡잎식물 : 피, 강아지풀, 올방개 등이 해당되며 평형의 잎맥과 섬유근계의 관근, 산재유관속을 가지며 생장점은 줄기 하단과 절간에 위치한다.

정답 93 ② 94 ③ 95 ④ 96 ② 97 ②

98

지면을 피복할 경우 잡초에 미치는 영향으로 옳지 않은 것은?

① 빛과 산소 공급이 차단된다.
② 잡초의 발아심도가 깊어진다.
③ 잡초가 물리적으로 질식하거나 출아가 억제되기도 한다.
④ 주·야간의 온도 차가 커져 잡초 종자의 발아 수가 격감된다.

해설 잡초종자를 피복하여 토심을 깊게 하면 빛과 산소공급이 적어져 발아가 억제되며 변온이 작아져 발아가 억제된다.

99

작물, 잡초, 제초제의 연결이 옳지 않은 것은?

① 벼, 피, 뷰타클로르 입제
② 잔디, 크로바, 디캄바 액제
③ 콩, 방동사니, 이사-디 액제
④ 사과나무, 쇠비름, 시마진 수화제

해설 〈2,4-D의 특징〉
- 우리나라에서 가장 먼저 사용된 제초제로 옥신의 한 종류인 호르몬형 제초제이다.
- 잔디, 사탕수수, 목초, 과수원에서 많이 사용된다.
- 2,4-D 아민염(물에 잘 녹음), 2,4-D 에스테르(휘발성이 높아 주변 광엽식물에 약해 발생) 등이 있다.

100

화본과 잡초로만 올바르게 나열한 것은?

① 강피, 나도겨풀
② 마디꽃, 매자기
③ 쇠털골, 알방동사니
④ 가막사리, 올챙이고랭이

해설 화본과잡초는 잎이 평형잎맥이며 폭이 좁고 길다. 또한 종류에는 피, 바랭이, 나도겨풀, 둑새풀, 강아지풀 등이 해당된다.

정답 98 ④ 99 ③ 100 ①

Chapter 02 2024년 2회 기사 CBT 복원

1과목 식물병리학

01
식물병원체가 생산하는 기주 특이적 독소는?
① Victorin
② Tentexin
③ Ophiobolins
④ Fumaric acid

 기주특이적 독소 : 병원균이 생산하는 독소가 기주식물에만 작용하는 독소

기주특이적 독소	• Victorin : 귀리 마름병균 • AL 독소 : 토마토 겹둥근무늬병균, 줄기마름병균 • AK 독소 : 배나무 검은무늬병균 • AT 독소 : 담배 붉은별무늬병균 • AM 독소 : 사과 점무늬낙엽병균 • PC 독소 : 수수 Milo 병균 • AC 독소 : 귤 검은썩음병균 • HC 독소 : 옥수수 반점무늬병균, 그을음무늬병균 • AF 독소 : 딸기 검은무늬병균 • HMT 독소 : 옥수수 깨씨무늬병균

02
파이토플라스마에 대한 설명으로 옳지 않은 것은?
① 세포벽이 없다.
② 인공배지에서 생장하지 않는다.
③ 매개충에 의하여 전파되지 않는다.
④ 테트라싸이클린에 대하여 감수성이다.

 파이토플라즈마병 : 대추나무 빗자루병(마름무늬매미충), 오동나무빗자루병(담배장님노린재)

03
어떤 작물 품종이 특정 병에 대한 저항성에서 감수성으로 바뀌는 주요 원인은?
① 재배 방법의 변경
② 기상환경의 이변
③ 방제 작업의 중단
④ 병원균의 새로운 race출현

 병원균의 생리적 분화를 통해 분화형이 나타나고 병원균의 분화형 또는 변종 중에서 기주 품종에 대한 기생성이 다른 것을 레이스라고 한다.(레이스는 고정되어 있지 않고 계속 분화한다.)

04
오이 모자이크병에 대한 설명으로 옳지 않은 것은?
① 진딧물에 의해 영속성 전염을 한다.
② 대부분 종자전염은 일어나지 않는다.
③ 오이외에도 다양한 작물에 발병한다.
④ 감염된 잎에서 다수의 황색의 반점이 생긴다.

 비영속성 전염(구침에 머문 상태에서 전염) : 오이, 배추, 순무 모자이크병

정답 01 ① 02 ③ 03 ④ 04 ①

05

가축이 섭취할 경우 유독한 독성 물질에 의해 중독 증상이 나타날 수 있는 것은?

① 벼 깨씨무늬병
② 보리줄무늬병
③ 보리 흰가루병
④ 보리 붉은곰팡이병

 맥류 붉은곰팡이병의 곰팡이 독소 제랄레논(Zearalenone)은 인축이 섭취할 경우 중독증이 발생한다.

06

수목 뿌리에 주로 발생하는 자주날개무늬병이 속하는 진균류는?

① 난균
② 담자균
③ 병꼴균
④ 접합균

 자주날개무늬병(Helicobasidium mompa)은 진균(담자균)에 의한 병이며 뿌리나 줄기의 땅가 주변에 자주색 실이나 그물 모양 막이 생성된다.

07

다음 방제 방법에 가장 효과적인 식물병은?

- 병이 심하게 발생한 포장은 비기주식물로 돌려 짓기한다.
- 저항성 대목으로 접목하며 재배한다.

① 배추 노균병
② 양파 잎마름병
③ 오이 덩굴쪼김병
④ 배추 무사마귀병

 박과류 덩굴쪼김병은 저항성 대목의 접목재배를 통해 방제할 수 있다.

08

식물에 뿌리혹을 유발하는 대표적인 토양서식 병원균은?

① Alternaria mali
② Pyriculara oryzae
③ Cercospora brassicicola
④ Agrobacterium tumefaciens

 뿌리혹병은 고온다습한 알칼리성 토양에서 발병하며 병원체는 세균으로 병환부에서 월동하며 토양 속에서 다년간 생존할 수 있다.

09

사과나무 붉은별무늬병균이 해당하는 분류군은?

① 난균
② 담자균
③ 자낭균
④ 불완전균

 사과나무 붉은별무늬병균은 담자균이며 향나무와 기주교대하는 순활물기생균이다.

10

다음 ( )안에 해당하는 용어로 옳은 것은?

어느 식물이 본질적으로 병에 걸리지 않는 질적인 차이가 있을 때에는 그 병원체에 대하여 ( )이 없다고 한다.

① 감수성
② 친화성
③ 저항성
④ 다범성

 ① 병에 걸리기 쉬운 성질 ③ 병원체의 작용을 억제하는 성질

정답 05 ④ 06 ② 07 ③ 08 ④ 09 ② 10 ②

11

소나무 잎마름병의 병징으로 옳은 것은?

① 봄에 묵은 잎이 적갈색으로 변하면서 대량으로 떨어진다.
② 잎에 바늘구멍 크기의 적갈색 반점이 나타나고 동심원으로 커진다.
③ 잎에 띠 모양의 황색 반점이 생기다가 갈색으로 변하면서 반점들은 합쳐진다.
④ 수관 하부에 있는 잎에서 담갈색 반점이 생기면서 발생하여 상부로 점차 진전한다.

해설 소나무 잎마름병은 고온다습, 배수 불량, 칼슘 부족인 환경에서 많이 발생하며 띠 모양의 황색 반점들이 침엽 윗부분에 형성된 후 갈변, 잎 병환부에 균퇴를 형성한다.

12

벼 잎집무늬마름병에 대한 설명으로 옳지 않은 것은?

① 피, 조, 옥수수 등에도 발병한다.
② 병원균의 생육적온은 22℃ 정도이다.
③ 조생종은 피해가 많고 만생종은 피해가 적다.
④ 잎집에 얼룩무늬가 나타나며, 잎에서도 병무늬가 형성된다.

해설 벼 잎집무늬마름병균이 기주로 침입 가능한 온도는 22~35℃이며 최적온도는 30~32℃이다.

13

뽕나무 오갈병의 병원체로 옳은 것은?

① 곰팡이
② 바이러스
③ 바이로이드
④ 파이토플라스마

해설 파이토플라즈마병 : 대추나무·오동나무 빗자루병, 뽕나무 오갈병

14

식물병을 일으키는 병원체 중 핵산으로만 구성되어 있으며 크기가 가장 작은 것은?

① 바이러스
② 바이로이드
③ 파이토플라스마
④ 스피로플라스마

해설 병원체의 크기 : 진균(곰팡이) 〉 세균 〉 바이러스 〉 바이로이드

15

세균의 변이 기작이 아닌 것은?

① 접합
② 형질 전환
③ 형질 도입
④ 이핵 현상

해설 이핵 현상 : 진균(곰팡이균)의 변이기작

정답 11 ③ 12 ② 13 ④ 14 ② 15 ④

16

식물병원균에 대한 길항균으로 많이 사용되는 것은?

① Rhizoctonia solani
② Steptomyces scabies
③ Penicillium expansum
④ Trichoderma harzianum

 〈식물병 방제에 이용되는 길항미생물〉

구분	종류
흰가루병균	Paenibacillus polymixa, Amperomyces quisqualis, Streptomyces
잿빛곰팡이병균	Cladosporium herbarum, Penicillium sp
균핵병균	Bacillus subtilis
토양전염성 병원균	Coniothyrium minitants, Gliocladium virens, Trichoderma harzianum, Streptomyces, Bacillus

17

병에 걸린 식물의 단면을 잘라서 점액의 누출 여부로 진단하는 경우로 가장 적합한 것은?

① 세균에 의한 병
② 선충에 의한 병
③ 곰팡이에 의한 병
④ 바이러스에 의한 병

 가지과 채소의 풋마름병 등의 세균병은 점액물질에 의해 간이판단 할 수 있다.

18

기주식물의 면역 또는 저항성 개선을 위해 약독 바이러스를 미리 감염시켜 식물체를 강독 바이러스의 감염으로부터 보호하는 것은?

① 교차보호   ② 식물방어
③ 유도저항성   ④ 저항성 품종

 생물적 방제법 중 교차보호 : 약독 바이러스를 기주식물에 감염시켜 강독 바이러스에 대한 면역을 높이는 방법

19

벼 잎집무늬마름병의 방제 방법으로 옳은 것은?

① 감수성 품종을 재배한다.
② 고습도 상태로 재배한다.
③ 만생종 품종을 재배한다.
④ 칼리질 비료를 가급적 적게 준다.

 〈벼 잎집무늬마름병의 특징〉
• 균핵과 담포자를 형성하며 균핵상태로 땅 위에서 월동
• 월동한 균핵이 써레질 후 잎에 접촉하여 1차 전염(물로 전파), 고온에서 균사에 의해 2차 전염
• 조생종 재배 시 발병이 우려되므로 만생종을 재배
• 질소질 비료를 줄이고 칼륨질 비료를 증시

20

벼 도열병균이 분비하는 독소는?

① 빅토린(Victorin)
② 피리큘라린(Piricularin)
③ 후사릭 산(Fusaric acid)
④ 라이코마라스민(Lycomarasmine)

 벼 도열병균이 분비하는 독소 : Piriculol, Piricularin, Picolinic Acid, Tenuazonic Acid, Coumarin

정답 16 ④   17 ①   18 ①   19 ③   20 ②

2과목 농림해충학

21
정주성 내부기생선충으로 2령 유충만이 식물을 침입할 수 있는 감염기의 선충이 되는 것은?

① 침선충
② 잎선충
③ 뿌리혹선충
④ 뿌리썩이선충

해설 뿌리혹선충 : 2령 유충이 뿌리로 침입하고 3회 탈피 후 성충이 된다.

22
한여름 휴한기에 비닐하우스를 밀폐하고 토양 온도를 높여서 땅속 해충을 방제하는 방법은?

① 행동적 방제법
② 생물적 방제법
③ 물리적 방제법
④ 화학적 방제법

해설 물리적 방제법 : 해충을 손, 도구로 직접 포획하거나 물, 온도 등 물리적 환경을 이용하는 방법

23
유충에서 성충까지 입틀의 형태가 변하지 않는 것은?

① 꿀벌
② 말매미
③ 학질모기
④ 배추흰나비

해설 꿀벌, 학질모기, 배추흰나비는 유충시기에 저작형 입틀을 가지며 성충시기에 빨대형으로 변하지만 흡즙성인 말매미는 자흡구형의 입틀이 변하지 않는다.

24
총채벌레목에 대한 설명으로 옳지 않은 것은?

① 단위생식도 한다.
② 입틀의 좌우가 같다.
③ 불완전변태군에 속한다.
④ 산란관이 잘 발달하여 식물의 조직 안에 알을 낳는다.

해설 총채벌레목은 짧은 더듬이와 비대칭 입틀을 가짐(좌우대칭이 아님)

25
애멸구에 대한 설명으로 옳지 않은 것은?

① 잡초에서 성충으로 월동한다.
② 벼 줄무늬잎마름병을 매개한다.
③ 우리나라에서 월동이 가능하다.
④ 보독충의 알에도 바이러스 병원균이 있을 수 있다.

해설 애멸구는 국내 월동이 가능한 비래해충으로, 흡즙을 통해 줄무늬잎마름병(경란전염), 검은줄오갈병(경란전염 X)을 매개하며 보독충의 알에도 병원균이 존재할 수 있다.

26
거미와 비교한 곤충의 일반적인 특징으로 옳지 않은 것은?

① 겹눈과 홑눈이 있다.
② 더듬이는 한쌍이다.
③ 성충의 다리는 세쌍이다.
④ 생식문이 배의 배면 앞부분에 있다.

정답 21 ③ 22 ③ 23 ② 24 ② 25 ① 26 ④

〈곤충강과 거미강의 형태 비교〉

구분	곤충강	거미강
구분	3부분으로 나뉨 (머리, 가슴, 배)	2부분으로 나뉨 (머리가슴, 배)
눈	겹눈, 홑눈	홑눈만 존재
더듬이	한 쌍	X
마디	가슴과 배에 존재	X
다리	3쌍(5마디로 구성)	4쌍(6마디로 구성)
날개	보통 2쌍	X
호흡기	몸 측면에 존재(기관, 숨문)	배 하부에 존재(기관, 허파)
생식기	배 끝에 존재	배 앞부분에 존재
변태	O	X

27

소나무재선충을 매개하는 해충으로만 올바르게 나열된 것은?

① 알락하늘소, 털두꺼비하늘소
② 알락하늘소, 북방수염하늘소
③ 솔수염하늘소, 털두꺼비하늘소
④ 솔수염하늘소, 북방수염하늘소

 소나무재선충의 매개충 : 솔수염하늘소, 북방수염하늘소

28

곤충의 고시류와 신시류를 분류하는 기준으로 옳은 것은?

① 변태의 정도에 따른 분류이다.
② 날개의 유무에 따른 분류이다.
③ 번데기의 부속지 움직임 유무에 따른 분류이다.
④ 날개를 완전히 접을 수 있는지에 따른 분류이다.

 유시아강은 크게 날개를 접을 수 없는 고시류와 접을 수 있는 신시류로 나뉘며 신시류는 다시 외시류(불완전변태)와 내시류(완전변태)로 나뉜다.

29

유충이 육식성으로 수서생활을 하고, 물 밖으로 나와 번데기가 되어 성충으로 몇 시간 또는 며칠만 사는 것은?

① 뱀잠자리   ② 약대벌레
③ 부채벌레   ④ 풀잠자리

 뱀잠자리목 : 입틀은 저작형이고 큰 겹눈이 있으며 유충은 물에 서식하며 성충과 번데기는 육지에 서식한다.

30

곤충이 휴면하는데 영향을 주는 주요 요인은?

① 빛   ② 수분
③ 온도   ④ 바람

 온도 : 곤충의 행동 습성 및 발육은 온도와 밀접한 관계를 가짐

31

주로 열매를 가해하는 해충이 아닌 것은?

① 파굴파리
② 밤바구미
③ 복숭아명나방
④ 도토리거위벌레

해설 파굴파리 유충은 파 잎속을 가해하여 불규칙한 굴을 만든다.

정답 27 ④ 28 ④ 29 ① 30 ③ 31 ①

32
진딧물을 방제하기 위한 천적으로 가장 적합한 것은?

① 애꽃노린재
② 칠성풀잠자리
③ 칠레이리응애
④ 온실가루이좀벌

 포식성 천적의 종류 : 풀잠자리류, 딱정벌레류(무당벌레과), 노린재류(침노린재과, 장님노린재과의 일부), 파리류(꽃등에과, 파리매과)

33
방사선 불임법을 이용하는 방제법에 대한 설명으로 옳지 않은 것은?

① 효과가 다음 세대 후에 나타난다.
② 해충의 대발생 시에도 효과적이다.
③ 저항성이 생긴 해충에도 유효하다.
④ 평행 1회만 교미하는 해충에만 적용된다.

 해충이 대발생 할 경우에는 임성을 갖는 개체수가 많아 효과가 떨어진다.

34
사과면충이 분류학적으로 속하는 것은?

① 벌목
② 노린재목
③ 딱정벌레목
④ 집게벌레목

 사과면충은 노린재목 진딧물과에 속하며 흰색 솜털로 덮여 있다.

35
딱정벌레목의 특성에 대한 설명으로 옳지 않은 것은?

① 종이 다양하다.
② 불완전변태를 한다.
③ 앞날개가 두껍고 날개맥이 없다.
④ 대부분 외골격이 발달하여 단단하다.

 딱정벌레목은 내시류에 속하며 완전변태를 한다.

36
식도하신경절에 의해 운동신경과 감각신경의 지배를 받지 않는 기관은?

① 큰턱   ② 작은턱
③ 더듬이   ④ 아랫입술

 뇌는 보통 식도하신경절에 연결되어 있으며 식도하신경절은 큰턱, 작은턱, 아랫입술의 운동을 촉진시키거나 억제시키는 역할을 한다.

37
외국으로부터 유입되어 우리나라에 정착한 해충이 아닌 것은?

① 벼밤나방
② 벼물바구미
③ 온실가루이
④ 꽃노랑총채벌레

 시설하우스에서 주로 발생하는 외래해충에는 온실가루이, 담배가루이, 잎굴파리, 총채벌레 등이 있으며 벼물바구미는 미국이 원산지인 외래해충이다.

정답 32 ② 33 ② 34 ② 35 ② 36 ③ 37 ①

38

곤충의 생식 기관이 아닌 것은?

① 심문
② 저장낭
③ 부속샘
④ 송이체

 심문은 심장에 존재하는 작은 구멍으로 순환계에 해당하며 심실 양쪽에 한 쌍씩 존재한다. 자성생식계는 난소, 수란관, 수정란, 교미낭, 산란관, 부속샘으로 구성되며 웅성생식계는 고환(정집), 수정관, 저장낭, 파악기(교미기), 사정관, 부속샘 등으로 구성된다.
(* 송이체 : 저정낭과 부속샘이 모여 형성된 것)

39

생육 중인 마늘이 하엽부터 고사하기 시작하여 포기의 인경을 파내어 보았더니 구더기 같은 회백색의 유충이 발견되었다면 어느 해충의 피해인가?

① 파밤나방
② 고자리파리
③ 담배거세미나방
④ 아메리카잎굴파리

 〈고자리파리의 특징〉
- 파리목 꽃파리과에 속하며 파, 양파, 마늘, 부추 등을 가해
- 성충은 회갈색, 유충은 황색을 띰
- 유충은 마늘, 파 뿌리부분을 먹고 들어가 줄기까지 가해(황변 및 고사)
- 1년에 3회 발생하며 토양속에서 번데기로 월동
- 방제법 : 토양살충제 처리(토양 속 유충 방제), 천적 이용(고자리혹벌)

40

노린재목의 형태적 특징으로 옳지 않은 것은?

① 더듬이는 4~5개 마디로 구성된다.
② 뚫어 빠는 입이 있으며 미모는 없다.
③ 겹눈은 대부분 잘 발달하고 홑눈은 없거나 2~3개이다.
④ 다리의 발마디는 1~5개 구성되지만 대체로 5개 마디이다.

해설 곤충의 다리는 세 마디의 가슴에 각 한 쌍씩 총 6개의 다리가 존재하며 5마디로 구성되어 있는데, 노린재목은 다리마디 끝부분에 붙어있는 발마디가 2~3마디이다.

3과목 재배원론

41

다음 중 작물의 복토깊이가 가장 깊은 것은?

① 양파
② 배추
③ 옥수수
④ 시금치

해설 〈작물의 복토깊이〉

안보일 정도	소립목초종자, 상추, 파, 양파, 담배, 당근, 유채
0.5~1cm	순무, 배추, 양배추, 가지, 고추, 토마토, 오이, 차조기
1.5~2cm	조, 기장, 수수, 무, 시금치, 수박, 호박
2.5~3cm	보리, 밀, 호밀, 귀리, 아네모네
3.5~4cm	콩, 팥, 완두, 잠두, 강낭콩, 옥수수
5~9cm	감자, 토란, 생강, 글라디올러스
10cm 이상	수선, 나리, 튤립, 히아신스

정답 38 ① 39 ② 40 ④ 41 ③

42
다음 중 내습성이 가장 강한 과수류는?
① 무화과 ② 복숭아
③ 밀감 ④ 포도

 과수의 내습성 : 올리브 > 포도 > 밀감 > 감, 배 > 밤, 복숭아, 무화과

43
포장용수량(최소용수량)의 pF는 약 얼마인가?
① 0 ② 2.7 ③ 3.9 ④ 4.2

 최소용수량(포장용수량, 수분당량)은 pF2.5~2.7 범위이다.

44
고구마, 감자 등 수분함량이 높은 작물의 저장시 큐어링을 실시하는 1차 목적은?
① 성분함량증대 ② 상처치유
③ 저장력증대 ④ 충해방지

 큐어링 : 고구마나 감자의 수확 및 운반 과정에서 생긴 상처를 치유하는 것으로, 큐어링을 통해 상처에 코르크층을 만들어 병저항성을 증가시킨다.

45
볍씨의 휴면을 유기하는 발아억제 물질은 어디에 있는가?
① 영(穎) ② 배유
③ 배 ④ 유엽

 발아억제물질에는 시안화수소(HCN), 암모니아, 쿠마린, 페놀화합물, ABA 등이 있으며 벼는 발아억제 물질이 영에 존재하고 순무는 발아억제물질이 과피에 존재, 오이, 토마토, 호박, 수박은 발아억제물질이 장과에 존재한다.

46
동상해 응급대책으로 물이 얼 때 잠열(숨은열)이 발생되는 점을 이용하여 작물체 표면에 물을 뿌려주는 방법은?
① 발연법 ② 연소법
③ 송풍법 ④ 살수결빙법

 동상해 응급대책 중 살수결빙법은 물이 얼 때 잠열이 발생되는 것을 이용하여 작물체 표면에 물을 뿌려주는 방법이다.

47
작물의 생력기계화재배의 전제조건으로 볼 수 없는 것은?
① 잉여노동력의 수익화 방안을 강구한다.
② 동일한 품종을 동일한 재배방식으로 집단재배한다.
③ 여러 농가가 집단화하여 공동재배시스템을 조성한다.
④ 친환경재배단지를 조성하여 합리적 제초제 사용에 따른 기계화 재배를 수행한다.

〈생력재배의 조건〉

조건	
	• 맥류 드릴파처럼 제초제 이용이 전제가 되어야 생력기계화재배가 가능 • 친환경인증농산물 재배에선 불가 (제초제 사용) • 기계화적응품종을 사용해야 함 (벼,맥류 : 직립성, 탈립성) • 집단 재배 : 동일한 품종일 동일한 재배법으로 경작하여 효율성을 높임 • 농가들의 공동 재배, 잉여노력을 통한 수익 창출

정답 42 ④　43 ②　44 ②　45 ①　46 ④　47 ④

48

천연 생장조절제에 해당하는 것으로만 나열된 것은?

① NAA, IBA
② 에세폰, MCPA
③ BA, CCC
④ 제아틴, IPA

해설 〈식물호르몬의 종류〉

구분		종류
옥신	천연	IAA, IAN, PAA
	합성	NAA, IBA, 2,4-D, 2,4,5-T, PCPA, MCPA, BNOA
지베렐린	천연	GA
시토키닌	천연	IPA, zeatin
	합성	BA
에틸렌	천연	C2H4
	합성	에세폰(ethephon)
생장억제제	천연	ABA, phenol
	합성	CCC, B-9, MH-30, phosphon-D, AMO-1618

49

다음 중 작물의 주요온도에서 생육이 가능한 범위 내 최고온도가 가장 높은 것은?

① 사탕무
② 옥수수
③ 보리
④ 밀

해설 최고온도 : 삼,박(45℃) 〉 옥수수(44℃) 〉 오이,멜론(40℃) 〉 벼(36~38℃) 〉 완두,담배(35℃) 〉 밀, 호밀, 귀리(30℃) 〉 보리,사탕무(28℃)

50

다음 중 산성토양에 가장 강한 것은?

① 고구마
② 콩
③ 팥
④ 사탕무

해설 〈산성 토양 적응성〉
- 극히 강함 : 벼, 귀리, 밭벼, 아마, 토란, 루핀, 기장, 땅콩, 감자, 봄무, 수박, 호밀
- 강함 : 옥수수, 당근, 메밀, 오이, 수수, 포도, 호박, 딸기, 토마토, 배추, 담배, 고구마, 조, 밀
- 약간 강함 : 유채, 피, 무
- 약함 : 클로버, 양배추, 근대, 다지, 고추, 완두, 상추, 삼, 겨자
- 가장 약함 : 콩, 팥, 자운영, 앨팰퍼, 시금치, 사탕무, 셀러리, 부추, 양파

51

작물의 내동성에 대한 설명으로 틀린 것은?

① 원형질의 수분투과성이 크면 내동성을 증대시킨다.
② 당분함량이 적으면 내동성이 크다.
③ 원형질의 점도가 낮고 연도가 높은 것이 내동성이 크다.
④ 지유함량이 높은 것이 내동성이 강하다.

해설 〈내동성의 특징〉
- 세포 내 자유수가 많고 결합수가 적으면 내동성 저하
- 원형질의 친수성 콜로이드가 많으면 결합수가 많아져 내동성 증가
- 지방과 당분함량이 많을수록, 전분함량이 적을수록 내동성 증가
- 원형질단백질에 -SH기가 많을수록 내동성 증가
- 원형질 점도가 낮고 연도가 높을수록 내동성 증가
- 원형질의 수분투과성과 광 굴절률이 클수록 내동성 증가

정답 48 ④ 49 ② 50 ① 51 ②

52

다음 중 직근류에 해당하는 것으로만 나열된 것은?

① 고구마, 감자
② 당근, 우엉
③ 토란, 마
④ 생강, 베치

 채소 중 직근류에 해당하는 것은 무, 순무, 당근, 우엉 등이 있다.

53

다음 중 작물의 내염성 정도가 가장 큰 것은?

① 완두
② 가지
③ 순무
④ 고구마

 내염성 작물 : 유채, 목화, 수수, 사탕무, 양배추

54

다음 중 작물별 N : P : K의 흡수비율에서 N의 흡수 비율이 가장 높은 것은?

① 옥수수
② 고구마
③ 벼
④ 감자

〈작물종류에 따른 3요소 흡수비율〉

작물	N:P:K
벼	5:2:4
맥류	5:2:3
옥수수	4:2:3
콩	5:1:1.5
감자	3:1:4
고구마	4:1.5:5

55

다음 중 작물의 주요온도에서 '최적온도'가 가장 낮은 작물은?

① 보리
② 오이
③ 옥수수
④ 멜론

 최적온도 : 멜론(35℃), 삼(35℃), 오이(33~34℃), 옥수수와 벼(30~32℃), 완두(30℃), 담배(28℃), 사탕무·호밀·밀·귀리(25℃), 보리(20℃), 콩(18~20℃)

56

다음 중 감자의 휴면타파에 가장 유효한 것은?

① AMO-1618
② 페놀
③ gibberellin
④ 2,4-D

 감자의 휴면타파 : 감자를 절단한 후 2ppm의 지베렐린 수용액에 30~60분 간 침지하여 파종한다.

57

다음 중 T/R율에 대한 설명으로 가장 옳은 것은?

① 감자나 고구마의 경우 파종기나 이식기가 늦어질수록 T/R율이 감소한다.
② 일사가 적어지면 T/R율이 감소한다.
③ 질소를 다량사용하면 T/R율이 감소한다.
④ 토양함수량이 감소하면 T/R율이 감소한다.

〈T/R율의 특징〉
- 감자, 고구마는 파종기가 늦어지면 지하부 중량감소가 크기 때문에 T/R율이 증가한다.
- 일사가 적어지면 탄수화물 축적이 감소하는데 뿌리 생장이 더 크게 영향을 받아 T/R율이 증가한다.
- 질소를 사용하면 T/R율 증가한다.
- 토양함수량이 감소하면 지상부에 타격이 커 T/R율이 감소한다.

정답 52 ② 53 ③ 54 ③ 55 ① 56 ③ 57 ④

58

다음 중 이랑을 세우고 이랑에 파종하는 방식은?

① 휴립휴파법
② 성휴법
③ 휴립구파법
④ 평휴법

해설 〈작휴법의 종류〉
- 평휴법 : 이랑과 고랑의 높이를 같게 하는 것으로 건조해와 습해를 함께 완화한다.
- 휴립구파법 : 이랑을 세우고 낮은 골에 파종하는 방법으로 맥류 한해와 동해를 방지한다.
- 휴립휴파법 : 이랑을 세우고 이랑에 파종하는 방법으로 배수와 통기성이 좋아진다.
- 성휴법 : 이랑을 넓고 크게 만드는 방법으로 파종이 편해지며 건조해와 장마철의 습해를 방지한다.

59

강산성이 되면 가급도가 감소되어 작물 생육에 불리한 원소는?

① Cu
② Zn
③ P
④ Mn

해설 〈양분가급도〉

	양분가급도 증가	Fe, Cu, Mn, Al, Zn
강산성	양분가급도 감소	Mg, Ca, P, Mo, B
강알칼리성	양분가급도 증가	Na2CO3, Mo
	양분가급도 감소	B, Fe, N, Mn

 60

다음 중 천연 지베렐린에 해당하는 것은?

① IPA
② GA2
③ PAA
④ CCC

해설 ① 천연 시토키닌 ③ 천연 옥신 ④ 합성 생장억제제

4과목 농약학

 61

계면활성제를 구성하는 원자단중 친유성(親油性)이 가장 강한 것은?

① ROCH₃
② $-C_nH_{2n+1}$
③ -OH
④ -SO₃H(Na)

해설 〈계면활성제 구성 원자단〉

강친유성	친유성	친수성	강친수성
$-C_nH_{2n+1}$ $-C_nH_{2n-1}$	$-CH_2OR$ $-COOR$	$-NHCNH_2$ $-OH$ $-COOH$ $-CN$	$-SO_3^-(Na^+)$ $-OSO_3H^+(Na^+)$ $-COO^-Na^+$ $-N^+-X^-$

 62

수화제의 분말입자가 수중에서 분산 부유하는 성질을 의미하는 것은?

① 유화성
② 고착성
③ 현수성
④ 부착성

해설 현수성 : 수화제와 물의 친화성을 나타내는 성질로 수화제 입자가 물속에서 분산상태로 유지되는 것

정답 58 ① 59 ③ 60 ② 61 ② 62 ③

63

manganese ethylenebis(dithiocarbamate)이 주성분인 아연 배위화합물로서 광범위한 작물의 탄저병을 포함한 광범위한 병해에 적용되는 보호살균제 농약은?

① 이프로(Iprodione)
② 만코제브(Mancozeb)
③ 빈졸(Vincolzolin)
④ 훼나진(Phenazine)

 만코제브는 아연과 망간을 포함하는 화합물로 예방 목적으로 사용하는 보호살균제이다.

64

살충제 카보(carbofuran)에 대한 설명으로 틀린 것은?

① 약효지속 기간이 매우 길다.
② 속효성이면서 지효성이다.
③ 식독제로 입을 통해 충체 내로 들어가 독작용을 하는 살충제이다.
④ carbamate계 살충제로 비교적 안정한 화합물이다.

 카보퓨란은 토양해충과 선충 방제용으로 사용되는 약제로 접촉독제나 침투성 약제로 사용된다.

65

농약의 약효를 최대로 발현시키기 위한 방법으로 가장 거리가 먼 것은?

① 방제적기에 농약 살포
② 적정농도의 정량살포
③ 병해충 및 잡초에 알맞은 농약의 선택
④ 효과가 좋은 농약 한가지만을 계속 사용

 한가지 농약을 연용하면 저항성이 생겨 약효가 떨어진다.

66

농약은 사용 형태에 따라 여러 가지 형태의 제제가 있다. 일반적으로 살포액으로 사용될 수 없는 것은?

① 유제
② 수화제
③ 수용제
④ 입제

 직접살포용 제형(고형시용제) : 입제, 분제, 수면전개제 및 오일제, 미분제, 저비산분제, 캡슐제 등

67

농용 항생제가 갖추어야할 조건으로 가장 거리가 먼 것은?

① 분해가 빨라야한다.
② 식물에 대하여 약해가 없어야한다.
③ 식물병원균에 대해 항균력이 있어야한다.
④ 인축에 대한 독성이 가급적 없어야한다.

 농용 항생제는 가격이 저렴하면서 식물 병원균에 대한 살균력을 갖추고 광에 의해 분해되지 않아야 하며 작물에 대한 약해가 없어야 한다.

68

분제의 제제에 있어 고려되어야 할 물리적 성질로서 가장 거리가 먼 것은?

① 유화성
② 분말도
③ 입도
④ 용적비중

해설 분제의 구비조건 : 분말도, 토분성, 분산성, 비산성, 입도, 용적밀도, 경도, 안전성, 부착성, 수중붕괴성 등

정답 63 ② 64 ③ 65 ④ 66 ④ 67 ① 68 ①

69

농약의 품질불량이 원인이 되어 약해를 일으키는 경우가 가장 거리가 먼 것은?

① 불순물의 혼합에 의한 약해
② 원제 부성분에 의한 약해
③ 농약의 고농도에 의한 약해
④ 경시변화에 의한 유해성분의 생성

 농약의 약해 원인 : 용제의 종류, 불순물의 혼합, 농약의 물리성, 경시변화에 따른 유해성분 생성 등

70

농약과 관련한 용어 중 영문 약어가 바르게 연결되지 않은 것은?

① 잔류허용기준 – MRL
② 일일 섭취허용량 – ADL
③ 최대무작용량 – NOEL
④ 질적위해성 – QRA

 1일 섭취허용량(ADI) : 농약을 매일 섭취하여도 인체에 아무 영향도 미치지 않는 농약의 최대약량(최대무작용약량)에 안전계수를 곱한 것

71

Pyrethrin, 유기인계 살충제가 주로 작용하는 것은?

① 원형질독   ② 호흡독
③ 근육독   ④ 신경독

 신경독으로 작용하는 살충제에는 피레트로이드계, BHC계, 유기인제 농약 등이 있다.

72

디티오카르바메이트기를 가지고 있는 농약은?

① 메틸브로마이드   ② 석회유황합제
③ 포리옥신   ④ 만코제브

 〈유기유황제 살균제〉
- 디티오카바메이트계로 무기살균제에 비해 약해가 적으나 효과는 높다.
- 원예용 살균제로 주로 사용된다.
- 종류 : 만코제브, 프로피네브, 마네브, 지네브, 지람, 티람 등

73

농약의 독성을 급성독성, 아급성독성, 만성독성으로 구분하는 기준은?

① 농약의 투여 방법에 따른 구분
② 독성의 발현 속도에 따른 구분
③ 독성의 정도에 따른 구분
④ 독성의 발현 대상에 따른 구분

 〈농약의 독성 구분〉
① 경구독성, 경피독성, 흡입독성
③ 맹독성, 고독성, 보통독성, 저독성
④ 포유동물, 환경생물

74

비교적 지효성이고 화학적인 안정성이 크며 약효기간이 긴 특성을 가지고 있는 유기인계 살충제는?

① Phosphate 형
② Thiophosphate 형
③ Dithiophosphate 형
④ Phosphonate 형

유기인계 살충제는 황 원자의 결합 수가 많을수록 잔효성 및 지효성이 증가하며 Dithiophosphate형 〉 Thiophosphate형 〉 Phosphate형 순으로 안전성이 높다.

정답 69 ③ 70 ② 71 ④ 72 ④ 73 ② 74 ③

75

카복시아니라이드계 살균제로서 담자균류에 의한 병해에 효과가 뛰어난 약제는?

① 아이비(카타진)
② 베나솔(오리자)
③ 부라딘(금보라)
④ 메프로닐(논사)

 메프로닐은 담자균류 병해 방제에 효과가 뛰어난 침투이행성 카복시아니라이드계 살균제이다.

76

다음 살충제 중 유기인제가 아닌 것은?

① 테트라디폰(테디온)
② 디디브이피(DDVP)
③ 파라치온
④ 파프(PAP)

 〈유기인계 살충제의 종류〉
- Phosphoric Acid형 : TEPP, DEP, DDVP
- Thiophosphoric Acid형 : EPN, 파라티온, 메틸파라티온, 슈미티온
- Dithiophosphoric Acid형 : 말라티온, 이미단, PAP

77

다음 살균제 중 유기유황제가 아닌 것은?

① 프로피
② 지람
③ 네오아소진
④ 만코지

 〈유기유황제 살균제〉
- 디티오카바메이트계로 무기살균제에 비해 약해가 적으나 효과는 높다.
- 원예용 살균제로 주로 사용된다.
- 종류 : 만코제브, 프로피네브, 마네브, 지네브, 지람, 티람 등

78

보리 겉깜부기병의 종자소독에 가장 효과적인 약제는?

① 지네브(Zineb)제
② MAFA(neozin)제
③ 캡탄(captan)제
④ 카아복신(carboxin)제

 보리 겉깜부기병 방제에는 주로 침투성 살균제가 사용되며 베노밀, 카벤다짐, 티오파네이트 메틸, 카복신, 메프로닐 등이 해당된다.

79

BP(밧사)원제 0.4kg으로 2% 분제를 만들려고 할 때 소요되는 증량제의 양은? (단, 원제의 함량은 94%이다.)

① 1.84kg
② 4.60kg
③ 18.4kg
④ 46.0kg

 분제의 희석법 : 희석할 증량제의 중량 = 원분제의 중량 × (원분제의 농도 / 희석할 농도 − 1) = 0.4 × (94/2−1) = 18.4kg

80

다음 중 생장 조정제로 사용할 수 있는 것은?

① Oxadiazon ② Butachor
③ Molinate   ④ 2,4-D

 〈식물생장조절제의 종류〉

구분		종류
옥신	천연	IAA, IAN, PAA
	합성	NAA, IBA, 2,4-D, 2,4,5-T, PCPA, MCPA, BNOA
지베렐린	천연	GA
시토키닌	천연	IPA
	합성	BA
에틸렌	천연	C_2H_4
	합성	에세폰(ethephon)

5과목 잡초방제학

81

잡초에 대한 설명으로 옳은 것은?

① 생활주변 식물 중 순화된 식물이다.
② 인간의 의도에 역행하는 식물이다.
③ 농경지나 생활주변에서 제자리를 지키는 식물이다.
④ 초본식물만을 대상으로 한 바람직하지 않은 식물이다.

 잡초 : 인간이 목적으로 하는 작물 이외에 재배 과정에서 직·간접적 피해를 주는 식물이다.

82

잡초 발생이 가장 많은 벼 재배 방식은?

① 담수직파
② 건답직파
③ 성묘 손이앙
④ 중묘기계이앙

 잡초발생은 직파보다 이식재배 및 손이앙 할 경우 경감하는데, 담수직파 시 수생잡초의 발생이 많고 건답직파 시 수생잡초 외 잡초의 발생도 많다.

83

잡초가 발아하여 지표면 위로 출현하는 과정에 관여하는 요인으로 가장 관련이 적은 것은?

① 토양심도
② 토양수분
③ 토양온도
④ 토양강도

잡초의 출현 요인 : 온도, 산소, 수분, 토심, 토양 비옥도, 토양 산도

84

지속적인 예취의 결과로 옳지 않은 것은?

① 잡초 결실을 미연에 방지한다.
② 키가 큰 차광 피해를 제거한다.
③ 다년생 잡초의 저장양분을 고갈시킨다.
④ 포복형 및 로제트형 잡초종이 감소된다.

지속적인 예취를 하면 위로 자라는 직립형 잡초는 경감하고 포복형 및 로제트형 잡초는 증가한다.

85

밭에서 주로 발생하는 잡초로만 올바르게 나열된 것은?

① 여뀌, 매자기
② 쇠비름, 바랭이
③ 올방개, 물달개비
④ 드렁새, 사마귀풀

해설 〈잡초의 분류〉

구분		1년생	다년생
밭잡초	벼과	바랭이, 둑새풀, 강아지풀, 미국개기장, 돌피	참새피, 띠
	방동사니과	참방동사니, 금방동사니	향부자
	광엽잡초	별꽃, 꽃다지, 깨풀, 개비름, 개갓냉이, 속속이풀, 여뀌, 명아주, 쇠비름, 냉이, 망초	쑥, 씀바귀, 민들레, 메꽃, 쇠뜨기, 토끼풀, 괭이밥

86

잡초의 종자가 휴면하는 원인으로 옳지 않은 것은?

① 미숙한 배
② 두꺼운 종피
③ 발아억제 물질 존재
④ 산불에 의한 급격한 온도변화

해설 잡초종자의 휴면 원인 : 배의 미숙, 발아제물질, 경실, 불투기성 종피, 종피의 기계적 저항

87

월년생 밭잡초로만 나열된 것으로 옳지 않은 것은?

① 냉이, 개꽃
② 별꽃, 꽃다지
③ 개망초, 벼룩나물
④ 명아주, 벼룩이자리

해설 월년생 잡초에는 속속이풀, 명아주, 둑새풀, 냉이, 망초, 별꽃, 벼룩나물, 벼룩이자리 등이 있다.

88

수용성이 아닌 원제를 아주 작은 입자로 미분화시킨 분말로 물에 분산시켜 사용하는 제초제의 제형은?

① 유제
② 보조제
③ 수용제
④ 수화제

해설 수화제 : 불용성 원제(주제)에 벤토나이트, 카올린 같은 점토광물(증량제), 계면활성제를 첨가한 것으로 물에 희석하면 유효성분의 입자가 물에 분산되어 현탁액이 된다.

89

잡초경합 한계기간에 대한 설명으로 옳은 것은?

① 작물의 종자가 발아하여 수확기까지 잡초와의 경합기간을 의미한다.
② 작물의 개화기 이후부터 결실기까지의 잡초와의 경합기간을 의미한다.
③ 작물의 파종기부터 초관형성기 사이의 잡초와의 경합기간을 의미한다.
④ 작물의 초관형성기부터 생식생장기 사이의 잡초와의 경합기간을 의미한다.

해설 잡초경합한계기간 : 잡초경합으로 수확량 등 작물 손실이 크게 영향 받는 기간으로 초관형성 이후 생식생장 전까지 생육초기에 가장 민감하다.

정답 85 ② 86 ④ 87 ④ 88 ④ 89 ④

90

다음 설명에 해당하는 잡초는?

- 종자보다 근경으로 번식한다.
- 잎을 물 위에 띄우는 부유성 다년생잡초이다.
- 지하경을 내고 분지신장을 하며 옆으로 뻗어가면서 생육한다.
- 학명은 Potamogeton distinctus A, Benn이다.

① 가래
② 올미
③ 벗풀
④ 너도방동사니

 가래는 다년생 부유성 수생잡초로 주로 논과 수로에서 발생하며 근경으로 무성번식한다.

91

다음 ( )안에 들어갈 용어로 옳은 것은?

광엽잡초란 (A) 잡초나 (B) 잡초에 속하지 않은 잡초로 잎은 둥글고 크며 평평하며 엽맥이 그물처럼 얽혀있는 것이 특징이다.

① A : 화본과, B : 국화과
② A : 십자화과, B : 국화과
③ A : 화본과, B : 방동사니과
④ A : 십자화과, B : 방동사니과

 〈형태에 따른 잡초의 분류〉
- 광엽잡초 : 망상잎맥, 잎은 둥글고 크다. (가래, 물달개비, 비름, 질경이, 명아주 등)
- 화본과잡초 : 평형잎맥, 잎은 폭이 좁고 길다. (피, 바랭이, 나도겨풀, 둑새풀, 강아지풀 등)
- 방동사니과잡초 : 화본과잡초와 유사한 형태로 줄기는 삼각형에 윤택이 있다. (방동사니, 너도방동사니, 향부자, 올방개, 매자기, 올챙이고랭이, 파대가리, 바람하늘지기 등)

92

논에 다년생 잡초가 증가하는 이유로 옳지 않은 것은?

① 추경 감소
② 답리작 감소
③ 퇴비 시비량 감소
④ 동일 제초제 연용

 논에 다년생 잡초가 증가하는 원인으로는 동일 성분 제초제의 연용, 시비량의 증가 등이 있다.

93

과수원에서 피복작물을 재배하여 잡초를 방제하려 한다. 피복작물 선택 시 고려할 사항으로 가장 거리가 먼 것은?

① 토양유실 방지 효과가 높은 식물을 선택한다.
② 흡비력이 좋고 생육이 왕성한 식물을 선택한다.
③ 병·해충이 잘 서식하지 못하는 식물을 선택한다.
④ 토양의 비옥도를 증진시킬 수 있는 식물을 선택한다.

 피복작물로 흡비력이 좋고 생육이 왕성한 식물을 이용하면 작물과 양분경합이 일어나 작물생육을 저하시킬 수 있다.

94

작물과 비교한 잡초의 특성으로 옳지 않은 것은?

① 종자 생산량이 많다.
② 전파수단이 다양하다.
③ 휴면성이 없어 연중 생장한다.
④ 불리한 환경에서 적응성이 높다.

 잡초는 휴면성이 있어 외부 환경 등 발아 조건에 따라 불량환경을 회피한다.

정답 90 ① 91 ③ 92 ③ 93 ② 94 ③

95

선택성 제초제가 아닌 것은?

① 벤타존 액제
② 세톡시딤 유제
③ 나프로파마이드 유제
④ 글리포세이트암모늄 입상수용제

해설 글리포세이트암모늄 입상수용제는 비선택성 제초제이다.

96

벼와 잡초간의 경합으로 인한 피해가 가장 적은 시기는?

① 출수기부터 수확기
② 착근기부터 수잉기
③ 착근기부터 분얼기
④ 파종기부터 최고 분얼기까지

해설 〈잡초경합한계기간〉
- 초관형성 이후 생식생장 전까지 작물 손실에 크게 영향 받으며 파종 후~초관형성기, 생식생장기(출수기)~수확기에는 손실량이 적다.

97

광발아 잡초에 해당하는 것은?

① 강피, 바랭이
② 냉이, 소리쟁이
③ 별꽃, 참방동사니
④ 메귀리, 광대나물

해설 〈광에 따른 잡초의 발아〉
- 광발아형 : 바랭이, 왕바랭이, 쇠비름, 개비름, 향부자, 참방동사니, 강피, 서양민들레, 소리쟁이, 메귀리, 노랑꽃창포
- 암발아형 : 별꽃, 냉이, 광대나물, 독말풀 등

98

트리아진계 제초제의 주요 이행 특성은?

① 비대 성장
② 조기 결실
③ 광합성 저해
④ 신초 생장 억제

해설 〈제초제의 작용기작〉
- 트리아진계 제초제는 광에 의해 활성화되어 엽록체를 파괴한다.(광합성 저해)
- 광합성 저해 : 벤조티아디아졸계(벤타존), 트리아진계(시마진, 아트라진), 요소계(리누론, 아트라진), 아미이드계(프로파닐), 비피리딜리움계(파라쿼트)

정답 95 ④ 96 ① 97 ① 98 ③

99

잡초 종자의 산포 방법으로 옳지 않은 것은?

① 바랭이 : 성숙하면서 흩어짐
② 소리쟁이 : 물에 잘 떠서 운반됨
③ 가막사리 : 바람에 잘 날려서 이동함
④ 메귀리 : 사람이나 동물 몸에 잘 부착함

> **해설** 〈잡초의 전파(산포)〉
> - 바람 : 박주가리, 엉겅퀴, 민들레, 망초, 방가지똥, 수레국화
> - 물 : 피, 소리쟁이, 벗풀
> - 인축(배설물 및 옷·털 접촉) : 비름, 명아주, 진득찰, 도꼬마리, 도깨비바늘, 가막사리가 해당되며 종자에 갈고리가 존재
> - 성숙종자의 꼬투리가 흩어져 전파 : 달개비, 콩과, 바랭이

100

논에서 잡초의 군락천이를 유발시키는 데 가장 큰 영향을 주는 것은?

① 장간종 품종 재배
② 동일 작물로만 재배
③ 동일한 제초제 연속 사용
④ 지속적인 화학 비료 사용

> **해설** 논에 다년생 잡초가 증가하는 원인으로는 동일 성분 제초제의 연용, 시비량의 증가 등이 있다.

정답 99 ③ 100 ③

Chapter 02 2024년 3회 기사 CBT 복원

1과목   식물병리학

01

비생물학적 병원에 의해 발생하는 생리적 피해에 대한 설명으로 옳은 것은?

① 병징만 나타난다
② 표징만 나타난다
③ 병징과 표징이 모두 나타난다
④ 환경적인 영향에 의해 표징이 나타날 수 있다.

 병징은 식물이 어떤 원인에 의해 외부형태에 변화가 생긴 것을 의미하며 표징은 병원체로 인해 병든 식물 표면에 육안 상 구별할 수 있는 증상을 의미한다.

02

병원체가 주로 각피를 통해 직접 침입하지 않는 것은?

① 벼 도열병균
② 장미 흰가루병균
③ 사과나무 탄저병균
④ 밤나무 줄기마름병균

 밤나무 줄기마름병균은 상처를 통해 침입하므로 방제를 위해 병든 부분을 도려내야 한다.

03

벼 도열병 방제방법으로 옳지 않은 것은?

① 가능하면 파종시기를 늦춘다.
② 논바닥이 마르지 않도록 한다
③ 덧거름은 너무 늦지 않도록 준다.
④ race비특이적 저항성 품종을 재배한다.

 벼 재배 시 파종과 이앙시기가 늦어지면 도열병 발생량이 증가하고 이앙시기가 빨라지면 잎집무늬마름병이 증가한다.

04

균사나 분생포자의 세포가 비대해져서 생성되는 것은?

① 유주자   ② 후벽포자
③ 휴면포자   ④ 포자낭포자

 후벽포자 : 균사 및 분생포자 세포의 변형에 의해 형성되며 두꺼운 세포벽을 갖고있어 휴면상태를 오래 유지하다가 병을 일으킬 수 있다.

05

다음중 크기가 가장 작은 식물 병원체는?

① 진균   ② 세균
③ 바이러스   ④ 바이로이드

 병원체의 크기 : 진균(곰팡이) 〉 세균 〉 바이러스 〉 바이로이드

정답 01 ①   02 ④   03 ①   04 ②   05 ④

06
사과나무 부란병에 대한 설명으로 옳지 않은 것은?
① 자낭포자와 병포자를 형성한다.
② 강한 전정 작업을 하지 말아야 한다.
③ 사과나무의 가지에 감염되면 사마귀가 형성된다.
④ 병원균이 수피의 조직 내에 침입해 있어 방제가 어렵다.

 ③ 사과나무 겹무늬썩음병

07
파이토플라스마에 의해서 발생하는 병은?
① 벼 오갈병
② 감자 역병
③ 오이 노균병
④ 오동나무 빗자루병

 파이토플라즈마병 : 빗자루병, 황위병(누렁이병), 뽕나무 오갈병, 오동나무 빗자루병
바이러스 : 벼 오갈병(매개충 : 매미충)

08
식물병의 원인 중 생물성 병원에 속하지 않는 것은?
① pH　　② 세균
③ 선충　　④ 파이토플라스마

 비생물성 병원 : 온도, 수분, 공기, 빛, 대기, 양분 결핍, 토양 중금속, 제초제 등이 있다.

09
기주의 품종과 병원균이 레이스 사이에 특이적인 상호관계가 없는 저항성은?
① 수평저항성
② 감염저항성
③ 침입저항성
④ 수직저항성

 수평저항성(비특이적 저항성)은 모든 레이스에 대해 저항성을 나타내며 발병환경에서 저항성이 무너진다.

10
수박 탄저병균이 월동하는 장소로 옳지 않은 것은?
① 열매
② 곤충의 알
③ 병든 줄기
④ 종자 표면

 수박 탄저병균은 균사나 분생포자 형태로 병환부 또는 종자에 붙어 월동한다.

11
식물병을 진단하는데 있어 해부학적 방법은?
① 유출검사법
② 괴경지표법
③ 파지검출법
④ 즙액접종법

 식물병의 해부학적 진단 : 병환부를 해부한 후 현미경 관찰을 통해 식물병을 진단하거나 봉입체 관찰을 통해 식물병을 진단하며 초박절편법, 면역전자현미경법, 그람염색법, 침지법 등이 있다.

정답　06 ③　07 ④　08 ①　09 ①　10 ②　11 ①

12
포도나무 새눈무늬병균의 월동 형태는?

① 균핵
② 균사
③ 담자포자
④ 후막포자

 포도 새눈무늬병의 병원은 진균(자낭균류)으로, 균사 형태로 병든 덩굴이나 열매에서 월동한다.

13
보리에 발생하는 줄기녹병의 중간기주는?

① 잣나무
② 향나무
③ 배나무
④ 매자나무

 〈녹병균의 중간기주〉

배 붉은별무늬병	향나무(여름포자 없음)
사과 붉은별무늬병	
맥류 줄기녹병	매자나무
밀 붉은녹병	좀꿩의다리
소나무 혹(녹)병	졸참나무, 신갈나무
소나무 잎녹병	황벽나무, 참취
잣나무 잎녹병	등골나무
잣나무 털녹병	송이풀, 까치밥나무
포플러 잎녹병	낙엽송, 현호색

14
1970년에 미국에서 발생하여 옥수수 생산에 큰 피해를 준 식물병은?

① 역병
② 맥각병
③ 도열병
④ 깨씨무늬병

 깨씨무늬병은 1970년 미국에 전체적으로 발병하였으며 옥수수와 관련된 제품 생산에 큰 영향을 미쳤다.

15
바이로이드에 의한 식물병의 주요 병징은?

① 위축
② 부패
③ 점무늬
④ 줄무늬

해설 바이로이드의 주요 병징으로는 왜소, 위축 등이 나타난다.

16
사과나무 뿌리혹병의 주요 발생 원인은?

① 세균 감염
② 토양 선충
③ 사상균 감염
④ 생리적 장애

해설 〈뿌리혹병(근두암종병)의 특징〉
- 기주 : 밤나무, 감나무, 포도나무, 사과나무, 포플러류
- 병원체는 그람음성세균으로 배지에서 백색 원형 콜로니를 생성한다.
- 병환부에서 월동하며 토양 속에서 다년간 생존할 수 있다.
- 병원균이 뿌리 및 지제부 줄기 상처를 통해 침입한다.

정답 12 ② 13 ④ 14 ④ 15 ① 16 ①

17

바이러스로 인한 식물병의 생물학적 진단방법은?

① 슬라이드법
② 형광항체법
③ 괴경지표법
④ X-체 검경법

 〈생물학적 진단법〉
- 지표식물 진단법 : 특정 병원체에 고도의 감수성을 띠거나 특이한 병징을 나타내는 식물을 지표로 삼아 진단에 활용
- 최아법(괴경지표법) : 감자 바이러스병 진단 시 싹을 틔워 병징을 발현시킨 후 발병유무를 진단
- 즙액접종법 : 즙액접종이 가능한 바이러스를 지표식물에 접종하여 병징으로 진단
- 박테리아파지법 : 특정 세균에 기주특이성이 높은 바이러스를 이용하여 특정 세균 유무 및 월동장소를 진단

18

석회를 이용한 토양산도 조절로 pH를 7.0이상으로 조절하여 방제하는 병은?

① 밀 마름병
② 감자 더뎅이병
③ 배추 무사마귀병
④ 목화 뿌리썩음병

- 산성 토양 : 무·배추 무사마귀병, 목화·토마토 시들음병 발생 증가
- 알칼리성 토양 : 감자 더뎅이병, 목화 뿌리썩음병 발생 증가

19

국내에 발생하는 채소류의 균핵병에 대한 설명으로 옳지 않은 것은?

① 잎, 줄기, 열매 등에 발생한다.
② 자낭포자나 균핵에서 발아한 균사로 침입한다.
③ 발병 후기에는 발병 조직에 백색 균사가 나타난다.
④ 균핵이 땅 속에 묻혀 있다가 25℃ 이상의 고온이 되면 발아한다.

 균핵병은 개화기의 저온다습한 환경에서 발병하며 특히 시설재배에서 많이 발생한다.

20

병 발생이 용이한 환경에서 병원력이 강한 병원균이 존재하는 토양에 저항성이 강한 작물을 재배하였을 때의 병 발생 정도는?

① 전혀 발생하지 않는다.
② 감수성 작물 재배시 보다 많이 발생한다.
③ 감수성 작물 재배시 보다 적게 발생한다.
④ 작물의 저항성에 상관없이 병 발생이 심하다.

- 저항성 : 식물이 병원체 작용을 억제하여 피해를 적게 받는 성질로 감수성(이병성)과 반대 개념
- 감수성 : 식물이 병에 걸리기 쉬운 성질

정답   17 ③   18 ③   19 ④   20 ③

2과목 농림해충학

21
가해하는 기주가 가장 다양한 해충은?

① 벼멸구
② 솔잎혹파리
③ 사과혹진딧물
④ 미국흰불나방

해설 미국흰불나방은 나비목불나방과에 속하는 외래해충으로 포플러, 버즘나무, 벚나무, 단풍나무 등 가해기주가 매우 다양하다.

22
복숭아혹진딧물에 대한 설명으로 옳지 않은 것은?

① 간모는 단위생식을 한다
② 식물바이러스를 매개한다.
③ 여름기주로는 복숭아나무, 벚나무 등이 있다.
④ 날개가 있는 유시충과 날개가 없는 무시충이 존재한다.

해설 복숭아혹진딧물은 알의 형태로 겨울 기주인 복숭아나무 등의 겨울눈에서 월동한다.

23
곤충의 배설계에 대한 설명으로 옳지 않는 것은?

① 말피기관의 끝은 막혀있다.
② 지상곤충은 주로 질소대사산물을 암모니아 형태로 배설한다.
③ 말피기관은 중장과 후장의 접속부분에서 후장에 연결되어 있다.
④ 말피기관 밑부와 직장은 물과 무기이온을 재흡수하여 조직 내의 삼투압을 조절한다.

해설 곤충 소화관의 가장 끝에 위치한 배설기관인 후장은 질소대사물을 주로 요산 형태로 배설한다.

24
콩의 어린 꼬투리에 유충이 먹어 들어가 여물지 않은 종실을 갉아 먹는 해충은?

① 콩나방
② 콩진딧물
③ 콩줄기굴파리
④ 콩잎말이명나방

해설 콩나방 유충은 꼬투리를 먹어 들어가 여물지 않은 종실을 갉아 먹으며 노숙유충이 꼬투리에 둥근 구멍을 내고 탈출하여 토양속에서 고치 형태로 월동한다.

25
걸어 다니는 기능 이외에 다른 목적으로 변형된 다리를 가진 곤충이 아닌 것은?

① 모기
② 꿀벌
③ 사마귀
④ 땅강아지

해설 〈다리 형태에 따른 곤충의 분류〉

형태	종류 및 특징
굴착형	종류 : 땅강아지 특징 : 앞다리가 땅을 파기 유리한 구조로 되어있음
화분수집형	종류 : 꿀벌 특징 : 앞다리 경절에 더듬이청소기, 뒷다리 경절에 화분통 존재
포획형	종류 : 사마귀 특징 : 앞다리가 먹이를 포획하기 유리한 구조로 되어있음 (다세포성 돌기)
도약형	종류 : 메뚜기 특징 : 뒷다리가 도약하기 유리한 구조로 되어있음

정답 21 ④ 22 ③ 23 ② 24 ① 25 ①

26

어떤 곤충 유충의 발육율(y)과 온도(x)와의 관계식을 y = ax + b와같이 표현 했을 때 곤충의 발육영점온도를 추정하는 방법은?

① −b÷a
② a−b
③ −1÷a
④ −1÷b

해설 발육영점온도 : 곤충이 발육을 하려면 일정량의 온도가 되어야 하는데 곤충이 발육되지 않는 생존최저온도 y = 0일 때 b = −ax이므로 x = −b / a이다.

27

해충의 발생 및 피해에 대한 설명으로 옳지 않은 것은?

① 해충번식력은 번식능력과 환경저항과의 관련에 따라 증감한다.
② 피해사정식이란 해충의 가해와 감수량과의 관계를 표시한 것이다.
③ 환경저항에는 기상 등의 물리적 요인과 천적 등의 생물적 요인이 포함된다.
④ 번식능력을 산정할 때 성비란 (수컷의 수)÷(암컷과 수컷의 수)에 의한 값을 말한다.

해설
성비 = 암컷 개체수 / (암컷 개체수 + 수컷 개체수)

28

솔잎혹파리에 대한 설명으로 옳은 것은?

① 벌목에 속한다.
② 주로 1년에 1회 발생한다.
③ 소나무와 밤나무를 모두 가해한다.
④ 우리나라에서 1970년대에 처음 발견되었다.

해설 솔잎혹파리는 1년에 1회 발생하며 유충으로 월동한다.

29

향나무하늘소가 주로 가해하는 부위는?

①
② 뿌리
③ 열매
④ 줄기

해설 향나무하늘소(측백하늘소)의 유충이 줄기와 가지수피 밑의 형성층을 불규칙하고 평편하게 식해한다.

30

곤충의 다리는 5마디로 구성된다. 몸통에서부터 순서로 올바르게 나열한 것은?

① 밑마디 − 도래마디 − 넓적마디 − 종아리마디 − 발마디
② 밑마디 − 넓적마디 − 발마디 − 종아리마디 − 도래마디
③ 밑마디 − 발마디 − 종아리마디 − 도래마디 − 넓적마디
④ 밑마디 − 종아리마디 − 발마디 − 넓적마디 − 도래마디

해설 곤충의 다리는 밑마디, 도래마디, 넓적다리마디, 종아리마디, 발마디 순으로 몸통에서 시작된다.

31

점박이응애에 대한 설명으로 옳지 않은 것은?

① 알은 투명하다.
② 기주범위가 넓다.
③ 부화직후의 약충은 다리가 4쌍이다.
④ 여름형과 월동형 성충의 몸 색깔이 다르다.

해설 점박이응애는 거미강 응애목 응애과에 속하며 유충은 다리가 3쌍이며 제1약충 때부터 4쌍의 다리를 갖는다.

정답 26 ① 27 ④ 28 ② 29 ④ 30 ① 31 ③

32

사과굴나방에 대한 설명으로 옳지 않은 것은?

① 알로 잎 속에서 월동한다.
② 피해 입은 잎이 뒷면으로 말린다.
③ 잎 뒷면에 성충이 우화하여 나간 구멍이 있다.
④ 사과나무, 배나무, 복숭아나무의 잎을 가해한다.

 사과굴나방은 1년에 5~6회 발생하며 번데기 형태로 잎에서 월동한다.

33

곤충의 천적으로 활용할 수 있는 바이러스가 아닌 것은?

① 과립 바이러스
② 베고모 바이러스
③ 핵다각체 바이러스
④ 세포질다각 바이러스

 베고모 바이러스는 담배가루이를 통해 전염되는 식물매개 바이러스이다.

34

애멸구에 대한 설명으로 옳지 않은 것은?

① 천적은 날개집게벌, 애꽃노린재 등이 있다.
② 2모작 맥류재배를 하면 애멸구가 많이 발생한다.
③ 약충과 성충은 벼의 즙액을 빨아먹어 피해를 준다.
④ 중국으로부터 비래하지만 우리나라에서 월동은 불가능하다.

 애멸구는 3~4령 약충의 형태로 국내월동이 가능한 비래해충이며 이모작 재배 시 많이 발생한다. 또한 흡즙에 의해 각종 바이러스를 매개하며 줄무늬잎마름병(경란전염), 검은줄오갈병(경란전염 X)을 매개한다.

35

곤충의 배설을 담당하는 기관은?

① 알라타체
② 존스톤기관
③ 말피기소관
④ 모이주머니

 말피기씨관 : 중장과 후장 사이에 위치한 배설작용을 하는 기관으로 말부에서 물과 무기이온을 재흡수하여 조직 내 삼투압을 조절한다.

36

과변태를 하는 것은?

① 가뢰과 곤충
② 파리과 곤충
③ 풍뎅이과 곤충
④ 날도래과 곤충

 딱정벌레목의 가뢰과는 유충 시기를 지나 의용의 시기가 존재하는 과변태를 한다.

37

해충의 밀도와 농작물 피해에 대한 설명으로 옳지 않은 것은?

① 경제적 피해허용수준은 어느 경우에나 일반평형밀도보다 높다.
② 경제적 피해수준은 경제적 피해허용수준보다 높게 관리해야 한다.
③ 일반적인 환경 조건에서 형성된 해충의 평균밀도를 일반평형밀도라고 한다.
④ 경제적 손실이 나타나는 해충의 최저밀도를 경제적 피해수준이라고 한다.

 일반평형밀도는 자연상태의 밀도로 자연밀도가 경제적 피해수준보다 높아질 수도 있다.

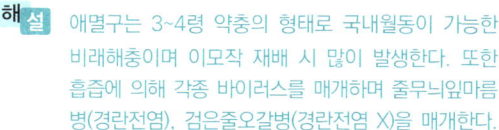

38

카이로몬에 의한 곤충의 행태로 옳은 것은?

① 개미 군집에서 계급을 분화하여 생활
② 배추흰나방이 유채과 식물을 찾아 섭식
③ 노린재가 분비하는 고약한 냄새물질에 대한 포식자 회피
④ 수컷 나방이 멀리 떨어져 있는 암컷 나방을 찾아가는 행동

해설 〈타감물질의 종류 및 특징〉

구분	특징
알로몬	타감물질을 분비한 쪽에 유리하며 주로 방어물질(기피, 억제, 독) ex) 식물이 초식성 곤충으로부터 방어하기 위해 분비하는 것
카이로몬	타감물질을 분비한 쪽에 불리하고 감지한 쪽에 유리 ex) 먹이감이 분비한 페로몬이 포식자를 유인
시노몬	타감물질이 분비자와 감지자 모두에게 유리

39

다음에서 설명하는 용어로 옳은 것은?

- 곤충이 정상적으로 활동하기 위한 환경 조건이 좋지 않아 발육자체를 멈추는 현상이다.
- 환경 조건이 좋아진다 해도 곧바로 발육을 다시 시작하지 않는다.

① 휴면   ② 휴지
③ 탈피   ④ 이주

해설 곤충은 생존에 불리한 온도 환경이 되면 곤충은 휴면(발육을 멈추는 것) 또는 휴지(대사율을 떨어뜨리는 것)함

40

곤충의 번데기에 대한 설명으로 옳지 않은 것은?

① 번데기의 모습은 부속지의 위치에 따라 피용과 나용으로 구분한다.
② 외시류에서 형태와 생리가 매우 다른 유충기와 성충기를 연결시켜 주는 발육단계이다.
③ 대부분의 번데기는 운동성이 없기 때문에 천적으로부터 취약하며, 휴면이나 월동처럼 오랜 기간 지속되는 환경조건에도 취약하다.
④ 먹이를 섭취하지 않은 시기로 내부적으로는 유충조직이 파괴되고 성충조직과 기관을 형성하는 매우 활발한 생리적 활성을 보이고 있는 시기다.

해설 곤충의 신시류는 외시류(불완전변태)와 내시류(완전변태)로 나뉘는데 이 중 외시류는 불완전변태를 하므로 번데기 과정이 없으며 애벌레 때 날개가 보인다.

정답 38 ② 39 ① 40 ②

3과목 재배원론

41

다음 중 장일식물의 화성을 촉진하는 효과가 가장 큰 물질은?

① 2,4-D　　② MH
③ Kinetin　　④ Gibberellin

해설 화학춘화 : 지베렐린 등 화학물질 처리 시 춘화처리 한 것과 같은 효과를 냄

42

토양산성화의 원인으로 가장 거리가 먼 것은?

① 빗물에 의한 염기용탈
② 염화가리, 황산암모니아 등의 유입
③ 토양유기물의 분해
④ 인산, 마그네슘의 보급

해설 토양산성의 원인 : 치환성염기의 용탈(미포화교질 생성), N과 S의 산화, 유기물 분해(유기산), 탄산 생성, 산성비료 연용

43

대기의 이산화탄소 농도는?

① 약 0.0035%
② 약 0.035%
③ 약 0.35%
④ 약 3.5%

해설 대기의 이산화탄소 농도는 약 0.035%(350ppm) 이다.

44

종자의 수명이 5년 이상인 장명종자로만 나열된 것은?

① 가지, 수박
② 메밀, 고추
③ 해바라기, 옥수수
④ 상추, 목화

해설 〈작물종자의 수명〉
- 단명종자(1~2년) : 옥수수, 콩, 목화, 메밀, 기장, 해바라기, 양파, 파, 고추, 상추, 강낭콩, 당근
- 상명종자(3~5년) : 벼, 밀, 보리, 귀리, 유채, 켄터키블루그래스, 완두, 페스큐, 무, 배추, 우엉, 시금치, 멜론, 호박, 카네이션, 시클라멘, 피튜니아
- 장명종자(5년 이상) : 앨팰퍼, 사탕무, 베치, 클로버, 수박, 비트, 가지, 토마토, 나팔꽃, 접시꽃, 데이지

45

다음 중 내염성이 가장 강한 작물은?

① 가지　　② 셀러리
③ 완두　　④ 양배추

해설 내염성 작물 : 유채, 목화, 수수, 사탕무, 양배추

46

영양기관의 분류에서 땅속줄기에 해당하는 것은?

① 나리　　② 감자
③ 박하　　④ 토란

해설 〈줄기로 이용되는 영양기관〉
- 덩이줄기(괴경) : 감자, 토란 / 알줄기(구경) : 프리지아, 글라디올러스
- 비늘줄기(인경) : 양파, 마늘, 나리(백합) / 땅속줄기(지하경) : 연, 박하, 호프, 생강
- 지하경 및 지조 : 모시풀, 사탕수수, 포도나무, 사과나무, 귤나무

정답　41 ④　42 ④　43 ②　44 ①　45 ④　46 ③

47

다음 중 무배유 종자에 해당하는 것으로만 나열된 것은?

① 벼, 보리
② 밀, 옥수수
③ 콩, 팥
④ 피마자, 양파

해설 무배유 종자(지상자엽형) : 콩, 팥, 완두 (콩과종자), 상추, 오이가 해당되며 완두, 잠두, 팥은 예외적으로 지하자엽형 발아를 한다.

48

저장 전 큐어링 실시 후 고구마의 안전저장 조건은?

① 온도 : 13~15℃, 상대습도 : 70~80%
② 온도 : 13~15℃, 상대습도 : 85~90%
③ 온도 : 16~20℃, 상대습도 : 70~80%
④ 온도 : 16~20℃, 상대습도 : 85~90%

해설 큐어링은 고구마를 수확한 후 생긴 상처를 아물게 하는 과정으로 수확 후 1주일 내에 실시하며 이후 13~15℃, 상대습도 85~90%에서 안전저장한다.

49

작물의 기지 정도에서 1년 휴작이 필요한 작물로만 나열된 것은?

① 가지, 완두
② 토란, 고추
③ 시금치, 콩
④ 아마, 인삼

해설 〈작물의 휴작기간〉
- 1년 휴작 : 콩, 시금치, 생강, 파, 쪽파
- 2년 휴작 : 오이, 감자, 잠두, 마, 땅콩
- 3년 휴작 : 참외, 쑥갓, 강낭콩, 토란

50

다음 중 재배에 적합한 토성에서 사탕무의 재배적지 범위로 가장 옳은 것은?

① 사토 ~ 세사토
② 식양토 ~ 이탄토
③ 세사토 ~ 사양토
④ 사양토 ~ 식양토

해설 토양은 모래와 점토의 함량에 따라 사토, 사양토, 양토, 식양토, 식토로 구분되는데 사탕무는 사양토~식양토에서 잘 생육한다.

51

다음 중 단명종자에 해당하는 것으로만 나열된 것은?

① 접시꽃, 나팔꽃
② 베고니아, 팬지
③ 스토크, 데이지
④ 백일홍, 가지

해설 단명종자(1~년) : 옥수수, 콩, 목화, 메밀, 기장, 해바라기, 양파, 파, 고추, 상추, 강낭콩, 당근, 팬지, 베고니아, 일일초, 스타티스, 콜레옵시스

52

등고선에 따라 수로를 내고, 임의의 장소로부터 월류하도록 하는 방법은?

① 보더관개
② 수반법
③ 일류관개
④ 물방울관개

해설 일류관개(등고선월류법) : 포장에 등고선 방향으로 수로를 낸 후 일정 장소로 월류하도록 하는 방법

정답 47 ③ 48 ② 49 ③ 50 ④ 51 ② 52 ③

53

질산 환원 효소의 구성 성분으로 콩과작물의 질소고정에 필요한 무기성분은?

① 몰리브덴　② 철
③ 마그네슘　④ 규소

 몰리브덴(Mo)은 질산환원효소의 구성원소로 콩과작물에 다량 함유되어 있으며 질소고정 등 각종 질소대사에 필요한 무기성분이다.

54

군락의 수광태세가 좋아지고 밀식 적응성이 높은 콩의 초형으로 틀린 것은?

① 잎이 크고 두껍다.
② 잎자루가 짧고 일어선다.
③ 꼬투리가 원줄기에 많이 달린다.
④ 가지를 적게 치고 가지가 짧다.

 수광태세 개선을 위한 콩의 초형 : 키가 크지만 도복이 안되며 가지가 짧은 것, 잎자루와 잎이 짧고 작은 것, 꼬투리가 원줄기에 달리고 밑까지 착생하는 것이 좋다.

55

다음 중 재배종과 야생종의 특징에 대한 설명으로 가장 적절한 것은?

① 야생종은 휴면성이 약하다.
② 재배종은 대립종자로 발전하였다.
③ 재배종은 단백질 함량이 높아지고 탄수화물 함량이 낮아지는 방향으로 발달하였다.
④ 성숙시 종자의 탈립성은 재배종이 크다.

 재배종은 휴면성이 약하며 분얼이 일정 기간 내 동시다발적으로 발생한다. 또한 종자의 탈립성이 작고 크기가 크며 단백질 함량이 높아지는 특징을 가진다.

56

다음 중 2년생 식물로만 구성되어 있는 것은?

① 가을보리, 코스모스
② 가을밀, 국화
③ 옥수수, 호프
④ 무, 사탕무

〈작물의 생존연한에 따른 분류〉

1년생 작물	봄에 파종하여 그해 안에 성숙하는 작물 (대부분)
월년생 작물	가을보리, 가을밀
2년생 작물	무, 사탕무
다년생 작물	호프, 아스파라거스, 영년목초류

57

답전윤환의 주요 효과로 틀린 것은?

① 지력증강
② 기지의 회피
③ 병충해 증가
④ 잡초의 감소

답전윤환 : 논을 담수상태(논상태) 또는 배수상태(밭상태)로 돌려가면서 경작하는 방식으로 기지의 호피, 잡초 감소, 지력 증강, 벼 수량증가의 효과가 있음

58

다음 중 작물의 기원지가 지중해 연안 지역에 해당하는 것으로만 나열된 것은?

① 조, 참깨
② 사탕수수, 당근
③ 감자, 고구마
④ 유채, 사탕무

정답　53 ①　54 ①　55 ②　56 ④　57 ③　58 ④

〈Vavilov의 작물 기원지〉

중국 지역	콩, 메밀, 6조보리, 배추, 조, 피, 팥, 인삼, 자운영, 황마
인도·동남아 지역	벼, 참깨, 사탕수수, 모시풀, 오이, 박, 가지
중앙아시아 지역	귀리, 기장, 완두, 삼, 당근, 양파
중동·코카서스 지역 (메소포타미아 문명)	2조보리, 보통밀, 호밀, 유채, 아마, 마늘, 시금치
지중해 연안 지역	무, 순무, 사탕무, 완두, 유채, 화이트클로버, 오처드그래스, 티머시, 양배추, 상추
중앙아프리카 지역	수박, 진주조, 수수, 참외
멕시코·중앙아메리카 지역	옥수수, 고구마, 호박, 강낭콩, 해바라기
남아메리카 지역	감자, 고추, 땅콩, 담배, 토마토

59

광합성에 가장 효과적인 광은?

① 녹색광 ② 황색광
③ 적색광 ④ 주황색광

 광합성 : 식물이 광에너지를 받아 대기의 이산화탄소와 뿌리에서 흡수한 물을 활용하여 탄수화물을 합성하는 물질대사 과정으로 적색, 청색, 자외선이 광합성에 효과적

60

작물을 복토할 경우 복토 깊이가 0.5~1.0cm에 해당하는 것으로만 나열된 것은?

① 콩, 팥 ② 가지, 토마토
③ 옥수수, 완두 ④ 강낭콩, 잠두

 복토 깊이(0.5~1cm) : 순무, 배추, 양배추, 가지, 고추, 토마토, 오이, 차조기

4과목 농약학

61

보르도액 사용시 살균력을 나타내는 성분은?

① Cu ② Ca
③ Co ④ C

해설 보르도액 : 황산구리 수용액을 석회유에 가하여 만든 혼합액으로 구리가 살균효과를 낸다.

62

농약관리법에 의한 맹독성의 판정기준은?

① 급성 경구 독성이 고체는 5mg/kg, 액체는 20mg/kg미만
② 급성 경구독성이 고체는 5mg/kg, 액체는 40mg/kg미만
③ 급성 경구독성이 고체는 10mg/kg, 액체는 50mg/kg미만
④ 급성 경구독성이 고체는 10mg/kg, 액체는 100mg/kg미만

해설 〈급성독성 정도에 따른 농약의 구분〉

급성 경구		급성 경피	
고체	액체	고체	액체
5 미만	20 미만	10 미만	40 미만

63

사용목적에 따른 살충제 농약의 분류에 해당하지 않는 것은?

① 식독제 ② 미립제
③ 유인제 ④ 기피제

해설 미립제는 제형에 따른 농약의 분류이다.

정답 59 ③ 60 ② 61 ① 62 ① 63 ②

64

토양잔류성농약이라 함은 토양 중 농약의 반감기간이 며칠 이상인 농약으로서 사용결과 농약을 사용하는 토양에 그 성분이 잔류되어 후작물에 잔류되는 농약을 말하는가?

① 30일
② 60일
③ 90일
④ 180일

 토양잔류성농약은 토양 약제 처리 후 남아있는 농약의 반감기간이 180일 이상인 농약을 의미한다.

65

다음 중 신경독 살충제는?

① 클로로피크린
② 기계유유제
③ 유기수은제
④ 제충국제

 〈작용점에 따른 살충제의 분류〉
- 신경독 : 유기인계, 피레트린, BHC
- 원형질독 : 유기수은제, 비소제
- 피부독 : 기계유 유제
- 호흡독 : 청산가스
- 근육독 : 데리스제

66

다음 농약 중 살비제(acaricide)가 아닌 것은?

① 디코폴(dicofol)
② 아미트라즈(amitraz)
③ 싸이스린(cyfluthrin)
④ 클로펜테진(clofentezine)

해설 싸이스린(cyfluthrin)의 품목명은 사이플루트린 수화제로 합성피레스로이드계 살충제이다.(나방류 방제)

67

다음 중 수화제에 주로 사용되는 증량제는?

① toluene
② sulgamate
③ bentonite
④ methanol

해설 수화제는 불용성 원제(주제)에 벤토나이트, 카올린 같은 점토광물(증량제), 계면활성제를 첨가한 것으로 물에 희석하면 유효성분의 입자가 물에 분산되어 현탁액이 된다.

68

살충제의 해충에 대한 복합저항성이란?

① 살충작용이 다른 2종 이상에 대하여 동시에 해충이 저항성을 나타내는 현상
② 어떤 살충제에 대하여 저항성이 발달한 해충이 한 번도 사용한 적이 없지만 작용기구가 같은 살충제에 저항성을 나타내는 현상
③ 어떤 해충개체군 내에 대다수의 개체가 해당 살충제에 대하여 저항력을 가지는 해충계통이 출현되는 현상
④ 동일 살충제를 해충개체군 방제에 계속 사용하면 저항력이 강한 개체만 만들어지는 현상

해설 작용별 저항성 중 복합저항성은 작용기구가 다른 2종 이상의 약제에 대해 저항성을 나타내는 것을 나타낸다.

정답 64 ④ 65 ④ 66 ③ 67 ③ 68 ①

69

다음 농약 중 식물 전멸제초제는?

① 글리포세이트포타슘 액제
② 펜티메탈린 유제
③ 클레토딤 유제
④ 이사-디 액제

 식물 전멸제초제는 비선택성 제초제로 유기인계 글리포세이트 농약, 비피리딜리움계 파라쿼트 디클로라이드 농약 등이 해당된다.

70

농약의 액제 제형을 제조할 때 겨울에 동결을 방지하기 위하여 주로 사용하는 것은?

① 석고(Gypsum)
② 규조토(Diatomite)
③ 황산아연(Zinc sulfate)
④ 에틸렌글리콜(Ethylene glycol)

 액제 : 원제(주제)가 수용성이며 가수분해 우려가 없을 때 계면활성제나 동결방지제(에틸렌글리콜) 첨가 후 물이나 메탄올에 녹인 제형이다.

71

농약의 구비조건에 해당되지 않은 것은?

① 가격이 저렴해야 한다.
② 혼용범위가 되도록 넓어야 한다.
③ 소량으로도 약효가 확실해야 한다.
④ 인축 및 생태계에 대한 독성이 높아야 한다.

해설 〈농약의 구비조건〉
• 적은 양으로도 약효가 확실해야 함
• 인축과 어류에 대한 독성이 낮아야 함
• 농작물에 대한 약해가 없어 생육에 이상이 없어야 함
• 천적에 대한 독성이 없어야 하며 잔류성이 낮아야 함
• 값이 저렴하여 농업경영비 유지가 용이해야 함

72

농약의 일일섭취허용량에 대한 설명으로 가장 옳은 것은?

① 농약을 함유한 음식을 하루 섭취하여도 장해가 없는 양을 말한다.
② 농약을 함유한 음식을 1년간 섭취하여도 장해를 받지 않는 1일당 최대의 양을 말한다.
③ 농약을 함유한 음식을 10년간 섭취하여도 장해를 받지 않는 1일당 최대의 양을 말한다.
④ 농약을 함유한 음식을 일생동안 섭취하여도 장해를 받지 않는 1일당 최대의 양을 말한다.

 1일 섭취허용량(ADI) : 농약을 매일 섭취하여도 인체에 아무 영향도 미치지 않는 농약의 최대약량(최대무작용약량)에 안전계수를 곱한 것을 의미한다.

73

갯지렁이에서 천연 살충물질을 추출하여 농약으로 개발한 살충제는?

① 아바멕틴(avamectin)
② 벤설탑(bensultap)
③ 메소밀(methomyl)
④ 엔도설판(endosulfan)

 벤설탑(bensultap) : 갯지렁이에서 추출한 천연 살충물질인 네레이스톡신의 유도체로 벼와 과수의 해충 방제에 활용된다.

정답 69 ① 70 ④ 71 ④ 72 ④ 73 ②

74

R – Hg – X 로 표시되는 유기수은제에서 X 에 해당되지 않는 것은?

① –HPO4
② –Cl
③ –OH
④ –CH3

 ~할로렌기(-Cl, -Br) 등 친수성기가 위치한다.

75

어류에 대한 농약의 독성 및 감수성에 영향을 미치는 요인으로 가장 거리가 먼 것은?

① 전착
② 성장단계
③ 수온
④ 제제형태

 〈어독성의 특징〉
- 제형별로 볼 때 어독성은 유제 〉 수화제, 수용제 〉 분제, 입제 순으로 나타난다.
- 어류는 수온이 높을수록 감수성이 높다.
- 어류는 알일 때 감수성이 가장 낮고 치어일 때 감수성이 낮다.

76

농약이 갖추어야 할 사항으로 틀린 것은?

① 인축에 대한 독성이 낮아야 한다.
② 토양 및 수질 오염을 유발시키지 않아야 한다.
③ 작물 또는 토양에 대한 잔류성이 없어야 한다.
④ 적용 해충의 범위가 넓고 비선택적이어야 한다.

 〈농약의 구비조건〉
- 적은 양으로도 약효가 확실해야 함
- 인축과 어류에 대한 독성이 낮아야 함
- 농작물에 대한 약해가 없어 생육에 이상이 없어야 함
- 천적에 대한 독성이 없어야 하며 잔류성이 낮아야 함
- 값이 저렴하여 농업경영비 유지가 용이해야 함

77

농약의 검사방법에서 저비산분제(DL)의 검사항목이 아닌 것은?

① 분산성
② 분말도
③ 입도
④ 가비중

 저비산분제(DL분제) : 분제의 일종으로 응집제를 사용하여 비산을 줄이기 위해 만든 제형으로 대부분 농약 원제를 제제화할 수 있다.

78

농약 안전살포 방법으로 가장 적절한 것은?

① 바람을 등지고 살포
② 바람을 안고 살포
③ 바람의 도움으로 살포
④ 바람 방향을 무시하고 살포

 〈농약 사용 시 준수사항〉
- 고독성 농약은 원예용으로만 사용하며 사용 직전 조제하고 피부에 묻지 않도록 주의해야 한다.
- 바람을 등지고 살포해야하며 3시간 이상의 작업은 금지한다.
- 살포 시 분무기의 분출구가 막히더라도 입이나 손을 접촉하면 안되며 사용한 용기는 타용도로 사용 금지한다.
- 살포지역을 표시하며 살포 후 수확과 14일간의 출입을 금지한다.
- 살포작업 이후 신체를 전체적으로 씻고 작업복과 마스크 등을 세탁한다.

정답 74 ④   75 ①   76 ④   77 ①   78 ①

79

메프유제 50%를 0.05%로 희석하여 10a당 100L를 살포하려고 할때 소요약량은 약 몇 mL인가? (단, 비중은 1.008이다.)

① 99.2 ② 109.2
③ 119.2 ④ 129.2

해설 10a당 소요약량
= 추천농도×10a당 살포량/약액농도×비중
= 0.05×100,000mL/50×1.008 = 99.206mL

80

석회유황합제(石灰硫黃合劑)에 대한 설명으로 틀린 것은?

① 주성분은 다황화칼슘(CaS_5)이고 티오황산칼슘(CaS_2O_5)을 소량 함유한다.
② 과수 및 보리 등의 병 방제용으로 사용된다.
③ 일반적으로 겨울에는 300~600배액을, 여름철에는 20~30배액을 사용한다.
④ 주성분이 공기 중의 산소 또는 이산화탄소와 작용하여 활성화된 유황분자에 의해 살균이 이루어진다.

해설 〈석회유황합제의 특징〉
- 살균력, 살충력을 모두 가지며 값이 저렴함
- 과수와 보리의 병해 방제용으로 많이 쓰이나 약해를 일으킴
- 다황화석회가 공기 중 산소와 접하면 유황이 활성화되어 살균작용을 일으킴
- 강한 알칼리성은 균 또는 환부 조직을 기계적으로 파괴시킴
- 온도와 습도가 높으면 분해가 빨라져 효력이 저하되고 고온기에 약해가 발생하므로 여름에는 묽게 사용한다.

5과목 잡초방제학

81

벼와 피의 주된 형태적 차이점은?

① 피에만 엽이가 있다.
② 벼에만 잎몸이 없다.
③ 벼에만 입혀가 있다.
④ 벼와 피에는 잎집이 없다.

해설 벼는 잎혀와 잎귀가 있으나 피에는 없다.

82

가을에 발생하여 월동 후에 결실하는 잡초로만 올바르게 나열된 것은?

① 쑥, 비름, 명아주
② 깨풀, 민들레, 강아지풀
③ 별꽃, 뚝새풀, 벼룩나물
④ 별꽃, 바랭이, 애기메꽃

해설 1년 이상 생존하는 월년생 잡초에는 별꽃, 냉이, 벼룩나물, 뚝새풀 등이 있다.

83

제초제의 약해가 발생하는 주요 요인이 아닌 것은?

① 감수성 고정
② 농약 상호작용
③ 환경 중의 확산
④ 토양 중 제초제 잔류

해설 제초제 약해의 원인에는 살충제와 살균제의 상호작용, 기상환경, 토양환경, 재배양식, 이앙심도, 환경 중의 확산 등이 있다.

정답 79 ① 80 ③ 81 ③ 82 ③ 83 ①

84

제초제의 대사에 대한 설명으로 옳지 않은 것은?

① 생물적 변형이라고도 한다.
② 유기제초제가 완전히 산화하여 탄산가스로 변화되는 경우는 매우 드물다.
③ 식물 체내에 흡수, 이행된 제초제가 본래의 화학 구조에서 다른 것으로 변형되는 것이다.
④ 제초제가 잡초의 세포 내에서 화학적으로 결합하여 가수분해 된 뒤 2차결합하여 잡초를 죽인다.

해설 제초제 성분이 화학적으로 분해되면 약효는 저하된다.

85

잡초에 대한 작물의 경합력을 높이는 방법은?

① 이식재배를 한다.
② 직파재배를 한다.
③ 만생종을 재배한다.
④ 재식밀도를 낮춘다.

해설 잡초에 대한 작물의 경합력을 높이는 방법: 밀식 재배, 춘파작물과 추파작물의 윤작, 다분지성 품종 재배, 조숙종 품종 재배, 제초작업, 이식재배 및 손이앙(직파X)

86

논에 다년생잡초가 증가하는 주요 요인으로 옳지 않은 것은?

① 추경 감소
② 벼의 연작재배
③ 동일제초에 연용
④ 벼의 조기이식 재배

해설 추경의 감소, 손제초의 감소, 조기재배, 답리작 감소, 일발처리제제 사용의 증가 등은 논 다년생잡초를 증가시키는 원인이다.

87

C3식물과 C4식물에 대한 설명으로 옳지 않은 것은?

① 세계적으로 문제가 되는 대부분의 잡초종들은 C4식물이다.
② C4식물은 광합성 효율이 높은 반면, C3식물은 광합성 효율이 상대적으로 낮다.
③ C4식물은 RuBP carboxylase, C3식물은 PEP carboxylase 효소가 CO_2의 고정에 관여한다.
④ C3식물과 C4식물의 초기 생육단계에 광합성 효율은 고온, 고광도, 수분제한조건에서 큰 차이를 보인다.

해설 C4식물은 광합성 효율이 높고 탄소고정에 PEP carboxylase 효소를 이용하며 C3식물은 광합성 효율이 상대적으로 낮고 탄소고정에 RuBP carboxylase 효소를 사용한다.

88

다음 잡초 중 종자의 천립중의 가장 가벼운 것은?

① 별꽃
② 명아주
③ 메귀리
④ 강아지풀

해설 〈잡초종자의 천립중〉
• 메귀리〉단풍잎돼지풀〉선홍초〉강아지풀〉말냉이〉별꽃〉바랭이〉냉이〉명아주 순으로 크다.

89

다음 설명에 해당하는 것은?

> 두 종류의 제초제를 혼합 처리할 때의 반응이 각각 제초제를 단독 처리할 때 큰 쪽의 반응보다 작은 경우이다.

① 길항작용
② 상승작용
③ 상가작용
④ 독립작용

정답 84 ④ 85 ① 86 ② 87 ③ 88 ② 89 ①

해설 〈제초제의 효과〉
① 길항작용 : 두 종류의 제초제를 동시에 사용했을 때 각각 사용했을 때보다 효과가 작은 것
② 상승작용 : 두 제초제를 각각 처리하는 것보다 혼용했을 때 효과가 더 큰 것
③ 상가작용 : 두 제초제를 각각 사용했을 때와 혼용했을 때 효과가 같은 것

90
잡초 방제법 중 예방적 방제법과 거리가 먼 것은?
① 농기계를 청결하게 관리한다.
② 관개 수로 유입로에 거름망을 설치한다.
③ 오염된 작물의 종자를 선별하여 소각한다.
④ 제초제를 사용하지 않고 손으로 잡초를 골라낸다.

해설 〈예방적 방제법의 종류〉
• 잡초위생 : 관개수 정비 및 관리, 논물 통로에 거름망 설치, 잡초종자 혼입 금지, 농기구 소독, 부숙퇴비 사용, 토양소독, 정선작업 실시, 윤작체계를 통한 잡초발생억제, 잡초종자 열처리, 작물 경합력 증대, 적절한 시비법으로 양분이용율 증대
• 법적방제: 외래 식물 수출입 시 철저한 검역 실시

91
작물과 방제 대상 잡초에 대하여 적합한 선택성 제초제로 올바르게 짝지어진 것은?
① 벼 – 강피 – 이사디 액제
② 벼 – 돌피 – 벤타존 액제
③ 보리 – 명아주 – 세톡시딤 유제
④ 벼 – 피 – 펜디메탈린·프로파닐 유제

해설 〈선택성 제초제의 종류〉
① 2,4-D : 잔디, 사탕수수, 목초, 과수원에서 광엽 잡초 방제용으로 많이 사용한다.
② 벤타존 : 너도방동사니, 올챙이고랭이, 물달개비의 선택적 제거, 보리밭 및 논에서 사용한다.
④ 산아마이드계 프로파닐 제초제는 피 경엽처리용으로 사용한다.

92
화본과 잡초 중 다년생에 해당하는 것은?
① 강피 ② 뚝새풀
③ 나도겨풀 ④ 왕바랭이

해설 다년생 잡초 중 화본과에 속하는 것은 나도겨풀(논잡초), 참새피 또는 띠(밭잡초) 등이 있다.

93
잡초의 예방적 방제 방법이 아닌 것은?
① 관배수로 관리
② 재식밀도 조절
③ 작물종자 정선
④ 농기구(농기계) 청결 관리

해설 〈예방적 방제법의 종류〉
• 잡초위생 : 관개수 정비 및 관리, 논물 통로에 거름망 설치, 잡초종자 혼입 금지, 농기구 소독, 부숙퇴비 사용, 토양소독, 정선작업 실시, 윤작체계를 통한 잡초발생억제, 잡초종자 열처리, 작물 경합력 증대, 적절한 시비법으로 양분이용율 증대
• 법적방제: 외래 식물 수출입 시 철저한 검역 실시

94
일년생 잡초와 비교한 다년생 잡초에 대한 설명으로 옳지 않은 것은?
① 방제하기 어렵다.
② 영양번식을 한다.
③ 생육기간이 길다.
④ 대부분 종자로 번식한다.

해설 〈잡초의 번식방법〉
• 유성번식 : 종자로 번식하는 방법으로 일년생 잡초, 일부 이년생 및 다년생 잡초가 포함된다.
• 무성번식 : 주로 다년생 잡초의 번식방법으로 영양기관으로 인경, 구경, 근경, 포복경, 괴경, 괴근 등을 이용한다.

정답 90 ④   91 ④   92 ③   93 ②   94 ④

95

상호대립억제작용에 대한 설명으로 옳은 것은?

① 제초제를 오래 사용한 잡초에 대한 내성을 나타내는 것이다.
② 죽은 식물 조직에서 나오는 물질에 의해서도 일어날 수 있다.
③ 다른 종의 생육을 억제하는 주된 기작은 주로 차광에 의해 일어난다.
④ 잡초가 다른 작물의 생육을 억제하는 것은 아니며 잡초 간에만 일어나는 현상이다.

해설 타감작용 : 상호대립억제작용(allelopathy)라고도 하며 잡초가 작물의 생육을 억제하는 물질을 분비하여 영향을 미치는 것

96

잡초의 생태적 방제 방법이 아닌 것은?

① 윤작 실시
② 재배양식 변경
③ 피복 작물 재배
④ 잡초만을 골라 먹는 생물 이용

해설 생태적(경종적) 방제법의 종류에는 윤작, 육묘이식재배(손이앙), 재식밀도 조절, 재파종, 제초작업, 포장 관리, 경운, 피복 등이 있다.

97

두 제초제를 혼합하여 사용할 때 나타나는 길항적반응에 대한 설명으로 옳은 것은?

① 혼합의 효과가 단독 처리의 효과와 같은 것을 의미한다.
② 혼합의 효과가 단독 처리의 효과보다 크지도 작지도 않은 것을 의미한다.
③ 혼합의 효과가 활성이 높은 물질의 단독처리의 효과보다 큰 것을 의미한다.
④ 혼합의 효과가 활성이 높은 물질의 단독처리의 효과보다 작은 것을 의미한다.

해설 길항작용 : 두 종류의 제초제를 동시에 사용했을 때 각각 사용했을 때보다 효과가 작은 것

98

유기제초제와 비교한 무기제초제에 대한 설명으로 옳은 것은?

① 처리 약량이 작다.
② 대사물의 독성이 낮다.
③ 경엽에 처리할 때 활성이 낮다.
④ 가격이 비싸며 살초 효과가 적다.

해설 〈화학구조에 따른 제초제의 구분〉
- 유기제초제 : 분자구조 내 탄소를 포함하는 제초제로 MCP, 2,4-D, DCPA 등이 해당된다.
- 무기제초제 : 오랜 역사를 가진 제초제로 탄소를 포함하지 않는 제초제로 비교적 독성이 낮고 염소산다, HCl 등이 해당된다.

정답 95 ② 96 ④ 97 ④ 98 ②

99

일반적으로 작물과 잡초의 경합으로 작물에 가장 큰 피해를 주는 시기는?

① 모든 시기
② 작물의 생육중기
③ 작물의 생육초기
④ 작물의 생육후기

 경합으로 인한 피해에 가장 민감한 시기는 초관형성 이후 생식생장 전까지 생육초기에 해당된다.

100

작물과 잡초의 양분경합에서 가장 크게 관여하는 비료성분은?

① 황   ② 칼슘
③ 질소   ④ 마그네슘

 질소는 식물의 세포분열 및 생장에 필수적인 영양성분으로 작물과 잡초 사이 경합이 크게 일어난다.

정답 99 ③   100 ③

Chapter 02 2024년 1회 산업기사 CBT 복원

1과목 식물병리학

01
다음에서 설명하는 병원균의 기관으로 가장 옳은 것은?

> 균사가 식물체의 표면이나 세포간극에서 생장하는 균에서는 기주의 세포막에 작은 구멍을 내고 특이한 흡수기관을 형성한다.

① 흡기
② 버섯
③ 균핵
④ 후벽포자

 진균은 기주식물에 구멍을 내고 흡기조직을 통해 영양분을 섭취한다.

02
식물 병원체 중 가장 크기가 작은 것은?

① 세균
② 곰팡이
③ 바이러스
④ 바이로이드

 병원체의 크기 : 진균(곰팡이) > 세균 > 바이러스 > 바이로이드

03
생물적 방제법에 대한 설명으로 옳은 것은?

① 효과가 늦은 편이다.
② 주변 환경에 영향을 받지 않는다.
③ 병 발생 후에도 방제 효과가 좋다.
④ 넓은 지역에 광범위하게 활용하기 쉽다.

 생물적 방제법은 식물에 저항성을 유도시켜 방제하는 방법으로 약독바이러스, 길항미생물 등을 이용하며 환경친화적이지만 효과가 늦다.

04
다음 설명에 해당하는 것은?

- 주로 기주의 이삭에 발병하며 병환부에서 검은 가루가 날리는 특징이 있다.
- 병에 걸린 이삭은 건전한 이삭보다 일찍 출수하는 경향이 있다.

① 벼 도열병
② 보리 줄기녹병
③ 벼 깨씨무늬병
④ 보리 겉깜부기병

해설 〈밀·보리 겉깜부기병 특징〉
- 출수 직후 화기전염한다.
- 감염된 이삭은 공모양의 후막포자가 발아하여 검게 변하므로 육안으로 쉽게 구별된다.
- 후막포자는 보리 개화 시 바람으로 비산하여 전반된다.

정답 01 ① 02 ④ 03 ① 04 ④

05

밤나무 줄기마름병의 전형적인 병징은?

① 궤양　　　　② 위조
③ 위축　　　　④ 도장

 〈밤나무 줄기마름병 특징〉
- 수피가 적갈색으로 변하고 수피를 뚫고 소립자가 밀생한다.
- 건조한 환경에서 병환부의 수피가 거칠게 갈라져서 터진다.(부란)

06

병에 걸린 곡물을 사료로 사용하면 가축에 중독중상을 일으키는 맥류의 병은?

① 녹병　　　　② 마름병
③ 깜부기병　　④ 붉은곰팡이병

 보리 붉은곰팡이병 : 섭취 시 인축에 중독을 일으키는 곰팡이독소(제랄레논)를 생성한다.

07

식물 바이러스병 진단법으로 옳지 않은 것은?

① 혈청학적 진단법
② 파지에 의한 진단법
③ 지표식물에 의한 진단법
④ 핵산 중합효소연쇄반응법

 박테리아파지법 : 식물 세균병 진단법에 속하며 특정 세균에 기주특이성이 높은 바이러스를 이용하여 특정 세균 유무 및 월동장소를 진단한다.

08

채소 및 과일 저장 중에 주로 발생하며 생육기에는 거의 발생되지 않는 병은?

① 탄저병　　　② 노균병
③ 덩굴마름병　④ 푸른곰팡이병

 푸른곰팡이병균은 진균에 속하며 저장중인 채소 및 과일의 상처를 통해 침입한다.

09

벼 도열병균이 주로 월동하는 곳은?

① 토양　　　　② 중간기주
③ 매개충의 알　④ 볍씨의 병든 부분

 〈벼 도열병의 특징〉
- 볏짚, 병든 종자에서 균사나 분생포자 상태로 월동하며 바람으로 전파된다.
- 분생포자는 수분 존재 시 발아관, 부착기를 형성하여 각피, 기공으로 침입한다.
- 조생종은 병 회피성이 있으나 중만생종에서 병의 발생이 우려된다.
- 규소 시비로 예방 가능하며 종자전염하는 병에 속한다.

10

세균에 의하여 발생하는 식물병의 주요 증상으로만 나열된 것은?

① 혹, 노란 가루
② 빗자루, 모자이크
③ 시들음, 가지마름
④ 갈색병반, 검은 돌기

 세균병의 병징 : 부패 및 악취의 무름현상, 점무늬, 잎마름, 가지마름, 시들음, 병환부의 이상비대 등

정답　05 ①　06 ④　07 ②　08 ④　09 ④　10 ③

11

다음은 어느 병원균에 대한 설명인가?

- 균사에 격벽이 없다.
- 유주자낭을 형성한다.
- 난포자를 형성한다.
- 토마토에도 병을 일으킨다.

① 감자 역병균
② 감자 무름병균
③ 감자 Y바이러스
④ 감자 더뎅이병균

 감자 역병균은 진균(조균류)에 속하며 학명은 Phytophthora infestans이다. 조균류는 유주자를 생성하며 유주자균류(난균류)와 접합균류로 구분되고 격막이 없는 특징을 갖는다.

12

바이로이드에 의해 발생하는 식물병은?

① 벼 오갈병
② 감자 갈쭉병
③ 콩 모자이크병
④ 뽕나무 오갈병

 바이로이드는 식물병리학자 Diener에 의해 감자 갈쭉병의 병원체로 처음 밝혀졌다.

13

광학 현미경으로는 관찰이 거의 불가능한 병원은?

① 세균
② 선충
③ 곰팡이
④ 바이러스

 바이러스는 전자현미경으로 관찰 가능하다.

14

대추나무 빗자루병 방제 방법으로 옳지 않은 것은?

① 마름무늬매미충을 방제한다.
② 대추나무를 밀식하지 않는다.
③ 증식용 분근은 건전한 나무에서 얻는다.
④ 스트렙토마이신으로 나무주사를 실시한다.

 대추나무·오동나무 빗자루병은 옥시테트라사이클린 항생제 수간주사를 통해 방제한다.

15

오이 노균병균이 형성하는 포자의 종류로 가장 옳은 것은?

① 유주자
② 여름포자
③ 겨울포자
④ 자낭포자

 〈오이 노균병의 특징〉
- 분생자병 위에 담갈색의 분생포자 생성, 발아 시 유주자를 형성한다.
- 병징이 잎에만 발현된다.(아랫잎부터)
- 담황색의 반점이 생긴 후 담갈색의 다각형 병반으로 커진다.
- 병반 뒷면에 회색 곰팡이 형태의 분생포자를 생성한다.

정답 11 ① 12 ② 13 ④ 14 ④ 15 ①

16
오이 모자이크병 방제 방법에 대한 설명으로 가장 옳지 않은 것은?
① 저항성 품종을 재배한다.
② 페나리몰 유제를 적기에 살포한다.
③ 포장 주변에 전염 가능성이 있는 잡초를 제거한다.
④ 시설재배 시 입구에 방충망을 설치하여 진딧물의 침입을 막는다.

 페나리몰은 살균제로 진균 등에 의한 병에는 효과가 있으나 바이러스에 의한 모자이크병 방제에는 적합하지 않다.

17
잣나무 털녹병균의 중간 기주로 가장 옳은 것은?
① 리시안셔스   ② 현호색
③ 배나무   ④ 송이풀

 잣나무 털녹병균 중간기주에는 송이풀류, 까치밥나무류가 해당된다.

18
저장 곡물에 Aflatoxin이라는 독소를 생성하는 균으로 가장 옳은 것은?
① AspergiIIus flavus
② Ascochyta pisi
③ AmyIase
④ AIternaria maIi

 맥류를 기주로 자라는 곰팡이(Aspergillus flavus)에 의해 생성되는 아플라톡신(Aflatoxin)은 독성물질로, 섭취할 경우 인축에 피해를 일으킨다.

19
다음 중 전형적인 표징이 나타나지 않는 식물병은?
① 오이 흰가루병
② 과수류 날개무늬병
③ 과수류 근두암종병
④ 보리 붉은곰팡이병

 〈병징과 표징에 의한 진단〉
• 병징 진단 : 모잘록병, 시들음병, 빗자루병, 근두암종병, 구멍병, 모자이크병
• 표징 진단 : 자줏빛날개무늬병, 잿빛곰팡이병, 깜부기병, 흰가루병, 그을음병, 균핵병, 노균병, 녹병

20
배추 무사마귀병에 대한 설명으로 옳지 않은 것은?
① 알칼리성 토양에서 주로 발생한다.
② 수분이 많은 토양에서 많이 발생한다.
③ 순활물기생균으로 인공배양이 되지 않는다.
④ 뿌리의 세포가 비정상적으로 커지고 혹이 만들어진다.

 배추 무사마귀병, 목화·토마토 시들음병은 산성 토양에서 발생이 증가하므로 석회시용으로 토양산도를 조절한다.

정답 16 ② 17 ④ 18 ① 19 ③ 20 ①

2과목　농림해충학

21

표피를 이루는 단백질, 지질, 키틴 화합물 등을 합성 및 분비해주며 탈피 시에는 내원표피를 소화시키는 탈피액을 분비하는 곳은?

① 기저막
② 원표피
③ 외표피
④ 진피세포

 진피세포는 곤충의 표피를 이루는 단백질, 지질, 키틴화합물 등을 합성, 분비해주는 한 층의 세포군으로 탈피 내원표피를 소화시키는 탈피액을 분비한다.

22

성충으로 월동하는 해충은?

① 솔잎혹파리
② 이화명나방
③ 밤나무혹벌
④ 털두꺼비하늘소

 털두꺼비하늘소는 성충으로 월동한다.

23

천막벌레나방의 분류학적 위치는?

① 자나방과
② 솔나방과
③ 재주나방과
④ 산누에나방과

 천막벌레나방(텐트나방)은 나비목 솔나방과에 속하며 참나무류, 벚나무, 장미, 살구, 포플러 등 활엽수를 가해한다.

24

곤충 표피에 대한 설명으로 옳지 않은 것은?

① 수분 손실을 억제한다.
② 근육의 부착점으로 작용한다.
③ 감각기관이 존재하지 않는다.
④ 표피층, 표피세포 및 기저막 등으로 구성된다.

 곤충의 머리의 표피에는 시각과 촉각을 느낄 수 있는 감각기관이 형성되어 있다.

25

유약호르몬의 분비 기관은?

① 모세기관
② 알라타체
③ 앞가슴샘
④ 카디아카체

 유약호르몬 : 곤충의 뇌 뒤쪽에 있는 알라타체에서 분비되는 호르몬으로 곤충의 변태를 억제한다.

26

끝동매미충에 대한 설명으로 옳지 않은 것은?

① 연 1회 발생한다.
② 바이러스병을 매개한다.
③ 약충은 몸 색깔의 변화가 심하다.
④ 약충과 성충 모두 기주식물을 흡즙한다.

해설 끝동매미충은 연간 4~5세대를 경과하며 그 중 2세대의 약충이 바이러스병인 벼 오갈병을 매개한다.(경란전염)

정답　21 ④　22 ④　23 ②　24 ③　25 ②　26 ①

27

내시류에 대한 설명으로 옳은 것은?

① 날개를 접지 못한다.
② 대부분 불완전변태를 한다.
③ 곤충 중에서 가장 진화한 형태이다.
④ 강도래목, 집게벌레목 등이 해당된다.

 내시류는 곤충 중 가장 진화한 형태로 완전변태를 하므로 번데기 과정이 있고 애벌레 때 날개가 보이며 날개를 뒤로 접을 수 있다.

28

중배엽으로부터 유래된 기관은?

① 심장
② 중장
③ 전장
④ 신경

 중배엽 유래기관으로는 심장, 외배엽 유래기관으로는 신경, 내배엽 유래기관에는 중장 등이 있다.

29

불완전변태에 대한 설명으로 옳은 것은?

① 대부분 번데기 과정이 없다.
② 수서곤충은 해당되지 않는다.
③ 풀잠자리가 대표적인 곤충이다.
④ 어른벌레의 모양이 애벌레와 매우 달라진다.

 불완전변태를 하는 곤충은 번데기 과정이 없으며 애벌레 때 날개가 보인다.

30

성충은 식물조직에 산란하고 부화한 애벌레는 2령을 경과한 후 땅속에서 번데기 기간을 거쳐 성충이 되는 것은?

① 애멸구
② 온실가루이
③ 점박이응애
④ 꽃노랑총채벌레

꽃노랑총채벌레는 1년에 5~6회 발생하고 성충으로 지표면이나 나무껍질 속에 월동한다. 또한 식물조직에서 산란한 부화유충은 흡즙 가해하여 2령을 경과한 후 노숙유충이 되어 번데기 기간을 거쳐 성충으로 우화한다.

31

벼물바구미의 분류학적 위치는?

① 메뚜기목
② 노린재목
③ 딱정벌레목
④ 총채벌레목

벼물바구미는 딱정벌레목에 속한다.

32

곤충의 가슴에 구성된 체절 수는?

① 2
② 3
③ 6
④ 11

곤충의 가슴은 3마디의 체절로 구성되어 있다.

정답 27 ③ 28 ① 29 ① 30 ④ 31 ③ 32 ②

33

곤충의 외부 형태에 대한 설명으로 옳지 않은 것은?

① 눈은 겹눈과 홑눈이 있다.
② 가슴에는 날개, 다리가 존재한다.
③ 입틀은 씹는 모양, 빠는 모양 등이 있다.
④ 더듬이의 모양은 곤충 종별로 크게 다르지 않다.

해설 곤충의 더듬이 형태의 종류에는 사상(바퀴목, 강도래목 등), 염주상(흰개미목, 잎벌과 등), 곤봉상(나비) 등이 있다.

34

벼 재배 시 후기 해충 방제에 가장 중점을 두어야 할 대상 해충은?

① 벼멸구
② 애멸구
③ 끝동매미충
④ 번개매미충

해설 벼멸구는 만생종을 비옥한 습답에서 재배할 경우 피해가 크며 벼 포기 아랫부분에 서식하여 식물체를 흡즙함으로써 벼를 도복시키므로 후기 방제에 중점을 두어야 한다.

35

다음 중 곤충의 통신수단으로 가장 적절하지 않은 것은?

① 맛에 의한 통신
② 접촉에 의한 통신
③ 청각에 의한 통신
④ 시각에 의한 통신

해설 곤충은 청각, 접촉, 시각 등을 통해 타 개체와 통신한다.

36

다음 중 점박이응애에 대한 설명으로 옳지 않은 것은?

① 암컷의 길이가 수컷에 비해 짧다.
② 성충으로 월동한다.
③ 숙주식물의 잎에서 즙액을 빨아 먹는다.
④ 천적으로는 왕게응애와 신이리응애가 있다.

해설 점박이응애 월동성충은 암컷과 수컷 모두 등적색이며 수컷은 암컷보다 납작하다.

37

다음 중 담배나방에 대한 설명으로 가장 옳지 않은 것은?

① 고추의 주요 해충 중 하나이다.
② 1년에 1회 발생한다.
③ 땅속에서 번데기로 월동한다.
④ 담배에 피해를 준다.

해설 담배나방은 1년에 3회 발생하며 번데기 형태로 토양 속에서 월동한다.

38

다음 중 완전변태류 곤충으로 가장 적절하지 않은 것은?

① 풀잠자리   ② 배추흰나비
③ 벼룩   ④ 흰개미

해설 〈내시류의 특징〉
- 완전변태를 하므로 번데기 과정이 있으며 애벌레 때 날개가 보임
- 날개를 뒤로 접을 수 있음
- 종류 : 뱀잠자리목, 약대벌레목, 풀잠자리목, 딱정벌레목, 부채벌레목, 파리목, 밑들이목, 벼룩목, 날도래목, 벌목, 나비목

정답 33 ④ 34 ① 35 ① 36 ① 37 ② 38 ④

39

곤충 수컷의 생식기관에서 볼 수 없는 것은?

① 저정낭　　　② 수정관
③ 난황소　　　④ 부속샘

 난황소는 곤충 암컷의 생식기관에 속한다.

40

미각과 관계가 없는 곤충의 기관은?

① 큰턱　　　② 작은턱수염
③ 윗입술　　　④ 아랫입술수염

 〈곤충의 미각기관〉
- 아랫입술(아랫입술수염), 윗입술(윗입술수염) 등이 해당된다.

3과목　농약학

41

다음 구조식을 가진 제초제는 어느 계에 속하는가?

① 요소계 제초제
② 트라이진계 제초제
③ 페녹시초산계 제초제
④ 카르바메이트계 제초제

 요소계 제초제의 경우 화학식에 질소 원소 2개를 포함하는 것이 특징이다.

42

유분(油分)의 작은 입자나 물에 녹지 않은 용제(溶劑))에 주제(主劑)를 녹인 액체의 입자를 물에 균일하게 분산시킨 것을 무엇이라 하는가?

① 현탁액(懸濁液)　　② 용액(溶液)
③ 유화액(乳化液)　　④ 유용액(油溶液)

 제제를 물에 가한 경우 유립자가 균일하게 분산하여 유탁액이 되는 성질을 유화성이라 하며 이러한 용액을 유화액이라 한다.

43

전착제에 대한 설명으로 적절하지 못한 것은?

① 우리나라에서는 농약의 범주에 속한다.
② 유효성분의 측정은 표면장력으로 확인한다.
③ 농약의 밀도를 높여 균일 살포를 돕는다.
④ 농약의 주성분을 식물체에 잘 확전, 부착시키기 위한 보조제이다.

 〈전착제의 특징〉
- 유효성분을 병해충이나 식물에 잘 전착시키기 위해 사용하는 약제이다.
- 전착제로 이용되는 계면활성제는 습윤성, 확전성, 현수성, 고착성을 좋게하여 성분이 골고루 퍼지게 한다

44

식물생장 조절제인 옥신(auxin)의 범주에 해당되지 않는 것은?

① indole계 화합물
② benzoic계 화합물
③ phenoxy계 화합물
④ Carbamate계 화합물

정답　39 ③　40 ①　41 ①　42 ③　43 ③　44 ④

옥신은 인돌아세트산으로부터 합성되며 페녹시계, 벤조산계 농약 등과 관련된다.

45

농약의 제제란 농약의 유효성분에 각종 용제, 중량제 등이 보조제를 조합시켜서 살포하기에 알맞게 조제된 것을 의미한다. 이것의 장점이 아닌 것은?

① 살포비산의 증진
② 식물체의 침투촉진
③ 유효성분의 효력증강
④ 주성분의 경시적 변화방지

 농약 제제의 개선으로 살포 비산을 방지하는 효과가 있다.

46

사용목적에 따른 농약의 분류가 아닌 것은?

① 살균제   ② 살충제
③ 비소제   ④ 제초제

 농약은 목적에 따라 살균제, 살충제, 살선충제, 살응애제, 제초제 등으로 구분된다.

47

유해동물이나 해충이 화학물질에 의한 자극에서 벗어나려는 행동을 이용하여 농작물이나 가축을 이들의 유해동물이나 곤충으로부터 보호하는데 사용되는 약제는?

① 유인제   ② 불임제
③ 살서제   ④ 기피제

해설 기피제는 해충을 기피시키는 살충제로 라우릴알코올이 대표적이다.

48

유기인제 농약의 증량제로 가장 부적당한 것은?

① 활석   ② 소석회
③ 납석   ④ 규조토

 〈증량제의 종류〉
- 규조토 : 주성분은 규산, 갑충류에 강한 살충력, 수화제 조제에 사용
- 고령토 : 주성분은 규산, 수화제와 분제의 증량제로 사용
- 탈크(활석) : pH는 알칼리성, 안전하므로 분제 제조용으로 널리 사용
- 벤토나이트 : 유화제, 수화제 제조용으로 사용

49

다음에서 설명하는 살균제는?

- 백색 바늘모양의 결정이다.
- 도열병 방제용으로 주로 사용된다.
- 단백질합성저해작용을 하는 약제이다.

① 티람(Thiram)
② 글로로타로닐(Chlorothalonil)
③ 가수가마이신(Kasugamycin)
④ 메틸브로마이드(Methyl bromide)

해설 가수가마이신은 벼 도열병 방제용으로 사용되는 대표적인 항생제이며 단백질의 합성을 저해하는 작용 기작을 가진다.

정답 45 ①   46 ③   47 ④   48 ②   49 ③

50

다음 중 농약의 구비조건이 아닌 것은?

① 약해가 없어야 한다.
② 가격이 저렴해야 한다.
③ 인축 독성이 강해야 한다.
④ 다른 약제와 혼용이 가능해야 한다.

 〈농약의 구비조건〉

약효의 우수성	적은 양으로도 약효가 확실해야 함
인축에 대한 안정성	인축과 어류에 대한 독성이 낮아야 함
농작물에 대한 안정성	농작물에 대한 약해가 없어 생육에 이상이 없어야 함
생태계에 대한 안정성	• 천적에 대한 독성이 없어야 하며 잔류성이 낮아야 함 • 농약의 분해 : 화학적 분해, 산화·환원·가수분해·결합에 의한 분해, 미생물 분해, 광분해(자외선)
제제화의 용이성	• 물리화학적 성질을 유지하면서 약효가 잘 발휘되어야하며 사용법이 편리해야 함 • 대량생산이 용이해야 함
가격의 합리성	값이 저렴하여 농업경영비 유지가 용이해야 함
등록	농약의 품목은 반드시 농촌진흥청에 등록되어 있어야 함

51

농약의 주성분에 의한 분류로 주로 제초제나 생장조정제로 이용되고 있는 농약은?

① 유기비소계
② 피레스로이드계
③ 유황계
④ 페녹시계

 페녹시계 농약은 주로 제초제로 사용되나 2,4,5-TP와 같이 식물 생장조정제로도 이용된다.

52

사과, 수박의 탄저병에 적용하는 벤지미다졸계살균제는?

① 베노밀
② 보스칼리드
③ 비터타놀
④ 빈클로졸린

 베노밀은 벤지미다졸계 살균제로 사과나무탄저병, 배 흰가루병, 수박 탄저병, 고추 탄저병 등에 효과적이다.

53

석회황합제의 살균 주성분은?

① CaS
② CaS_2
③ CaS_3
④ CaS_5

 석회유황제의 주성분인 CaS_5는 공기 중에서 산화되면 활성화된 유황이 병원균의 호흡계에 작용하여 살균력을 가진다.

54

1.5% 분제 100kg을 증량제 추가 사용 없이 2% 분제로 재제조(再製造)할 때 필요한 원제(순도90%)는 약 몇 kg인가?

① 0.44kg
② 0.45kg
③ 0.50kg
④ 0.57kg

 ①1.5%의 분제 100kg중 원제의 양은 1.5kg이고 순도가 90%이므로 1.5kg의 원제를 만들기 위한 약량은 1.5kg / 0.9 = 1.66kg이며 ②100kg 중 2%의 양은 2kg이고 순도가 90%이므로 2kg / 0.9 = 2.22kg이다. 따라서 추가해야 할 원제의 양은 2.22 - 1.66 = 약 0.56kg이다.

정답 50 ③ 51 ④ 52 ① 53 ④ 54 ④

55

복합저항성에 대한 설명으로 틀린 것은?

① 살충제에 대하여 저항성이 발달한 해충은 한 번도 사용된 적이 없지만 작용기구가 같은 살충제에 대하여 저항성을 나타낸 것을 말한다.
② 살충 작용이 다른 2종 이상에 대하여 동시에 해충이 저항성을 나타내는 현상을 말한다.
③ 두 개 이상의 유전자가 별개로 관여하고 있기 때문에 항상 같은 현상이 나타난다는 것이 한정되어 있지 않다.
④ 한 개체 안에 두 가지 이상의 저항성기작이 존재하기 때문에 발생하는 현상이다.

해설 농약 복합저항성은 작용기구가 다른 2종 이상의 약제에 대해 저항성을 나타내는 것을 의미한다.

56

다음 중 입자(粒子)의 크기가 가장 큰 제형은?

① 입제
② 분제
③ 수화제
④ 정제

해설 정제는 입상물 형태를 압축하여 제제화한 알약 형태의 저장 농산물 해충방제 약제이다.

57

다음 농약의 제형 중 농약제조에 사용되는 유기 용매를 줄이기 위한 방안으로 개발된 친환경적 제형은?

① 액상수화제
② 액제
③ 유탁제
④ 수화제

해설 유탁제는 용매에 잘 녹지 않는 물질을 용매에 잘 분산시켜 유기용매의 사용량을 줄이기 위해 첨가하는 물질이다.

58

분제의 물리적 성질만 나열한 것은?

① 습윤성, 분산성, 부착성
② 현수성, 습윤성, 부착성
③ 확전성, 부착성, 비산성
④ 분산성, 비산성, 토분성

해설 분제의 물리적 성질에는 토분성, 부착성, 분산성, 비산성, 안전성 등이 있다.

59

농약관리법상 농약의 급성독성정도에 따른 농약 구분이 아닌 것은?

① 급성독성
② 저독성
③ 고독성
④ 맹독성

해설 농약관리법상 농약의 급성독성은 정도에 따라 맹독성, 고독성, 보통독성, 저독성으로 분류한다.

60

분제의 제제에 있어 고려되어야 할 물리적 성질로서 가장 거리가 먼 것은?

① 입도
② 유화성
③ 분말도
④ 용적비중

해설
- 유화성은 유제를 물에 희석했을 때 입자가 물속에서 균일하게 분산되어 유탁액이 되는 성질로 직접살포용 분제의 제제에서 고려되어야 할 성질이 아니다.
- 제제별 물리적 성질

액체 사용제	유화성, 수화성, 현수성, 부착성, 고착성, 침투성, 습전성, 표면장력, 접촉각
고체 사용제	분말도, 입도, 토분성, 부착성, 고착성, 안정성, 응집력, 분산성, 비산성, 용적비중(가비중), 경도, 수중붕괴성

정답 55 ① 56 ④ 57 ③ 58 ④ 59 ① 60 ②

4과목 잡초방제학

61

밭잡초를 나열한 것으로 옳지 않은 것은?

① 가래, 여뀌바늘
② 깨풀, 좀바랭이
③ 메귀리, 속속이풀
④ 개비름, 닭의장풀

해설 〈밭잡초의 구분〉

구분	1년생	다년생
볏과	바랭이, 둑새풀, 강아지풀, 미국개기장, 돌피	참새피, 띠
방동사니과	참방동사니, 금방동사니	향부자
광엽잡초	별꽃, 꽃다지, 깨풀, 개비름, 개갓냉이, 속속이풀, 여뀌, 명아주, 쇠비름, 냉이, 망초	쑥, 씀바귀, 민들레, 메꽃, 쇠뜨기, 토끼풀, 괭이밥

62

다음 중 잡초의 초형이 가장 작은 것은?

① 가막사리
② 쇠털골
③ 올방개
④ 피

 잡초는 초장에 따라 극소형(마디꽃, 쇠털골, 올미, 마디꽃)과 극대형(갈대, 피, 너도방동사니)로 구분한다.

63

다음 중 잡초의 학명이 틀린 것은?

① 올방개 : Eleocharis kuroguwai Ohwi
② 강피 : Monochoria vaginalis P.
③ 너도방동사니 : Cyperus serotinus Rottb.
④ 알방동사니 : Cyperus difformis L.

해설 강피의 학명은 Echinochloa oryzicola이다.

64

작물과 잡초의 경합에서 가장 큰 경합을 나타내는 무기원소는?

① 인
② 칼륨
③ 칼슘
④ 질소

해설 질소는 식물의 필수 다량원소로 영양생장을 주도하는 주요 원소이며 작물과 잡초 간 큰 양분경합을 나타낸다.

65

발아의 계절성에 대한 설명으로 옳은 것은?

① 습도에 반응하여 발아하는 특성이다.
② 광도에 반응하여 발아하는 특성이다.
③ 온도에 반응하여 발아하는 특성이다.
④ 일장에 반응하여 발아하는 특성이다.

해설 발아 습성 중 계절성 : 계절별 일장에 반응하고 휴면을 타파하여 발아하는 특성

66

지하경을 형성하는데 일장의 영향을 거의 받지 않는 잡초는?

① 벗풀
② 올미
③ 가래
④ 너도방동사니

해설 올미는 덩이 줄기로 영양번식을 하기 때문에 일장의 영향을 거의 받지 않고 지하경을 형성하는 다년생 논잡초이다.

정답 61 ① 62 ② 63 ② 64 ④ 65 ④ 66 ②

67

잡초 방제용으로 도입되는 생물이 구비하여야 할 조건으로 옳지 않은 것은?

① 대상 잡초 주변 환경에 적응할 수 있어야 한다.
② 인공적으로 배양 또는 증식이 용이하며 생식력이 강해야 한다.
③ 비산 또는 분산하는 능력이 크고 대상 잡초에 잘 이동해야 한다.
④ 대상 잡초 방제가 끝나도 지속적으로 생활을 하여 사멸되지 않아야 한다.

해설 잡초 방제용으로 이용되는 생물은 대상 잡초의 방제가 끝나고 생태계의 균형 유지를 위해 개체수가 조절 가능해야 한다.

68

지하경을 형성하지 않는 잡초는?

① 가래
② 올미
③ 올방개
④ 알방동사니

해설 알방동사니는 유성번식(종자번식)을 한다.

69

주로 논에서 자라는 잡초가 아닌 것은?

① 좀바랭이
② 사마귀풀
③ 물달개비
④ 나도겨풀

해설 1년생 밭잡초 : 바랭이, 쇠비름, 명아주, 닭의 장풀 등

70

잡초의 생육특성에 대한 설명으로 옳지 않은 것은?

① 바랭이, 여뀌는 건조에 대한 내성이 크다.
② 잡초 종자가 무거울수록 출아심도가 깊다.
③ 향부자, 별꽃은 토양의 산소 농도가 낮아도 잘 발생한다.
④ 갈퀴덩굴, 뚝새풀은 주로 비옥한 땅에서 발생하는 습성이 있다.

해설 향부자와 별꽃은 밭잡초로 산소 요구도가 높다.

71

혼합 제초제에 대한 설명으로 옳지 않은 것은?

① 살초폭을 넓힌다.
② 살포 비용을 감소시킨다.
③ 제초제 간의 작용성이 길항적 효과가 있어야 한다.
④ 작용성이 서로 다른 두 가지 이상의 제초제를 혼합하여 사용하는 것이다.

해설 두 종류의 제초제를 혼합 처리할 때 단독 처리할 때보다 효과가 적은 길항적 효과가 없어야 한다.

72

잡초의 생리적인 특징으로 옳지 않은 것은?

① 불량한 환경 조건에 잘 적응한다.
② 광합성 효율이 높고 생장이 빠르다.
③ 종자 또는 영양번식을 하여 생식력이 높다.
④ 종자의 휴면성이 크지 않아 지속적으로 생육한다.

해설 잡초는 종자의 휴면성이 커 불량환경을 회피하는 등 환경에 대한 적응성이 높다.

정답 67 ④ 68 ④ 69 ① 70 ③ 71 ③ 72 ④

73

잡초의 밀도가 증가하면 작물의 수량이 감소하는데 어느 밀도 이상으로 잡초가 존재하면 작물의 수량이 현저히 감소되는 수준까지의 밀도는?

① 경제적 한계밀도
② 잡초경합 최대밀도
③ 잡초경합 한계밀도
④ 잡초허용 한계밀도

 〈작물의 손실예측〉
- 잡초허용한계밀도 : 일정 밀도 이상으로 잡초가 존재하여 작물 수량이 감소되기 시작하는 밀도
- 경제적허용한계밀도 : 방제를 위한 노력과 이를 통해 얻는 이득 수준을 비교하여 허용밀도에 추가한 한계치
- 잡초경합허용기간 : 잡초경합으로 발생하는 손실이 적은 기간
- 잡초경합한계기간 : 잡초경합으로 수확량 등 작물 손실이 크게 영향 받는 기간

74

잡초의 경종적 방제 방법에 해당되지 않은 것은?

① 소각
② 윤작
③ 파종기 조절
④ 피복 작물 재배

해설 소각을 통해 잡초종자를 사멸시키는 화염제초는 물리적 방제법에 속한다.

75

다음 중 논잡초로만 나열된 것은?

① 사마귀풀, 올미, 쇠비름
② 명아주, 올미, 쇠비름
③ 물옥잠, 돌피, 여뀌바늘
④ 강아지풀, 참방동사니, 돌피

해설 〈논잡초의 구분〉

구분		1년생	다년생
논잡초	벼과	강피, 돌피, 물피	나도겨풀
	방동사니과	올챙이고랭이, 알방동사니,	올방개, 너도방동사니, 매자기, 쇠털골
	광엽잡초	여뀌바늘, 가막사리여뀌, 물옥잠, 물달개비, 사마귀풀, 자귀풀, 생이가래	가래, 올미, 벗풀, 개구리밥

76

식물의 백화 증상을 유발시키는 약제가 있다. 이런 증상이 유도되는 이유에 대한 설명으로 가장 옳은 것은?

① 광합성 전자전달과정을 저해하기 때문이다.
② 식물세포막을 급격히 파괴시키기 때문이다.
③ 단백질 생합성을 저해하여 엽록체가 파괴되기 때문이다.
④ 식물색소 중의 하나인 카로티노이드의 생합성이 억제되기 때문이다.

 카로티노이드는 엽록소를 보호하는 역할을 하므로 생합성을 억제하면 엽록소가 파괴되고 백화증상이 나타나게 된다.

정답 73 ④ 74 ① 75 ③ 76 ④

77

논에서 가장 많이 사용되는 제초제의 제형으로 입제에 대한 설명으로 옳지 않은 것은?

① 살포가 간편하다.
② 액제보다 부피가 작다.
③ 살포시 물이 필요하지 않다.
④ 잎에 직접 붙지 않고 떨어지기 때문에 약해를 유발하지 않는다.

해설 입제는 일정한 모양을 가지며 액제보다 부피가 크고 휘발성이 있어 훈증작용이 가능하다. 또한 토양흡착성이 있어 물에 의해 유실되지 않으며 작물 체내에 침투하여 이행하는 특성이 있다.

78

다음 중 호르몬형 제초제로만 나열된 것은?

① bensulfuron, butachlor
② 2,4-D, dicamba
③ paraquat, bentazone
④ hexazinone, alachlor

해설 디캄바는 콩과 작물, 잔디, 목초지의 광엽잡초 방제에 이용되는 벤조산계 호르몬형 제초제이며 2,4-D는 우리나라에서 가장 먼저 사용된 페녹시계 호르몬형 제초제이다.

79

방동사니과 잡초의 형태적 특징으로 가장 옳은 것은?

① 엽이가 있다.
② 잎이 좁고 능선이 없다.
③ 줄기가 삼각형이다.
④ 잎은 엽신과 엽초로 구분되어 있다.

해설 방동사니과잡초 : 화본과잡초와 유사한 형태로 줄기는 삼각형에 윤택이 있으며 방동사니, 너도방동사니, 향부자, 올방개, 매자기, 올챙이고랭이, 파대가리, 바람하늘지기 등이 해당된다.

80

다음 중 월년생 잡초로만 나열된 것은?

① 쇠비름, 명아주, 별꽃아재비
② 피, 토끼풀, 뚝새풀
③ 냉이, 별꽃, 벼룩나물
④ 개비름, 쇠비름, 물피

해설 월년생 잡초에는 명아주, 둑새풀, 냉이, 망초, 별꽃, 벼룩나물, 벼룩이자리 등이 있다.

정답 77 ② 78 ② 79 ③ 80 ③

Chapter 02 2024년 2회 산업기사 CBT 복원

1과목 식물병리학

01
배추 무사마귀병이 발생한 밭에 석회를 사용하여 토양의 pH를 높일 경우 예상되는 결과는?
① 줄어든다.
② 많아진다.
③ 변함이 없다.
④ 줄어들었다가 많아진다.

 배추 무사마귀병, 목화·토마토 시들음병은 산성 토양에서 발생이 증가하므로 석회시용으로 토양산도를 조절한다.

02
여름포자를 형성하지 않는 것은?
① 향나무 녹병
② 포플러 녹병
③ 밀 줄기녹병
④ 잣나무 털녹병

 향나무 녹병균은 녹병포자, 녹포자 형성 후 녹포자가 비산하여 향나무로 날아가 월동하고 겨울포자퇴를 형성, 하포자는 형성하지 않는다.

03
보르도액에 대한 설명으로 옳지 않은 것은?
① 보호살균제이다.
② 꿀벌에게 유해하다.
③ 석회유에 황산구리 수용액을 넣어 만든다.
④ 제조한 후 시간이 경과함에 따라 약효가 감소한다.

 석회보르도액은 꿀벌에 대해 안전성을 띤다.

04
사과에 발생되는 병으로 주로 죽은 조직을 통해 감염되고 병든 부위의 껍질을 벗겨보면 알콜과 같은 냄새가 나는 병은?
① 역병   ② 부란병
③ 겹무늬썩음병   ④ 검은별무늬병

 사과 부란병 : 줄기, 나뭇가지, 껍질이 갈색으로 부풀어 올라 쉽게 벗겨지며 알코올 냄새가 발생한다.

05
식물이 병에 견디는 힘이 약한 성질은?
① 이병성   ② 내병성
③ 면역성   ④ 비기주 저항성

 감수성(이병성) : 식물이 병에 견디는 힘이 약한 성질로 저항성(식물이 병원체 작용을 억제하여 피해를 적게 받는 성질)과 반대 개념

정답 01 ① 02 ① 03 ② 04 ② 05 ①

06

살아 있는 식물 조직에서만 생활할 수 있는 병원체는?

① 절대기생체
② 임의기생체
③ 임의부생체
④ 조건기생체

해설 절대기생체(순활물기생체) : 살아있는 조직에서만 생활가능하며 녹병, 흰가루병균, 노균병균, 무·배추 무사마귀병균, 배나무 붉은별무늬병균 등이 해당한다.

07

생물적 방제에 사용되는 길항균이 아닌 것은?

① Bacillus
② Rhizoctonia
③ Trichoderma
④ Pseudomonas

해설 〈근권미생물의 이용〉

근권진균	Ampellomyces(암펠로마이시스), Candida(칸디다), coniothyrium(코니오티리움), Gliocladium(글리오클라듐), Trichoderma(트리코데르마)
근권세균	Agrobacterium(아그로박테리움), Bacillus(바실러스), Pseudomonas(슈도모나스), Streptomyces(스트렙토마이세스)
기생성 미생물	• rhizoctonia에 기생 : Trichoderma(트리코데르마), Gliocladium(글리오클라듐) • Sclerotinia에 기생 : Sporidesmium(스포리데스미움)

08

식물병의 원인을 파악하기 위해 다음과 같이 처리할 때 병원 진단에 가장 용이한 것은?

발병 초기에는 병원균을 관찰하기 어렵기 때문에 병든 조직을 20°C 정도의 습실에서 2~3일간 보존하며 병원균을 증식시킨 후 현미경으로 관찰한다.

① 균류에 의한 병
② 세균의 의한 병
③ 바이러스에 의한 병
④ 파이토플라스마에 의한 병

해설 습실처리 진단 : 병든 조직을 습실에서 일정 기간동안 증식하여 현미경으로 관찰하는 방법으로 진균병 진단에 많이 이용한다.

09

식물병의 생태학적 방제 방법에 해당하는 것은?

① 토양 소독　　② 살균제 살포
③ 미생물 이용　④ 재식밀도 조절

해설 식물병의 생태적(경종적) 방제에는 파종시기 조절, 윤작, 전염원 제거, 중간기주 제거, 토양환경 개선, 영양 개선, 저항성 품종 이용, 재식밀도 조절 등이 있다.

10

감자 Y바이러스에 대한 설명으로 옳지 않은 것은?

① 진딧물에 의해 매개된다.
② 풍차형 봉입체를 형성한다.
③ 감염된 식물의 세포질 내에 흩어져 존재한다.
④ 감자 품종에 따라 병징이 다르지 않고 모두 유사하다.

해설 감자 Y 바이러스는 품종에 따라 병징이 다르다.

정답 06 ①　07 ②　08 ①　09 ④　10 ④

11

복숭아나무 잎오갈병의 방제를 위한 디티아논수화제 살포방법으로 가장 적합한 것은?

① 발병 초부터 10일 간격 처리
② 춘지 발생시 15일 간격으로 경엽처리
③ 발아 직전 및 꽃이 피기 직전 경엽처리
④ 6월 상순부터 9월 상순까지 10일 간격 처리

 복숭아나무 잎오갈병은 발아 전 디티아논 수화제 혹은 클르르탈로닐 수화제를 살포하여 방제한다.

12

식물병 발병에 관여하는 3대 요인과 가장 거리가 먼 것은?

① 일조부족
② 병원체의 밀도
③ 중간기주의 저항성
④ 기주식물의 감수성

 저항성은 식물이 병원체 작용을 억제하여 피해를 적게 받는 성질을 의미한다.

13

다음 중 진균에 해당하지 않는 것은?

① 불완전균류   ② 자낭균류
③ 담자균류   ④ 난균류

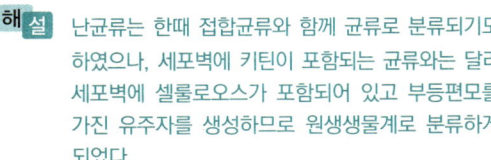 난균류는 한때 접합균류와 함께 균류로 분류되기도 하였으나, 세포벽에 키틴이 포함되는 균류와는 달리 세포벽에 셀룰로오스가 포함되어 있고 부등편모를 가진 유주자를 생성하므로 원생생물계로 분류하게 되었다.

14

수목병해의 표징 중 번식기관에 의한 표징으로 가장 거리가 먼 것은?

① 포자   ② 분생자병
③ 균사체   ④ 포자낭

 균사체는 영양기관에 의한 표징이며 번식기관에 의한 표징에는 포자, 분생자병, 포자낭 등이 해당된다.

15

일반적인 세균의 침입처로 가장 거리가 먼 것은?

① 각피   ② 밀선
③ 상처   ④ 수공

 세균은 주로 기공, 수공, 밀선 등의 자연개구부나 상처부위를 통해 침입한다.

16

접목에 의한 작물병 방제에 가장 효과적인 병은?

① 사과 고접병
② 박과작물 덩굴쪼김병
③ 고추 탄저병
④ 배 검은무늬병

 박과 작물의 접목육묘를 통해 토양전염성 식물병인 덩굴쪼김병을 방제할 수 있고 불량 환경에 대한 내성을 증가시킬 수 있다.

정답 11 ③ 12 ③ 13 ④ 14 ③ 15 ① 16 ②

17

느티나무 흰별무늬병(백성병)의 외부병징과 표징에 대한 설명으로 가장 옳은 것은?

① 부정형의 병반으로 확대되고 중앙부분은 회백색이 되며, 병자각이 형성된다.
② 잎에 윤문상의 갈색무늬가 나타나며, 소립점(분생자퇴)이 동심원형으로 나타난다.
③ 부정형 병반이 갈색을 띠고, 병반 내부는 회갈색을 띠며 자좌가 형성된다.
④ 잎의 양면에 적갈색 반점이 나타나며, 나중에 갈색, 회갈색의 원형이 되고 흑색, 흑갈색의 작은 돌기(자실체)가 나타난다.

 느티나무 흰별무늬병 발병 시 초기에 작은 갈색 부정형 병반들이 확대되어 불규칙한 다각형 병반을 형성하고 중앙부는 회백색이 되며 이후에 분생포자각인 흑갈색 점이 나타난다.

18

사과겹무늬썩음병을 일으키는 병원체는?

① 세균
② 곰팡이
③ 바이러스
④ 파이토플라스마

 사과 겹무늬썩음병(Botryosphaeria dothidea)은 진균 중 자낭균류를 병원체로 하는 식물병이다.

19

식물 검역에 대한 설명으로 옳은 것은?

① 식물에 면역작용이 생기게 하여 병을 방제하는 것
② 농약 등을 사용하여 화학적으로 방제하는 것
③ 열처리 등에 의해 병원균을 박멸하는 것
④ 병원균의 유입을 차단하고자 사전에 검사하여 병을 예방하는 것

 식물검역 : 유해 병해충이 국경을 넘어 전파 및 유입되는 것을 방지할 목적으로 검사하는 것

20

다음 중 매개충에 의해 경란 전염하는 바이러스는?

① 보리 줄무늬모자이크병
② 감자 X 바이러스병
③ 담배 모자이크병
④ 벼 줄무늬잎마름병

 벼 줄무늬잎마름병은 매개충인 애멸구(보독충)에 의해 전염되며 성충이 보독충이면 그 유충도 바이러스를 가지고 있고 경란전염(1차 전염원)을 한다.

정답 17 ①   18 ②   19 ④   20 ④

2과목 농림해충학

21

곤충의 기문에 대한 설명으로 옳지 않은 것은?

① 몸의 양옆에 존재한다.
② 파리목의 유충은 10쌍의 기문이 있다.
③ 곤충 종마다 다르지만 10쌍을 넘지 않는다.
④ 모기붙이류의 경우는 기문이 존재하지 않는다.

해설 파리목 유충의 기문은 몸통 앞에 1쌍, 뒤쪽에 1쌍을 가진다.

22

번데기가 되면서 부속지가 몸에 붙어 있는 상태로 형성되어 다리나 큰턱을 따로 움직일수 없는 번데기 형태는?

① 나용　　② 피용
③ 위용　　④ 저용

해설 피용은 곤충번데기 형태 중 하나로 체표가 심하게 경화하고 촉각, 다리, 날개가 체부에 밀착되어 있는 것이며 다리나 큰 턱을 따로 움직일 수 없다.

23

완전변태를 하는 것은?

① 혹벌과　　② 진딧물과
③ 매미충과　　④ 깍지벌레과

해설 〈내시류의 특징〉
- 완전변태를 하므로 번데기 과정이 있으며 애벌레 때 날개가 보임
- 날개를 뒤로 접을 수 있음
- 종류 : 뱀잠자리목, 약대벌레목, 풀잠자리목, 딱정벌레목, 부채벌레목, 파리목, 밑들이목, 벼룩목, 날도래목, 벌목, 나비목

24

거세미나방의 월동 충태는?

① 알　　② 성충
③ 유충　　④ 번데기

해설 거세미나방은 연 2~3회 발생하며 흙속에서 유충으로 월동한다.

25

양성 주광성이 가장 약한 곤충은?

① 솔나방　　② 벼애나방
③ 배추흰나비　　④ 이화명나방

해설 주광성은 빛에 유인되는 것으로 나비, 나방은 양성 주광성을, 구더기, 바퀴류는 음성 주광성을 띤다.

26

내충성이 강한 품종을 선택하여 재배하는 방제법은?

① 물리적 방제법　　② 화학적 방제법
③ 생물적 방제법　　④ 생태적 방제법

해설 생태적(경종적) 방제법의 종류에는 윤작(방아벌레), 간작 및 혼작(배추순나방, 진딧물류), 재식밀도 조절(배추잎벌, 벼굴파리), 재배시기 조절(고자리파리), 유인작물, 공영작물, 내충성 품종의 이용 등이 있다.

27

유충이 저작형 입틀을 가진 식엽성 해충은?

① 매미나방　　② 솔잎혹파리
③ 벚나무응애　　④ 소나무가루깍지벌레

해설 매미나방은 유충이 침엽수 및 활엽수의 잎을 식해한다.

정답 21 ②　22 ②　23 ①　24 ③　25 ③　26 ④　27 ①

28

곤충이 번성하게 된 요인으로 가장 거리가 먼 것은?

① 짧은 세대
② 작은 크기
③ 날개의 발달
④ 낮은 유전적 변이성

해설 〈곤충의 번성 요인〉
- 외골격(키틴질)이 발달하여 몸을 보호할 수 있다.
- 날개가 발달하여 생존 및 분산에 유리하다. (날개는 곤충의 진화와 번영에 결정적인 역할)
- 몸의 크기가 작아 소량의 먹이에도 충분한 활동을 할 수 있으며 천적을 피하는데 유리하다.
- 몸의 구조적 적응력이 좋으며 휴면 또는 변태를 하여 불량 환경에 적응한다.
- 종의 증가가 유리하다.

29

곤충의 순환계에 대한 설명으로 옳지 않은 것은?

① 심장에는 심문이 있다.
② 등쪽에 대동맥이 있다.
③ 폐쇄형 순환계를 가지고 있다.
④ 혈액은 혈장세포와 혈구세포 등으로 이루어진다.

해설 곤충의 순환계는 머리부터 배끝까지 한 개의 긴 관으로 이어져 있고 이것을 등혈관(대혈관) 또는 배혈관(배관)이라 하며 심장에서 나온 혈액이 등쪽 대동맥의 개방된 부분을 통해 온몸으로 순환되는 개방순환계 구조를 갖는다.

30

충영을 만드는 해충은?

① 밤바구미
② 밤나무혹벌
③ 오리나무잎벌레
④ 털두꺼비하늘소

해설 밤나무혹벌은 밤나무 잎눈에 기생하여 벌레혹(충영)을 형성하며 혹이 형성된 부위는 작은 잎이 무더기로 생긴다.

31

곤충의 휴면을 유발시키는 요인으로 가장 거리가 먼 것은?

① 천적   ② 먹이
③ 온도   ④ 일장 조건

해설 곤충의 휴면에는 수분, 빛, 온도, 먹이, 일장 등이 관여하며 천적과는 관련이 없다.

32

밤나무혹벌에 대한 설명으로 옳지 않은 것은?

① 유충으로 월동한다.
② 하나의 벌레혹에는 한 마리의 유충이 있다.
③ 천적으로 남색긴꼬리좀벌과 큰다리남색좀벌 등이 있다.
④ 내충성 품종을 사용한 것이 가장 효과적인 방제 방법이다.

해설 밤나무혹벌 유충은 벌레혹을 형성하고 무리지어 생활한다.

정답 28 ④   29 ③   30 ②   31 ①   32 ②

33
모기류 수컷의 더듬이에 존재하는 존스턴기관의 주요기능으로 옳은 것은?

① 맛을 본다.
② 냄새를 맡는다.
③ 공기의 흐름을 감지한다.
④ 암컷의 날개 소리를 듣는다.

해설 존스턴기관은 청각기관으로 소리와 진동 등을 감지한다.

34
고자리파리의 기주로 가장 거리가 먼 것은?

① 파   ② 마늘
③ 양파   ④ 배추

해설 고자리파리는 파리목 꽃파리과에 속하며 파, 양파, 마늘, 부추 등을 가해한다.

35
다음 중 누에의 식성으로 가장 적절한 것은?

① 부식성   ② 잡식성
③ 광식성   ④ 단식성

해설 누에는 뽕나무의 잎만 먹는 단식성이다.

36
다음 중 사과나무에 가장 많이 발생하는 진딧물은?

① 벚잎혹진딧물   ② 아까시나무진딧물
③ 조팝나무진딧물   ④ 목화진딧물

해설 조팝나무진딧물은 조팝나무, 사과, 배, 귤나무를 기주로 하며 1년에 10세대 정도 발생한다.

37
다음 중 코일 모양의 입을 가진 해충으로 가장 옳은 것은?

① 가시점둥글노린재
② 고자리파리
③ 배추흰나비
④ 벼멸구

해설 배추흰나비의 성충은 흡관구형으로 마치 코일과 같은 대롱모양의 긴 주둥이를 가진다.

38
다음 중 곤충이 가장 잘 반응하는 색에 속하는 것은?

① 흑색   ② 녹색
③ 적색   ④ 백색

해설 곤충이 잘 감지하는 파장은 주로 청색이나 녹색의 파장대이다.

39
해충에 대한 식물의 저항성으로 해충의 생장이나 생존에 불리하게 작용하는 것은?

① 항생성(antibiosis)
② 항접근성(antigenosis)
③ 내성(tolerance)
④ 근균성(mycorrhiza)

해설 식물의 항생성은 식물의 독소나 생장저해물질로 인해 해충의 직접적 사망 또는 성장속도를 지연키는 것이다.

정답 33 ④ 34 ④ 35 ④ 36 ③ 37 ③ 38 ② 39 ①

40

거미와 비교한 곤충의 특징으로 가장 거리가 먼 것은?

① 겹눈과 홑눈이 있다.
② 변태를 하는 종이 있다.
③ 4쌍의 다리를 가지고 있다.
④ 몸이 머리, 가슴, 배 3부분으로 되어 있다.

해설 〈곤충강과 거미강의 형태 비교〉

구분	곤충강	거미강
구분	3부분 (머리, 가슴, 배)	2부분 (머리가슴, 배)
눈	겹눈, 홑눈	홑눈만 존재
더듬이	한 쌍	X
마디	가슴과 배에 존재	X
다리	3쌍(5마디로 구성)	4쌍(6마디로 구성)
날개	보통 2쌍	X
호흡기	몸 측면에 존재 (기관, 숨문)	배 하부에 존재 (기관, 허파)
생식기	배 끝에 존재	배 앞부분에 존재
변태	O	X

3과목 농약학

41

우리나라의 농약 독성구분에 대한 설명으로 틀린 것은?

① 농약의 독성구분은 원제독성을 기준으로 한다.
② 세계보건기구 분류기준과 거의 동일하다.
③ 전체 등록 농약 중 고독성은 아주 적으며, 대부분 보통 및 저독성 농약이다.
④ 술의 원료인 주정의 독성치보다 낮은 농약도 많다.

해설 우리나라 독성의 구분은 발현 대상에 따라, 투여 방법에 따라, 독성강도에 따라, 발현속도에 따라 구분하고 있으며 세계보건기구 분류기준과 거의 동일하다.

42

농약의 구비조건으로 가장 거리가 먼 것은?

① 사용 제형의 다양성
② 병해충에 대한 약효 발현 정도
③ 대상작물에 대한 약해 유발 여부
④ 재배환경 중 잔효성 및 잔류성 정도

해설 〈농약의 구비조건〉

약효의 우수성	적은 양으로도 약효가 확실해야 함
인축에 대한 안정성	인축과 어류에 대한 독성이 낮아야 함
농작물에 대한 안정성	농작물에 대한 약해가 없어 생육에 이상이 없어야 함
생태계에 대한 안정성	• 천적에 대한 독성이 없어야 하며 잔류성이 낮아야 함 • 농약의 분해 : 화학적 분해, 산화·환원·가수분해·결합에 의한 분해, 미생물 분해, 광분해(자외선)

정답 40 ③ 41 ① 42 ①

제제화의 용이성	• 물리화학적 성질을 유지하면서 약효가 잘 발휘되어야하며 사용법이 편리해야 함 • 대량생산이 용이해야 함
가격의 합리성	값이 저렴하여 농업경영비 유지가 용이해야 함
등록	농약의 품목은 반드시 농촌진흥청에 등록되어 있어야 함

43

농약을 주성분의 조성에 따라 분류한 것은?

① 유기인계 ② 식물생장 조정제
③ 입제 ④ 훈증제

 살균제는 주성분의 조성에 따라 벤조이미다졸계, 트리아졸계, 아닐리드계, 유기인계, 디티오카바메이트계 등으로 구분된다.

44

다음 농약의 약해 증상 중 급성적 약해 증상에 해당되지 않는 것은?

① 괴사 반점 ② 발근 저해
③ 개화 지연 ④ 비대 지연

 〈약해의 구분〉

급성적 약해	약제 처리 1주일 내에 발아 및 발근이 불량해지고 반점, 엽소, 잎의 왜화, 낙엽, 낙과 등이 발생하는 것
만성적 약해	증상이 수확기까지 서서히 나타나는 현상으로 영양생장, 화아 형성, 과실 발육 등에 영향을 주는 것
2차적 약해	처리한 농약이 토양에 잔류하여 이후 재배한 작물에도 약해를 일으키는 것 (후작물 약해)

45

물에 녹지 않은 원제를 잘 녹이는 용매(Solvent)에 유화제를 가하여 만든 제제는?

① 용액 ② 유제 ③ 액제 ④ 수화제

 유제는 주제의 성질이 지용성으로 물에 녹지 않아 유기용매에 녹여 유화제를 첨가한 용액을 말한다.

46

농약의 이화학적 검사에서 적부를 판정하는 검사항목이 아닌 것은?

① pH ② 유효성분
③ 분말도 ④ 입도

 농약의 이화학적 검사항목에는 자체검사항목과 적부 판정검사가 해당한다.
 - 자체검사항목 : pH, 비중, 표면장력, 내열내한성, 안정성
 - 적부판정검사 : 유효성분, 분말도, 입도 등

47

농약제조용 용제(溶劑)의 특성에 대한 설명 중 틀린 것은?

① 실제로 사용되는 용제는 불연성이어서 안전하다.
② 용제의 종류에서 인축에 유해한 활성을 보이는 것은 농약제조용으로 사용되기 어렵다.
③ 용제가 농약의 유효성분을 화학적으로 분해시켜서는 안 된다.
④ 소량의 용매로 가능한 많은 양의 농약원제 또는 다른 보조제를 녹일 수 있어야 한다.

 〈용제의 조건〉
• 유제나 액제처럼 액상 농약을 제조할 때 원제를 녹이기 위해 사용한다.
• 농약에 대한 용해도가 커야 한다.
• 농약의 약효나 안정성을 저하시키지 않아야 한다.
• 농약 독성을 증대시키지 않아야 한다.

정답 43 ① 44 ④ 45 ② 46 ① 47 ①

48
잔디가 조성된 곳의 이끼를 방제하는데 사용되는 약제는?

① 클로마존 ② 퀴노클라민
③ 펜디메탈린 ④ 글리포세이트포타슘

해설 퀴노클라민 입제는 논이끼류 방제 약제로 특정 잡초에 대한 선택성 제초제이다.

49
농약관리법에서 사용되는 용어의 정의 중 틀린 것은?

① 농약의 범주에는 농림축산식품부령이 정하는 기피제, 유인제 등도 포함된다.
② 농약이란 농작물의 생리기능을 증진하거나 억제하는데 사용하는 약제를 포함한다.
③ 원제란 농약의 유효성분이 농축되어 있는 물질을 말한다.
④ 농작물이란 수목 및 임산물을 제외한 모든 농산물을 말한다.

해설 농약관리법상 농작물이란 수목, 농산물과 임산물을 포함한다.

50
과수원의 잡초방제에 가장 적당한 제초제는?

① 캡탄
② 티오파네트메틸
③ 티아디닐디노테퓨란
④ 글리포세이트이소프로필아민

해설 글리포세이트이소프로필아민은 과수원의 일년생 잡초, 다년생 잡초, 조림지잡초 방제에 사용된다.

51
접촉독, 소화중독으로 효과를 나타내는 유기인계 살충제로서 야생조류에 피해를 줄 수 있고 특히 꿀벌에 잔류독성이 강하여 사용시 주의하여야 하는 농약은?

① 페노뷰카브 ② 에토펜프록스
③ 클로로피리포스 ④ 아이소프로티올레인

해설 클로르피리포스는 유기인계 살충제로 주로 항공방역에 이용되고 유독물질을 함유하고 있으며 꿀벌이 활동하는 꽃이 피는 기간에는 사용하지 않는 것이 좋다.

52
살포된 분제가 식물체 표면에 잘 달라붙게 하는 성질을 무엇이라 하는가?

① 안정성 ② 분산성
③ 비산성 ④ 부착성

해설 부착성은 약제가 식물체에 붙어있는 성질이며 고착성은 부착된 약제가 떨어지지 않는 성질이다.

53
농약의 급성독성에서 농약투여방법에 따른 독성구분이 아닌 것은?

① 경구독성 ② 흡입독성
③ 경피독성 ④ 보통독성

해설 〈투여방법에 따른 독성의 구분〉
- 흡입 독성 : 호흡을 통해 체내로 침투되어 나타나는 독성(독성이 가장 큼)
- 경구 독성 : 입을통해 체내로 침투되어 나타나는 독성
- 경피 독성 : 피부를 통해 체내로 침투되어 나타나는 독성

정답 48 ② 49 ④ 50 ④ 51 ③ 52 ④ 53 ④

54

배추 재배 시 달팽이를 없애기 위하여 사용하는 약제는?

① 메트알데하이드 입제
② 메토밀 액제
③ 디노페푸란 입제
④ 플루톨라닐 입제

 살연체동물제 : 달팽이류 방제(메타알데히드)

55

농약관리법상 어독성 Ⅰ급으로 규정되는 농약의 반수치사농도(mg/L, 48시간)범위 기준은?

① 0.1미만
② 0.5미만
③ 1.0미만
④ 2.0미만

 〈어독성의 구분〉
- 1급 : 0.5ppm 미만
- 2급 : 0.5 이상 2ppm 미만
- 3급 : 2.0ppm 이상

56

농약에 의한 약해 발생이 원인이라고 볼 수 없는 것은?

① 고농도 살포
② 합리적 혼용
③ 사용방법 미숙
④ 부적합한 약제사용

 약해는 고농도 농약 살포, 약제의 잘못된 혼용, 근접살포, 희석용수의 불량 등으로 인해 발생한다.

57

다음 중 비이온성 계면활성계는?

① 인산염
② 황산염
③ 카르본산염
④ Polyoxyethylene glycol과 지방산의 에스테르

 비이온성 계면활성제는 물에 이온화되지 않고 용해되는 계면활성제로 에스테르, 에테르, 산아미드 결합을 가지고 있다.

58

다조멧 85%분제 1kg을 50%로 만들려면 증량제가 얼마나 필요한가?

① 0.85kg
② 0.70kg
③ 1.00kg
④ 1.50kg

 희석할 증량제양 = 원본제중량 * {(원분제농도 / 목표농도) - 1} = 1kg * {(85% / 50%) - 1} = 0.7kg

59

뷰타클로르 유제를 500배로 희석하여 살포하려고 할 때, 물 1말(18L)에 필요한 약량은 몇 ml인가?

① 18
② 20
③ 36
④ 72

 소요약량 = 단위면적당사용량 / 소요희석배수 = 18000 / 500 = 36ml

정답 54 ① 55 ② 56 ② 57 ④ 58 ② 59 ③

60

약알칼리성 광물로서 안정하고 토분성이 우수하여 유기합성 농약의 분제 제제용으로 널리 사용되는 증량제는?

① 탈크
② 벤토나이트
③ 필로필라이트
④ 카올린

해설 〈증량제의 종류〉
- 규조토 : 주성분은 규산, 갑충류에 강한 살충력, 수화제 조제에 사용
- 고령토 : 주성분은 규산, 수화제와 분제의 증량제로 사용
- 탈크(활석) : pH는 알칼리성, 안전하므로 분제 제조용으로 널리 사용
- 벤토나이트 : 유화제, 수화제 제조용으로 사용

4과목 잡초방제학

61

잡초 방제를 위한 곤충, 병원균 및 동물 등을 이용하는 방법은?

① 기계적 방제법
② 생태적 방제법
③ 생물적 방제법
④ 화학적 방제법

해설 생물적 방제법은 기생성 또는 병원성 생물을 이용하여 유해잡초 밀도를 낮추는 방제법으로 완전한 사멸이 목적이 아닌 경제적 허용범위에서 감소시키는 것이 목적이다.

62

비산형 종자로 바람에 의해 전파되는 잡초로만 나열된 것은?

① 벗풀, 메귀리
② 민들레, 엉겅퀴
③ 가막사리, 도꼬마리
④ 소리쟁이, 도깨비바늘

해설 〈잡초의 전파(산포) 방법〉
- 바람 : 박주가리, 엉겅퀴, 민들레, 망초, 방가지똥, 수레국화
- 물 : 피, 소리쟁이, 벗풀
- 인축(배설물 및 옷·털 접촉) : 비름, 명아주, 진득찰, 도꼬마리, 도깨비바늘, 메귀리
- 성숙종자의 꼬투리가 흩어져 전파 : 달개비, 콩과, 바랭이

63

주로 밭에 발생하는 다년생 잡초가 아닌 것은?

① 별꽃
② 메꽃
③ 쇠뜨기
④ 소리쟁이

해설 〈밭잡초의 구분〉

구분	1년생	다년생
벗과	바랭이, 둑새풀, 강아지풀, 미국개기장, 돌피	참새피, 띠
방동사니과	참방동사니, 금방동사니	향부자
광엽잡초	별꽃, 꽃다지, 깨풀, 개비름, 개갓냉이, 속속이풀, 여뀌, 명아주, 쇠비름, 냉이, 망초	쑥, 씀바귀, 민들레, 메꽃, 쇠뜨기, 토끼풀, 괭이밥

정답 60 ① 61 ③ 62 ② 63 ①

64

잡초 종자가 공간적으로 산포하기 위한 특징으로 옳지 않은 것은?

① 산포에 유리한 형태적 특성
② 발아에 불리한 환경조건에서의 휴면성
③ 바람, 물 및 인축의 동태와 관련된 이동성
④ 동물이 섭취하여도 잘 소화되지 않은 특성

 공간적 산포를 위해서는 비산이 유리한 형태적 특성, 다른 환경적 조건에 의한 이동, 동물의 배설에 의한 이동 등이 있다.

65

논에 발생하는 잡초를 방제할 목적으로 사용되는 제초제가 아닌 것은?

① 티오벤카브 입제
② 뷰타클로르 입제
③ 알라클로르 유제
④ 벤타존·엠시피에이 입제

 산아마이드계 제초제 : 알라클로르(밭잡초 방제), 뷰타클로르(논잡초 방제), 나프로파마이드(1년생 화본과잡초 방제, 경엽처리), 프로파닐(피 경엽처리)

66

예방적 잡초 방제법으로 옳지 않은 것은?

① 농기계를 청결하게 관리한다.
② 중경 및 정지 작업을 실시한다.
③ 관개수를 통한 잡초 종자의 유입을 막는다.
④ 종자가 없는 상태의 풀을 이용하여 퇴비를 만든다.

 물리적 방제법에 해당하는 경운(중경)은 잡초종자가 땅 속으로 묻히거나 지하경이 지상부로 올라오게 한다.

67

다음 설명하는 잡초로 옳은 것은?

- 일년생 광엽잡초에 해당한다.
- 논잡초로 많이 발생할 경우는 기계수확이 곤란하다.
- 줄기 기부가 비스듬히 땅을 기며 뿌리가 내리는 잡초이다.

① 메꽃   ② 한련초
③ 가막사리   ④ 사마귀풀

 사마귀풀은 습지에서 자라고 종자 번식하는 1년생 광엽잡초로 줄기 기부는 비스듬히 땅을 기면서 뿌리가 내리고 가지가 많이 갈라진다.

68

잡초에 의한 작물의 피해가 가장 심한 경우는?

① 벼 재배지에 발생한 가막사리
② C3 작물 재배지에 발생한 C4 잡초
③ 화본과 작물 재배지에 발생한 광엽 잡초
④ 광엽 작물 재배지에 발생한 화본과 잡초

 C4 잡초는 C3 작물보다 생육이 강해 동시 발생할 경우 잡초가 우세하여 피해가 발생한다.

69

생물학적 방제방법에 대한 설명으로 옳지 않은 것은?

① 비교적 영속성이 있다.
② 주변 환경 피해가 적다.
③ 화학적 방제에 비해 살초 작용이 빠르다.
④ 적절한 생물을 찾아내기만 하면 적용 비용이 적게 든다.

정답 64 ② 65 ③ 66 ② 67 ④ 68 ② 69 ③

해설 생물학적 방제법은 곤충이나 미생물, 병원성을 이용하여 잡초의 세력을 경감시키는 방법으로 환경친화적이며 화학적 방제에 비해 효과가 느리다.

70
잡초와의 광경합에서 가장 유리한 벼 품종은?
① 초관 형성이 늦은 단간종
② 초관 형성이 빠른 단간종
③ 초관 형성이 늦은 장간종
④ 초관 형성이 빠른 장간종

해설 작물이 잡초보다 초관을 먼저 형성하면 공간을 선점하여 경합력이 증대된다.

71
주로 논에서 발생하는 다년생 잡초가 아닌 것은?
① 생이가래
② 나도겨풀
③ 개구리밥
④ 너도방동사니

해설 〈논잡초의 구분〉

구분	1년생	다년생
볏과	강피, 돌피, 물피	나도겨풀
방동사니과	올챙이고랭이, 알방동사니,	올방개, 너도방동사니, 매자기, 쇠털골
광엽잡초	여뀌바늘, 가막사리여뀌, 물옥잠, 물달개비, 사마귀풀, 자귀풀, 생이가래	가래, 올미, 벗풀, 개구리밥

72
주로 종자로 번식하는 잡초로만 나열된 것은?
① 올미, 벗풀
② 가래, 쇠털골
③ 올방개, 너도방동사니
④ 강피, 물달개비

해설 종자번식 : 바랭이, 피, 물달개비, 쇠비름, 명아주, 강아지풀

73
작물과 잡초간 경합의 한계밀도(critical threshold level)에 대한 설명으로 가장 옳은 것은?
① 경합에 의한 무기원소 결핍 단계
② 잡초의 밀도가 어느 한계를 넘었을 때 작물의 수량을 크게 감소시키는 밀도
③ 영양생장에서 생식생장으로 넘어가는 한계
④ 작물의 밀도가 어느 한계를 넘었을 때 잡초와의 경합에 이길 수 있는 밀도

해설 〈작물의 손실예측〉
- 잡초허용한계밀도 : 일정 밀도 이상으로 잡초가 존재하여 작물 수량이 감소되기 시작하는 밀도
- 경제적허용한계밀도 : 방제를 위한 노력과 이를 통해 얻는 이득 수준을 비교하여 허용밀도에 추가한 한계치
- 잡초경합허용기간 : 잡초경합으로 발생하는 손실이 적은 기간
- 잡초경합한계기간 : 잡초경합으로 수확량 등 작물 손실이 크게 영향 받는 기간

정답 70 ④ 71 ① 72 ④ 73 ②

74

다음 중 이행형 제초제가 아닌 것은?

① Bentazon
② Glyphosate
③ 2,4-D
④ Difenoconazole

 〈제초제의 이행성에 따른 분류〉
- 접촉형 : 식물체 약제 접촉부위의 세포에 직접 작용하는 제초제(PCP, DNOC, DCPA)
- 이행형 : 약제성분이 접촉된 부위에서 흡수되어 다른부위로 이행하는 제초제(페녹시계, 시마진, MCPA, 2,4-D)

75

주로 밭에서 발생하는 건생 잡초만으로 올바르게 나열한 것은?

① 올미, 마디꽃
② 고마리, 진득찰
③ 바랭이, 쇠비름
④ 냉이, 너도방동사니

 〈밭잡초의 구분〉

구분	1년생	다년생
벼과	바랭이, 독새풀, 강아지풀, 미국개기장, 돌피	참새피, 띠
방동사니과	참방동사니, 금방동사니	향부자
광엽잡초	별꽃, 꽃다지, 깨풀, 개비름, 개갓냉이, 속속이풀, 여뀌, 명아주, 쇠비름, 냉이, 망초	쑥, 씀바귀, 민들레, 메꽃, 쇠뜨기, 토끼풀, 괭이밥

76

다음 중 월년생 잡초로 가장 옳은 것은?

① 나도겨풀
② 토끼풀
③ 속속이풀
④ 띠

 월년생 잡초에는 속속이풀, 명아주, 독새풀, 냉이, 나도냉이, 망초, 별꽃, 달맞이꽃, 엉겅퀴, 벼룩나물, 벼룩이자리 등이 있다.

77

다음 중 종자가 암발아성인 잡초로 가장 옳은 것은?

① 냉이
② 소리쟁이
③ 바랭이
④ 쇠비름

 〈잡초 종자의 광발아〉
- 광발아형 : 바랭이, 왕바랭이, 쇠비름, 개비름, 향부자, 참방동사니, 강피, 서양민들레, 소리쟁이, 메귀리, 노랑꽃창포
- 암발아형 : 별꽃, 냉이, 광대나물, 독말풀 등

78

다음 중 부유성 수생잡초만 나열된 것은?

① 생이가래, 흰명아주
② 부레옥잠, 좀개구리밥
③ 개구리밥, 올미
④ 생이가래, 쇠비름

 부유성잡초에는 부레옥잠, 좀개구리밥, 개구리밥, 생이가래 등이 있다.

정답 74 ④ 75 ③ 76 ③ 77 ① 78 ②

79

잡초의 여러 기관에서 작물 발아나 생육을 억제하는 특정물질을 분비하여 피해를 주는 작용은?

① Transmission
② Blue ray
③ Competition
④ Allelopathy

 타감작용 : 상호대립억제작용(allelopathy)라고도 하며 잡초가 작물의 생육을 억제하는 물질을 분비하여 영향을 미치는 것

80

다음 중 잡초의 초형이 가장 작은 것은?

① 가막사리   ② 쇠털골
③ 올방개   ④ 피

 잡초는 초장에 따라 극소형(마디꽃, 쇠털골, 올미, 마디꽃)과 극대형(갈대, 피, 너도방동사니)로 구분한다.

정답 79 ④   80 ②

Chapter 02 2024년 3회 산업기사 CBT 복원

1과목 식물병리학

01
바이러스에 전신감염된 식물의 잎에서 일반적으로 볼 수 있는 병징은?
① 혹
② 무름
③ 썩음
④ 모자이크

 모자이크는 바이러스에 의해 전신 감염된 잎에서 볼 수 있는 병징이다.

02
식물체의 병 발생에 관여하는 3가지 요소에 해당하지 않는 것은?
① 환경
② 병원균
③ 기주식물
④ 경제적 피해

 식물병 발생에 관여하는 3요소에는 병원체, 환경, 기주식물이 있다.

03
배나무 불마름병의 병원체는?
① 세균
② 균류
③ 선충
④ 바이러스

 배·사과 화상병(불마름병)은 세균(Erwinia amylovora)에 의한 병으로 발병 시 잎과 꽃이 검은색으로 마르면서 고사하며 병원균은 병든 나뭇가지나 줄기에서 월동하여 기공, 피목, 상처 등으로 침입한다.

04
인공배지 상에서 배양되지 않는 식물병원균은?
① 감자 역병균
② 참외 흰가루병균
③ 고구마 무름병균
④ 오이 잿빛곰팡이병균

 녹병, 흰가루병균, 노균병균, 무·배추 무사마귀병균, 배나무 붉은별무늬병은 절대기생체(순활물기생체)로 살아있는 조직에서만 생활 가능하다.

05
벼 도열병균의 월동 형태로 옳은 것은?
① 땅 속에서 균사나 분생포자로 월동
② 땅 속에서 균사나 담자포자로 월동
③ 볏집 또는 볍씨의 병든 부분에서 균사나 분생포자로 월동
④ 볏집 또는 볍씨의 병든 부분에서 균사나 담자포자로 월동

해설 벼 도열병균은 볏짚, 병든 종자에서 균사나 분생포자 상태로 월동하며 바람으로 전파한다.

정답 01 ④ 02 ④ 03 ① 04 ② 05 ③

06
주로 종자로 전염되는 벼의 병이 아닌 것은?
① 도열병
② 키다리병
③ 잎집무늬마름병
④ 세균성벼알마름병

 주로 종자로 전염되는 벼 식물병에는 도열병, 깨씨무늬병, 키다리병, 세균성알마름병 등이 있다.

07
벼 도열병이 발생한 경우 벼 잎에 나타나는 병징의 형태는?
① 구형
② 사선형
③ 방추형
④ 원주형

 벼 도열병 감염 시 잎에 암녹갈색의 작은 무늬가 긴 방추형의 불규칙한 병반으로 진전된다.

08
윤작을 실시하면 방제효과가 가장 큰 것은?
① 공기전염성 병해
② 수매전염성 병해
③ 종자전염성 병해
④ 토양전염성 병해

 윤작(돌려짓기)은 연작으로 발생한 병에 효과적이므로 비기주식물을 2~3년간 윤작하여 토양의 전염원을 제거한다.

09
저항성이었던 품종이 같은 병원균에 의하여 이병화되는 주요 원인으로 옳은 것은?
① 지구 온난화
② 품종 자체의 퇴화
③ 농약 살포의 소홀
④ 병원균의 새로운 변이주 출현

 저항성을 가진 품종이 이병화 현상이 발생하는 것은 병원균의 새로운 변이주가 나타나면서 저항성이 발휘되지 않게 된다.

10
병원균이 땅속에서 월동하고 토양에서 병이 전반되는 것은?
① 콩 모잘록병
② 오이 흰가루병
③ 보리 겉깜부기병
④ 배나무 붉은별무늬병

 모잘록병균은 난포자 상태로 병든 조직이나 토양에서 월동한다.

11
고구마 검은무늬병 방제 방법으로 가장 효과적인 것은?
① 씨고구마를 노천매장한다.
② 씨고구마를 냉동고에 저장한다.
③ 씨고구마를 큐어링 처리한 후에 저장한다.
④ 씨고구마에 소독제를 살포한 후에 저장한다.

고구마 검은무늬병은 저장 전 큐어링을 통해 방제한다.

정답 06 ③ 07 ③ 08 ④ 09 ④ 10 ① 11 ③

12

식물병원균의 생태형(race) 존재 여부를 인식할 수 있는 방법으로 가장 적합한 것은?

① 병원균의 형태적 변이
② 병원균의 병원성 차이
③ 병원균의 배양적 성질 차이
④ 병원균의 화학적 구성분 차이

 한 병원균의 분화형(변종)에서 기주의 품종에 대한 기생성이 다른 것을 레이스라고 하며 병원균의 병원성 차이를 통해 존재 여부를 확인할 수 있다.

13

사과나무 탄저병에 대한 설명으로 옳지 않은 것은?

① 가지나 잎에도 발병한다.
② 병든 과실은 쓴 맛이 난다.
③ 성숙한 과실은 상처를 통해서만 감염된다.
④ 과실에서는 주로 성숙기 가까이에 발병한다.

 사과나무 탄저병균은 자낭균류에 속하며 빗물이나 바람을 통해 분생포자가 직접 각피로 침입한다.

14

사과에 발생되는 병으로 주로 죽은 조직을 통해 감염되고 병든 부위의 껍질을 벗겨 보면 알콜과 같은 냄새가 나는 병은?

① 역병
② 부란병
③ 겹무늬썩음병
④ 검은별무늬병

 사과 부란병 발병 시 줄기, 나뭇가지, 껍질이 갈색으로 부풀어 올라 쉽게 벗겨지며 알코올 냄새가 발생한다.

15

종합적 식물병해 방제 프로그램의 주된 목표로 가장 거리가 먼 것은?

① 병원균을 완전히 제거하는 것
② 최초 전염원을 제거하거나 감소시키는 것
③ 최초 전염원의 효능을 감소시비는 것
④ 기주의 저항성을 높이는 것

 식물병 방제는 한가지 병에 여러 방제방법을 적용하여 병을 예방하거나 병원균의 밀도를 감소시키는 목적의 종합적 방제를 이용하는 것이 좋다.

16

병원체가 병든 식물의 병환부 또는 병변부에 나타나서 병원체의 존재를 눈으로 확인할 수 있는 경우가 있는데 이를 무엇이라 하는가?

① 표징
② 병징
③ 병원성
④ 비병원성

 표징은 병원체가 식물 병환부에 곰팡이, 점질물, 돌출물 등으로 나타나 눈으로 확인할 수 있는 것을 의미한다.

17

식물병원 세균의 핵산과 인지질 합성에 가장 많이 사용되는 것은?

① Ca
② P
③ K
④ Na

인(P)은 세균의 핵산과 인지질 합성, 단백질 합성 등에 많이 이용되는 구성성분이다.

18

다음 중 순활물기생균에 의한 병으로 가장 옳은 것은?

① 강낭콩 탄저병   ② 고추 역병
③ 가지 풋마름병   ④ 사과나무 흰가루병

 순활물기생균에는 녹병균, 노균병균, 흰가루병균 등이 있다.

19

봄에 배롱나무 흰가루병의 전염원에 대한 설명으로 가장 옳은 것은?

① 낙엽에서 자낭포자가 비산하여 1차 전염원이 된다.
② 낙엽에서 담자포자가 비산하여 1차 전염원이 된다.
③ 낙엽에서 병자포자가 비산하여 1차 전염원이 된다.
④ 낙엽에서 동포자가 비산하여 1차 전염원이 된다.

 배롱나무 흰가루병균은 자낭균류에 속하며 병든 낙엽의 병반 위에서 자낭구 형태로 월동하고 봄에 자낭포자가 바람에 날려 전파되면서 1차 감염이 일어난다.

20

무사마귀병에 대한 설명으로 옳은 것은?

① 벼에도 잘 발생한다.
② 세균에 의해 발생한다.
③ 산성토양에서 잘 발생한다.
④ 온도가 20℃ 이하일 때 잘 발생한다.

 배추 무사마귀병, 목화·토마토 시들음병은 산성 토양에서 발생이 증가하므로 석회시용으로 토양산도를 조절한다.

2과목 농림해충학

21

외국에서 침입한 해충이 아닌 것은?

① 꽃매미
② 알락하늘소
③ 밤나무혹벌
④ 소나무재선충

 대표적인 외래해충에는 꽃매미, 밤나무혹벌, 소나무재선충, 긴꼬리가루깍지벌레, 흰개미, 사과면충, 감자불나방, 뿌리응애, 솔잎혹파리, 미국흰불나방, 온실가루이, 벼물바구미, 꽃노랑총채벌레, 담배가루이 등이 있다.

22

수도해충으로 본답 후기 해충방제가 가장 역점을 두어야 할 대상은?

① 애멸구
② 벼멸구
③ 끝동매미충
④ 번개매미충

벼멸구는 만생종을 비옥한 습답에서 재배할 경우 피해가 크며 벼 포기 아랫부분에 서식하여 식물체를 흡즙함으로써 벼를 도복시키므로 후기 방제에 중점을 두어야 한다.

정답 18 ④ 19 ① 20 ③ 21 ② 22 ②

23

경제적 피해수준에 대한 설명으로 옳은 것은?

① 해충에 의한 피해액이 방제비용과 같은 수준의 밀도를 의미한다.
② 해충에 의한 피해액이 방제비용과 무관한 수준의 밀도를 의미한다.
③ 해충에 의한 피해액이 방제비용보다 높은 수준의 밀도를 의미한다.
④ 해충에 의한 피해액이 방제비용보다 낮은 수준의 밀도를 의미한다.

 경제적 피해수준 : 경제적 손실이 나타나기 시작하는 해충의 최저밀도로 해충으로 인한 피해 금액과 방제비가 같다.

24

완전변태를 하는 곤충은?

① 나방류　　② 노린재류
③ 메뚜기류　　④ 진딧물류

 완전변태를 하는 내시류에는 뱀잠자리목, 약대벌레목, 풀잠자리목, 딱정벌레목, 부채벌레목, 파리목, 밑들이목, 벼룩목, 날도래목, 벌목, 나비목 등이 존재하며 나방은 나비목에 해당한다.

25

수확기가 된 콩 꼬투리의 봉합선 가까이에 작은 구멍이 있고 꼬투리 안에 들어 있는 콩의 가장자리를 벌레가 갉아 먹은 자국이 있는 경우 어느 해충의 피해로 추정되는가?

① 콩나방
② 콩가루벌레
③ 콩잎말이나방
④ 콩줄기굴파리

 콩나방은 유충이 꼬투리를 먹어 들어가 여물지 않은 종실을 갉아 먹으며 노숙유충이 꼬투리에 둥근 구멍을 내고 탈출하여 토양속에서 고치 형태로 월동한다.

26

성충은 식물조직에 산란하고 부화한 애벌레는 2령을 경과한 후 땅속에서 번데기 기간을 거쳐 성충이 되는 것은?

① 애멸구　　② 온실가루이
③ 점박이응애　　④ 꽃노랑총채벌레

 꽃노랑총채벌레는 1년에 5~6회 발생하고 성충으로 지표면이나 나무껍질 속에 월동한다. 또한 식물조직에서 산란한 부화유충은 흡즙 가해하여 2령을 경과한 후 노숙유충이 되어 번데기 기간을 거쳐 성충으로 우화한다.

27

복숭아혹진딧물은 여름기주에서 어떤 생식을 하는가?

① 양성생식
② 단위생식
③ 다배생식
④ 유생생식

 단위생식(처녀생식) 해충 종류 : 밤나무 순혹벌, 민다듬이벌레, 여름철 진딧물류

정답　23 ①　24 ①　25 ①　26 ④　27 ②

28

다음 설명에서 해당하는 해충은?

> 시설채소에서 많이 발생하는 해충으로 성충의 체장은 1.4mm 정도로 작은 파리모양이고, 몸색은 옅은 황색이지만 몸표면이 흰 왁스가루로 덮여 있어 흰색을 띤다.

① 파밤나방 ② 거세미나방
③ 온실가루이 ④ 점박이응애

 온실가루이는 시설재배 작물을 기주로 하는 외래해충으로 바이러스의 매개충이며 약충과 성충이 잎 뒷면에서 흡즙하고 배설물은 진딧물류와 같이 그을음병을 유발한다.

29

가해하는 기주의 종류가 가장 적은 해충은?

① 차응애
② 파밤나방
③ 배추좀나방
④ 미국흰불나방

 단식종은 계통이 가까운 식물만 먹는 것으로 누에(뽕나무속), 솔나방(낙엽송), 배추좀나방(십자화과) 등이 해당한다.

30

분류학적으로 곤충강에 속하지 않는 것은?

① 응애류
② 진딧물류
③ 잎벌레류
④ 깍지벌레류

 절지동물문의 거미강에 속하는 동물은 곤충이 아니며 거미, 진드기, 응애, 전갈 등이 해당된다.

31

식물체의 뿌리, 줄기 또는 잎을 통하여 약제가 식물체 내에 들어가고, 해충이 약제가 흡수된 식물을 섭식하는 경우에 해충 체내로 약제 성분이 들어가 죽게 하는 살충제는?

① 유인제
② 훈증제
③ 소화중독제
④ 침투성 살충제

 〈침투성 살충제의 특징〉
- 식물체의 즙액을 빨아먹는 해충을 방제할 경우 사용하며 천적에 대한 피해가 없다.
- 수간주사 또는 식물의 잎, 줄기, 뿌리 등에 처리하면 식물 전체로 퍼져 흡즙성 해충을 방제한다.
- 식물성 침투제 : Systox, Curater
- 동물성 침투제 : Ronnel, Coral

32

솔껍질깍지벌레에 대한 설명으로 옳지 않은 것은?

① 우리나라에서 곰솔의 피해가 가장 심하다.
② 가해 수종이 다양하여 대부분의 침엽수를 가해한다.
③ 방제 방법으로 침투성 살충제 수간수입법이 이용되고 있다.
④ 약충이 주로 줄기나 가지의 양료를 흡즙하여 가해한다.

 솔껍질깍지벌레는 매미목 이세리아깍지벌레과에 속하며 해송(곰솔), 소나무, 적송 등을 가해한다.

정답 28 ③ 29 ③ 30 ① 31 ④ 32 ②

33
곤충의 체벽에 해당되지 않는 것은?
① 유조직 ② 표피층
③ 기저막 ④ 진피세포

 곤충의 체벽(외피)는 표피(외표피,원표피), 진피(상피세포, 피부선, 특수세포), 기저막으로 구성되며 곤충을 외부 충격과 병원균으로부터 보호하며 가장 외각에 위치함으로써 근육의 부착점이 되고 수분 증발을 억제하는 기능을 한다.

34
곤충의 생식 방법으로 옳지 않은 것은?
① 양성생식
② 다배생식
③ 단위생식
④ 완전생식

 곤충의 생식은 방법에 따라 양성생식, 단위생식, 다배생식, 유생생식 등으로 구분된다.

35
해충을 유아등에 모이게 하여 방제하는 방법은 해충의 어떤 습성을 이용한 것인가?
① 주화성 ② 주지성
③ 주식성 ④ 주광성

 주광성은 빛에 유인되는 것으로 나비, 나방은 양성 주광성을, 구더기, 바퀴류는 음성 주광성을 가지고 있다.

36
곤충의 더듬이 끝마디인 채찍마디의 주요 역할은?
① 냄새를 맡는 역할
② 소리를 듣는 역할
③ 암컷의 날개소리 감지
④ 비행 중 바람의 속도측정

 〈곤충의 더듬이〉
• 자루마디 (제1절, 기절, 기부마디) : 더듬이를 외부로 연결하는 첫 번째 마디
• 흔들마디 (제2절, 병절, 팔굽마디) : 존스턴기관(청각기관)이 존재하는 마디로, 소리를 듣거나 바람속도를 측정한다.
• 채찍마디 (제3절, 편절) : 냄새를 감지하는 마디로 여러 마디로 구성되어 있다.

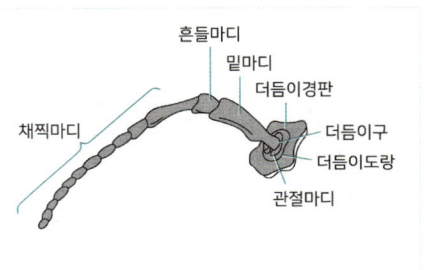

[곤충의 더듬이 구조]

37
다음 중 유충의 발육과 성충의 생식활동에 영향을 주는 유약호르몬을 분비하는 곤충의 기관은?
① 카디아카체
② 알라타체
③ 앞가슴샘
④ 가슴샘

 유약호르몬 : 곤충의 뇌 뒤쪽에 있는 알라타체에서 분비되는 호르몬으로 곤충의 변태를 억제한다.

정답 33 ① 34 ④ 35 ④ 36 ① 37 ②

38

다음 중 잠자리 유충이 호흡방식으로 가장 옳은 것은?

① 주기적으로 수면으로 부상하여 호흡한다.
② 공기주머니를 통한 주중 호흡방식이다.
③ 몸 표면 전체의 얇은 막을 통한 가스 교환방식이다.
④ 기관아가미를 통한 수중 호흡방식이다.

해설 잠자리의 유충은 물에 서식하며 기관아가미를 통해 호흡한다.

39

다음 중 논의 벼멸구를 방제할 때 살충제를 물에 희석하지 않고 사용하는 제형으로 가장 옳은 것은?

① 유제(乳劑)   ② 입제
③ 수화제   ④ 액상수화제

해설 입제 살충제 사용 시 물에 희석하지 않는다.

40

다음 중 말피기관에 대한 설명으로 가장 거리가 먼 것은?

① 배설계에 속하는 기관이다.
② 진딧물에서 볼 수 있다.
③ 중장과 후장이 만나는 곳에서 후장과 연결되어 있다.
④ 혈액 속에서 물 등을 흡수하여 후장으로 이동시킨다.

해설 〈말피기씨관의 특징〉
- 중장과 후장 사이에 위치한 배설작용을 하는 기관
- 말부에서 물과 무기이온을 재흡수하여 조직 내 삼투압을 조절
- 질소대사산물을 주로 요산 형태로 배출
- 끝이 막혀있으며 pH와 무기이온 농도를 조절

3과목 농약학

41

물에 녹지 않는 농약성분을 이용하여 제품을 제조하기 위한 가장 적합한 제제방법은?

① 입제(粒齊)
② 수용제(數溶齊)
③ 액제(液齊)
④ 유제(乳齊)

해설 유제는 주제의 성질이 지용성으로 물에 녹지 않아 유기용매에 녹여 유화제를 첨가한 용액을 말한다.

42

우리나라 농약의 급성경구독성 실험에서 고체인 경우 보통독성의 구분 기준(LD50)은?

① 20mg/kg 미만
② 5이상, 50mg/kg 미만
③ 50이상, 500mg/kg 미만
④ 50mg/kg 이상

해설 LD50에서 급성 경구 독성의 고체 보통독성은 50이상, 500mg/kg 미만을 기준으로 한다.

43

각종 작물의 탄저병에 적용되는 트리할로메칠치오계 약자는?

① 캡탄   ② 펜시쿠론
③ 다코닐   ④ 오소싸이드

해설 캡탄은 -SH 저해제로 호흡 저해 기작을 갖는 각종 작물의 탄저병 방제에 이용되는 원예용 살균제이다.

정답 38 ④ 39 ② 40 ② 41 ④ 42 ③ 43 ①

44
기계유 유제의 살충작용으로 가장 옳은 것은?
① 훈증으로 살충
② 식중독으로 살충
③ 중추신경마비로 살충
④ 광물유로 피복, 질식시켜 살충

해설 기계유유제는 기계유에 유화제를 섞어 만든 살충제로 곤충 표면에 피막을 형성하고 호흡을 못하게 해 알이나 유충을 죽이는 작용을 하는 농약이다.

45
농약을 음식물로 잘못 알고 마셨을 때 나타나는 중독은?
① 급성중독　② 긴급중독
③ 만성중독　④ 식중독

해설 농약의 중독은 급성중독과 만성중독으로 구분되는데 급성중독은 음독에 의해 주로 발생하며 만성중독은 식품에 존재하는 농약이 인체로 흡수 후 축적되어 나타난다.

46
도열병 약제의 농약 명칭을 키타진으로 표기할 때 다음 중 어디에 해당하는가?
① 화학명　② 품목명
③ 상표명　④ 원소명

해설 농약명칭은 상품명에 해당된다.

47
자스모린 II(Jasmolin II)와 관계가 있는 살충제는?
① Bombikol류
② 제충국류(Pyrethroids)
③ 포테논류(Rotenoids)
④ 니코틴류(Nicotine Insecticide)

해설 피레트린은 국화과 숙근초인 제충국의 유효성분으로 제충국의 유효성분에는 피레트린 I, II, 시네린 I, II (cinerin), 자스모린 I, II (jasmolin) 등이 있다.

48
유제에 사용되는 유기용제를 줄이기 위한 방안으로 개발된 제형은?
① 수용제　② 액상수화제
③ 액제　　④ 유탁제

해설 유탁제는 유제 제조에 필요한 유기용매를 줄이기 위해 유화제와 물로 유화시킨 제형으로 유제의 독성과 폭발 위험성이 제거되었다.

49
각종 작물에 적용할 수 있고 응애의 모든 생육단계에 걸쳐 효과가 있는 살응애제는?
① 페노뷰카브　② 다이아지논
③ 테부페피라드　④ 펜토에이트

해설 주요 살응애제에는 밀베멕틴, 아바멕틴, 에마멕틴벤조에이트, 비펜트린, 비페나제이트, 페나자퀸, 클로르페나피르, 아조사이클로틴, 사이에노피라펜, 스피로메시펜, 아조사이클로틴, 터부포스, 테부펜피라드 등이 해당된다.

정답　44 ④　45 ①　46 ③　47 ②　48 ④　49 ③

50
유기인계 및 카바메이트계 살충제가 해충에 작용하여 살충작용을 일으키는 주된 기작은?

① 피부중독   ② 원형질 파괴
③ 근육중독   ④ 신경저해

해설 AChE 저해 : 유기인계, 카바메이트계는 아세틸콜린에스테라제의 분해를 억제하여 후막에 해당 효소가 축적되어 신경자극의 정상전달이 차단되므로 곤충이 죽게된다.

51
액체를 포유동물에 경구 투여한 고독성농약을 반수치사량[mg/kg체중]으로 나타낸 수치로서 옳은 것은?

① 20 미만
② 20~200 미만
③ 200~2000 미만
④ 2000 이상

해설 〈급성독성 정도에 따른 농약의 구분〉

구분	시험동물의 반수를 죽일 수 있는 양 (mg/kg 체중)			
	급성 경구		급성 경피	
	고체	액체	고체	액체
I급 (맹독성)	5 미만	20 미만	10 미만	40 미만
II급 (고독성)	5 이상~50 미만	20 이상~200 미만	10 이상~100 미만	40 이상~400 미만
III급 (보통독성)	50 이상~500 미만	200 이상~2,000 미만	100 이상~1,000 미만	400 이상~4,000 미만
IV급 (저독성)	500 이상	2,000 이상	1,000 이상	4,000 이상

52
농약을 제조할 때 사용되는 가성소다(NaOH)에 대한 설명으로 틀린 것은?

① 강알칼리이다.
② 상온에서 액체로 취기가 있다.
③ 조해성이 강하다.
④ 피부의 단백질을 녹이는 작용을 한다.

해설 가성소다는 상온에서 고체 상태이다.

53
페노뷰카브 유제(50%)를 1000배로 희석해서 10a당 8말(160L)을 살포하여 벼멸구를 방제하려 할 때 페노뷰카브 유제의 소요량은 몇 mL인가?

① 80   ② 160
③ 320   ④ 480

해설 유제의 소요량 = 단위면적당 사용량/희석배수
= 160,000/1000 = 160mL

54
치료효과를 거두기 위해 사용되는 약제로 병이 발생한 후에도 충분한 효과를 거둘 수 있는 것은?

① 보호살균제
② 직접살균제
③ 종자소독제
④ 토양살균제

해설 직접살균제는 병균 침입의 예방, 침입한 균의 방제 효과가 있다.

55

Sulfoxide, n-propylisome과 같이 농약에 첨가하여 효력이 좋아지게 하는 물질을 통칭하는 것은?

① 불임화(Sterilization)
② 대사길항물질(anti-metabolite)
③ 알킬화제(alkylating agent)
④ 협력제(Synergist)

 협력제에는 Pipernyl butoxide, Sulfoxide, 황산아연, Sesamex 등이 해당된다.

56

저장하고 있는 곡물이나 종자 등에 발생하는 해충을 방제하는데 주로 쓰이는 제형은?

① 유제(乳劑)
② 액제(液劑)
③ 수화제(水和劑)
④ 훈증제(薰蒸劑)

 밀폐된 공간에서 저장 곡물이나 종자의 경우 가스를 이용하여 해충을 방제하는 훈증제가 적합하다.

57

제초제의 선택적 고사 요인 중 물리적 요인은?

① 농약의 효소적 분해
② 작물의 약제에 대한 내성
③ 호르몬형 제초제의 화본과 식물에 작용
④ 약제가 잡초의 발아층에 분포하는 성질

 제초제의 선택성 중 물리적 요인에는 형태적 선택성이 해당되며 이에 잎의 모양, 생장점의 위치, 발아층의 위치, 뿌리의 위치가 포함된다.

58

다음 농약 중 저항성 유발 우려가 가장 높은 약제는?

① 가스가마이신   ② 에디벤포스
③ 페노뷰카브   ④ 석회 유황합제

 침투성 농약인 가스가마이신은 방제율은 높으나 저항성이 유발되는 사례가 많다.

59

농약 살포 시 지켜야 할 사항으로 옳지 않은 것은?

① 제4종 복합비료와의 혼용은 약해를 일으키지 않는다.
② 농약 안전사용과 취급제한 기준은 반드시 지켜야 한다.
③ 다른 농약과 혼용할 때에는 혼용 가능 여부를 확인 후 사용한다.
④ 가급적 비선택성 제초제는 작물 근처에 뿌리지 않는다.

 제4종 복합비료와의 혼용은 약해를 일으킬 가능성이 있기 때문에 혼용 가능여부를 확인해야 한다.

60

강력한 접촉형 비선택성 제초제로서 비농경지의 논두렁 및 과수원에서 작물을 파종하기 전 잡초를 방제하는데 이용되었으나, 독성 등으로 인해 품목등록이 제한된 원제는?

① Paraquat dichloride   ② Mefenacet
③ Alachlor   ④ Propanil

비선택성 제초제(Paraquat, Glyphosate, CAT, CMV, PCP, DNBP) 중 Paraquat dichloride은 비피리딜리움계 경엽처리(접촉형) 제초제로 과수원이나 조림지의 일년생, 다년생 잡초를 방제하기 위해 사용되며 토양에서 활성화가 잘 안된다.

정답 55 ④ 56 ④ 57 ④ 58 ① 59 ① 60 ①

4과목 잡초방제학

61
잡초의 유용성에 대한 설명으로 틀린 것은?

① 토양의 침식을 방지한다.
② 병해충 전파를 막아준다.
③ 토양에 유기물을 공급한다.
④ 상황에 따라 작물로써 활용할 수 있다.

해설 잡초의 유용성에는 토양환경 개선, 곤충 등 야생동물의 먹이 및 서식처, 품종 육성, 작물로의 이용, 수질 오염원 제거(부레옥잠 등), 공해 경감 등이 있다.

62
작물에 기생하는 잡초에 대한 설명으로 옳지 않은 것은?

① 기주식물의 줄기에 침입한다.
② 기주식물의 뿌리에 침입한다.
③ 흡기조직으로 무기영양을 탈취한다.
④ 기생식물의 종자는 기주식물의 종자에 섞여 전파되지 않는다.

해설 기생식물의 종자는 기주식물의 종자에 섞여 전파된다.

63
2년생 잡초에 대한 설명으로 옳지 않는 것은?

① 망초, 냉이, 방가지똥 등이 있다.
② 2년 동안에 생활환을 완전히 끝낸다.
③ 월동기간에 화아가 분화하며 주로 온대지역에서 볼 수 있는 잡초이다.
④ 주로 봄과 여름에 발생하여 같은 해 여름과 가을까지 결실하고 고사한다.

해설 동계 1년생(월년생, 이년생) 잡초는 초가을에 발생하여 월동 후 다음 해 여름까지 결실 및 고사한다. 또한 첫해에 로제트 형태로 월동한 후 화아분화를 하며 종류에는 망초, 냉이, 지칭개, 달맞이꽃, 방가지똥, 갯지렁이 등이 있다.

64
제초제의 선택성과 관련이 적은 것은?

① 선별 대사
② 선별 흡수
③ 선별 이행
④ 선별 광합성

해설 제초제는 생육 시기, 품종, 잡초의 영양상태, 흡수·이행·대사에 따른 식물체 내의 불활성화, 형태에 따라 선택성을 나타낸다.

65
잡초의 분류방법으로 식물학적 순서로 옳은 것은?

① 과 – 속 – 아종 – 변종 – 종
② 속 – 종 – 과 – 아종 – 변종
③ 과 – 종 – 속 – 변종 – 아종
④ 과 – 속 – 종 – 아종 – 변종

해설 식물학적 분류 순서 : 계-문-강-목-과-속-종

66
벼 재배 시 벼와 경합이 가장 큰 잡초는?

① 피
② 벗풀
③ 올방개
④ 물달개비

해설 피는 벼와 생육 특성이 매우 유사한 잡초로 벼와 크게 경합한다.

정답 61 ② 62 ④ 63 ④ 64 ④ 65 ④ 66 ①

67

잡초의 특성에 대한 설명으로 옳은 것은?

① 영양번식기간이 비교적 늦고 길다.
② 종자의 번식기관에 휴면성이 없다.
③ 불량한 환경에서는 잘 생육되지 않는다.
④ 낮은 밀도로도 작물에 피해를 줄수 있다.

해설 잡초는 종자의 생산량이 많고 전파력과 경합성이 커 낮은 밀도로도 작물에 피해를 줄수 있다.

68

상호대립억제작용(Allelopathy)에 대한 설명으로 옳은 것은?

① 타감작용이라고 하기도 한다.
② 작물은 발아 시에만 피해를 받는다.
③ 작물과 작물 간에는 일어나지 않는다.
④ 쌍자엽식물에는 있으나 단자엽식물에는 없다.

해설 타감작용 : 상호대립억제작용(allelopathy)라고도 하며 잡초가 작물의 생육을 억제하는 물질을 분비하여 영향을 미치는 것을 의미한다.

69

예방적 방제방법에 해당하는 것은?

① 관배수 조절
② 작물 종자 정선
③ 식물병원균 이용
④ 호미를 이용한 잡초 제거

해설 〈예방적 방제법의 종류〉
- 잡초위생 : 관개수 정비 및 관리, 논물 통로에 거름망 설치, 잡초종자 혼입 금지, 농기구 소독, 부숙퇴비 사용, 토양소독, 정선작업 실시, 윤작체계를 통한 잡초발생억제, 잡초종자 열처리, 작물 경합력 증대, 적절한 시비법으로 양분이용율 증대
- 법적방제: 외래 식물 수출입 시 철저한 검역 실시

70

잡초 방제의 경제성 분석 방법으로 다양한 잡초 발생 밀도에서 농작물의 소득을 분석하는 것은?

① 한계점 분석법
② 보상력 분석법
③ 부분예산 분석법
④ 기계·동력예산 분석법

해설 보상력 분석법 : 다양한 잡초 발생밀도를 분석하여 농작물의 소득을 예측 분석하는 방법

71

제초제를 연용해도 저항성 잡초의 발현사례가 적은 이유로 옳지 않은 것은?

① 제초제의 약효 지속성이 짧다.
② 토양에 많은 양의 감수성 잡초 종자가 존재한다.
③ 잡초의 생식 및 번식빈도가 1년에 수회 반복된다.
④ 감수성 잡초보다 저항성 잡초 계통의 고정율이 낮다.

해설 잡초는 제초제와의 교차저항성이 적고 저항성 계통의 생장 및 생산이 열세하다.

72

벼의 경우 밭보다 논에서 잡초가 적게 발생하는 주요 이유는?

① 물을 가두기 때문이다.
② 비료를 많이 주기 때문이다.
③ 햇빛을 많이 받기 때문이다.
④ 작물 생육이 느리기 때문이다.

해설 논은 담수상태이므로 산소의 공급이 차단되어 밭보다 잡초의 발생이 적다.

정답 67 ④ 68 ① 69 ② 70 ② 71 ③ 72 ①

73

작물과 잡초의 경합 요인으로 가장 거리가 먼 것은?

① 빛
② 수분
③ 산소
④ 영양분

 잡초와 작물의 경합요인 : 양분, 수분, 광선, 공간, 이산화탄소 등

74

개체당 종자 수가 가장 많은 잡초는?

① 망초
② 별꽃
③ 마디꽃
④ 알방동사니

 망초의 종자생산량은 벼의 약 500배 정도인 60만개 ~ 80만개 정도로 매우 많다.

75

다음 중 영양번식기관에 해당하지 않는 것은?

① 잡종강세
② 인경
③ 구경
④ 지하경

 무성번식(영양번식)은 주로 다년생 잡초의 번식방법으로 영양기관으로 인경, 구경, 근경, 포복경, 괴경, 괴근 등을 이용한다.

76

사람이나 동물에 부착되기 쉬운 낚시 바늘 모양의 돌기 또는 바늘 모양의 가시가 있는 잡초는?

① 올방개
② 도깨비바늘
③ 명아주
④ 소리쟁이

〈잡초의 전파(산포) 방법〉
- 바람 : 박주가리, 엉겅퀴, 민들레, 망초, 방가지똥, 수레국화
- 물 : 피, 소리쟁이, 벗풀
- 인축(배설물 및 옷·털 접촉) : 비름, 명아주, 진득찰, 도꼬마리, 도깨비바늘, 메꾸리
- 성숙종자의 꼬투리가 흩어져 전파 : 달개비, 콩과, 바랭이

77

작물과 잡초의 경합으로 인하여 작물의 수량 또는 품질의 감소가 크기 때문에 잡초를 반드시 방제하여야 할 시기는?

① 잡초경합허용기간
② 잡초경합내성기간
③ 잡초경합경제기간
④ 잡초경합한계기간

〈작물의 손실예측〉
- 잡초허용한계밀도 : 일정 밀도 이상으로 잡초가 존재하여 작물 수량이 감소되기 시작하는 밀도
- 경제적허용한계밀도 : 방제를 위한 노력과 이를 통해 얻는 이득 수준을 비교하여 허용밀도에 추가한 한계치
- 잡초경합허용기간 : 잡초경합으로 발생하는 손실이 적은 기간
- 잡초경합한계기간 : 잡초경합으로 수확량 등 작물 손실이 크게 영향 받는 기간

78

다음 중 택사과 잡초로 가장 옳은 것은?

① 사마귀풀
② 알방동사니
③ 돌피
④ 벗풀

올미, 벗풀 등은 택사과 잡초에 해당한다.

정답 73 ③ 74 ① 75 ① 76 ② 77 ④ 78 ④

79

우리나라에서 가장 먼저 사용한 제초제는?

① 마세트 입제
② 2,4-D 액제
③ 스톰프 유제
④ 라쏘 유제

 2,4-D는 우리나라에서 가장 먼저 사용된 페녹시계 호르몬형 제초제이다.

80

설포닐우레아계 제초제의 작용 기구로 가장 옳은 것은?

① 지질 생합성의 저해
② 아미노산 생합성의 저해
③ 호흡작용의 저해
④ 광합성의 저해

 설포닐우레아계 제초제의 작용기구는 아미노산 생합성 저해하는 것이다.

정답 79 ② 80 ②

Chapter 03 2025년 1회 기사 기출문제

1과목 식물병리학

01

잎녹병이 발생하는 기주와 중간기주의 연결이 올바른 것은?

① 곰솔 – 잔대
② 소나무 – 작약
③ 전나무 – 황벽나무
④ 잣나무 – 뱀고사리

해설 〈소나무 잎녹병 특징〉
- 침엽에 황색 주머니(수포자퇴)가 형성, 병든 잎은 부분적으로 퇴색 후 고사
- 중간기주(이종기생) : 황벽나무, 잔대, 참취

02

코흐(Koch)의 법칙에 대한 설명으로 옳지 않은 것은?

① 병원체는 분리되어 배지에서 순수 배양되지 않을 수도 있다.
② 발병한 부위로부터 접종에 사용하였던 것과 동일한 병원체가 재분리되어야 한다.
③ 병환부에는 그 병을 일으키는 것으로 추정되는 병원체가 항상 존재하여야 한다.
④ 순수 배양한 병원체를 건전한 기주에 접종하였을 때 동일한 병이 발생하여야 한다.

해설 〈코흐(Koch)의 4대 원칙〉
- 병원체는 반드시 병환부에 존재해야 함
- 병원체는 배지에서 순수배양이 가능해야 함
- 배양한 병원체를 건전한 식물체에 접종하면 동일한 병을 발생시킴
- 접종한 식물체에서 같은 병원체를 다시 분리할 수 있음

03

벼 도열병의 방제법으로 옳지 않은 것은?

① 논바닥이 마르지 않도록 한다.
② 찬물을 직접 논에 넣지 않는다.
③ 볏짚을 퇴비로 사용할 경우에는 충분히 부숙시켜서 사용한다.
④ 병이 상습적으로 발생하는 곳에서는 레이스 특이적 저항성을 나타내는 품종을 사용한다.

해설 레이스 특이적 저항성(수직저항성)은 새로운 레이스가 등장할 때 저항성이 무너진다. 따라서 상습 발생 지역에서는 비특이적 저항성(수평저항성)을 나타내는 품종을 선택함으로써 균이 자라고 증식하는 것을 저지한다.

정답 01 ① 02 ① 03 ④

04

소나무류 잎마름병에 대한 설명으로 옳은 것은?

① 세균에 의해 발생한다.
② 건조한 토양에서 잘 발생한다.
③ 잣나무나 리기다소나무는 대부분은 감수성 수종이다.
④ 소나무나 곰솔의 경우 주로 1~2년생의 어린 묘목에서 심하게 발생한다.

 〈소나무 잎마름병 특징〉
- 띠 모양의 황색 반점들이 침엽 윗부분에 형성된 후 갈변되고 합쳐짐
- 균사 형태로 병든 가지에서 월동한 후 잎에 띠 모양 황색 반점이 생성
- 주로 1~2년생의 어린 묘목에서 피해가 심함
- 표징으로는 자좌가 나타남

05

보르도액에서 살균효과가 있는 유효성분은?

① 구리   ② 철분
③ 아연   ④ 칼슘

 보르도액 : 황산구리 수용액을 석회유에 가하여 만든 혼합액으로 구리가 살균효과를 낸다.

06

벼 줄무늬잎마름병을 전반시키는 매개충은?

① 진딧물   ② 애멸구
③ 번개매미충   ④ 끝동매미충

 벼 줄무늬잎마름병은 매개충인 애멸구(보독충)에 의해 전염되며 성충이 보독충이면 그 유충도 바이러스를 가지고 있으며 경란전염을 한다.

07

십자화과 작물에 발생하는 배추 무사마귀병에 대한 설명으로 옳지 않은 것은?

① 알칼리성 토양에서 발병이 잘 된다.
② 배수가 불량한 토양에서 발생이 많다.
③ 순활물기생균으로 인공배양이 되지 않는다.
④ 유주자가 뿌리털 속을 침입하여 변형체가 된다.

 무·배추 무사마귀병(뿌리혹병)은 저온다습한 산성토양에서 발병하므로 토양산도 개량을 위해 석회질비료를 시용함으로써 방제한다.

08

채소류의 잿빛곰팡이병(진균—불완전균류) 방제방법으로 옳지 않은 것은?

① 관수는 최소한으로 줄인다.
② 작물을 밀식하여 웃자람을 막는다.
③ 온도는 18~23℃가 되지 않도록 한다.
④ 하우스 내의 습도를 높게 유지하지 않는다.

채소류 잿빛곰팡이병은 저온다습한 환경에서 많이 발병하므로 하우스 재배 시 수분, 온도 관리를 철저히 해야하며 작물 밀식 시 웃자람 현상이 나타나므로 밀식재배는 지양해야 한다.

09

복숭아나무 잎오갈병에 대한 설명으로 옳은 것은?

① 병원균은 담자균에 속한다.
② 균사가 뿌리의 상처에 침입한다.
③ 주로 여름철 고온 환경에서 발병한다.
④ 디티아논 수화제를 살포하여 방제한다.

복숭아 잎오갈병 방제를 위해 병든 잎은 소각하고 발아 전 디티아논 수화제 살포를 실시해야 한다.

정답 04 ④ 05 ① 06 ② 07 ① 08 ② 09 ④

10

대추나무 빗자루병 방제를 위하여 옥시테트라사이클린 수화제로 수간주사를 하려고 할 때 유의사항으로 옳지 않은 것은?

① 사용 적기는 4월초이다.
② 수확 30일 전까지 사용한다.
③ 흉고직경이 10cm인 경우 1회에 1L를 주입한다.
④ 물 10L에 약제 200g을 정량한 후 잘 녹여 사용한다.

 옥시테트라사이클린 수간주사는 4~9월 사이 식물의 증산작용이 왕성한 시기에 실시하며 물 1L당 5g의 수화제를 희석하여 사용한다.

11

노지에서 고추 역병이 가장 잘 발병하는 요인은?

① 건조 ② 고온
③ 침수 ④ 사질토양

 고추 역병은 저온다습한 장마철 배수가 불량한 밭에서 많이 발생하므로 침수는 발병의 중요한 요인이 된다.

12

다음 중 세포벽을 가지고 있지 않은 식물 병원균은?

① Xanthomonas속
② Phytoplasma속
③ Phytophthora속
④ Xyrella 속

 파이토플라즈마 : 세포벽과 핵이 없으며 원형질막으로 싸여 있는 원핵생물로 세균과 유사하며 테트라사이클린 등 항생제로 억제 가능하나 완전방제는 어려운 병원체이다.

13

다음 중 벼의 병에서 물에 의해 가장 많이 전파되는 것은?

① 흰잎마름병   ② 키다리병
③ 키아즈마병   ④ 오갈병

〈병원체의 물을 통한 전반〉
• 진균병 : 벼 잎집무늬마름병균, 벼 모썩음병균, 감자 역병균, 무·배추 무사마귀병균, 탄저병균, 모잘록병균, 노균병균
• 세균병 : 벼 흰잎마름병균, 토마토 풋마름병균

14

식물체에 암종을 형성하며, 유전공학 연구에 많이 쓰이는 식물병원 세균은?

① Brassica campestris var
② Agrobacterium tumefaciens
③ Clavibacter michiganesis
④ Xanthomonas campestris

 Agrobacterium tumefaciens는 뿌리혹병(근두암종병)을 유발하는 그람음성 세균으로 뿌리 및 지제부 줄기 상처를 통해 침입하여 식물체에 암종을 유발한다. 또한 식물의 DNA 일부를 삽입하는 형질전환 실험 및 유전공학 연구에 널리 사용된다.

15

불완전균류의 정의로 가장 옳은 것은?

① 균사의 형성이 불완전한 균류
② 무성세대가 밝혀지지 않은 균류
③ 기주범위가 밝혀지지 않은 균류
④ 유성세대가 밝혀지지 않은 균류

 불완전균류는 유성세대(완전세대)가 알려져 있지 않아 불완전균이라는 명칭이 붙여졌으며 변이기작으로 이핵현상이 존재한다.

정답 10 ④ 11 ③ 12 ② 13 ① 14 ② 15 ④

16

다음 중 기생성 종자식물이 수목에 미치는 주요 피해로 가장 거리가 먼 것은?

① 국부적 이상 비대
② 기주로부터 양분과 수분 탈취
③ 저장물질의 변화 및 생장 둔화
④ 태양광선의 차단에 의한 생장 불량

 세균병은 줄기 절단 후 나오는 점액물질을 통해 간이 진단을 할 수 있다.

17

식물병원체가 생산하는 기주 특이적 독소는?

① Victorin   ② Tentexin
③ Pohiobolins   ④ Fumaric acid

 기주특이적 독소 : 병원균이 생산하는 독소가 기주식물에만 작용하는 독소
- Victorin 독소 : 귀리 마름병균
- AK 독소 : 배나무 검은무늬병균
- AT 독소 : 담배 붉은별무늬병균
- AM 독소 : 사과 점무늬낙엽병균

18

벼 도열병균의 레이스(race)를 구분할 때 사용하는 판별품종으로 가장 거리가 먼 것은?

① 인도계(T) 품종군
② 일본계(N) 품종군
③ 필리핀계(R) 품종군
④ 중국계(C) 품종군

 벼 도열병균의 레이스(race)는 인도계, 일본계, 중국계가 존재하며 동일한 병원균이 다른 경로로 침입 가능하다.

19

병든 식물체 조직의 면적 또는 양의 비율을 나타내는 것으로 주로 식물체의 전체면적당 발병 면적을 기준으로 하는 것은?

① 발병도(severity)
② 발병률(incidence)
③ 수량손실(yield loss)
④ 병진전 곡선(disease-progress curve)

 발병도 : 식물병 측정 시 병든 식물체 조직의 면적 비율을 나타낸 것

20

식물병을 일으키는 곰팡이 중에서 균사에 격막이 없는 병원균으로만 올바르게 나열된 것은?

① 난균, 자낭균
② 난균, 접합균
③ 담자균, 자낭균
④ 담자균, 접합균

 조균류는 격막이 없으며 유주자를 생성하고 유주자 균류(난균류)와 접합균류로 구분된다.

정답 16 ④   17 ①   18 ③   19 ①   20 ②

2과목 농림해충학

21

담배나방에 대한 설명으로 옳은 것은?

① 성충으로 월동한다.
② 유충이 주로 줄기를 가해한다.
③ 천적으로는 쌀좀알벌, 예쁜가는배고치벌 등이 있다.
④ 암컷은 낮에 활동하며 밤에는 잎 뒷면에 숨어 있다.

해설 담배나방은 1년에 3회 발생하며 번데기 형태로 토양 속에서 월동하며 유충은 주로 고추, 토마토 등의 잎을 가해한다. 또한 담배나방 암컷은 주로 밤에 활동하여 방제활동은 밤에 실시하는 것이 효과가 좋다.

22

밀도 의존적 치사(밀도종속적 사망)에 대한 설명으로 옳은 것은?

① 사망률은 개체군 내 밀도 크기에 비례한다.
② 탄생율은 개체군 내 밀도 크기에 비례한다.
③ 사망률은 개체군 내 밀도 크기에 반비례한다.
④ 탄생율은 개체군 내 밀도 크기에 반비례한다.

해설 밀도 의존적 치사(밀도 종속적 사망)는 밀도에 의존하여 사망률이 변하는 것으로, 사망률은 개체군 내 밀도크기에 비례한다(질병의 확산은 고밀도에서 급증하여 사망률이 증가함)

23

솔잎혹파리에 대한 분류 및 형태적 설명으로 옳지 않은 것은?

① 파리목 혹파리과에 속한다.
② 성충의 크기는 2mm 내외이다.
③ 알은 긴타원형이며 담황색이다.
④ 학명은 Spodoptera exigua이다.

해설 솔잎혹파리 학명 : Thecodiplosis japonensis

24

곤충의 천적으로 활용할 수 있는 바이러스가 아닌 것은?

① 과립 바이러스
② 베고모 바이러스
③ 핵다각체 바이러스
④ 세포질다각체 바이러스

해설 곤충병원성 바이러스(과립 바이러스, 핵다각체 바이러스, 세포질다각체 바이러스)는 곤충을 감염시켜 개체수를 줄임으로써 천적으로 활용할 수 있다.

25

날개가 발생된 후에 다시 탈피하며, 아성충기 단계를 거치는 것은?

① 하루살이
② 집게벌레
③ 깍지벌레
④ 귀뚜라미

해설 하루살이목은 아성충 단계가 존재하며 약충은 물속에 서식한다.(배의 기관새로 호흡하여 수중생활을 함)

정답 21 ③　22 ①　23 ④　24 ②　25 ①

26
토양생태계에 있어서 토양 곤충의 가장 중요한 역할은?
① 생산자 역할 ② 소비자 역할
③ 분해자 역할 ④ 오염자 역할

 곤충은 토양생태계에서 유기물을 분해하는 분해자 역할을 하여 미생물들이 이용 가능하게 한다.

27
개체군의 밀도 변동에 영향을 가장 적게 미치는 것은?
① 이동 ② 출생률
③ 사망률 ④ 기주선호성

해설 〈개체군의 밀도 변동〉
- 개체군의 밀도변동은 증가요인인 출생률과 감소요인인 사망률에 의해 결정된다.
- 출생률 : 해충의 이동이나 사망이 없다는 가정하에 특정 시기에 출생한 수/최초 개체 수
- 사망률 : 밀도에 비례하며 해충의 출생이나 이동이 없다는 가정하에 특정 시기에 사망한 수/최초 개체 수

28
곤충 생장조절제의 일종인 디플로벤주론의 작용기작은?
① 산란 억제
② 키틴 합성 억제
③ 소화효소 합성 억제
④ 탈피호르몬 생산 억제

 키틴 생합성 저해 생장살충제 : 뷰프로페진, 디플루벤주론, 클로르플루아주론, 헥사플루뮤론, 테플루벤주론, 트리플루뮤론

29
봄에 수목주변의 잡초를 제거하여 피해를 줄일수 있는 해충은?
① 꽃매미 ② 소나무좀
③ 박쥐나방 ④ 포도뿌리혹벌레

해설 박쥐나방의 부화유충은 초본류 줄기 속을 식해하다가 나무로 이동하여 줄기를 환상으로 식해하므로 유충이 기생하는 초본류를 제거함으로써 피해를 줄일 수 있다.

30
화분 매개곤충으로 사과의 수분작용에 활용되는 것은?
① 금좀벌 ② 머리뿔가위벌
③ 콜레마니진디벌 ④ 온실가루이좀벌

해설 사과의 수분작용에 활용되는 대표적인 화분 매개곤충은 꿀벌, 뒤영벌, 뿔가위벌류 등이 있다.

31
해충별 피해를 줄일 수 있는 생태적 방제방법으로 옳지 않은 것은?
① 진딧물 : 혼작재배
② 배추잎벌 : 밀식재배
③ 방아벌레 : 윤작재배
④ 벼굴파리 : 관개 수온을 올림

해설 생태적(경종적) 방제법의 종류에는 윤작(방아벌레), 간작 및 혼작(배추순나방, 진딧물류), 재식밀도 조절(배추잎벌, 벼굴파리), 재배시기 조절(고자리파리), 유인작물, 공영작물, 내충성 품종의 이용 등이 있으며 이 중 배추잎벌과 벼굴파리는 소식재배를 통해 피해를 줄일 수 있다.

정답 26 ③ 27 ④ 28 ② 29 ③ 30 ② 31 ②

32

다음 설명에 해당하는 해충은?

- 배나무의 해충으로 성충이 신초의 밑부분을 입으로 물어뜯고 그 안에 산란한다.
- 연 1회 발생하며 유충으로 피해부의 신초내부에서 월동한다.
- 방제법으로 피해가지를 잘라 소각한다.

① 배명나방
② 배나무이
③ 배나무줄기벌
④ 배나무방패벌레

해설 배나무줄기벌은 연 1회 발생하며 성충이 신초를 가해하여 그 안에 산란하므로 가해부위에 수분이 공급되지 않아 겹게 말라 죽는다.

33

해충의 발생예찰 방법이 아닌 것은?

① 통계적 예찰법
② 피해사정 예찰법
③ 시뮬레이션 예찰법
④ 야외조사 및 관찰 예찰법

해설 해충의 발생예찰방법 : 직접 야외조사를 하거나 발육속도 곡선과 회귀직선을 이용하는 방법, 컴퓨터 예찰법(시뮬레이션 모형, 크로스 모형) 및 통계적모형의 이용 등이 있다.

34

성충이 과실을 직접 가해하는 해충은?

① 배명나방
② 으름밤나방
③ 복숭아명나방
④ 포도유리나방

해설 으름밤나방의 유충은 잎을 식해, 성충은 과실을 흡즙하여 피해를 준다.

35

길앞잡이과가 해당하는 목은?

① 나비목
② 파리목
③ 메뚜기목
④ 딱정벌레목

해설 딱정벌레목은 곤충강의 40%를 차지하는 가장 큰 목으로 길앞잡이과, 딱정벌레과의 육식성 곤충이다.

36

해충의 통계적 예찰법을 적용하려 할 때 주의사항으로 옳지 않은 것은?

① 변동량이 극단적인 경우는 제외한다.
② 이상발생이나 대발생 예찰에 적용한다.
③ 상관관계의 유의성을 충분히 고려한다.
④ 예측범위를 통계자료의 범위 내로 한다.

해설 통계적 모형(실험적 예찰법)은 수년간의 변동사항, 해충 발생, 환경요인, 경험적 자료를 바탕으로 작성하는 것으로 특정한 이상발생이나 대발생에 적용하는 것은 아니다.

37

메뚜기류의 작은턱수염이 연결된 부위는?

① 밑마디
② 자루마디
③ 도래마디
④ 바깥조각

해설 곤충의 더듬이 촉각을 통한 감각기관으로 1쌍으로 3마디(자루마디, 흔들마디, 채찍마디)로 구성되어 있으며 이 중 자루마디는 작은턱수염이 연결되어 있다.

정답 32 ③ 33 ② 34 ② 35 ④ 36 ② 37 ②

38

농림해충의 상대밀도 조사법으로 가장 적절한 방법은?

① 빈도조사 ② 피도조사
③ 설문조사 ④ 포충망조사

해설 해충조사(정성적 조사, 정략적 조사) 중 상대밀도를 측정하는 정량적 조사는 유아등, 포살장치를 이용한 단위시간당 포살수로 해충의 실제밀도보다는 변동상황을 비교한다.

39

천적을 이용한 생물적 방제에 대한 설명으로 옳지 않은 것은?

① 외래종 도입할 경우 방제 성공률이 낮다.
② 고립된 환경조건에서는 방제 성공률이 높다.
③ 이동성이 큰 해충의 경우 방제 성공률이 낮다.
④ 경제적 피해수준이 큰 해충은 방제 성공률이 높다.

해설 천적을 이용한 생물적 방제에는 칠리이리응애(점박이응애 천적), 온실가루이좀벌(온실가루이 천적) 등 외래종 천적도 이용된다.

40

소나무좀의 방제를 위하여 티아클로프리드 액상수화제를 살포하려 할 때 가장 효과적인 시기는?

① 활동 시기   ② 산란 시기
③ 유충 부화 시기 ④ 성충 우화 시기

해설 소나무좀 월동성충은 줄기나 가지 껍질 밑에 구멍을 뚫고 들어가 형성층에 산란하는데 이 때 티아클로프리드 액상수화제를 살포하면 효과적이다.

3과목 재배원론

41

토양이나 수질 오염을 통하여 인체에 중금속 중독을 초래하며 이타이이타이병이 나타나는 것은?

① 카드뮴 ② 규소
③ 망간   ④ 몰리브덴

해설 〈중금속 오염의 종류〉: 수은(미나마타병), 카드뮴(이타이이타이병), 비소(벼 수량 감소), 구리(생육장해 발생)

42

토양과 식물체 및 대기 간의 수분이동에서 수분 포텐셜을 가장 높은 곳에서 가장 낮은 곳으로 바르게 표시한 것은?

① 대기 → 식물체 → 토양
② 식물체 → 대기 → 토양
③ 대기 → 토양 → 식물체
④ 토양 → 식물체 → 대기

해설 수분의 이동 : 수분퍼텐셜이 높은곳에서 낮은곳으로 이동한다.(토양이 가장 높고 식물체 내, 대기 순으로 낮음)

43

다음 중 무배유 종자에 해당하는 것으로만 나열된 것은?

① 벼, 보리   ② 밀, 옥수수
③ 콩, 팥   ④ 피마자, 양파

해설 무배유종자에는 콩, 팥, 완두, 상추, 오이 등이 해당한다.

44

노포크(Norfolk)식 윤작법의 예로 가장 적합한 것은?

① 콩 → 밀 → 클로버
② 옥수수 → 클로버 → 보리 → 밀
③ 밀 → 옥수수 → 순무
④ 순무 → 보리 → 클로버 → 밀

해설 노포크식 윤작법은 식량과 가축사료를 생산하면서 지력을 유지하고 중경효과를 내는 방식으로, 순무 → 보리 → 클로버 → 밀 순으로 재배한다.

45

다음 중 F2의 표현형분리에서 상위성이 있는 경우 억제유전자의 분리비는?

① 9:7
② 15:1
③ 3:13
④ 9:6:1

해설 〈비대립유전자 상호작용〉

보족유전자	이중열성상위, F2 표현형 9:7
조건유전자	열성상위, F2 표현형 9:3:4
피복유전자	우성상위, F2 표현형 12:3:1
중복유전자	비누적적, F2 표현형 15:1
복수유전자	누적적, F2 표현형 9:6:1
억제유전자	F2 표현형 3:13

46

제1감수분열 전기에 나타나는 단계순서로 옳은 것은?

① 세사기 → 대합기 → 태사기 → 이중기 → 이동기
② 세사기 → 이중기 → 대합기 → 태사기 → 이동기
③ 세사기 → 이중기 → 태사기 → 대합기 → 이동기
④ 태사기 → 세사기 → 이중기 → 대합기 → 이동기

해설 〈제1감수분열 전기 과정〉
1. 세사기 : 염색사가 압출 포장되어 염색체 구조를 형성한다.
2. 대합기 : 상동염색체는 짝을 지어 2가염색체 형성한다.
3. 태사기 : 상동염색체의 비자매염색분체들이 서로 교차되고 재결합하여 키아즈마 형성한다.
4. 복사기 : 4개의 염색체가 2개씩 분리되며 키아즈마가 관찰된다.
5. 이동기 : 2가염색체들이 적도판으로 이동한다.

47

다음 중 형질전환품종의 내충성 품종에 도입한 것은?

① Salmonella typhimunrium의 aroA 유전자
② bar 유전자
③ Bacillus thuringiensis의 Bt 유전자
④ TMV의 외피단백질합성유전자

해설 〈형질전환품종 사례〉
- 내충성 품종 : Bacillus thuringiensis의 Bt 유전자를 도입
- 바이러스저항성 품종 : 담배모자이크바이러스의 외피단백질합성 유전자를 도입
- 제초제저항성
  - glyphosate 저항성유전자 : Salmonella typhimunrium의 aroA유전자 도입
  - bialaphos, basta 저항성유전자 : Streptomyces hygroscopicus의 bar유전자 도입
- 최초의 형질전환품종 : 토마토의 플레이버세이버

정답 44 ④ 45 ③ 46 ① 47 ③

48
다음 중 ( )에 알맞은 내용은?

> ( )은 짧은 원줄기 상에 3~4개의 원가지를 발달시켜 수형이 술잔모양으로 되게 하는 정지법이다.

① 원추형 ② 덕형
③ 울타리형 ④ 배상형

해설 〈정지법의 종류〉
- 원추형 : 수형이 원추상태가 되도록 하는 정지법
- 덕형 정지법 : 지상 1.8m높이에 가로, 세로로 철선을 늘려 결과부위를 평면으로 만드는 정지법
- 울타리형 정지법 : 포도나무의 정지법으로 많이 사용하며 가지를 길게 친 철사에 유인하여 결속
- 배상형 : 짧은 원줄기 상에 3~4개의 원가지를 발달시켜 수형이 술잔모양으로 되게 하는 정지법

49
다음 중 ( )에 알맞은 내용은?

> Ookuma는 목화의 어린 식물로부터 이층의 형성을 촉진하여 낙엽을 촉진하는 물질로서 ( )을 순수 분리하였다.

① ABA ② 지베렐린
③ 시토키닌 ④ 에세폰

해설 ABA 효과 : 휴면휴도, 종자 발아억제, 잎의 노화, 탈리현상 촉진으로 인한 낙엽, 기공 폐쇄

50
작물육종 시 일반조합능력을 검정하기 위한 조합능력 검정법은?

① 2면교배 ② 3계교잡
③ 톱교배 ④ 단교배

해설 톱교배 : 조합능력을 검정하여 우수한 것을 그대로 채종용으로 사용하는 방법

51
다음 중 복교잡에 의한 육종효과가 가장 높은 작물은?

① 옥수수 ② 보리
③ 콩 ④ 감자

해설 복교배는 종자생산량이 많고 잡종강세도 크지만 균일성이 다소 낮아지며 4개의 어버이계통을 유지해야 함(옥수수는 복교배에 의한 육종효과가 큼)

52
벼 유숙기(8월 말 ~9월 초)의 광부족 피해와 거리가 가장 먼 것은?

① 1수립수 감소 ② 등숙비율감소
③ 1립중 감소 ④ 수량감소

해설 유숙기는 등숙의 초기단계를 의미하며 이 시기의 이삭 종자수는 이미 결정되어 있으므로 광부족 피해와 가장 거리가 멀다.

53
다음 중 벼의 관수해가 가장 심하게 나타나는 수질은?

① 흐르는 맑은 물 ② 흐르는 흙탕물
③ 정체한 맑은 물 ④ 정체한 흙탕물

해설 관수해 중 가장 크게 피해를 받기 쉬운 조건은 고온의 탁수와 정체수다.

정답 48 ④ 49 ① 50 ③ 51 ① 52 ① 53 ④

54

작물의 기상생태형과 재배적 특성에 관한 설명이 잘못된 것은?

① 조기수확을 목적으로 조파조식을 할 때에는 감온형이 알맞다.
② 만식적응성은 감광형이 감온형보다 크다.
③ 묘대일수감응도는 감온형이 감광형보다 낮다.
④ 출수, 성숙을 앞당기지 않고 파종, 모내기를 앞당겨서 생육기간을 연장시켜 증수를 꾀하려고 할 때에는 감광형이 가장 알맞다.

해설 묘대일수감응도는 못자리기간이 길어질 때 모가 노숙, 생식생장을 보여 모낸 후 생육이 저조한 정도로, 크기는 감온형 〉 감광형 〉 기본영양생장형 순이다.

55

토양산성화 원인 중 미포화교질에 대한 설명으로 가장 적합한 것은?

① H^+가 흡착된 것
② Ca^{2+}가 흡착된 것
③ Mg^{2+}가 흡착된 것
④ K^+가 흡착된 것

해설 미포화교질 : 치환성 양이온(NH_4^+, K^+, Ca^{2+}, Mg^{2+})이 용탈된 교질로 대신 수소이온이 흡착되어 있다.

56

씨감자(절단편)의 휴면타파를 위하여 지베렐린을 처리하고자 한다. 2ppm 지베렐린 수용액에 침지하는 가장 적당한 시간은?

① 30~60분
② 3~4시간
③ 5시간
④ 7시간

해설 감자 휴면타파 : 감자를 절단한 후 2ppm의 지베렐린 수용액에 30~60분 간 침지하여 파종한다.

57

큰 강의 유역은 주기적으로 강이 범람해서 비옥해져 농사짓기에 유리하므로 원시농경의 발상지이었을 것으로 추정한 사람은?

① Vavilov
② Dettweiler
③ De Candolle
④ Liebig

해설 〈De candolle〉
- '재배식물의 기원' 저술
- 강 유역을 농경의 발상지로 추정
- 작물 야생종의 분포를 광범위하게 조사하여 재배식물의 조상형이 자생하는 지역을 기원지로 추정

58

작물재배 시 담배의 최적온도는?

① 12℃
② 18℃
③ 28℃
④ 35℃

해설 최적온도 : 멜론(35℃), 삼(35℃), 오이(33~34℃), 옥수수와 벼(30~32℃), 완두(30℃), 담배(28℃), 사탕무·호밀·밀·귀리(25℃), 보리(20℃), 콩(18~20℃)

59

혼파하여 목야지를 조성할 때 화본과 목초와 콩과 목초의 가장 알맞은 파종 비율은?

① 화본과 목초 8 : 콩과목초 2
② 화본과 목초 2 : 콩과목초 8
③ 화본과 목초 6 : 콩과목초 4
④ 화본과 목초 4 : 콩과목초 6

해설 화본과 목초와 두과 목초 종자를 혼파할 경우 각각 3:1 내외의 비율로 파종하고 질소질비료는 적게 사용한다.

 정답 54 ③   55 ①   56 ①   57 ③   58 ③   59 ①

60

다음 중 작물의 복토 깊이가 가장 깊은 것은?

① 파 ② 당근
③ 오이 ④ 잠두

 〈작물의 복토깊이〉

안보일 정도로	소립목초종자, 상추, 파, 양파, 담배, 당근, 유채
0.5~1cm	순무, 배추, 양배추, 가지, 고추, 토마토, 오이, 차조기
1.5~2cm	조, 기장, 수수, 무, 시금치, 수박, 호박
2.5~3cm	보리, 밀, 호밀, 귀리, 아네모네
3.5~4cm	콩, 팥, 완두, 잠두, 강낭콩, 옥수수
5~9cm	감자, 토란, 생강, 글라디올러스
10cm 이상	수선, 나리, 튤립, 히아신스

4과목 농약학

61

하우스 내의 시설재배에 있어서 병충해 방제를 목적으로 하여 개발된 것으로 미분쇄로 된 분제인 플로우더스트(FD) 제형의 평균 입경은 얼마 정도인가?

① 2㎛ ② 10㎛ ③ 20㎛ ④ 40㎛

 플로우더스트제(FD제) : 보통분제의 10배 농도 성분을 함유하는 고농도 미분제로 평균 입경은 약 2㎛이다.

62

각종 응애류를 방제하는데 적합하며 특히 소나무 재선충에 대해 살선충 활성을 보이는 약제는?

① 캡탄(Captan)
② 밀베멕틴(Milbemectin)
③ 메토밀(Methomyl)
④ 플루아지남(Fluazinam)

 살선충제 중 카두사포스는 뿌리혹선충 방제에, 밀베멕틴은 소나무재선충 방제에 주로 사용된다.

63

다음 중 유기인제의 활성화와 관계가 가장 적은 것은?

① parathion → paraoxon
② cytochromeoxidase
③ 포유동물 간장
④ 곤충의 중장

 흡수된 유기인제는 체내에서 간장 등을 거치면서 대사되어 여러 가지 대사산물이 생성될 수 있으며 이 대사과정을 통하여 유기인제에 따라서 독성이 증가하거나 경감된다.

정답 60 ④ 61 ① 62 ② 63 ④

64

다음 중 가장 오래 전부터 제조되어 사용되었던 농약은?

① Lime sulfur ② Schradan
③ Endosulfan ④ Oxadixyl

 석회유황합제(lime sulfur)의 주요성분은 CaS_5이며 가장 오래 전부터 제조되어 사용되었던 농약이다.

65

리바이짓드 유제 30%를 500배로 희석해서 10a당 8말을 살포하여 해충을 방제하고자 할 때 리바이짓드 유제 30%의 소요량은 몇 mL인가? (단, 1말은 18L로 한다.)

① 144 ② 188
③ 244 ④ 288

 소요약량 = 단위면적당 사용량 / 희석배수 = 18 × 8 / 500 = 0.288L = 288mL

66

유기인계 살충제 농약이 아닌 것은?

① 디프(DEP)
② 펜치온(Fenthion)
③ 메프(Fenitrothion)
④ 네오아소진(MAFA)

 유기인계 살충제에는 DEP, DDVP, EPN, 파라티온, 페니트로티온, 말라티온, 이미단, PAP 등이 있으며 네오아소진은 유기비소제 농약이다.

67

다음 중 주로 원상태로 사용되는 농약제제 형태는?

① 액상수화제 ② 미탁제
③ 세립제 ④ 분상선액제

 세립제(FG)는 입제보다 알갱이가 작아 단위면적 당 제제 살포량을 줄일 수 있는 분류상 입제에 포함되는 제형으로 제조방법 및 특성이 입제와 동일하다.

68

농약제제화의 목적으로 가장 거리가 먼 것은?

① 사용자에 대한 편의성을 위하여
② 최적의 약효발현과 최소의 약해 발생을 위하여
③ 소량의 유효성분을 넓은 지역에 균일하게 살포하기 위하여
④ 유통기간을 단축하여 유효성분의 안정성을 향상시키기 위하여

유통기한은 약제의 품질과 안정성을 보장하기 위해 설정되며 이를 줄이는 것은 농약제제화의 목적에 해당하지 않는다.

69

안전농산물 생산을 위한 농약개발 방법으로 옳지 않은 것은?

① 종자분의제의 개발
② 고활성, 저투입 농약의 개발
③ 병해충 동시방제용 혼합제 개발
④ Xylene이 주 용제로 사용되는 농약 개발

자일렌(Xylene)은 방향족탄화수소로 유제의 유기용매로 사용되며 용해력이 크기 때문에 안전농산물생산을 위한 농약개발 방법에는 적합하지 않다.

정답 64 ① 65 ④ 66 ④ 67 ③ 68 ④ 69 ④

70

농약과 그 사용목적에 의한 분류로 틀린 것은?

① 나드 – 생장억제
② 실록세인 – 전착효과
③ 지베렐린산 – 생장촉진
④ 다이쾃디브로마이드 – 작물건조

 나드(NAD), 루톤 분제는 대표적인 발근촉진제이다.

71

미생물 농약의 특성으로 가장 거리가 먼 것은?

① 약효저조
② 지효성
③ 광범위 적용
④ 환경 중 불안정

 생물농약은 미생물, 천적, 천연에서 유래된 추출물 등을 이용한 생물학적 방제용 약제로 지효성이며 효과가 국부적으로 적용된다.

72

말라치온에 대한 설명으로 틀린 것은?

① 접촉독체이다.
② 적용대상의 범위가 넓다.
③ 대표적인 고독성 약제이다.
④ 선택성의 침투이행성약제이다.

 말라치온은 Dithiophosphoric Acid형 유기인계 살충제로 인축에 대한 독성이 높으며 자연에서 분해가 빠르고 잔효성이 적다.

73

다음 중 파라치온의 구조식은?

① $\begin{smallmatrix}CH_3O\\CH_3O\end{smallmatrix}\!\!>\!\!\overset{S}{\underset{\|}{P}}\!\!-\!\!O\!-\!\!\bigcirc\!\!-\!\!NO_2$ (with CH₃ on ring)

② $\begin{smallmatrix}CH_3O\\CH_3O\end{smallmatrix}\!\!>\!\!\overset{S}{\underset{\|}{P}}\!\!-\!\!O\!-\!\!\bigcirc\!\!-\!\!NO_2$

③ $\begin{smallmatrix}C_2H_5O\\C_2H_5O\end{smallmatrix}\!\!>\!\!\overset{S}{\underset{\|}{P}}\!\!-\!\!O\!-\!\!\bigcirc\!\!-\!\!NO_2$ (with CH₃ on ring)

④ $\begin{smallmatrix}CH_3O\\CH_3O\end{smallmatrix}\!\!>\!\!\overset{S}{\underset{\|}{P}}\!\!-\!\!O\!-\!\!\bigcirc\!\!-\!\!NO_2$ (with Cl on ring)

 파라티온은 유기인계 살충제로 화학식은 $C_{10}H_{14}NO_5PS$이다.

74

농약 중독에 대한 응급조치 방법으로 가장 거리가 먼 것은?

① 응급조치의 근본적인 방법은 중독의 원인물질을 가능한 빨리 환자의 체외로 제거하는 것이다.
② 경피적으로 중독 시에는 오염된 작업복을 벗기고 피부를 비눗물로 깨끗이 씻겨야 한다.
③ 경기도적으로 중독되었을 때는 환자를 신선한 장소로 옮겨 의복을 느슨하게 하여 토하게 한다.
④ 중독되어 경련을 일으키거나 그 증상을 보일 때는 따뜻한 소금물을 마시게 하여 토하게 한다.

해설 의식이 혼미하거나 경련을 일으킬 땐 기도가 막힐 위험이 있으므로 구토를 유발하지 않도록 한다.

정답 70 ① 71 ③ 72 ③ 73 ③ 74 ④

75

농약 원료로 사용되는 가성소다의 경우 NaOH 20% 비중 : 1.222이고, NaOH 30% 비중 : 1.333이다. 사용상 22% NaOH 의 경우 비중은?

① 1.142
② 1.244
③ 1.290
④ 1.352

 가성소다 농도가 10% 증가할 경우 비중이 (1.333 - 1.222 = 0.111)만큼 증가하므로 2%가 증가할 경우에는 (0.111÷5 = 0.0222) 만큼 증가한다. 따라서 22%의 NaOH 비중은 (1.222 + 0.0222 =1.2442)이다.

76

DDT의 살충력을 처음 발견한 사람은?

① D.Zeidler
② G.Schrader
③ Van der Lindane
④ Paul Hermann Muller

 폴 허먼 뮐러(Paul Hermann Muller)는 DDT의 살충능력을 처음 발견하였다.

77

포인세티아에 대하여 식물호르몬인 지베레린의 작용을 저해하여 식물의 신장억제 작용을 하는 약제는?

① MH제
② 칼카본
③ β-인돌초산(IAA)
④ 클로르메콰클로라이드

 클로르메콰클로라이드는 식물의 지베레린 작용을 억제하여 절간생장을 저해하는 생장억제제이다.

78

보르도액 살포 후 과수잎 중의 pH가 얼마일 때 구리의 용해도가 최고치가 되는가?

① 12.4
② 11.3
③ 10.4
④ 7.0

 보르도액의 pH는 12.4인데 대기 중의 이산화탄소를 만나 중화되어 pH가 11.3이 되면 구리 용해도가 최고로 높아진다.

79

살충제와 같은 유기화합물에 함유된 할로겐 원소에 선택적으로 감응하는 가스크로마토그래피(GC) 검출기는?

① 불꽃이온화검출기(FID)
② 열전도도검출기(TCD)
③ 전자포획검출기(ECD)
④ 열이온검출기(TID)

 살충제와 같은 유기화합물에 포함된 할로겐 원자나 나이트로기(-NO_2)를 포함하는 화합물을 검출하는 데 용이한 가스크로마토그래피 검출기는 전자포획검출기이다.

80

다음 농약 중 사과의 부란병에 주로 적용되는 것은?

① 옥솔린산 수화제(일품)
② 이프로벤포스 유제(키타진)
③ 사이프로코나졸 액제(아테미)
④ 아족시트로빈 수화제(아미스타)

 사과의 부란병에 주로 적용되는 농약에는 사이프로코나졸 액제(아테미), 폴리옥신D, 네오아소진(과거 사용, 현재는 사용금지) 등이 해당한다.

정답 75 ② 76 ④ 77 ④ 78 ② 79 ③ 80 ③

5과목 잡초방제학

81
잡초종자의 발아 습성으로 옳지 않은 것은?
① 발아의 주기성
② 발아의 계절성
③ 발아의 불연속성
④ 발아의 준동시성

 잡초종자의 발아 습성에는 발아주기성, 발아 계절성 및 기회성, 발아 준동시성 및 연속성이 해당된다.

82
왕우렁이를 이용한 잡초 방제법에 대한 설명으로 옳지 않은 것은?
① 잡초방제 효과를 높이기 위해 물을 얕게 댄다.
② 이앙 전 평탄하게 정지작업을 잘해야 효과가 크다.
③ 왕우렁이 방사 시기는 벼 이앙 후 5~7일이 효과적이다.
④ 수면과 수면 아래의 수초를 먹는 먹이 습성을 이용한 것이다.

 왕우렁이농법은 수면 아래 잡초를 먹는 먹이 습성을 이용한 방제법으로 이앙 전 정지작업을 하고 이앙 일주일 후 방사 시 효과적이다.

83
다음 설명에 해당하는 잡초는?

유럽이 원산이며 논둑 등에서 자생하고 종자와 지하경으로 번식하는 다년생 마디풀과 잡초이다.

① 돌피
② 애기수영
③ 까치수염
④ 올챙이고랭이

 애기수영은 유럽, 북미에서 유래한 다년생 외래식물로, 주로 종자와 지하경으로 번식하는데 다량의 종자가 멀리 퍼지는 특징이 있어 생태계를 교란시킨다.

84
아릴옥시페녹시 프로피오닉산계 제초제에 대한 설명으로 옳지 않은 것은?
① 지질생합성을 저해한다.
② 토양 속에서는 쉽게 분해된다.
③ 화본과 잡초는 내성을 보인다.
④ 최상의 효과를 위해서는 보조제나 첨가제의 혼합이 필요하다.

 아릴옥시페녹시 프로피오닉산계 제초제는 후기경엽처리용 제초제로 화본과 잡초(피 둑새풀, 바랭이)에만 특이적인 살초효과가 있다.

85
잡초의 피해를 경감시키기 위하여 대체로 작물 생육기간의 어느 시기 내에 방제하는 것이 가장 적합한가?
① 1/4 ~ 1/3 시기
② 1/4 ~ 2/3 시기
③ 1/2 ~ 2/3 시기
④ 2/3 ~ 3/4 시기

 잡초경합한계기간은 수확량 등 작물 손실이 크게 영향 받는 기간으로 초관형성 이후 생식생장 전까지 작물생육기간의 1/4 ~ 1/3에 해당한다.

정답 81 ③ 82 ① 83 ② 84 ③ 85 ①

86

유효성분 5%인 입제 제초제를 1ha당 1kg(유효성분량)을 처리하고자 할 때 필요한 양은?

① 2kg
② 10kg
③ 20kg
④ 40kg

 1ha(10,000m²)당 1kg(유효성분량)을 처리하려면, 전체 제품 사용량은 1kg ÷ 0.05(5%) = 20kg이다.

87

광요구성 제초제가 아닌 것은?

① Linuron
② Butachlor
③ Oxidiazon
④ Oxyfluorfen

 Butachlor는 산아마이드계 토양처리형 제초제로 광을 요구하지 않는다.

88

다년생 잡초로만 나열한 것은?

① 메꽃, 괭이밥
② 별꽃, 벼룩나물
③ 바랭이, 꽃다지
④ 뚝새풀, 메귀리

 다년생 잡초 : 2년 이상 생존하는 생활환을 가지는 잡초로 종자번식 이외에 영양번식도 한다.(괭이밥, 메꽃, 반하, 쇠뜨기, 쑥, 올미, 올방개, 벗풀, 토끼풀, 나도겨풀)

89

무처리구의 잡초 발생량이 건물량으로 850g이고 제초제 처리구의 잔존 잡초량이 건물량으로 34g일 때 이 제초제의 방제가는?

① 80%
② 87%
③ 92%
④ 96%

 방제가 = (잡초 방제량/잡초 발생량) × 100 = (850-34)/850 × 100 = 96%

90

토양에 처리한 제초제는 분해되어 제초제로써 효력이 소실된다. 이러한 제초제가 효력이 소실되는 주된 과정으로 거리가 먼 것은?

① 광분해
② 열분해
③ 화학적분해
④ 미생물에의한분해

해설 토양에 처리된 제초제는 흡착, 휘발, 용탈, 유거, 식물체 내 흡수, 미생물적 분해, 화학적 분해, 광 분해를 거쳐 소실된다.

91

밭의 잡초 발생에 대한 설명으로 옳은 것은?

① 봄에 보리밭에서는 냉이와 뚝새풀 등이 우점한다.
② 여름에 콩밭에서는 벼룩나물과 별꽃 등이 우점한다.
③ 맥류 포장에서 월동 후보다 월동 전의 잡초 피해가 더 크다.
④ 겨울 작물 포장에서 잡초는 서리가 내리기 직전에 발생량이 최대이다.

해설 1년생 겨울잡초(냉이, 뚝새풀, 벼룩나물, 별꽃)는 가을에 발생하여 월동 후에 결실하여 봄에 피해가 많다.

정답 86 ③   87 ②   88 ①   89 ④   90 ②   91 ①

92

작물, 잡초, 제초제의 연결이 옳지 않은 것은?

① 벼, 피, 뷰타클로르 입제
② 잔디, 크로바, 디캄바 액제
③ 콩, 방동사니, 이사–디 액제
④ 사과, 일년생 잡초, 시마진 수화제

 〈2,4-D의 특징〉
- 우리나라에서 가장 먼저 사용된 제초제로 옥신의 한 종류인 호르몬형 제초제이다.
- 잔디, 사탕수수, 목초, 과수원에서 많이 사용된다.
- 2,4-D 아민염(물에 잘 녹음), 2,4-D 에스테르(휘발성이 높아 주변 광엽식물에 약해 발생) 등이 있다.

93

북아메리카 원산으로 식물체당 생산되는 종자수가 가장 많고 주로 실생법으로 번식하는 것은?

① 피   ② 망초
③ 마디풀   ④ 사마귀풀

 망초는 북아메리카 원산으로 종자생산량이 많으며 주로 실생법으로 번식한다.

94

Uracil 및 Urea 계열 제초제를 경엽에 처리한 경우에 제초 성분이 이동하는 주요 경로는?

① apoplast   ② symplast
③ cambium cell   ④ casparian strip

해설 경엽에 처리한 흡수이행형 제초제는 살아있는 식물 세포인 심플라스트(syplast)를 통해 이행되며 아포플라스트(apoplast)는 원형질막 외측의 세포간극, 원형질이 없는 도관이나 가도관과 같은 자유공간을 의미한다.

95

이사–디(2,4–D) 제초제의 작용 특성에 대한 설명으로 옳지 않은 것은?

① 이행형 제초제이다.
② 경엽처리형 제초제이다.
③ 벼의 경우 유효분얼이 끝나기 전에 살포한다.
④ 휘산성이므로 감수성 작물에 주의하여 살포한다.

 2,4-D는 우리나라에서 가장 먼저 사용된 제초제로 옥신의 한 종류인 호르몬형 선택성 제초제로 이행형 및 경엽처리형 제초제이며 휘산성이 강하다.

96

잡초의 학명을 바르게 나타낸 것은?

① 올미 : Scirpus jundoides
② 벗풀 : Eleocharis kuroguwai
③ 너도방동사니 : Cyperus serotinus
④ 올챙이고랭이 : Sagittaria pygmaea

 〈잡초의 학명〉
- 올미 : Sagittaria pygmaea Miquel
- 벗풀 : Sagittaria trifolia L.
- 올챙이고랭이 : Scirpus juncoides Roxb.
- 너도방동사니 : Cyperus serotinus
- 돌피 : Echinochloa crus-galli

97

월년생 잡초가 주로 발아하는 시기는?

① 연중 상관 없음
② 봄과 여름 사이
③ 가을과 겨울 사이
④ 여름과 가을 사이

 1년생 겨울잡초(냉이, 뚝새풀, 벼룩나물, 별꽃)는 가을에 발생하여 월동 후에 결실하여 봄에 피해가 많다.

98

주로 콩과 작물 및 목본식물에 기생하여 수분이나 양분 등을 탈취하는 잡초는?

① 새삼
② 바랭이
③ 강아지풀
④ 중대가리풀

 새삼, 겨우살이 등 기생성 잡초는 실모양의 흡기조직으로 기주식물을 가해한다.

99

초관 형성을 비효과적으로 하는 양파의 경우에 잡초 경합 한계기간은?

① 파종 ~ 출아초기
② 출시기 ~ 성숙기
③ 생육초기 ~ 초관형성기
④ 생식 생장기 이후 ~ 출수기

 잡초경합한계기간은 수확량 등 작물 손실이 크게 영향 받는 기간으로 초관형성 이후 생식생장 전까지 작물생육기간의 1/4 ~ 1/3에 해당한다.

100

발아 적온이 상대적으로 가장 높은 잡초 종자는?

① 메귀리
② 뚝새풀
③ 향부자
④ 올챙이고랭이

 〈잡초종자의 발아온도〉
- 잡초종자의 발아적온은 보통 15~30℃이며 최저온도는 0~15℃, 최고온도는 25~45℃로 변온조건에서 발아가 촉진된다.
- 메귀리, 뚝새풀(20℃), 향부자(20~30℃), 올챙이고랭이(30~35℃)

정답 98 ① 99 ③ 100 ④

Chapter 03 2025년 2회 기사 기출문제

1과목 식물병리학

01
벼 줄무늬잎마름병에 대한 설명으로 옳지 않은 것은?
① 감염 매개곤충은 애멸구이다.
② 발병하면 뒤틀리면서 늘어지고 고사한다.
③ 유령병이라고도 하며 병원균은 바이러스이다.
④ 저항성 품종으로 추정, 일품, 농안, 봉광벼 등이 있다.

 추정, 일품벼는 벼 줄무늬잎마름병에 감수성인 품종이다.

02
곤충에 의해 주로 전염되는 병은?
① 벼 키다리병
② 맥류 오갈병
③ 뽕나무 오갈병
④ 배나무 붉은별무늬병

 뽕나무 오갈병, 대추나무 빗자루병은 마름무늬매미충(매개충)에 의해 매개된다.

03
벼 도열병에 대한 설명으로 옳지 않은 것은?
① 공기전염성 식물병이다.
② 병원균은 Fulvia fulva이다.
③ 병원균에는 여러 가지 레이스가 존재한다.
④ 야간 온도가 높고 습한 조건에서 질소질 비료를 과용한 논에 잘 발병한다.

 Fulvia fulva는 토마토 잎곰팡이병균의 학명이다.

04
소나무 혹병균의 중간기주가 아닌 것은?
① 졸참나무   ② 떡갈나무
③ 굴피나무   ④ 굴참나무

 소나무 혹병 중간기주 : 참나무류(졸참, 갈참, 굴참, 상수리, 떡갈, 신갈나무)

05
식물방역법에는 수입 금지 식물, 금지 지역, 금지 병해충을 명시하고 있다. 금지 병해로만 바르게 나열된 것은?
① 배 화상병, 담배 노균병
② 감자 역병, 감자 갈쭉병
③ 감자 암종병, 포도 노균병
④ 국화 흰녹병, 사과 빗자루병

정답 01 ④ 02 ③ 03 ② 04 ③ 05 ①

금지병해충은 국내에 유입될 경우 식물에 해를 끼치는 정도가 크다고 인정하여 당해 병해충 분포국가로부터 기주식물의 수입을 금지하는 병해충으로 감자 지브라칩 바이러스, 화상병, 담배 노균병 등이 해당된다.

06

보르도액에 대한 설명으로 옳지 않은 것은?

① 보호살균제이다.
② 황산구리와 석회를 혼합해서 만든다.
③ 포도나무 흰가루병 방제를 위해 사용하였다.
④ 프랑스의 학자 Millardet에 의해 처음으로 개발이 되었다.

 보르도액은 병이 발생하기 전 병원체가 식물에 침투하는 것을 방지하는 보호살균제로 프랑스 학자 Millardet이 포도노균병 방제약제로 개발하였으며 황산구리 수용액을 석회유에 가하여 제조한다.

07

식물병원성 세균이 식물의 세포벽을 붕괴시키기 위해 생성하는 효소가 아닌 것은?

① 타닌분해효소
② 펙틴분해효소
③ 단백질분해효소
④ 셀룰로오스분해효소

 식물 세포벽은 펙틴, 큐틴, 셀룰로오스, 헤미셀룰로오스, 리그닌, 왁스로 구성되어 있으며 병원성 세균은 단백질분해효소, Cutinase, Pectinase, Cellulase, Hemicellulase, Ligninase 등을 분비한다.

08

PAN에 의한 식물피해로 옳은 것은?

① 줄기혹
② 뿌리썩음
③ 꽃의 엽화
④ 잎의 은색화

 PAN : 탄화수소, 오존, 이산화질소가 화합해서 생성되는 물질로, 광화학적인 반응에 의해 식물에 피해를 입히며 담배, 피튜니아는 10ppm으로 5시간 노출되면 피해증상이 생기고 잎 뒷면 엽맥 사이에 백색 반점이 생겨 은색이 된다.

09

벼 흰잎마름병 예방 및 방제에 대한 설명으로 옳지 않은 것은?

① 볍씨 소독을 철저히 한다.
② 만코제브수화제를 살포한다.
③ 질소질 비료의 가용을 피한다.
④ 폭풍우에 의해 묘가 침수 되지 않도록 한다.

 벼 흰잎마름병은 장마 시 고온다습한 환경에서 배수가 불량한 토양에 주로 발병하며 규산질비료 사용 및 종자 소독을 통해 방제할 수 있다.

10

TMV(Tovacco mosaic virus)로 인하여 발병하는 고추 모자이크병의 방제법으로 옳지 않은 것은?

① 살충제로 매개곤충을 제거한다.
② 전년도에 재배한 줄기나 뿌리를 제거한다.
③ 제3인산소다를 이용하여 종자를 소독한다.
④ 생육도중 발병한 식물체는 곧바로 제거한다.

 TMV(Tovacco mosaic virus)는 담배 모자이크병 병원체로, 즙액의 접촉전염을 통해 전파되므로 살충제는 필요 없다.

정답 06 ③ 07 ① 08 ④ 09 ② 10 ①

11

다식물 병원균의 감염으로 인한 피해에 해당하는 것은?

① 사료에 함유된 균독소의 피해
② 물 부족으로 인한 시들음 증상
③ 미량요소 부족으로 인한 황화 현상
④ 강한 햇볕으로 인한 과일의 괴저현상

 맥류 붉은곰팡이병균은 사료와 곡식을 통해 인축에 흡수된 후 유해한 균독소를 분비하여 감염에 의한 피해를 입힌다.

12

19세기 중반 아일랜드에 큰 기근으로 인하여 100만 명을 굶어 죽게 하였던 식물병은?

① 감자 역병
② 감자 바이러스병
③ 사과나무 점무늬병
④ 옥수수 깨시무늬병

 1845~1860년 경 아일랜드의 주 식량이었던 감자에 역병이 들어 대기근에 의한 다수의 사망자가 발생하였다.

13

벼 키다리병균의 불완전세대는?

① Fusarium roseum
② Fusarium lateritium
③ Fusarium oxysporum
④ Fusarium moniliforme

 벼 키다리병균은 진균(담자균류)에 속하며 Gibberella fujikuroi(완전세대), Fusarium oniliforme(불완전세대) 이다.

14

목재 백색썩음병에 관계하는 중요한 효소는?

① 탄닌 분해효소
② 리그닌 분해효소
③ 셀룰로오스 분해효소
④ 헤미셀룰로오스 분해효소

 Ligninase(리그닌 분해효소) : 목재 백색썩음병균이 분비하는 세포벽 분해효소

15

잣나무 털녹병의 전염경로에 대한 설명으로 옳은 것은?

① 잣나무에서 겨울포자 → 솔이풀에서 겨울포자 → 송이풀에서 여름포자 → 잣나무에 침입
② 잣나무에서 담자포자 → 송이풀에서 여름포자 → 송이풀에서 겨울포자 → 잣나무에 침입
③ 잣나무에서 녹포자 → 송이풀에서 여름포자 → 송이풀에서 녹포자 → 송이풀에서 겨울포자 → 잣나무에 침입
④ 잣나무에서 녹포자 → 송이풀에서 여름포자 → 송이풀에서 겨울포자 → 송이풀에서 담자포자 → 잣나무에 침입

 잣나무 털녹병의 중간기주는 송이풀류, 까치밥나무류이며 균사 형태로 잣나무 수피조직에서 월동 후 봄에 수피가 터지면 녹포자(황색 가루)는 방출되어 중간기주로 날아가 여름포자를 형성하고 겨울포자는 발아하여 소생자를 형성하여 바람을 통해 잎 기공으로 침입한다.

정답 11 ① 12 ① 13 ④ 14 ② 15 ④

16

병원균이 불완전세대로 Pyricularia grisea(P. oryzae)인 식물병은?

① 벼 도열병
② 벼 흰잎마름병
③ 맥류 줄기녹병
④ 맥류 흰가루병

 벼 도열병균은 진균(불완전균류)로, 학명은 Pyricularia oryzae이다.

17

감자 역병에 대한 설명으로 옳지 않은 것은?

① 병원균은 자웅동형성이다.
② 아일랜드 대기근의 원인이다.
③ 역사적으로 1845년 경에 대발생했다.
④ 무병 씨감자를 사용하여 방제할 수 있다.

 감자 역병균의 분생포자는 주로 무성생식을 통해 생성되며 병원체가 균사 형태로 흙 속의 병든 감자나 씨감자에서 월동한다.

18

제한효소를 사용하여 DNA 특정 염기부위를 잘라 DNA절편 다양성을 통해 병원체를 동정하는 진단과 관련 있는 용어는?

① IEM   ② PCR
③ TEM   ④ RFLP

 RFLP : DNA를 유전자 절단제한효소(restrictionen onuclease)로 절단하였을 때, 절단된 유전자의 길이가 개인에 따라 다양하게 나타나는 현상

19

다음 중 곰팡이(fungi)의 특징이 아닌 것은?

① 포자를 갖는다.
② 균사를 갖는다.
③ 핵을 갖는다.
④ 엽록소를 갖는다.

 곰팡이(진균)는 엽록소가 없어 동화작용을 못하므로 유기물 섭취를 통해 살아가는 종속영양을 한다.

20

오이 세균성점무늬병균이 증식하기 가장 적합한 식물체 내 부위는?

① 각피층
② 형성층
③ 세포벽
④ 유조직의 세포간극

 유조직 세포간극은 식물 유조직 세포 사이에 존재하는 미세한 공간으로 가스 교환, 수분 이동, 물질 교환 등 생리작용에 중요한 통로 역할을 하므로 식물체 중 병원균이 증식하기 좋은 부위이다.

정답 16 ① 17 ① 18 ④ 19 ④ 20 ④

2과목 농림해충학

21

다음에서 설명하는 곤충의 조직은?

> 곤충의 중간대사에 관여하는 조직으로 척추동물의 간과 비슷한 기능(영양분의 저장, 단백질의 합성, 해독작용)을 한다.

① 전장 ② 후장
③ 지방체 ④ 카디아카체

해설 〈곤충 지방체의 특징〉
- 곤충의 체내기관에 둘러싸여 있는 조직으로 중간대사에 관여하며 노숙유충에서 많이 발견된다.
- 영양물질의 저장 및 배설활동을 돕지만 소화에 직접적 기능을 하지는 않는다.

22

다음 중 외래 침입해충이 아닌 것은?

① 사과면충 ② 콩가루벌레
③ 온실가루이 ④ 이세리아깍지벌레

해설 외래해충 : 멸강나방(우리나라 월동 불가), 온실가루이(가장 늦게 유입), 아메리카잎굴파리(화훼작물), 사과면충, 이세리아깍지벌레

23

솔껍질깍지벌레의 가해 형태 및 피해에 대한 설명으로 옳지 않은 것은?

① 가지에 기생하여 흡즙 가해한다.
② 후약충이 가장 많이 피해를 준다.
③ 피해가 심한 경우 임목이 고사한다.
④ 수관 상부 가지의 잎부터 갈색으로 변한다.

해설 솔껍질깍지벌레는 해송(곰솔), 소나무, 적송 등을 가해하며 피해목은 아래가지부터 적갈색으로 고사한다.

24

씹어먹는 입을 가진 해충은?

① 벼멸구 성충 ② 파밤나방 유충
③ 목화진딧물 유충 ④ 온실가루이 성충

해설 파밤나방은 유충이 기주 표피를 씹어 먹거나 과실에 구멍을 뚫고 불규칙하게 폭식하는 저작구형 입틀을 가진 해충이다.

25

날개가 발생된 후에 다시 탈피하며, 아성충기 단계를 거치는 것은?

① 하루살이 ② 집게벌레
③ 깍지벌레 ④ 귀뚜라미

해설 하루살이목은 아성충 단계가 존재하며 약충은 물속에 서식한다(배의 기관새로 호흡하여 수중생활)

26

파리목 해충의 분류 형태적인 특성으로 옳지 않은 것은?

① 유충의 다리는 3쌍이다.
② 번데기는 주로 비저작형 나용이다.
③ 뒷날개는 퇴화되어 평균곤으로 발달하였다.
④ 성충은 빠는 입 형태이고 유충은 씹는입 형태이다.

해설 파리목 유충은 다리가 없으며 머리가 퇴화되어 있다.

정답 21 ③ 22 ② 23 ④ 24 ② 25 ① 26 ①

27

내충성 품종을 이용한 방제법의 특징으로 옳지 않은 것은?

① 해충종류에 대한 특이성이 있다.
② 효과는 누적되며 장기간에 걸쳐 지속된다.
③ 재배환경에 따라 저항성강도가 바뀔수 있다.
④ 내충성 품종 육종에서 보급까지 단기간 소요된다.

 생물적 방제법 중 내충성 품종을 이용하는 것의 단점은 육종에서 보급까지 시간이 오래 걸리고, 지역 적응 시험 등 추가 절차가 필요하다는 것이다.

28

솔나방에 대한 설명으로 옳지 않은 것은?

① 주로 월동 후의 유충기에 식해한다.
② 연 1회 발생하고 제5령 충으로 월동한다.
③ 새로 난 잎을 식해하는 것이 보통이나 밀도가 높으면 묵은 잎도 식해한다.
④ 유충이 소나무의 잎을 식해하며 심한 피해를 받은 나무는 고사하기도 한다.

해설 〈솔나방의 특징〉
- 유충이 소나무 잎(성엽)을 식해하여 심할 경우 나무가 고사한다.
- 10월 경 유충의 밀도가 봄의 발생 밀도를 결정한다.(가을 유충이 월동하여 다음 해 봄에 다시 가해)
- 1년에 1회 발생하며 5령 유충 형태로 월동하고 8령충이 되는데, 이 시기의 유충은 소나무 잎을 집중적으로 가해하며 고치를 만들어 번데기가 된다.

29

배추좀나방에 대한 설명으로 옳지 않은 것은?

① 십자화과 채소류를 주로 가해한다.
② 세대기간이 길어 번식속도가 느리다.
③ 일부 지역에서는 낙하산벌레라고도 한다.
④ 겨울철에도 월평균기온이 영상 이상이면 발육과 성장이 가능하다.

해설 배추좀나방은 1년에 수회 발생하며 성충, 유충, 번데기 형태로 월동한다.

30

곤충의 출생방식으로 알이 몸 안에서 부화되어 애벌레 상태로 밖으로 나오는 것은?

① 난생   ② 태생
③ 배발생   ④ 난태생

 난태생 : 모체 안에서 알이 수정되나 태반이 없어 대신 난황을 영양분 삼아 발육한 후 알이 곤충 몸 속에서 부화되어 애벌레 상태로 태어나는 것

31

합성피레스로이드계 살충제에 대한 설명으로 옳지 않은 것은?

① 빛에 약하다.
② 빨리 분해된다.
③ 속효성이 우수하다.
④ 인축에 저독성이다.

 합성피레스로이드계 살충제는 빛에 강하여 분해되지 않는다.

32

유충이 육식성으로 수서생활을 하고, 물 밖으로 나와 번데기가 되어 성충으로 몇 시간 또는 며칠만 사는 것은?

① 뱀잠자리 ② 약대벌레
③ 부채벌레 ④ 풀잠자리

해설 뱀잠자리목의 유충은 육식성으로 저작형 입틀을 가지며 수서생활을 하고 성충과 번데기는 육지에 서식한다.

33

생물적 방제에 대한 설명으로 옳지 않은 것은?

① 효과 발현까지는 시간이 걸린다.
② 인축, 야생동물, 천적 등에 위험성이 적다.
③ 생물상의 평형을 유지하여 해충밀도를 조절한다.
④ 거의 모든 해충에 유효하며 특히 대발생을 속효적으로 억제하는데 더욱 효과가 크다.

해설 ④ 화학적 방제법
생물적 방제법은 해충을 방제하기 위해 생물적 요인을 도입하는 것으로 해충 밀도를 자연상태보다 낮은 밀도로 유지하는 환경친화적 방법이지만 효과가 느리다.

34

조팝나무진딧물에 대한 설명으로 옳지 않은 것은?

① 조팝나무에서 성충으로 월동한다.
② 귤나무의 경우 새잎 뒷면에 기생한다.
③ 한국, 일본, 북아메리카 등에서 발생한다.
④ 주로 조팝나무, 사과나무, 귤나무에 서식한다.

해설 조팝나무진딧물 : 겨울기주로 조팝나무, 사과나무 등을 가해하며 알로 월동 후 4월경 부화하여 명자나무, 귤나무로 이동한다.

35

곤충의 번데기에 대한 설명으로 옳지 않은 것은?

① 번데기의 모습은 부속지의 위치에 따라 피용과 나용으로 구분한다.
② 외시류에서 형태와 생리가 매우 다른 유충기와 성충기를 연결시켜 주는 발육단계이다.
③ 대부분의 번데기는 운동성이 없기 때문에 천적으로부터 취약하며, 휴면이나 월동처럼 오랜 기간 지속되는 환경조건에도 취약하다.
④ 먹이를 섭취하지 않은 시기로 내부적으로는 유충조직이 파괴되고 성충조직과 기관을 형성하는 매우 활발한 생리적 활성을 보이고 있는 시기다.

해설 곤충의 신시류는 외시류(불완전변태)와 내시류(완전변태)로 나뉘는데 이 중 외시류는 불완전변태를 하므로 번데기 과정이 없으며 애벌레 때 날개가 보인다.

36

해충의 통계적 예찰법을 적용하려 할 때 주의사항으로 옳지 않은 것은?

① 변동량이 극단적인 경우는 제외한다.
② 이상발생이나 대발생 예찰에 적용한다.
③ 상관관계의 유의성을 충분히 고려한다.
④ 예측범위를 통계자료의 범위 내로 한다.

해설 통계적 모형(실험적 예찰법)은 수년간의 변동사항, 해충 발생, 환경요인, 경험적 자료를 바탕으로 작성하는 것으로 특정한 이상발생이나 대발생에 적용하는 것은 아니다.

정답 32 ① 33 ④ 34 ① 35 ② 36 ②

37
담배나방 유충에 대한 설명으로 옳지 않은 것은?

① 어린 유충은 주로 잎을 가해한다.
② 땅속에서 월동하고 나서 번데기가 된다.
③ 제3령 이후에는 낮에는 잎 뒷면에 숨는다.
④ 부화 유충은 밤낮을 가리지 않고 가해한다.

해설 담배나방은 1년에 3회 발생하며 번데기 형태로 토양 속에서 월동한다.

38
사과응애에 관한 설명으로 옳지 않은 것은?

① 알로 월동한다.
② 1쌍의 완전한 눈과 불완전한 눈이 있다.
③ 몸의 센털은 다른 응애류보다 비교적 길다.
④ 수컷은 황녹색이며 등쪽에 엷은 흑색의 반점이 있다.

해설 사과응애 월동성충은 암컷과 수컷 모두 등적색이다.

39
지표와 가까운 밭작물의 줄기와 잎에 가장 큰 피해를 주는 해충은?

① 조명나방   ② 멸강나방
③ 담배나방   ④ 거세미나방

해설 토양 속 거세미나방 유충은 작물의 지제부 줄기를 가해하며 어두운 시기에 활동한다.

40
곤충의 소화기관 중 내배엽에서 만들어진 것은?

① 중장   ② 소장
③ 전위   ④ 식도

해설 전장과 후장은 외배엽의 함입에 의해 발생하며 중장은 내배엽으로부터 기원하며 표피가 없다.

3과목 재배원론

41
종자(종구) 파종시에 복토를 가장 깊게 해야 하는 작물은?

① 소립 채소류   ② 콩
③ 감자   ④ 튤립

해설 〈작물의 복토깊이〉

안보일 정도로	소립목초종자, 상추, 파, 양파, 담배, 당근, 유채
0.5~1cm	순무, 배추, 양배추, 가지, 고추, 토마토, 오이, 차조기
1.5~2cm	조, 기장, 수수, 무, 시금치, 수박, 호박
2.5~3cm	보리, 밀, 호밀, 귀리, 아네모네
3.5~4cm	콩, 팥, 완두, 잠두, 강낭콩, 옥수수
5~9cm	감자, 토란, 생강, 글라디올러스
10cm 이상	수선, 나리, 튤립, 히아신스

42
목초의 하고현상을 일으키는 유인은?

① 고온   ② 습윤
③ 단일   ④ 저온

해설 목초 하고현상의 원인 : 고온, 건조, 장일, 병충해, 잡초(목초 생육을 억제)

정답 37 ② 38 ④ 39 ④ 40 ① 41 ④ 42 ①

43

작물의 동상해에 대한 응급대책이 아닌 것은?

① 저녁에 충분히 관개한다.
② 수증기가 많이 함유된 연기를 발산시킨다.
③ 낡은 타이어, 중유 등을 연소시킨다.
④ 이랑을 낮추어 뿌림골을 낮게 한다.

해설 동상해 응급대책에는 관개법, 송풍법, 피복법, 발연법, 연소법, 살수결빙법이 포함되며 ④는 한해(건조해) 대책에 해당한다.

44

작물의 내동성에 대한 설명으로 옳은 것은?

① 지방함량이 높으면 내동성이 낮아진다.
② 당분함량이 많으면 내동성이 증대된다.
③ 원형질의 수분투과성이 크면 내동성이 낮아진다.
④ 세포의 수분함량이 높아서 자유수가 많아지면 내동성이 증대된다.

해설 작물의 내동성은 지방과 당분함량이 많을수록, 전분함량이 적을수록 증가한다.

45

안토시안의 생성을 조장하는 조건은?

① 고온   ② 황색광
③ 자색광   ④ 녹색광

해설 안토시아닌 : 자외선이나 자색광 조건에서 저온일 때 생성이 촉진된다.

46

다음 중 내습성이 가장 강한 작물은?

① 옥수수   ② 고구마
③ 양파   ④ 고추

해설 〈작물의 내습성 정도〉
- 골풀, 미나리, 택사, 연, 벼 〉밭벼, 옥수수, 율무 〉토란 〉유채, 고구마〉보리, 밀 〉감자, 고추 〉토마토, 메밀 〉파, 양파, 당근, 자운영
- 채소 : 양상추, 양배추, 토마토, 가지, 오이 〉시금치, 우엉, 무 〉당근, 멜론, 피망
- 과수 : 올리브 〉포도 〉밀감 〉감, 배 〉밤, 복숭아, 무화과

47

종묘로 이용되는 영양기관을 분류할 때 지근에 해당하는 것은?

① 글라디올라스 ② 돼지감자
③ 토란   ④ 고사리

해설 종묘로 이용되는 영양기관 종류 중 뿌리(지근)를 이용하는 작물에는 고사리, 부추, 닥나무가 해당된다.

48

다음 중 자식성 작물로만 이루어진 것은?

① 벼, 콩, 토마토
② 벼, 옥수수, 호밀
③ 옥수수, 콩, 메밀
④ 보리, 호밀, 양파

해설 자식성 작물의 종류 : 벼, 보리, 밀, 완두, 담배, 콩, 가지, 토마토, 참깨, 복숭아

정답 43 ④ 44 ② 45 ③ 46 ① 47 ④ 48 ①

49

종자의 생리적 퇴화에 대한 설명으로 틀린 것은?

① 감자는 평지에서 채종하면 고랭지에 비하여 생육기간이 짧고 기온이 높으므로 충실한 씨감자가 생산되지 못한다.
② 콩은 건조한 토양에서 생산된 것이 차지고 축축한 토양에서 생산된 것보다 충실한 경향이 있다.
③ 벼 종자는 평야지보다 분지에서 생산된 것이 임실이 좋다.
④ 종자는 재배적 조건이 불량하면 생리적으로 퇴화한다.

해설 콩 종자의 생리적 퇴화 : 남부생산 종자는 북부생산 종자와 비교했을 때 충실하게 생산되지 못하며 건조한 토양에서 생산된 것이 축축한 토양에서 생산된 것보다 충실하지 못하다.

50

종자 품질 중 내적조건에 해당되지 않는 것은?

① 유전성   ② 수분함량
③ 발아력   ④ 병충해

해설 종자 품질의 내적조건에는 병충해, 유전력, 발아력이 포함되며 우량품종의 구비조건에는 우수성, 영속성, 균일성, 광지역성이 포함된다.

51

유전적으로 고정된 품종이라도 그 내병성이 시일이 경과함에 따라 비교적 쉽게 변동하는 가장 기본적인 원인은?

① 내병성의 생리적 요인이 변화하기 때문
② 침해 병원체의 계통이 변화하기 때문
③ 기상환경이 변화하기 때문
④ 재배법이 변화하기 때문

해설 작물 품종퇴화의 원인에는 자연교잡, 근교약세, 미동유전자의 분리, 역도태, 기회적 변동, 기회적 혼입, 기계적 혼입, 생리적 퇴화, 병리적 퇴화 등이 있으며 그 중 병리적 퇴화는 병원체의 계통 분화에 따라 내병성이 변동됨으로써 발생한다.

52

1대잡종 육종에서 조합능력의 검정법으로 볼수 없는 것은?

① 톱교배   ② 단교배
③ 이면교배 ④ 여교배

해설 조합능력 검정은 잡종강세의 정도를 평가하는 것으로 이에 단교배, 톱교배, 이면교배가 해당된다.

53

우량품종 종자갱신의 채종체계는?

① 원종포-원원종포-채종포-기본식물포
② 기본식물포-원원종포-원종포-채종포
③ 채종포-원원종포-원종포-기본식물포
④ 기본식물포-원종포-원원종포-채종포

해설 종자갱신은 품종퇴화를 막기 위해 일정 기간마다 우량종자로 바꾸어 재배하는 것으로 기본식물, 원원종, 원종, 보급종 순으로 증식된다.

정답 49 ② 50 ② 51 ② 52 ④ 53 ②

54
( )에 알맞은 내용은?

( )은 교배나 돌연변이에 의한 유전변이 또는 실생묘 중에서 우량한 것을 선발하고 삽목이나 접목 등으로 증식하여 신품종을 육성한다.

① 영양계선발
② 타가수정선발
③ 자가수정선발
④ 배수성선발

 영양계선발 : 체세포(영양체)의 일부가 증식하여 다음 세대의 개체로 만들어 신품종을 육성하는 것

55
다음 중 최적용기량이 가장 낮은 작물은?

① 강낭콩 ② 보리 ③ 양파 ④ 양배추

 작물의 최적용기량은 보통 10~25%이며 벼, 이탈리안라이그래스, 양파의 최적용기량은 10%이다.

56
멘델의 유전법칙과 관계가 먼 것은?

① 분리의 법칙
② 진화의 법칙
③ 독립의 법칙
④ 순수의 법칙

 멘델의 법칙에는 우열의 법칙, 분리의 법칙, 독립의 법칙, 순수의 법칙이 해당한다.

57
(A*B)*(C*D)와 같은 교잡 방법은?

① 단교잡법
② 여교잡법
③ 삼계교잡법
④ 복교잡법

 복교배는 단교배 간에 다시 교배하는 방법으로, (A×B)×(C×D)로 나타낸다.

58
뿌리에서 합성되어 물관을 통해 수송되며, 측지발생을 촉진하고 세포의 분열과 분화에 관여하는 식물 생장조절물질은?

① 옥신
② 지베렐린
③ 시토키닌
④ 에틸렌

 시토키닌은 뿌리에서 합성되어 물관을 통해 수송된 후 측지발생을 촉진시킨다.

59
다음 중 단명종자로만 나열된 것은?

① 클로버, 사탕무
② 팬지, 해바라기
③ 비트, 수박
④ 나팔꽃, 데이지

 단명종자(1~2년 미만) : 옥수수, 콩, 목화, 메밀, 기장, 해바라기, 양파, 파, 고추, 상추, 강낭콩, 당근, 팬지

60
[(A×B)×B]×B로 나타내는 육종법은?

① 다계교잡법
② 여교잡법
③ 파생계통육종법
④ 집단육종법

해설 여교배는 양친 A와 B를 교배한 F1을 양친 어느 하나와 다시 교배하는 방법으로 [(A×B)×B]×B로 나타내며, 하나의 주동유전자가 지배하는 형질(내병성)을 도입할 경우 효과적이다.

정답 54 ① 55 ③ 56 ② 57 ④ 58 ③ 59 ② 60 ②

4과목 농약학

61
건조 상태에서 안정하지만 공기 중의 습기에서는 서서히 반응하여 창고의 곡물, 사료, 잎담배 해충의 방제를 위해 주로 사용되는 훈증제는?

① 이황화탄소 ② 인화알루미늄
③ 클로로피크린 ④ 메틸브로마이드

해설 훈증제에는 메틸브로마이드, 클로로피크린, 시안화수소(청산제), 알루미늄포스파이드가 해당하며 알루미늄포스파이드(인화알루미늄)는 건조 상태에서 안정하지만 공기 중 습기에서는 서서히 반응한다.

62
배추의 벼룩잎벌레에 주로 적용하는 약제는?

① 다이아지논 ② 델타메트린
③ 디메토에이트 ④ 디플루벤주론

해설 다이아지논(Diazinon)은 유기인계 농약으로 주로 벼룩잎벌레 방제에 사용된다.

63
농약의 급성독성에 대한 설명으로 틀린 것은?

① 농약을 단 1회 투여하여 생물집단에 대한 독성을 평가하는 것이다.
② 독성정도는 생물집단의 반수가 치사되는 양으로 평가한다.
③ 농약이 살포된 농산물을 섭취하는 소비자에 대한 독성평가를 위한 것이다.
④ 농약관리법에서 급성독성 정도에 따른 구분은 I – IV 급 까지이다.

해설 급성독성의 정도는 농약을 1회 투여하여 생물집단에 대한 독성을 반수치사량(LD50)으로 평가하며 I급(맹독성)~IV급(저독성)으로 구분한다.

64
60Kg 쌀에 살충제 이피엔 50% 유제를 8ppm 이 되도록 처리하려고 할 때의 소요 약량은 얼마인가? (단, 약제의 비중은 1.07이다.)

① 0.5mL ② 0.7mL
③ 0.9mL ④ 1.2mL

해설 소요 약량(ppm 살포) = 추천농도(ppm)×피처리물의 무게(kg)×100 / 1,000,000×비중×원액농도
= 8ppm×60kg×100 / 1,000,000×1.07×50

65
농약 잔류허용기준 설정 시 내용에 포함되지 않는 것은?

① 안전계수(1/100)
② 농약의 유효성분
③ 최대무작용량(NOEL)
④ 국민평균체중/식품별 1일 섭취량

해설 잔류허용기준(MRL)의 기준은 최대잔류허용량으로 최대잔류허용량은 '1일 섭취허용량(ADI) × 국민평균체중 / 해당농약이 사용되는 식품의 1일 섭취량'로 구할 수 있으며 1일 섭취허용량(ADI)은 최대무작용약량에 안전계수(1/100)를 곱하여 구할 수 있다.

66
유기비소제의 일반식이 R · As · X2로 표시될 때 R 이 지방족일 경우 가장 살균력이 큰 것은?

① $-CH_3$ ② $-C_2H_5$
③ $-C_3H_7$ ④ $-C_4H_9$

정답 61 ② 62 ① 63 ③ 64 ③ 65 ② 66 ①

비소제는 비소(As)를 포함하는 유기화합물로 R기, X2기를 갖고 있으며 X가 염소일 때, R기는 −CH₃기일 경우 살균력이 가장 강하다.

 농약 보조제 중 협력제에는 피페로닐뷰톡사이드, 황상아연, 설폭사이드, 세사멕스, 세사몰린, 등이 해당된다.

67

다음 중 카바메이트계(carbamate)의 농약이 아닌 것은?

① 나크(carbaryl)
② 카보(carbofuran)
③ 메소밀(methomyl)
④ 지오릭스(endosulfan)

70

농약 원제를 물에 녹이고 동결 방지제를 가하여 제제화한 제형은?

① 유제   ② 액제   ③ 수화제   ④ 수용제

 액제는 원제(주제)가 수용성이며 가수분해 우려가 없을 때 계면활성제나 동결방지제(에틸렌글리콜) 첨가 후 물이나 메탄올에 녹인 제형이다.

 카바메이트계 살충제 : 유기인계처럼 AChE 활성을 저해하며 체내에서 분해가 빨리 일어나 인축에 대한 독성이 낮으며 메소밀, 카바릴, 페노뷰카브, 아이소프로카브, 카보퓨란, 티오디카브 등이 해당된다.

71

살충제 농약의 작용기작이 바르게 연결되어 있지 않은 것은?

① 유기인계−신경전달저해
② 유기염소계−자극전달교란
③ 유기수은계−단백질응고
④ 데리스제−피부부식

68

급성 경구독성이 가장 강한 농약은?

① Zineb제   ② Parathion제
③ DDVP제   ④ Diazinon제

 파라티온 유제는 산림청, 농협, 조달청에서 공급하며 급성 경구독성이 매우 강하여 과수 외 모든 작물에 사용을 금지한다.

데리스제는 살포한 약제가 해충의 표피에 접촉되어 체내로 침입 후 근육독을 일으킨다.

72

유기인계 살충제에 있어서 인산기의 화합물과 티오인산기의 화합물에 대한 설명으로 옳은 것은?

① 인산기의 화합물이 티오인산기의 화합물보다 생리적 작용이 강하다.
② 인산기의 화합물이 티오인산기의 화합물보다 안정하다.
③ 두 화합물 모두 생리적 작용 및 안정성이 같다.
④ 인산기의 화합물이 티오인산기의 화합물보다 안정하나 생리적 작용은 낮다.

69

농약 유효성분의 효력을 증진시키기 위하여 사용되는 협력제가 아닌 것은?

① Sulfoxide
② Sesamex
③ Piperonyl butoxide
④ Fenclorin

정답   67 ④   68 ②   69 ④   70 ②   71 ④   72 ①

해설 〈유기인계 살충제의 특징〉
- 유기인계 살충제는 인산기형(phosphate) 화합물이 티오인산기(thiophosphate) 화합물보다 생리적 작용이 강하다.(AChE에 대한 높은 활성을 보임)
- 일반적으로 황원자가 많아질수록 지효성과 잔효성이 증가하므로 인산기형은 생리적 작용이 강한 속효성이며 티오인산기형은 화학적인 안전성이 큰 지효성이다.

73
다음 중 Ziram의 구조식은?

① $\begin{bmatrix} CH_3 \\ CH_3 \end{bmatrix} N-\overset{\overset{S}{\|}}{C}-S- \Bigg]_2 Zn$

② $\begin{matrix} CH_2-NH-\overset{\overset{S}{\|}}{C}-S \\ CH_2-NH-\underset{\underset{S}{\|}}{C}-S \end{matrix} \Big\rangle Zn$

③ $\begin{matrix} CH_2-NH-\overset{\overset{S}{\|}}{C}-S-Na \\ CH_2-NH-\underset{\underset{S}{\|}}{C}-S-Na \end{matrix}$

④ $\begin{matrix} CH_2-NH-\overset{\overset{S}{\|}}{C}-S \\ CH_2-NH-\underset{\underset{S}{\|}}{C}-S \end{matrix} \Big\rangle Mn$

해설 〈Zn(아연)을 포함하는 지람의 구조식〉

$\underset{CH_3}{\overset{CH_3}{\diagdown}} N-\overset{\overset{S}{\|}}{C}-S-Zn-S-\overset{\overset{S}{\|}}{C}-N \underset{CH_3}{\overset{CH_3}{\diagup}}$

74
어독성의 구분은 어류의 반수치사농도(mg/L, 48시간)를 기준으로 구분하는데 어독성 I급의 기준은?

① 0.2 미만
② 0.5 미만
③ 0.2이상 2미만
④ 0.5이상 2미만

해설 〈어독성의 구분〉
- 1급 : 0.5ppm 미만
- 2급 : 0.5 이상 2ppm 미만
- 3급 : 2.0ppm 이상

75
유기인계 계통의 침투성 살충제로서 감자의 거세미나방, 마늘의 뿌리응애에 주로 적용할 수 있는 농약은?

① 밀베멕틴
② 사이플루메토펜
③ 포레이트
④ 피프로닐

해설 포레이트는 유기인계 살충제로 감자 거세미나방과 마늘 뿌리응애 방제에 주로 사용된다.

76
제초제의 살초작용에 대한 설명으로 틀린 것은?

① 식물체의 제초제 흡수는 일반적으로 뿌리나 잎, 줄기를 통해 흡수된다.
② 잎을 통한 흡수는 극성과 무관하게 cellulose, pectin, wax의 순으로 흡수된다.
③ 식물의 잎을 통한 흡수는 대부분 잎의 표면을 통해 이루어진다.
④ 제초제의 식물체 내로의 침투정도는 제초제의 극성 정도에 따라 영향을 받는다.

정답 73 ① 74 ② 75 ③ 76 ②

식물 표피 중 비극성물질은 큐티클납질, 큐틴, 펙틴 (비극성정도 순서 순)이 있으며 셀룰로오스는 극성물질이다. 비극성 제초제는 비극성의 큐티클납질을 쉽게 통과하지만 시간이 지날수록 통과가 어려워지나 극성제초제는 비극성의 큐티클납질 통과가 어렵지만 갈수록 통과가 쉬워진다.

77

가비중이 1.05인 isoprothiolane 유제(50%) 100mL로 0.05% 살포액을 조제하는데 필요한 물의 양은 약 몇 L인가?

① 20
② 25
③ 105
④ 204

 액제의 희석법(퍼센트액) : 희석에 필요한 물의 양 = 원액의 용량 × (원액의 농도 / 희석할 농도 − 1) × 원액의 비중이므로 100mL ×(50 / 0.05 − 1) × 1.05 = 104,895mL, 따라서 약 105L

78

다음 농약의 약해증상 중 만성적 약해에 해당하는 것은?

① 낙과(落果)
② 화아(花芽) 형성
③ 엽소(葉燒)
④ 발근(發根) 불량

 만성적 약해 : 증상이 수확기까지 서서히 나타나는 현상으로 영양생장, 화아 형성, 과실 발육 등에 영향을 주는 것

79

농약조제용 증량제에 대한 설명으로 가장 옳은 것은?

① 수분함량과 입자의 흡습성이 낮은 증량제가 좋다.
② 증량제의 가비중은 입자의 비산성과 관계가 있으므로 0.2 이하가 적당하다.
③ 증량제의 강도가 강할수록 농약살포 시 더 유리하다.
④ 증량제의 pH에 의한 농약의 주성분 분해영향은 거의 없다.

 증량제는 분제, 입제, 수화제 등 고체 원제와 함께 사용하며 농약을 제제할 경우 분제 가비중이 0.4 ~ 0.6이 적당하고 수분함량과 흡습성이 낮아야 한다.

80

피레스로이드(Pyrethroid)계 살충제의 특성에 대한 설명으로 틀린 것은?

① 간접접촉제로서 곤충의 기문이나 피부를 통하여 체내에 들어가 근육마비를 일으킨다.
② 온혈동물, 인축에는 매우 저독성이며 곤충에 따라 살충력이 강하다.
③ 중추신경계나 말초신경계에 대하여 매우 낮은 농도에서 독성작용을 일으키는 신경독성화합물이다.
④ 고온보다 저온상태에서 약효발현이 잘 된다.

〈피레트로이드계 살충제의 특징〉
• 제충국의 피레트린을 화학적으로 안정하도록 구조를 변화시킨 살충제이다.
• 온혈동물과 인축에 저독성이며 살충력이 강하다. (중추·말초신경계에 낮은 농도로도 독성작용)
• 명칭 : ~ 트린 등

정답 77 ③ 78 ② 79 ① 80 ①

5과목 잡초방제학

81
잡초가 발아하여 지표면 위로 출현하는 과정에 관여하는 요인과 가장 관련이 적은 것은?

① 토양심도 ② 토양강도
③ 토양수분 ④ 토양온도

해설 잡초의 출현 요인 : 온도, 산소, 수분, 토심, 토양 비옥도, 토양 산도

82
부유잡초에 해당하는 것으로만 짝지어진 것은?

① 벗풀, 생이가래
② 올미, 좀개구리밥
③ 벗풀, 올챙이고랭이
④ 생이가래, 좀개구리밥

해설 부유잡초는 물에 부유하는 잡초로 부레옥잠, 개구리밥, 좀개구리밥, 생이가래 등이 해당된다.

83
잡초방제에서 담수처리에 대한 설명으로 옳은 것은?

① 무더운 날씨에는 효과가 줄어든다.
② 온도 조절을 통해 잡초 발생을 줄이는 것이다.
③ 발아에 필요한 산소흡수를 억제시켜 잡초발생을 줄인다.
④ 다년생 잡초 방제에는 효과가 있으나 일년생잡초에는 효과가 없다.

해설 잡초는 보통 담수상태보다 건답상태에서 우세해진다.

84
명아주 종자에서 나타나는 종피에 의한 휴면성의 원인으로 가장 적당한 것은?

① 미숙배
② 낮은 수분 투과성
③ 종피 내 질소결핍
④ 종피 내 독성물질의 존재

해설 잡초 종자의 휴면원인에는 배의 미숙, 발아억제물질, 종피의 특성 등이 있는데 그 중 명아주는 종피 수분흡수성이 떨어져 휴면한다.

85
제초제의 처리구역에 따른 분류에 해당하지 않는 것은?

① 전처리 ② 전면처리
③ 대상처리 ④ 관주처리

해설 제초제의 처리구역에 따른 분류에는 전처리, 전면처리, 대상처리가 해당되며 관주처리는 약액을 흙 속에 주입하거나 나무줄기에 식입하고 있는 해충을 죽이기 위해 약액을 줄기에 주입하는 방법을 의미한다.

86
영양번식으로 증식하지 않는 잡초로만 나열된 것은?

① 벗풀, 매자기
② 올방개, 엉겅퀴
③ 여뀌바늘, 알방동사니
④ 너도방동사니, 올챙이고랭이

해설 1년생 잡초는 주로 종자번식으로 증식한다.

정답 81 ② 82 ④ 83 ③ 84 ② 85 ④ 86 ③

87
광요구성 제초제가 아닌 것은?
① Linuron
② Butachlor
③ Oxidiazon
④ Oxyfluorfen

 Butachlor는 산아마이드계 토양처리형 제초제로 광을 요구하지 않는다.

88
다년생 잡초로만 나열한 것은?
① 메꽃, 괭이밥
② 별꽃, 벼룩나물
③ 바랭이, 꽃다지
④ 뚝새풀, 메귀리

 다년생 잡초 : 2년 이상 생존하는 생활환을 가지는 잡초로 종자번식 이외에 영양번식도 한다. (괭이밥, 메꽃, 반하, 쇠뜨기, 쑥, 올미, 올방개, 벗풀, 토끼풀, 나도겨풀)

89
토양 환경과 잡초의 출현에 대한 설명으로 옳지 않은 것은?
① 종자가 무거울수록 발생심도가 깊다.
② 토양이 과습하면 출현율이 낮아진다.
③ 토양이 건조하면 출아율이 낮아진다.
④ 사질토는 중점토보다 발생심도가 얕다.

해설 〈잡초의 출현〉
- 사질토가 중점토보다 발생심도가 깊다.
- 과습토 및 건조토에서는 종자의 유묘 출현이 감소한다.
- 무거운 종자일수록 유묘 발생 토양심도가 깊다.

90
지면을 피복할 경우 잡초에 미치는 영향으로 옳지 않은 것은?
① 빛과 산소 공급이 차단된다.
② 잡초의 발아심도가 깊어진다.
③ 주,야간의 온도차가 커져 잡초종자의 발아 수가 격감된다.
④ 잡초가 물리적으로 질식하거나 출아가 억제되기도 한다.

 잡초종자를 피복하여 토심을 깊게 하면 빛과 산소공급이 적어져 발아가 억제되며 변온이 작아져 발아가 억제된다.

91
사초과 잡초에 해당하지 않는 것은?
① 여뀌
② 올방개
③ 물고랭이
④ 파대가리

해설 여뀌는 1년생 밭 광엽잡초에 해당한다.

92
다년생잡초의 특징으로 옳지 않은 것은?
① 대부분 영양번식 기관이 있다.
② 게녯으로 번식이 가능하다.
③ 인경, 구경, 괴근 및 포복근 등의 재생력을 지닌 번식 기관이 있다.
④ 라멧은 휴면성과 다양한 유전자형을 구비하여 불리한 환경에서도 생존한다.

 주로 영양번식을 하는 다년생잡초는 영양계 생장체인 라멧(ramet)으로 번식하면서도 유전적으로 구분되는 종자인 게넷(genet)을 생산한다. 라멧은 영양체의 번식을 커지게 하고, 게넷은 휴면성과 다양한 유전자형을 구비하여 불리한 환경에서도 생존한다.

정답 87 ② 88 ① 89 ④ 90 ③ 91 ① 92 ④

93

제초제의 선택성에 대한 설명으로 옳지 않은 것은?

① 잎이 좁거나 적을수록 살포한 제초제의 접촉이 적게 된다.
② 생장점의 노출 여부에 따라 제초제 선택성이 달라지지 않는다.
③ 잎에 털이 많을수록 수용성 제초제의 습윤 및 전착이 크게 떨어진다.
④ 잎의 표면조직, 잎이 줄기에 붙어있는 각도 등에 따라 선택성이 달라진다.

해설 제초제는 생육시기, 생장점의 위치, 잎의 모양(잎의 표면), 초엽과 중경의 위치, 발아 시 토양의 심도, 뿌리의 분포와 깊이에 따라 선택성이 달라진다.

94

다음 설명에 해당하는 용어는?

- 강피의 경우 등숙 후에 탈락되어 발아에 적합한 환경조건이 부여되어도 발아하지 않고 휴면상태에 놓인다.
- 이 휴면은 겨울 동안 저온에서 서서히 타파된다.

① 강제휴면 ② 자발휴면
③ 내적휴면 ④ 이차휴면

해설 2차 휴면 : 발아력을 갖춘 성숙한 종자라도 부적절한 환경조건에 오래 노출 시 유발되는 휴면으로 특정 환경에서 타파되어야 한다.

95

잡초 종자의 특징으로 옳지 않은 것은?

① 메귀리는 끈끈한 물질을 분비한다.
② 소리쟁이는 꼬투리가 물에 잘 뜬다.
③ 바랭이는 성숙하면서 꼬투리가 튄다.
④ 도꼬마리는 낚시 바늘 모양의 돌기가 있다.

해설 갈고리 모양의 돌기 등으로 인축에 부착하는 잡초종자의 종류에는 도깨비바늘, 도꼬마리, 메귀리 등이 있다.

96

논에서 다년생 잡초가 증가하는 요인으로 거리가 먼 것은?

① 시비량 증가
② 조기이식 감소
③ 춘경 및 추경의 감소
④ 1년생 잡초 제초제 연용

해설 다년생 잡초의 증가 요인: 동일제초제의 연용, 춘경 및 추경 감소, 시비량 증가, 이모작의 감소

97

벼 잡초인 피 방제를 위한 프로파닐 제초제의 선택성에 대한 설명으로 옳은 것은?

① 휴면성의 차이에 기인한 것이다.
② 형태적인 차이에 기인한 것이다.
③ 생활상의 차이에 기인한 것이다.
④ 효소 활성의 차이에 기인한 것이다.

해설 프로파닐은 토양처리형 산아마이드계 제초제로 효소 활성의 차이에 따라 선택성이 결정된다.

정답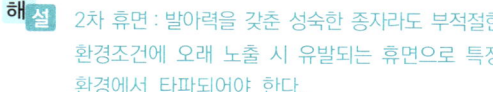

98

토양내 제초제의 흡착에 대한 설명으로 옳지 않은 것은?

① 이온화가 가능한 제초제는 음이온 치환을 통해 흡착된다.
② 토양내 점토물의 표면에 부착되거나 친화력을 갖는 것을 의미한다.
③ 대부분의 제초제는 반응기를 갖고 있어서 토양 유기물과 치환혼합이 가능하다.
④ 제초제는 대부분 하나 이상의 방향족 물질을 함유하고 있어 흡착에 중요한 역할을 한다.

 이온화가 가능한 제초제는 물에 잘 용해되는 양이온 형태로 식물 흡수가 빠르며 음전하를 띠는 토양교질에 강하게 흡착된다.

99

잡초발생이 많은 포장에 서로 다른 제초제를 사용하고 시기를 달리하여 2번 이상 살포하는 방법은?

① 이중처리　　② 종합처리
③ 체계처리　　④ 복합처리

 직파재배 시 제초제의 1회 사용으로는 잡초를 완전히 방제하기 어렵기 때문에 건답기간이나 담수 후 제초제를 2회 이상 체계처리함으로써 방제효과를 높인다.

100

잡초 종자의 발아 환경 중 피토크롬 체계에 영향을 미치는 주 요인은?

① 광　　② 산소
③ 온도　　④ 수분

 피토크롬은 적색광과 근적색광에서 감응하는 광감응성 단백질이다.

정답　98 ①　99 ③　100 ①

Chapter 03 2025년 3회 기사 기출문제

1과목 식물병리학

01

오존(O₃)에 의한 식물 피해의 표징으로 옳은 것은?

① 잎의 적변
② 잎가 마름
③ 줄기 괴저
④ 표징 없음

 표징은 병원체(균류, 세균)가 식물 병환부에 조직변화를 일으켜 곰팡이, 점질물, 돌출물 등으로 나타나 눈으로 확인할 수 있는 것이다.

02

병원체의 크기가 종에 따라 다양하나 일반적으로 매우 작아 관찰을 위해서는 전자현미경을 사용해야만 하는 것은?

① 소나무 잎마름병
② 버즘나무 탄저병균
③ 대추나무 빗자루병균
④ 사과나무 검은별무늬병균

 대추나무 빗자루병은 파이토플라즈마에 의한 식물병으로 병원체의 크기는 0.1~1㎛로 매우 작아 관찰 시 전자현미경을 이용한다.

03

다음에서 설명하는 병은?

병원균이 균사 또는 분생포자 형태로 월동하고 다음 해의 제1차 전염원이 된다. 제1차 전염에 의하여 잎에 병무늬가 생기고 거기에 분생포자가 형성되면 그것이 바람에 날려 제2차 전염을 계속한다.

① 벼 도열병
② 오이 역병
③ 배추 뿌리혹병
④ 오이 모잘록병

 벼 도열병균은 볏짚, 병든 종자에서 균사나 분생포자 상태로 월동하며 1차 전염원이 되고 그로 인해 생성된 병무늬의 분생포자가 바람으로 전파되어 2차 전염원이 된다.

04

감염 기주에서 인돌아세트산의 분비량을 증가시키는 병원균이 아닌 것은?

① 감자 역병균
② 배추 무사마귀병균
③ 완두 검은무늬병균
④ 옥수수 깜부기병균

해설 병원균이 감염기주에서 인돌아세트산(옥신)의 분비량을 증가시키는 식물병은 감자 역병, 배추 무사마귀병, 옥수수 깜부기병, 바나나 시들음병, 사과 붉은별무늬병, 근두암종병 등이 있다.

정답 01 ④ 02 ③ 03 ① 04 ③

05

오동나무 빗자루병을 매개하는 해충은?

① 응애
② 꽃매미
③ 목화진딧물
④ 담배장님노린재

 대추나무 빗자루병의 매개충은 마름무늬매미충, 오동나무 빗자루병의 매개충은 담배장님노린재이다.

06

Gibberella fujikuroi의 불완전세대는?

① Fusarium oxysporum
② Fusarium moniliforme
③ Fusarium lateritium
④ Fusarium roseum

 벼 키다리병의 완전세대 학명은 Gibberella fujikuroi, 불완전세대의 학명은 Fusarium moniliforme 이다.

07

기주 특이적 독성 물질을 분비하는 병원균에 의하여 발생하는 병은?

① 벼 키다리병
② 담배 들불병
③ 벼 깨씨무늬병
④ 배나무 검은무늬병

 기주특이적 독소 : 병원균이 생산하는 독소가 기주식물에만 작용하는 독소
 • Victorin 독소 : 귀리 마름병균
 • AK 독소 : 배나무 검은무늬병균
 • AT 독소 : 담배 붉은별무늬병균
 • AM 독소 : 사과 점무늬낙엽병균

08

감자 더뎅이병을 일으키는 병원균은?

① Xylella
② Spiroplasma
③ Phytoplasma
④ Streptomyces

 감자 더뎅이병은 Streptomyces scabies 그람양성 세균에 의해 건조한 알칼리성 토양에서 발병된다.

09

식물 병원 세균을 분리하여 그램염색하였더니 양성으로 나타났다. 이 세균의 속명은?

① Clavibacter
② Xanthomonas
③ Pseudomonas
④ Agrobacterium

 세균은 그람염색법에 따라 보라색으로 염색되는 그람양성균과 분홍색으로 염색되는 그람음성균으로 구분되는데, 그람양성균에는 Bacillus. Clavibacter, Streptomyces속 세균이 포함된다.

10

플라스크 모양의 자낭과 머리부분에 공구(ostiole)가 있는 것은?

① 자낭각
② 자낭구
③ 자낭반
④ 나출자낭

 자낭각은 곰팡이의 자낭을 둘러 싸고 있는 둥근 모양의 각방(殼房 껍질 각, 방 방)으로 위쪽에 구멍(공구)이 존재한다.

정답 05 ④ 06 ② 07 ④ 08 ④ 09 ③ 10 ①

11

식물병의 생물적 방제에 대한 설명으로 옳은 것은?

① 신속하고 정확한 효과를 기대할 수 있다.
② 천적미생물은 대부분 잎이나 줄기에서 얻는다.
③ 넓은지역에 광범위하게 사용하는데 가장 효과적이다.
④ 미생물은 길항작용, 기생, 상호경쟁 또는 병저항성 유도를 이용하여 병을 억제한다.

 생물적 방제방법은 식물에 저항성을 유도시켜 방제하는 방법으로 약독바이러스, 길항미생물 등을 이용하여 길항작용, 기생, 상호경쟁 또는 병저항성 유도를 통해 병을 억제한다.

12

다음 설명에 해당하는 이론은?

> 병원균의 병원성과 기주의 저항성은 병원균이 가지고 있는 병원성 유전자와 이에 대응하는 기주의 저항성 유전자의 조합으로 결정된다.

① 유전자 대 유전자 이론
② 병원성 대 저항성 이론
③ 유전자 대 비유전자 이론
④ 병원성 대 비병원성 이론

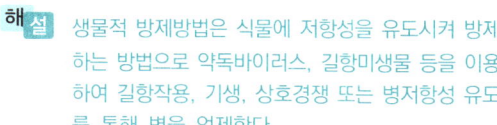 유전자 대 유전자 이론은 미국의 식물병리학자 Harold Henry Flor가 아마녹병을 통해 발견한 것으로 기주의 저항성과 병원균의 병을 일으키는 능력이 유전자 쌍에 의해 조절된다는 이론이다.

13

잣나무 잎떨림병의 1차 전염원은?

① 자낭포자　　② 분생포자
③ 병자포자　　④ 후막포자

 잣나무 잎떨림병은 진균(자낭균류)에 의한 병으로 병원균이 자낭포자 형태로 나뭇가지에 붙어있는 병든 잎에서 월동하는데, 1차 감염만 일어나고 2차감염은 일어나지 않는다.

14

초승달 모양의 대형 분생포자와 원 모양의 소형 분생포자를 형성하는 병원균은?

① 벼 오갈병균
② 벼 오갈병균
③ 벼 키다리병균
④ 벼 흰잎마름병균

 벼 키다리병균은 초승달모양의 대형 분생포자와 원 모양의 소형 분생포자를 형성한다.

15

여름포자를 형성하지 않는 녹병균은?

① 향나무 녹병균
② 소나무혹병균
③ 포플러 잎 녹병균
④ 잣나무 털녹병균

향나무 녹병균은 사과나무와 배나무에서 녹병정자, 녹포자를 형성한 후 중간기주인 향나무로 비산하여 월동하고 겨울포자퇴를 형성한다.

정답 11 ④　12 ①　13 ①　14 ③　15 ①

16

다음 ( )안에 해당하는 용어는?

> 균류에 의해 발생하는 흰가루병균은 영양물질을 획득하는 방법으로 볼 때 ( )에 속한다고 할 수 있다.

① 임의부생체
② 조건기생체
③ 임의기생체
④ 순활물기생체

 절대기생체(순활물기생체)는 살아있는 조직에서만 생활가능하며 녹병, 흰가루병균, 노균병균, 무·배추 무사마귀병균, 배나무 붉은별무늬병균의 병원체가 이에 해당한다.

17

19세기 중반 아일랜드에 큰 기근으로 인하여 100만 명을 굶어 죽게 하였던 식물병은?

① 감자 역병
② 감자 바이러스병
③ 사과나무 점무늬병
④ 옥수수 깨시무늬병

 1845~1860년 경 아일랜드의 주 식량이었던 감자에 역병이 들어 대기근에 의한 다수의 사망자가 발생하였다.

18

바이로이드에 의한 식물병은?

① 벼 오갈병
② 감자 갈쭉병
③ 담배 모자이크병
④ 모과나무 검은별무늬병

해설 바이로이드는 식물병리학자 Diener에 의해 감자 갈쭉병의 병원체로 처음 밝혀졌다.

19

파이토알렉신의 생성 기작에 대한 설명으로 옳은 것은?

① 기주가 단독으로 생성한다.
② 병원균이 단독으로 생성한다.
③ 기주와 병원균의 상호 작용에 의하여 기주가 생성한다.
④ 기주와 병원균의 상호 작용에 의하여 병원균이 생성한다.

 파이토알렉신은 병원체 발육을 억제하는 항균물질로, 기주 식물이 병원균의 침입에 자극을 받아 방어를 목적으로 생성되며 완두에서 생성되는 피사틴(Pisatine), 감자에서 생성되는 리시틴(Rishitin), 고구마에서 생성되는 이포메아마론(Ipomeamarone) 등이 해당된다.

20

글루티노사 담배(N. glutinosa)에 TMV(담배 모자이크바이러스)를 접종했을 때 주로 나타나는 현상?

① 잠복감염
② 국부병징
③ 전신감염
④ 병징은폐

해설 담배 모자이크병 감염 시 잎맥이 투명해지며 잎은 녹색 모자이크 무늬가 생기는 국부병징이 나타난다.

정답 16 ④   17 ①   18 ②   19 ③   20 ②

2과목 농림해충학

21
변태과정 없이 성충이 되는 곤충목은?
① 나비목   ② 파리목
③ 노린재목 ④ 딱정벌레목

해설 내시류 곤충목은 완전변태를 하므로 번데기 과정이 있고 뱀잠자리목, 약대벌레목, 풀잠자리목, 딱정벌레목, 부채벌레목, 파리목, 밑들이목, 벼룩목, 날도래목, 벌목, 나비목이 해당된다.

22
내분비계에 대한 설명으로 옳지 않은 것은?
① 유약호르몬은 알라타체에서 분비된다.
② 탈피호르몬은 앞가슴샘에서 분비된다.
③ 유약호르몬은 성충기에 가까워짐에 따라 분비량이 늘어난다.
④ 곤충에 다양한 생리작용에 관여하는 물질로서 적은 양이 분비되지만 그 영향은 매우 크다.

해설 탈피호르몬과 유약호르몬이 모두 작용 할 때는 탈피가 일어나며 성충이 될수록 유약호르몬의 양은 줄어든다.

23
노린재와 같은 곤충은 포식자의 공격에 대항하여 방어물질을 분비하는데 이러한 물질을 무엇이라고 하는가?
① 페로몬   ② 알로몬
③ 시노몬   ④ 카이로몬

해설 알로몬 : 타감물질을 분비한 쪽에 유리하며 주로 방어물질 역할을 함

24
곤충 생장조절제의 일종인 디플로벤주론의 작용기작은?
① 산란 억제
② 키틴 합성 억제
③ 소화효소 합성 억제
④ 탈피호르몬 생산 억제

해설 키틴 생합성 저해 생장살충제 : 뷰프로페진, 디플루벤주론, 클로르플루아주론, 헥사플루뮤론, 테플루벤주론, 트리플루뮤론

25
곤충의 표피 중 가장 바깥쪽에 있는 것은?
① 왁스층   ② 원표피
③ 기저막   ④ 시멘트층

해설 외표피(상표피) : 수분 증발을 억제하는 기능을 하는 최외각층으로, 시멘트층, 왁스층(지질층), 단백성 외표피층 순으로 나뉜다.

26
풀잠자리목의 특징으로 옳지 않은 것은?
① 완전변태를 한다.
② 생물적 방제에 많이 이용된다.
③ 더듬이는 길고 홑눈이 3개이다.
④ 유충과 성충은 모두 포식성이다.

해설 〈풀잠자리목의 특징〉
- 저작형 입틀이지만 기능은 자흡구형이며 큰턱이 길게 발달함
- 신시류 중 완전변태를 하는 내시류에 해당한다.
- 겹눈이 크며 두쌍의 얇은 날개가 있음
- 여러개의 마디로 된 긴 더듬이
- 유충과 성충이 모두 식충성. 유충은 육지에 서식하며 3쌍의 다리가 있고 배다리는 없음

정답 21 ③ 22 ③ 23 ② 24 ② 25 ④ 26 ③

27
곤충의 유충 발육 단계에서 다음 령기의 유충으로 탈피하는 경우는?

구분	탈피호르몬	유약호르몬
㉠	고	고
㉡	고	저
㉢	저	고
㉣	저	저

① ㉠ ② ㉡
③ ㉢ ④ ㉣

 곤충은 성충으로의 발육을 억제하는 유약호르몬의 농도와 탈피호르몬의 농도가 높으면 유충으로 탈피한다.

28
곤충의 성비(sex ratio)의 공식으로 옳은 것은?
① 수컷의 수 / 암컷의 수
② 암컷의 수 / 수컷의 수
③ 암컷의 수 / (암컷의 수 + 수컷의 수)
④ 수컷의 수 / (암컷의 수 + 수컷의 수)

 곤충의 성비 = 암컷 개체수 / (암컷 개체수 + 수컷 개체수)

29
곤충의 혈림프를 구성하는 혈구의 기능이 아닌 것은?
① 수분보존 ② 식균작용
③ 피낭형성 ④ 응고작용

 〈곤충의 혈액 구성요소〉
• 혈림프 : 수분보존, 영양분 저장, 물질수송, 체온조절
• 혈구 : 식균작용, 상처치유(응고), 해독작용(영양분 저장 및 배분), 피낭형성

30
곤충의 선천적 행동이 아닌 것은?
① 반사 ② 정위
③ 조건화 ④ 고정행위양식

 곤충의 선천적 행동에는 주성, 반사, 정위, 고정행위양식 등이 해당한다.

31
곤충이 탈피할 때 새로운 표피로 대체(代替)되지 않는 기관은?
① 식도 ② 맹장
③ 직장 ④ 전소장

 곤충의 전장(식도, 소낭, 전위 등), 후장(전소장, 직장 등) 등은 표피로 덮여 있어 탈피할 때 마다 새로운 표피로 대체된다.

32
다음 중 호흡계의 기문 수가 가장 적은 곤충은?
① 나방 유충 ② 나비 유충
③ 모기붙이 유충 ④ 딱정벌레 유충

기문은 기체가 출입하는 곳으로 가운데가슴, 뒷가슴에 각 1쌍씩 총 2쌍, 배에 8쌍이 원칙이나 수서곤충은 1개의 기문을 갖고있는 경우도 있으며 모기붙이류 유충은 기문이 없다.

정답 27 ① 28 ③ 29 ① 30 ③ 31 ② 32 ③

33

정주성 내부기생선충으로 2령 유충만이 식물을 침입할 수 있는 감염기의 선충이 되는 것은?

① 침선충
② 잎선충
③ 뿌리혹선충
④ 뿌리썩이선충

해설 침선충, 잎선충, 뿌리썩이선충은 이동성 선충이며 뿌리혹선충은 한곳에 머물러 서식하는 정주성 선충이다.

34

복숭아심식나방에 대한 설명으로 옳지 않은 것은?

① 유충이 과실 속에 있을 때에는 황백색이다.
② 월동 고치는 방추형이다.
③ 1년에 2회 발생하지만 일정하지는 않다.
④ 피해 과일에는 배설물이 배출되지 않는다.

해설 복숭아심식나방은 1년에 2회 발생하며 노숙유충 형태로 땅속 고치 속에서 월동하는데 유충은 월동형 고치인 편원형과 번데기가 될 때까지는 방추형의 두 가지 고치를 만든다.

35

살충제가 곤충의 체내로 침투하는 주요 경로가 아닌 것은?

① 경구
② 경피
③ 기문
④ 돌기

해설 여러 살충제의 곤충 체내 침입 경로는 입, 피부 및 기문(기관)이다.

36

수입식물 검역과정에서 금지병해충이 발견되었을 경우 취하는 조치로 맞는 것은?

① 소독
② 폐기 또는 반송조치
③ 시료분석
④ 전문가 회의

해설 수입식물 검역과정에서 금지병해충 발견 시 관련 기관에 즉시 보고해야하며 반송, 격리, 폐기 절차를 거쳐야 한다.

37

앞날개가 경화되어 있는 곤충은?

① 벼메뚜기
② 검정송장벌레
③ 땅강아지
④ 썩덩나무노린재

해설 검정송장벌레는 딱정벌레목에 해당하며 딱정벌레목의 대표적인 특징은 앞날개가 경화되어 있는 것이다.

38

누에의 성장단계에서 어미가 생성하는 휴면호르몬이 직접적으로 관여하는 휴면단계는?

① 알 휴면
② 유충 휴면
③ 성충 휴면
④ 번데기 휴면

해설 누에는 어미가 생산한 휴면호르몬이 알 시기일 때 직접적인 영향을 받는다.(알 휴면단계)

정답 33 ③ 34 ② 35 ④ 36 ② 37 ② 38 ①

39

자연생태계와 비교할 때 농생태계의 특징은?

① 영양단계의 상호관계가 간단하다.
② 영양물질 순환이 폐쇄적이다.
③ 종의 다양성이 높다.
④ 유전자 다양성이 높다.

 농생태계는 자연생태계에 비해 단조로우며 생물의 수명과 상호관계에 필요한 시간이 짧고 영속성이 없다.

40

살충제 처리 후 무처리구의 생충율이 90% 이고, 처리구의 생충율이 22.5% 일 경우 처리구의 보정사충율은?

① 75%   ② 70%
③ 65%   ④ 60%

 보정사충률 = (무처리구 생충율−처리구 생충율)/무처리구 생충율*100 = (90−22.5)/90*100 = 75%

3과목 재배원론

41

다음 중 작물 생육 필수원소에서 다량으로 소요되는 원소가 아닌 것은?

① 칼슘   ② 칼륨   ③ 질소   ④ 니켈

 필수원소 중 다량원소
: C, H, O, N, P, K, Ca, Mg, S

42

다음 논의 용수량(Q) 계산식에서 A에 해당하는 것은?

Q = (엽면증산량 + 수면증발량 + 지하침투량) − A

① 강수량   ② 강우량
③ 유효우량   ④ 흡수량

 논의 용수량 = (엽면증산량 + 수면증발량 + 지하침투량) − 유효우량

43

토양 구조에 대한 설명으로 옳지 않은 것은?

① 단립(單粒)구조는 토양통기와 투수성이 불량하다.
② 입단(粒團)구조는 유기물과 석회가 많은 표층토에서 많이 보인다.
③ 이상(泥狀)구조는 과습한 식질토양에서 많이 보인다.
④ 단립(單粒)구조는 대공극이 많고 소공극이 적다.

 단립구조 : 대공극이 많아 통기성과 투수성은 좋지만 소공극이 적어 양수분의 보유력이 낮으며 대표적으로는 해안 사구지가 있다.

정답 39 ① 40 ① 41 ④ 42 ③ 43 ①

44

식물의 진화와 관련하여 작물의 특징에 대한 설명으로 옳지 않은 것은?

① 발아억제물질이 감소하거나 소실되는 방향으로 발달되었다.
② 분얼이나 분지가 일정 기간 내에 일시에 발생하는 방향으로 발달하였다.
③ 개화기는 일시에 집중하는 방향으로 발달하였다.
④ 탈립성이 큰 방향으로 발달하였다.

해설 재배종은 휴면성이 약하며 분얼이 일정 기간 내 동시다발적으로 발생한다. 또한 종자의 탈립성이 작고 크기가 크며 단백질 함량이 높아지는 특징을 가진다.

45

식물체 내의 수분퍼텐셜에 대한 설명으로 틀린 것은?

① 세포의 부피와 압력퍼텐셜이 변화함에 따라 삼투퍼텐셜과 수분퍼텐셜이 변화한다.
② 압력퍼텐셜과 삼투퍼텐셜이 같으면 세포의 수분퍼텐셜이 0이 된다.
③ 수분퍼텐셜과 삼투퍼텐셜이 같으면 원형질분리가 일어난다.
④ 수분퍼텐셜은 대기에서 가장 높고, 토양에서 가장 낮다.

해설 수분의 이동 : 수분퍼텐셜이 높은곳에서 낮은곳으로 이동한다.(토양이 가장 높고 식물체 내, 대기 순으로 낮음)

46

식물의 일장감응 중 SI형 식물은?

① 메밀
② 토마토
③ 도꼬마리
④ 코스모스

해설 〈단일식물의 세부유형〉 : SS형(콩, 코스모스, 나팔꽃), SI형(벼, 도꼬마리), IS형(소빈국)

47

발아에 광선이 필요하지 않는 작물은?

① 상추
② 금어초
③ 담배
④ 호박

해설 〈종자의 광발아〉
- 호광성 종자 : 담배, 상추, 우엉, 뽕나무, 피튜니아, 셀러리, 차조기, 금어초, 디기탈리스, 베고니아, 그래스류
- 혐광성 종자 : 가지, 토마토, 호박, 수박, 오이, 무, 파, 양파, 수세미
- 광무관계 종자 : 화곡류 대부분, 콩과작물 대부분, 옥수수

48

작물의 배수성 육종 시 염색체를 배가시키는데 가장 효과적으로 이용되는 것은?

① colchicine
② auxin
③ kinetin
④ ethylene

해설 콜히친 처리법 : 생장점에 콜히친을 처리하여 배수체를 형성하는 효과적인 방법

정답 44 ④ 45 ④ 46 ③ 47 ④ 48 ①

49

탈질현상을 경감시키는데 가장 효과적인 시비법은?

① 질산태질소 비료를 논의 산화층에 시비
② 질산태질소 비료를 논의 환원층에 시비
③ 암모늄태질소 비료를 논의 산화층에 시비
④ 암모늄태질소 비료를 논의 환원층에 시비

해설 논토양에서는 탈질현상이 나타나므로 용탈방지를 위해 암모니아태질소를 논토양 환원층에 사용한다.

50

C3식물과 C4식물의 광합성 특성에 대한 설명으로 틀린 것은?

① C4식물은 유관속초세포가 잘 발달하였다.
② C4식물은 크란츠(kranz)구조가 잘 발달하였다.
③ C3식물은 유관속초세포가 발달하지 않거나 있어도 엽록체가 적고, C4식물은 유관속초세포에 다수의 엽록체가 있다.
④ C3식물은 엽육세포에서 합성한 유기산이 유관속초세포로 이동하여 그곳에서 분해되고 재고정되어 자당이나 전분으로 합성된다.

해설 ④는 C4식물에 대한 설명이다.

51

재배 기원지가 중앙아시아에 해당하는 것은?

① 대추 ② 양배추
③ 양파 ④ 고추

해설 Vavilov의 작물 기원지 중 중앙아시아 지역에 해당하는 작물에는 귀리, 기장, 완두, 삼, 당근, 양파가 있다.

52

C3식물과 C4식물의 형태와 생리적 특성으로 옳은 것은?

① C4식물은 Kranz 구조가 있다.
② C3식물은 C4 보다 내건성이 강하다.
③ C3식물의 CO_2 보상점은 C4 보다 낮다.
④ C4 식물의 광포화점은 C3 보다 낮다.

해설 C4 식물의 엽육세포는 방사상으로 배열된 크란츠 구조를 갖고 있으며 광합성을 효율적으로 한다. 또한 유관속초세포에는 다량의 엽록체가 존재한다.

53

맥류의 좌지현상을 볼 수 있는 경우는?

① 봄보리를 가을에 파종
② 봄보리를 봄에 파종
③ 가을보리를 가을에 파종
④ 가을보리를 봄에 파종

해설 맥류의 좌지현상 : 추파맥류를 가을이 아닌 이듬해 봄에 파종하면 영양생장만 일어나고 출수하지 못해 쓰러지는 현상

54

작물의 기원지를 알아내는 방법으로 가장 거리가 먼 것은?

① 식물지리학적 방법 ② 계통분리법
③ 유전자분석법   ④ 고고학적 방법

해설 〈작물 기원지를 알아내는 방법〉
- 식물지리학적 방법 : 근연 야생종의 분포와 품종 다양성으로부터 찾는 방법
- 고고학적 방법 : 탄소연대측정 등 식물 유체의 분석을 포함하는 방법
- 생화학적 및 생물학적 방법 : 세포유전학적 방법, 유전자분석법, DNA염기서열 분석

정답 49 ④ 50 ④ 51 ③ 52 ① 53 ④ 54 ②

55
작물 품종의 잡종강세에 대한 설명으로 옳은 것은?

① 양친 식물보다 자식 식물의 생육이 약하다.
② 양친 식물보다 자식 식물의 생육이 왕성하다.
③ 양친 식물과 자식 식물의 생육이 같다.
④ 벼와 같은 작물에서 많이 발생한다.

해설 잡종강세 : 타식성 작물의 근친교배로 약세화한 작물끼리 교배하면 그 후대는 양친 식물보다 생육이 왕성한 것

56
벼 품종의 특성에 대한 설명으로 옳은 것은?

① 묘대일수감응도가 높은 것이 만식적응성이 크다.
② 조기재배의 경우에는 만생종이 알맞다.
③ 개량품종은 수확지수가 작다.
④ 우리나라 만생종은 감광성이 크다.

해설 파종과 모내기를 일찍 할 때 조생종은 blt형, 감온형이, 만생종은 기본영양생장형, 감광형이 해당한다.

57
찰벼에 메벼의 화분을 수분하면 그 F1 종자의 배유가 메벼의 형질을 보이는 현상은?

① Xenia
② Apomixis
③ Pseudogamy
④ Chimera

해설 크세니아 : 배유에 아비의 영향이 직접 나타나는 현상으로 우성유전자의 표현형이 나타남

58
논토양의 환원상태에서 원소별 존재형태를 바르게 나타낸 것은?

① $C \rightarrow CO_2$
② $N \rightarrow NO_3$
③ $Fe \rightarrow Fe^{2+}$
④ $S \rightarrow SO_4^{2-}$

해설 논토양에서의 원소존재상태 :
CH_4, N_2, NH_4, Mn^{2+}, Fe^{2+}, H_2S, S, $Fe(H_2PO_4)_2$, $Ca(AlPO_4)_2$

59
작물의 유전변이에 대한 설명으로 옳은 것은?

① 환경변이는 다음 세대에 유전한다.
② 연속변이를 하는 형질을 질적 형질이라고 한다.
③ 불연속변이를 하는 형질을 양적 형질이라고 한다.
④ 꽃 색깔이 붉은 것과 흰 것으로 구별되는 것은 불연속변이다.

해설 불연속변이가 나타나는 형질은 질적형질이며 종류에는 꽃 색, 종피 색, 종자 모양, 성별이 해당된다.

60
벼의 추락현상이 발생할 때 벼뿌리를 상하게 하는 주된 물질은?

① 황화수소
② 탄산가스
③ 불화수소
④ 메탄가스

해설 노후답은 Fe과 Mg 함량이 적어 황화수소가 벼 뿌리를 상하게 해 벼잎이 마르고 깨씨무늬병이 발병하므로 수량이 감소하는 추락현상이 나타난다.

4과목 농약학

61

농약의 입제(粒劑)에 대한 설명으로 틀린 것은?

① 표류, 비산에 의한 오염의 우려가 없다.
② 제조과정이 다른 제형보다 간단하고 값이 저렴하다.
③ 입자가 크므로 농약을 살포하는 농민에 대하여 안전성이 높다.
④ 다른 제형에 비하여 많은 양의 주성분을 투여해야 목적하는 방제효과를 얻을 수 있다.

 입제 : 입상의 담체에 유효성분을 피복시킨 것으로 비교적 무거워 비산의 우려가 크며 단위면적 당 사용량이 많고 가격이 비싸다.

62

석회유황합제 제조 시 생석회와 황의 중량비로 옳은 것은?

① 생석회(2) : 황(1)   ② 생석회(1) : 황(2)
③ 생석회(3) : 황(1)   ④ 생석회(1) : 황(1)

 석회유황합제의 주요성분은 CaS_5이며 제조 시 생석회와 황의 중량비를 1:2로 한다.

63

잔디의 생장억제 기능을 하는 농약은?

① 4-CPA
② 1-naphthylacetamide
③ trinexapac-ethyl
④ maleic hydrazide

 트리넥사팍에틸(trinexapac-ethyl)은 골프장에서 주로 흔히 사용되는 잔디생장억제제이다.

64

모든 제형의 농약의 약효보증기간을 설정하기 위한 시험방법에 해당하는 것은?

① 확산성 시험
② 가열안정성 시험
③ 저온안정성 시험
④ 내열내한성 시험

해설 농약의 이화학적 검사항목에는 자체검사항목과 적부판정검사가 해당되며 가열안정성 시험을 통해 모든 농약 제형의 약효보증기간을 설정한다.

65

30% 메프(MEP)유제(비중 1.0) 100mL로 0.05%의 살포액을 만들려고 한다. 이 때 소요되는 물의 양(mL)은?

① 59900   ② 69900
③ 79900   ④ 89900

해설 소요되는 물의 양 = 원제의 양×{(원제의 농도/희망농도)-1}×비중 = 100mL×(30%/0.05%-1)×1 = 59900mL

66

다음 천연 제충국 성분 중 살충력이 가장 강한 것은?

① Cinerin Ⅰ
② Pyrethrin Ⅰ
③ Pyrethrin Ⅱ
④ Jasmolone Ⅱ

해설 피레트로이드계 살충제에는 Pyrethrin Ⅰ, Ⅱ, Cinerin Ⅰ, Ⅱ, Jasmolin Ⅰ, Ⅱ 가 있으며 이 중 살충력이 가장 강한 것은 Pyrethrin Ⅰ 이다.

정답 61 ② 62 ② 63 ③ 64 ② 65 ① 66 ②

67

95%인 원제 2kg으로 2% 분제를 만들려할 때, 소요되는 증량제의 양(kg)은?

① 73
② 83
③ 93
④ 103

 희석할 증량제의 중량 = 원분제의 중량×{(원분제의 농도/희석할 농도) − 1} = 2kg×(95%/2% − 1) = 93%

68

기계유유제의 불포화탄화수소의 양을 표시하는 값으로 정제도(精制度)와 관계있는 물리적 성질은?

① 점조(viscosity)
② 비등점(booiling point)
③ 술폰가(sulfonative value)
④ 응고(coagulation)

 술폰가(sulfonative value)는 약해의 원인이 되는 불호화탄화수소의 함유량을 나타내는 수치로 이 값이 낮을수록 불포화탄화수소의 함유량이 적다.

69

재배면적 10ha인 어떤 농지에서 팬티온 유제 50%를 1000배로 희석하여 10a당 8말의 살포량으로 방제하려고 한다. 펜티온 유제는 500mL 단위로 몇 병을 구입해야 하는가? (단, 1말은 18L이다)

① 21병
② 25병
③ 29병
④ 35병

 소요약량(배액) = 단위면적당사용량/소요희석배수 = (8말*18L)/100 = 1.44 L = 28.8병

70

조제 직후 보르도액의 구리의 용해도가 0에 가까울 때의 pH는?

① pH 12.4
② pH 11.3
③ pH 10.4
④ pH 9.3

 보르도액은 오래 둘 경우 염기성 황산동의 입자가 커져 약효가 저하되므로 발병 전 조제 즉시 사용해야 하며 조제 직후 보르도액의 구리의 용해도가 0에 가까울 때의 pH는 12.4이다.

71

만코제브 원제에 함유한 ETU(Ethylene thiourea)는 발암성이 높은 화합물로 지정되어 규제하고 있다. 농약관리법령상 이 물질의 규제 기준은?

① 0.01% 이하
② 0.05% 이하
③ 0.1% 이하
④ 0.5% 이하

 만코제브의 ETU성분은 발암성이 높아 농약관리법상 함량을 0.5% 이하로 규제한다.

72

Phenol계 살균제로서 과수의 월동 방제용이나 목재 방부제로도 사용될 수 있는 약제는?

① Carboxin + thiram
② Captan
③ Neoasozin-6, 5
④ Pentachlorophenol

 펜타클로로페놀(PCP)은 단백질 생합성을 저해하는 작용을 하는 페놀계 살균제로, 과수의 월동 방제와 목재 방부제로 모두 사용된다.

정답 67 ③ 68 ③ 69 ③ 70 ① 71 ④ 72 ④

73

한때 식물생장억제제제인 낙과방지제로 사용했으나 발암물질로 지정되어 화훼농업에서 신장억제제제로 주로 사용하는 것은?

① Pyrimethanil
② β-indole acetic acid
③ Colchicine
④ Daminozide

 Daminozide : 비호르몬 생장억제제에 해당하며 낙과방지제로 사용되었으나 현재는 발암물질로 지정되어 일부 화훼농가에서만 사용된다.

74

증량제를 사용하여 분제의 가비중(假比重 : bulk density)을 조절할 때 가장 적절한 가비중 범위는?

① 0.2 ~ 0.4
② 0.4 ~ 0.6
③ 0.6 ~ 0.8
④ 0.8 ~ 1.0

 분제의 대부분은 증량제로 원제에 대해 화학적으로 안정하고 저렴해야 하며 증량제를 사용하여 분제의 가비중을 조절할 때 적절한 가비중 범위는 0.4 ~ 0.6이다.

75

농약관리법령상 농약 및 원제의 신규등록의 경우 약효·약해 시험성적서의 인정범위로 옳은 것은?

① 180일간 시험한 성적서
② 1년간 시험한 성적서
③ 2~3년간 시험한 성적서
④ 4~5년간 시험한 성적서

 신규등록의 경우 필요한 약효 시험성적서의 인정범위는 2~3년간 시험한 성적서이며 등록한 농약의 유효기간은 10년이다.

76

계면활성제 중 가용화 작용이 큰 HLB(Hydrophile-Lipophile Balance) 값으로 가장 옳은 것은?

① 1~3
② 4~7
③ 9~12
④ 15~18

 전착제로 이용되는 계면활성제는 습윤성, 확전성, 현수성, 고착성을 좋게하여 성분이 골고루 퍼지게 하며 가용화 작용이 큰 HLB값은 15~18이다.

77

황산암모니아와 설탕 등과 같은 중량제를 투입한 농약의 제형은?

① 유탁제
② 수용제
③ 과립수화제
④ 분산성액제

 수용제는 수용성 고체 원제, 수용성 증량제(설탕 등)를 혼합 및 분쇄하여 만든 분말제형으로 제제방법은 수화제와 비슷하나 살포액으로 만들면 수화제와 달리 투명하다.

78

Dialkylamine계 살균제는?

① Nabam
② Maneb
③ Ferbam
④ Mancozeb

 Dialkylamine계 살균제는 유기황계 살균제에 해당하고 병원균 생육에 필요한 필수금속과 결합을 통해 살균작용을 하는데 페르밤(Ferbam)은 유기황계 살균제에 해당한다.

정답 73 ④ 74 ② 75 ③ 76 ④ 77 ② 78 ③

79

농작물 또는 기타 저장물에 해충이 모이는 것을 막기 위해 쓰이는 기피제(Repellent)로 쓰이는 것은?

① Chlorobenzilate
② Dimethyl phthalate
③ Dimethomorph
④ Methyl bromide

 디메틸프탈레이트(Dimethyl phthalate)는 해충이 작물이나 인축에 접근을 방지하는데 사용되는 기피제로서 곤충의 음성주화성을 이용한 약제이다.

80

주로 접촉제 및 소화중독제로서 작용하며 벼의 이화명나방에 적용되는 유기인제는?

① DDVP
② Ethoprophos
③ Fenitrothion
④ Imidacloprid

 유기인계 살충제인 페니트로티온 유제는 식물에 잘 흡수되어 식물체 내 유충에 대해 효과적이며 접촉독 또는 식독효과가 뛰어나다.

5과목 잡초방제학

81

다음 중 잡초종합방제체계 수립을 위한 선형특성적 모형에서 시작부터 완성단계로의 순서가 올바르게 나열된 것은?

① 모형의 평가 및 수정 → 문제유형의 검토 → 잡초군락의 예찰 → 제초방법의 선정 → 방제체계의 적용
② 문제유형의 검토 → 잡초군락의 예찰 → 제초방법의 선정 → 방제체계의 적용 → 모형의 평가 및 수정
③ 제초방법의 선정 → 잡초군락의 예찰 → 방제체계의 적용 → 문제유형의 검토 → 모형의 평가 및 수정
④ 잡초군락의 예찰 → 문제유형의 검토 → 방제체계의 적용 → 모형의 평가 및 수정 → 제초방법의 선정

 〈선형특성적 모형의 순서〉
1. 문제유형의 검토: 방제 필요성 및 목표 설정
2. 잡초군락의 예찰: 현장 조사 및 데이터 수집
3. 제초방법의 선정: 적합한 방제법 선택
4. 방제체계의 적용: 실제 방제 실행
5. 모형의 평가 및 수정: 결과 분석 후 개선

82

잡초에 대한 작물의 경합력을 높이는 방법으로 가장 적절한 것은?

① 무비재배를 한다.
② 직파재배를 한다.
③ 이앙·이식재배를 한다.
④ 무경운재배를 한다.

해설 잡초에 대한 작물의 경합력을 높이는 방법 : 밀식 재배, 춘파작물과 추파작물의 윤작, 다분지성 품종 재배, 조숙종 품종 재배, 제초작업, 이식재배 및 손이앙 (건답직파X)

정답 79 ② 80 ③ 81 ② 82 ③

83

식물영양소 중 작물과 잡초에 가장 많이 요구되는 영양소들로만 나열된 것은?

① 염소, 철, 게르마늄
② 철, 몰리브덴, 셀렌
③ 칼륨, 질소, 인산
④ 코발트, 나트륨, 붕소

 질소, 인산, 칼륨은 비료 3요소로 식물에서 가장 많이 요구되는 영양소이다.

84

작물이 잡초로부터 받는 피해경로를 직접적 또는 간접적 피해 경로로 구분할 때 다음 중 간접적인 피해 경로에 해당하는 것은?

① 경합
② 기생
③ 상호대립억제작용
④ 병해충 매개

 경합, 기생, 상호대립억제작용은 직접 피해경로에 해당된다.

85

전체 생육기간이 100일인 작물에서 이론적으로 작물이 잡초 경합에 의해 가장 심하게 피해를 받는 시기는?

① 파종 직후부터 5일 이내
② 파종 후 20 ~ 30일 사이
③ 파종 후 50 ~ 60일 사이
④ 파종 후 70일 이후

 잡초경합한계기간은 수확량 등 작물 손실이 크게 영향 받는 기간으로 초관형성 이후 생식생장 전까지 작물생육기간의 1/4 ~ 1/3이므로 전체 생육기간이 100일인 작물은 파종 후 20 ~ 30일 사이가 잡초경합한계기간에 해당한다.

86

작물과 잡초간의 경합에 대한 설명으로 옳은 것은?

① 잡초경합한계기간이란 파종직후부터 성숙말기까지의 시기를 말한다.
② 잡초경합한계기간에는 잡초에 의한 피해가 거의 없다.
③ 잡초허용한계밀도란 잡초가 전혀 없는 상태를 말한다.
④ 방제는 잡초경합한계기간에 중점적으로 실시해야 한다.

 잡초경합한계기간은 잡초경합으로 수확량 등 작물 손실이 크게 영향 받는 기간이므로 이 때 잡초를 중점적으로 방제해야 한다.

87

제초제의 토양 중 지속성은 반감기(half life)로 나타낸다. 이 때 반감기란? (단, 전 기간을 통하여 동일한 기울기를 갖는 1차 반응식을 전제로 함)

① 처리한 제초제의 1/2이 소실되는데 요하는 시간
② 처리한 제초제의 1/5이 소실되는데 요하는 시간
③ 식물체의 1/2을 고사시키는데 필요한 시간
④ 식물체의 1/5을 고사시키는데 필요한 시간

 반감기는 처리한 제초제의 1/2이 소실되는데 필요한 시간을, 토양잔류성농약은 토양 약제 처리 후 남아있는 농약의 반감기간이 180일 이상인 농약을 의미한다.

정답 83 ③ 84 ④ 85 ② 86 ④ 87 ①

88

식물의 광합성 회로 특성에 대한 설명이 옳은 것은?

① 대부분의 작물은 C4 식물이다.
② 모든 잡초는 C4 광합성 회로를 갖는다.
③ 광합성 회로가 C4인 식물은 C3인 식물보다 광합성에서 불리하다.
④ 돌피와 향부자와 같은 잡초는 C4 식물에서 생장이 빨라 경합에서 유리하다.

해설 C4식물은 광합성 효율이 높고 탄소고정에 PEP carboxylase 효소를 이용하며 C3식물은 광합성 효율이 상대적으로 낮고 탄소고정에 RuBP carboxylase 효소를 사용한다.

89

종자가 바람에 의해 전파되기 쉬운 잡초로만 나열된 것은?

① 망초, 방가지똥
② 어저귀, 명아주
③ 쇠비름, 방동사니
④ 박주가리, 환삼덩굴

해설 〈잡초의 전파(산포) 방법〉
- 바람 : 박주가리, 엉겅퀴, 민들레, 망초, 방가지똥, 수레국화
- 물 : 피, 소리쟁이, 벗풀
- 인축(배설물 및 옷·털 접촉) : 비름, 명아주, 진득찰, 도꼬마리, 도깨비바늘, 메꿰리
- 성숙종자의 꼬투리가 흩어져 전파 : 달개비, 콩과, 바랭이

90

땅콩 포장에 문제가 되는 잡초종으로만 나열된 것은?

① 강아지풀, 깨풀
② 너도방동사니, 쇠비름
③ 마디꽃, 돌피
④ 강아지풀, 쇠털골

해설 땅콩 포장에 문제가 되는 잡초(작물수량 감소) : 강아지풀, 깨풀, 바랭이, 명아주

91

올방개 방제에 가장 효과적인 제초제는?

① 뷰타클로르 액제
② 펜티메탈린 유제
③ 페녹슐람 액상수화제
④ 피라조설퓨론에틸 수화제

해설 뷰타클로르는 산아마이드계 토양처리형 제초제이며 논잡초(올방개) 방제에 효과적이다.

92

다음 중 영양번식기관과 해당 잡초의 연결이 틀린 것은?

① 지하경 - 가래, 수염가래꽃
② 인경 - 야생마늘, 자주괭이밥
③ 괴경 - 향부자, 매자기
④ 포복경 - 올미, 벗풀

해설 올미는 지하경, 벗풀은 괴경을 통해 영양번식한다.

정답 88 ④ 89 ① 90 ① 91 ③ 92 ④

93
작물이 심겨져 있지 않은 비농경지에서 발생하는 잡초를 방제하는데 가장 효과적인 제초제는?
① 시마진 수화제   ② 뷰타클로로 유제
③ Glyphosate   ④ 2,4-D

 Glyphosate는 비선택성 제초제로 작물이 심겨져 있지 않은 비농경지에서 발생하는 잡초를 방제하는데 효과적이다.

94
잡초 잎의 구성성분 중 비극성정도가 가장 높은 것은?
① 큐틴   ② 큐티클납질
③ 펙틴   ④ 셀룰로오스

 식물 표피 중 비극성물질은 큐티클납질, 큐틴, 펙틴(비극성정도 순서 순)이 있으며 셀룰로오스는 극성물질이다. 비극성 제초제는 비극성의 큐티클납질을 쉽게 통과하지만 시간이 지날수록 통과가 어려워지나 극성제초제는 비극성의 큐티클납질 통과가 어렵지만 갈수록 통과가 쉬워진다.

95
못자리용 제초제인 벤타존의 작용성과 사용방법에 대한 설명으로 가장 거리가 먼 것은?
① 올방개 등과 같은 방동사니와 잡초의 살초효과가 뚜렷하다.
② 광합성 저해작용을 한다.
③ 경엽처리용 벼 생육 중기 제초제이다.
④ 화본과 잡초를 효과적으로 방제할 수 있다.

해설 벤타존은 벤조티아디아졸계 제초제로 광엽잡초 및 방동사니과 잡초 경엽에 처리하여 광합성을 저해시킨다.

96
다음 중 광발아 종자에서 적색광과 적외선광을 교체하여 조사하였을 때 종자가 가장 발아가 되지 않는 것은?
① 적외선광 조사 → 적색광 조사
② 적색광 조사 → 적외선광 조사
③ 적색광 조사 → 적외선광 조사 → 적색광 조사
④ 적외선광 조사 → 적외선광 조사 → 적색광 조사

해설 광발아 종자의 피토크롬은 적색광을 받을 경우 발아가 촉진되고 근적색광을 받을 경우 발아 유도가 소실된다.

97
화본과잡초와 사초과잡초의 차이점에 대한 설명으로 가장 옳은 것은?
① 화본과잡초는 줄기가 삼각형인 반면, 사초과잡초는 줄기가 둥글다.
② 화본과잡초는 속이 차 있는 반면, 사초과잡초는 속이 비어있다.
③ 화본과잡초는 마디가 있는 반면, 사초과잡초는 마디가 없다.
④ 화본과잡초는 엽초와 엽신이 뚜렷하지 않은 반면, 사초과잡초는 엽초와 엽신이 뚜렷하다.

해설 방동사니과잡초 : 화본과잡초와 유사한 형태(마디유무 제외)로 줄기는 삼각형에 윤택이 있다.

정답 93 ③   94 ②   95 ④   96 ②   97 ③

98

다음 중 우리나라 과수원에서 발생하는 잡초종으로 가장 거리가 먼 것은?

① 바랭이
② 매자기
③ 강아지풀
④ 닭의장풀

 과수원 발생 잡초 : 새포아풀, 둑새풀, 갈퀴덩굴, 광대나물, 별꽃, 바랭이, 강아지풀, 닭의장풀, 쑥, 망초

99 돌피의 학명으로 가장 옳은 것은?

① Leerisa japonica
② Monochoria vaginalis
③ Cyperus difformis
④ Echinochloa crus-galli

 〈잡초의 학명〉
- 올미: Sagittaria pygmaea Miquel
- 벗풀 : Sagittaria trifolia L.
- 올챙이고랭이 : Scirpus juncoides Roxb.
- 너도방동사니 : Cyperus serotinus
- 돌피 : Echinochloa crus-galli

100

다음 중 우리나라 사료용 옥수수 재배포장에 대량 발생되어 문제가 되고 있는 외래 잡초는?

① 어저귀
② 바랭이
③ 알방동사니
④ 여뀌

 어저귀는 1년생 외래잡초로 옥수수와 같은 사료작물의 생산성을 감소시켜 피해를 준다.

정답 98 ② 99 ④ 100 ①

Chapter 03 2025년 1회 산업기사 CBT 복원

1과목 식물병리학

01
무생물적인 요인에 의해 발생하는 병은?
① 토마토 균핵병
② 토마토 풋마름병
③ 토마토 점무늬병
④ 토마토 배꼽썩음병

 〈양분 결핍에 의한 식물병〉
- 질소(N) : 엽록소 구성성분으로 결핍 시 황화현상
- 인(P) : 생육초기 뿌리 발육 저조
- 칼륨(K) : 벼 적고병, 보리 흰무늬병
- 칼슘(Ca) : 토마토 배꼽썩음병, 셀러리 검은썩음병
- 마그네슘(Mg) : 엽록소 구성성분으로 결핍 시 황화현상, 감귤 대황병, 보리 흰깃병
- 붕소(B) : 무·배추 속썩음병, 사과 축과병, 갈색속썩음병, 담배 윗마름병

02
담배 모자이크병 바이러스의 형태는?
① 구형
② 쌍구형
③ 간상형
④ 막대형

 담배 모자이크 바이러스는 리보핵산을 가진 막대형 바이러스이다.

03
다음은 어느 병원균에 대한 설명인가?

- 균사에 격벽이 없다.
- 유주자낭을 형성한다.
- 난포자를 형성한다.
- 토마토에도 병을 일으킨다.

① 감자 역병균
② 감자 무름병균
③ 감자 Y바이러스
④ 감자 더뎅이병균

 감자 역병균은 유성세대에서 난포자를, 무성세대에서 유주포자를 형성하는 난균류에 해당한다.

04
토마토 잎곰팡이병을 발생시키는 병원균은?
① Fulvia fulva
② Fusarium solani
③ Alternaria alternata
④ Agrobacterium tumefaciens

 토마토 잎곰팡이병균은 진균에 해당하며 학명은 Fulvia fulva이다.

05
식물병 진단에 이용하기 위하여 특정병원체의 침입에 민감하게 반응하는 식물로서 주로 바이러스병 진단에 많이 사용되는 것은?
① 지표식물
② 표적식물
③ 진단식물
④ 실험식물

정답 01 ④ 02 ④ 03 ① 04 ① 05 ①

해설 바이러스병 진단에 주로 사용되는 지표식물 진단법은 특정 병원체에 고도의 감수성을 띠거나 특이한 병징을 나타내는 식물을 지표로 삼아 진단에 활용하는 방법이다.

06
기주범위가 좁고 기주가 없으면 오래 생존하지 못하고 쉽게 사멸하는 병원균의 방제방법으로 효과적인 것은?
① 윤작
② 접목
③ 멀칭
④ 연작

해설 윤작(돌려짓기)은 연작으로 발생한 토양전염성 병에 가장 효과적이며 비기주식물을 2~3년간 윤작하여 기주범위가 좁은 전염원을 제거할 수 있다.

07
묘목을 통해서 전반되는 병은?
① 감나무 뿌리혹병
② 사과나무 부란병
③ 포도나무 흰가루병
④ 배나무 붉은별무늬병

해설 묘목을 통해 전염되는 식물병에는 과수 근두암종병균, 과수 자주날개무늬병균 등이 있다.

08
사과나무 탄저병에 대한 설명으로 옳지 않은 것은?
① 가지나 잎에도 발병한다.
② 병든 과실은 쓴 맛이 난다.
③ 성숙한 과실은 상처를 통해서만 감염된다.
④ 과실에서는 주로 성숙기 가까이에 발병한다.

해설 사과 탄저병균은 과실의 각피를 뚫고 침입하거나 상처, 과실이 달린 곳을 통해 침입한다.

09
흰가루병이 잘 발생하지 않는 기주식물은?
① 오이
② 감자
③ 장미
④ 사과나무

해설 흰가루병은 맥류, 오이, 참나무류, 포플러류, 단풍나무, 오리나무, 밤나무, 가중나무 등 수목에서 발생한다.

10
식물 바이러스 전반에 대한 설명으로 옳은 것은?
① 응애는 바이러스를 매개하지 않는다.
② 곰팡이와 세균은 바이러스를 매개하지 않는다.
③ 흡즙구보다는 저작구를 가진 곤충이 바이러스 매개율이 높다.
④ 바이러스에 감염된 선충의 유충은 탈피하면 바이러스를 잃는다.

해설 바이러스병에 감염된 식물체를 가해한 선충과 그의 유충은 전염성이 있으나 유충은 탈피하면 바이러스를 잃게 된다.

11
주로 종자로 전염되는 벼의 병이 아닌 것은?
① 도열병
② 키다리병
③ 잎집무늬마름병
④ 세균성벼알마름병

해설 주로 종자로 전염되는 벼 식물병에는 도열병, 깨씨무늬병, 키다리병, 세균성알마름병 등이 있다.

정답 06 ①　07 ①　08 ③　09 ②　10 ④　11 ③

12

1차전염원에 대한 설명으로 가장 거리가 먼 것은?

① 겨울에 병원체가 휴면상태로 월동하고, 다음해에 처음으로 감염하는 전염원이다.
② 균류에만 해당될 뿐 세균이나 바이러스는 해당되지 않는다.
③ 곤충도 1차전염원의 월동장소가 될 수 있다.
④ 병 방제차원에서 1차전염원의 박멸은 매우 중요하다.

해설 세균은 주로 병든 조직이나 토양, 종자 등에서 월동하여 1차전염원이 된다.

13

다음 중 병원체 크기가 가장 작은 것은?

① 세균　　　　　② 진균
③ 파이토플라스마　④ 바이로이드

해설 병원체의 크기 : 진균(곰팡이) > 세균 > 바이러스 > 바이로이드

14

다음 중 병의 방제법으로 잘못 설명된 것은?

① 대추나무 빗자루병은 테트라싸이클린 항생제로 치료한다.
② 뽕나무 오갈병의 방제를 위해 매미충류 구제(驅除)가 필요하다.
③ 과수 뿌리혹병을 방제하기 위해서는 묘목에 상처가 나지 않게 해야 한다.
④ 양배추 검은빛썩음병은 무병주에서의 채종은 필요하지 않다.

해설 양배추 무병주 채종 시 병 발생의 위험을 줄일 수 있다.

15

감염되면 식물체의 모든 부위에 병징이 나타나는 병은?

① 벼 깨씨무늬병　② 사과 탄저병
③ 담배 모자이크병　④ 인삼 점무늬병

해설 전신병징은 주로 시들음병, 오갈병, 황화병, 바이러스병에서 나타난다.

16

벚나무 빗자루병을 일으키는 병원체는 어디에 속하는가?

① 세균　　　　　② 진균
③ 바이러스　　　④ 파이토플라스마

해설 대추나무, 오동나무 빗자루병은 파이토플라스마에 의한 식물병이고 벚나무 빗자루병은 자낭균(진균)에 의한 식물병이다.

17

바이러스병의 진단법으로 가장 거리가 먼 것은?

① 효소결합항체법　② 봉입체 관찰
③ 지방산 분석　　　④ 한천겔확산법

해설 바이러스는 전자현미경을 통한 봉입체 관찰, 혈청학적진단법, 지표식물진단법 등을 통해 진단할 수 있다.

정답　12 ②　13 ④　14 ④　15 ③　16 ②　17 ③

18
종합적 식물병해 방제 프로그램의 주된 목표로 가장 거리가 먼 것은?

① 병원균을 완전히 제거하는 것
② 최초 전염원을 제거하거나 감소시키는 것
③ 최초 점염원의 효능을 감소시비는 것
④ 기주의 저항성을 높이는 것

해설 식물병 방제는 한가지 병에 여러 방제방법을 적용하여 병을 예방하거나 병원균의 밀도를 감소시키는 목적의 종합적 방제를 이용하는 것이 좋다.

19
표징으로 진단하기 용이한 식물병은?

① 보리겉깜부기병
② 각종 식물의 모잘록병
③ 벼오갈병
④ 배추무사마귀병

해설 표징은 균류, 세균에 의해 식물 병환부에 조직변화를 일으켜 곰팡이, 점질물, 돌출물 등으로 나타나는 것으로 보리겉깜부기병은 곰팡이 병으로 표징진단이 용이하다.

20
배, 사과나무 화상병균은 무엇인가?

① 세균
② 곰팡이
③ 바이러스
④ 파이토플라스마

해설 배·사과 화상병(불마름병)은 Burrill에 의해 최초로 발견된 세균성 식물병이다.

2과목 농림해충학

21
기주를 이동하며 생활하는 해충은?

① 파밤나방
② 배추좀나방
③ 복숭아혹진딧물
④ 털두꺼비하늘소

해설 복숭아혹진딧물은 알의 형태로 겨울 기주인 복숭아나무 등의 겨울눈에서 월동하며 5월 중순경 유시충이 되어 여름기주인 오이, 고추, 감자. 목화 등으로 이동한다.

22
벼 재배 시 후기 해충 방제에 가장 중점을 두어야 할 대상 해충은?

① 벼멸구
② 애멸구
③ 끝동매미충
④ 번개매미충

해설 벼멸구는 만생종을 비옥한 습답에서 재배할 경우 피해가 크며 벼 포기 아랫부분에 서식하여 식물체를 흡즙함으로써 벼를 도복시키므로 후기 방제에 중점을 두어야 한다.

23
성충은 벼잎을 가해하고, 애벌레는 벼뿌리를 가해하여 피해를 주는 해충은?

① 벼멸구
② 애멸구
③ 벼물바구미
④ 벼줄기굴파리

해설 〈벼물바구미의 특징〉
- 성충이 벼 본답 이앙 후 엽육을 가해하여 긴 사각형의 흰색 무늬가 생긴다.
- 유충은 뿌리를 가해한다. (성충보다 유충의 섭식량이 많아 더 피해가 큼)
- 성충으로 낙엽이나 잡초에서 월동하며 1년에 1회 발생한다.

정답 18 ① 19 ① 20 ① 21 ③ 22 ① 23 ③

24

곤충의 유효적산온도를 구하는 공식은? (단, k : 유효적산온도, x : 발육영점온도, t : 측정온도, d : 온도 t에서의 발육일수)

① $k=(t+x)÷d$
② $k=(t-x)÷d$
③ $k=(t+x)×d$
④ $k=(t-x)×d$

해설 〈유효적산온도〉
- 발육영점온도 이상의 온도가 충족되면 단계적 생육이 진행되는데 이 때 일정한 발육을 완료하기 위해 필요한 총온열량
- 유효적산온도 = (측정온도-발육영점온도) × 측정온도에서의 발육일수
- 1일 유효적산온도 = (1일 최고온도 + 1일 최저온도)/2 − 발육영점온도

25

소나무좀에 대한 설명으로 옳은 것은?

① 번데기로 월동한다.
② 1년에 2~3회 발생한다.
③ 성충이 나무줄기에 구멍을 뚫어 알을 낳는다.
④ 5℃ 내외로 기온이 낮을 때 활동이 가장 활발하다.

해설 소나무좀 월동성충은 줄기나 가지 껍질 밑에 구멍을 뚫고 들어가 형성층에 산란한다.

26

곤충 더듬이의 기본구조에서 냄새를 맡는 감각기들이 집중되어 있는 마디는?

① 자루마디
② 채찍마디
③ 팔굽마디
④ 솜털마디

해설 〈더듬이의 구조〉
- 자루마디 (제1절, 병절, 기부마디) : 더듬이를 외부로 연결하는 첫 번째 마디
- 흔들마디 (제2절, 경절, 팔굽마디) : 존스턴기관(청각기관)이 존재하는 마디로, 소리를 듣거나 바람속도를 측정
- 채찍마디 (제3절, 편절) : 냄새를 감지하는 마디로 여러 마디로 구성되어 있음

27

곤충의 생식에 대한 설명으로 옳지 않은 것은?

① 양성생식 외에도 다양한 방법으로 생식한다.
② 정자는 암컷의 체내에서 오래 살아 있을 수 없다.
③ 암컷의 부속샘은 알을 코팅하는 기능도 담당한다.
④ 일반적으로 체내수정을 하지만 체외수정을 하는 경우도 있다.

해설 곤충 암컷은 수정낭이 있어 정충을 보관하여 산란을 조절하며 정자는 암컷 체내에서 오래 생존이 가능하다.

28

온도가 곤충에게 미치는 영향으로 가장 거리가 먼 것은?

① 곤충의 크기
② 곤충의 수명
③ 곤충의 산란량
④ 곤충의 발육속도

해설 온도 : 곤충의 행동 습성, 발육, 번식은 온도와 밀접한 관계를 가지며 생존에 불리한 온도 환경이 되면 곤충은 휴면 또는 휴지한다.

정답 24 ④ 25 ③ 26 ② 27 ② 28 ①

29

식물체의 뿌리, 줄기 또는 잎을 통하여 약제가 식물 전체에 들어감으로써 식물의 즙액을 흡즙하는 해충을 죽게 하는 살충제를 무엇이라고 하는가?

① 유인제 ② 훈증제
③ 소화중독제 ④ 침투성 살충제

 침투성 살충제를 수간주사 또는 식물의 잎, 줄기, 뿌리 등에 처리하면 식물 전체로 퍼져 흡즙성 해충을 방제할 수 있다.

30

미생물 살충제에 대한 설명으로 옳지 않은 것은?

① 해충에 대하여 기주 특이적으로 작용한다.
② 환경변화에 대하여 비교적 안정성이 높다.
③ 침입해충에 대하여 높은 독성이 지니고 있다.
④ 자외선과 열 같은 물리적 요소에 크게 영향을 받지 않는다.

 미생물농약은 고온이나 자외선에 약하므로 햇빛이 강한 낮을 피해 살포해야 한다.

31

날개가 1쌍인 해충은?

① 하늘소 ② 나방파리
③ 호랑나비 ④ 나나니벌

 나방파리는 한쌍의 날개를 가지며 날개와 몸 전체에 미세한 털들이 나있다.

32

어떤 곤충에 다른 작은 곤충이 붙어있는 것으로 외부기생충이 아닌 단순한 편리공생인 경우에 해당하는 것은?

① 편승 ② 먹이 탐색
③ 구애 행동 ④ 도둑 기생

 편승은 공생자의 한쪽만 이익을 얻고 나머지 한 쪽은 어떤 이익이나 피해를 입지 않는 편리공생관계에 해당한다.

33

흡즙성 해충에 해당하는 것은?

① 포플러하늘소 ② 미국흰불나방
③ 오리나무잎벌레 ④ 주머니깍지벌레

 깍지벌레류는 흡즙성 해충에 해당한다.

34

딱정벌레목에 대한 설명으로 옳지 않은 것은?

① 앞날개는 매우 두껍다.
② 성충은 외골격이 매우 발달되었다.
③ 앞날개 밑에 얇은 뒷날개가 접혀 있다.
④ 번데기는 피용이고 대개 고치를 짓지 않는다.

〈딱정벌레목의 특징〉
- 앞날개가 변형되어 경화된 딱지날개(시초)를 갖는다.
- 번데기는 나용이며 더듬이, 날개, 다리 등 부속물이 몸에 붙어있지 않고 분리되어 있다.
- 앞날개 밑에 얇은 뒷날개가 접혀 있다.

정답 29 ④ 30 ④ 31 ② 32 ① 33 ④ 34 ④

35
곤충의 입틀이 빠는 형태인 것은?
① 벼메뚜기 ② 뽕나무하늘소
③ 도토리거위벌레 ④ 진달래방패벌레

 진달래방패벌레는 진달래와 철쭉 잎 뒷면을 흡즙하며 빠는 형태의 입틀을 갖고 있다.

36
구기자혹응애에 대한 설명으로 옳은 것은?
① 줄기에 공모양의 큰 벌레혹을 형성한다.
② 벌레혹의 입구는 주로 잎의 앞면에 많다.
③ 가지 끝에 벌레혹을 형성하고 그 속에서 가해한다.
④ 잎에 기생하여 둥근 벌레혹을 만들고 그 속에서 가해한다.

 구기자혹응애는 성충이 잎 뒷면에 침입하고 잎 앞면에는 검은 색의 벌레혹을 만들어 그 속에서 가해한다.

37
모기가 벽에 앉을 때 언제나 머리쪽이 위로 향하는 성질은?
① 주광성 ② 주화성
③ 주촉성 ④ 주지성

 주지성 : 중력에 대한 주성으로 머리쪽이 땅을 향하여 앉는 양성 주지성(진딧물)과 위를 향해 앉는 음성 주지성(모기)으로 구분된다.

38
곤충의 기문에 대한 설명으로 옳지 않은 것은?
① 몸의 양옆에 존재한다.
② 파리목의 유충은 10쌍의 기문이 있다.
③ 곤충 종마다 다르지만 10쌍을 넘지 않는다.
④ 모기붙이류의 경우는 기문이 존재하지 않는다.

 파리목 유충의 기문은 몸통 앞에 1쌍, 뒤쪽에 1쌍을 가진다.

39
흑명나방에 대한 설명으로 옳지 않은 것은?
① 해외에서 비래한다.
② 잎을 말고 가해한다.
③ 십자화과 작물을 가해한다.
④ 알에서 성충에서 한달 정도 소요된다.

해설 〈흑명나방의 특징〉
- 유충이 벼 잎을 세로로 말고 그 속에서 엽육을 식해
- 벼 잎을 가해하여 광합성 저하로 인한 수량 감소
- 매년 비래하는 국내 월동이 불가한 해충
- 방제법 : 유아등으로 잘 유인되지 않으므로 유충 발생 시 초기방제가 중요

40
천적으로 이용하기 가장 어려운 생물은?
① 포식충 ② 기생벌
③ 병원균 ④ 불임충

해설 해충의 생물학적 방제법 : 주로 포식성천적, 기생성 천적, 병원성미생물을 이용한다.

정답 35 ④ 36 ④ 37 ④ 38 ② 39 ③ 40 ④

3과목 농약학

41 다음 중 유기인계 살충제는?

① 페니트로치온(fenitrothion), 다이아지논(diazinon)
② 칼탑(cartap), 카바릴(carbaryl)
③ 엔드린(enfrin), 카바릴(carbaryl)
④ 메소밀(methomyl), 카보푸란(carbofuran)

해설 유기인계 살충제의 종류 :
파라티온에틸(parathion-ethyl), 이피엔(EPN), 말라티온(malathion), 다이아지논(diazinon), 페니트로티온(fenitrothion), MEP(메프), 펜토에이트(phenthoate), PAP), 펜티온(fenthion), 트리클로르폰(trichlorfon), DEP(디프), 디클로르보스(dichlorvos, DDVP), 데메톤에스메틸(demeton-S-metyl), 터부포스(terbufos)제, 디클로르보스(dichlorvos)

42 0.01% 액은 몇 ppm 인가?

① 10 ② 100 ③ 1000 ④ 10000

해설 1%는 10000ppm이므로, 0.01%는 0.01×10000 = 100ppm이다.

43 유효성분의 생물학적 활성을 증대시키기 위하여 사용되는 물질은?

① 점착제   ② 점증제
③ 협력제   ④ 소포제

해설 협력제는 살균제나 살충제의 효과를 증대시킬 목적으로 사용하는 약제로 피페로닐뷰톡사이드, 설폭사이드 등이 해당된다.

44 수화제의 현수성을 가장 좋게 하기 위한 증량제의 조건은?

① 증량제의 비중 > 농약의 비중
② 증량제의 비중 < 농약의 비중
③ 증량제의 비중 = 농약의 비중
④ 증량제 및 농약의 비중에는 무관

해설 수화제의 현수성을 높이려면 증량제의 비중이 농약보다 작고, 입자를 미세하게 분쇄하며, 계면활성제를 적절히 첨가해야 한다.

45 2,4-D 산의 형태 중 작용력이 가장 커 물이 채워져 있는 논에 그대로 처리하여도 효과가 큰 것은?

① 에스테르형   ② 소다형
③ 암모늄형   ④ 아민형

해설 2,4-D 에스테르형은 휘발성과 작용력이 커서 물을 채운 논에 그대로 처리해도 효과가 크다.

46 어류에 대한 독성은 여러 가지 요인으로 감수성에 차이가 있는데 이에 대한 설명으로 틀린 것은?

① 수온이 높으면 농약에 대한 저항성이 낮아진다.
② 독성은 제형에 따라 다른데 입제가 가장 강하다.
③ 어류는 알(卵)일 때 농약에 대하여 감수성이 가장 낮다.
④ 수생생물에 대한 독성은 잉어와 물벼룩으로 평가한다.

정답 41 ① 42 ② 43 ③ 44 ③ 45 ① 46 ②

〈어독성의 특징〉
- 제형별로 볼 때 어독성은 유제 〉 수화제, 수용제 〉 분제, 입제 순으로 나타난다.
- 어류는 수온이 높을수록 감수성이 높다.
- 어류는 알일 때 감수성이 가장 낮고 치어일 때 감수성이 낮다.

 〈증량제의 종류〉
- 규조토 : 주성분은 규산, 갑충류에 강한 살충력, 주로 수화제 조제에 사용
- 고령토 : 주성분은 규산, 수화제와 분제의 증량제로 사용
- 탈크(활석) : pH는 알칼리성, 안전하므로 분제 제조용으로 널리 사용
- 벤토나이트 : 유화제, 수화제 제조용으로 사용

47
펜프로파트린 유제를 1,000배액으로 희석하여, 10a당 140L를 분무하려고 할 때 원액 몇 mL가 필요한가?

① 70mL ② 140mL
③ 280mL ④ 350mL

 소요약량 = 단위면적당 사용량/소요 희석 배수 = 140L/1000배 = 0.14L = 140mL

50
다음 중 유기인계 농약이 아닌 것은?

① 이피엔(EPN)
② 지네브(Zineb)
③ 파라치온(Parathion)
④ 디디브이피(DDVP)

 지네브(Zineb)는 유기황살균제에 속한다.

48
다양한 제제형태로 조제되어 적용범위가 넓고 특히 소나무의 솔잎혹파리 방제용으로 주로 적용되는 농약은?

① 오메톤 ② 에토사졸
③ 에토프 ④ 이미다클로프리드

해설 솔잎혹파리 방제를 위해 주로 이미다클로프리드 입제를 4월 하순~5월 하순 사이에 토양처리한다.

51
식물생장 조절제인 옥신(auxin)의 범주에 해당되지 않는 것은?

① indole계 화합물
② benzoic계 화합물
③ phenoxy계 화합물
④ Carbamate계 화합물

해설 옥신은 인돌아세트산으로부터 합성되며 페녹시계, 벤조산계 농약 등과 관련된다.

49
수화제 제조용 증량제로 가장 적당한 것은?

① 규조토 ② 탈크
③ 모래 ④ 유안

정답 47 ② 48 ④ 49 ① 50 ② 51 ④

52

60kg의 쌀에 살충제 Malathion 50% 유제를 5ppm이 되도록 처리하고자 할 때 필요한 살충제량(mL)은? (단, 비중은 1.07 이다.)

① 0.42 ② 0.56 ③ 0.64 ④ 0.72

소요약량 = $\dfrac{\text{추천농도(ppm)} \times \text{피처리물(kg)} \times 100}{1,000,000 \times \text{비중} \times \text{원액농도}}$

= (5ppm × 60,000g × 100) / (1,000,000 × 1.07 × 50)
= 0.56ml

53

식품 중에 함유된 농약성분을 추출해내는데 주로 사용할수 있는 물질은?

① 증류수 ② 황산
③ 유기용매 ④ 가성소다

 식품의 농약성분을 추출하기 위해 아세토니트릴 같은 유기용매로 지방식품에 함유된 잔류농약을 추출하여 검사한다.

54

유기인제 농약의 증량제로 가장 부적당한 것은?

① 활석 ② 소석회
③ 납석 ④ 규조토

 〈증량제의 종류〉
- 규조토 : 주성분은 규산, 갑충류에 강한 살충력, 주로 수화제 조제에 사용
- 고령토 : 주성분은 규산, 수화제와 분제의 증량제로 사용
- 탈크(활석) : pH는 알칼리성, 안전하므로 분제 제조용으로 널리 사용
- 벤토나이트 : 유화제, 수화제 제조용으로 사용

55

과수용 농약으로 가장 부적당한 제형은?

① 수화제 ② 수용제
③ 분제 ④ 입제

 약제를 희석하지 않고 직접 살포하는 입제는 주로 논에서 사용된다.

56

예방이나 치료효과를 나타내는 침투성 살균제(ststemic fungicide)가 아닌 것은?

① IBP제 ② Carboxin제
③ Benomyl ④ Mancozeb

 〈침투성 살균제의 특징〉
- 침투이행성이 있어 예방 및 치료 효과를 낸다.
- 보호살균제에 비해 적용범위가 좁고 병원균의 저항성이 나타날 우려가 있다.
- 침투성 살균제는 IBP, Carboxin제, 메탈락실, 베노밀, 카벤다짐, 메프로닐, 페나리몰 등이 있다.

57

훈증제의 사용에 대한 설명 중 틀린 것은?

① 휘발성이 있어야 한다.
② 비인화성 이어야 한다.
③ 흡착성과 확산성이 있어야 한다.
④ 수분에 용입되어야 한다.

 훈증제 : 증기압이 높은 원제를 액상, 고상, 가스상으로 용기에 충진한 것으로 방출 시 기화되며 휘발성, 확산성, 비인화성, 침투성이 중요하다.

정답 52 ② 53 ③ 54 ② 55 ④ 56 ④ 57 ④

58

농약제형의 형태에 따른 분류가 아닌 것은?

① 미탁제　　　② 유탁제
③ 유화제　　　④ 훈증제

 제형은 제형 농약의 유효성분을 사용하기 편하도록 제제화한 것으로 최종상품의 형태를 의미하며 유제, 수화제, 액제, 유탁제, 미탁제, 훈증제, 수용제 등으로 나뉜다.

59

유기인제 농약의 중독 증상과 비슷한 증상을 보이는 농약은?

① 항생제 농약
② 유기염소제 농약
③ 유기비소제 농약
④ 카바메이트제 농약

 유기인제 농약 중독 시 근육 떨림, 마비, 경련 등이 나타나며, 카바메이트제 농약도 유사하게 호흡곤란, 근육 마비 등 신경계 증상을 유발할 수 있습니다.

60

항생제인 가스가마이신 액제의 주된 살균기작은?

① 항균력 증가
② 단백질 합성 저해
③ 멜라닌색소 합성 저해
④ 콜린에스터라제(cholinesterase)효소 활성 저해

 가수가마이신은 벼 도열병 방제용으로 사용되는 대표적인 항생제이며 단백질의 합성을 저해하는 작용기작을 가진다.

5과목　잡초방제학

61

제초제 제형 중 수화제를 나타내는 것은?

① G　　　　　② WP
③ EC　　　　④ Sol

 수화제(WP)는 불용성 원제(주제)에 벤토나이트, 카올린 같은 점토광물(증량제), 계면활성제를 첨가한 것으로 물에 희석하면 유효성분의 입자가 물에 분산되어 현탁액이 된다.

62

밭잡초를 나열한 것으로 옳지 않은 것은?

① 가래, 여뀌바늘
② 깨풀, 좀바랭이
③ 메귀리, 속속이풀
④ 개비름, 닭의장풀

〈잡초의 분류〉

구분		1년생	다년생
밭잡초	벼과	바랭이, 둑새풀, 강아지풀, 미국개기장, 돌피	참새피, 띠
	방동사니과	참방동사니, 금방동사니	향부자
	광엽잡초	별꽃, 꽃다지, 깨풀, 개비름, 개갓냉이, 속속이풀, 여뀌, 명아주, 쇠비름, 냉이, 망초	쑥, 씀바귀, 민들레, 메꽃, 쇠뜨기, 토끼풀, 괭이밥

정답　58 ③　59 ④　60 ②　61 ②　62 ①

63

2년생 광엽잡초에서 줄기 및 윗부분에서 1차 예취를 하고 재생 후 아주 낮게 2차 예취를 해주면 효과적인 제초가 가능하다. 이것은 식물의 어떤 특성을 이용한 것인가?

① 발아현상 ② 정아우세 현상
③ 2차 휴면 ④ 체질적 다형성

 예취는 잡초를 베어 개화 및 결실을 방제하는 방법으로 줄기 및 윗부분을 예취하면 식물의 정단에서 옥신의 작용을 막아 잡초를 예방할 수 있으며 이는 식물의 정아우세 현상을 이용한 방법이다.

64

다음 중 월년생 잡초로 가장 옳은 것은?

① 나도겨풀 ② 토끼풀
③ 속속이풀 ④ 띠

 월년생 잡초에는 속속이풀, 명아주, 둑새풀, 냉이, 나도냉이, 망초, 별꽃, 달맞이꽃, 엉겅퀴, 벼룩나물, 벼룩이자리 등이 있다.

65

다음 중 부유성 수생잡초만 나열된 것은?

① 생이가래, 흰명아주
② 부레옥잠, 좀개구리밥
③ 개구리밥, 올미
④ 생이가래, 쇠비름

 부유성잡초에는 부레옥잠, 좀개구리밥, 개구리밥, 생이가래 등이 있다.

66

다음 중 택사과 잡초로 가장 옳은 것은?

① 사마귀풀 ② 알방동사니
③ 돌피 ④ 벗풀

 올미, 벗풀 등은 택사과 잡초에 해당한다.

67

잡초 종자가 휴면하는 원인으로 가장 거리가 먼 것은?

① 종피가 너무 두껍다.
② 토양 속 묻힌 깊이가 너무 낮다.
③ 배가 미숙하거나 후숙되지 않았다.
④ 종자 내에 발아 억제 물질이 많이 들어있다.

 잡초종자는 토양 속 묻힌 깊이가 너무 깊을 경우 휴면한다.

68

잡초의 경종적 방제 방법에 해당되지 않은 것은?

① 소각 ② 윤작
③ 파종기 조절 ④ 피복 작물 재배

 화염제초는 물리적 방제법에 해당한다.

69

영양번식기관으로 번식하는 잡초가 아닌 것은?

① 깨풀 ② 가래
③ 올방개 ④ 너도방동사니

해설 깨풀은 1년생 잡초로 주로 종자로 번식한다.

정답 63 ② 64 ③ 65 ② 66 ④ 67 ② 68 ① 69 ①

70

우리나라 농경지 잡초 발생의 특징으로 옳은 것은?

① 남방형 잡초가 북방형 잡초보다 많다.
② 광엽잡초보다 화본과잡초의 종류가 더 많다.
③ 평지의 과수원에서는 다년생 잡초가 우점한다.
④ 제초제 사용이 증가하면서 논에서는 다년생 잡초보다 일년생 잡초가 많아지고 있다.

 우리나라의 경우 생태적으로 남방형 잡초가 우세하다.

71

다음 중 논에서 종자로 번식하는 잡초로 가장 옳은 것은?

① 물달개비   ② 올미
③ 벗풀   ④ 올방개

 물달개비는 종자번식하는 논 광엽잡초이다.

72

식물 표면에서 제초제의 흡수과정에 대한 설명으로 가장 옳지 않은 것은?

① 친유성(비극성) 제초제는 큐티클 납질층을 친수성보다 잘 통과한다.
② 친수성(극성) 제초제의 통과는 펙틴이 높고 다음이 큐틴이며 납질은 통과가 어렵다.
③ 계면활성제는 극성 제초제가 큐티클 납질층을 잘 통과하도록 도와준다.
④ 셀룰로오스층은 촘촘하여 비극성 및 극성제초제 모두 투과가 어렵다.

 식물 표피 중 비극성물질은 큐티클납질, 큐틴, 펙틴(비극성정도 순서 순)이 있으며 셀룰로오스는 극성물질이다. 비극성 제초제는 비극성의 큐티클납질을 쉽게 통과하지만 시간이 지날수록 통과가 어려워지나 극성제초제는 비극성의 큐티클납질 통과가 어렵지만 갈수록 통과가 쉬워진다.

73

광발아 잡초들로만 나열된 것은?

① 바랭이, 쇠비름, 개비름
② 독말풀, 향부자, 별꽃
③ 별꽃, 왕바랭이, 소리쟁이
④ 바랭이, 냉이, 별꽃

 광발아형 잡초 : 바랭이, 왕바랭이, 쇠비름, 개비름, 향부자, 참방동사니, 강피, 서양민들레, 소리쟁이, 메귀리, 노랑꽃창포, 지름

74

영양번식을 좌우하는 환경요인에 대한 설명으로 가장 거리가 먼 것은?

① 단일조건은 매자기의 괴경 형성을 촉진하며, 장일은 억제하는 반면에 괴경당 중량을 크게 한다.
② 광도는 건물생산과 생리대사에 영향을 미친다.
③ 무기성분 함량이 충분한 조건하에서 다년생 잡초의 경우 영양번식 속도가 억제된다.
④ 중점토보다 사질토에서 지하 영양기관의 생성이 촉진된다.

 질소 등 무기양분 성분이 충분할 경우 영양번식 속도가 촉진된다.

75

다음 중 초생재배 방법에 대한 설명으로 가장 옳은 것은?

① 오리, 어패류를 이용하여 잡초 생육을 억제한다.
② 인접식물에 독성을 나타내는 물질을 분비하는 식물을 심어 잡초발생을 경감시킨다.
③ 잡초에 특이적으로 기생하는 병원균을 이용하여 방제한다.
④ 과수원이나 나지상태의 포장에 피복작물을 재배한다.

 과수원에서 밭에서 잡초를 억제하고 토양 유실을 방지하기 위해 지표면을 피복식물로 덮어 초생재배를 실시한다.

76

잡초 종자가 휴면하는 원인으로 거리가 가장 먼 것은?

① 탄산가스의 결핍
② 물의 투수성 방해
③ 생장조절물질의 불균형
④ 배의 불완전 또는 미숙

 잡초 종자는 산소 결핍 시 휴면을 한다.

77

계면활성제의 유화성과 가장 깊은 관계가 있는 제형은?

① 입제
② 유제
③ 분제
④ 수용제

 유화성 : 유제를 물에 희석했을 때 입자가 물속에서 균일하게 분산되어 유탁액이 되는 성질

78

겨울작물(밀, 유채 등) 포장에서 발생이 많은 잡초는?

① 여뀌
② 바랭이
③ 쇠비름
④ 벼룩나물

 첫 해에 발아하여 월동 후 저온에 감응하여 화아가 분화, 이듬 해 봄에 결실하는 것은 월년생 겨울잡초로 냉이, 벼룩나물, 벼룩이자리, 속속이풀, 둑새풀, 점나도나물, 개양개비 등이 있다.

79

벼의 유효분얼이 끝날 때부터 유수형성기 이전까지 살포하는 제초제는?

① 이사-디 액제
② 티오벤카브 유제
③ 뷰타클로르 유제
④ 사이할로포프뷰틸·프로파닐 유제

 2,4-D 제초제는 벼와 같은 화곡류의 경우 유효분열종지기 ~ 유수형성기 사이에 처리하는 것이 효과적이다.

정답 75 ④ 76 ① 77 ② 78 ④ 79 ①

80

채소밭의 잡초방제에 대한 설명으로 옳은 것은?

① 비닐 터널 재배는 고온 다습하므로 잡초 발생이 경감된다.
② 노지재배의 경우는 생육 후기에 중점적으로 잡초 방제를 실시한다.
③ 시설원예의 경우에는 소수의 잡초가 대형화 될 수 있으므로 제초에 특히 힘쓴다.
④ 흑색의 불투명한 필름으로 멀칭할 경우 백색의 투명한 필름보다 잡초 발생이 많아진다.

해설
① 비닐 터널 재배는 고온다습한 환경이 많아 잡초발생이 증가한다.
② 노지재배는 초기 경합에서 작물이 우수해야하므로 생육 초기에 중점적으로 잡초 방제를 실시해야 한다.
④ 흑색 필름으로 멀칭할 경우 투명 필름보다 잡초발생이 증가한다.

정답 80 ③

Chapter 03 2025년 2회 산업기사 CBT 복원

1과목 식물병리학

01
세균에 의하여 발생하는 식물병의 주요 증상으로만 나열된 것은?
① 혹, 노란 가루
② 빗자루, 모자이크
③ 시들음, 가지마름
④ 갈색병반, 검은 돌기

 세균병의 병징 : 부패 및 악취의 무름현상, 점무늬, 잎마름, 가지마름, 시들음, 병환부의 이상비대 등

02
식물병은 주인, 소인, 유인으로 구성된 병삼각형으로 상호관계를 나타낼 수 있다. 다음 중 유인에 해당하는 것은?
① 기생자
② 병든 식물
③ 병 발생에 알맞은 환경
④ 식물체가 처음부터 가지고 있는 병에 걸리기 쉬운 성질

 식물병 발병에 필요한 3요소 : 기주식물(소인), 병원(주인), 환경(유인)

03
비닐하우스와 같은 시설 내에서 수화제를 살포할 경우 습도가 높아지는 문제점을 해결하기 위하여 사용되는 것은?
① 액제
② 희석제
③ 훈연제
④ 훈증제

 훈연제는 연기를 발생시키는 제형으로 비닐하우스에서 수화제를 살포할 경우 습도가 높아지는 것을 방지할 수 있다.

04
오이 노균병에 대한 설명으로 옳은 것은?
① 세균에 의해 발생한다.
② 주로 줄기에 발생한다.
③ 질소질 성분이 부족할 경우 잘 발생한다.
④ 시설재배보다 노지재배할 경우 피해가 더 크다.

 오이 노균병은 저온다습한 장마철 질소과잉 토양에서 잘 발병한다.

05
모래땅이나 유기질이 적은 논에서 발생하기 쉬운 병은?
① 벼 도열병
② 벼 키다리병
③ 벼 흰잎마름병
④ 벼 깨씨무늬병

 벼 깨씨무늬병은 유기물이 부족한 논에서 잘 발생하므로 유기물 시용을 통해 방제할 수 있다.

정답 01 ③ 02 ③ 03 ③ 04 ③ 05 ④

06

물에 의해 전반되는 식물 병원체가 아닌 것은?

① 세균
② 선충
③ 균류
④ 바이러스

 바이러스는 살아있는 세포에서 증식 가능한 순활물 기생체로 물에 의해 전반되지 않는다.

07

감자 잎말림병의 병원체는?

① 세균
② 균류
③ 선충
④ 바이러스

 감자 잎말림병의 병원체는 Potato Leaf Roll Virus 이다.

08

씨감자를 고랭지에서 생산하는 이유로 옳은 것은?

① 감자역병의 발생이 적은 환경이기 때문에
② 토양이 비옥하고 여름온도가 낮기 때문에
③ 감자의 수확이 늦어 알이 굵어지기 때문에
④ 바이러스 병에 걸리지 않는 씨감자를 생산하기에 알맞은 환경이기 때문에

 감자 잎말림병 등은 고온다습한 환경에서 매개충(복숭아혹진딧물, 감자수염진딧물)을 통해 전염되므로 고랭지 재배를 통해 바이러스병을 방제한다.

09

병원균의 잠복기간이 가장 긴 것은?

① 벼 도열병
② 오이 노균병
③ 고추 탄저병
④ 보리 겉깜부기병

 보리 겉깜부기병의 잠복기간은 21일로 가장 길다.

10

식물이 병에 견디는 힘이 약한 성질은?

① 이병성
② 내병성
③ 면역성
④ 비기주 저항성

 감수성(이병성) : 식물이 병에 견디는 힘이 약한 성질로 저항성(식물이 병원체 작용을 억제하여 피해를 적게 받는 성질)과 반대 개념이다.

11

고추 탄저병의 방제방법으로 가장 효과가 미비한 것은?

① 종자소독
② 토양소독
③ 저항성 품종 재배
④ 주기적 약제 살포

 고추 탄저병은 균사, 분생포자, 자낭각의 형태로 식물체에서 월동하므로 효과가 미비하며 토양소독은 역병, 시들음병 방제방법으로 적합하다.

12

녹병균의 여름포자, 녹포자의 주된 침입경로로 가장 적절한 것은?

① 피목
② 수공
③ 기공
④ 뿌리털

 녹병균은 주로 식물체의 기공을 통해 침입한다.

정답   06 ④   07 ④   08 ④   09 ④   10 ①   11 ②   12 ③

13

병원체의 감염, 침입 등의 자극에 의하여 식물체가 파이토알렉신, PR protein 등을 만들어 저항성을 나타내는 것은?

① 물리적 저항성　　② 정적 화학적 저항성
③ 분주감수성　　　④ 유도저항성

해설 감염 후 저항성(능동적 저항성, 유도저항성)은 병원체 침입 후 식물체 내에서 생성되는 파이토알렉신, PR protein을 통해 나타나는 저항성이다.

14

사과나무 부란병을 일으키는 병원체는?

① 세균　　　　　② 진균
③ 바이러스　　　④ 파이토플라스마

해설 사과나무 부란병균은 진균(자낭균류)이며 줄기, 나뭇가지, 껍질이 갈색으로 부풀어 오르고 그 이후에는 병반이 움푹 패이며 알코올 냄새가 발생한다.

15

병 진단법에 대한 설명으로 틀린 것은?

① 바이로이드병의 진단에는 지표식물은 이용되지 못한다.
② 바이로이드 진단에는 RNA 전기영동법이 이용된다.
③ 감자의 바이러스 감염은 괴경지표법으로 검정할 수 있다.
④ 사과나무 자주날개무늬병은 고구마를 심어 검정한다.

해설 지표식물진단법을 통해 바이로이드 보균 식물체를 조기 진단함으로써 농민들의 피해를 줄일 수 있다.

16

오이 노균병균이 형성하는 포자의 종류로 가장 옳은 것은?

① 유주자　　　② 여름포자
③ 겨울포자　　④ 자낭포자

해설 오이 노균병균은 난균류에 해당하며 분생자병 위에 담갈색의 분생포자 생성하고 발아 시 유주자를 형성한다.

17

오이 모자이크병 방제 방법에 대한 설명으로 가장 옳지 않은 것은?

① 저항성 품종을 재배한다.
② 페나리몰 유제를 적기에 살포한다.
③ 포장 주변에 전연 가능성이 있는 잡초를 제거한다.
④ 시설재배 시 입구에 방충망을 설치하여 진딧물의 침입을 막는다

해설 페나리몰은 침투성살균제로 진균 등에 의한 병에는 효과가 있으나 바이러스에 의한 모자이크병 방제에는 적합하지 않다.

18

병원체에 대하여 완전면역성을 가지고 있는 것은?

① 비기주저항성　　② 내성
③ 세포질저항성　　④ 진정저항성

해설 해당작물이 병원체의 기주가 아닌 완전면역성을 가지는 성질을 비기주저항성이라 한다.

정답　13 ④　14 ②　15 ①　16 ①　17 ②　18 ①

19

봄에 배롱나무 흰가루병의 전염원에 대한 설명으로 가장 옳은 것은?

① 낙엽에서 자낭포자가 비산하여 1차 전염원이 된다.
② 낙엽에서 담자포자가 비산하여 1차 전염원이 된다.
③ 낙엽에서 병자포자가 비산하여 1차 전염원이 된다.
④ 낙엽에서 동포자가 비산하여 1차 전염원이 된다.

 배롱나무 흰가루병균은 자낭균류에 속하며 병든 낙엽의 병반 위에서 자낭구 형태로 월동하고 봄에 자낭포자가 바람에 날려 전파되면서 1차 감염이 일어난다.

20

사과나무 탄저병에 대한 설명으로 옳지 않은 것은?

① 가지나 잎에도 발병한다.
② 병든 과실은 쓴 맛이 난다.
③ 성숙한 과실은 상처를 통해서만 감염된다.
④ 과실에서는 주로 성숙기 가까이에 발병한다.

 사과나무 탄저병균은 자낭균류에 속하며 빗물이나 바람을 통해 분생포자가 직접 각피로 침입한다.

2과목 농림해충학

21

기주식물의 잎, 가지, 수피 등에 즙액을 빨아먹어 가해하는 흡즙성 해충으로만 올바르게 나열된 것은?

① 박쥐나방, 소나무좀
② 솔나방, 참나무재주나방
③ 솔껍질깍지벌레, 버즘나무방패벌레
④ 복숭아명나방, 느티나무벼룩바구미

 솔껍질깍지벌레 부화 약충은 적당한 장소에 정착하여 수액을 흡즙하며 버즘나무방패벌레 약충은 플라타너스 잎 뒷면에 모여 흡즙한다.

22

나무이가 속하는 목은?

① 벌목   ② 파리목
③ 노린재목   ④ 총채벌레목

 노린재목 종류 : 방패벌레, 사과면충, 온실가루이, 배나무이 등

23

주로 벼를 가해하는 해충으로 옳지 않은 것은?

① 혹명나방   ② 이화명나방
③ 끝동매미충   ④ 거세미나방

해설 〈거세미나방의 특징〉
무·가지·토마토·오이·콩·파 등을 가해하는 거세미나방은 유충이 기주식물의 잎과 줄기를 가해하여 표피만 남기고 식해(지저분한 반점이 생김)하며 1년에 4~5회 발생하고 유충이나 번데기 형태로 월동한다.

정답 19 ① 20 ③ 21 ③ 22 ③ 23 ④

24

해충의 생태적 방제방법으로 옳지 않은 것은?

① 윤작 실시
② 포장위생 실시
③ 재배시기 조절
④ 길항식물 재배

해설 〈해충의 생태적 방제법 종류〉
- 재배환경 변경 : 포장위생, 경운, 잠복소 제공 등
- 재배법 변경 : 윤작, 간작 및 혼작, 재식밀도 조절, 재배시기 조절 등

25

완전변태를 하는 것은?

① 벌   ② 메뚜기
③ 진딧물   ④ 잠자리

해설 벌은 벌목에 해당하며 완전변태를 하는 내시류이다.

26

꽃바구미의 발육영점온도는 10℃이고 알에서부터 성충까지의 유효적산온도가 250℃일 때 20℃ 인큐베이터에 오늘 알을 넣으면 언제 성충이 되는가?

① 10일 후   ② 15일 후
③ 20일 후   ④ 25일 후

해설 유효적산온도 = (측정온도-발육영점온도) × 측정온도에서의 발육일수, 250 = (20-10) × 측정온도에서의 발육일수, ∴발육일수 = 25일

27

곤충의 피부구조에 대한 설명으로 옳지 않은 것은?

① 기저막은 일정한 모양이 형성된 비세포성 연결조직이다.
② 외표피는 단백질과 지질로 구성된 얇은 층으로 되어있다.
③ 원표피는 성층표피의 대부분을 차지하며, 외원표피와 내원표피로 구성된다.
④ 진피세포는 표피를 이루는 단백질, 지질, 키틴화합물 등을 합성 및 분비하는 세포균이다.

해설 기저막 : 진피층 아래의 얇은 막으로 근육이 부착되는 곳과 연결되어 있으며 혈구에서 분비한 점액성 다당류를 함유하는 비세포성 무정형 연결조직

28

곤충의 호르몬에 대한 설명으로 옳지 않은 것은?

① 이뇨호르몬은 지질 동원에 관여한다.
② 유약호르몬은 성장 조절에 관여한다.
③ 경화호르몬은 탈피 후 표피의 경화에 영향을 준다.
④ 앞가슴샘에서 분비되는 호르몬은 탈피에 영향을 준다.

해설 이뇨호르몬은 곤충 내분비계에서 삼투압을 조절하는 역할을 한다.

29

벼의 잎을 엽초만 남기고 마구 먹으며 다 먹은 다음에는 다른 논으로 이동하는 해충은?

① 멸강나방   ② 벼밤나방
③ 혹명나방   ④ 벼잎말이나방

해설 멸강나방: 유충이 잎을 폭식하는 다식성 해충으로 4령 이후 섭식량이 급격히 증가하여 밤에 활발한 먹이활동을 한다.

정답 24 ④ 25 ① 26 ④ 27 ① 28 ① 29 ①

30

완전변태를 하는 것은?

① 혹벌과
② 진딧물과
③ 매미충과
④ 깍지벌레과

 혹벌과는 벌목의 한 과에 포함되며 완전변태를 하는 내시류이다.

31

곤충 표피에 대한 설명으로 옳지 않은 것은?

① 수분 손실을 억제한다.
② 근육의 부착점으로 작용한다.
③ 감각기관이 존재하지 않는다.
④ 표피층, 표피세포 및 기저막 등으로 구성된다.

 곤충의 머리의 표피에는 시각과 촉각을 느낄 수 있는 감각기관이 형성되어 있다.

32

콩나방에 대한 설명으로 옳지 않은 것은?

① 1년에 1회 발생한다.
② 땅속에서 노숙유충으로 월동한다.
③ 콩줄기 속에 파고 들어가 피해를 준다.
④ 성충은 주로 이른 오전과 늦은 오후에 콩밭에서 떼 지어 날아다닌다.

 〈콩나방의 특징〉
- 유충이 꼬투리를 먹어 들어가 여물지 않은 종실을 갉아 먹는다.
- 노숙유충이 꼬투리에 둥근 구멍을 내고 탈출하여 토양속에서 고치 형태로 월동한다.
- 1년에 1회 발생한다.
- 방제법 : 윤작, 만생종 재배

33

외국에서 침입한 해충이 아닌 것은?

① 꽃매미
② 알락하늘소
③ 밤나무혹벌
④ 소나무재선충

 대표적인 외래해충에는 긴꼬리가루깍지벌레, 흰개미, 사과면충, 밤나무순혹벌, 감자뿔나방, 뿌리응애, 솔잎혹파리, 미국흰불나방, 온실가루이, 벼물바구미, 꽃노랑총채벌래, 담배가루이, 버즘나무방패벌레, 꽃매미, 소나무재선충 등이 있다.

34

솔잎혹파리는 어느 충태의 기간이 가장 짧은가?

① 알
② 성충
③ 유충
④ 번데기

 솔잎혹파리는 번데기 25일 내외, 알 7일, 성충은 1~2일 정도의 충태 기간을 지낸다.

35

다음 ( )에 해당하는 용어로 옳은 것은?

> 솔잎혹파리는 분류학상 (A)에 속하며 학명은 (B)이다.

① A : 벌목 혹파리과, B : Dendrolimus spectabilis
② A : 벌목 혹파리과, B : Thecodiplosis japonensis
③ A : 파리목 혹파리과, B : Dendrolimus spectabilis
④ A : 파리목 혹파리과, B : Thecodiplosis japonensis

 솔잎혹파리(Thecodiplosis japonensis)는 파리목 혹파리과에 속하며 소나무와 해송(곰솔)을 가해한다.

정답 30 ① 31 ③ 32 ② 33 ② 34 ② 35 ④

36
가로수에 밴딩(banding)을 하여 해충을 방제하는 주요 대상은?
① 도둑나방
② 심식나방
③ 잎말이나방
④ 미국흰불나방

해설 가로수 밴딩은 흰불나방 등의 식물체를 대신할 월동처를 제공하여 방제하는 방법이다.

37
다음 중 외시류 곤충의 겹눈을 구성하는 낱눈수의 변화에 대한 설명으로 가장 옳은 것은?
① 약충 발육기간 중에만 증가한다.
② 변태기에만 증가한다.
③ 아무런 수의 변화가 없다.
④ 탈피기와 변태기에 모두 증가한다.

해설 외시류 곤충 겹눈을 구성하는 낱눈의 개수는 탈피기와 변태기에 모두 증가한다.

38
다음 중 이화명나방의 암수 구별 방법으로 가장 거리가 먼 것은?
① 암컷의 빛깔은 엷다.
② 수컷은 암컷에 비해 크기가 크다.
③ 암컷의 날개 센털은 3개가 있다.
④ 수컷의 전연각(前緣角)은 넓다.

해설 〈이화명나방의 특징〉
- 성충의 머리, 가슴, 앞날개가 회갈색이다.
- 뒷날개는 회백색이며 앞날개의 외연에는 7개의 검은 점이 있다.
- 수컷은 암컷에 비해 작고 빛깔이 짙다.
- 유충은 황갈색으로 등에 다섯 개의 세로줄이 있다.

39
나방류와 비슷하며 유충과 번데기 시기에 수서생활을 하는 것은?
① 강도래
② 뿔잠자리
③ 날도래
④ 매미

해설 날도래목 곤충은 유충과 번데기까지 물속에서 생활하며 기관아가미(기관새)로 호흡한다.

40
기주의 범위가 가장 좁은 협식성 해충은?
① 솔나방
② 독나방
③ 밤나무혹벌
④ 미국흰불나방

해설 밤나무혹벌은 충영성으로 밤나무 잎눈에 기생하여 벌레혹을 형성하는 협식성 해충이다.

정답 36 ④ 37 ④ 38 ② 39 ③ 40 ③

3과목 농약학

41

다음 농약 중 각종 응애류(mites)의 방제에 가장 적합한 것은?

① 페나자퀸(Fenazaquin)
② 펜티온(fenthion)
③ 클로르피리포스(Cholrpyrifos)
④ 비티쿠르스타키(Bacillus thringiensis ver. kurstaki)

해설 피리다벤과 페나자퀸은 살충제로 주로 수박 점박이 응애 방제에 사용된다.(주요 살응애제 : 피리다벤, 밀베멕틴, 아바멕틴, 에마멕틴벤조에이트, 비펜트린, 비페나제이트, 페나자퀸, 클로르페나피르, 아조사이클로틴, 사이에노피라펜, 스피로메시펜, 아조사이클로틴, 터부포스, 테부펜피라드)

42

포자의 침입 및 발아를 저지하고 균사의 생육을 저해하여 병반의 확대, 진전을 억제하는 효과가 있으므로 예방과 치료효과를 동시에 발휘하는 생합성 저해제 농약은?

① 폴리옥신(polyoxin)
② 캡탄(captan)
③ 피레트린(pyrethrin)
④ 씨마진(simazine)

해설 폴리옥신(Polyoxin)은 세포벽 형성 저해제로 포자의 침입 및 발아를 저지한다.

43

농약관리법에서 사용되는 용어의 정의로 틀린 것은?

① 농약의 범주에는 농림축산식품부령이 정하는 기피제, 유인제 등도 포함된다.
② 농약이란 농작물의 생리기능을 증진하거나 억제하는데 사용하는 약제를 포함한다.
③ 원제란 농약의 유효성분이 농축되어 있는 물질을 말한다.
④ 농작물이란 수목 및 임산물을 제외한 모든 농산물을 말한다.

해설 농약관리법상 농작물이란 수목, 농산물과 임산물을 포함한다.

44

아조포 유제를 500배로 희석하여 살포하려고 할 때 물 1말(18L)에 필요한 약량은 몇 mL인가?

① 18
② 20
③ 36
④ 72

해설 소요약량 = 사용량/소요희석배수 = 1말×18L / 500 = 0.036L = 36ml

45

클러버 등 광엽잡초에는 특이한 살초효과가 있으나 피 등과 같은 화본과잡초에는 효과가 없는 호르몬형 이행성 제초제는?

① Dicamba
② Dymuron
③ Glyphosate
④ Molinate

해설 벤조산계 제초제는 광엽식물에 적용되는 선택성 제초제로 주로 디캄바, 2,3,6-TBA 등을 콩과 작물, 잔디, 목초지의 광엽잡초 방제에 이용한다.

정답 41 ① 42 ① 43 ④ 44 ③ 45 ①

46

각종 과실의 저장성을 향상시키기 위하여 주로 사용하는 약제는?

① 6-BA ② 2,4-D
③ 클로르프로팜 ④ 일-메틸사이클로프로펜

 메틸사이클로프로펜(1-MCP)은 과실의 저장성을 높여주는 에틸렌 작용 억제제이다.

47

작용기작이 식물호르몬 작용 교란 제초제가 아닌 것은?

① 2,4-D ② Dicamba
③ MCPB ④ PCP

 호르몬 작용을 교란시키는 제초제에는 페녹시계(MCPP, 2,4-D), 벤조산계(디캄바) 등이 해당되며 PCP제(펜타클로로페놀)은 ATP 생산 저해 페놀성 물질로 목재의 방부제로도 사용한다.

48

각종 작물의 탄저병에 적용되는 트리할로메칠치오계 약자는?

① 캡탄 ② 펜시쿠론
③ 다코닐 ④ 오소싸이드

 캡탄은 -SH 저해제로 호흡 저해 기작을 갖는 각종 작물의 탄저병 방제에 이용되는 원예용 살균제이다.

49

저독성의 속효성이고 잔효성이 짧아 수확직전의 농작물이나 뽕의 해충방제에 적합한 약제는?

① 나크(NAC)제
② 이피엔(EPN)제
③ 카보(Carbofuran)제
④ 디디브이피(DDVP)제

 디디브이피(DDVP)제는 속효성이고 지속기간이 짧은 것이 특징이며 뽕나무의 초기 방제에 많이 이용되었으나 위해성으로 인해 생산이 중단되었다.

50

농약의 구비조건으로 가장 거리가 먼 것은?

① 사용 제형의 다양성
② 병해충에 대한 약효 발현 정도
③ 대상작물에 대한 약해 유발 여부
④ 재배환경 중 잔효성 및 잔류성 정도

〈농약의 구비조건〉

약효의 우수성	• 적은 양으로도 약효가 확실해야 함
인축에 대한 안정성	• 인축과 어류에 대한 독성이 낮아야 함
농작물에 대한 안정성	• 농작물에 대한 약해가 없어 생육에 이상이 없어야 함
생태계에 대한 안정성	• 천적에 대한 독성이 없어야 하며 잔류성이 낮아야 함 • 농약의 분해 : 화학적 분해, 산화·환원·가수분해·결합에 의한 분해, 미생물 분해, 광분해 (자외선)
제제화의 용이성	• 물리화학적 성질을 유지하면서 약효가 잘 발휘되어야 하며 혼용 등의 사용법이 편리해야 함 • 대량생산이 용이해야 함
가격의 합리성	• 값이 저렴하여 농업경영비 유지가 용이해야 함
등록	• 농약의 품목은 반드시 농촌진흥청에 등록되어 있어야 함 • 신규등록의 경우 필요한 약효 시험성적서의 인정범위 : 2~3년간 시험한 성적서 • 등록한 농약의 유효기간 : 10년

정답 46 ④ 47 ④ 48 ① 49 ④ 50 ①

51

농약을 음식물로 잘못 알고 마셨을 때 나타나는 중독은?

① 급성중독　　② 긴급중독
③ 만성중독　　④ 식중독

 농약의 중독은 급성중독과 만성중독으로 구분되는데 급성중독은 음독에 의해 주로 발생하며 만성중독은 식품에 존재하는 농약이 인체로 흡수 후 축적되어 나타난다.

52

현재 우리나라에서 사용되는 농약 중 대부분을 차지하는 것은?

① 고독성농약　　② 저독성농약
③ 보통독성농약　　④ 무독성농약

 우리나라에서 등록가능한 농약은 보통독성과 저독성 농약이며 이 중 대부분은 저독성농약이다.

53

Carbamate계 살충제가 아닌 것은?

① BPMC(Fenobcarb)
② Zeta-cypermethrin
③ Carbarl
④ Furathiocarb

 사이퍼메트린은 피레트로이드계 살충제이다.

54

화본과 및 광엽잡초의 경엽과 뿌리를 통하여 동시에 흡수 이행되어 살초작용을 나타내는 이미다졸리논계 제초제는?

① 벤타존액제
② 이마자퀸액제
③ 세톡시딤유제
④ 이마조설퓨론수화제

해설 이마자피르, 이마자퀸 등은 대표적인 이미다졸리논계 제초제로 화본과 및 광엽잡초의 아미노산 생합성을 방해함으로써 살초작용을 나타낸다.

55

제충국의 살충 유효 성분이 아닌 것은?

① Pyrethrin Ⅰ　　② Pyrethrin Ⅱ
③ Cinerin Ⅰ　　④ Rotenone

해설 Rotenone(로테논)은 콩과 식물인 데리스 등에서 추출되는 천연 살충물질이며 제충국의 살충 유효성분에는 Pyrethrin Ⅰ, Ⅱ와 Cinerin Ⅰ, Ⅱ 그리고 Jasmolin Ⅰ, Ⅱ가 해당된다.

56

농약의 사용목적에 따른 분류 중 보호살균제에 해당되지 않는 것은?

① Myclobutanil　　② Bordeaux mixture
③ Mancozeb　　④ Propineb

해설 〈살균제의 종류〉
- 침투성살균제 : IBP, Carboxin제, 베노밀
- 침투이행성 살균제 : 가스가마이신(저항성 유발 가능성 높음)
- 보호살균제 : Mancozeb, Propineb, 석회유황합제, 보르도액, 구리분제

정답　51 ①　52 ②　53 ②　54 ②　55 ④　56 ①

57

다음 중 유기인계 살균제는?

① 에디펜포스   ② 네오아소진
③ 홀펫   ④ 라브사이드

 에디펜포스는 주로 살충제로 사용되고 있지만 벼 도열병 약제로 사용되기도 하는 유기인계 살균제이다.

58

다음 농약 중 저항성 유발 우려가 가장 높은 약제는?

① 가스가마이신
② 에디벤포스
③ 페노뷰카브
④ 석회 유황합제

 〈살균제의 종류〉
- 침투성살균제 : IBP, Carboxin제, 베노밀
- 침투이행성 살균제 : 가스가마이신(저항성 유발 가능성 높음)
- 보호살균제 : Mancozeb, Propineb, 석회유황합제, 보르도액, 구리분제

59

다조멧 85%분제 1kg을 50%로 만들려면 증량제가 얼마나 필요한가?

① 0.85kg   ② 0.70kg
③ 1.00kg   ④ 1.50kg

희석할 증량제양 = 원본제중량×{(원분제농도/목표농도)-1} = 1kg×{(85%/50%)-1} = 0.7kg

60

식물 고유의 분해·불활성화 기작에 기인된 것으로 식물 체내외에서 제초제의 흡수와 이동의 차에 의해서 일어나는 선택성은?

① 물리적 선택성
② 생화학적 선택성
③ 생리적 선택성
④ 생태적 선택성

〈제초제 선택성의 종류〉
- 생리적 선택성 : 약제 성분이 식물체에 이행되는 정도에 따른 선택성
- 생태적 선택성 : 식물체별 생육시기로 인한 감수성 차이에 따른 선택성
- 형태적 선택성 : 생장점 노출 정도에 따라 나타나는 선택성
- 생화학적 선택성 : 식물 종류에 따른 반응별 선택성

정답 57 ① 58 ① 59 ② 60 ③

5과목 잡초방제학

61
선택성 제초제가 아닌 것은?

① 이사디 액제
② 디캄바 액제
③ 뷰티클로르 유제
④ 글리포세이트암모늄 액제

해설 글리포세이트암모늄 입상수용제는 비선택성 제초제이다.

62
잡초군락의 천이에 가장 큰 영향을 주는 것은?

① 시비방법　　② 경운방법
③ 제초방법　　④ 물관리방법

해설 잡초의 천이는 시간에 따라 종의 조성과 형태가 자연적으로 변하는 현상을 뜻하며, 식생천이에 관여하는 요인 중 동일 제초제의 사용이 가장 크게 영향을 미친다.

63
잡초에 대한 벼의 경합력을 높이는 재배방법으로 가장 적절한 것은?

① 직파 재배를 한다.
② 소식 재배를 한다.
③ 무경운 재배를 한다.
④ 이앙 재배를 한다.

해설 잡초에 대한 작물의 경합력을 높이는 방법 : 밀식 재배, 춘파작물과 추파작물의 윤작, 다분지성 품종 재배, 조숙종 품종 재배, 제초작업, 이식재배 및 손이앙

64
다음 중 잡초의 학명이 틀린 것은?

① 올방개 : Eleocharis kuroguwai Ohwi
② 강피 : Monochoria vaginalis P.
③ 너도방동사니 : Cyperus serotinus Rottb.
④ 알방동사니 : Cyperus difformis L.

해설 〈잡초 학명〉
- 올미 : Sagittaria pygmaea Miquel
- 벗풀 : Sagittaria trifolia L.
- 올챙이고랭이 : Scirpus juncoides Roxb.
- 너도방동사니 : Cyperus serotinus
- 돌피 : Echinochloa crus-galli
- 강피 : Echinochloa oryzicola

65
다음 중 외래잡초로만 나열된 것은?

① 미국개기장, 단풍잎돼지풀, 서양민들레
② 올챙이고랭이, 미국자리공, 생이가래
③ 서양민들레, 올방개, 방동사니
④ 단풍잎돼지풀, 미국가막사리, 중대가리풀

해설 외래잡초 : 미국개기장, 서양민들레, 단풍잎돼지풀, 뚱딴지 등

66
우리나라에서 가장 먼저 사용한 제초제는?

① 마세트 입제　　② 2,4-D 액제
③ 스톰프 유제　　④ 라쏘 유제

해설 2,4-D는 우리나라에서 가장 먼저 사용된 제초제로 옥신의 한 종류인 호르몬형 제초제로 농약성분이 광합성 산물과 함께 이동하여 식물체 내 옥신 균형을 잃게 하는 선택성 제초제이다.(이행형, 호르몬형) 또한, 1년생 잡초(방동사니, 물달개비, 밭뚝외풀, 마디꽃, 사마귀풀)에 효과가 크다.

정답　61 ④　62 ③　63 ④　64 ②　65 ①　66 ②

67
일년생 잡초가 아닌 것은?
① 메꽃, 쑥
② 뚝새풀, 돌피
③ 명아주, 깨풀
④ 바랭이, 쇠비름

 메꽃, 쑥은 다년생 광엽잡초에 해당한다.

68
방동사니과에 속하는 잡초는?
① 벗풀
② 가래
③ 여뀌바늘
④ 바람하늘지기

 타감작용 : 상호대립억제작용(allelopathy)라고도 하며 잡초가 작물의 생육을 억제하는 물질을 분비하여 영향을 미치는 것을 의미한다.

69
개체당 종자 수가 가장 많은 잡초는?
① 망초
② 별꽃
③ 마디꽃
④ 알방동사니

 망초의 종자생산량은 벼의 약 500배 정도인 60만개~80만개 정도로 매우 많다.

70
예방적 방제수단에 해당하지 않는 것은?
① 농기계 청소
② 비산종자 관리
③ 작물종자 정선
④ 경엽처리제 살포

 경엽처리제를 살포하는 것은 화학적 방제법에 해당한다.

71
잡초종자의 휴면에 대한 설명으로 옳지 않은 것은?
① 배의 미숙에 의하여 휴면하기도 한다.
② 발아환경이 부적당하면 2차 휴면을 한다.
③ 종자뿐만 아니라 괴경 및 지하경에서도 볼 수 있다.
④ 외적요건이 발아에 부적당하여 발아하지 못하는 경우 자발휴면이라고 한다.

 외적요건이 발아에 부적당하여 발아하지 못하는 경우는 타발휴면에 해당한다.

72
장기간에 걸친 잡초의 생존 특성으로 옳지 않은 것은?
① 많은 종자 생산
② 종자만으로 번식
③ C4 광합성 회로 이용
④ 불량한 환경조건에 잘 적응

해설 잡초는 종자번식 뿐만 아니라 영양번식도 한다.

73
다음 중 식물의 분류체계로 가장 적절한 것은?
① 문-과-강-목-종-속
② 문-강-목-과-속-종
③ 문-속-강-과-목-종
④ 강-문-목-과-속-종

해설 식물의 분류체계 : 계-문-강-목-과-속-종

정답 67 ① 68 ④ 69 ① 70 ④ 71 ④ 72 ② 73 ②

74

제초제 종류와 주요 작용 기작이 가장 옳은 것은?

① atrazine-호흡 저해
② thiobencard-분지형 아미노산 생합성 저해
③ glyphosate-방향족 아미노산 생합성 저해
④ chlorsulfuron-색소 형성 저해

 설포닐우레아계, 이미다졸리논계, 유기인계(글리포세이트) 제초제의 작용기작은 아미노산 생합성을 억제하는 것이다.

75

토양처리제로 식물체내에서 이행되며 세포분열 및 단백질 합성을 저해하여 고사시키는 계통으로만 나열된 것은?

① 피라졸계와 요소계
② 설포닐우레아계와 트라이아진계
③ 카르바메이트계와 디니트로아닐린계
④ 유기인계와 산아미드계

 디니트로아닐린계(트리플루라린), 카바메이트계(클로르프로팜) 제초제의 작용기작은 세포분열을 억제하는 것이다.

76

다음 중 다년생 잡초의 전파기관에서 가장 지하에 묻혀있지 않는 것은?

① 인경　　　　② 근경
③ 포복경　　　④ 괴경

 포복경은 지면을 기면서 생장하는 영양기관이다.

77

논 잡초방제에 사용되는 카바메이트계 제초제로만 나열된 것은?

① 디페나미드, 벤설퓨론메틸
② 메토라클로르, 알콜
③ 티오벤카브, 몰리네이트
④ 나프로파미드, 프레틸라클로르

 카바메이트계 제초제에는 아슐람, 티오벤카브, 몰리네이트, 클로르프로팜 등이 있으며 티오벤카브, 몰리네이트는 주로 논 잡초방제에 이용된다.

78

광합성을 억제하는 계통의 제초제로 가장 거리가 먼 것은?

① Triazine 계
② Acetamide 계
③ Urea계
④ Bipyidylium 계

 광합성 저해 제초제 : 벤조티아디아졸계(벤타존), 트리아진계(시마진, 아트라진), 요소계(리누론, 디우론, 아트라진), 아마이드계(프로파닐), 비피리딜리움계(파라쿼트)

79

제초제를 흡수한 잡초 체내에서 일어나는 대사 과정으로 옳지 않은 것은?

① 산화　　　　② 환원
③ 염소반응　　④ 가수분해

제초제는 잡초 체내에 흡수되어 산화, 환원, 가수분해 과정을 통해 작용점에 영향을 미친다.

정답　74 ③　75 ③　76 ③　77 ③　78 ②　79 ③

80

방제법의 종류와 그 예가 잘못 짝지어진 것은?

① 물리적 방제법 : 흑색 비닐멀칭을 실시한다.
② 재배적 방제법 : 작물 파종 전 경운을 실시한다.
③ 생물적 방제법 : 상호대립억제작용을 이용한다.
④ 예방적 방제법 : 농업용수의 유입구에 잡초 종자 거름망을 설치한다.

해설 경운(중경)은 토양을 물리적으로 갈아 잡초종자가 땅 속으로 묻히거나 지하경이 지상부로 올라오게 하는 것으로 물리적 방제법에 해당한다.

정답 80 ②

Chapter 03 2025년 3회 산업기사 CBT 복원

1과목 식물병리학

01
녹병균에 의해 발생되는 병은?
① 소나무 혹병
② 호두나무 탄저병
③ 잣나무 수지동고병
④ 밤나무 줄기마름병

 녹병균에 의해 발생되는 병 : 잣나무 털녹병, 소나무 잎녹병, 소나무 혹병, 배나무 붉은별무늬병

02
병원체와 주요 전반수단이 잘못 짝지어진 것은?
① 물 – 밀 줄기녹병
② 바람 – 보리 겉깜부기병
③ 곤충 – 오이 세균성시들음병
④ 영양번식기관 – 감자 둘레썩음병

 바람에 의한 전반 : 벼 도열병균, 벼 키다리병균, 맥류 겉깜부기병균, 밀 줄기녹병균, 감자 역병균 등

03
소나무류에 발생하는 잎녹병의 중간기주가 아닌 것은?
① 쑥부쟁이
② 황벽나무
③ 등골나물
④ 신갈나무

해설 소나무 잎녹병 중간기주 : 황벽나무, 참취, 쑥부쟁이, 등골나물

04
무성포자에 해당하는 것은?
① 난포자
② 분생포자
③ 자낭포자
④ 담자포자

해설 〈진균의 특징〉
• 진균의 번식기관은 포자는 수정여부에 따라 무성포자(불완전세대)와 유성포자(완전세대)로 구분한다.
• 무성포자 종류 : 분생포자, 병포자, 후막포자, 유주자
• 유성포자 종류 : 난포자, 자낭포자, 담자포자, 접합포자

05
파종기를 늦추어 감수성 품종의 병 발생을 막았다면 이것은 무엇을 이용한 방제방법인가?
① 내성
② 회피
③ 면역성
④ 저항성

해설 병충해의 생태적(경종적) 방제방법 중 생육시기를 조절하는 것 : 벼는 파종기와 이앙기가 늦어지면 도열병이 심하고, 이앙을 일찍하면 잎집무늬마름병이 많이 발생하므로 파종기를 조절함으로써 병해를 회피한다.

정답 01 ① 02 ① 03 ④ 04 ② 05 ②

06

파이토알렉신(Phytoalexin)에 대한 설명으로 옳은 것은?

① 병원균이 분비한다.
② 병원체의 발육을 촉진하는 물질이다.
③ 기주와 균의 상호작용에 의하여 생긴다.
④ 생산된 파이토알렉신의 종류는 식물의 종과는 관계없이 균의 종류에 따라 결정된다.

해설 파이토알렉신은 병원체 발육을 억제하는 항균물질로 기주와 균의 상호작용에 의하여 생성된다.

07

판별품종에 대한 설명으로 옳은 것은?

① 기주의 저항성을 결정할 때 쓰는 품종
② 기주의 유전성을 결정하는데 사용하는 품종
③ 병원균의 병원성 분화를 결정하는데 사용하는 품종
④ 기주에 대한 환경의 영향을 결정할 때 쓰는 품종

해설 병원성의 생리적 분화는 영양 요구성의 차이에 의해 생기며 분화형을 결정하기 위해서 판별품종을 사용한다.

08

곰팡이의 유성생식 결과 만들어지는 기관이 아닌 것은?

① 난포자
② 후막포자
③ 자낭포자
④ 접합포자

해설 〈진균의 특징〉
- 진균의 번식기관은 포자는 수정여부에 따라 무성포자(불완전세대)와 유성포자(완전세대)로 구분한다.
- 무성포자 종류 : 분생포자, 병포자, 후막포자, 유주자
- 유성포자 종류 : 난포자, 자낭포자, 담자포자, 접합포자

09

다음에서 설명하는 병원균의 기관으로 가장 옳은 것은?

> 균사가 식물체의 표면이나 세포간극에서 생장하는 균에서는 기주의 세포막에 작은 구멍을 내고 특이한 흡수기관을 형성한다.

① 흡기
② 버섯
③ 균핵
④ 후벽포자

해설 진균은 기주식물에 구멍을 내고 흡기조직을 통해 영양분을 섭취한다.

10

잣나무 털녹병의 방제방법으로 옳지 않은 것은?

① 중간기주인 송이풀을 제거한다.
② 중간기주인 까치밥나무를 제거한다.
③ 담자포자가 비산하는 초봄에는 살균한다.
④ 병든 나무는 녹포자가 비산하기 전에 비닐로 싸준다.

해설 잣나무 털녹병 방제를 위해 중간기주(송이풀, 까치밥나무)를 제거 등 포자가 비산하지 않도록 방지하여 포장위생을 관리한다.

정답 06 ③ 07 ③ 08 ② 09 ① 10 ③

11
고구마에 발생하는 병으로 접합균류에 속하는 것은?
① 무름병
② 더뎅이병
③ 덩굴쪼김병
④ 자주날개무늬병

 고구마 무름병균은 조균류 중 접합균류에 해당한다.

12
배추 등 채소에 무름병을 일으키는 병원균으로 감염 초기에 수침상을 보이다가 후기에 담갈색으로 변하여 식물체 조직이 물러지게 하는 병원균은?
① Ralstonia solanacearum
② Plasmodiophora brassicae
③ streptomyces scabies
④ Erwinia carotovora

 채소 세균성무름병의 병원체는 세균(Erwinia carotovora)이며 병원균은 펙틴질분해효소를 분비하여 펙틴질과 유조직을 침해시켜 병든 부위가 물렁해진다.

13
다음 중 병원균의 병원성 변이와 가장 관련이 없는 것은?
① 돌연변이
② 교잡
③ 준유성교환
④ 항생

 병원성의 유전(변이)에는 돌연변이, 교잡, 이질다핵 현상, 준유성교환이 해당된다.

14
매개충의 알을 통하여 다음 대까지 바이러스가 옮겨지는 병은?
① 벼 오갈병
② 감자 잎말림병
③ 오이 모자이크병
④ 오이 녹반모자이크병

 벼 오갈병은 끝동매미충에 의해 경란전염한다.

15
균류유사체에 속하는 병원균에 의해 산성토양에서 많이 발생하는 병해는?
① 배추 무름병
② 토마토 풋마름병
③ 배추 무사마귀병
④ 대추나무 빗자루병

 산성토양에서는 무·배추 무사마귀병, 목화·토마토 시들음병이 증가하므로 석회시용으로 토양산도를 조절해야 한다.

16
다음 중 병원체가 가지고 있는 플라스미드의 T-DNA 부분이 식물 세포로 이행하여 뿌리 혹병을 일으키는 것은?
① Agrobacterium tumefaciens
② Xathomonas campestris
③ Streptomyces scabies
④ Pseudomonas putida

 Agrobacterium tumefaciens는 식물 뿌리 혹병의 원인균으로, 플라스미드에 존재하는 T-DNA가 식물 세포로 전달되어 식물 내 유전자 변형을 일으키고 뿌리 혹을 형성한다.

정답 11 ① 12 ④ 13 ④ 14 ① 15 ③ 16 ①

17

다음 중 진균에 해당하지 않는 것은?

① 불완전균류   ② 자낭균류
③ 담자균류   ④ 난균류

해설 진정균류는 크게 접합균류, 자낭균류, 담자균류, 불완전균류로 구분된다.

18

수목병해의 표징 중 번식기관에 의한 표징으로 가장 거리가 먼 것은?

① 포자   ② 분생자병
③ 균사체   ④ 포자낭

해설 균사체는 영양기관에 의한 표징에 해당된다.

19

균의 종류에 따른 세포벽 구성성분에 대한 설명으로 가장 옳은 것은?

① 고구마 무름병균은 키틴 성분이 없고 다량의 섬유소를 갖고 있다.
② 감자 역병균은 키틴이 없고 소량의 섬유소를 갖고 있다.
③ 벼 도열병균은 키틴이 없고 소량의 섬유소를 갖고 있다.
④ 벼 흰잎마름병균은 키틴과 다량의 섬유소를 갖고 있다.

해설 감자 역병균(난균류) 세포벽에는 키틴이 함유되어 있지 않고 글루칸과 섬유소로 구성되어 있다.

20

식물병 발병에 관여하는 3대 요인과 가장거리가 먼 것은?

① 일조부족
② 병원체의 밀도
③ 중간기주의 저항성
④ 기주식물의 감수성

해설 식물병 발생에 필요한 3대 요인 : 기주, 병원체, 환경요인

정답 17 ④   18 ③   19 ②   20 ③

2과목 농림해충학

21
솔잎혹파리가 벌레혹을 만드는 곳은?
① 열매 ② 뿌리
③ 잎 기부 ④ 가지 끝

 솔잎혹파리는 유충이 솔잎 밑부분에 벌레혹(충영)을 만들고 그 속에서 즙액을 흡즙한다.

22
생물적 방제법에 이용되지 않는 것은?
① 기생자 ② 포식자
③ 병원균 ④ 생장조절제

 생물적 방제법은 기생성 천적, 포식성 천적, 병원성 미생물을 이용하는 방제방법이다.

23
콩잎말이나방의 월동 형태는?
① 알 ② 유충
③ 성충 ④ 번데기

 콩잎말이명나방은 1년에 2~3회 발생하며 유충 형태로 벼에서 월동한다.

24
뽕나무하늘소에 대한 설명으로 옳지 않은 것은?
① 사과나무, 배나무에도 피해를 준다.
② 성충이 과실을 물어뜯고 즙액을 빨아먹는다.
③ 다 자란 유충은 나뭇잎 뒷면에서 번데기가 된다.
④ 유충이 나무줄기 속으로 구멍을 뚫고 들어간다.

 〈뽕나무하늘소의 특징〉
• 유충이 사과, 배, 뽕 등의 가지 속을 가해
• 성충은 과실을 물어뜯고 흡즙함
• 톱밥 같은 변을 배출하며 그을음병 발생시킴
• 2년에 1회 발생

25
해충발생밀도 조사방법에 해당하지 않는 것은?
① 수반조사법
② 예찰등조사법
③ 해충가해조사법
④ 공중포충망조사법

해충밀도의 정량적 조사방법에는 유아등조사법, 황색수반, 공중포충망조사법, 포충망조사법 등이 해당한다.

26
알의 양쪽에 공기주머니가 붙어 있는 해충은?
① 솔나방 ② 무당벌레
③ 학질모기 ④ 이화명나방

학질모기는 물속에 산란하는데, 알은 방추형이고 좌우에 공기주머니인 부낭을 갖고 있어 수면에 뜬다.

정답 21 ③ 22 ④ 23 ② 24 ③ 25 ③ 26 ③

27
단위생식으로 번식하는 해충이 아닌 것은?
① 밤나무혹벌
② 벼물바구미
③ 미국선녀벌레
④ 복숭아혹진딧물

해설 미국선녀벌레는 9월경부터 가지나 줄기의 갈라진 틈에 산란하여 번식한다.

28
깍지벌레가 속하는 목은?
① 이목
② 노린재목
③ 총채벌레목
④ 부채벌레목

해설 노린재목 곤충 종류 : 방패벌레, 사과면충, 온실가루이, 배나무이, 깍지벌레

29
외국에서 우리나라로 침입한 해충이 아닌 것은?
① 소나무좀
② 솔잎혹파리
③ 밤나무혹벌
④ 버즘나무방패벌레

해설 대표적인 외래해충에는 긴꼬리가루깍지벌레, 흰개미, 사과면충, 밤나무순혹벌, 감자뿔나방, 뿌리응애, 솔잎혹파리, 미국흰불나방, 온실가루이, 벼물바구미, 꽃노랑총채벌레, 담배가루이, 버즘나무방패벌레 등이 있다.

30
배추흰나비에 대한 설명으로 옳지 않은 것은?
① 연 3~4회 발생한다.
② 십자화과 작물도 가해한다.
③ 장마철에 가장 많은 피해를 준다.
④ 천적으로는 꼬마나나니, 황다리납작맵시벌 등이 있다.

해설 〈배추흰나비의 특징〉
- 유충이 십자화과 채소의 잎을 갉아먹으며 봄부터 가을까지 피해를 준다.
- 1년에 3~5회 발생하며 번데기로 월동한다.
- 천적 : 꼬마나나니, 황다리납작맵시벌
- 방제법 : 유충에 살충제를 처리한다.

31
사과응애에 대한 설명으로 옳은 것은?
① 번데기로 월동한다.
② 1년에 7~8회 발생한다.
③ 뿌리 근처에서 월동한다.
④ 주로 뿌리 부위를 가해한다.

해설 사과응애는 1년에 7~8회 발생하며 알의 형태로 월동한다.

32
산란관으로 과수의 가지에 상처를 내고 산란하는 해충은?
① 말매미
② 조명나방
③ 사과혹진딧물
④ 사과둥근나무좀

해설 말매미는 성충이 과수나 활엽수의 이년생 가지에 알을 낳아 고사하게 만들며 유충에서 성충까지 입틀의 형태가 변하지 않는 해충이다.

정답 27 ③ 28 ② 29 ① 30 ③ 31 ② 32 ①

33

곤충의 발육 적산온도법칙과 가장 관계가 먼 것은?

① 최적발육온도
② 영점발육온도
③ 유효적산온도
④ 특정 온도에서의 발육일수

 〈곤충과 온도환경〉
- 발육영점온도 : 곤충이 발육을 하려면 일정량의 온도가 되어야 하는데 곤충이 발육되지 않는 생존최저온도
- 유효적산온도 : 발육영점온도 이상의 온도가 충족되면 단계적 생육이 진행되는데 이 때 일정한 발육을 완료하기 위해 필요한 총온열량
- 유효적산온도 = (측정온도-발육영점온도) × 측정온도에서의 발육일수
- 1일 유효적산온도 = (1일 최고온도 + 1일 최저온도)/2 - 발육영점온도

34

사과혹진딧물에 대한 설명으로 옳지 않은 것은?

① 10월 중순경 겨울눈 부근에 월동란을 낳는다.
② 천적으로는 애홍점박이무당벌레, 칠성무당벌레가 있다.
③ 사과나무의 끝 가지에서 월동한 알이 4월 중하순에 부화하여 간모가 된다.
④ 사과 성숙잎의 뒷면에 기생하면 잎이 앞면으로 그리고 가로로 말리게 된다.

 〈사과혹진딧물〉
- 매미목 진딧물과에 속한다.
- 무시자충 : 몸은 흑녹색이며 머리는 검은색으로 이마혹이 뚜렷하다.
- 유시자충 : 몸은 담녹색이며 이마혹이 뚜렷하고 경절, 퇴절 끝과 뿔관이 검은색을 띤다.
- 사과 잎이 트기 시작할 때부터 흡즙하며 피해 잎은 뒤쪽을 향해 세로로 말린다.

- 1년에 약 10회 발생하며 알의 형태로 가지 끝이나 겨울눈에서 월동한다.
- 단위생식으로 무시태생자충을 낳는다.
- 방제법 : 피해가 심한 5~7월에 약제 처리

35

양성 주광성이 가장 약한 곤충은?

① 솔나방   ② 벼애나방
③ 배추흰나비   ④ 이화명나방

 주광성은 빛에 유인되는 것으로 나비, 나방은 양성 주광성을, 구더기, 바퀴류는 음성 주광성을 띤다.

36

끝동매미충에 대한 설명으로 옳지 않은 것은?

① 연 1회 발생한다.
② 바이러스병을 매개한다.
③ 약충은 몸 색깔의 변화가 심하다.
④ 약충과 성충 모두 기주식물을 흡즙한다.

끝동매미충은 연간 4~5세대를 경과하며 그 중 2세대의 약충이 바이러스병인 벼 오갈병을 매개한다.(경란전염)

37

솔수염하늘소의 성충이 최대로 출현하는 최성기로 가장 적절한 것은?

① 3~4월   ② 4~5월
③ 6~7월   ④ 9~10월

솔수염하늘소는 소나무 신초를 식해하여 생긴 상처를 통해 소나무재선충을 전파감염시킨다.(최성기 6월, 1년에 1회발생)

정답 33 ①   34 ④   35 ③   36 ①   37 ③

38

다음 중 해충의 정의로 가장 적절한 것은?

① 식물을 가해하는 곤충
② 개체수가 많은 곤충
③ 인간과의 관계에서 경쟁적인 곤충
④ 다른 곤충을 포식하는 곤충

 해충은 경제적 목적으로 하는 작물이나 수목을 가해하는 동물로, 인간과의 관계에서 경쟁적인 곤충을 의미한다.

39

다음 중 내시류에 속하는 곤충으로 가장 옳은 것은?

① 물장군 ② 장수풍뎅이
③ 벼메뚜기 ④ 분홍날개대벌레

 장수풍뎅이는 딱정벌레목에 해당하는 내시류이다.

40

입 이후의 소화기관 순서로 올바르게 나열한 것은?

① 인두-위-모이주머니-위맹낭-직장
② 인두-위맹낭-모이주머니-위-직장
③ 인두-모이주머니-위-위맹낭-직장
④ 인두-모이주머니-위맹낭-위-직장

 〈곤충 소화기관의 구조〉

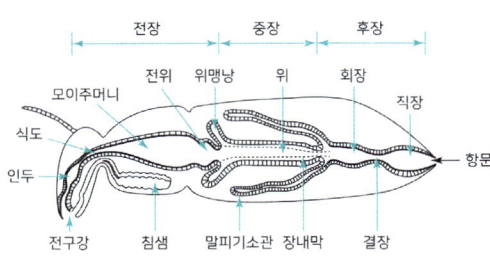

4과목 농약학

41

제초제의 살초작용인 이행형 제초제와 접촉형 제초제에 대한 설명으로 틀린 것은?

① 접촉형 제초제는 생세포에 직접 작용하여 그 부분을 파괴하여 살초효과를 나타낸다.
② 접촉형 제초제는 작용이 속효적으로 나타난다.
③ 이행형 제초제는 수분이나 양분과 함께 약제가 식물체 내로 들어간다.
④ 이행형 제초제는 식물체에 처리한 제초제가 뿌리로부터 위쪽으로만 이동한다.

 이행형 제초제는 경엽, 뿌리 등 접촉부위에서 식물체 내의 작용점으로 이행되어 효과를 발휘하는 제초제를 말하며 여러 방향의 작용점으로 이행되는 제초제를 포함한다.

42

다음과 같은 화학구조를 가지는 제초제는?

$$\text{Cl}-\underset{}{\bigcirc}\overset{CH_3}{-}OCH_2COOH$$

① 2,4-D ② EPN
③ MCP ④ TBA

 MCP의 화학식은 $C_9H_9O_3Cl$로 2,4-D보다 약해가 적으며 한랭지역에서 조기재배 시 주로 사용한다.

정답 38 ③ 39 ② 40 ④ 41 ④ 42 ③

43

12% 바리신분제 1kg을 1%분제로 조제하고자 할 때 필요한 증량제의 양은 약 kg인가?

① 10 ② 11 ③ 12 ④ 13

 희석할 증량제 양 = 원분제중량×{(원분제농도/목표농도)-1} = 1×{(12%/1%)-1} = 11kg

44

DEP제(디프테릭스)가 분해하여 1차로 변하는 형태는?

① Parathion ② DDVP
③ Trithion ④ Dimethoate

해설 DDVP는 디프테릭스(DEP제)를 수산화나트륨과 함께 처리했을 때 분해되어 1차로 나타나는 형태이다.

45

무기농약인 석회황합제의 제조 및 사용법에 대한 설명으로 틀린 것은?

① 생석회와 황을 2:1의 중량비로 배합하여 가마솥에 넣고 일정량의 물과 온도하에 가열반응시켜 숙성 후에 여과하여 만든다.
② 약제 조제용 그릇은 금속제를 피하고 나무통을 사용하고 분무기는 약제 사용 후 암모니아수나 초산액으로 씻은 다음 물로 씻어 보관한다.
③ PCP, 황산니코틴, 황산아연 등과 혼용해도 무방하지만 유기인제, 제충국제와는 혼용을 피하는 것이 좋다.
④ 공기와 접촉하게 되면 분해가 촉진되기 때문에 저장할 때는 공기와의 접촉을 막아야 한다.

 석회황합제는 생석회와 황을 1:2 비율로 배합한 약제로 살충 및 살균효과가 뛰어나다.

46

광엽잡초 생육기 경엽처리용 제초제로서 잡초가 발생한 시기에 사용할 수 있어 사용폭이 넓고 화본과잡초를 제외한 일년생 및 다년생 광엽잡초와 사초과 잡초에 효과가 있는 약제는?

① MCPB ② Butachlor
③ Bentazone ④ Benthiocarb

 벤타존은 잡초 발생 후 처리하는 경엽처리용 제초제로 주로 광엽잡초, 너도방도사니, 올미, 매자기, 올방개, 올챙이고랭이 등의 사초과잡초에 살포한다.

47

살응애제 농약의 작용기작이 아닌 것은?

① 단백질 합성 저해
② 신경계에 작용하여 신경기능 저해
③ 생체 내 Amine 대사를 저해하는 대사 저해
④ 미토콘드리아에 작용하여 에너지대사 저해

해설 살응애제의 작용기작 : 신경기능 저해, 호흡작용 저해, SH효소 저해, 글루타민 합성 저해

48

우리나라에서 유통되는 수화제의 분말도는 몇 메시(Mesh)의 체를 기준으로 하는가?

① 150메시 ② 250메시
③ 300메시 ④ 325메시

해설 분제, 분의제는 250메시에서 98%가 통과하며 수화제는 325메시에서 98%이상 통과한다.

정답 43 ② 44 ② 45 ① 46 ③ 47 ① 48 ④

49

농약의 명칭 중 농약개발회사의 약자 또는 약종의 상징 문자에 선택번호를 부여하여 등록되기 전에 사용되는 명칭을 무엇이라 하는가?

① 품목명(item name)
② 시험명(code name)
③ 상품명(trade name)
④ 일반명(common name)

해설 〈농약의 명명법〉

화학명	• 농약을 구성하고 있는 화학적 구조에 따라 명명 • 병해충의 약제저항성과 관련이 깊으며 IUPAC(국제 순수 및 응용화학 연합)에서 명칭을 결정
시험명	• 농약 개발 시 일반명이 지어지기 전에 회사나 개발자의 이름을 붙임
일반명	• 농약을 구성하는 화합물의 이름을 암시하면서 단순화시켜 명명 (농약의 특성을 나타냄) • 잔류허용기준을 나타내며 국제적으로 통용됨
품목명	• 농약 제제 형태에 따라 명명되며 우리나라에서 농약을 등록할 때 사용
상품명	• 농약을 제제화한 후 제품화할 때 제제화(생산)한 회사에 따라 명명 • 같은 성분의 농약이라도 생산한 회사에 따라 다름

50

다음 Thiram 농약의 구조식 중 (①), (②) 속에 적당한 원소 기호는?

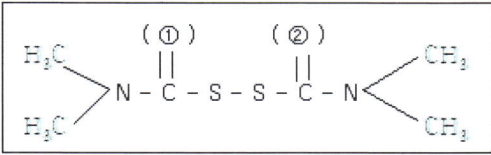

① ① O, ② S
② ① P, ② S
③ ① O, ② O
④ ① S, ② S

해설 티람은 유기황계 항진균성 살균제로 화학식은 $C_6H_{12}N_2S_4$이며 황(S)원소 4개를 포함한다.

51

농약의 제제형태에 따라 검사방법이 다르다. 다음 중 액상수화제의 검사항목이 아닌 것은?

① 유효성분
② 수화성
③ 분말도
④ 발연성

해설 액상수화제 검사항목 : 유효성분, 수화성, 분말도

52

파프 유제 20%를 1,000배액으로 희석하여 10a당 8말을 살포하여 해충을 방제하려 할 때 파프 유제의 소요량은 몇 mL인가? (단, 1말은 20L이다.)

① 144
② 150
③ 160
④ 170

해설 소요약량 = 단위면적당 사용량 / 소요 희석 배수
= (20,000ml×8말) / 1000 = 160ml

정답 49 ② 50 ④ 51 ④ 52 ③

53

병균의 포자 발아를 억제시켜 감염을 예방하는 보호살균제(保護殺菌劑)는?

① 만코지 ② 파라티온
③ 스미치온 ④ 다이아톤

 보호살균제는 병이 발생하기 전 병균이 식물에 침입하는 것을 예방하는 약제로 만코제브(만코지), 보르도액, 구리 분제가 해당된다.

54

농약의 작물잔류성에 대한 설명으로 옳지 않은 것은?

① 증기압이 높은 약제일수록 증발하기 쉬우므로 잔류기간이 짧다.
② DDVP 유제는 증기압이 약 1.2×10^{-2} mmHg (20℃) 정도로 증기압이 낮아 잔류기간이 길다.
③ 증기압은 살포된 농약이 식물체 표면에서 소실하는 데 가장 중요한 요인이다.
④ 농약의 입자가 미세할수록 증발속도가 빠르다.

 DDVP 유제는 증기압이 높아 잔류기간이 짧으므로 수확직전의 농작물에 사용된다.

55

도열병 약제의 농약 명칭을 키타진으로 표기할 때 다음 중 어디에 해당하는가?

① 화학명 ② 품목명
③ 상표명 ④ 원소명

 키타진은 이프로벤포스 원제를 제제화한 후 회사에 따라 붙인 이름인 상표명에 해당한다.

56

다음 구리제 농약 중 구리 함유량이 가장 큰 것은?

① Tribasic Copper Sulfate
② Copper Oxychloride
③ Copper Hydroxide
④ Oxine Copper

- Copper Hydroxide(수산화구리)
  : Cu 약 62%~ 77%
- Copper Oxychloride(옥시염화구리)
  : Cu 약 50%~58%
- Tribasic Copper Sulfate(염기성황산구리)
  : Cu 약 52.5%
- Oxine Copper(옥신구리) : 옥신구리는 유기 화합물과 결합된 형태로 존재하며 순수 구리 함량은 무기 구리화합물보다 낮다.

57

무기 화합물이 주 성분인 농약은?

① Bordeaux mixture ② Triclopyr
③ Cartap ④ EPN

 보르도액(Bordeaux mixture)은 황산구리(CuSO4)와 생석회(CaO)의 혼합물로, 주로 살균제로 사용되는 대표적인 무기구리제이며 석회양에 따라 소석회보르도액(450g이하), 석회보르도액(450g), 과석회보르도액(450g이상)으로 구분한다.

정답 53 ① 54 ② 55 ③ 56 ③ 57 ①

58

농약을 식별하기 위해 라벨의 바탕 색깔을 달리하는데 노란색 라벨은 어떤 유형의 농약을 의미하는가?

① 제초제
② 살균제
③ 살충제
④ 식물생장조절제

 약제용도에 따른 바탕색 구분 : 살균제(분홍색), 살충제(녹색), 제초제(노란색), 생장조절제(청색), 비선택성농약(적색), 기타약제(백색), 혼합제 및 동시방제제(색깔 병용)

59

다음 중 훈증제가 아닌 것은?

① 클로로피크린
② 메틸브로마이드
③ 디클로르보스(DDVP)
④ 인화아연

 훈증제의 종류: 메틸브로마이드, 클로로피크린, 시안화수소(청산제), 알루미늄포스파이드, 디클로르보스(DDVP) 등

60

제초제의 선택적 고사 요인 중 물리적 요인은?

① 농약의 효소적 분해
② 작물의 약제에 대한 내성
③ 호르몬형 제초제의 화본과 식물에 작용
④ 약제가 잡초의 발아층에 분포하는 성질

 제초제의 선택성 중 물리적 요인에는 형태적 선택성이 해당되며 이에 잎의 모양, 생장점의 위치, 발아층의 위치, 뿌리의 위치가 포함된다.

5과목 잡초방제학

61

논에서 사초과인 올방개를 방제하기 위하여 사용하는 후기 경엽처리 제초제는?

① 벤타존 액제
② 옥사디아존 유제
③ 디티오피르 유제
④ 알라클로르 입제

 벤조티아디아졸계 후기제초제는 잡초의 광합성을 저해하여 급속한 효과를 내는 선택성 이행형 제초제로 광엽잡초, 방동사니과 잡초 경엽에 처리하며 식물체 내에서 이행은 극히 제한적으로 작용하며 뿌리로 흡수되어 지상부로 이행한다.

62

작물에 기생하는 잡초에 대한 설명으로 옳지 않은 것은?

① 기주식물의 줄기에 침입한다.
② 기주식물의 뿌리에 침입한다.
③ 흡기조직으로 무기영양을 탈취한다.
④ 기생식물의 종자는 기주식물의 종자에 섞여 전파되지 않는다.

해설 기생식물의 종자는 기주식물의 종자에 섞여 전파된다.

정답 58 ①   59 ④   60 ④   61 ①   62 ④

63

식물의 백화 증상을 유발시키는 약제가 있다. 이런 증상이 유도되는 이유에 대한 설명으로 가장 옳은 것은?

① 광합성 전자전달과정을 저해하기 때문이다.
② 식물세포막을 급격히 파괴시키기 때문이다.
③ 단백질 생합성을 저해하여 엽록체가 파괴되기 때문이다.
④ 식물색소 중의 하나인 카로티노이드의 생합성이 억제되기 때문이다.

 카로티노이드는 엽록소를 보호하는 역할을 하므로 생합성을 억제하면 엽록소가 파괴되고 백화증상이 나타나게 된다.

64

작물과 잡초간 경합의 한계밀도(criticalthreshold level)에 대한 설명으로 가장 옳은 것은?

① 경합에 의한 무기원소 결핍 단계
② 잡초의 밀도가 어느 한계를 넘었을 때 작물의 수량을 크게 감소시키는 밀도
③ 영양생장에서 생식생장으로 넘어가는 한계
④ 작물의 밀도가 어느 한계를 넘었을 때 잡초와의 경합에 이길 수 있는 밀도

 잡초간 경합의 한계밀도(criticalthreshold level)는 잡초허용한계밀도를 넘어 작물의 수량을 크게 감소시키는 밀도를 의미한다.

65

다음 중 호르몬형 제초제로만 나열된 것은?

① bensulfuron, butachlor
② 2,4-D, dicamba
③ paraquat, bentazone
④ hexazinone, alachlor

 디캄바는 콩과 작물, 잔디, 목초지의 광엽잡초 방제에 이용되는 벤조산계 호르몬형 제초제이며 2,4-D는 우리나라에서 가장 먼저 사용된 페녹시계 호르몬형 제초제이다.

66

화본과 잡초의 형태적 특징으로 옳지 않은 것은?

① 직립형만 존재한다.
② 잎몸은 좁고 잎맥이 평행한다.
③ 줄기는 마디와 마디 사이로 연결되어 있다.
④ 잎은 줄기를 둘러싸고 있는 잎집과 잎몸으로 구분된다.

 화본과잡초 : 평형잎맥을 가지며 잎은 폭이 좁고 길다. 또한 잎은 잎집과 잎몸으로 구성되며 마디 사이가 비어 있다. 대표적으로는 피, 바랭이, 나도겨풀, 둑새풀, 강아지풀 등이 해당된다.

67

제초제의 광분해와 가장 관계가 높은 것은?

① 복사열   ② 자외선
③ 적외선   ④ 가시광선

 광분해 : 처리한 제초제가 빛의 자외선에 의하여 불활성화되는 것을 의미한다.

정답 63 ④ 64 ② 65 ② 66 ① 67 ②

68

제초제의 선택성에 관여하는 요인으로 가장 거리가 먼 것은?

① 식물체 생장점의 위치
② 식물체 생육기의 차이
③ 식물체 건조 무게 차이
④ 식물체 뿌리의 분포상태

 제초제는 생육시기, 생장점의 위치, 잎의 모양(잎의 표면), 초엽과 중경의 위치, 발아 시 토양의 심도, 뿌리의 분포와 깊이에 따라 선택성이 달라진다.

69

십자화과에 속하며, 월년생 잡초에 해당하는 것은?

① 바랭이
② 광대나물
③ 벼룩나물
④ 속속이풀

 속속이풀은 십자화과에 해당하는 1년생 밭잡초이다.

70

작물과 잡초의 경합요인으로 가장 거리가 먼 것은?

① 빛
② 산소
③ 수분
④ 영양분

 작물과 잡초의 경합요인 : 이산화탄소, 빛, 수분, 무기양분

71

화본과 잡초에 속하지 않는 것은?

① 피
② 쇠털골
③ 뚝새풀
④ 강아지풀

 쇠털골은 다년생 방동사니과 논잡초에 해당한다.

72

다음 중 출아가 가장 늦으며, 출아 기간이 가장 긴 다년생 잡초로 가장 옳은 것은?

① 올챙이고랭이
② 올미
③ 너도방동사니
④ 올방개

 올방개는 늦봄부터 초여름까지 걸쳐서 천천히 발아하는 출아 기간이 긴 다년생 잡초이다.

73

다음 중 제초제와 토양과의 관계에서 흡착력에 가장 크게 관여하지 않는 요인은?

① 점토광물의 종류
② 양이온 치환 용량
③ 토양유기물 함량
④ 토양의 수소이온 농도

 토양의 제초제 흡착력은 점토광물에 따른 CEC, pH, 유기물 함량에 따른 완충능에 따라 달라진다.

74

제초제가 활성화되는 반응으로 가장 적절한 것은?

① MCPB의 β-oxidation
② Diuron의 demethylation
③ Atrazane의 glutathione conjugation
④ Bentazone의 hydroxylation

해설
① 활성화반응
② 해독 및 불활성화 반응
③ 해독작용
④ 해독작용

정답 68 ③ 69 ④ 70 ② 71 ② 72 ④ 73 ④ 74 ①

75
잡초의 생장형에 따른 잡초의 분류로 가장 적절하지 않은 것은?

① 포복형-메꽃, 나도겨풀
② 직립형-가막사리, 사마귀풀
③ 총생형-억새, 독새풀
④ 로제트형-민들레, 질경이

 〈잡초 생태형에 따른 분류〉
- 직립형 : 가막사리, 명아주, 쑥부쟁이
- 포복형 : 메꽃, 쇠비름, 선피막이
- 총생형 : 둑새풀, 억새
- 로제트형 : 민들레, 질경이
- 위로제트형 : 개망초
- 분지형 : 광대나물, 사마귀풀, 석류풀, 애기땅빈대
- 만경형 : 메꽃, 환삼덩굴, 거지덩굴

76
다음 중 벼 재배법에서 잡초화의 경합면에 가장 불리한 재배법은?

① 손이앙재배
② 어린모재배
③ 중모재배
④ 직파재배

 벼 재배 시 잡초와의 경합력을 높이기 위해서는 직파재배보단 이앙재배를 실시해야 한다.

77
경종적 방제법이 아닌 것은?

① 윤작 재배를 한다.
② 비옥도를 조정한다.
③ 중경 제초기를 이용한다.
④ 작물의 경합력을 증대시킨다.

 중경 제초기를 이용하는 것은 식물체를 물리적으로 사멸시키는 물리적 방제법에 해당한다.

78
잡초 발생이 물 관리에 미치는 영향이 아닌 것은?

① 물의 흐름을 방해한다.
② 용존 산소의 농도를 저하시킨다.
③ 잡초 고사체에 의한 수질 오염이 문제가 된다.
④ 관배수에서 증발량과 지하침투량이 저하된다.

 잡초 발생 시 지하침투량은 증가한다.

79
2.5%의 유효성분을 함유한 제초제를 논 1ha당 30kg을 살포하였다. 물의 깊이가 5cm일 때 처리된 제초제의 농도를 ppm으로 환산하면?

① 0.15
② 1.5
③ 15
④ 150

1) 논 1ha당 30kg을 살포하였을 때 유효성분량 : 30kg × 0.025 = 0.75kg=750g=750,000mg
2) 물의 깊이가 5cm일 때 논 1ha의 부피 : 가로×세로×높이 = 100m×100m×0.05m=500m3, 1m3=1,000L 이므로 500m3을 L로 환산하면 500,000L
3) ppm은 mg/L이므로 750,000mg/500,000L =1.5mg/L = 1.5ppm

정답 75 ② 76 ④ 77 ③ 78 ④ 79 ②

80

다음 중 화본과 잡초에는 있으나 광엽잡초에는 없는 주요 기관은?

① 줄기
② 마디
③ 엽신
④ 엽초

해설 엽초는 줄기와 잎이 함께 붙어 있는 부분으로, 화본과 잡초의 줄기 구조를 구분하는 핵심 기관이다.

정답 80 ④

|저|자|소|개|

김 소 정

약력
- 건국대학교 식량자원과학과 졸업
- 경기도 농촌지도직 공무원 고득점 합격
- 공공기관(학교, 보건소 등) 출강
- 공공기관 병해충·잔류농약 업무 담당
- 해커스공무원 농업직 전임교수
- 이패스코리아 식물보호기사 전임교수
- 이패스코리아 손해평가사 전임교수

보유자격
- 식물보호산업기사
- 식물보호기사

이패스 식물보호기사(산업기사) 필기

개정판 1쇄 인쇄 | 2025년 12월 5일
개정판 1쇄 발행 | 2025년 12월 19일

지 은 이	김 소 정
발 행 인	이 재 남
발 행 처	(주)이패스코리아
	서울시 영등포구 경인로 775 에이스하이테크시티 2동 10층
전 화	전화 1600-0522 팩스 02-6345-6701
홈 페 이 지	www.epasskorea.com
이 메 일	book@epasskorea.com
등 록 번 호	제318-2003-000119호(2003년 10월 15일)

※ 잘못된 책은 교환해 드립니다.
※ 이 책은 저작권법에 의해 보호를 받는 저작물이므로 무단전재와 복제를 금합니다.
  본교재의 저작권은 이패스코리아에 있습니다.